普通高等教育机器人工程系列教材

信号与系统

刘小峰　主编

科学出版社

北　京

内 容 简 介

本书共 9 章，依次介绍信号与系统的重要内容。第 1 章绪论，介绍信号与系统学科的背景和重要性。第 2 章探讨信号的时域描述及其基本运算，建立信号分析的基础。第 3 章聚焦于系统的时域描述及分析，帮助读者理解系统的特性与行为。第 4 章引入连续时间周期信号的傅里叶级数，为傅里叶变换的理解打下基础。第 5 章研究连续时间信号的傅里叶变换，揭示信号频域特性。第 6 章探究傅里叶变换在通信系统中的应用，使读者了解在实际通信中如何应用这一重要工具。第 7 章分析拉普拉斯变换，加深读者对信号不同域表示的理解。第 8 章阐述连续时间系统的复频域分析，研究系统频域特性。第 9 章展示离散时间系统的变换域分析，拓展对离散系统的认识。

本书可以作为普通高等教育电子信息工程、通信工程、电子科学与技术、自动化等相关专业本科生的教材，也可供相关技术人员参考使用。

图书在版编目(CIP)数据

信号与系统 / 刘小峰主编. —北京：科学出版社，2023.12
普通高等教育机器人工程系列教材
ISBN 978-7-03-077496-5

Ⅰ. ①信…　Ⅱ. ①刘…　Ⅲ. ①信号系统—高等学校—教材
Ⅳ. ①TN911.6

中国国家版本馆 CIP 数据核字（2023）第 245997 号

责任编辑：邓　静 / 责任校对：王　瑞
责任印制：师艳茹 / 封面设计：马晓敏

科 学 出 版 社 出版
北京东黄城根北街 16 号
邮政编码：100717
http://www.sciencep.com
北京建宏印刷有限公司印刷
科学出版社发行　各地新华书店经销
*
2023 年 12 月第　一　版　开本：787×1092　1/16
2023 年 12 月第一次印刷　印张：19 1/2
字数：480 000

定价：79.00 元
（如有印装质量问题，我社负责调换）

前　言

“信号与系统”课程是电子信息工程、通信工程、电子科学与技术、自动化等相关专业的基础课程，涵盖信号处理、模拟系统和数字系统分析等基本理论和专业基础。它对电子信息类专业的学生来说是承前启后、至关重要的课程，先修课程包括高等数学、工程数学、复变函数与积分变换、电路分析，后续课程包括模拟电路、数字电路、数字信号处理、通信原理、图像处理等。“信号与系统”课程对数学基础要求较高，是一门相对抽象而又复杂的课程，能够有效地培养学生分析问题和解决问题的能力。

作者长期从事“信号与系统”课程的本科教学工作，对“信号与系统”课程的内容和教学方法进行了深入研究，并经过充分实践，取得了显著的教学成果。“信号与系统”的课程内容可以简单概括为两个方程（微分方程、差分方程），四个变换（傅里叶级数、傅里叶变换、拉氏变换、Z 变换），两个函数（模拟系统、数字系统）。课程要求数学基础扎实、理论分析抽象、物理意义诠释深入，课程教学和学习相对枯燥，许多学生在学习这门课程时常常会感到困惑和无所适从，在理解信号与系统的概念和原理上相对困难，对信号与系统知识的掌握和运用能力欠佳。针对“信号与系统”课程中教与学的这些问题，结合教学经验和体会，经过深入的研讨，作者编写了适合于本科生学习的《信号与系统》教材。

本书的特色与创新方面包括在每章设置导学图引导学习，每章通过问题导入，使抽象问题通俗化，提高学生学习兴趣。本书按照“信号与系统”课程的教学进度，有机地组织知识点，确保内容的系统性和逻辑性，便于学生循序渐进、深入学习。同时，本书通过丰富的应用实例和工程案例，引入应用场景，将抽象概念与实际问题相联系，便于学生理解知识和运用知识。此外，本书配备大量精心设计的图表和示意图，以图文并茂的方式展示抽象问题的难点和重点。

本书经过作者的精心打磨和同行专家的审阅，力求表达清晰、知识准确、逻辑严谨。希望本书不仅是一部传授知识的工具书，更是一个与读者进行知识交流和思想碰撞的“伙伴”，也是相关专业承前启后的优秀基础课程教材。

衷心希望本书能够成为读者学习“信号与系统”课程的得力助手，同时也欢迎读者对本书提出宝贵的意见和建议，以便作者在后续的修订中不断改进，为广大读者提供更好的学习体验。

作　者

2023 年 7 月

前言

目 录

第1章 绪　　论

本章导学

本章介绍信号与系统的定义，信号与系统的概念、分类方法和基本特性；概述线性时不变系统的各种分析方法。本章内容是本书学习的基础，需要牢牢掌握，为后期的学习夯实基础。结合图1-0所示导学图可以更好地理解本章内容。

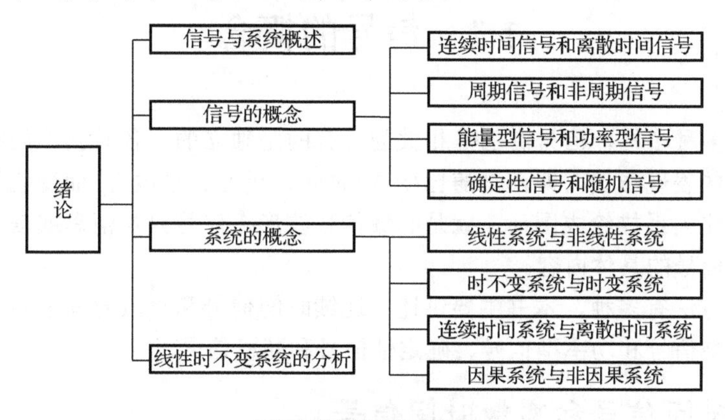

图1-0　本章导学图

1.1　信号与系统概述

人类社会的发展过程中，信息的传输一直是一个非常重要的任务，信号是信息的表现形式，蕴含着信息的具体内容，是通信传输的客观对象，即信号广泛地出现在各个领域中，以各种各样的表现形式携带着特定的信息或消息。古战场以击鼓鸣金(声信号)传达前进或撤退命令(信息或消息)，近代广泛应用的力、热、声、光、电等信号携带着各式各样的信息或消息。

人们寻求各种方法，以实现信号的传输。古代用烽火传送边疆警报，这是最原始的光通信系统；利用击鼓鸣金报送时刻或传达命令，这是最早的声信号的传输；19世纪初，人们开始研究利用电信号传送消息。1837年，莫尔斯(F.B.Morse)发明了电报，采用点、划、空组合的代码表示字母和数字，这种代码被称为莫尔斯电码。1876年，贝尔(A.G.Bell)发明了电话，直接将声信号(语音)转变为电信号沿导线传送。19世纪末，人们研究用电磁波传送无线电信号，赫兹(H.Hertz)、波波夫(Попов)、马可尼(Marconi)等做出了巨大贡献。1901年，马可尼成功地实现了横渡大西洋的无线电通信。从此，这种传输电信号的通信方式得到广泛应用和迅速发展。如今以卫星通信技术为基础的“全球定位系统”(Global Positioning System, GPS)用无线电信号的传输测定地球表面和周围空间任意目标的位置，其精度可达十米左右。实际生活中，GPS 大量运用于汽车防盗、卫星导航等领域。“全球通信网”是信息网络技术发展的必然趋势。目前的综合业务数字网(Integrated Services Digital Network, ISDN)、Internet(或称因特网)，以及其他各种信息网络技术为全球通信网奠定了基础。

信号的传输和处理，要由许多不同功能的单元组织起来的一个复杂系统来完成。应用在实际生产生活中的电报、电话、电视、雷达、导航等通信系统中均存在大量的信号的传输和处理。

除了通信系统以外，还有其他各种电子系统、自动控制系统和仪器仪表等也需要大量的信号处理、传输信号比较等功能环节。

本章后面几节中将分别对于信号、系统、系统分析等问题介绍一些基本概念，以便后面各章进行详细讨论。

1.2 信号的概念

信号的类型多种多样，信号有的是相关的，有的是独立的，各有其不同的性质，但是信号都有一个共同的表现形式，即都是随自变量(时间、尺度、维数等)而变化的函数。若将物理量与时间的变化关系描绘成图形，就是时域信号波形。信号只是消息或信息传输的一种形式，而信息则是信号的具体内容。

信号的分类方法有多种，本书主要讲述：连续时间信号和离散时间信号、周期信号和非周期信号、能量型信号和功率型信号、确定性信号和随机信号。

1.2.1 连续时间信号和离散时间信号

按照信号 $x(t)$ 是否随时间 t 连续取值分类，把信号分为连续时间信号和离散时间信号。连续时间信号是指在连续时间内所定义的信号，即在所讨论的时间间隔内，对于任意时间(除若干不连续点之外)都有确定的振幅值，但信号的振幅值可以是连续值，也可以是离散值。当信号在时间上和振幅值上都取连续值时，称为模拟信号或连续信号，如正弦函数、阶跃函数，以及由传声器所产生的信号都属于模拟信号。因此，模拟信号可以看作连续时间信号的一个特例。

与连续时间信号相对应的是离散时间信号。离散时间信号是指仅在某些不连续的规定瞬时给出函数值，在其他时间没有定义，即作为独立变量的时间变量被量化了。同样，离散时间信号的振幅值既可以是连续值也可以是离散值。当离散时间信号的振幅值是连续值时，又称为抽样信号。抽样信号可以理解为在离散时间下对模拟信号的抽样。如果信号在时间上和振幅值上都是离散值，即在时间上和振幅值上都被量化了，则该信号称为数字信号。数字信号是指利用一组数值来表示变量，而每个数值是用“0”或“1”的有限个二进制数码来表示的。离散时间信号和数字信号这两个名词经常通用。离散时间信号的一些理论也适用于数字信号，所以这两个名词无须严格区分。

连续时间信号和离散时间信号如图 1-1 所示。

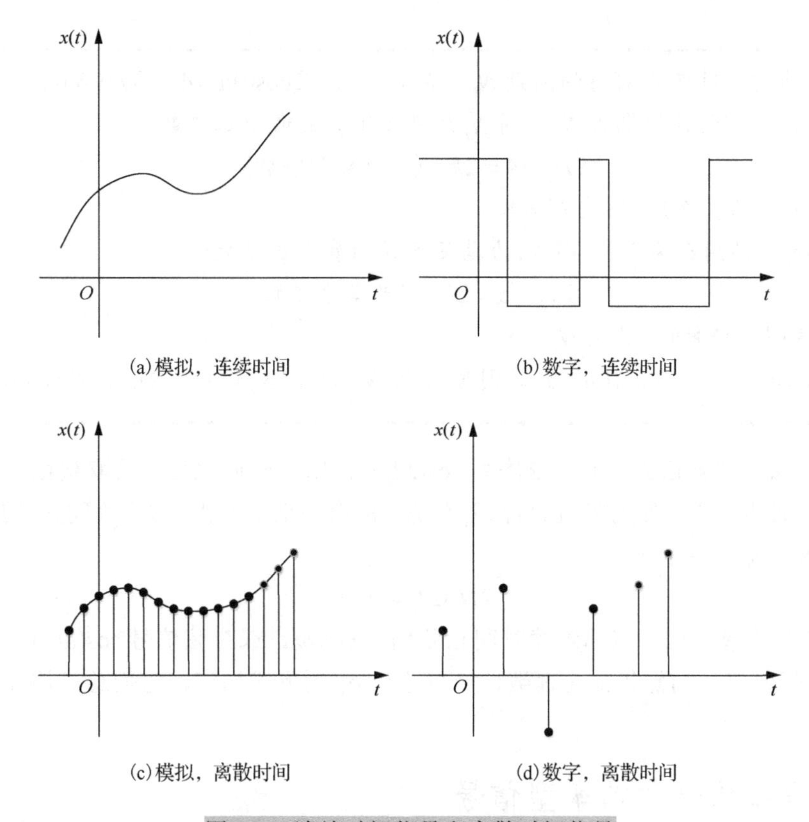

(a)模拟，连续时间　(b)数字，连续时间

(c)模拟，离散时间　(d)数字，离散时间

图 1-1　连续时间信号和离散时间信号

1.2.2　周期信号和非周期信号

周期信号为定义在$(-\infty, +\infty)$上，每隔一定时间 T(或整数 N)，按相同规律重复变化的信号。

连续周期信号(图 1-2)满足：

$$x(t) = x(t + NT), \quad N = 0, \pm 1, \pm 2, \pm 3, \cdots \tag{1-1}$$

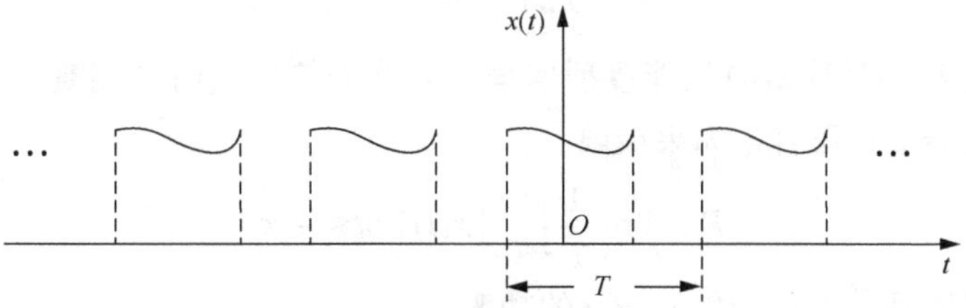

图 1-2　连续周期信号

离散周期信号满足：

$$x(n) = x(n + mN), \quad m = 0, \pm 1, \pm 2, \pm 3, \cdots \tag{1-2}$$

不具备周期性的信号称为非周期信号。

例 1-1 确定离散信号 $x(n)$ 的周期 N，其中 $x(n)=2\cos(9n\pi/4)-3\sin(6n\pi/5)$。

解：设 $\cos(9n\pi/4)$ 的周期为 N_1，则 N_1 为满足下式的最小正整数：

$$9N_1\pi/4=2k\pi \text{（}k\text{ 为某个整数）}$$

从而 $N_1=8k/9$（k 为整数），显然 $N_1=8$。

设 $\sin(6n\pi/5)$ 的周期为 N_2，则 N_2 为满足下式的最小正整数：

$$6N_2\pi/5=2l\pi \text{（}l\text{ 为某个整数）}$$

从而 $N_2=5l/3$（l 为整数），显然 $N_2=5$。

$x(n)=2\cos(9n\pi/4)-3\sin(6n\pi/5)$ 的周期 N 为 $N_1=8$ 和 $N_2=5$ 的最小公倍数 40。

对离散正弦序列 $\sin(\Omega_0 n)$ 或余弦序列 $\cos(\Omega_0 n)$，由于时间坐标 n 只取整数，所以若它们是周期信号，则其周期必然为整数。若 Ω_0 不是 π 的有理数倍，则它们不可能是周期的，因为这时不存在整数 N 满足下式：

$$2N\pi\Omega_0=2k\pi \tag{1-3}$$

式中，k 为某个整数。这一点和连续时间正弦信号 $\sin(\omega_0 t)$ 或余弦信号 $\cos(\omega_0 t)$ 不同，因为时间坐标 t 可取任何值，当然包括无理数，所以不管 ω_0 的形式如何，它们总是周期信号，且周期为 $2\pi/\omega_0$。

1.2.3 能量型信号和功率型信号

对连续时间信号 $x(t)$ 而言，如果积分

$$E=\int_{-\infty}^{+\infty}|x(t)|^2 2\mathrm{d}t<+\infty \tag{1-4}$$

或者说 $x(t)$ 绝对可积，则称 $x(t)$ 为**能量型信号**，E 称为信号 $x(t)$ 的**能量**。可以这样理解以上积分：电流 $x(t)$ 流过单位欧姆的电阻产生的能量。

对离散时间信号 $x(n)$ 而言，如果和式

$$E=\sum_{n=-\infty}^{+\infty}|x(n)|^2<+\infty \tag{1-5}$$

或者说 $x(n)$ 绝对可和，则称 $x(n)$ 为**能量型信号**，E 称为信号 $x(n)$ 的**能量**。

对连续时间信号 $x(t)$ 而言，如果极限

$$P=\lim_{T\to+\infty}\frac{1}{T}\int_{-T/2}^{T/2}|x(t)|^2\mathrm{d}t<+\infty \tag{1-6}$$

则称 $x(t)$ 是**功率型信号**，P 称为信号 $x(t)$ 的**功率**。

对离散时间信号 $x(n)$ 而言，如果极限

$$P=\lim_{N\to+\infty}\frac{1}{2N+1}\sum_{n=-N}^{N}|x(n)|^2<+\infty \tag{1-7}$$

则称 $x(n)$ 是**功率型信号**，P 称为信号 $x(n)$ 的**功率**。

任何周期信号不可能是能量型信号，但又是功率型信号。周期信号在一个周期内的能量为有限的非零值，而整个时间轴包括无穷多个周期，所以总的能量为无穷大；此外，它们在

一个周期内的功率即为整个时间轴内的功率。显然，任何信号不可能同时为功率型和能量型的，但可以既不是能量型信号又不是功率型信号。

例 1-2　判断确定下列信号是否为能量型信号、功率型信号。

(1) $f_1(t)=\cos(\omega_0 t+\theta)$；

(2) $f_2(t)=\mathrm{e}^{-2t}u(t)$。

解：(1) $f_1(t)=\cos(\omega_0 t+\theta)$ 是周期为 $T=2\pi/\omega_0$ 的周期信号，所以是功率型的，在一个周期 T 内计算功率得

$$P=\frac{1}{T}\int_{-T/2}^{T/2}|\cos(\omega_0 t+\theta)|^2\mathrm{d}t=0.5$$

(2) 计算积分 $\int_{-\infty}^{+\infty}|f_2(t)|^2\,\mathrm{d}t$ 得

$$\int_{-\infty}^{+\infty}|f_2(t)|^2\,\mathrm{d}t=\int_{-\infty}^{+\infty}|\mathrm{e}^{-2t}u(t)|^2\,\mathrm{d}t=\int_{-\infty}^{+\infty}\mathrm{e}^{-4t}u(t)\mathrm{d}t=0.25$$

所以 $f_2(t)=\mathrm{e}^{-2t}u(t)$ 为能量型信号，且能量为 0.25。

1.2.4　确定性信号和随机信号

可用确定的时间函数表示的信号就是一个确定性信号，也就是说，确定性信号对于指定的某一时刻 t，有确定的函数值 $x(t)$。一个信号的值不能精确地预测到，而仅能通过概率描述来了解的信号是随机信号，如电子系统中的热噪声、雷电干扰信号。本书只处理确定性信号，随机信号已超出本书的研究范围。

1.3　系统的概念

系统，从一般的意义上说，是一个由若干互有关联的单元组成的并具有某种功能以用来达到某些特定目的的有机整体。从广义的角度来说，系统分为社会系统、经济系统、软件系统、硬件系统等。针对不同专业来说，系统包括通信系统、电子系统、机械系统、化工系统等其他物理系统，还包括像生产管理、交通运输、证券系统等社会经济方面的系统。从复杂性来说，系统分为复杂系统和简单系统；从整体性来说，系统分为总系统和子系统；从系统特性来说，系统分为线性系统、非线性系统和混沌系统等；从系统功能和性能来说，系统分为连续时间系统和离散时间系统、软件系统和硬件系统、因果系统和非因果系统、时不变系统与时变系统等。系统是由各种单元组成的，组成单元可以是一些巨大的机器设备，甚至把参加工作的人也包括进去，这些单元组织成一个庞大的体系去完成某种极其复杂的任务；本书主要针对电子系统、通信系统等与电子信息类相关的系统，简单的组成单元也可以仅仅是一些电阻、电容元件，把它们联结起来成为具有某种简单功能的电路。这些单元及其组成的体系也可以是非物理实体的软件，所以系统的意义十分广泛。

无线电电子学中的系统，常常是各种不同复杂程度的用作信号传输与处理的元件或部件

或软件的组合体。通常的概念，一般是把系统看成比电路更为复杂、规模更大的组合，但实际上却很难从复杂程度或规模大小来确切地区分什么是电路，什么是系统，这两者的区别是观点上、处理问题的角度上的差别。电路的角度，着重在电路内部各支路或回路的电流及各节点的电压分析计算；而系统的角度，则着重在输入与输出间的关系或者运算功能上。因此一个 RC 电路既可用电路的方法来处理，也可以用系统函数来描述，所以，也可以认为 RC 电路是一个简单的初级信号处理系统，它在一定的条件下具有微分或积分的运算功能。在信号传输技术中，一般都是从系统的观点去分析问题的。

一个系统可以方便地用一只“黑匣子”表述，它具有一组输入变量 $e_1(t), e_2(t), \cdots, e_j(t)$（称为激励）可进入的端口和另一组可以观测到输出变量 $y_1(t), y_2(t), \cdots, y_k(t)$（称为响应）的端口，如图 1-3 所示。

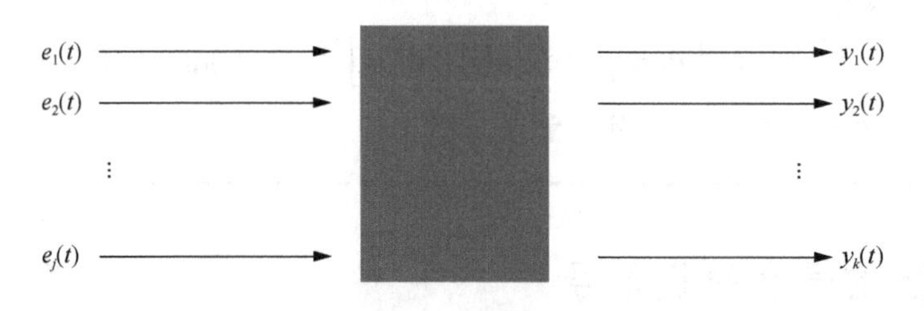

图 1-3　系统的表示

系统的研究由三个方面构成：数学建模、分析和设计。尽管要讨论数学建模问题，但主要关注的还是分析和设计。本书的大多数篇幅是专注于分析问题——对于给定的输入和一个给定的系统数学模型，如何确定系统的输出。本书少量篇幅也考虑设计和综合问题——如何构造一个系统对给定输入产生所期望的一组输出。

广义地说，系统主要可以分为下面各类：线性系统与非线性系统、时不变系统与时变系统、连续时间系统与离散时间系统、因果系统与非因果系统。

1.3.1　线性系统与非线性系统

系统按其特性可以分为线性系统和非线性系统两类。一般来说，线性系统是由线性元件组成的系统，非线性系统则是含有非线性元件的系统。但是，有的非线性元件的系统在一定的工作条件下，也可以看成一个线性系统。因此，对于线性系统应该由它的特性来规定其确切的意义。线性系统是同时具有**齐次性和叠加性**的系统。

齐次性：当输入激励改变为原来的 k 倍时，输出响应也相应地改变为原来的 k 倍，这里 k 为任意常数。如果由激励 $e(t)$ 产生的系统的响应是 $r(t)$，则由激励 $k\,e(t)$ 产生的该系统的响应是 $k\,r(t)$，或者用符号表示为

$$\begin{gathered} e(t) \to r(t) \\ k\,e(t) \to k\,r(t) \end{gathered} \tag{1-8}$$

叠加性：当有几个激励同时作用于系统上时，系统的总响应等于各个激励分别作用于系统所产生的分量响应之和。如果系统在 $e_1(t)$ 单独作用时的响应为 $r_1(t)$，在 $e_2(t)$ 单独作用时

的响应为 $r_2(t)$，则在 $e_1(t)$ 和 $e_2(t)$ 共同作用时，此系统的响应为 $r_1(t)+r_2(t)$，用符号表示为

$$\begin{aligned} &e_1(t)\to r_1(t),\quad e_2(t)\to r_2(t)\\ &e_1(t)+e_2(t)\to r_1(t)+r_2(t)\end{aligned} \tag{1-9}$$

在一般情况下，符合叠加条件的系统同时也具有齐次性，电系统就属这种情况，但也存在并不同时具备齐次性和叠加性的系统。将式(1-8)与式(1-9)合并起来，就可得到线性系统应当具有的特性为

$$\begin{aligned} &e_1(t)\to r_1(t),\quad e_2(t)\to r_2(t)\\ &k_1e_1(t)+k_2e_2(t)\to k_1r_1(t)+k_2r_2(t)\end{aligned} \tag{1-10}$$

也就是说，具有这种特性的系统称为线性系统。非线性系统不具有这种特性。

对于初始状态不为零的系统，若将初始状态视为独立于信号源的产生响应的因素，则运用叠加性，系统的全响应将可分为零输入响应与零状态响应两部分，即

$$r(t)=r_{\text{zi}}(t)+r_{\text{zs}}(t) \tag{1-11}$$

式中，$r_{\text{zi}}(t)$ 为外加激励为零时由初始状态单独作用产生的响应，称为系统的零输入响应；$r_{\text{zs}}(t)$ 为初始状态为零时由外加激励单独作用产生的响应，称为系统的零状态响应。如果系统的 $r_{\text{zi}}(t)$ 与 $r_{\text{zs}}(t)$ 都满足式(1-10)的线性要求，即系统同时具有零输入线性与零状态线性，则该系统仍为线性系统。

1.3.2　时不变系统与时变系统

若组成系统的所有元件的参数都不随时间变化，则称这种电路为**时不变系统**。若系统中至少有一个元件的参数是随时间变化的，就称这种电路为**时变系统**。时不变系统的基本特性是电路的响应特性不随激励施加的时间而变化。具体来说，若系统对激励 $e(t)$ 的响应为 $r(t)$，则时不变系统对于延迟激励 $e(t-t_0)$ 的响应必为 $r(t-t_0)$，如图 1-4 所示。

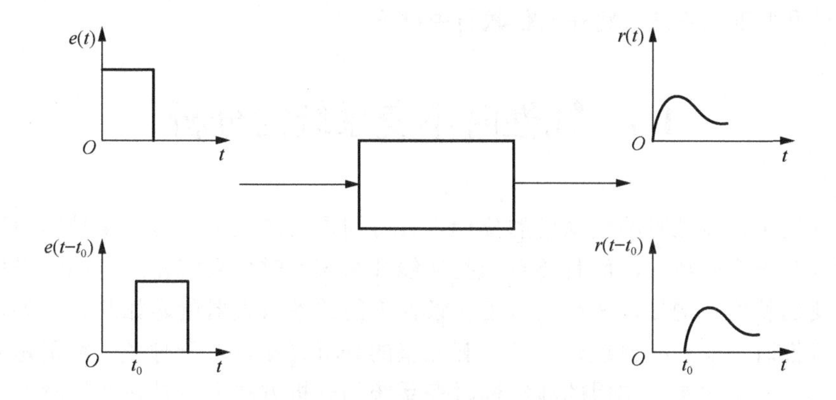

图 1-4　时不变系统和时不变系统的激励

时变电路不具有这种特性，施加激励的时间不同，它的响应形式会有不同。虽然严格地说，真正的时不变电路在实际中是不存在的，在足够长的时间范围内，电路元件的参数都会有变化，但大量实际电路在研究问题的时间段内，都可以很好地近似作为时不变电路处理。

1.3.3　连续时间系统与离散时间系统

系统根据它们所传输和处理的信号的性质，可以分为**连续时间系统**和**离散时间系统**。前者传输和处理的是连续信号，它的激励和响应在连续时间的一切值都有确定的意义。例如，由电容、电阻、电感、二极管、三极管模拟放大器之类的模拟器件组成的系统。后者的激励和响应信号则是不连续的离散信号。例如，数字计算机就是一种典型的离散系统。在实际工作中，离散时间系统常常与连续时间系统联合运用，同时包含这两者的系统称为**混合系统**，数字通信系统就属于此类。连续时间系统和离散时间系统都可以是线性的或非线性的，同时也可以是时不变的或时变的。

1.3.4　因果系统与非因果系统

因果系统是指系统在 t_0 时刻的响应只与 $t=t_0$ 和 $t<t_0$ 时刻的输入有关，否则，即为**非因果系统**。

不同的系统具有各种不同的特性，但是实际可以实现的系统，都必须具有共同的因果性，或者说都必须遵从因果律。一切物理现象，都要满足先有原因然后产生结果这样一种显而易见的因果关系，结果不能早于原因而出现。对于一个系统，激励是原因，响应是结果，响应不可能出现于施加激励之前。因此响应先于激励的系统是制造不出来的，也就是在物理上是不可实现的。

系统还可以按照它们的参数是集总的或分布的分为集总参数系统和分布参数系统；可以按照系统内部是否含激励源而分为无源系统和有源系统；可以按照系统内部是否含有记忆元件而分为即时系统和动态系统。这些已为读者所熟悉，本书不再赘述。

本书主要研究集总参数的、线性时不变的连续时间系统和离散时间系统，至于分布参数的、非线性的和时变的系统，将在其他教材中讨论。

1.4　线性时不变系统的分析

在系统理论中，线性时不变系统的分析占有特别重要的地位。这不仅是因为许多实用的系统具有线性时不变的特性，而且还有一些非线性系统或时变系统在一定的工作条件下，遵从线性时不变的特性。例如，在小信号工作条件下的线性放大器就是如此。另外，在系统理论中，只有线性时不变系统已经建立了一套完整的分析方法。对于时变，特别是非线性的系统分析，都存在一定困难，实用的非线性时变系统的分析方法大多是在线性时不变系统分析方法的基础上加以延伸得来的。

为便于读者了解本书概貌，下面就系统分析方法作一概述，着重说明线性时不变系统的分析方法。

在建立系统模型方面，系统的数学描述方法可分为两大类：一类是输入-输出描述法，另一类是状态变量描述法。

输入-输出描述法着眼于系统激励与响应之间的关系，并不关心系统内部变量的情况。对于在通信系统中大量遇到的单输入-单输出系统，应用这种方法较方便。

状态变量描述法不仅可以给出系统的响应，还可提供系统内部各变量的情况，也便于多输入-多输出系统的分析。在近代控制系统的理论研究中，广泛采用状态变量描述方法。

从系统数学模型的求解方法来讲，大体上可分为时域方法与变换域方法两大类。

时间方法直接分析时间变量的函数，研究系统的时间响应特性，或称作域特性。这种方法的主要优点是物理概念清楚。对于输入-输出描述的数学模型，可以利用经典法解常系数线性微分方程或差分方程。辅以算子符号方法可使分析过程适当简化；对于状态变量描述的数学模型，则需求解矩阵方程，在线性系统时域分析方法中，卷积方法最受重视，它的优点表现在许多方面，本书中将占用较多篇幅研究这种方法。借助计算机，利用数值方法求解微分方程也比较方便，如欧拉(Euler)法、龙格-库塔(Runge-Kutta)法等。此外，还有一些辅助性的分析工具，如求解非线性微分方程的相平面法等。在信号与系统研究的发展过程中，人们曾一度认为时域方法运算烦琐、不够方便，随着计算技术与各种算法工具的出现，时域分析又重新受到重视。

变换域方法将信号与系统模型的时间变量函数变换成相应变换域的某种变量函数。例如，傅里叶变换(FT)以频率为独立变量，以频域特性为主要研究对象；而拉普拉斯变换(LT)与$\mathcal{Z}$变换(ZT)则注重研究极点与零点分析，利用s域或复频域的特性解释现象和说明问题。目前，在离散系统分析中，正交变换的内容日益丰富，如离散傅里叶变换(DFT)、离散沃尔什变换(DWT)等。为提高计算速度，人们对于快速算法产生了巨大兴趣，又出现了如快速傅里叶变换(FFT)等计算方法。变换域方法可以将时域分析中的微分、积分运算转化为代数运算，或将卷积积分变换为乘法。在解决实际问题时又有许多方便之处，如根据信号占有频带与系统通带间的适应关系来分析信号传输问题往往比时间域方法简便和直观。在信号处理问题中，经正交变换，将时间函数用一组变换系数(谱线)来表示，在允许一定误差的情况下，变换系数的数目可以很少，有利于判别信号中带有特征性的分量，也便于传输。

LTI 系统的研究，以叠加性、均匀性和时不变特性作为分析一切问题的基础。按照这一观点去考察问题，时域方法与变换域方法并没有本质区别。这两种方法都是把激励信号分解为某种基本单元，在这些单元信号分别作用的条件下求得系统的响应，然后叠加。例如，这种单元在时域卷积方法中是冲激函数，在傅里叶变换中是正弦函数或指数函数，在拉普拉斯变换中则是复指数信号。因此，变换域方法不仅可以视为求解数学模型的有力工具，而且能够赋予明确的物理意义，基于这种物理解释，时域方法与变换域方法得到了统一。

本书按照先输入-输出描述后状态变量描述，先连续后离散，先时域后变换域的顺序，研究线性时不变系统的基本分析方法，结合通信系统与控制系统的一般问题，初步介绍这些方法在信号传输与处理方面的简单应用。

长期以来，人们对于非线性系统与时变系统的研究付出了足够的代价，虽然取得了不少进展，但目前仍有较多困难，还不能总结出系统、完整、具有普遍意义的分析方法。近年来，在信号传输与处理研究领域中，人们利用人工神经网络、模糊集理论、遗传算法、混沌理论以及它们的相互结合解决线性时不变系统模型难以描述的许多实际问题，取得了令人满意的结果，这些方法显示了强大的生命力，它们的构成原理和处理问题的方法与本书的基本内容有着本质的区别。随着本书与后续内容的深入学习，读者将逐步认识到本书方法的局限性。

科学发展日新月异，信号与系统领域的新理论、新技术层出不穷，对于这一学科领域的学习将永无止境。

习　题　1

1-1　说明下列信号是否为周期信号。如果是周期信号，求其周期 T。

(1) $a\cos t + b\sin(2t)$

(2) $a\sin t + b\sin(5t)$

(3) $a\sin(2t) + b\sin(3t) + c\cos(6t)$

(4) $\cos^2(3t)$

1-2　说明下列信号哪些是能量型信号，哪些是功率型信号。计算它们的能量或平均功率。

(1) $y(t) = 3\sin t + 4\cos(2t),\quad -\infty < t < +\infty$

(2) $y(t) = \begin{cases} 10\sin(2\pi t), & t \geqslant 0 \\ 0, & t < 0 \end{cases}$

(3) $y(t) = \begin{cases} 6\mathrm{e}^{-3t}, & t \geqslant 0 \\ 0, & t < 0 \end{cases}$

1-3　对于由下列方程描述的系统，其输入为 $x(t)$，输出为 $y(t)$。试确定下列系统哪些是线性的，哪些是非线性的。

(1) $\dfrac{\mathrm{d}y}{\mathrm{d}t} + 3y(t) = x^3(t)$

(2) $\left(\dfrac{\mathrm{d}y}{\mathrm{d}t}\right)^2 + 2y(t) = x(t) + 1$

1-4　对于由下列方程描述的系统，其输入为 $x(t)$，输出为 $y(t)$。试确定下列系统哪些是线性的，哪些是非线性的。

(1) $\dfrac{\mathrm{d}y}{\mathrm{d}t} + 3ty(t) = \left(t^2 - 1\right)x(t)$

(2) $\dfrac{\mathrm{d}y}{\mathrm{d}t} + (\sin t)y(t) = (\cos t)\dfrac{\mathrm{d}x}{\mathrm{d}t} + 2x(t)$

(3) $y(t)\dfrac{\mathrm{d}y}{\mathrm{d}t} + 2y(t) = x(t)\dfrac{\mathrm{d}x}{\mathrm{d}t}$

1-5　对于由下列方程描述的系统，其输入为 $x(t)$，输出为 $y(t)$。试确定下列系统哪些是线性的，哪些是非线性的。

(1) $y(t) = 10x^2(t) + 10$

(2) $y(t) = 5\int_{-\infty}^{t} x(\tau)\mathrm{d}\tau$

1-6　对于由下列方程描述的系统，其输入为 $x(t)$，输出为 $y(t)$。试确定下列系统哪些是时变的，哪些是时不变的。

(1) $y(t) = x(t-1)$

(2) $y(t)=x(1-t)$

(3) $y(t)=x(kt)$

1-7　对于由下列方程描述的系统，其输入为 $x(t)$，输出为 $y(t)$。试确定下列系统哪些是时变的，哪些是时不变的。

(1) $y(t)=(t+1)x(t-2)$

(2) $y(t)=\left(\dfrac{\mathrm{d}x}{\mathrm{d}t}\right)^3$

(3) $y(t)=\int_{-2}^{3}x(\tau)\mathrm{d}\tau$

1-8　对于由下列方程描述的系统，其输入为 $x(t)$，输出为 $y(t)$。试判断下列方程所描述系统是否为线性系统，是否为时不变系统。

(1) $\dfrac{\mathrm{d}y(t)}{\mathrm{d}t}+(t+1)y(t)+6\int_{-\infty}^{+\infty}y(\tau)\mathrm{d}\tau=\dfrac{\mathrm{d}x(t)}{\mathrm{d}t}+2x(t)$

(2) $\dfrac{\mathrm{d}^2y(t)}{\mathrm{d}t^2}-y^2(t)\dfrac{\mathrm{d}y(t)}{\mathrm{d}t}=3x(t)$

1-9　试判别系统 $y(t)=q(0)\cos t+tf(t)$ 是否为线性系统，并说明理由。其中，$f(t)$ 为输入激励，$q(0)$ 为初始状态，$y(t)$ 为输出响应。

1-10　一个系统给出为

$$y(t)=\sin(2t)\cdot x(t)$$

(1) 系统是线性的吗？说明理由。

(2) 系统是无记忆的吗？说明理由。

(3) 系统是因果的吗？说明理由。

(4) 系统是时不变的吗？说明理由。

1-11　一个系统给出为

$$y(t)=\frac{\mathrm{d}}{\mathrm{d}x}x(t-a),\quad a>0$$

(1) 系统是线性的吗？说明理由。

(2) 系统是无记忆的吗？说明理由。

(3) 系统是因果的吗？说明理由。

(4) 系统是时不变的吗？说明理由。

第2章　信号的时域描述及其基本运算

本章导学

信号可以理解为系统的激励和响应。信号的时域描述及其基本运算是分析系统的基础。在本章节的学习中，首先要掌握信号的一般描述方法和常见的运算。本章首先介绍了冲激信号、阶跃信号等基本的连续信号，同时延伸出信号的分解、缩放以及时移变换等内容。连续时间信号的卷积计算也作为本章要点进行详细解释说明。离散时间信号的介绍包括单位矩阵、单位脉冲等几种基本形式，同时也延伸出离散时间信号分解以及表示，缩放以及时移变换等内容，并且引入了离散时间的卷积计算——卷积和。本章内容为后续分析系统提供了计算基础，同学们需要踏实学习，牢牢掌握，并加以熟练地运用。结合图 2-0 所示导学图可以更好地理解本章内容。

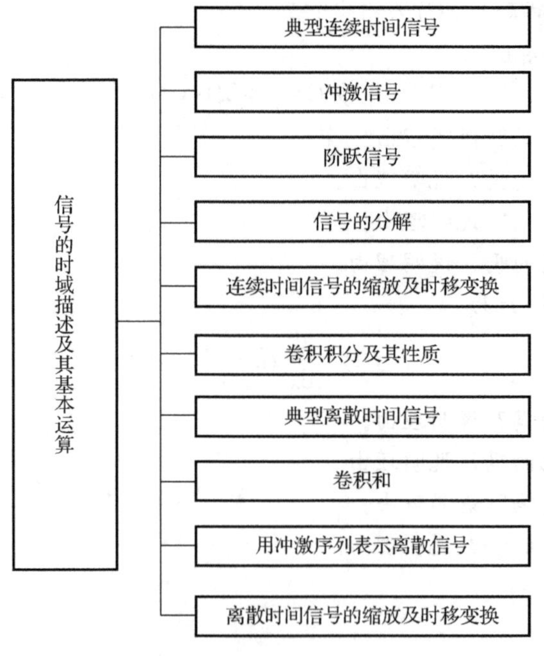

图 2-0　本章导学图

2.1　典型连续时间信号

下面给出几个常见信号的函数表达式及其波形图，它们在信号与系统分析中有着极其重要的地位和作用。

1. 实指数信号

指数信号的表达式为

$$x(t)=\mathrm{e}^{\alpha t} \tag{2-1}$$

式中，α 为实数。当 $\alpha>0$ 时，信号随时间增长而增长，α 越大，增长越快。当 $\alpha<0$ 时，信号随时间增长而衰减，α 越小，衰减越快。α 的绝对值决定了增长或衰减的速率。通常把 $\tau=1/|\alpha|$ 称为时间常数。图 2-1 和图 2-2 分别给出了实指数增长和衰减信号的时域波形图。

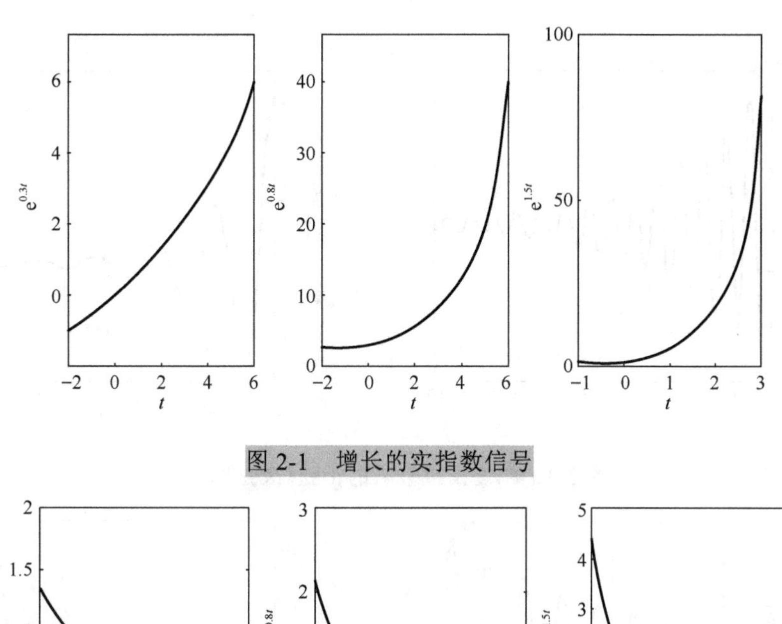

图 2-1　增长的实指数信号

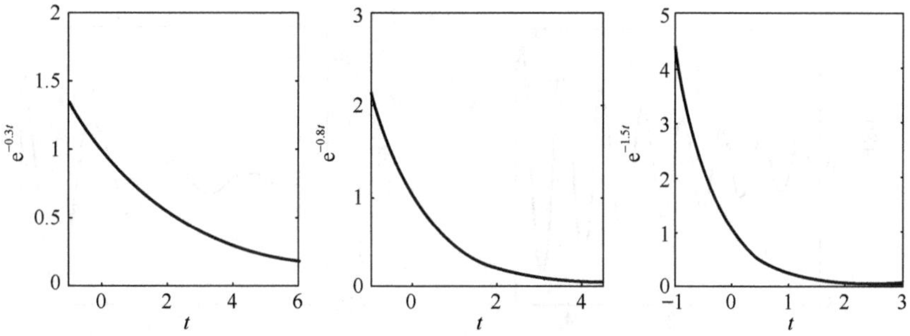

图 2-2　衰减的实指数信号

2. 正弦信号

由于

$$\sin\left(\omega_0 t+\frac{\pi}{2}\right)=\cos(\omega_0 t) \tag{2-2}$$

这表明正弦信号和余弦信号的波形是相同的，所以可以不加区分地统称为正弦信号。一般地，正弦信号记为

$$x(t)=A\sin(\omega_0 t+\theta) \tag{2-3}$$

式中，A 为振幅；ω_0 为角频率；θ 为初相位。正弦信号是周期信号且周期为

$$T=2\pi/\omega_0 \tag{2-4}$$

频率 f 为

$$f=1/T \tag{2-5}$$

显然，角频率 ω_0 和频率 f 满足：

$$\omega_0 = 2\pi f \tag{2-6}$$

频率 f 的单位为Hz，角频率的单位为rad/s（弧度每秒）。

现在来分析由下式描述的信号 $x(t)$：

$$x(t) = A\mathrm{e}^{-\alpha t}\sin(\omega_0 t)\ \ (\alpha>0) \tag{2-7}$$

直观地看，$x(t)$ 是周期振荡的，但幅度是指数增长或指数衰减的，实例分别如图 2-3 和图 2-4 所示。

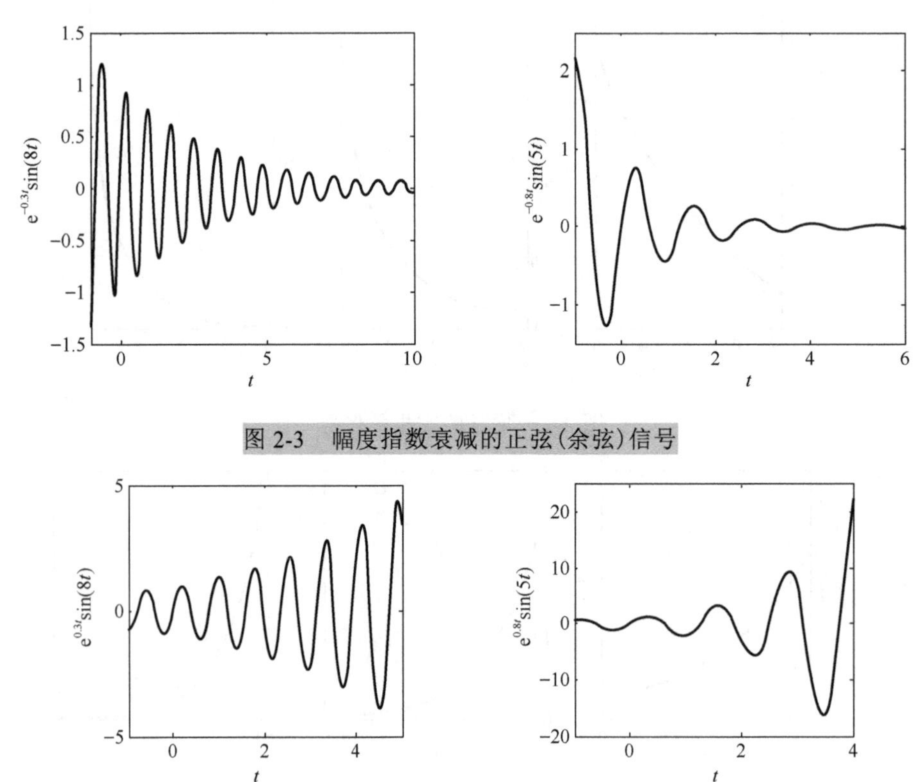

图 2-3　幅度指数衰减的正弦（余弦）信号

图 2-4　幅度指数增长的正弦（余弦）信号

3. 复指数信号

复指数信号为

$$x(t) = \mathrm{e}^{st} \tag{2-8}$$

式中

$$s = \sigma + \mathrm{j}\omega \tag{2-9}$$

式中，σ 为复数 s 的实部；ω 为虚部。显然，若 $\omega = 0$，就是前面讲过的实指数信号。由 Euler 公式得

$$\mathrm{e}^{st} = \mathrm{e}^{(\sigma+\mathrm{j}\omega)t} = \mathrm{e}^{\sigma t}\mathrm{e}^{\mathrm{j}\omega t} = \mathrm{e}^{\sigma t}\cos(\omega t) + \mathrm{j}\mathrm{e}^{\sigma t}\sin(\omega t) \tag{2-10}$$

这表明，复指数信号可以分解为实部和虚部。实部和虚部都是周期振荡的。$\sigma>0$ 时，振幅是指数增长的。$\sigma<0$ 时，振幅是指数衰减的。$\sigma = 0$ 时是等幅振荡，此时 $x(t) = \mathrm{e}^{\mathrm{j}\omega t}$。$\omega$ 表征了

振荡的频率，ω 越大，振荡越快。$e^{\sigma t}$ 称为 $x(t)=e^{st}$ 的模值，ωt 称为 $x(t)=e^{st}$ 的相位。图 2-5 给出了 $3e^{(-0.6+5j)t}$ 的波形图。

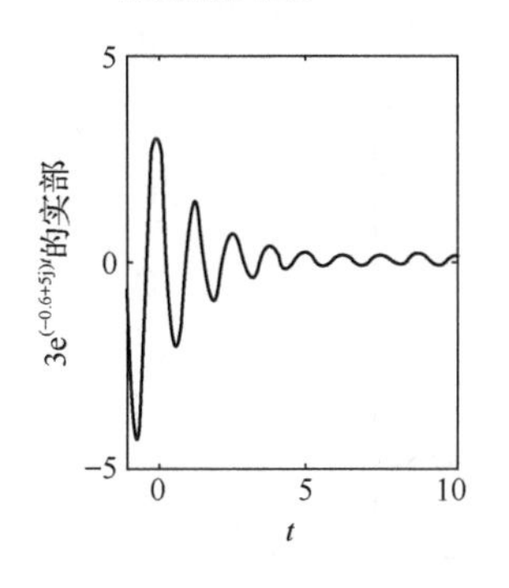

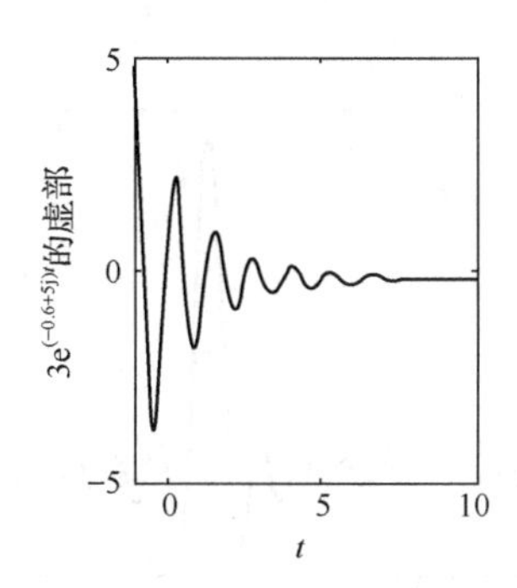

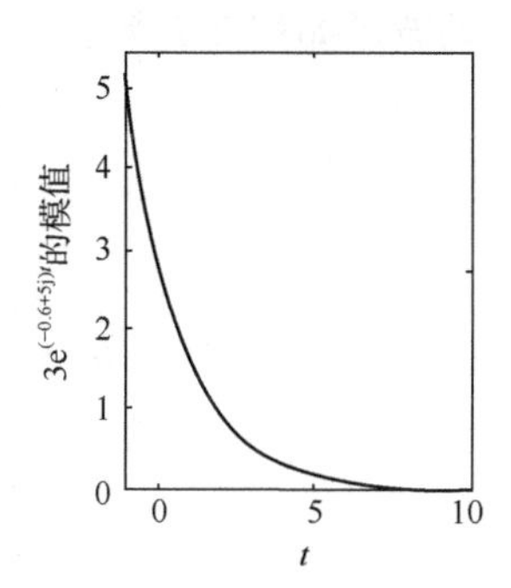

图 2-5　复指数信号

4. 抽样信号 $\mathrm{Sa}(t)$

抽样信号定义为

$$\mathrm{Sa}(t)=\frac{\sin t}{t} \tag{2-11}$$

显然，当 $t\to 0$ 时，上式右边是 0/0 型极限，运用洛必达法则得

$$\lim_{t\to 0}\mathrm{Sa}(t)=\lim_{t\to 0}\frac{\sin t}{t}=\lim_{t\to 0}\frac{\cos t}{1}=1 \tag{2-12}$$

先来定性地分析一下 $\mathrm{Sa}(t)$ 波形的趋势。当 t 从 0 增大到 $+\infty$ 时，$1/t$ 的幅度越来越小(即衰减的)，而 $\sin t$ 是周期振荡的，所以 $\mathrm{Sa}(t)$ 总的趋势是衰减振荡的。显然，$\mathrm{Sa}(t)$ 是偶函数，所以在负半轴的趋势是一样的。$\mathrm{Sa}(t)$ 的波形图如图 2-6 所示。

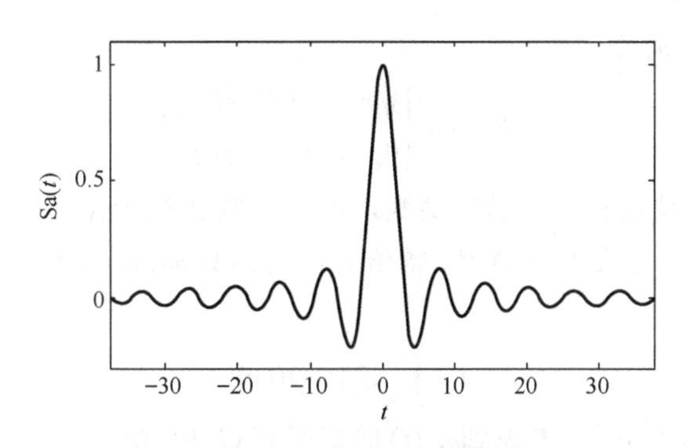

图 2-6　$\mathrm{Sa}(t)$ 的波形图

显然，$t=k\pi\ (k=\pm1,\pm2,\cdots)$ 是函数的零点，在任意零点两侧，函数取值正负交替。此外有

$$\int_{-\infty}^{+\infty}\mathrm{Sa}(t)\mathrm{d}t=\pi \tag{2-13}$$

证明在第 5 章中给出。

类似地，定义如下的辛格函数 $\mathrm{sinc}(t)$：

$$\mathrm{sinc}(t)=\frac{\sin(\pi t)}{\pi t} \tag{2-14}$$

显然，Sa(t)和sinc(t)的关系为

$$\mathrm{sinc}(t)=\mathrm{Sa}(\pi t) \tag{2-15}$$

sinc(t)的波形如图2-7所示。

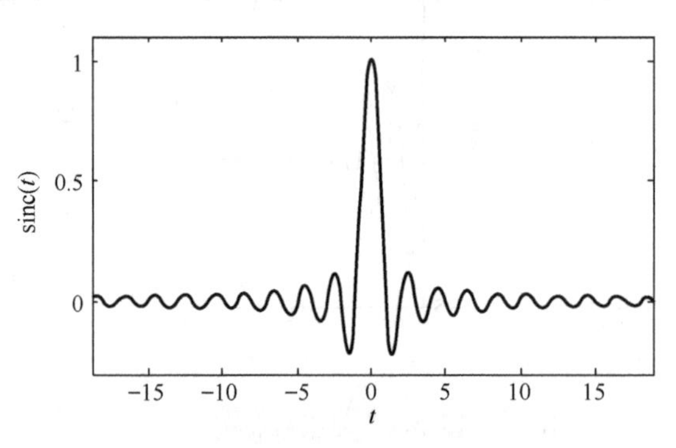

图2-7　sinc(t)的波形图

由图2-7可以看出，$t=k(k=\pm1,\pm2,\cdots)$是函数的零点，在任意零点两侧，函数取值正负交替。此外有

$$\int_{-\infty}^{+\infty}\mathrm{sinc}(t)\mathrm{d}t=1 \tag{2-16}$$

2.2　冲激信号

2.2.1　冲激信号的定义

设$\delta_\tau(t)$是矩形脉冲函数：

$$\delta_\tau(t)=\begin{cases}1/\tau, & |t|\leqslant\tau/2\\0, & |t|>\tau/2\end{cases} \tag{2-17}$$

$\delta_\tau(t)$是一个宽为τ的单位面积矩形脉冲函数，波形如图2-8所示。

让该函数乘以任意一个在$t=0$连续、幅值有限的函数$\varphi(t)$，计算这两个函数乘积$\delta_\tau(t)\varphi(t)$下方所围的面积得

$$A=\int_{-\infty}^{+\infty}\delta_\tau(t)\varphi(t)\mathrm{d}t \tag{2-18}$$

图2-9给出了该乘积的示意图。考虑到$\delta_\tau(t)$的定义式(2-17)得

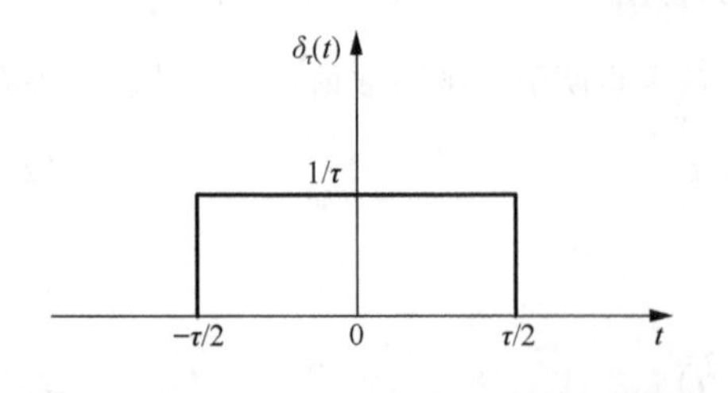

图2-8　宽为τ的单位面积矩形脉冲函数

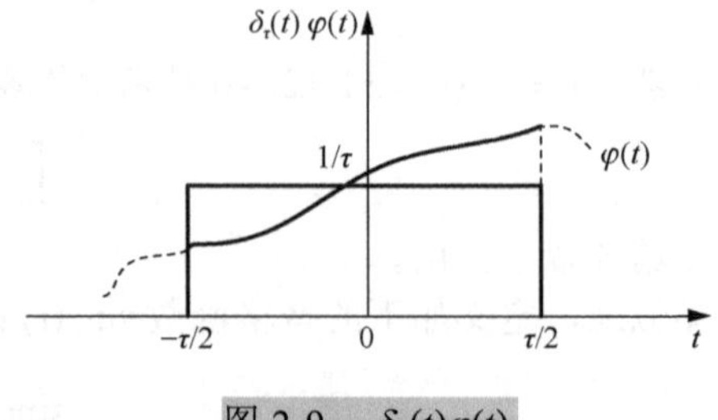

图2-9　$\delta_\tau(t)\varphi(t)$

$$A = \frac{1}{\tau}\int_{-\tau/2}^{\tau/2} \varphi(t)\mathrm{d}t \tag{2-19}$$

参考图 2-10 并设想矩形脉冲的宽度 $\tau \to 0$（相应地，矩形脉冲的高 $1/\tau \to +\infty$），这时上式的积分上下限均趋于同一个值 0。现在来计算面积 A，由于函数 $\varphi(t)$ 在 $t = 0$ 连续且幅值有限，当 $\tau \to 0$ 时，在整个积分区域 $(-\tau/2, \tau/2)$ 内 $\varphi(t) \to \varphi(0)$，这样式(2-19)变为

$$A = \frac{1}{\tau}\int_{-\tau/2}^{\tau/2} \varphi(0)\mathrm{d}t = \varphi(0)\frac{1}{\tau}\int_{-\tau/2}^{\tau/2} \mathrm{d}t = \varphi(0)\cdot\frac{1}{\tau}\cdot\tau = \varphi(0) \tag{2-20}$$

当 $\tau \to 0$ 时，矩形脉冲的高 $1/\tau \to +\infty$，但是矩形的面积保持不变。或者说，此时 $\delta_\tau(t)$ 只在 $t = 0$ 处有值且为无穷大。记 $\lim\limits_{\tau\to 0}\delta_\tau(t) = \delta(t)$，则直观地看有

$$\delta(t) = \begin{cases} +\infty, & t = 0 \\ 0, & t \neq 0 \end{cases} \tag{2-21}$$

但是在 $t = 0$ 时 $\delta(t)$ 取值为无穷大，这是一个很模糊的定义。考虑到矩形脉冲面积恒为 1，所以一个较严谨的定义为

$$\begin{cases} \int_{-\infty}^{+\infty} \delta(t)\mathrm{d}t = 1 \\ \delta(t) = 0, \quad \forall t \neq 0 \end{cases} \tag{2-22}$$

上式定义的 $\delta(t)$ 函数称为单位冲激函数，也称为狄拉克(Dirac)函数或 δ 函数。

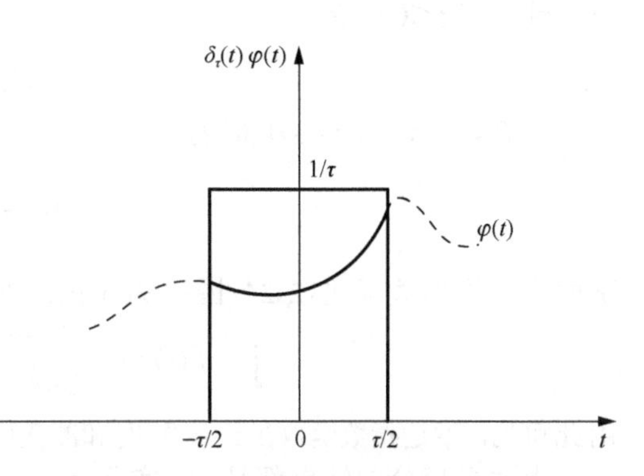

图 2-10　$\tau \to 0$ 时计算 $\delta_\tau(t)\varphi(t)$ 围成的面积

此外，由上面求 $\delta_\tau(t)\varphi(t)$ 的过程可知：

$$\int_{-\infty}^{+\infty} \delta(t)\varphi(t)\mathrm{d}t = \varphi(0) \tag{2-23}$$

由 $\varphi(t)$ 的任意性可知上式具有普遍性，这正是冲激函数的抽样性。

由推导冲激函数的定义过程可以看出，它仅仅是矩形脉冲函数的极限形式。其实有许多其他形状的脉冲函数，其极限都可以作为冲激函数的近似。图 2-11 所示的单位面积三角形脉冲即是一例。

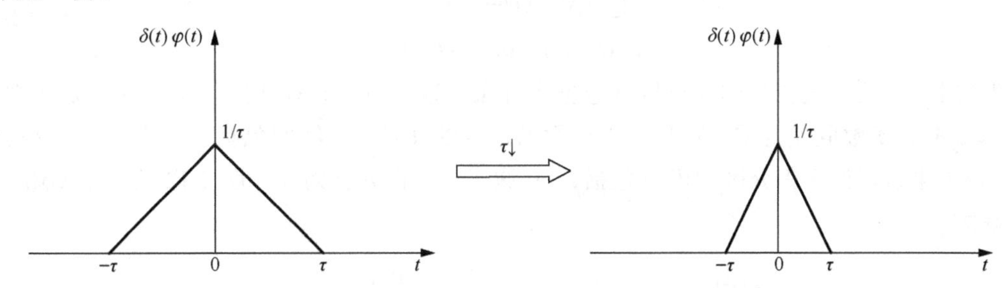

图 2-11　单位面积三角形脉冲作为冲激函数

下面再以双边指数函数为例来说明这一点。双边指数函数定义如下：

$$f(t) = \frac{1}{2\tau}\mathrm{e}^{-|t|/\tau} \tag{2-24}$$

现在来看 $\tau \to 0^+$ 时 $f(t)$ 的特点，分 $t = 0$ 和 $t \neq 0$ 两种情况讨论。

先研究 $t = 0$ 的情形。当 $t \to 0^+$ 和 $\tau \to 0^+$ 时，$-|t|/\tau = -t/\tau$ 是 0/0 型极限，显然极限为 −1。

同理可得当$t \to 0^-$和$\tau \to 0^+$时，$-|t|/\tau = t/\tau$的极限为1。因而当$t \to 0$时，双边指数函数(2-24)中的分子$\mathrm{e}^{-|t|/\tau}$总是有限的，而当$\tau \to 0^+$时，分母是无穷小的，故当$\tau \to 0^+$时双边指数函数趋于无穷大，即

$$\lim_{\tau \to 0^+} f(t) = +\infty, \quad t = 0 \tag{2-25}$$

再来研究$t \neq 0$的情形，此时分$t>0$和$t<0$两种情况讨论。设$t>0$，当$\tau \to 0^+$时，双边指数函数(2-24)是∞/∞型极限，运用洛必达法则有

$$\lim_{\tau \to 0^+} f(t) = 2\lim_{\tau \to 0^+} \frac{1/\tau}{\mathrm{e}^{t/\tau}} = 2\lim_{\tau \to 0^+} \frac{-1/\tau^2}{-t/\tau^2 \cdot \mathrm{e}^{t/\tau}} = 2\lim_{\tau \to 0^+} \frac{1}{t\mathrm{e}^{t/\tau}} = 0 \tag{2-26}$$

类似地，当$t<0$时有

$$\lim_{\tau \to 0^+} f(t) = 0 \tag{2-27}$$

综合以上，当$\tau \to 0^+$时有

$$f(t) = \begin{cases} +\infty, & t = 0 \\ 0, & t \neq 0 \end{cases} \tag{2-28}$$

下面求双边指数函数(2-24)围成的面积，即求以下积分：

$$\int_{-\infty}^{+\infty} f(t)\,\mathrm{d}t = \frac{1}{2\tau}\int_{-\infty}^{+\infty} \mathrm{e}^{-|t|/\tau}\mathrm{d}t = \frac{2}{2\tau}\int_{0}^{+\infty} \mathrm{e}^{-t/\tau}\mathrm{d}t = 1 \tag{2-29}$$

由此可见，双边指数函数在$\tau \to 0^+$时和冲激信号具有相同的性质，所以也可以定义为冲激函数。

上面求积分的结果都是1，实际上，如果$f(t)$满足以下条件：

$$\begin{cases} \int_{-\infty}^{+\infty} f(t)\mathrm{d}t = k \\ f(t) = 0, \quad \forall t \neq 0 \end{cases} \tag{2-30}$$

式中，k为任意非零常数，则认为$f(t) = k\delta(t)$。这里的k是冲激的强度。用箭头表示冲激信号，旁边标注的数字表示冲激的强度。带有负面积的冲激函数用向下的箭头表示。

类似地，为了描述在$t = t_0$处出现的冲激，可以定义如下的移位冲激函数$\delta(t - t_0)$：

$$\begin{cases} \int_{-\infty}^{+\infty} \delta(t - t_0)\mathrm{d}t = 1 \\ \delta(t - t_0) = 0, \quad \forall t \neq t_0 \end{cases} \tag{2-31}$$

事实上，只要上式左边的积分区间包括了冲激出现的时刻$t = t_0$这一点，等式总是成立的。因为$t \neq t_0$时，函数取值为零，对积分没有贡献，所以只要积分区间包括$t = t_0$这一点，积分就为1。反过来讲，如果积分区间没有包括$t = t_0$这一点，积分就为零。图2-12给出了$k\delta(t - t_0)$的示意图。

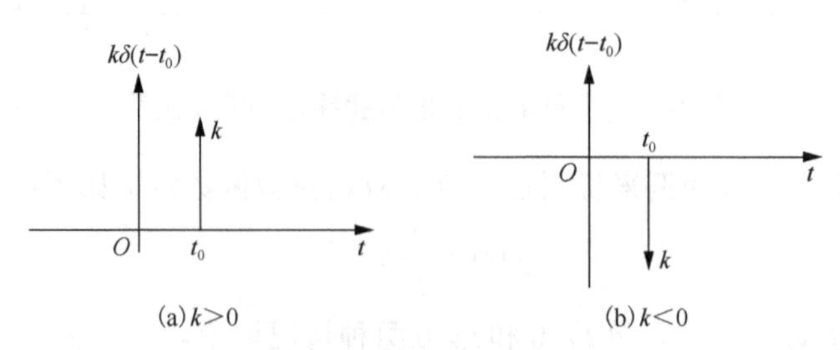

图 2-12　$k\delta(t - t_0)$示意图

冲激函数是一类脉冲函数的极限情况，如三角形脉冲、钟形脉冲等。当这些脉冲函数的宽度无限减小而脉冲面积保持不变时，它们均以冲激函数为极限。冲激函数是描述强度甚大、作用时间甚短的物理量的理想模型。

例 2-1　证明下式成立：

$$\lim_{\tau\to 0}\frac{\tau}{\pi(t^2+\tau^2)}=\delta(t) \tag{2-32}$$

证明：当 $t\neq 0$ 时有

$$\lim_{\tau\to 0}\frac{\tau}{\pi(t^2+\tau^2)}=\lim_{\tau\to 0}\frac{\tau}{\pi t^2}=0$$

当 $t=0$ 时有

$$\lim_{\tau\to 0}\frac{\tau}{\pi(t^2+\tau^2)}=\lim_{\tau\to 0}\frac{\tau}{\pi\tau^2}=\lim_{\tau\to 0}\frac{1}{\pi\tau}=+\infty$$

此外：

$$\int_{-\infty}^{+\infty}\lim_{\tau\to 0}\frac{\tau}{\pi(t^2+\tau^2)}\mathrm{d}t=\lim_{\tau\to 0}\int_{-\infty}^{+\infty}\frac{\tau}{\pi(t^2+\tau^2)}\mathrm{d}t=\lim_{\tau\to 0}\frac{1}{\pi\tau}\int_{-\infty}^{+\infty}\frac{1}{(t/\tau)^2+1}\mathrm{d}t$$

在上式右边中作变量代换：$\upsilon=t/\tau$，则 $\mathrm{d}t=\tau\mathrm{d}\upsilon$，上式变为

$$\int_{-\infty}^{+\infty}\lim_{\tau\to 0}\frac{\tau}{\pi(t^2+\tau^2)}\mathrm{d}t=\lim_{\tau\to 0}\frac{1}{\pi\tau}\int_{-\infty}^{+\infty}\frac{1}{\upsilon^2+1}\tau\mathrm{d}\upsilon=\lim_{\tau\to 0}\frac{1}{\pi}\int_{-\infty}^{+\infty}\frac{1}{\upsilon^2+1}\mathrm{d}\upsilon$$

进一步计算得

$$\int_{-\infty}^{+\infty}\lim_{\tau\to 0}\frac{\tau}{\pi(t^2+\tau^2)}\mathrm{d}t=\lim_{\tau\to 0}\frac{1}{\pi}\arctan\upsilon\Big|_{-\infty}^{+\infty}=\lim_{\tau\to 0}\frac{1}{\pi}\cdot\left[\frac{\pi}{2}-\left(-\frac{\pi}{2}\right)\right]=1$$

综合以上有

$$\begin{cases}\lim\limits_{\tau\to 0}\dfrac{\tau}{\pi(t^2+\tau^2)}=0, & t\neq 0\\ \lim\limits_{\tau\to 0}\dfrac{\tau}{\pi(t^2+\tau^2)}=+\infty, & t=0\\ \displaystyle\int_{-\infty}^{+\infty}\lim_{\tau\to 0}\frac{\tau}{\pi(t^2+\tau^2)}\mathrm{d}t=1\end{cases}$$

这表明 $\dfrac{\tau}{\pi(t^2+\tau^2)}$ 在 $\tau\to 0$ 时的极限表现为一个冲激函数。

事实上，式(2-23)从分配函数或广义函数的角度定义了 $\delta(t)$。分配函数或广义函数是指这类函数的定义不像普通函数那样由自变量在定义域内对应的函数值来定义，而是由它对一个称为检验函数的任意函数的作用效果来定义的。对检验函数的唯一要求是，它为任意选定的普通函数，在定义域内连续且具有任意阶导数。

可以视分配函数 $g(t)$ 对任意检验函数 $\varphi(t)$ 的作用效果为它对 $\varphi(t)$ 赋值，用数学关系式可表示为

$$<g(t),\varphi(t)>=R<\varphi(t)> \tag{2-33}$$

式中，< >表示赋值运算，$R<\varphi(t)>$表示仅仅与$\varphi(t)$有关的值。只要对同一个任意的检验函数产生相同的赋值，就认为施加的是同一个分配函数。式(2-23)定义的$\delta(t)$，它对任意检验函数$\varphi(t)$的赋值运算是它与$\varphi(t)$的乘积从$-\infty$到$+\infty$的积分，得到的赋值是$\varphi(0)$。对任意函数$\varphi(t)$，只要一个函数$g(t)$使得

$$\int_{-\infty}^{+\infty} g(t)\varphi(t)\mathrm{d}t=\varphi(t)|_{t=0}=\varphi(0) \tag{2-34}$$

就认为$g(t)$就是$\delta(t)$。

2.2.2 冲激信号的性质

从分配函数的角度，冲激函数$\delta(t)$的定义为：对任意普通函数$\varphi(t)$有

$$\int_{-\infty}^{+\infty}\delta(t)\varphi(t)\mathrm{d}t=\varphi(0) \tag{2-35}$$

下面从分配函数的角度来论述$\delta(t)$的主要性质。

1. 抽样性

在式(2-35)中取检验函数为$\varphi(t+t_0)$，则有

$$\int_{-\infty}^{+\infty}\delta(t)\varphi(t+t_0)\mathrm{d}t=\varphi(t+t_0)|_{t=0}=\varphi(t_0) \tag{2-36}$$

在上式中作变量代换$\tau=t+t_0$，则有$t=\tau-t_0$及$\mathrm{d}t=\mathrm{d}\tau$，上式变为

$$\int_{-\infty}^{+\infty}\delta(\tau-t_0)\varphi(\tau)\mathrm{d}\tau=\varphi(t_0) \tag{2-37}$$

这就得到了移位冲激函数$\delta(t-t_0)$的抽样性。

2. 与普通函数的乘积

普通函数与冲激函数的乘积依然为冲激函数，具体来说有

$$\delta(t-t_0)f(t)=\delta(t-t_0)f(t_0) \tag{2-38}$$

下面分别看上式左边和右边对任意检验函数$\varphi(t)$的作用效果。先看$\delta(t-t_0)f(t)$对任意检验函数$\varphi(t)$的作用效果：

$$\int_{-\infty}^{+\infty}\delta(t-t_0)f(t)\varphi(t)\mathrm{d}t=\int_{-\infty}^{+\infty}\delta(t-t_0)[f(t)\varphi(t)]\mathrm{d}t \tag{2-39}$$

上式等号右边可以视为$\delta(t-t_0)$对检验函数$f(t)\varphi(t)$的作用，所以有

$$\int_{-\infty}^{+\infty}\delta(t-t_0)f(t)\varphi(t)\mathrm{d}t=f(t)\varphi(t)|_{t=t_0}=f(t_0)\varphi(t_0) \tag{2-40}$$

再看$\delta(t-t_0)f(t_0)$对同一个检验函数$\varphi(t)$的作用效果：

$$\int_{-\infty}^{+\infty}\delta(t-t_0)f(t_0)\varphi(t)\mathrm{d}t=f(t_0)\int_{-\infty}^{+\infty}\delta(t-t_0)\varphi(t)\mathrm{d}t \tag{2-41}$$

考虑到式(2-37)，上式变为

$$\int_{-\infty}^{+\infty}\delta(t-t_0)f(t_0)\varphi(t)\mathrm{d}t=f(t_0)\varphi(t_0) \tag{2-42}$$

由此可见，$\delta(t-t_0)f(t)$和$\delta(t-t_0)f(t_0)$对任意检验函数$\varphi(t)$的赋值效果一样，故两者相等。

以上结果表明，$\delta(t-t_0)$乘以$f(t)$依然是一个冲激函数，冲激强度为$f(t)$在$t=t_0$时刻的取值$f(t_0)$。图2-13为示意图。

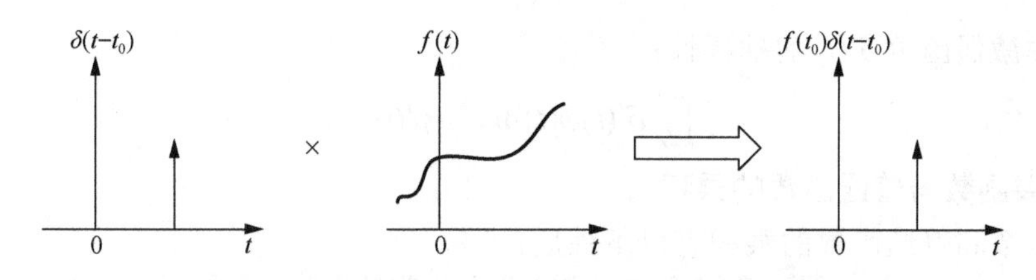

图 2-13　$\delta(t-t_0)f(t)$ 表现为一个强度为 $f(t_0)$ 的冲激 $f(t_0)\delta(t-t_0)$

3. 冲激函数是偶函数

式(2-43)显然成立：

$$\int_{-\infty}^{+\infty}\delta(-t)\varphi(t)\mathrm{d}t=\varphi(t)|_{-t=0}=\varphi(t)|_{t=0}=\varphi(0) \tag{2-43}$$

由此可见，$\delta(-t)$ 和 $\delta(t)$ 对任意检验函数的赋值效果一样，故两者相等，此即

$$\delta(t)=\delta(-t) \tag{2-44}$$

这表明冲激函数 $\delta(t)$ 是偶函数。

4. 尺度变换特性

尺度变换特性如下：

$$\delta(at)=\frac{1}{|a|}\delta(t) \tag{2-45}$$

证明：先设 $a>0$，令 $\tau=at$，则有 $t=\tau/a$ 及 $\mathrm{d}t=\mathrm{d}\tau/a$，上式变为

$$\int_{-\infty}^{+\infty}\delta(at)\varphi(t)\mathrm{d}t=\frac{1}{a}\int_{-\infty}^{+\infty}\delta(\tau)\varphi\left(\frac{\tau}{a}\right)\mathrm{d}\tau=\frac{1}{a}\varphi\left(\frac{\tau}{a}\right)\bigg|_{\tau=0}=\frac{\varphi(0)}{a} \tag{2-46}$$

而

$$\int_{-\infty}^{+\infty}\left[\frac{\delta(t)}{a}\right]\varphi(t)\mathrm{d}t=\frac{1}{a}\int_{-\infty}^{+\infty}\delta(\tau)\varphi(\tau)\mathrm{d}\tau=\frac{1}{a}\varphi(0) \tag{2-47}$$

式(2-46)和式(2-47)表明 $\delta(at)$ 和 $\delta(t)/a$ 对任意检验函数的作用一样，所以它们相等。

当 $a<0$ 时，同理可证。这个性质表明，如果时间尺度压缩 a 倍，则冲激强度变为原来的 $1/|a|$。

更一般地有

$$\delta(at+t_0)=\frac{1}{|a|}\delta\left(t+\frac{t_0}{a}\right) \tag{2-48}$$

证明：考虑到 $\delta(at+t_0)=\delta\left[a\left(t+\frac{t_0}{a}\right)\right]$，由尺度变换特性，式(2-45)变为

$$\delta(at+t_0)=\frac{1}{|a|}\delta\left(t+\frac{t_0}{a}\right)$$

5. 冲激偶函数 $\delta'(t)$

定义冲激函数 $\delta(t)$ 的一阶导数为冲激偶函数 $\delta'(t)$。$\delta'(t)$ 对任意检验函数 $\varphi(t)$ 的作用为

$$\int_{-\infty}^{+\infty}\delta'(t)\varphi(t)\mathrm{d}t=\int_{-\infty}^{+\infty}\varphi(t)\mathrm{d}\delta(t)=\varphi(t)\delta(t)\Big|_{-\infty}^{+\infty}-\int_{-\infty}^{+\infty}\delta(t)\varphi'(t)\mathrm{d}t=-\int_{-\infty}^{+\infty}\delta(t)\varphi'(t)\mathrm{d}t \tag{2-49}$$

式(2-49)最后一步考虑到 $t\neq 0$ 时 $\delta(t)=0$。根据分配函数的定义式(2-35)，式(2-49)变为

$$\int_{-\infty}^{+\infty}\delta'(t)\varphi(t)\mathrm{d}t=-\int_{-\infty}^{+\infty}\delta(t)\varphi'(t)\mathrm{d}t=-\varphi'(0) \tag{2-50}$$

这就得到了冲激偶函数 $\delta'(t)$ 的抽样性：

$$\int_{-\infty}^{+\infty}\delta'(t)\varphi(t)\mathrm{d}t=-\varphi'(0) \tag{2-51}$$

6. 冲激偶函数与普通函数的乘积

冲激偶函数和普通函数的乘积有以下性质：

$$\delta'(t)f(t)=f(0)\delta'(t)-f'(0)\delta(t) \tag{2-52}$$

证明：分别看式(2-52)等号左边和右边对任意检验函数 $\varphi(t)$ 的作用效果。先看 $\delta'(t)f(t)$ 的作用效果：

$$\int_{-\infty}^{+\infty}\delta'(t)f(t)\varphi(t)\mathrm{d}t=\int_{-\infty}^{+\infty}\delta'(t)[f(t)\varphi(t)]\mathrm{d}t \tag{2-53}$$

式(2-53)等号右边可以看作 $\delta'(t)$ 对检验函数 $f(t)\varphi(t)$ 的作用，所以式(2-53)变为

$$\int_{-\infty}^{+\infty}\delta'(t)f(t)\varphi(t)\mathrm{d}t=-[f(t)\varphi(t)]'\big|_{t=0}=-f'(0)\varphi(0)-f(0)\varphi'(0) \tag{2-54}$$

再看 $f(0)\delta'(t)-f'(0)\delta(t)$ 对同一个检验函数 $\varphi(t)$ 的作用效果：

$$\int_{-\infty}^{+\infty}[f(0)\delta'(t)-f'(0)\delta(t)]\varphi(t)\mathrm{d}t=\int_{-\infty}^{+\infty}f(0)\delta'(t)\,\varphi(t)\mathrm{d}t-\int_{-\infty}^{+\infty}f'(0)\delta(t)\,\varphi(t)\mathrm{d}t$$

进一步整理得

$$\int_{-\infty}^{+\infty}[f(0)\delta'(t)-f'(0)\delta(t)]\varphi(t)\mathrm{d}t=\int_{-\infty}^{+\infty}\delta'(t)[f(0)\varphi(t)]\mathrm{d}t-\int_{-\infty}^{+\infty}\delta(t)[f'(0)\varphi(t)]\mathrm{d}t$$

利用冲激函数和冲激偶函数的抽样性，上式变为

$$\begin{aligned}&\int_{-\infty}^{+\infty}[f(0)\delta'(t)-f'(0)\delta(t)]\varphi(t)\mathrm{d}t\\&=-[f(0)\varphi(t)]'\big|_{t=0}-[f'(0)\varphi(t)]\big|_{t=0}\\&=-f(0)\varphi'(0)-f'(0)\varphi(0)\end{aligned} \tag{2-55}$$

以上表明，$\delta'(t)f(t)$ 和 $f(0)\delta'(t)-f'(0)\delta(t)$ 对任意检验函数的作用一样，所以两者相等。

例 2-2　求解下列问题：

(1) $\int_{-\infty}^{+\infty}\frac{\sin(3t)}{t}\delta(t)\mathrm{d}t$

(2) $\int_{-\infty}^{+\infty}(3t+1)\delta(t-1)\mathrm{d}t$

(3) $\int_{-1}^{3}\mathrm{e}^{-2t}\delta(t-1.5)\mathrm{d}t$

(4) $\int_{0}^{+\infty}4t^2\delta(t+1)\mathrm{d}t$

(5) 化简 $4t^2\delta(2t-4)$

(6) $\int_{-4}^{2}\cos(2\pi t)\,\delta(2t+1)\mathrm{d}t$

解：(1) 由冲激函数的抽样性得

$$\int_{-\infty}^{+\infty}\frac{\sin(3t)}{t}\,\delta(t)\mathrm{d}t=\left.\frac{\sin(3t)}{t}\right|_{t=0}$$

上式等号右边运用洛必达法则得

$$\int_{-\infty}^{+\infty}\frac{\sin(3t)}{t}\delta(t)\mathrm{d}t=\left.\frac{\sin(3t)}{t}\right|_{t=0}=3\cos(3t)\big|_{t=0}=3$$

(2) $\int_{-\infty}^{+\infty}(3t+1)\delta(t-1)\mathrm{d}t=(3t+1)|_{t=1}=4$。

(3) 积分区间包括 $\delta(t-1.5)$ 的非零点(奇异点) $t=1.5$，所以

$$\int_{-1}^{3}\mathrm{e}^{-2t}\delta(t-1.5)\mathrm{d}t=\mathrm{e}^{-2t}|_{t=1.5}=\mathrm{e}^{-3}$$

(4) 积分中的冲激出现在 $t=-1$ 处，它位于积分区域之外，所以所求积分值为 0。

(5) 由尺度变换特性得

$$\delta(2t-4)=0.5\delta(t-2)$$

再由冲激函数的抽样性得

$$4t^2\delta(2t-4)=4t^2\times0.5\delta(t-2)=8\delta(t-2)$$

(6) 由尺度变换特性得

$$\delta(2t+1)=0.5\delta(t+0.5)$$

从而

$$\int_{-4}^{2}\cos(2\pi t)\delta(2t+1)\mathrm{d}t=\int_{-4}^{2}\cos(2\pi t)\times0.5\delta(t+0.5)\mathrm{d}t$$

上式等号右边的积分区间包括 $\delta(t+0.5)$ 的非零点，所以

$$\int_{-4}^{2}\cos(2\pi t)\delta(2t+1)\mathrm{d}t=0.5\cos(2\pi t)|_{t=-0.5}=-0.5$$

2.3　阶 跃 信 号

单位阶跃函数 $u(t)$ 定义为

$$u(t)=\begin{cases}1, & t>0\\0, & t<0\end{cases}\tag{2-56}$$

在 $t=0$ 处，函数不连续，存在跳变。显然，$u(0^-)=0$ 及 $u(0^+)=1$。$t=0$ 处的函数值没有定义，有些教材定义为1，也有些教材定义为0.5。阶跃信号常用来描述有突变的信号或分段函数。

显然，$u(t)$ 右移 t_0 得到的信号为

$$u(t-t_0)=\begin{cases}1, & t>t_0\\0, & t<t_0\end{cases}\tag{2-57}$$

图 2-14 为 $u(t)$ 和 $u(t-t_0)$ 的示意图。由 $u(t-t_0)$ 的定义可知 $u[-(t-t_0)]$ 的定义为

$$u[-(t-t_0)]=\begin{cases}1, & t<t_0\\0, & t>t_0\end{cases}\tag{2-58}$$

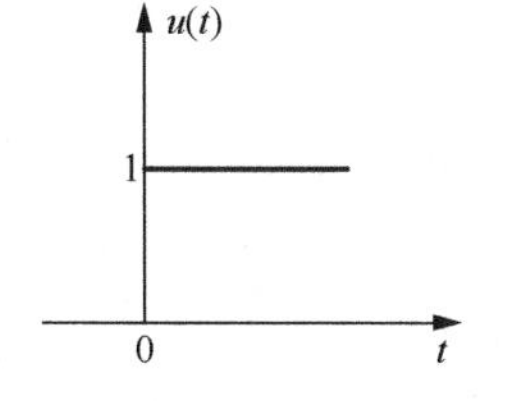

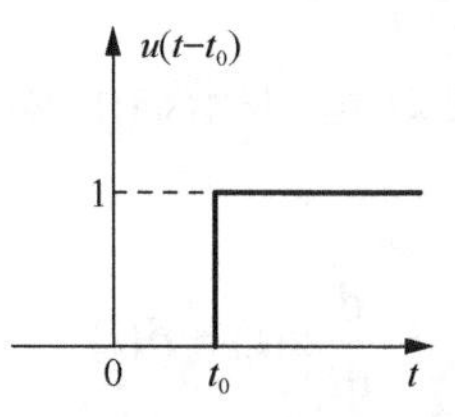

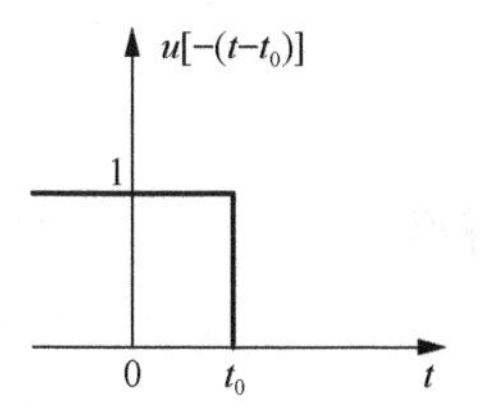

图 2-14　$u(t)$、$u(t-t_0)$ 和 $u[-(t-t_0)]$

由图 2-14 可以看出 $u(t-t_0)+u\left[-(t-t_0)\right]=1$，所以有

$$u\left[-(t-t_0)\right]=1-u(t-t_0) \tag{2-59}$$

设想在 $t=t_0$ 时刻对一个系统施加激励信号 $x(t)$，则 $x(t)u(t-t_0)$ 就可描述对系统起作用的实际激励。$x(t)u(t-t_0)$ 把 $x(t)$ 在 t_0 之前的值全部剔除，如图 2-15 所示。

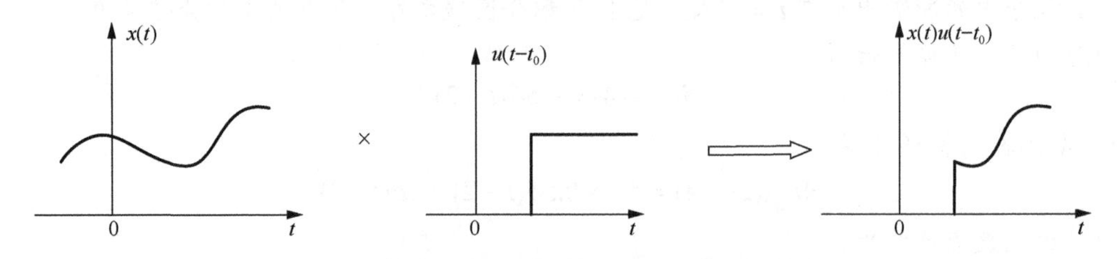

图 2-15　$x(t)$ 和 $u(t-t_0)$ 的乘积 $x(t)u(t-t_0)$

现在考虑图 2-16(a) 所示的函数波形 $x(t)$。$t\leqslant-\tau/2$ 时，$x(t)$ 恒为 0，在 $(-\tau/2,\tau/2)$ 内函数值从 0 按线性规律逐渐增加到稳定值 1，$t>\tau/2$ 后保持为 1 不变。显然 $x(t)$ 是一个连续函数，导数存在，且在 $(-\tau/2,\tau/2)$ 内 $x'(t)=1$，在其他区间 $x'(t)=0$。$x'(t)$ 的波形如图 2-16(b) 所示，为一个矩形，且具有单位面积。由引出 $\delta(t)$ 的过程可知，随着 $\tau\to0$ 有 $x'(t)\to\delta(t)$；与此同时，$x(t)\to u(t)$，此过程如图 2-16(c) 和 (d) 所示。

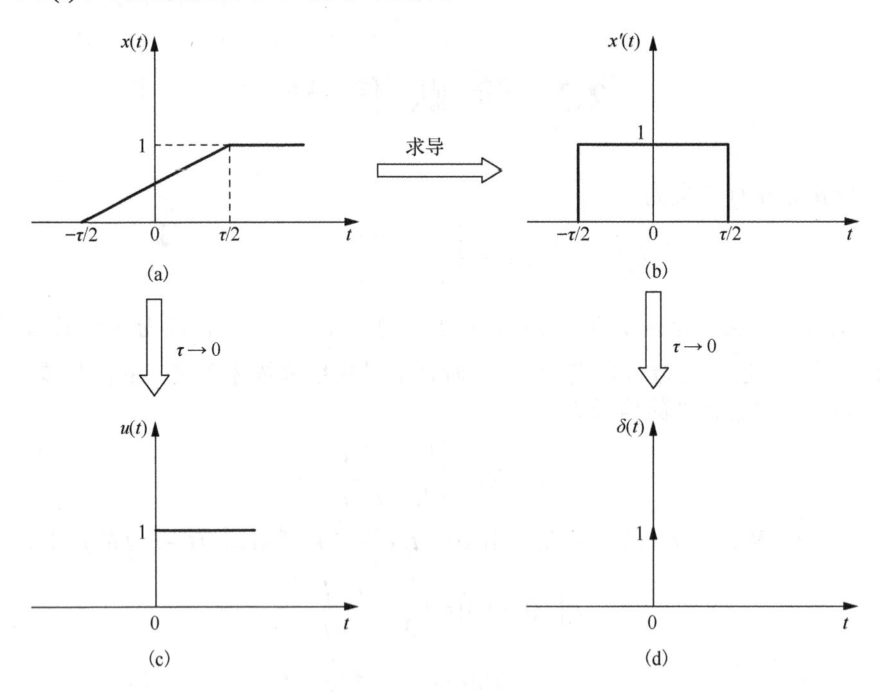

图 2-16　图示 $u'(t)=\delta(t)$

由此可得

$$\frac{\mathrm{d}}{\mathrm{d}t}u(t)=\delta(t) \tag{2-60}$$

这表明 $u(t)$ 的导数是 $\delta(t)$。类似地有

$$\frac{\mathrm{d}}{\mathrm{d}t}u(t-t_0)=\delta(t-t_0) \tag{2-61}$$

一个普通函数 $x(t)$ 和阶跃函数 $u(t-t_0)$ 乘积的结果是，保持了 $x(t)$ 在 $t>t_0$ 之后的值，而屏蔽了 $t<t_0$ 之前的值，所以 $u(t-t_0)$ 相当于一个在 $t=t_0$ 时闭合的开关。由阶跃函数可以构成以下常用的分段线性函数。

1. 单位斜坡函数 $r(t)$

单位斜坡函数 $r(t)$ 定义为

$$r(t)=t\,u(t)=\begin{cases}t, & t>0\\ 0, & t<0\end{cases} \tag{2-62}$$

其示意图如图 2-17 所示。

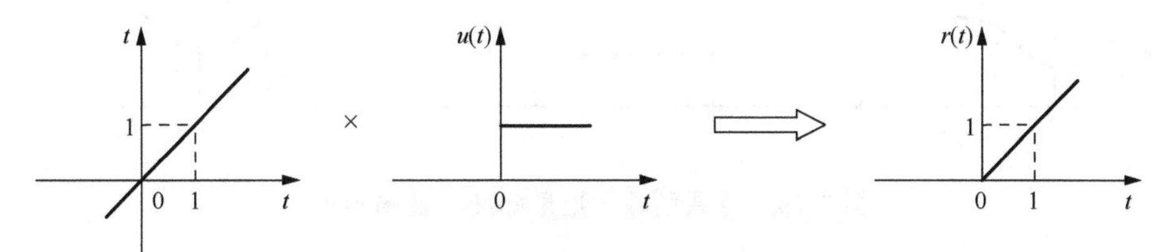

图 2-17　单位斜坡函数 $r(t)=tu(t)$

2. 符号函数 sgn(t)

符号函数 $\mathrm{sgn}(t)$ 定义为

$$\mathrm{sgn}(t)=\begin{cases}+1, & t>0\\ -1, & t<0\end{cases} \tag{2-63}$$

参考图 2-18，很容易验证式(2-64)成立：

$$\mathrm{sgn}(t)=u(t)-u(-t) \tag{2-64}$$

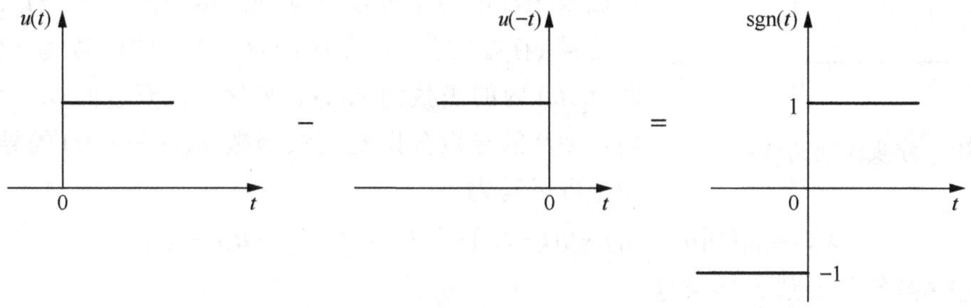

图 2-18　符号函数 $\mathrm{sgn}(t)=u(t)-u(-t)$

3. 矩形脉冲函数 rect(t)

矩形脉冲函数定义为

$$\mathrm{rect}(t)=u(t+0.5)-u(t-0.5)=\begin{cases}1, & |t|<0.5\\ 0, & |t|>0.5\end{cases} \tag{2-65}$$

由 $\mathrm{rect}(t)$ 的定义可以看出，它实际上定义了一个宽度为1的关于纵轴对称的矩形脉冲。而 $\mathrm{rect}(t/\tau)$ 就定义了一个宽度为 τ 的矩形脉冲，其数学表达式为

$$\operatorname{rect}(t/\tau)=u(t+0.5\tau)-u(t-0.5\tau)=\begin{cases}1, & |t|<0.5\tau\\ 0, & |t|>0.5\tau\end{cases} \tag{2-66}$$

设 $t_1<t_2$，$t_1\leqslant t\leqslant t_2$ 区间内的矩形脉冲用 $\operatorname{rect}(t)$ 函数可以写为

$$u(t-t_1)-u(t-t_2)=\operatorname{rect}\left\{\frac{t-0.5(t_1+t_2)}{t_2-t_1}\right\} \tag{2-67}$$

任何一个函数 $x(t)$ 乘以 $u(t-t_1)-u(t-t_2)$ 的结果是，截取了 $x(t)$ 在 $t_1\leqslant t\leqslant t_2$ 区间内的值，而滤掉了这个区间外的值，这个过程如图 2-19 所示。

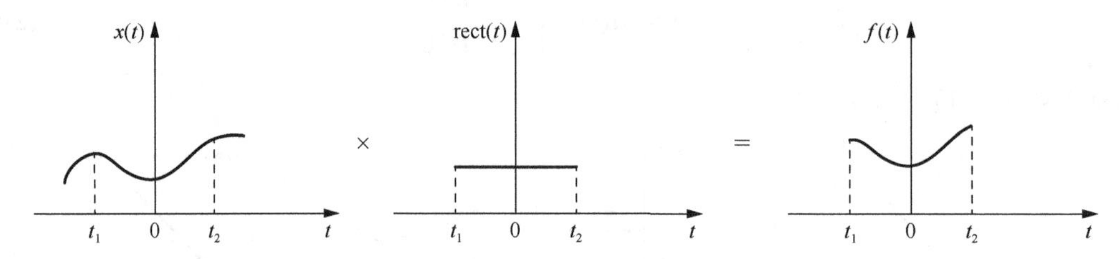

图 2-19　普通函数和矩形脉冲函数的乘积

4. 三角脉冲函数 tri(t)

三角脉冲函数 $\operatorname{tri}(t)$ 定义为

$$\operatorname{tri}(t)=(1-|t|)[u(t+1)-u(t-1)]=\begin{cases}1-|t|, & |t|\leqslant 1\\ 0, & |t|>1\end{cases} \tag{2-68}$$

由前面的叙述可以看出，借助阶跃函数很容易描述带有突变的信号，这类信号的导数必然包括冲激函数。以下说明分段连续的信号在跳变处的导数为一个冲激函数，其强度等于函数值在跳变点左右的跳变量。参照图 2-20，这里假设 $x(t)$ 由两个分段连续的函数组成，在 $t=t_1$、t_2 和 t_3 处不连续（存在跳变），在区间 (t_1,t_2) 内的函数为 $x_1(t)$，在区间 (t_2,t_3) 内的函数为 $x_2(t)$。显然，在开区间 (t_1,t_2) 和 (t_2,t_3) 内，$x(t)$ 的导数分别是连续函数 $x_1(t)$ 和 $x_2(t)$ 的导数。显然 $x(t)$ 可以写为

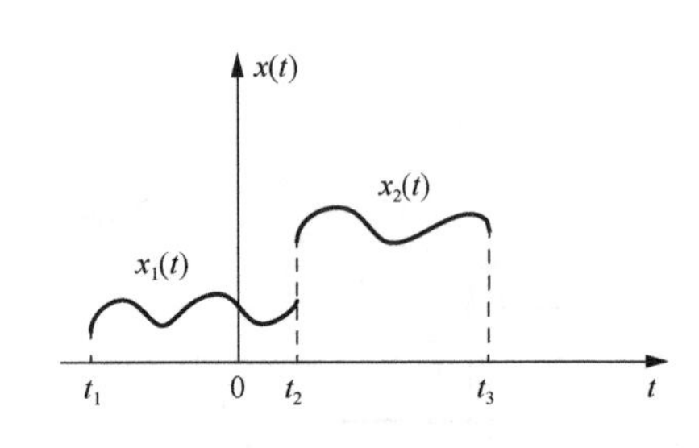

图 2-20　分段连续的函数

$$x(t)=x_1(t)[u(t-t_1)-u(t-t_2)]+x_2(t)[u(t-t_2)-u(t-t_3)] \tag{2-69}$$

对式 (2-69) 等号右边直接求导得

$$\begin{aligned}\frac{\mathrm{d}}{\mathrm{d}t}x(t)=&\frac{\mathrm{d}x_1(t)}{\mathrm{d}t}[u(t-t_1)-u(t-t_2)]+x_1(t)\frac{\mathrm{d}}{\mathrm{d}t}[u(t-t_1)-u(t-t_2)]\\&+\frac{\mathrm{d}x_2(t)}{\mathrm{d}t}[u(t-t_2)-u(t-t_3)]+x_2(t)\frac{\mathrm{d}}{\mathrm{d}t}[u(t-t_2)-u(t-t_3)]\end{aligned} \tag{2-70}$$

考虑到阶跃函数的导数为冲激函数，即式 (2-61)，式 (2-70) 变为

$$\begin{aligned}\frac{\mathrm{d}}{\mathrm{d}t}x(t)=&\frac{\mathrm{d}x_1(t)}{\mathrm{d}t}[u(t-t_1)-u(t-t_2)]+x_1(t)[\delta(t-t_1)-\delta(t-t_2)]\\&+\frac{\mathrm{d}x_2(t)}{\mathrm{d}t}[u(t-t_2)-u(t-t_3)]+x_2(t)[\delta(t-t_2)-\delta(t-t_3)]\end{aligned} \tag{2-71}$$

整理得

$$\frac{\mathrm{d}}{\mathrm{d}t}x(t)=\frac{\mathrm{d}x_1(t)}{\mathrm{d}t}[u(t-t_1)-u(t-t_2)]+\frac{\mathrm{d}x_2(t)}{\mathrm{d}t}[u(t-t_2)-u(t-t_3)] \\ +x_1(t_1)\delta(t-t_1)+[x_2(t_2)-x_1(t_2)]\delta(t-t_2)-x_2(t_3)\delta(t-t_3) \tag{2-72}$$

显然，上式等号右端前两项分别为开区间 (t_1,t_2) 和 (t_2,t_3) 内 $x(t)$ 的导数 $x_1'(t)$ 和 $x_2'(t)$。后三项为三个冲激信号，冲激出现在 $x(t)$ 的不连续处，冲激的强度为函数的跳变值。在 $t=t_1$ 处，$x(t)$ 由零跳变为 $x_1(t_1)$，跳变量为两者之差 $x_1(t_1)-0=x_1(t_1)$；在 $t=t_2$ 处，$x(t)$ 由 $x_1(t_2)$ 跳变为 $x_2(t_2)$，跳变量为 $x_2(t_2)-x_1(t_2)$；在 $t=t_3$ 处，$x(t)$ 由 $x_2(t_3)$ 跳变为零，跳变量为两者之差 $0-x_2(t_3)=-x_2(t_3)$。这三个值就是三个冲激函数各自的冲激强度。

这就给出了求任意信号 $x(t)$ 的广义导数的简单规则。对于 $x(t)$ 的分段连续部分，可以求出普通意义上的导数；而在 $x(t)$ 的每个跳变点处 $t=t_0$，求导的结果是一个冲激函数，强度等于在跳变点 $t=t_0$ 处函数值的跳变量 $x(t_0^+)-x(t_0^-)$。例如，$x(t)=au(t-t_0)-bu(t-t_1)$ 的导数可由 $x'(t)=a\delta(t-t_0)-b\delta(t-t_1)$ 表示。它描述了两个强度分别为 a 和 $-b$ 的冲激函数，它们分别是位于 $t=t_0$ 和 $t=t_1$ 处的跳变。

此外，冲激函数和阶跃函数有如下关系：

$$u(t)=\int_{-\infty}^{t}\delta(\tau)\mathrm{d}\tau \tag{2-73}$$

当 $t>0$ 时，上式等号右端 $t=0$ 处的冲激在积分区域内，从而积分为 1，等式成立；当 $t<0$ 时，上式等号右端 $t=0$ 处的冲激在积分区域之外，从而积分为 0，等式也成立。更一般地有

$$u(t-t_0)=\int_{-\infty}^{t-t_0}\delta(\tau)\mathrm{d}\tau \tag{2-74}$$

例 2-3　求下列带有跳变信号的导数。

(1) $x_1(t)$ 的波形图如图 2-21 所示，写出其函数表达式，求其导数。

(2) 求 $x_2(t)=\mathrm{e}^{-2t}u(t-2)+0.01\mathrm{e}^{t}u(2-t)$ 的导数。$x_2(t)$ 的波形图如图 2-22 所示。

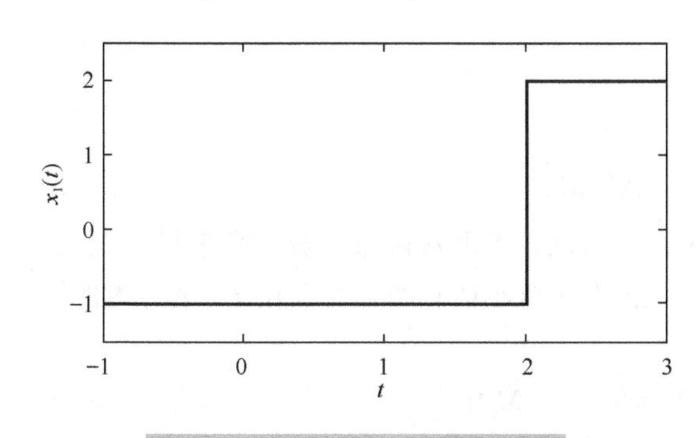

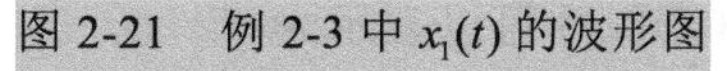
图 2-21　例 2-3 中 $x_1(t)$ 的波形图

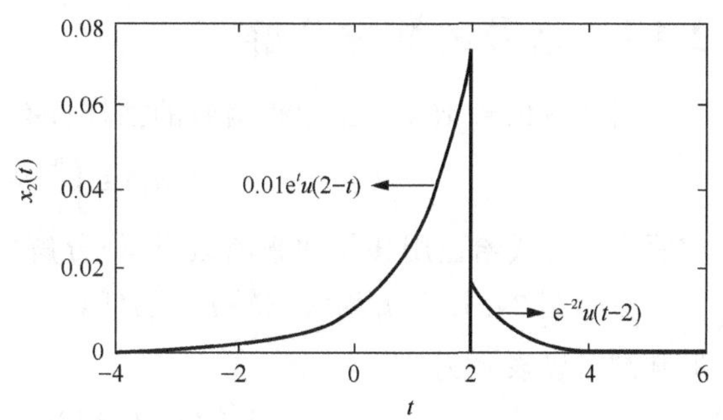

图 2-22　例 2-3 中 $x_2(t)$ 的波形图

解：(1) 显然 $x_1(t)=2u(t-2)-u(2-t)$。直接对 $x_1(t)$ 求导得

$$x_1'(t)=2[u(t-2)]'-u[(2-t)]'=2\delta(t-2)-[-\delta(2-t)]=2\delta(t-2)+\delta(2-t)$$

因为冲激函数是偶函数，所以上式变为

$$x_1'(t)=3\delta(t-2)$$

另外一种思路是，先对 $x_1(t)$ 连续的区域求普通意义上的导数，显然在此区域的导数为 0；$x_1(t)$ 的函数值在 $t=2$ 处有跳变，此处的导数为冲激函数，冲激强度为幅度的跳变值 $x_1(2^+)-x_1(2^-)=2-(-1)=3$，从而 $x_1'(t)=3\delta(t-2)$。

(2) 直接对 $x_2(t)=\mathrm{e}^{-2t}u(t-2)+0.01\mathrm{e}^{t}u(2-t)$ 求导得

$$\begin{aligned}x_2'(t)&=(\mathrm{e}^{-2t})'u(t-2)+\mathrm{e}^{-2t}[u(t-2)]'+0.01(\mathrm{e}^{t})'u(2-t)+0.01\mathrm{e}^{t}[u(2-t)]'\\&=-2\mathrm{e}^{-2t}u(t-2)+\mathrm{e}^{-2t}\delta(t-2)+0.01\mathrm{e}^{t}u(2-t)-0.01\mathrm{e}^{t}\delta(2-t)\\&=-2\mathrm{e}^{-2t}u(t-2)+0.01\mathrm{e}^{t}u(2-t)+[\mathrm{e}^{-2t}\big|_{t=2}-0.01\mathrm{e}^{t}\big|_{t=2}]\delta(t-2)\\&=-2\mathrm{e}^{-2t}u(t-2)+0.01\mathrm{e}^{t}u(2-t)+(\mathrm{e}^{-4}-0.01\mathrm{e}^{2})\delta(t-2)\end{aligned}$$

式中，$[u(2-t)]'$ 的求解过程如下：令 $\tau=2-t$，显然 $\mathrm{d}\tau/\mathrm{d}t=-1$，由导数的链式法则并考虑到冲激函数是偶函数，有

$$[u(2-t)]'=\frac{\mathrm{d}u(\tau)}{\mathrm{d}\tau}\cdot\frac{\mathrm{d}\tau}{\mathrm{d}t}=\delta(\tau)\cdot(-1)=-\delta(2-t)=-\delta(t-2)$$

另外一种思路是，直接对 $x_2(t)$ 连续区域求普通意义上的导数得

$$x_2'(t)=0.01\mathrm{e}^{t}u(2-t)-2\mathrm{e}^{-2t}u(t-2)=\begin{cases}-2\mathrm{e}^{-2t}, & t>2\\0.01\mathrm{e}^{t}, & t<2\end{cases}$$

$x_2(t)$ 的函数值在 $t=2$ 处有跳变，此处的导数是一个冲激函数，冲激强度为函数幅度的跳变值 $x_2(2^+)-x_2(2^-)=\mathrm{e}^{-4}-0.01\mathrm{e}^{2}$，所以

$$x_2'(t)=0.01\mathrm{e}^{t}u(2-t)-2\mathrm{e}^{-2t}u(t-2)+(\mathrm{e}^{-4}-0.01\mathrm{e}^{2})\delta(t-2)$$

2.4　信号的分解

2.4.1　信号的脉冲分解

对任意信号 $x(t)$，由冲激函数的抽样性有

$$x(t)=\int_{-\infty}^{+\infty}\delta(t-\tau)x(\tau)\mathrm{d}\tau \tag{2-75}$$

实际上，上式给出用移位冲激函数表示(分解) $x(t)$ 的方法。下面从函数积分的角度推导该式。

参考图 2-23，设 t_i 为时间轴 t 上的任意一点，Δt_i 为任意小的正数，则在 $(t_i,t_i+\Delta t_i)$ 内的矩形脉冲可以表示为

$$\tilde{x}(t_i)=x(t_i)[u(t-t_i)-u(t-t_i-\Delta t_i)] \tag{2-76}$$

下一个脉冲从 $t_{i+1}=t_i+\Delta t_i$ 开始，在 $t_{i+1}+\Delta t_{i+1}$ 处结束，这个脉冲可以表示为

$$\tilde{x}(t_{i+1})=x(t_{i+1})[u(t-t_{i+1})-u(t-t_{i+1}-\Delta t_{i+1})] \tag{2-77}$$

由此可以看出，在整个时间轴 t 上，这些矩形脉冲组成的函数 $\tilde{x}(t)$ 可以表示为

$$\tilde{x}(t)=\sum_{i=-\infty}^{+\infty}\tilde{x}(t_i)=\sum_{i=-\infty}^{+\infty}x(t_i)[u(t-t_i)-u(t-t_i-\Delta t_i)] \tag{2-78}$$

对任意 i，当 $\Delta t_i\to 0$ 时，上式变为极限形式：

$$\begin{aligned}\lim_{\Delta t_i\to 0}\tilde{x}(t)&=\lim_{\Delta t_i\to 0}\sum_{i=-\infty}^{+\infty}x(t_i)[u(t-t_i)-u(t-t_i-\Delta t_i)]\\&=\sum_{i=-\infty}^{+\infty}x(t_i)\left[\lim_{\Delta t_i\to 0}\frac{u(t-t_i)-u(t-t_i-\Delta t_i)}{\Delta t_i}\right]\Delta t_i\\&=\sum_{i=-\infty}^{+\infty}x(t_i)\left[\frac{\mathrm{d}}{\mathrm{d}t}u(t-t_i)\right]\Delta t_i\end{aligned}\tag{2-79}$$

由于阶跃函数的导数是冲激函数，上式变为

$$\lim_{\Delta t_i\to 0}\tilde{x}(t)=\lim_{\Delta t_i\to 0}\sum_{i=-\infty}^{+\infty}x(t_i)\delta(t-t_i)\Delta t_i\tag{2-80}$$

记 $\lambda(\varDelta)=\max(\Delta t_i)$，对任意 i，当 $\Delta t_i\to 0$ 时，$\lambda(\varDelta)\to 0$，由 t_i 及 Δt_i 的任意性，上式等号右边变为积分，此时 $\tilde{x}(t)$ 变为 $x(t)$，所以有

$$x(t)=\int_{-\infty}^{+\infty}x(\tau)\delta(t-\tau)\mathrm{d}\tau\tag{2-81}$$

对固定的 t，$\delta(t-\tau)$ 是一个以 τ 为时间轴，在 $\tau=t$ 处的单位冲激函数。上式把 $x(t)$ 表示成加权移位冲激函数 $x(\tau)\delta(t-\tau)$ 的积分。这就是信号的脉冲分解形式。普通函数的这种表示(分解)法，在下一章研究线性时不变系统对任意激励信号的响应时非常有用。

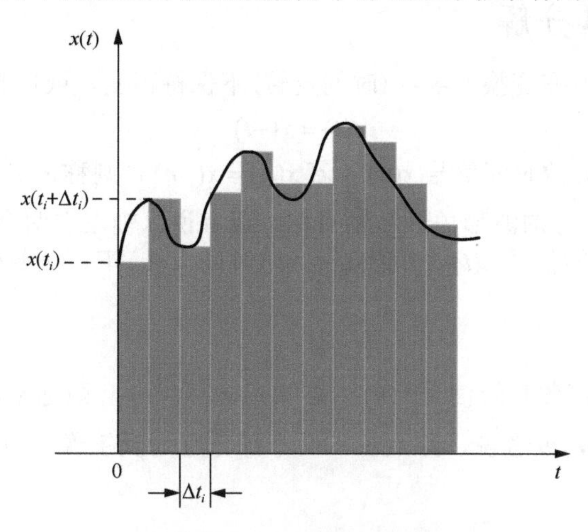

图 2-23　信号的脉冲分解

参考图 2-24，考虑 $t_i+\Delta t$ 时刻出现的阶跃，显然阶跃的幅度为 $x(t_i+\Delta t)-x(t_i)$，所以该阶跃表示为

$$[x(t_i+\Delta t)-x(t_i)]u[t-(t_i+\Delta t)]$$

$x(t)$ 可以表示为图 2-23 中所有的阶跃之和，从而有

$$x(t)\approx\sum_i[x(t_i+\Delta t)-x(t_i)]u[t-(t_i+\Delta t)]\tag{2-82}$$

进行简单的数学处理得

$$x(t)\approx\sum_i\frac{x(t_i+\Delta t)-x(t_i)}{\Delta t}u[t-(t_i+\Delta t)]\Delta t\tag{2-83}$$

当 $\Delta t\to 0$ 时，这种表示是精确的，此时对上式取极限得

$$x(t)=\int_{-\infty}^{+\infty} f'(\tau)u(t-\tau)\mathrm{d}\tau \tag{2-84}$$

这就把任意信号用阶跃信号表示为积分的形式，只不过这种表示在信号与系统分析中意义不大，也极少使用。

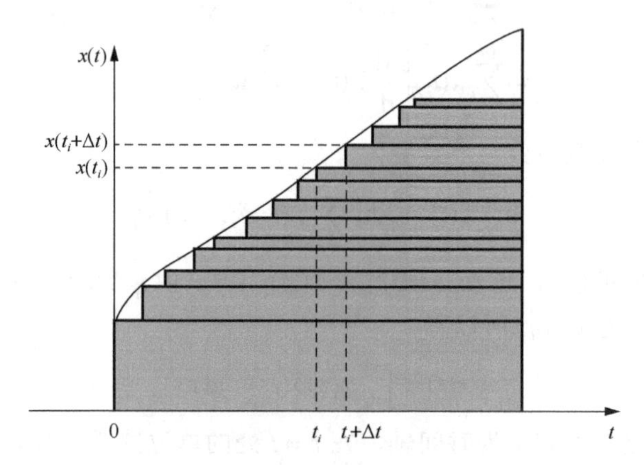

图 2-24　信号的阶跃分解

2.4.2　信号的奇偶分解

若连续时间信号 $x(t)$ 在变换 $t \to -t$ (时间反转)下保持不变，或用数学关系式表示为

$$x(t)=x(-t) \tag{2-85}$$

则称 $x(t)$ 是**偶信号**。对离散时间信号 $x(n)$，若 $x(n)=x(-n)$，则称 $x(n)$ 是偶序列。偶信号实例如图 2-25(a)所示。偶信号的波形关于纵轴对称，或者说纵轴左右两个部分互为镜像。

类似地，若连续时间信号 $x(t)$ 在变换 $t \to -t$ (时间反转)下，函数值变为相反数，或用数学关系式表示为

$$x(t)=-x(-t) \tag{2-86}$$

则称 $x(t)$ 是**奇信号**。对离散时间信号 $x(n)$，若 $x(n)=-x(-n)$，则称 $x(n)$ 是奇序列。奇信号的波形关于纵坐标反对称，或者说，原点左右两个部分互为反镜像。奇信号实例如图 2-25(b)所示。

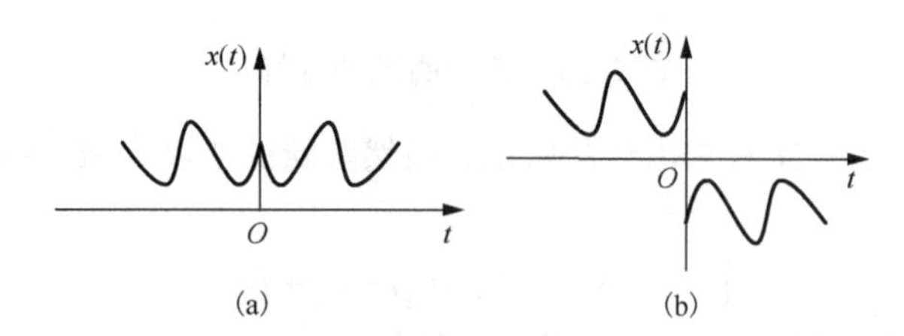

图 2-25　偶信号与奇信号

任意一个信号 $x(t)$ 可以分解为偶信号和奇信号之和：

$$x(t)=x_{\mathrm{e}}(t)+x_{\mathrm{o}}(t) \tag{2-87}$$

式中，$x_{\mathrm{e}}(t)$ 和 $x_{\mathrm{o}}(t)$ 分别为偶分量和奇分量，下标“e”和“o”分别代表“even”（“偶数”之意）“odd”（“奇数”之意），且分别为

$$x_{\mathrm{e}}(t)=\frac{x(t)+x(-t)}{2} \tag{2-88}$$

$$x_{\mathrm{o}}(t)=\frac{x(t)-x(-t)}{2} \tag{2-89}$$

很容易依据偶信号、奇信号的定义验证以上结论。显然偶信号只有偶分量；奇信号只有奇分量。偶信号和奇信号之和为奇信号；偶信号和奇信号之积为奇信号。

2.4.3 信号的实部和虚部

设复信号 $x(t)$ 的实部和虚部分别为 $a(t)$ 和 $b(t)$，则 $x(t)$ 的数学表示式为

$$x(t)=a(t)+\mathrm{j}b(t) \tag{2-90}$$

$x(t)$ 的模 $|x(t)|$ 定义如下：

$$|x(t)|=\sqrt{[a(t)]^2+[b(t)]^2}$$

需要注意的是 $a(t)$ 和 $b(t)$ 本身是实信号，也可以这样记：

$$a(t)=\mathrm{Re}[x(t)] \tag{2-91}$$

$$b(t)=\mathrm{Im}[x(t)] \tag{2-92}$$

式中，“Re”和“Im”分别代表“real”（“实数”之意）和“imaginary”（“虚数”之意）。

若 $b(t)=0$，则 $x(t)$ 是实信号；若 $a(t)=0$，则 $x(t)$ 是纯虚信号。

复信号 $x(t)=a(t)+\mathrm{j}b(t)$ 的共轭信号记为 $x^*(t)$，且

$$x^*(t)=a(t)-\mathrm{j}b(t) \tag{2-93}$$

显然 $x(t)$ 的实部为

$$\mathrm{Re}[x(t)]=\frac{x(t)+x^*(t)}{2} \tag{2-94}$$

$x(t)$ 的虚部为

$$\mathrm{Im}[x(t)]=\frac{x(t)-x^*(t)}{2\mathrm{j}} \tag{2-95}$$

若 $x(t)=x^*(t)$，则很容易验证 $x(t)$ 是实信号；若 $x(t)=-x^*(t)$，则很容易验证 $x(t)$ 是纯虚信号。

复变量 z 可以写成如下极坐标形式：

$$z=r\mathrm{e}^{\mathrm{j}\theta} \tag{2-96}$$

式中，r 为大于零的实数，它是 z 的模，记为 $|z|$；θ 为实数，称为 z 的幅角、相角或相位，记为 $\angle z$。由 Euler 公式得

$$z=r\cos\theta+\mathrm{j}r\sin\theta=r(\cos\theta+\mathrm{j}\sin\theta) \tag{2-97}$$

很容易验证 $|z|=r$，因为由上式可得

$$|z|=\sqrt{(r\cos\theta)^2+(r\sin\theta)^2}=r$$

把复变量写成极坐标形式，给计算带来了极大的方便。例如，若复变量 z_1 和 z_2 的极坐标形式分别为 $z_1=r_1\mathrm{e}^{\mathrm{j}\theta_1}$ 和 $z_2=r_2\mathrm{e}^{\mathrm{j}\theta_2}$，则两者的乘积为

$$z_1z_2=r_1\mathrm{e}^{\mathrm{j}\theta_1}r_2\mathrm{e}^{\mathrm{j}\theta_2}=r_1r_2\mathrm{e}^{\mathrm{j}(\theta_1+\theta_2)}$$

上式表明，复变量乘积的模是各自模之积，乘积的相角是各自相角之和。

此外，任意复变量 $z = r\mathrm{e}^{\mathrm{j}\theta}$ 乘以 $\mathrm{e}^{\mathrm{j}\theta_0}$ 不改变其模值，这是因为

$$|r\mathrm{e}^{\mathrm{j}\theta}\mathrm{e}^{\mathrm{j}\theta_0}| = |r\mathrm{e}^{\mathrm{j}(\theta+\theta_0)}| = r$$

复数的极坐标表示如图 2-26 所示。

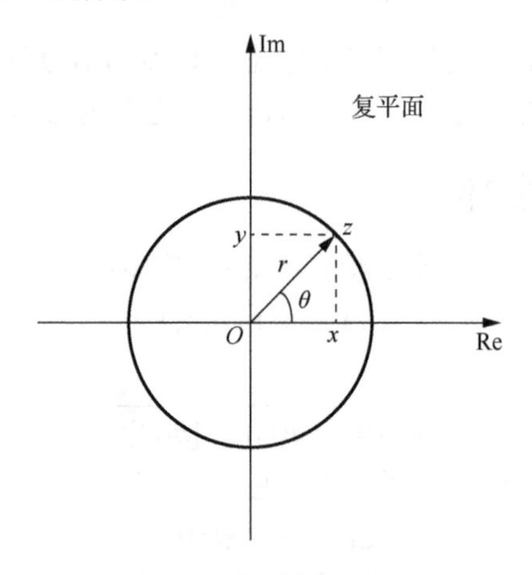

图 2-26　复数的极坐标表示

2.5　连续时间信号的缩放及时移变换

在信号与系统分析中，能够同时用函数表达式描述信号和用图形表示信号，以及在两种描述之间互相变换是很重要的。在二维平面上，信号 $x(t)$ 的图形(波形)是由以自变量 t 为横坐标、以函数值 $x(t)$ 为纵坐标的点组成的。

1. 幅度缩放

首先考虑一个最简单的变换：

$$x(t) \to Ax(t) \tag{2-98}$$

对任意 t，这个变换使得函数值 $x(t)$ 放大 A 倍。从图形上看，若 $A>0$，则对任意 t，只是把二维坐标图上相应点纵轴的幅度变为原来的 A 倍。若 $A<0$，相当于依次进行了如下两个变换：

$$x(t) \to -x(t) \to |A|[-x(t)] \tag{2-99}$$

第一个变换是关于横轴翻转；之后，对翻转后的图形做正的幅度缩放。

2. 时移变换

已知 $x(t)$ 的图形，怎样得到 $x(t-t_0)$ 的图形？很明显，当 $t_0>0$ 时，用 $t-t_0$ 替换 t 的结果是使函数的图形向右沿着平行于纵轴的方向移动 t_0 个单位；当 $t_0<0$ 时，用 $t-t_0$ 替换 t 的结果是使函数的图形向左沿着平行于纵轴的方向移动 $-t_0$ 个单位。

今后为了叙述方便，认为 $x(t-t_0)$ 是由 $x(t)$ 右移 t_0 得到的。事实上，如果 $t_0<0$，$x(t-t_0)$ 是由 $x(t)$ 左移 $-t_0$ 得到的。

3. 尺度变换

现在考虑变换：

$$t \to \alpha t \tag{2-100}$$

直观地看，原来函数 $x(t)$ 在 t 处的函数值，经过变换后是在 αt 处取得的。先看 $\alpha>1$ 时，相当于函数的图形沿着横轴的方向缩小了 α 倍；当 $0<\alpha<1$ 时，相当于函数的图形沿着横轴的方向放大了 $1/\alpha$ 倍。

当 $\alpha<0$ 时，相当于依次进行了如下两个变换：

$$t \to -t \to x\big[|\alpha|(-t)\big] \tag{2-101}$$

第一个变换是时间**反转变换**(关于纵轴做翻转变换)；之后，对反转后的图形做上面所述的缩放变换。

4. 复合变换

现在来研究复合变换：

$$x(t) \to Ax(\alpha t - t_0) \tag{2-102}$$

这里既有幅度缩放、时间缩放，又有时移变换。为了得到变换后的图形，可以把复合变换分解为几个连续的简单变换。简单变换的次序可以是任意的，例如，可按图 2-27 所示的次序实现。

$$x(t) \xrightarrow{\text{幅度缩放}} Ax(t) \xrightarrow[t\to\alpha t]{\text{尺度变换}} Ax(\alpha t) \xrightarrow[t\to t-t_0/\alpha]{\text{时移变换}} Ax[\alpha(t-t_0/\alpha)]$$

(a)

$$x(t) \xrightarrow{\text{幅度缩放}} Ax(t) \xrightarrow[t\to -t]{\text{反转变换}} Ax(-t) \xrightarrow[t\to -\alpha t]{\text{尺度变换}} Ax(\alpha t) \xrightarrow[t\to t-t_0/\alpha]{\text{时移变换}} Ax[\alpha(t-t_0/\alpha)]$$

(b)

图 2-27　复合变换的分步实现 1

图 2-27(a)和图 2-27(b)分别对应 $\alpha>0$ 和 $\alpha<0$ 的情况，后者多一个反转变换。在时移的过程中，如果 $t_0/\alpha>0$，对应的是右移 t_0/α；如果 $t_0/\alpha<0$，对应的是左移 $-t_0/\alpha$。

也可以按图 2-28 所示的次序进行变换。

$$x(t) \xrightarrow{\text{幅度缩放}} Ax(t) \xrightarrow[t\to t-t_0]{\text{时移变换}} Ax(t-t_0) \xrightarrow[t\to\alpha t]{\text{尺度变换}} Ax(\alpha t-t_0)$$

(a)

$$x(t) \xrightarrow{\text{幅度缩放}} Ax(t) \xrightarrow[t\to t-t_0]{\text{时移变换}} Ax(t-t_0) \xrightarrow[t\to -t]{\text{反转变换}} Ax(-t-t_0) \xrightarrow[t\to -\alpha t]{\text{尺度变换}} Ax(\alpha t-t_0)$$

(b)

图 2-28　复合变换的分步实现 2

图 2-28(a)和图 2-28(b)分别对应 $\alpha>0$ 和 $\alpha<0$ 的情况，后者多一个反转变换。在时移的过程中，如果 $t_0>0$，对应的是右移 t_0；如果 $t_0<0$，对应的是左移 $-t_0$。

需要说明的是，在把复合变换分解为简单变换的组合时，下一个简单变换是对前一个简单变换之后的图形进行的。比较上面两个不同次序的变换分解方法，可以看出它们除了次序之外，是有细微差别的。

例 2-4　已知 $x(t)$ 的波形如图 2-29 所示，请画出 $x(-2t+3)$ 的波形图。

按图 2-27 所示的次序进行变换，其过程如图 2-30 所示。

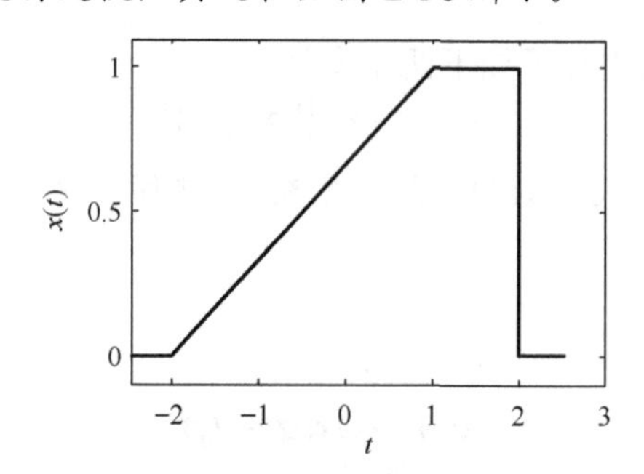

图 2-29　例 2-4 的 $x(t)$

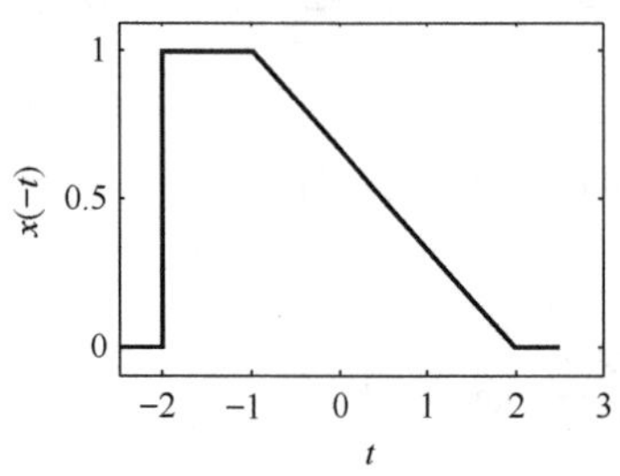

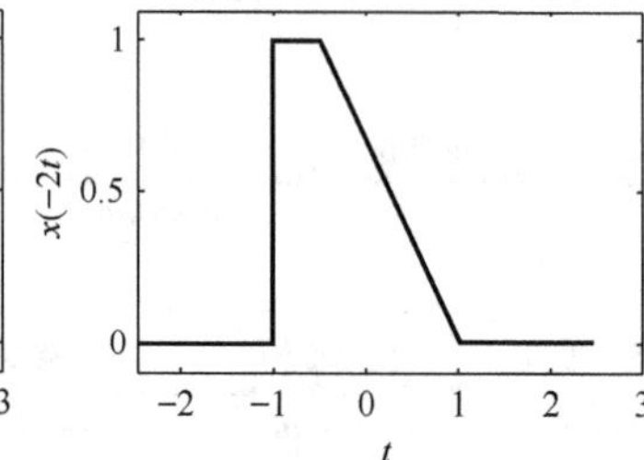

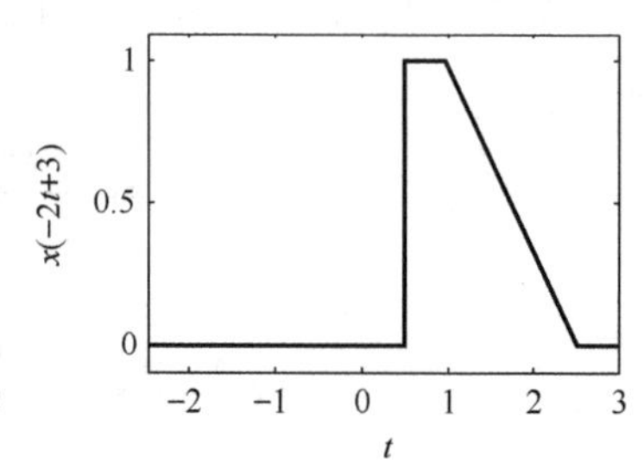

图 2-30　由 $x(t)$ 得到 $x(-2t+3)$ 的方法 1

按图 2-28 所示的次序进行变换，其过程如图 2-31 所示。

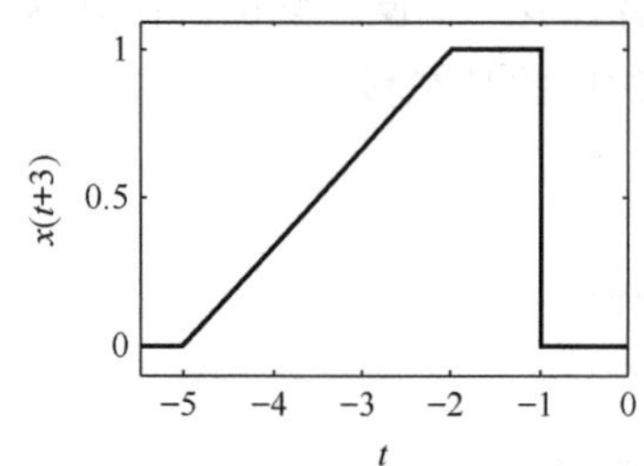

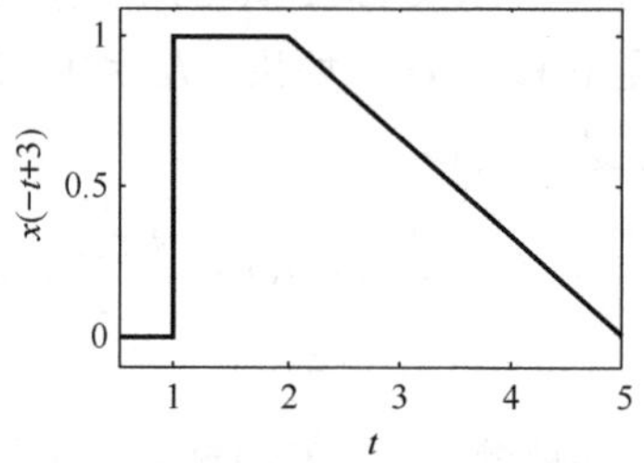

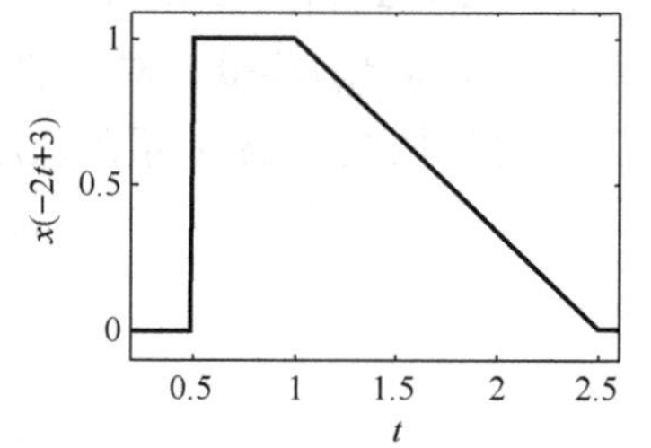

图 2-31　由 $x(t)$ 得到 $x(-2t+3)$ 的方法 2

2.6　卷积积分及其性质

2.6.1　卷积积分的定义

$x(t)$ 和 $y(t)$ 的卷积积分，简称卷积，记为 $x(t)*y(t)$，定义为

$$x(t)*y(t)=\int_{-\infty}^{+\infty}x(\tau)y(t-\tau)\mathrm{d}\tau \tag{2-103}$$

在上式等号右边作变量代换 $\varsigma=t-\tau$，则 $\tau=t-\varsigma$ 及 $\mathrm{d}\tau=-\mathrm{d}\varsigma$，上式变为

$$x(t)*y(t)=-\int_{+\infty}^{-\infty}x(t-\varsigma)y(\varsigma)\mathrm{d}\varsigma=\int_{-\infty}^{+\infty}y(\varsigma)x(t-\varsigma)\mathrm{d}\varsigma \tag{2-104}$$

依卷积的定义式(2-103)可知，上式等号右边等于 $y(t)*x(t)$，这表明卷积运算满足交换律。综合以上两式得

$$x(t)*y(t)=\int_{-\infty}^{+\infty}x(\tau)y(t-\tau)\mathrm{d}\tau=\int_{-\infty}^{+\infty}x(t-\tau)y(\tau)\mathrm{d}\tau \tag{2-105}$$

由卷积的定义，任意函数 $x(t)$ 和阶跃函数 $u(t)$ 的卷积为

$$x(t)*u(t)=\int_{-\infty}^{+\infty}x(\tau)u(t-\tau)\mathrm{d}\tau \tag{2-106}$$

考虑到移位阶跃函数的定义：

$$u(t-\tau)=\begin{cases}1, & t>\tau\\ 0, & t<\tau\end{cases} \tag{2-107}$$

当且仅当 $t>\tau$ 时，式(2-106)等号右边的被积函数 $x(\tau)u(t-\tau)$ 不为零，所以积分上限变为 t，从而有

$$x(t)*u(t)=\int_{-\infty}^{t}x(\tau)\mathrm{d}\tau \tag{2-108}$$

根据卷积定义，可得普通函数 $x(t)$ 和冲激函数 $\delta(t-t_0)$ 的卷积为

$$x(t)*\delta(t-t_0)=\int_{-\infty}^{+\infty}x(\tau)\delta(t-t_0-\tau)\mathrm{d}\tau \tag{2-109}$$

再由冲激函数的抽样性，式(2-109)变为

$$x(t)*\delta(t-t_0)=x(\tau)\Big|_{t-t_0-\tau=0}=x(t-t_0) \tag{2-110}$$

这表明任意函数 $x(t)$ 和 $\delta(t-t_0)$ 的卷积，其结果是对 $x(t)$ 的简单右移，且平移量为 t_0。卷积 $x(t)*\delta(t-t_0)$ 的结果如图 2-32 所示。

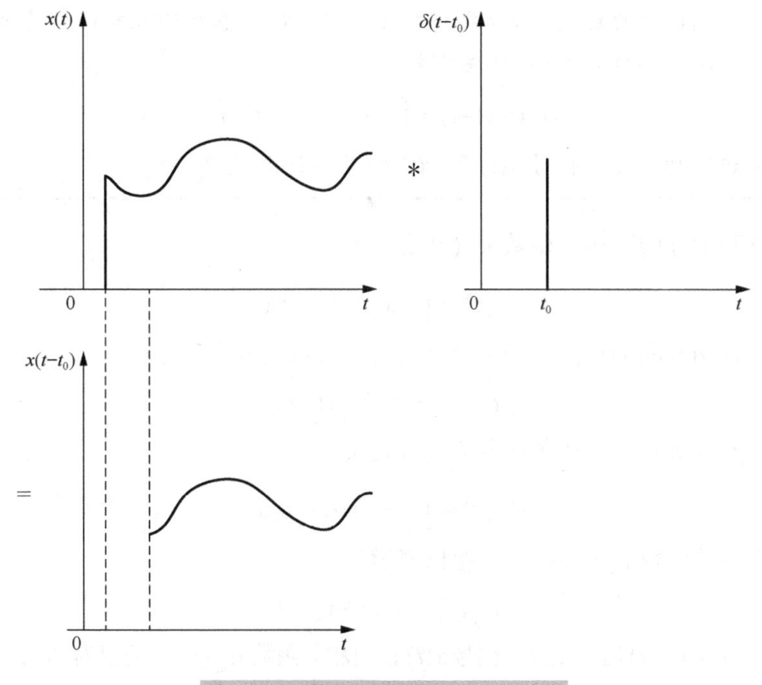

图 2-32　卷积 $x(t)*\delta(t-t_0)$ 的结果

例 2-5 求任意函数 $x(t)$ 和常数1的卷积：$x(t)*[1]$。

解：初学卷积运算的读者很可能认为任意函数 $x(t)$ 和常数1的卷积为这个函数本身，实际上这是不对的。任意函数 $x(t)$ 和常数1的乘积当然就是这个函数本身，但是卷积运算和通常的乘法运算有着根本的区别。令 $y(t)=1$，由卷积的定义得

$$x(t)*y(t)=\int_{-\infty}^{+\infty}x(\tau)y(t-\tau)\mathrm{d}\tau$$

显然对任意 τ，$y(t-\tau)=1$，这样上式变为

$$x(t)*[1]=\int_{-\infty}^{+\infty}x(\tau)\,\mathrm{d}\tau \tag{2-111}$$

这表明，任意函数 $x(t)$ 和常数1的卷积等于这个函数在整个时域内的积分。

例 2-6 证明下式成立：

$$x(t)*y(-t)=\int_{-\infty}^{+\infty}x(\tau)y(\tau-t)\mathrm{d}\tau \tag{2-112}$$

证明：令 $z(t)=y(-t)$，由卷积的定义有

$$x(t)*y(-t)=x(t)*z(t)=\int_{-\infty}^{+\infty}x(\tau)z(t-\tau)\mathrm{d}\tau \tag{2-113}$$

由于 $z(t)=y(-t)$，所以有

$$z(t-\tau)=y[-(t-\tau)]=y(\tau-t) \tag{2-114}$$

因此

$$x(t)*y(-t)=\int_{-\infty}^{+\infty}x(\tau)z(t-\tau)\mathrm{d}\tau=\int_{-\infty}^{+\infty}x(\tau)y(\tau-t)\mathrm{d}\tau \tag{2-115}$$

另外一种证明方法如下。回顾卷积的定义式中积分的被积函数是参与卷积的两个函数之积，只是其中一个函数的自变量由 t 变为 τ，另一个函数的自变量由 t 变为 $t-\tau$。将 $x(t)$ 的自变量由 t 变为 τ，将 $y(-t)$ 的自变量由 t 变为 $t-\tau$，所以计算卷积的被积函数为 $x(\tau)y[-(t-\tau)]$，此即 $x(\tau)y(\tau-t)$，所以 $x(t)$ 和 $y(-t)$ 的卷积为

$$x(t)*y(-t)=\int_{-\infty}^{+\infty}x(\tau)y(\tau-t)\mathrm{d}\tau \tag{2-116}$$

上式等号右边实际上是实信号 $x(t)$ 和 $y(t)$ 的互相关函数 $R_{xy}(t)$。

实信号 $x(t)$ 和 $y(t)$ 的互相关函数 $R_{xy}(\tau)$ 定义为

$$R_{xy}(\tau)=\int_{-\infty}^{+\infty}x(t)y(t-\tau)\mathrm{d}t \tag{2-117}$$

由以上例题可知，$x(t)$ 和 $y(t)$ 的互相关函数 $R_{xy}(\tau)$ 可以用卷积表示为

$$R_{xy}(\tau)=x(\tau)*y(-\tau) \tag{2-118}$$

同样，实信号 $y(t)$ 和 $x(t)$ 的互相关函数 $R_{yx}(\tau)$ 定义为

$$R_{yx}(\tau)=\int_{-\infty}^{+\infty}y(t)x(t-\tau)\mathrm{d}t \tag{2-119}$$

$y(t)$ 和 $x(t)$ 的互相关函数 $R_{yx}(\tau)$ 可以用卷积表示为

$$R_{xy}(\tau)=y(\tau)*x(-\tau) \tag{2-120}$$

特别地，当 $x(t)=y(t)$ 时，定义实信号 $x(t)$ 的自相关函数 $R_{xx}(\tau)$，简记为 $R(\tau)=x(\tau)*x(-\tau)$。

例 2-7　证明卷积的**移位性质**：若 $x(t)*h(t)\overset{\text{def}}{=\!=}y(t)$，则有

$$x(t-t_1)*h(t-t_2)=y(t-t_1-t_2) \tag{2-121}$$

证明：令 $x_1(t)=x(t-t_1)$ 和 $h_1(t)=h(t-t_2)$，则由卷积的定义式有

$$x_1(t)*h_1(t)=\int_{-\infty}^{+\infty}x_1(t-\tau)h_1(\tau)\mathrm{d}\tau \tag{2-122}$$

考虑到 $x_1(t)=x(t-t_1)$ 和 $h_1(t)=h(t-t_2)$，所以 $x_1(t-\tau)=x(t-t_1-\tau)$ 和 $h_1(\tau)=h(\tau-t_2)$，将此代入上式等号右边得

$$x_1(t)*h_1(t)=\int_{-\infty}^{+\infty}x(t-t_1-\tau)h(\tau-t_2)\mathrm{d}\tau \tag{2-123}$$

在上式等号右边作变量代换 $\lambda=\tau-t_2$，则有 $\mathrm{d}\tau=\mathrm{d}\lambda$ 及 $\tau=\lambda+t_2$，上式变为

$$x_1(t)*h_1(t)=\int_{-\infty}^{+\infty}x(t-t_1-t_2-\lambda)h(\lambda)\mathrm{d}\lambda \tag{2-124}$$

由已知 $x(t)*h(t)\overset{\text{def}}{=\!=}y(t)$ 得

$$y(t)=\int_{-\infty}^{+\infty}x(t-\lambda)h(\lambda)\mathrm{d}\lambda \tag{2-125}$$

在上式两边令 $t\to t-t_1-t_2$ 得

$$y(t-t_1-t_2)=\int_{-\infty}^{+\infty}x(t-t_1-t_2-\lambda)h(\lambda)\mathrm{d}\lambda \tag{2-126}$$

由上式和式(2-124)可知结论(2-121)成立。

卷积的移位性质表明，对参与卷积的任一函数进行平移，会产生相同平移的卷积结果，同时卷积结果的波形保持不变。

例 2-8　证明卷积的**面积性质**：若 $x(t)*h(t)\overset{\text{def}}{=\!=}y(t)$，则 $y(t)$ 的面积等于 $x(t)$ 的面积与 $h(t)$ 的面积之积：

$$\int_{-\infty}^{+\infty}y(t)\mathrm{d}t=\left[\int_{-\infty}^{+\infty}x(t)\mathrm{d}t\right]\left[\int_{-\infty}^{+\infty}h(\lambda)\mathrm{d}\lambda\right] \tag{2-127}$$

证明：由卷积的定义得

$$\int_{-\infty}^{+\infty}y(t)\mathrm{d}t=\int_{-\infty}^{+\infty}\left[\int_{-\infty}^{+\infty}x(t-\lambda)h(\lambda)\mathrm{d}\lambda\right]\mathrm{d}t \tag{2-128}$$

在上式等号右边中交换对 λ 和对 t 积分的次序得

$$\int_{-\infty}^{+\infty}y(t)\mathrm{d}t=\int_{-\infty}^{+\infty}\left[\int_{-\infty}^{+\infty}x(t-\lambda)\mathrm{d}t\right]h(\lambda)\mathrm{d}\lambda \tag{2-129}$$

考虑到波形的平移不影响函数围成的面积，所以上式等号右边中括号内的积分即为 $x(t)$ 的面积，这样上式变为

$$\int_{-\infty}^{+\infty}y(t)\mathrm{d}t=\left[\int_{-\infty}^{+\infty}x(t)\mathrm{d}t\right]\left[\int_{-\infty}^{+\infty}h(\lambda)\mathrm{d}\lambda\right]$$

2.6.2　卷积积分的直接计算

如果已知两个信号 $x(t)$ 和 $y(t)$ 的函数表达式，计算两者卷积积分 $x(t)*y(t)$ 的最基本方法是利用卷积积分的定义式求解。

先看一个例子。求 $x(t)=t[u(t)-u(t-2)]$ 和 $y(t)=u(t+1)-u(t-1)$ 的卷积。利用卷积积分的定义式得

$$\begin{aligned} x(t)*y(t) &= \int_{-\infty}^{+\infty} x(\tau)y(t-\tau)\mathrm{d}\tau \\ &= \int_{-\infty}^{+\infty} \tau[u(\tau)-u(\tau-2)][u(t-\tau+1)-u(t-\tau-1)]\mathrm{d}\tau \end{aligned} \tag{2-130}$$

观察上式等号右边积分的被积函数 $\tau[u(\tau)-u(\tau-2)][u(t-\tau+1)-u(t-\tau-1)]$，其中的 $u(\tau)-u(\tau-2)$ 只在 $0\leqslant\tau\leqslant 2$ 时才不为零，$u(t-\tau+1)-u(t-\tau-1)$ 只在 $t-1\leqslant\tau\leqslant t+1$ 时才不为零，显然只有这两个条件同时满足时，被积函数才不为零，卷积的结果才不为零；否则，被积函数恒为零，卷积为零，也就不需要计算了。参考图 2-33，在以 τ 为自变量的时间轴上，$0\leqslant\tau\leqslant 2$ 和 $t-1\leqslant\tau\leqslant t+1$ 两个区间的相对位置有图 2-33(a)～(d) 四种情况。如果 $0\leqslant\tau\leqslant 2$ 和 $t-1\leqslant\tau\leqslant t+1$ 同时满足，则它们必须有重叠(同时不为零)的区间。如图 2-33(a) 和图 2-33(b) 所示，这时它们有重叠区间，图中的阴影部分为重叠区间；如图 2-33(c) 和图 2-33(d) 所示，这时它们没有重叠区间。

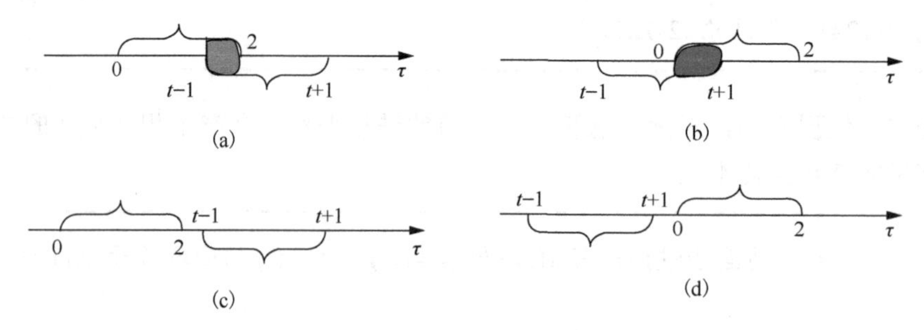

图 2-33　$u(\tau)-u(\tau-2)$ 和 $u(t-\tau+1)-u(t-\tau-1)$ 的取值情况

参考图 2-33(a)，这时坐标点 $t-1$ 在坐标点 0 和 2 之间，此即

$$0\leqslant t-1\leqslant 2 \quad 或 \quad 1\leqslant t\leqslant 3 \tag{2-131}$$

这时积分区间(阴影部分)为 $(t-1,2)$，卷积结果为

$$x(t)*y(t)=\int_{t-1}^{2}\tau\mathrm{d}\tau=0.5\tau^2\Big|_{t-1}^{2}=1.5+t-0.5t^2 \tag{2-132}$$

参考图 2-33(b)，这时坐标点 0 在坐标点 $t-1$ 和 $t+1$ 之间，此即

$$t-1\leqslant 0\leqslant t+1 \quad 或 \quad -1\leqslant t\leqslant 1 \tag{2-133}$$

这时积分区间(阴影部分)为 $(0,t+1)$，卷积结果为

$$x(t)*y(t)=\int_{0}^{t+1}\tau\mathrm{d}\tau=0.5\tau^2\Big|_{0}^{t+1}=0.5(t+1)^2 \tag{2-134}$$

至于图 2-33(c) 和图 2-33(d) 两种情况，$u(\tau)-u(\tau-2)$ 和 $u(t-\tau+1)-u(t-\tau-1)$ 或者同时为零，或者一个不为零时另一个为零，无论哪种情形都使得被积函数为零，从而卷积的结果也为零。

以上结果归结为

$$x(t)*y(t)=\begin{cases}1.5+t-0.5t^2, & 1<t\leqslant 3\\ 0.5(t+1)^2, & -1<t\leqslant 1\\ 0, & 其他\end{cases} \tag{2-135}$$

下面给出几个例题。

例 2-9　已知 $x(t)=\mathrm{e}^{-2t}u(t+1)$ 和 $y(t)=\mathrm{e}^{-3t}u(t-2)$，其中，e 表示自然常数，求卷积 $x(t)*y(t)$。

解：利用卷积积分的定义式得

$$x(t)*y(t)=\int_{-\infty}^{+\infty}x(\tau)y(t-\tau)\mathrm{d}\tau=\int_{-\infty}^{+\infty}\mathrm{e}^{-2\tau}u(\tau+1)\mathrm{e}^{-3(t-\tau)}u(t-\tau-2)\mathrm{d}\tau \tag{2-136}$$

整理得

$$x(t)*y(t)=\mathrm{e}^{-3t}\int_{-\infty}^{+\infty}\mathrm{e}^{\tau}u(\tau+1)u(t-\tau-2)\mathrm{d}\tau \tag{2-137}$$

观察上式等号右边积分的被积函数 $\mathrm{e}^{\tau}u(\tau+1)u(t-\tau-2)$，其中，$u(\tau+1)$ 只在 $\tau\geqslant -1$ 时才不为零，$u(t-\tau-2)$ 只在 $\tau\leqslant t-2$ 时才不为零，显然只有这两个条件同时满足时，被积函数才不为零；否则，被积函数恒为零，卷积为零。参考图 2-34，当 $t-2$ 在 -1 左边（即 $t-2<-1$，或 $t<1$）时，$u(\tau+1)$ 和 $u(t-\tau-2)$ 不存在同时取值不为零的重叠区间，卷积为零；而当 $t-2$ 在 -1 右边（即 $t-2>-1$，或 $t>1$）时，$u(\tau+1)$ 和 $u(t-\tau-2)$ 在 $-1\leqslant\tau\leqslant t-2$ 区间内（此即积分区间）同时不为零，此时卷积结果为

$$x(t)*y(t)=\mathrm{e}^{-3t}\int_{-1}^{t-2}\mathrm{e}^{\tau}\mathrm{d}\tau=\mathrm{e}^{-3t}(\mathrm{e}^{t-2}-\mathrm{e}^{-1})=\mathrm{e}^{-2t-2}-\mathrm{e}^{-3t-1}$$

考虑到卷积不为零的充要条件为 $t>1$，这显然可以用积分值乘以 $u(t-1)$ 表示，所以最后的结果为

$$x(t)*y(t)=(\mathrm{e}^{-2t-2}-\mathrm{e}^{-3t-1})u(t-1) \tag{2-138}$$

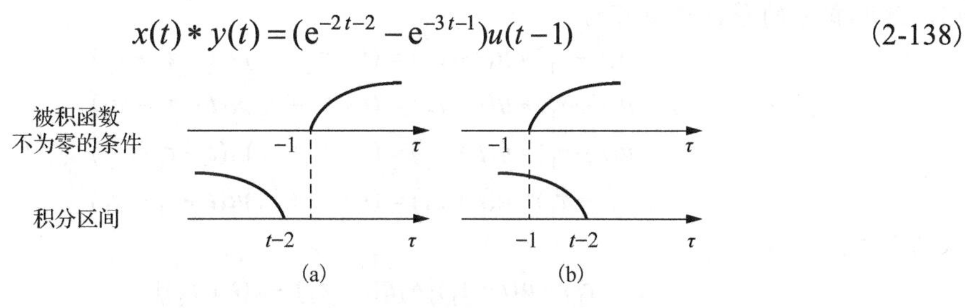

图 2-34　$u(\tau+1)$ 和 $u(t-\tau-2)$ 的取值情况

例 2-10　求卷积积分 $u(t)*u(t)$。

解：利用卷积积分的定义式得

$$u(t)*u(t)=\int_{-\infty}^{+\infty}u(\tau)u(t-\tau)\mathrm{d}\tau$$

考虑到 $u(\tau)$ 只有在 $\tau>0$ 时不为零，$u(t-\tau)$ 只有在 $\tau<t$ 时不为零，所以被积函数 $u(\tau)u(t-\tau)$ 只有在 $\tau>0$ 且 $\tau<t$ 时不为零，参考图 2-35，这就要求 $t>0$（可以用卷积的结果乘以阶跃函数 $u(t)$ 来表示），此时积分区间变为 $0\leqslant\tau\leqslant t$。考虑到这两点，上式变为

$$u(t)*u(t)=\left(\int_0^t 1\cdot 1\mathrm{d}\tau\right)u(t)=tu(t) \tag{2-139}$$

卷积结果如图 2-36 所示。

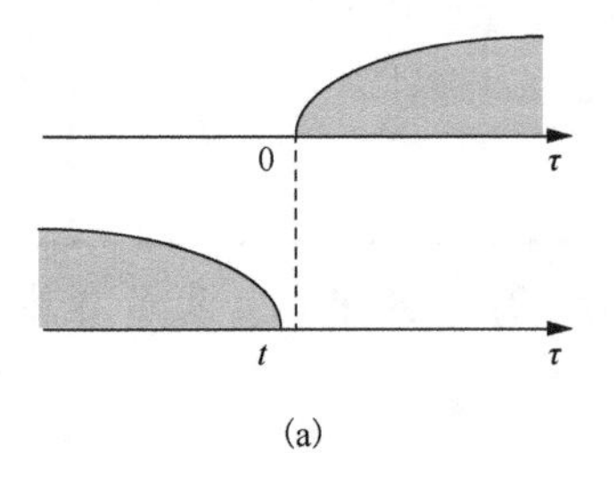

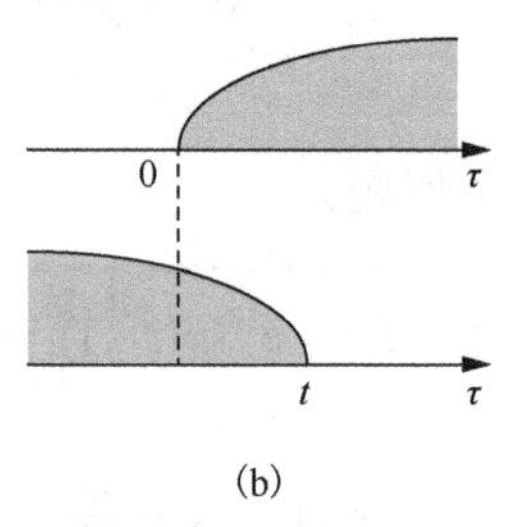

图 2-35 $u(\tau)$ 和 $u(t-\tau)$ 的取值情况

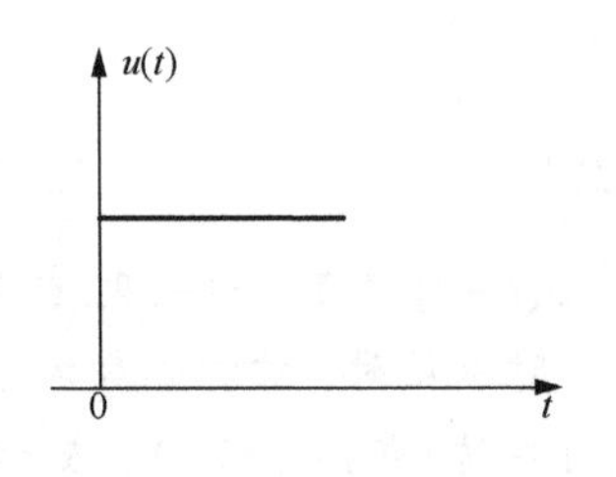

*

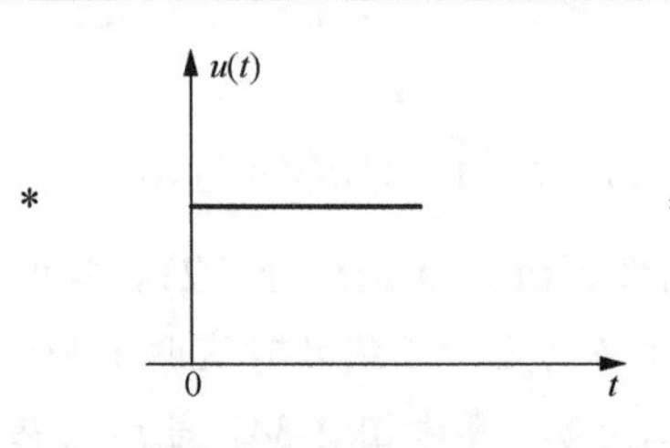

=

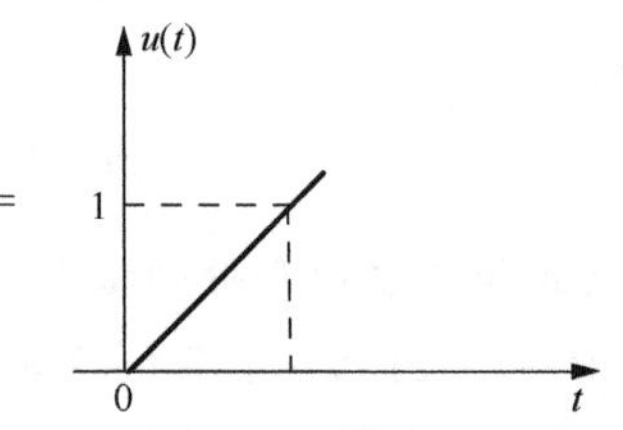

图 2-36 卷积 $u(t)*u(t)$

例 2-11 求卷积积分 $[u(t-\tau_1)-u(t+\tau_1)]*[u(t-\tau_2)-u(t+\tau_2)]$，其中 $\tau_1\geqslant\tau_2$。

解：例 2-10 已经得到 $u(t)*u(t)=t\,u(t)$，而

$$\begin{aligned}&[u(t-\tau_1)-u(t+\tau_1)]*[u(t-\tau_2)-u(t+\tau_2)]\\=&u(t-\tau_1)*u(t-\tau_2)-u(t+\tau_1)*u(t-\tau_2)\\&-u(t-\tau_1)*u(t+\tau_2)+u(t+\tau_1)*u(t+\tau_2)\end{aligned}$$

利用卷积积分的移位性质可得

$$\begin{aligned}u(t-\tau_1)*u(t-\tau_2)&=(t-\tau_1-\tau_2)u(t-\tau_1-\tau_2)\\u(t+\tau_1)*u(t-\tau_2)&=(t+\tau_1-\tau_2)u(t+\tau_1-\tau_2)\\u(t-\tau_1)*u(t+\tau_2)&=(t-\tau_1+\tau_2)u(t-\tau_1+\tau_2)\\u(t+\tau_1)*u(t+\tau_2)&=(t+\tau_1+\tau_2)u(t+\tau_1+\tau_2)\end{aligned}$$

从而所求卷积为

$$\begin{aligned}&[u(t-\tau_1)-u(t+\tau_1)]*[u(t-\tau_2)-u(t+\tau_2)]\\=&(t-\tau_1-\tau_2)u(t-\tau_1-\tau_2)+(t+\tau_1+\tau_2)u(t+\tau_1+\tau_2)\\&-(t+\tau_1-\tau_2)u(t+\tau_1-\tau_2)-(t-\tau_1+\tau_2)u(t-\tau_1+\tau_2)\end{aligned}$$

讨论：

(1) 当 $0>\tau_1>\tau_2$ 时，上式等号右边变为 $(t-\tau_1-\tau_2)+(t+\tau_1+\tau_2)-(t+\tau_1-\tau_2)-(t-\tau_1+\tau_2)=0$；

(2) 当 $\tau_1-\tau_2<t<\tau_1+\tau_2$ 时，上式等号右边变为 $(t+\tau_1+\tau_2)-(t+\tau_1-\tau_2)-(t-\tau_1+\tau_2)=\tau_1+\tau_2-t$；

(3) 当 $-(\tau_1-\tau_2)<t<\tau_1-\tau_2$ 时，上式等号右边变为 $(t+\tau_1+\tau_2)-(t+\tau_1-\tau_2)=2\tau_2$；

(4) 当 $-(\tau_1+\tau_2)<t<-(\tau_1-\tau_2)$ 时，上式等号右边变为 $t+\tau_1+\tau_2$；

(5) 当 $t<-(\tau_1+\tau_2)$ 时，上式等号右边为零。

本题卷积的波形图如图 2-37(a)所示，这表明两个矩形脉冲的卷积为一个梯形脉冲。显然，当参与卷积的两个矩形脉冲脉宽相等时，卷积结果退化为一个三角形脉冲，如图 2-37(b)所示。

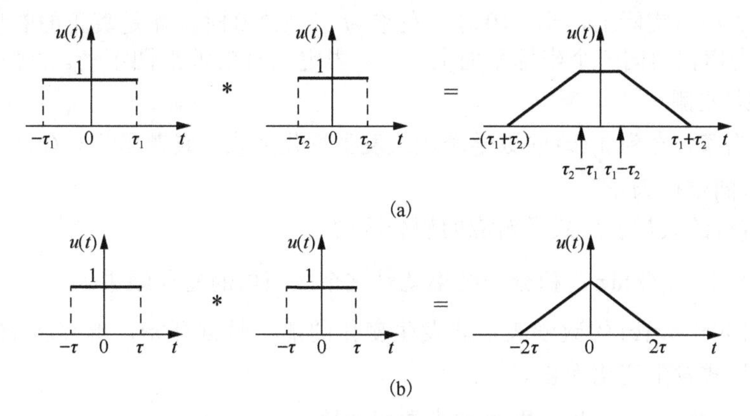

图 2-37　两个矩形脉冲的卷积

由以上例子可以看到，根据定义求卷积时，被积函数可能在有些区域为 0；在被积函数不为 0 时，积分的上下限又会随着自变量的变化而变化。正确确定被积函数不为零的条件以及此时的积分上下限是问题的关键。求卷积积分 $x(t)*y(t)$ 时，既可以用下式求解：

$$x(t)*y(t)=\int_{-\infty}^{+\infty}x(\tau)y(t-\tau)\mathrm{d}\tau \tag{2-140}$$

也可以用下式求解：

$$x(t)*y(t)=\int_{-\infty}^{+\infty}x(t-\tau)y(\tau)\mathrm{d}\tau \tag{2-141}$$

实际上，若 $x(t)$ 的函数表达式相对于 $y(t)$ 简单一些，就选式(2-140)；若 $y(t)$ 的函数表达式相对于 $x(t)$ 简单一些，就选式(2-141)。

2.6.3　卷积积分的图解法

当参与卷积运算的信号是分段函数时，使用图解法可以使求解过程更直观。由卷积的定义有

$$x(t)*y(t)=\int_{-\infty}^{+\infty}x(\tau)y(t-\tau)\mathrm{d}\tau \tag{2-142}$$

令

$$w_t(\tau)=x(\tau)y(t-\tau) \tag{2-143}$$

可见，$w_t(\tau)$ 是以 τ 为自变量，而把 t 作为常量并用下标表示。卷积写为

$$x(t)*y(t)=\int_{-\infty}^{+\infty}w_t(\tau)\mathrm{d}\tau \tag{2-144}$$

这表明在任意时刻 t，卷积 $x(t)*y(t)$ 是 $w_t(\tau)$ 的曲线在以 τ 为横轴的坐标平面上与横轴所围的面积。一般而言，$x(t)$ 和 $y(t)$ 是分段函数，从而 $w_t(\tau)$ 的数学表达式与 t 有关。

考虑到 $y(t-\tau)=y[-(\tau-t)]$，从而有

$$w_t(\tau)=x(\tau)y[-(\tau-t)] \tag{2-145}$$

在以 τ 为横轴的同一个坐标平面上，用图解法求卷积 $x(t)*y(t)$ 的具体操作步骤如下。

(1) 画出 $x(\tau)$ 和 $y(t-\tau)$ 的波形图。显然，$x(\tau)$ 的波形图和 $x(t)$ 的波形图一模一样，只是横轴以 τ 标示。将 $y(\tau)$（显然其波形和 $y(t)$ 一样）以纵轴为对称轴反转得到 $y(-\tau)$，将 $y(-\tau)$ 右移 t 即可得到 $y(t-\tau)$（实际上，当 $t<0$ 时，左移 $-t$；当 $t>0$ 时，才是真正的右移 t）。

(2) 在以 τ 为横轴的同一个坐标平面上，一直固定 $x(\tau)$ 的波形图不动。首先把 $y(\tau)$ 左移到 $x(\tau)$ 的起始时刻[①]左侧。

(3) 将 $y(\tau)$ 右移，直到 $w_t(\tau)$ 的数学表达式发生变化为止，或者尽管 $w_t(\tau)$ 的数学表达式没有变化但积分区间变化为止。

(4) 写下 $w_t(\tau)$ 的数学表达式及对应的积分区间。

(5) 计算积分 $\int_{-\infty}^{+\infty} w_t(\tau)\mathrm{d}\tau$，积分的结果就是这个区间内的卷积结果。

(6) 从第 (3) 步中 $w_t(\tau)$ 的数学表达式发生变化的那个时刻开始，继续将 $y(\tau)$ 右移，直到 $w_t(\tau)$ 的数学表达式发生变化为止。

(7) 重复以上 (4)～(6) 三步，即可完成卷积计算。

有以下两点需要注意。

(1) $w_t(\tau)$ 是 $x(\tau)$ 和 $y(t-\tau)$ 在彼此重叠区域上的乘积。

在 τ 为横轴的坐标平面上，如果在某个区域内 $x(\tau)$ 和 $y(t-\tau)$ 有一个为零，则它们的乘积也为零，从而 $w_t(\tau)=0$。由此可见，计算卷积时，只需要考虑 $x(\tau)$ 和 $y(t-\tau)$ 同时取非零值的区间上的积分值。对固定的 t，$x(\tau)$ 和 $y(t-\tau)$ 同时取非零值的区间可能有多个，计算卷积时要一一计算积分值。

(2) $w_t(\tau)$ 对应的积分上下限可能是常数，也可能和 t 有关，正确确定积分区间非常重要。

常见的教材通常以类似方式解说以上过程：在每个时间点 t，首先将 $y(\tau)$ 翻转为 $y(-\tau)$，再平移为 $y(t-\tau)$，接着对 $y(t-\tau)$ 与 $x(\tau)$ 两者的乘积求面积，最终就得到卷积的结果。这个解说没错，并且 $x(\tau)$ 要被翻转，因而得名“卷积”，但问题是，这个解释符合物理事实吗？或者说在物理上的一个卷积过程，要求一个物理量在时间上（或空间上）必须被翻转吗？这显然不是事实！那么问题出在哪里？问题出在刚才的解说仅仅是一个数学解说。以下的解说就巧妙地避开了以上困境：将 $y(t)$ 平移一个时间量 τ 成为 $y(t-\tau)$，再将其与在 τ 处的函数值 $x(\tau)$ 相乘，取遍 $x(\tau)$ 定义域中的所有 τ，将这些乘积累积起来，就得到卷积的结果。后一种解释其实是最老的解释——叠加原理。正是按照这种解释，可以构造出用物理硬件实施卷积计算的卷积器。“翻转”这个概念应该说造成了某些负面后果。例如，考虑两个外形不同的多边形（不妨在纸上画一个任意的三角形和一个任意的四边形，假定图形内数值是 1，图形外是 0），这两个图形卷积后，结果是什么外形？可以试图通过上面的两种解释从概念上得到结果。从“翻转”解释出发会比较困难，而从后一种解释得到结果就很直观和容易。不要小看了这里的问题，它联系着某些深入的数学：代数几何、多项式代数和分配函数理论。[②]

在用上述图解法求解卷积的过程中，任意将哪个信号的波形图平移都可以，但一般来说，平移波形简单的那个会使求解过程简单。

① 起始时刻是指信号的函数值第一次从零值变为非零值的那个时刻。

② 这一段选自中国科学院电子学研究所邹谋炎研究员 2008 年 6 月为中国科学院大学研究生院做暑期讲座的材料——《谈谈工科学生如何学习数学》。文字略有改动。

当 $t<0$ 时，$x(t-\tau)$ 的波形图是由 $x(-\tau)$ 的波形图左移 $-t$ 形成的；而当 $t>0$ 时，$x(t-\tau)$ 的波形图是由 $x(-\tau)$ 的波形图右移 t 形成的。首先应该注意到这样一个事实：如果 $x(-\tau)$ 的波形（函数表达式）在 $\tau=\tau_0$ 处发生变化，相应地 $x(t-\tau)$ 的波形（函数表达式）在 $\tau=\tau_0+t$ 处发生变化。下面看如何具体用图解法求卷积。考虑计算以下两个信号的卷积：

$$x(t)=\begin{cases} e^{-0.2t}, & t\geqslant -0.5 \\ 0, & 其他 \end{cases} \tag{2-146}$$

$$y(t)=\begin{cases} 2, & -1\leqslant t<0 \\ 1, & 0\leqslant t\leqslant 1 \\ 0, & 其他 \end{cases} \tag{2-147}$$

图 2-38(a)和图 2-38(b)分别为 $x(t)$ 和 $y(t)$ 的波形图。图 2-38(c)画出了 $y(\tau)$ 和 $x(-\tau)$ 的波形图，其中，$y(\tau)$ 的波形和 $y(t)$ 的波形完全相同，只是横轴以 τ 标示；$x(-\tau)$ 的波形图是由 $x(\tau)$ 的波形图关于纵轴反折形成的，而 $x(\tau)$ 的波形和 $x(t)$ 的波形完全相同。在以 τ 为横坐标的坐标平面上需要标出函数表达式（波形）发生变化的点（称为跳变点或边界点）之坐标。

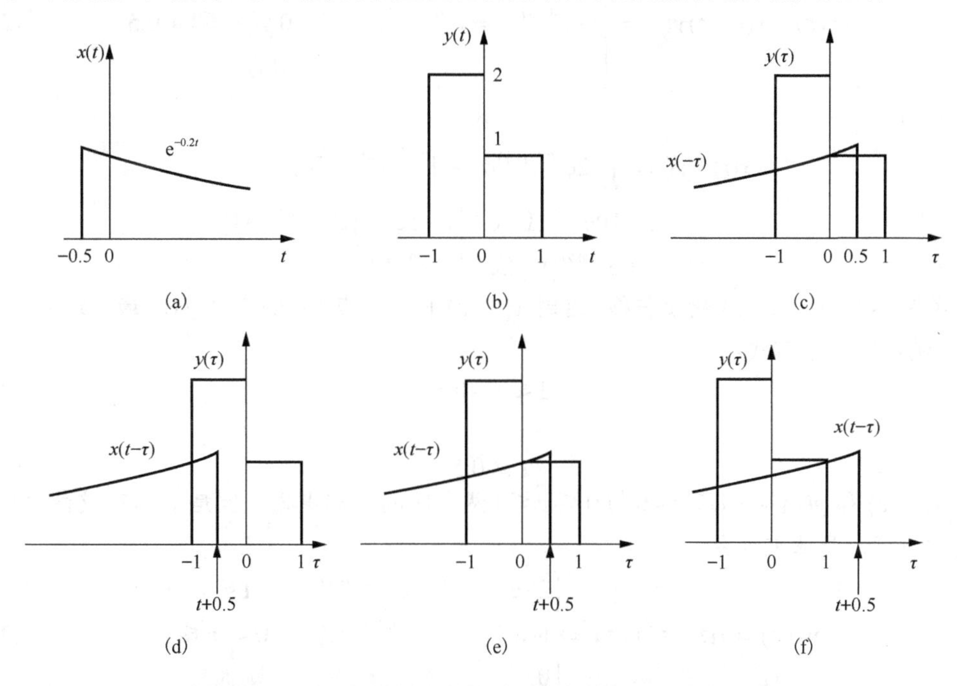

图 2-38　图解法求式(2-137)与式(2-138)所示函数的卷积

参考图 2-38(d)，先将 $x(-\tau)$ 的最右侧移到 $y(\tau)$ 的最左侧左边，这时 $x(t-\tau)$ 和 $y(\tau)$ 没有共同的非零区间，从而 $w_t(\tau)=x(\tau)y(t-\tau)=0$，卷积为零。将 $x(-\tau)$ 右移直至 $x(t-\tau)$ 和 $y(\tau)$ 开始有重叠的区间位置，这时 $x(t-\tau)$ 右边界点 $t+0.5$ 位于 $y(\tau)$ 第一、二个边界点（即 -1 和 0）之间，平移量 t 满足以下不等式：

$$-1\leqslant t+0.5<0 \tag{2-148}$$

此即

$$-1.5\leqslant t<-0.5 \tag{2-149}$$

此时，$x(t-\tau)$ 和 $y(\tau)$ 在区间 $-1\leqslant\tau\leqslant t+0.5$ 内重叠，且有

$$w_t(\tau)=x(t-\tau)y(\tau)=\begin{cases}2\mathrm{e}^{-0.2(t-\tau)}, & -1\leqslant\tau\leqslant t+0.5\\0, & 其他\end{cases} \tag{2-150}$$

从而卷积为

$$x(t)*y(t)=\int_{-1}^{t+0.5}2\mathrm{e}^{-0.2(t-\tau)}\mathrm{d}\tau=10\left(\mathrm{e}^{0.1}-\mathrm{e}^{-0.2(t+1)}\right) \tag{2-151}$$

参考图 2-38(e)，$x(-\tau)$ 继续右移，这时 $x(t-\tau)$ 右边界点 $t+0.5$ 位于 $y(\tau)$ 第二、三个边界点(即 0 和 1)之间，平移量 t 满足以下不等式：

$$0\leqslant t+0.5\leqslant 1 \tag{2-152}$$

此即

$$-0.5\leqslant t\leqslant 0.5 \tag{2-153}$$

此时，$x(t-\tau)$ 和 $y(\tau)$ 在 $-1\leqslant\tau<0$ 与 $0\leqslant\tau\leqslant t+0.5$ 两个区间内都重叠，但是 $y(\tau)$ 在这两个区间内的表达式不同，具体来说有

$$w_t(\tau)=x(t-\tau)y(\tau)=\begin{cases}2\cdot\mathrm{e}^{-0.2(t-\tau)}=2\mathrm{e}^{-0.2(t-\tau)}, & -1\leqslant\tau<0\\1\cdot\mathrm{e}^{-0.2(t-\tau)}=\mathrm{e}^{-0.2(t-\tau)}, & 0\leqslant\tau\leqslant t+0.5\\0, & 其他\end{cases} \tag{2-154}$$

从而卷积为

$$\begin{aligned}x(t)*y(t)&=\int_{-1}^{0}2\mathrm{e}^{-0.2(t-\tau)}\mathrm{d}\tau+\int_{0}^{t+0.5}\mathrm{e}^{-0.2(t-\tau)}\mathrm{d}\tau\\&=10\mathrm{e}^{-0.2t}(1-\mathrm{e}^{-0.2})+5\mathrm{e}^{-0.2t}[\mathrm{e}^{0.2(t+0.5)}-1]\\&=5\mathrm{e}^{-0.2t}[1-2\mathrm{e}^{-0.2}+\mathrm{e}^{0.2(t+0.5)}]\end{aligned} \tag{2-155}$$

参考图 2-38(f)，$x(-\tau)$ 继续右移，这时 $x(t-\tau)$ 右边界点 $t+0.5$ 位于 $y(\tau)$ 最右边界点右侧，平移量 t 满足以下不等式：

$$1\leqslant t+0.5 \tag{2-156}$$

此即

$$t\geqslant 0.5 \tag{2-157}$$

此时，$x(t-\tau)$ 和 $y(\tau)$ 在 $-1\leqslant\tau<0$ 与 $0\leqslant\tau\leqslant 1$ 两个区间内都重叠，但是 $y(\tau)$ 在这两个区间内的表达式不同，具体来说有

$$w_t(\tau)=x(t-\tau)y(\tau)=\begin{cases}2\cdot\mathrm{e}^{-0.2(t-\tau)}=2\mathrm{e}^{-0.2(t-\tau)}, & -1\leqslant\tau<0\\1\cdot\mathrm{e}^{-0.2(t-\tau)}=\mathrm{e}^{-0.2(t-\tau)}, & 0\leqslant\tau\leqslant 1\\0, & 其他\end{cases} \tag{2-158}$$

从而卷积为

$$x(t)*y(t)=\int_{-1}^{0}2\mathrm{e}^{-0.2(t-\tau)}\mathrm{d}\tau+\int_{0}^{1}\mathrm{e}^{-0.2(t-\tau)}\mathrm{d}\tau=5\mathrm{e}^{-0.2t}(1-2\mathrm{e}^{-0.2}+\mathrm{e}^{0.2}) \tag{2-159}$$

综合以上，卷积 $x(t)*y(t)$ 的结果为

$$x(t)*y(t)=\begin{cases}10[\mathrm{e}^{0.1}-\mathrm{e}^{-0.2(t+1)}], & -1.5\leqslant t<-0.5\\5\mathrm{e}^{-0.2t}[1-2\mathrm{e}^{-0.2}+\mathrm{e}^{0.2(t+0.5)}], & -0.5\leqslant t<0.5\\5\mathrm{e}^{-0.2t}(1-2\mathrm{e}^{-0.2}+\mathrm{e}^{0.2}), & t\geqslant 0.5\\0, & 其他\end{cases} \tag{2-160}$$

通过以上例子可以看出，用图解法求分段函数的卷积时，要正确确定 $w_t(\tau)$ 及其对应的区间范围。在实际演算时，都是手工粗略地画出各个波形，特别要注意函数转折点(即函数曲线发生变化的点)之间的相对位置，这是正确确定 $w_t(\tau)$ 及其积分上下限的关键。从以上例子可以看出，如果 $x(t)$ 有一个边界点为 $t=t_0$，则 $t-t_0$ 是以 τ 为横坐标的 $x(t-\tau)$ 的边界点。

为了进一步说明这个要点，下面来看图 2-39(a)所示 $x(t)$ 和 $y(t)$ 的卷积。先将 $y(-\tau)$ 的最右侧移到 $x(\tau)$ 的最左侧左边，然后将 $y(-\tau)$ 右移，随着平移量不断增大，$y(t-\tau)$ 与 $x(\tau)$ 重叠的情形依次有图 2-39(c)、(d)和(e)三种。

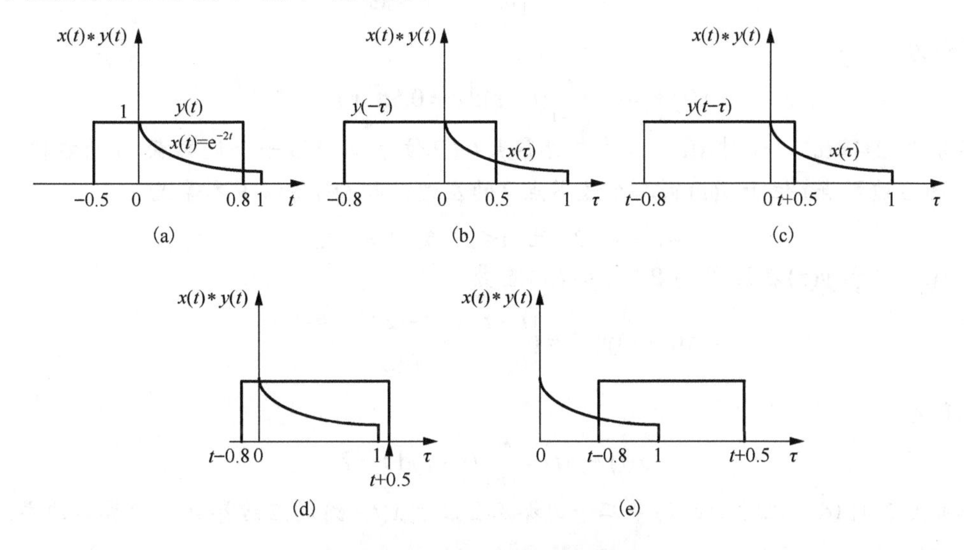

图 2-39　图解法求卷积实例 1

作为比较，下面再看图 2-40(a)所示 $x(t)$ 和 $y(t)$ 的卷积。图 2-39(a)与图 2-40(a)中 $x(t)$ 和 $y(t)$ 的波形相同，但 $y(t)$ 的持续期不同，图 2-39(a)中 $y(t)$ 持续时间为 1.3，而图 2-40(a)中 $y(t)$ 持续时间为 0.8。先将 $y(-\tau)$ 的最右侧移到 $x(\tau)$ 的最左侧左边，然后将 $y(-\tau)$ 右移，随着平移量不断增大，$y(t-\tau)$ 与 $x(\tau)$ 重叠的情形依次有图 2-40(c)和(d)两种。

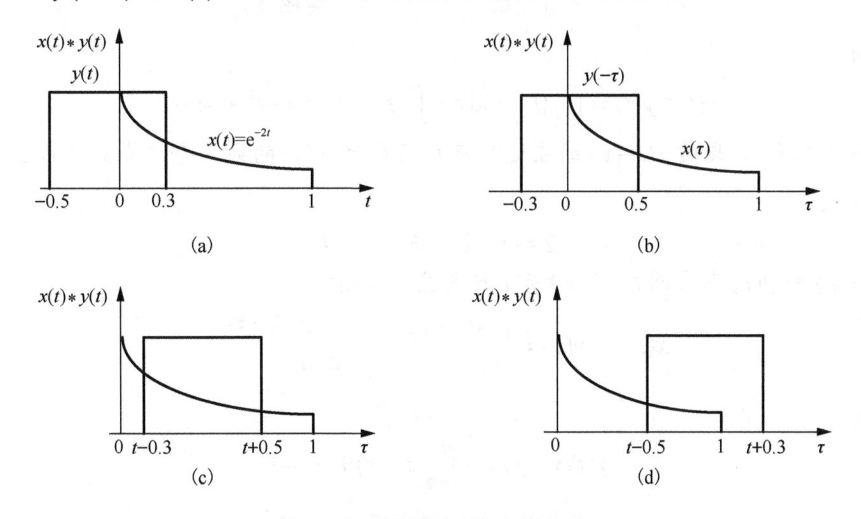

图 2-40　图解法求卷积实例 2

例 2-12　用图解法求卷积 $x(t)*y(t)$，$x(t)$ 与 $y(t)$ 如图 2-41(a)所示。

解：参考图 2-41(b)，此时 -1 位于 $x(t-\tau)$ 左边界点 $t-2$ 和右边界点 t 之间，即 t 满足以下不等式：

$$t-2<-1\leqslant t \quad 或 \quad -1\leqslant t<1$$

此时，$x(t-\tau)$ 和 $y(\tau)$ 在区间 $-1\leqslant\tau\leqslant t$ 内重叠，且有

$$x(t-\tau)y(\tau)=\begin{cases}t-\tau, & -1\leqslant\tau\leqslant t\\0, & 其他\end{cases}$$

从而卷积为

$$x(t)*y(t)=\int_{-1}^{t}(t-\tau)\mathrm{d}\tau=0.5t^2+t+0.5$$

参考图 2-41(c)，此时 $x(t-\tau)$ 的左边界点 $t-2$ 位于 $y(\tau)$ 第一个边界点 -1 的右边，并且 $x(t-\tau)$ 的右边界点 t 位于 $y(\tau)$ 第二个边界点 2 的左边，即 t 满足以下不等式：

$$-1\leqslant t-2 \quad 且 \quad t<2 \quad 或 \quad 1\leqslant t<2$$

此时，$x(t-\tau)$ 和 $y(\tau)$ 在区间 $t-2\leqslant\tau\leqslant t$ 内重叠，且有

$$x(t-\tau)y(\tau)=\begin{cases}t-\tau, & t-2\leqslant\tau\leqslant t\\0, & 其他\end{cases}$$

从而卷积为

$$x(t)*y(t)=\int_{t-2}^{t}(t-\tau)\mathrm{d}\tau=2$$

参考图 2-41(d)，此时 $y(\tau)$ 的第二个边界点 2 位于 $x(t-\tau)$ 的左边界点 $t-2$ 和右边界点 t 之间，即 t 满足以下不等式：

$$t-2\leqslant 2\leqslant t \quad 或 \quad 2\leqslant t\leqslant 4$$

此时，$x(t-\tau)$ 和 $y(\tau)$ 在区间 $(t-2,2)$ 和区间 $2\leqslant\tau\leqslant t$ 内都有重叠，且有

$$x(t-\tau)y(\tau)=\begin{cases}t-\tau, & t-2\leqslant\tau<2\\-1\cdot(t-\tau), & 2\leqslant\tau\leqslant t\\0, & 其他\end{cases}$$

从而卷积为

$$x(t)*y(t)=\int_{t-2}^{2}(t-\tau)\mathrm{d}\tau-\int_{2}^{t}(t-\tau)\mathrm{d}\tau=-t^2+4t-2$$

参考图 2-41(e)，此时 $x(t-\tau)$ 的左边界点 $t-2$ 位于 $y(\tau)$ 的第二个边界点 2 的右边，即 t 满足以下不等式：

$$2\leqslant t-2 \quad 或 \quad t>4$$

此时，$x(t-\tau)$ 和 $y(\tau)$ 在区间 $t-2\leqslant\tau\leqslant t$ 内重叠，且有

$$x(t-\tau)y(\tau)=\begin{cases}-1(t-\tau), & t-2\leqslant\tau\leqslant t\\0, & 其他\end{cases}$$

从而卷积为

$$x(t)*y(t)=-\int_{t-2}^{t}(t-\tau)\mathrm{d}\tau=-2$$

综合以上，卷积结果为

$$
x(t)*y(t)=\begin{cases}0.5t^2+t+0.5, & -1\leqslant t<1\\ 2, & 1\leqslant t<2\\ -t^2+4t-2, & 2\leqslant t\leqslant 4\\ -2, & t>4\\ 0, & \text{其他}\end{cases}
$$

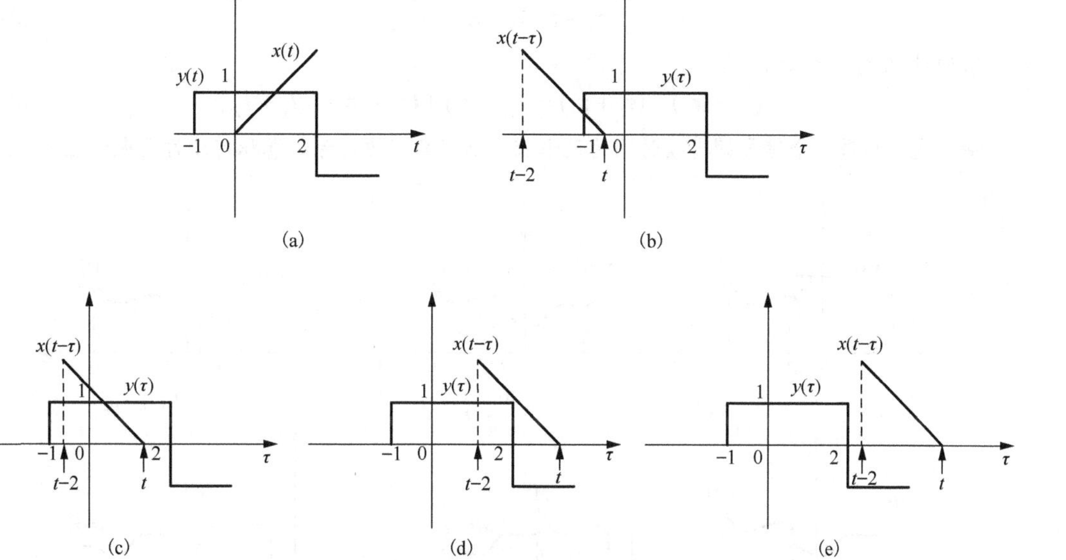

图 2-41　图解法求卷积实例

信号的起始时刻是指信号在时间轴上首次从零变为非零的时刻，终止时刻是指信号在时间轴上最后一次从非零变为零的时刻。信号的持续时间是指信号终止时刻和起始时刻之差。时限信号是指持续时间有限的信号，如图 2-42 所示。

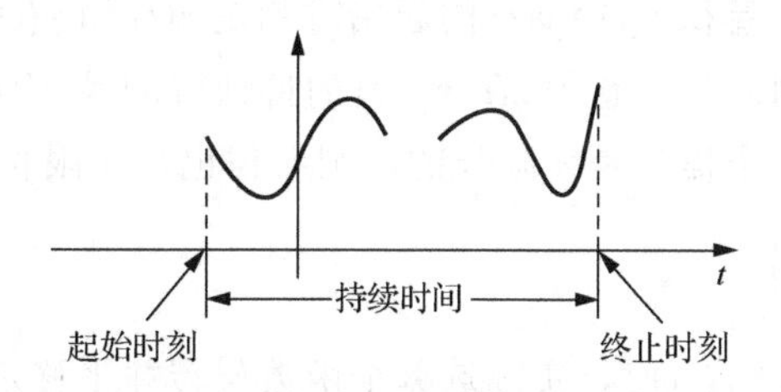

图 2-42　信号的起始时刻、终止时刻及持续时间

例 2-13　证明：时限信号 $x(t)$ 和 $y(t)$ 的持续时间分别为 T_1 和 T_2，则 $z(t)=x(t)*y(t)$ 的持续时间为 T_1+T_2。

解：由卷积的定义有

$$
x(t)*y(t)=\int_{-\infty}^{+\infty}x(t-\tau)y(\tau)\mathrm{d}\tau \tag{2-161}
$$

用图解法。$x(t)$ 和 $y(t)$ 如图 2-43(a)所示，$x(-\tau)$ 和 $y(-\tau)$ 如图 2-43(b)所示。参考图 2-43(c)，$x(-\tau)$ 从负半轴的无穷远处向右平移，只有当平移得到的 $x(t-\tau)$ 其最右侧(显然坐标为 $t-t_1$)和 $y(\tau)$ 最左侧(坐标为 t_3)重叠时，$x(t-t)$ 和 $y(\tau)$ 才有共同的非零区域(参考图 2-43(d))，从而卷积才不为零。这时满足 $t-\tau_1=\tau_3$，此即 $t=\tau_1+\tau_3$。参考图 2-43(e)，继续右移，只要 $x(t-\tau)$ 的左侧在 $y(\tau)$ 右侧左边，两者依然有共同的非零区域，卷积不为零。当 $x(t-\tau)$ 的左侧(显然坐标为 $t-t_2$)移到在 $y(\tau)$ 右侧(坐标为 t_4)右边(参考图 2-43(f))，两者就不再有共同的非零区域，卷积为零。此时 $t-t_2=t_4$，即 $t=t_2+t_4$。由此可见，卷积不为零的区域为

$$\tau_1+\tau_3 \leqslant t \leqslant \tau_2+\tau_4 \tag{2-162}$$

卷积结果的持续时间为

$$(\tau_2+\tau_4)-(\tau_1+\tau_3)=(\tau_2-\tau_1)+(\tau_4-\tau_3)=T_1+T_2 \tag{2-163}$$

特别地，如果一个信号的持续时间为无限长，则它与其他信号的卷积持续时间也为无限长。

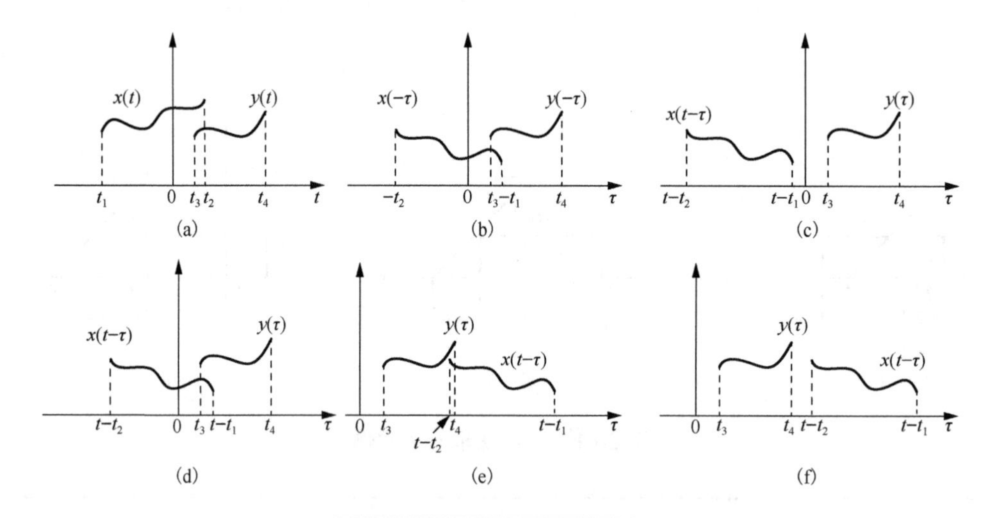

图 2-43　卷积结果的持续时间

从以上例题可以看出，卷积 $x(t)*y(t)$ 的起始时刻是 $x(t)$ 和 $y(t)$ 的起始时刻之和，终止时刻是 $x(t)$ 和 $y(t)$ 的终止时刻之和；卷积 $x(t)*y(t)$ 的持续时间是 $x(t)$ 和 $y(t)$ 的持续时间之和。如果参与卷积运算的其中一个信号是无限长的，则卷积也是无限长的。

2.6.4　成对求和规则

在图解法求解卷积 $x(t)*y(t)$ 时，实际选哪个函数反转并平移是任意的，但一般选择函数形式简单的，这样积分也会简单一些。如果 $x(t)$ 和 $y(t)$ 都是分段函数，则 $x(\tau)$ 和 $y(t-\tau)$ 的函数表达式也是分区间变化的。在以 τ 为横轴的坐标平面上，当 t 变化时，$x(\tau)$ 和 $y(t-\tau)$ 的重叠区域也会随之变化，即乘积 $x(\tau)y(t-\tau)$ 的函数表达式会随之变化，卷积也会随之变化。关键在于能够建立正确的积分范围。每个积分范围都代表了 $x(\tau)y(t-\tau)$ 重叠区域的最长持续时间。每当反转函数 $y(t-\tau)$ 的一个范围边界点滑过另外一个函数 $x(\tau)$ 的边界点时，一个新的范围就形成了。这就是**成对求和规则**的基础，用这个非常简单的规则就可以很容易地求得卷积范围。

成对求和的规则如下：

(1) 分别建立 $x(t)$ 和 $y(t)$ 的范围边界点（即函数表达式有变化的边界点）序列；

(2) 构造它们的成对和（一个边界点序列值和另一个边界点序列值之和）；

(3) 按从小到大的次序排列成对和并舍弃重复值。

利用成对求和规则，按范围求卷积的步骤如下：

(1) 用区间表示出 $x(t)$ 和 $y(t)$，并利用成对和求得卷积的范围；

(2) 对每个范围，作出相对于 $x(\tau)$ 的 $y(t-\tau)$，记下 $y(t-\tau)$ 的边界点与 t 的关系；

(3) 对于每个范围，对 $x(\tau)$ 和 $y(t-\tau)$ 的重叠区域计算 $x(\tau)y(t-\tau)$ 的积分以求得卷积。

可以通过以下一致性检查对卷积结果的正误作初步的判断：

(1) 起始时刻，卷积结果的起始时刻是否与 $x(t)$ 和 $y(t)$ 的起始时刻之和相等；

(2) 终止时刻，卷积结果的终止时刻是否与 $x(t)$ 和 $y(t)$ 的终止时刻之和相等；

(3) 持续时间，卷积结果的持续时间与 $x(t)$ 和 $y(t)$ 的持续时间之和相等；

(4) 面积，卷积结果与横轴围的面积是否与 $x(t)$ 和 $y(t)$ 的面积之乘积相等。

由以上过程可以看出，成对求和规则是以一个全新的视角求卷积积分，但其基本思想和卷积积分的图解法没有区别。

例 2-14　确定 $x(t)=\mathrm{e}^{-2t}u(t-0.5)$ 和 $y(t)=u(t+1)-u(t-3)$ 的范围边界点序列以及成对和序列。显然 $x(t)$ 的范围边界点序列为 $\{0.5,+\infty\}$； $y(t)$ 的范围边界点序列为 $\{-1,3\}$。成对和为 $\{-0.5,+\infty;3.5,+\infty\}$，舍弃重复的数值，得到 $\{-0.5,3.5,+\infty\}$。于是非零卷积值的范围（实际上是乘积 $x(\tau)y(t-\tau)$ 的值不为 0）是 $-0.5\leqslant t<3.5$ 和 $3.5\leqslant t<+\infty$。

序列 $\{0,1,3\}$ 和序列 $\{-2,0,2\}$ 的成对和为 $\{-2,0,2;-1,1,3;1,3,5\}$。有序成对和为 $\{-2,-1,0,1,1,2,3,3,5\}$。舍弃重复的数值，得到 $\{-2,-1,0,1,2,3,5\}$。于是非零卷积值的范围（实际上是乘积 $x(\tau)y(t-\tau)$ 的值不为 0）是 $-2\leqslant t<-1$、$-1\leqslant t<0$、$0\leqslant t<1$、$1\leqslant t<2$、$2\leqslant t<3$、$3\leqslant t\leqslant 5$。

需要注意的是，如果信号从 $-\infty$ 开始或者持续到 $+\infty$，则 $-\infty$ 或 $+\infty$ 也要作为一个边界点。

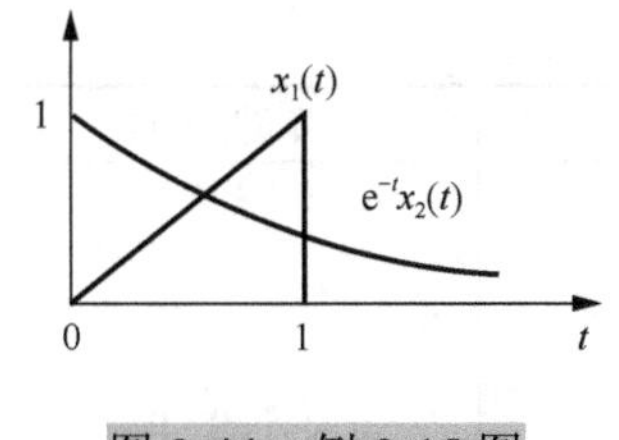

图 2-44　例 2-15 图

例 2-15　求如图 2-44 所示的 $x_1(t)$ 和 $x_2(t)$ 的卷积 $y(t)$。

解：显然 $x(t)$ 的范围边界点序列为 $\{0,1\}$； $y(t)$ 的范围边界点序列为 $\{0,+\infty\}$。成对和为 $\{0,+\infty;1,+\infty\}$，舍弃重复的数值，得到 $\{0,1,+\infty\}$。于是卷积不为零的范围是 $0\leqslant t<1$ 和 $1\leqslant t<+\infty$。对每个范围，将 $x_1(t-\tau)=t-\tau$ 和 $x_2(\tau)=\mathrm{e}^{-\tau}$ 重叠，中间结果如表 2-1 所示。

表 2-1　例 2-15 的中间结果

重叠信号波形	范围与卷积	卷积跳变点
	由左图可以看出范围为 $t-1<0\leqslant t$（即 $0\leqslant t<1$） 卷积为 $y(t)=\int_0^t(t-\tau)\mathrm{e}^{-\tau}\mathrm{d}\tau=t+\mathrm{e}^{-t}-1$	$\begin{cases}y(0)=0\\y(1)=1/\mathrm{e}\end{cases}$
	由左图可以看出范围为 $t-1\geqslant 0$（即 $t\geqslant 1$） 卷积为 $y(t)=\int_{t-1}^t(t-\tau)\mathrm{e}^{-\tau}\mathrm{d}\tau=\mathrm{e}^{-t}$	$\begin{cases}y(1)=1/\mathrm{e}\\y(+\infty)=0\end{cases}$

例 2-16　求卷积 $y(t)=x_1(t)*x_2(t)$，其中 $x_1(t)$ 和 $x_2(t)$ 如图 2-45 所示。

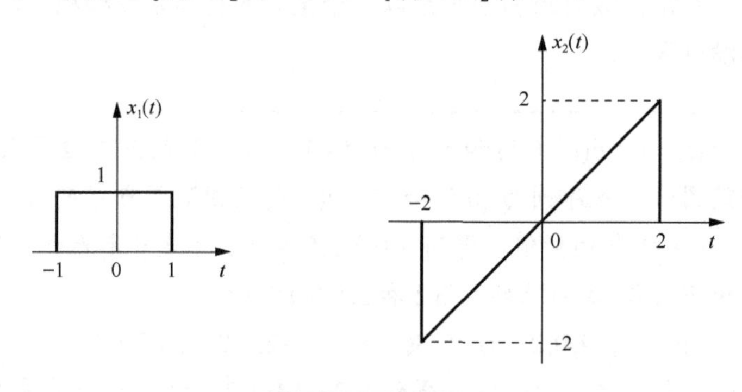

图 2-45　例 2-16 图

解：显然，$x(t)$ 的范围边界点序列为 $\{-1,1\}$，$y(t)$ 的范围边界点序列为 $\{-2,2\}$。成对和序列为 $\{-3,-1;1,3\}$，没有任何重复数据，排序得 $\{-3,-1,1,3\}$。于是非零卷积的范围是 $-3\leqslant t<-1$、$-1\leqslant t<1$ 和 $1\leqslant t\leqslant 3$。对前述每个范围，将 $x(t-\tau)=2\ (t-1\leqslant\tau\leqslant t+1)$ 和 $y(\tau)=\tau\ (-2\leqslant\tau\leqslant 2)$ 重叠，得到表 2-2 所示的中间结果。

表 2-2　例 2-16 的中间结果

重叠信号波形	范围与卷积	卷积跳变点
	由左图可以看出范围为 $t-1<-2\leqslant t+1$（即 $-3\leqslant t<-1$） 卷积为 $\int_{-2}^{t+1}\tau\mathrm{d}t=0.5t^2+t-1.5$	$\begin{cases}y(-3)=0\\y(-1)=-2\end{cases}$

续表

重叠信号波形	范围与卷积	卷积跳变点
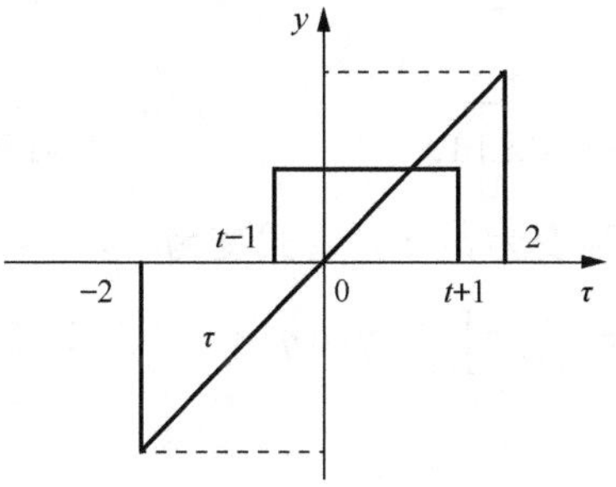	由左图可以看出范围为 $t-1\geqslant -2$ 且 $t+1<2$（即 $-1\leqslant t<1$） 卷积为 $\int_{t-1}^{t+1}\tau \mathrm{d}t=2t$	$\begin{cases} y(-1)=-2 \\ y(1)=2 \end{cases}$
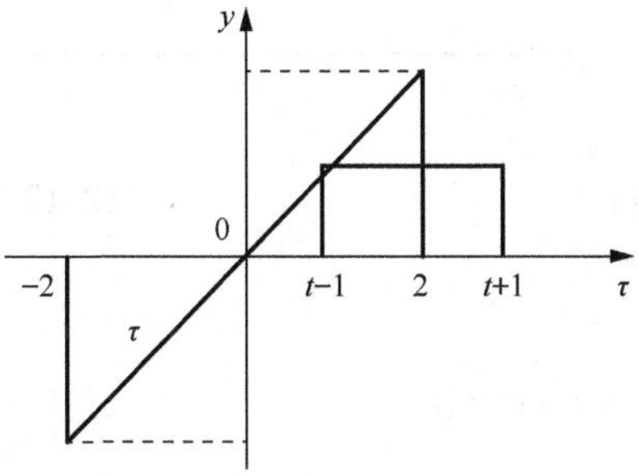	由左图可以看出范围为 $t-1\leqslant 2\leqslant t+1$（即 $1\leqslant t\leqslant 3$） 卷积为 $\int_{t-1}^{2}\tau \mathrm{d}\tau=-0.5t^2+t+1.5$	$\begin{cases} y(1)=2 \\ y(3)=0 \end{cases}$

2.6.5 卷积积分的性质

卷积运算满足交换律、分配律及结合律，这里不加以证明。

卷积有以下**微分性质**：

$$\frac{\mathrm{d}}{\mathrm{d}t}[x(t)*y(t)]=x(t)*\frac{\mathrm{d}y(t)}{\mathrm{d}t}=\frac{\mathrm{d}x(t)}{\mathrm{d}t}*y(t) \tag{2-164}$$

证明：由卷积定义式有

$$\frac{\mathrm{d}}{\mathrm{d}t}[x(t)*y(t)]=\frac{\mathrm{d}}{\mathrm{d}t}\left[\int_{-\infty}^{+\infty}x(\tau)y(t-\tau)\mathrm{d}\tau\right] \tag{2-165}$$

在上式等号右边交换积分和求导的次序得

$$\frac{\mathrm{d}}{\mathrm{d}t}[x(t)*y(t)]=\int_{-\infty}^{+\infty}x(\tau)\left[\frac{\mathrm{d}}{\mathrm{d}t}y(t-\tau)\right]\mathrm{d}\tau=x(t)*\frac{\mathrm{d}}{\mathrm{d}t}y(t) \tag{2-166}$$

同理可证：

$$\frac{\mathrm{d}}{\mathrm{d}t}[x(t)*y(t)]=\frac{\mathrm{d}}{\mathrm{d}t}x(t)*y(t) \tag{2-167}$$

卷积有以下**积分性质**：

$$\int_{-\infty}^{t}[x(\lambda)*y(\lambda)]\mathrm{d}\lambda=x(t)*\int_{-\infty}^{t}y(\lambda)\mathrm{d}\lambda=\int_{-\infty}^{t}x(\lambda)\mathrm{d}\lambda*y(t) \tag{2-168}$$

证明：由卷积的定义式得

$$\int_{-\infty}^{t}[x(\lambda)*y(\lambda)]\mathrm{d}\lambda=\int_{-\infty}^{t}\left[\int_{-\infty}^{+\infty}x(\lambda-\tau)y(\tau)\mathrm{d}\tau\right]\mathrm{d}\lambda \tag{2-169}$$

在上式等号右边交换积分次序得

$$\int_{-\infty}^{t}[x(\lambda)*y(\lambda)]\mathrm{d}\lambda=\int_{-\infty}^{+\infty}y(\tau)\left[\int_{-\infty}^{t}x(\lambda-\tau)\mathrm{d}\lambda\right]\mathrm{d}\tau \tag{2-170}$$

在上式等号右边作变量代换$\eta=\lambda-\tau$，则$\mathrm{d}\lambda=\mathrm{d}\eta$，积分上限变为$t-\tau$，上式变为

$$\int_{-\infty}^{t}[x(\lambda)*y(\lambda)]\mathrm{d}\lambda=\int_{-\infty}^{+\infty}y(\tau)\left[\int_{-\infty}^{t-\tau}x(\eta)\mathrm{d}\eta\right]\mathrm{d}\tau=y(t)*\int_{-\infty}^{t}x(\eta)\,\mathrm{d}\eta \tag{2-171}$$

同理可证：

$$\int_{-\infty}^{t}[x(\lambda)*y(\lambda)]\mathrm{d}\lambda=x(t)*\int_{-\infty}^{t}y(\lambda)\mathrm{d}\lambda \tag{2-172}$$

例 2-17 证明卷积的**微分积分性质**：

$$\frac{\mathrm{d}x(t)}{\mathrm{d}t}*\int_{-\infty}^{t}y(\tau)\mathrm{d}\tau=x(t)*y(t) \tag{2-173}$$

证明：由卷积的微分性质：

$$\frac{\mathrm{d}x(t)}{\mathrm{d}t}*\int_{-\infty}^{t}y(\tau)\mathrm{d}\tau=x(t)*\left[\int_{-\infty}^{t}y(\tau)\,\mathrm{d}\tau\right]'=x(t)*y(t) \tag{2-174}$$

从而结论成立。

需要说明的是，要特别注意卷积的微分积分性质使用的前提条件。由卷积的定义有

$$\frac{\mathrm{d}x(t)}{\mathrm{d}t}*\int_{-\infty}^{t}y(\tau)\,\mathrm{d}\tau=\int_{-\infty}^{+\infty}\frac{\mathrm{d}x(\eta)}{\mathrm{d}\eta}\left[\int_{-\infty}^{t-\eta}y(\tau)\mathrm{d}\tau\right]\mathrm{d}\eta \tag{2-175}$$

此即

$$\frac{\mathrm{d}}{\mathrm{d}t}x(t)*\int_{-\infty}^{t}y(\tau)\mathrm{d}\tau=\int_{-\infty}^{+\infty}\left[\int_{-\infty}^{t-\eta}y(\tau)\mathrm{d}\tau\right]\mathrm{d}x(\eta) \tag{2-176}$$

对上式等号右边进行分步积分得

$$\frac{\mathrm{d}x(t)}{\mathrm{d}t}*\int_{-\infty}^{t}y(\tau)\mathrm{d}\tau=\left[\int_{-\infty}^{t-\eta}y(\tau)\mathrm{d}\tau\right]x(\eta)\Bigg|_{\eta=-\infty}^{\eta=+\infty}-\int_{-\infty}^{+\infty}x(\eta)\,\mathrm{d}\left[\int_{-\infty}^{t-\eta}y(\tau)\mathrm{d}\tau\right] \tag{2-177}$$

进一步计算可得

$$\begin{aligned}\frac{\mathrm{d}x(t)}{\mathrm{d}t}*\int_{-\infty}^{t}y(\tau)\mathrm{d}\tau&=-x(-\infty)\int_{-\infty}^{+\infty}y(\tau)\mathrm{d}\tau-\left[-\int_{-\infty}^{+\infty}x(\eta)y(t-\eta)\mathrm{d}\eta\right]\\&=-x(-\infty)\int_{-\infty}^{+\infty}y(\tau)\mathrm{d}\tau+\int_{-\infty}^{+\infty}x(\eta)y(t-\eta)\mathrm{d}\eta\end{aligned} \tag{2-178}$$

上式右边第二项即为$x(t)*y(t)$，所以有

$$\frac{\mathrm{d}x(t)}{\mathrm{d}t}*\int_{-\infty}^{t}y(\tau)\,\mathrm{d}\tau=x(t)*y(t)-x(-\infty)\int_{-\infty}^{+\infty}y(\tau)\mathrm{d}\tau \tag{2-179}$$

同理可得

$$\frac{\mathrm{d}}{\mathrm{d}t}x(t)*\int_{-\infty}^{t}y(\tau)\,\mathrm{d}\tau=x(t)*y(t)-y(-\infty)\int_{-\infty}^{+\infty}x(\tau)\mathrm{d}\tau \tag{2-180}$$

一般而言，$\int_{-\infty}^{+\infty} x(\tau)\mathrm{d}\tau \neq 0$ 和 $\int_{-\infty}^{+\infty} y(\tau)\mathrm{d}\tau \neq 0$。由以上两式可以看出，只有当 $x(-\infty)=0$ 且 $y(-\infty)=0$ 时，下式才成立：

$$\frac{\mathrm{d}}{\mathrm{d}t}x(t) * \int_{-\infty}^{t} y(\tau)\,\mathrm{d}\tau = x(t) * y(t) \tag{2-181}$$

由此可见，$x(-\infty)=0$ 且 $y(-\infty)=0$ 是卷积微分积分性质适用的前提条件。

更一般地，**卷积的微分积分性质**表述为：对任意整数 l，下式成立：

$$[x(t) * y(t)]^{(l)} = x^{(k)}(t) * y^{(l-k)}(t) \tag{2-182}$$

式中，k 为任意整数。上式的意义是，两个函数分别求导 k 次和 $l-k$ 次之后的卷积，等于对这两个函数的卷积求 l 次导数。请注意到 $k+(l-k)=l$。实际上，如果求导的阶次为负整数，表示的是求重积分，重积分的次数为该负整数的相反数。

例 2-18　对任意检验函数 $\varphi(t)$，从分配函数的角度定义如下的函数 $u_1(t)$：

$$\varphi(t) * u_1(t) = \varphi'(t) \tag{2-183}$$

证明：

$$u_1(t) = \delta'(t) \tag{2-184}$$

由卷积的微分性质

$$\varphi(t) * \delta'(t) = \varphi'(t) * \delta(t) = \varphi'(t) \tag{2-185}$$

将上式与式(2-183)进行比较可以看出，$u_1(t)$ 和 $\delta'(t)$ 的任意检验函数 $\varphi(t)$ 的作用相同，所以可以认为两者相等。

实际上，式(2-185)从另一个角度定义了冲激偶函数。这说明冲激偶函数 $\delta'(t)$ 和普通函数 $\varphi(t)$ 卷积，其结果是对普通函数 $\varphi(t)$ 求一阶导数。

例 2-19　求卷积 $x(t) * y(t)$，已知：

$$x(t) = u(t) - u(t-1)$$

$$y(t) = (\mathrm{e}^{-5t} - 2\mathrm{e}^{-t})u(t) + \mathrm{e}^{t}u(-t)$$

解：因为 $x'(t) = \delta(t) - \delta(t-1)$ 是冲激函数，所以可以利用卷积的微积分性质计算卷积：

$$x(t) * y(t) = x'(t) * \int_{-\infty}^{t} y(\tau)\mathrm{d}\tau \tag{2-186}$$

先计算 $\int_{-\infty}^{t} y(\tau)\mathrm{d}\tau$ 得

$$\begin{aligned}\int_{-\infty}^{t} y(\tau)\mathrm{d}\tau &= \int_{-\infty}^{t} [(\mathrm{e}^{-5\tau} - 2\mathrm{e}^{-\tau})u(\tau) + \mathrm{e}^{\tau}u(-\tau)]\mathrm{d}\tau \\ &= \int_{-\infty}^{t} (\mathrm{e}^{-5\tau} - 2\mathrm{e}^{-\tau})u(\tau)\mathrm{d}\tau + \int_{-\infty}^{t} \mathrm{e}^{\tau}u(-\tau)\mathrm{d}\tau\end{aligned} \tag{2-187}$$

下面先求上式等号右边第一个积分。参考图 2-46，上面部分标示出了被积函数 $(\mathrm{e}^{-5\tau} - 2\mathrm{e}^{-\tau})u(\tau)$ 不为零的条件，下面部分标示出了积分上、下限(积分区间)，只有当这两部分存在重叠区间时，积分才不为零。显然当且仅当 $t>0$ 时，积分区间为 $0 \leqslant \tau \leqslant t$ (图 2-46(b)阴影部分)，积分为

$$\int_{-\infty}^{t} (\mathrm{e}^{-5\tau} - 2\mathrm{e}^{-\tau})u(\tau)\,\mathrm{d}\tau = \left[\int_{0}^{t} (\mathrm{e}^{-5\tau} - 2\mathrm{e}^{-\tau})\,\mathrm{d}\tau\right]u(t) = (2\mathrm{e}^{-t} - 0.2\mathrm{e}^{-5t} - 1.8)u(t) \tag{2-188}$$

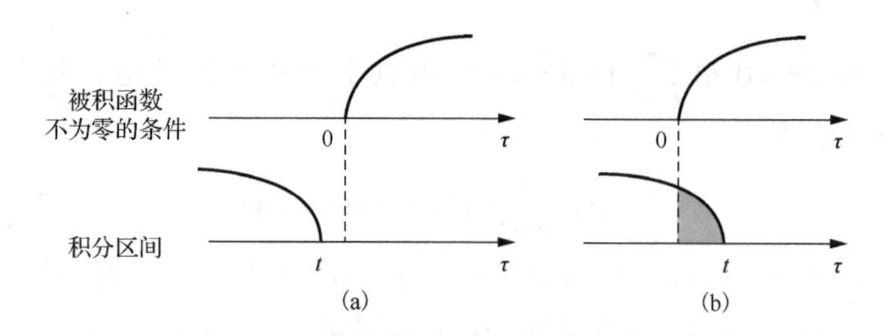

图 2-46　例 2-19 图 1

下面再来求式(2-187)等号右边第二个积分。参考图 2-47(a)，当 $t>0$ 时，积分区间为 $-\infty<\tau\leqslant 0$（被积函数不为零的部分与积分区间的重叠，图中阴影部分），第二个积分为

$$\int_{-\infty}^{t}\mathrm{e}^{\tau}u(-\tau)\,\mathrm{d}\tau=\left(\int_{-\infty}^{0}\mathrm{e}^{\tau}\mathrm{d}\tau\right)u(t)=u(t) \tag{2-189}$$

参考图 2-47(b)，当 $t<0$ 时，积分区间为 $-\infty<\tau\leqslant t$（被积函数不为零的部分与积分区间的重叠部分，即图中阴影部分），第二个积分为

$$\int_{-\infty}^{t}\mathrm{e}^{\tau}u(-\tau)\,\mathrm{d}\tau=\left(\int_{-\infty}^{t}\mathrm{e}^{\tau}\mathrm{d}\tau\right)u(-t)=\mathrm{e}^{t}u(-t) \tag{2-190}$$

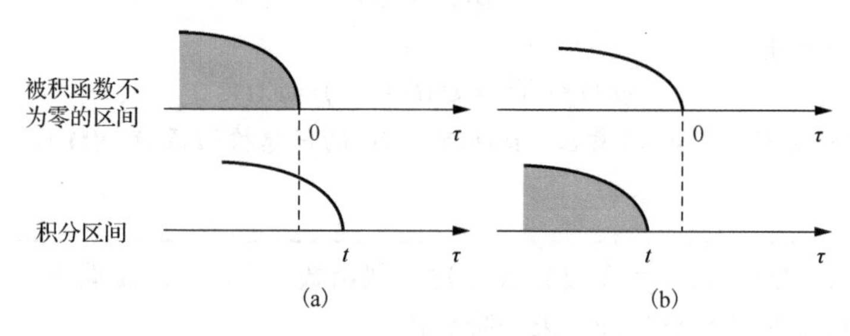

图 2-47　例 2-19 图 2

综合以上得

$$\begin{aligned}\int_{-\infty}^{t}y(\tau)\,\mathrm{d}\tau&=(2\mathrm{e}^{-t}-0.2\mathrm{e}^{-5t}-1.8)u(t)+u(t)+\mathrm{e}^{t}u(-t)\\&=(2\mathrm{e}^{-t}-0.2\mathrm{e}^{-5t}-0.8)u(t)+\mathrm{e}^{t}u(-t)\end{aligned} \tag{2-191}$$

最终得到卷积结果如下：

$$\begin{aligned}x(t)*y(t)&=[\delta(t)-\delta(t-1)]*[(2\mathrm{e}^{-t}-0.2\mathrm{e}^{-5t}-0.8)u(t)+\mathrm{e}^{t}u(-t)]\\&=[(2\mathrm{e}^{-t}-0.2\mathrm{e}^{-5t}-0.8)u(t)+\mathrm{e}^{t}u(-t)]\\&\quad-[(2\mathrm{e}^{1-t}-0.2\mathrm{e}^{5-5t}-0.8)u(t-1)+\mathrm{e}^{t-1}u(1-t)]\end{aligned} \tag{2-192}$$

例 2-20　已知 $x(t)=2u(t-1)+u(1-t)$，$y(t)=\mathrm{e}^{-(t+1)}u(t+1)$，求卷积 $x(t)*y(t)$。

解：由于当 $t\to-\infty$ 时，$x(t)\neq 0$ 且 $y(t)\neq 0$，所以不能直接利用卷积的微分积分性质求解。显然 $x(t)$ 又可以写为

$$x(t)=2u(t-1)+[1-u(t-1)]=u(t-1)+1 \tag{2-193}$$

由例 2-5 可知：

$$y(t)*[1]=\int_{-\infty}^{+\infty}y(\tau)\mathrm{d}\tau \tag{2-194}$$

从而

$$y(t)*[1]=\int_{-\infty}^{+\infty}\mathrm{e}^{-(\tau+1)}u(\tau+1)\mathrm{d}\tau=\int_{-1}^{+\infty}\mathrm{e}^{-(\tau+1)}\mathrm{d}\tau=1 \tag{2-195}$$

现在计算 $u(t-1)*y(t)$。利用卷积的微分性质：

$$u(t-1)*y(t)=[u(t-1)]'*\int_{-\infty}^{t}y(\tau)\mathrm{d}\tau=\delta(t-1)*\int_{-\infty}^{t}y(\tau)\mathrm{d}\tau \tag{2-196}$$

进一步计算可得

$$u(t-1)*y(t)=\int_{-\infty}^{t-1}y(\tau)\mathrm{d}\tau=\int_{-\infty}^{t-1}\mathrm{e}^{-(\tau+1)}u(\tau+1)\mathrm{d}\tau \tag{2-197}$$

参考图 2-48 可知，当且仅当 $t-1>-1$（即 $t>0$）时，上式积分不为零，积分区间为 $-1\leqslant\tau\leqslant t-1$，积分为

$$u(t-1)*y(t)=\left[\int_{-1}^{t-1}\mathrm{e}^{-(\tau+1)}\mathrm{d}\tau\right]u(t)=(1-\mathrm{e}^{-t})u(t) \tag{2-198}$$

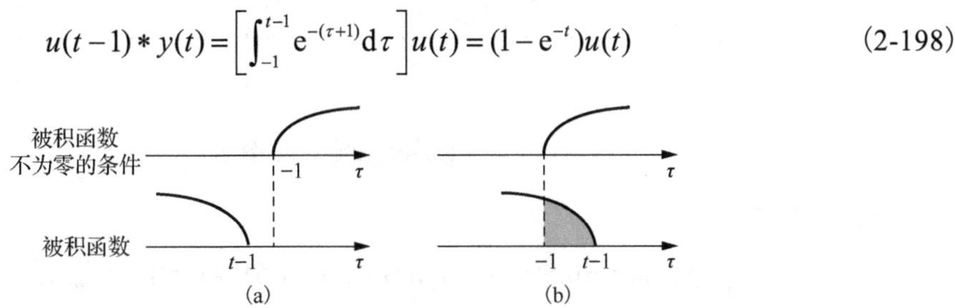

图 2-48　例 2-20 图

综合以上可得

$$x(t)*y(t)=[u(t-1)+1]*y(t)=1+(1-\mathrm{e}^{-t})u(t) \tag{2-199}$$

如果直接对 $x(t)$ 求导，则有

$$\frac{\mathrm{d}x(t)}{\mathrm{d}t}=2\frac{\mathrm{d}}{\mathrm{d}t}u(t-1)+\frac{\mathrm{d}}{\mathrm{d}t}u(1-t)=2\delta(t-1)-\delta(1-t)=\delta(t-1) \tag{2-200}$$

再利用卷积的微分积分性质计算卷积，结果是不对的。原因在于 $x'(t)$ 把 $x(t)$ 中的常数1变为零。请读者自己验证。

以上例题可以看出，如果有一个函数在整个时域内为常数，就不能利用卷积的微分积分性质。

例 2-21　已知 $x(t)=u(t+1)-u(t-1)$，$y(t)=\mathrm{e}^{-2t}[u(t)-u(t-1.5)]$。利用卷积的性质和图解法分别计算 $x(t)*y(t)$。

解 1：显然 $x'(t)=\delta(t+1)-\delta(t-1)$ 是冲激函数的形式。由于冲激函数和一般函数的卷积很简单，利用卷积的微分积分性质得

$$x(t)*y(t)=x'(t)*\int_{-\infty}^{t}y(\tau)\mathrm{d}\tau \tag{2-201}$$

先计算下式：

$$\int_{-\infty}^{t}y(\tau)\mathrm{d}\tau=\int_{-\infty}^{t}\mathrm{e}^{-2\tau}[u(\tau)-u(\tau-1.5)]\mathrm{d}\tau \tag{2-202}$$

参考图 2-49 可知，如果 $t<0$，则上式等号右边的被积函数与积分区间没有重叠部分，卷积为零。由图 2-49(b)可知，当 $0\leqslant t\leqslant 1.5$ 时，积分区间为 $0\leqslant\tau\leqslant t$，积分为

$$\int_{-\infty}^{t} y(\tau)\mathrm{d}\tau = \left(\int_{0}^{t} \mathrm{e}^{-2\tau}\mathrm{d}\tau\right)[u(t)-u(t-1.5)] = 0.5(1-\mathrm{e}^{-2t})[u(t)-u(t-1.5)] \tag{2-203}$$

后边乘以 $u(t)-u(t-1.5)$ 正是考虑到条件 $0\leqslant t<1.5$。由图 2-49(c)可知，当 $1.5\leqslant t$ 时，积分区间变为 $0\leqslant\tau<1.5$，积分为

$$\int_{-\infty}^{t} y(\tau)\mathrm{d}\tau = \left(\int_{0}^{1.5} \mathrm{e}^{-2\tau}\mathrm{d}\tau\right)u(t-1.5) = 0.5(1-\mathrm{e}^{-3})u(t-1.5) \tag{2-204}$$

后边乘以 $u(t-1.5)$ 正是考虑到 $1.5\leqslant t$。

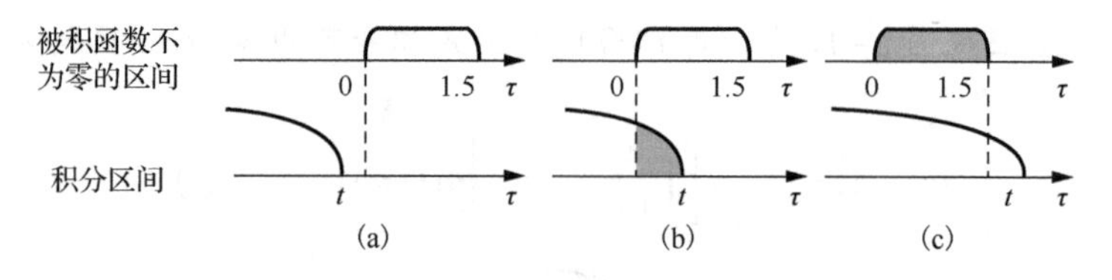

图 2-49　例 2-21 图 1

综合以上可得

$$\int_{-\infty}^{t} y(\tau)\mathrm{d}\tau = 0.5(1-\mathrm{e}^{-2t})[u(t)-u(t-1.5)] + 0.5(1-\mathrm{e}^{-3})u(t-1.5) \tag{2-205}$$

得到最终的卷积结果为

$$\begin{aligned} x(t)*y(t) &= [\delta(t+1)-\delta(t-1)]*\{0.5(1-\mathrm{e}^{-2t})[u(t)-u(t-1.5)]+0.5(1-\mathrm{e}^{-3})u(t-1.5)\} \\ &= 0.5[1-\mathrm{e}^{-2(t+1)}][u(t+1)-u(t-0.5)]+0.5(1-\mathrm{e}^{-3})u(t-0.5) \\ &\quad -0.5[1-\mathrm{e}^{-2(t-1)}][u(t-1)-u(t-2.5)]-0.5(1-\mathrm{e}^{-3})u(t-2.5) \end{aligned}$$

解 2：用图解法求解。参考图 2-50(a)可以看出，当 $x(\tau)$ 的左边界点 -1 位于 $y(t-\tau)$ 的左边界点 $-1.5+t$ 和右边界点 t 之间，即 $-1.5+t\leqslant-1<t$（即 $-1<t\leqslant0.5$）时，积分区间为 $-1\leqslant\tau\leqslant t$，积分为

$$x(t)*y(t) = \int_{-1}^{t} \mathrm{e}^{-2(t-\tau)}\mathrm{d}\tau = 0.5[1-\mathrm{e}^{-2(t+1)}]$$

参考图 2-50(b)可以看出，当 $x(\tau)$ 的左边界点 -1 位于 $y(t-\tau)$ 的左边界点 $-1.5+t$ 左边，且 $x(\tau)$ 的右边界点 1 位于 $y(t-\tau)$ 的左边界点 t 右边，即当 $-1<-1.5+t$ 且 $t\leqslant1$（即 $0.5<t\leqslant1$）时，积分区间为 $-1.5+t\leqslant\tau\leqslant t$，积分为

$$x(t)*y(t) = \int_{-1.5+t}^{t} \mathrm{e}^{-2(t-\tau)}\mathrm{d}\tau = 0.5(1-\mathrm{e}^{-3})$$

参考图 2-50(c)可以看出，当 $x(\tau)$ 的右边界点 1 位于 $y(t-\tau)$ 的左边界点 $-1.5+t$ 和右边界点 t 之间，即当 $-1.5+t\leqslant1<t$（即 $1<t\leqslant2.5$）时，积分区间为 $-1.5+t\leqslant\tau\leqslant1$，积分为

$$x(t)*y(t) = \int_{-1.5+t}^{1} \mathrm{e}^{-2(t-\tau)}\mathrm{d}\tau = 0.5(\mathrm{e}^{2-2t}-\mathrm{e}^{-3})$$

综合以上，卷积结果为

$$x(t)*y(t) = \begin{cases} 0.5[1-\mathrm{e}^{-2(t+1)}], & -1<t\leqslant0.5 \\ 0.5(1-\mathrm{e}^{-3}), & 0.5<t\leqslant1 \\ 0.5(\mathrm{e}^{2-2t}-\mathrm{e}^{-3}), & 1<t\leqslant2.5 \\ 0, & \text{其他} \end{cases} \tag{2-206}$$

卷积结果如图 2-50(d)所示。

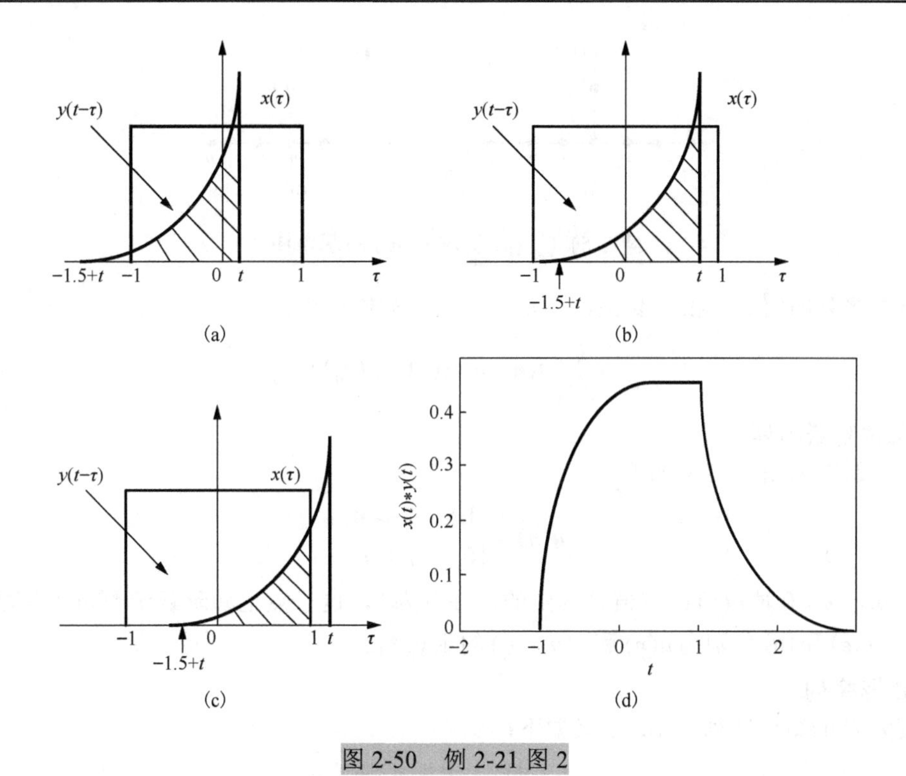

图 2-50　例 2-21 图 2

用图解法求卷积时，特别要注意参与卷积运算的两个函数不连续点的相对位置。在例 2-21 中，$x(t)$ 的持续期为 2，而 $y(t)$ 的持续期为 1.5，所以当 $-1<t\leqslant 0.5$ 时，$y(t-\tau)$ 的右边界点必然位于 $x(\tau)$ 右边界点左边；当 $0.5<t\leqslant 1$ 时，$y(t-\tau)$ 的非零部分与 $x(\tau)$ 的非零部分全部重叠。用图解法求解卷积的关键是正确确定被积函数的表达式和积分上下限。

由例 2-21 还可以看出，用图解法计算卷积时能得到卷积结果的分段函数表达式，而直接利用定义得到的表达式较复杂。请读者自己验证例 2-21 得到的两个结果是一致的。

2.7　典型离散时间信号

1. 单位脉冲序列

单位脉冲(单位样值、单位冲激)序列 $\delta(n)$ 定义如下：

$$\delta(n)=\begin{cases}1, & n=0\\ 0, & n\neq 0\end{cases} \tag{2-207}$$

由以上对 $\delta(n)$ 的定义可知，它在 $n=0$ 的取值是有限的确定值 1，这一点与单位冲激函数 $\delta(t)$ 不同。为了方便起见，“单位脉冲序列”通常简称“脉冲序列”。

同样可以定义延时单位样值序列 $\delta(n-n_0)$：

$$\delta(n-n_0)=\begin{cases}1, & n=n_0\\ 0, & n\neq n_0\end{cases} \tag{2-208}$$

图 2-51(a)和(b)分别为 $\delta(n)$ 和 $\delta(n-n_0)$ 的示意图。

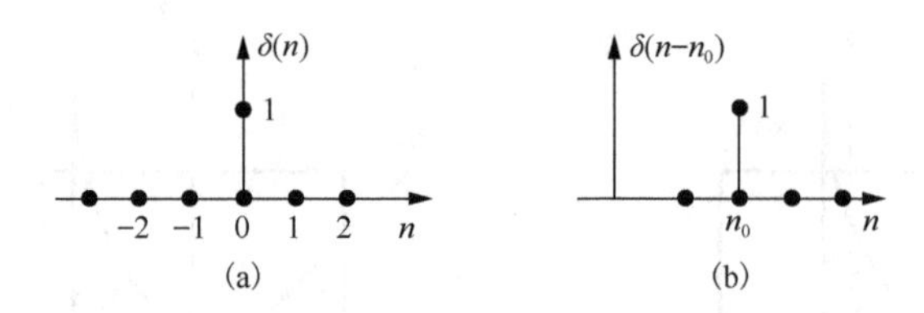

图 2-51　$\delta(n)$ 及 $\delta(n-n_0)$ 的示意图

由脉冲序列的定义，很容易验证 $\delta(n-n_0)$ 具有抽样特性：

$$\sum_{n=-\infty}^{+\infty}\delta(n-n_0)x(n)=x(n_0) \tag{2-209}$$

2. 单位阶跃序列

单位阶跃序列 $u(n)$ 定义如下：

$$u(n)=\begin{cases}1, & n\geqslant 0\\ 0, & n<0\end{cases} \tag{2-210}$$

由定义可知，$n=0$ 时 $u(n)$ 的取值是确定的，并且为1，这一点也和阶跃函数 $u(t)$ 不同。

图 2-52(a)和(b)分别为 $u(n)$ 和 $u(n-n_0)$ 的示意图。

3. 矩形序列

长度为 N 的矩形序列 $R_N(n)$ 定义如下：

$$R_N(n)=\begin{cases}1, & 0\leqslant n\leqslant N-1\\ 0, & 其他\end{cases} \tag{2-211}$$

它从 $n=0$ 开始直到 $n=N-1$，一共 N 个时刻取值为 1；其余时刻取值为 0。$R_N(n)$ 如图 2-53 所示。

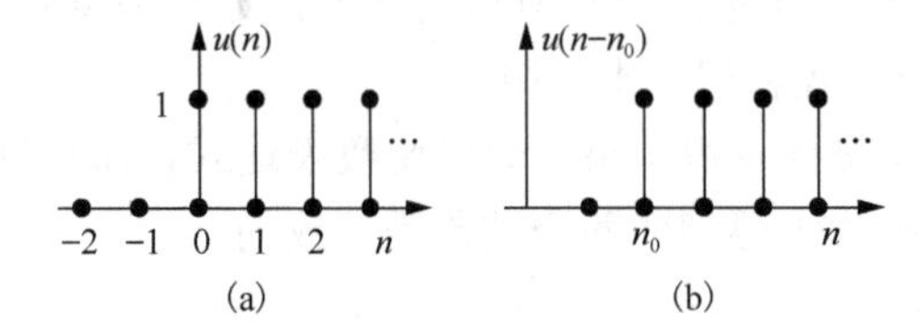

图 2-52　$u(n)$ 和 $u(n-n_0)$ 的示意图

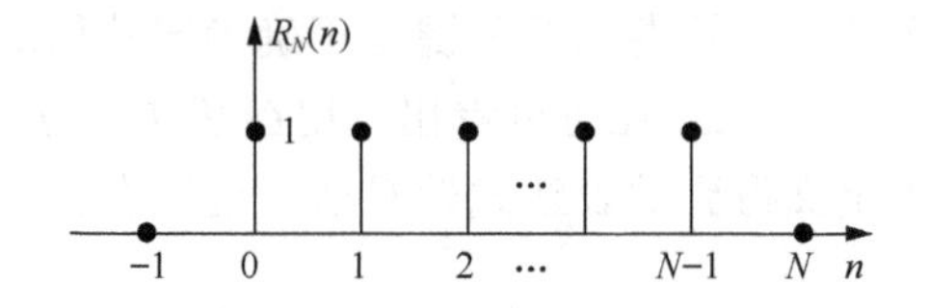

图 2-53　矩形序列 $R_N(n)$ 的示意图

类似地，可以定义矩形脉冲序列 $R_N(n-n_0)$：

$$R_N(n-n_0)=\begin{cases}1, & n_0\leqslant n\leqslant N+n_0-1\\ 0, & 其他\end{cases} \tag{2-212}$$

显然有下列关系式：

$$u(n)=\sum_{l=-\infty}^{n}\delta(l)=\sum_{m=0}^{+\infty}\delta(n-m) \tag{2-213}$$

$$\delta(n)=u(n)-u(n-1) \tag{2-214}$$

$$R_N(n)=u(n)-u(n-N) \tag{2-215}$$

4. 梳状序列

梳状序列 $\mathrm{comb}_N[n]$ 定义如下：

$$\text{comb}_N[n]=\sum_{m=-\infty}^{+\infty}\delta(n-mN) \tag{2-216}$$

由以上定义可以看出，$\text{comb}_N[n]$ 是由单位脉冲序列 $\delta(n)$ 每隔 N 重复一次形成的。$\text{comb}_N[n]$ 如图 2-54 所示，由图可以看出其形状似梳子，因而得名。

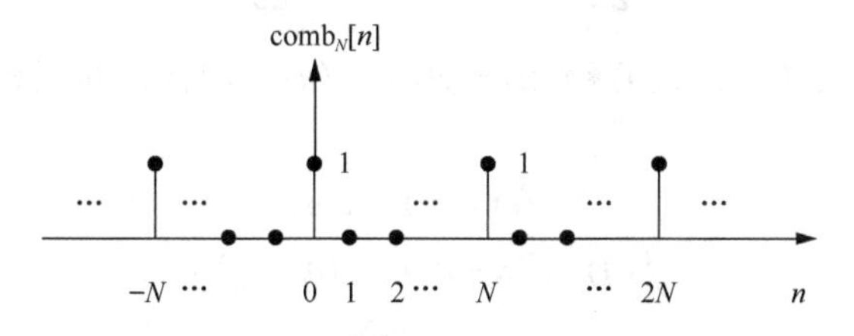

图 2-54 梳状序列 $\text{comb}_N[n]$ 的示意图

5. 指数序列

实指数序列 $a^n u(n)$（a 为实数）如图 2-55 所示。当 $a>0$ 时，序列值全部为正；而当 $a<0$ 时，序列值正负交替。当 $|a|>1$ 时，序列值发散；当 $a<1$ 时，序列值收敛。

复指数序列 $e^{j\omega_0 n}=\cos(\omega_0 n)+j\sin(\omega_0 n)$ 是常见的复序列。

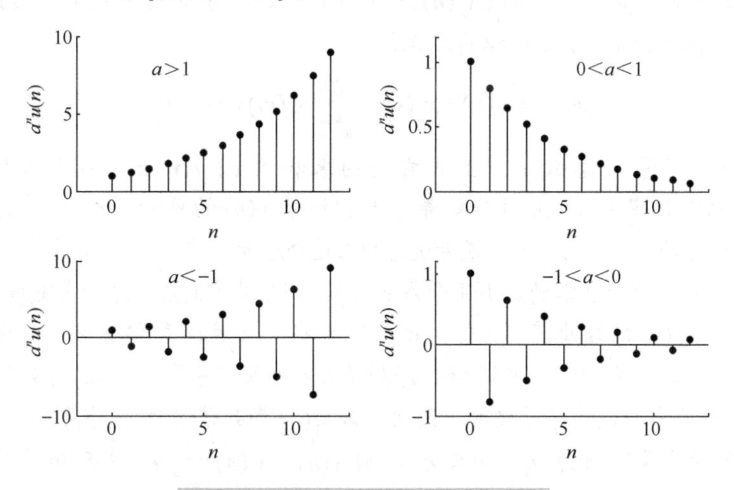

图 2-55 实指数序列 $a^n u(n)$ 示意图

2.8 卷 积 和

2.8.1 卷积和的定义及其性质

类似连续时间信号的卷积积分运算，定义离散时间信号的卷积和运算。在不至于引起混淆的情况下，卷积和也简称**卷积**。离散时间信号 $x(n)$ 和 $y(n)$ 的**卷积和**记为 $x(n)*y(n)$，定义为

$$x(n)*y(n)=\sum_{m=-\infty}^{+\infty}x(m)y(n-m) \tag{2-217}$$

在上式等号右边作变量代换 $k=n-m$，则 $m=n-k$，上式变为

$$x(n)*y(n)=\sum_{m=-\infty}^{+\infty}x(m)y(n-m)=\sum_{k=+\infty}^{-\infty}x(n-k)y(k)=\sum_{k=-\infty}^{+\infty}x(n-k)y(k) \tag{2-218}$$

依卷积和的定义，上式右边即为 $y(n)*x(n)$，所以有

$$x(n)*y(n)=\sum_{m=-\infty}^{+\infty}x(m)y(n-m)=\sum_{m=-\infty}^{+\infty}x(n-m)y(m) \tag{2-219}$$

上式实际上是卷积和的交换律：$x(n)*y(n)=y(n)*x(n)$。同样，卷积和满足分配律和结合律。

显然以下等式成立：

$$x(n)*\delta(n)=x(n) \tag{2-220}$$

$$x(n)*\delta(n-n_0)=x(n-n_0) \tag{2-221}$$

$$x(n)*u(n)=\sum_{m=-\infty}^{n}x(m) \tag{2-222}$$

同卷积积分一样，卷积和具有移位性质，即若 $x(n)*y(n)=f(n)$，则有

$$x(n-n_1)*y(n-n_2)=f(n-n_1-n_2)$$

例 2-22　若 $x_1(n)$ 序列值非零的序号范围为 $n_1\leqslant n\leqslant n_2$，$x_2(n)$ 序列值非零的序号范围为 $n_3\leqslant n\leqslant n_4$，证明卷积 $y(n)=x_1(n)*x_2(n)$ 序列值非零的序号范围为 $n_1+n_3\leqslant n\leqslant n_2+n_4$。

证明：回顾 $x_1(n)$ 和 $x_2(n)$ 的卷积的定义：

$$y(n)=x_1(n)*x_2(n)=\sum_{m=-\infty}^{+\infty}x_1(m)x_2(n-m)$$

对任意固定的 n，不管 m 怎么变，上式右边的求和项 $x_1(m)x_2(n-m)$ 中的两个序号之和为 $m+(n-m)$，显然它恒定为 n，并且恰好等于卷积结果 $y(n)$ 的序号。由此可见，卷积结果 $y(n)$ 的起始序号(卷积开始不为零的序号，或者说卷积在这个序号之前全部为零)是 $x_1(n)$ 和 $x_2(n)$ 起始序号之和；或者说 $y(n)$ 序列值非零的最小序号为 $x_1(m)$ 序列值非零的最小序号与 $x_2(n-m)$ 序列值非零的最小序号之和。$y(n)$ 的终止序号(卷积开始变为零，或者说卷积在这个序号之后全部为零)是 $x_1(n)$ 和 $x_2(n)$ 终止序号之和；或者说 $y(n)$ 序列值非零的最大序号为 $x_1(m)$ 序列值非零的最大序号与 $x_2(n-m)$ 序列值非零的最大序号之和。因此，若 $x_1(n)$ 序列值非零的序号范围为 $n_1\leqslant n\leqslant n_2$，$x_2(n)$ 序列值非零的序号范围为 $n_3\leqslant n\leqslant n_4$，则 $y(n)=x_1(n)*x_2(n)$ 序列值非零的序号范围为 $n_1+n_3\leqslant n\leqslant n_2+n_4$。

由以上例题的结论很容易得到卷积和的一个重要性质：若有限长序列 $x_1(n)$ 的长度为 M_1，$x_2(n)$ 的长度为 M_2，则 $y(n)=x_1(n)*x_2(n)$ 的长度为 M_1+M_2-1。证明如下：设 $x_1(n)$ 的非零序号范围为 $n_1\leqslant n\leqslant n_2$，$x_2(n)$ 的非零序号范围为 $n_3\leqslant n\leqslant n_4$，则 $y(n)=x_1(n)*x_2(n)$ 的起止序号分别为 n_1+n_3 和 n_2+n_4，所以 $y(n)$ 的长度为

$$(n_2+n_4)-(n_1+n_3)+1=(n_2-n_1+1)+(n_4-n_3+1)-1=M_1+M_2-1 \tag{2-223}$$

2.8.2　卷积和的直接计算

已知 $\alpha\neq\beta$，计算 $x(n)=\alpha^n u(n-1)$ 和 $h(n)=\beta^n u(n)$ 的卷积和 $y(n)$。由卷积的定义得

$$y(n)=\sum_{m=-\infty}^{+\infty}x(m)h(n-m)=\sum_{m=-\infty}^{+\infty}\alpha^{n-m}u(n-m-1)\beta^m u(m) \tag{2-224}$$

整理得

$$y(n)=\alpha^n\sum_{m=-\infty}^{+\infty}\left(\frac{\beta}{\alpha}\right)^m u(n-m-1)u(m) \tag{2-225}$$

当求和项 $(\beta/\alpha)^m u(n-m-1)u(m)$ 不为零时，回顾阶跃序列的定义可知，m 要满足以下关系式：

$$\begin{cases}n-m-1\geqslant 0\\ m\geqslant 0\end{cases}\quad 即\quad \begin{cases}m\leqslant n-1\\ m\geqslant 0\end{cases} \tag{2-226}$$

参考图 2-56，显然当且仅当 $n-1\geqslant 0$ 时，以上两个不等式才相容，此时 m 满足以下不等式：

$$0\leqslant m\leqslant n-1 \tag{2-227}$$

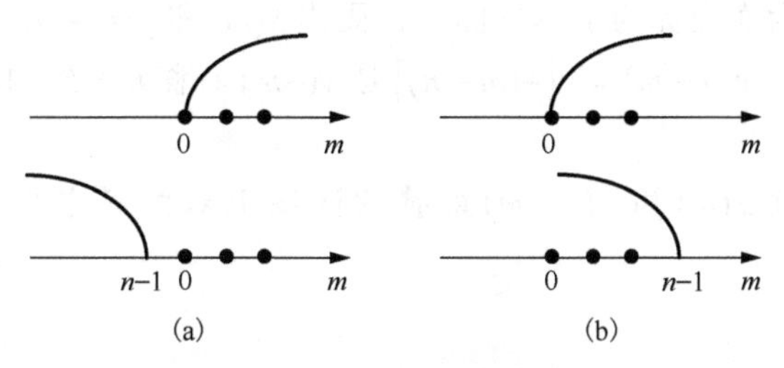

图 2-56　卷积和的图解说明

这实际上就是卷积和的求和范围，这样卷积和为

$$y(n)=\alpha^n\left[\sum_{m=0}^{n-1}\left(\frac{\beta}{\alpha}\right)^m\right]u(n-1)=\alpha^n u(n-1)\cdot\frac{1-(\beta/\alpha)^n}{1-\beta/\alpha} \tag{2-228}$$

上式等号后面加上 $u(n-1)$ 是基于 $n-1\geqslant 0$ 这个条件的。

备注：考虑以下几何级数(等比数列)的和：

$$a,aq,aq^2,aq^3,\cdots \tag{2-229}$$

将这个级数每一项都乘以 q 得到第二个级数：

$$aq,aq^2,aq^3,aq^4,\cdots \tag{2-230}$$

记以上第一个级数的和为 $f(q)$，则第二个级数的和为 $q\cdot f(q)$。第二个级数的第 k 项和第一个级数的第 $k+1$ 项相等（$k\geqslant 1$），两个数列相减得 $a-a\lim\limits_{n\to+\infty}q^n$，这也就是两个级数的和之差，所以有

$$f(q)-q\cdot f(q)=a-a\lim_{n\to+\infty}q^n \tag{2-231}$$

若 $|q|<1$，则 $\lim\limits_{n\to+\infty}q^n=0$，从而 $f(q)(1-q)=a$，这就得到几何级数的求和公式：

$$f(q)=a/(1-q) \tag{2-232}$$

若 $|q|>1$，$\lim\limits_{n\to+\infty}q^n$ 不存在，几何级数的和不收敛。

同样可以得到 N 项几何级数 $a,aq,\cdots,aq^{N-1}$ 的和为

$$f(q)=\begin{cases}\dfrac{a(1-q^N)}{1-q}, & q\neq 1\\ N, & q=1\end{cases} \tag{2-233}$$

2.8.3 卷积和的图解法计算

卷积和的图解法与卷积积分的图解法是类似的，区别在于前者是离散信号，而后者是连续信号，前者是在重叠区域上求和，而后者是在重叠区域上求积分。其本质都是利用卷积和或卷积积分的定义式。回顾 $x(n)$ 和 $y(n)$ 的卷积和定义式：

$$x(n)*y(n)=\sum_{m=-\infty}^{+\infty}x(m)y(n-m)$$

用图解法求卷积和的步骤如下：

(1) 在同一个以 m 为横坐标的坐标平面上，画出 $x(m)$ 和 $y(n-m)$。$x(m)$ 和 $x(n)$ 的波形一样，只是横轴以 m 标示；$y(n-m)=y\left[-(m-n)\right]$ 是 $y(-m)$ 右移 n 得到的，而 $y(-m)$ 是由 $y(m)$ 关于纵轴反折得到的。

(2) 对不同的 n，在 $x(m)$ 和 $y(n-m)$ 重叠的区域上对两者之积 $x(m)y(n-m)$ 关于 m 求和。

下面看一个例题。

例 2-23　已知 $x(n)=R_N(n)$ 和 $y(n)=\alpha^n u(n-1)$，用图解法求两者的卷积和。

解：由卷积和定义得

$$x(n)*y(n)=\sum_{m=-\infty}^{+\infty}x(m)y(n-m)=\sum_{m=-\infty}^{+\infty}\{u(m)-u[m-(N-1)]\}\alpha^{n-m}u(n-m-1)$$

$x(n)$ 和 $y(n)$ 如图 2-57(a) 所示；$x(m)$ 和 $y(-m)$ 如图 2-57(b) 所示。显然，若 $y(-m)$ 左移，则 $x(m)$ 和 $y(n-m)$ 不可能重叠，卷积和中的求和项恒为零，卷积和为零，所以只考虑右移的情况。参考图 2-57(c)，当 $y(-m)$ 右移 n 得到 $y(n-m)$ 时，其右边界点 $n-1$ 位于 $x(m)$ 的两个端点 0 和 $N-1$ 之间，即 n 满足以下不等式：

$$0\leqslant n-1\leqslant N-1\ (\text{即}\ 1\leqslant n\leqslant N)$$

此时，$x(m)$ 和 $y(n-m)$ 在区间 $0\leqslant m\leqslant n-1$（此即求和范围）上重叠，卷积和为

$$x(n)*y(n)=\sum_{m=0}^{n-1}\alpha^{n-m}=\frac{\alpha^n(1-\alpha^{-n})}{1-\alpha^{-1}}$$

参考图 2-57(d)，将 $y(-m)$ 继续右移，当 $y(n-m)$ 的右边界点 $n-1$ 移到 $x(m)$ 的右边界点 $N-1$ 右侧，即 n 满足以下不等式：

$$N-1\leqslant n-1\ (\text{即}\ n\geqslant N)$$

此时，$x(m)$ 和 $y(n-m)$ 在区间 $0\leqslant m\leqslant N-1$（此即求和范围）上重叠，卷积和为

$$x(n)*y(n)=\sum_{m=0}^{N-1}\alpha^{n-m}=\frac{\alpha^n(1-\alpha^{-N})}{1-\alpha^{-1}}$$

综合以上，卷积和的结果为

$$x(n)*y(n)=\begin{cases}\alpha^n(1-\alpha^{-n})/(1-\alpha^{-1}), & 1\leqslant n<N\\ \alpha^n(1-\alpha^{-N})/(1-\alpha^{-1}), & N\leqslant n\\ 0, & \text{其他}\end{cases}$$

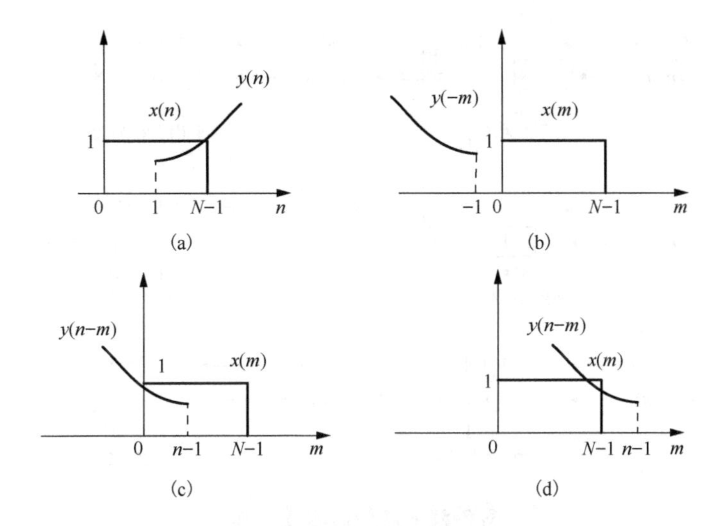

图 2-57　例 2-23 图

2.8.4　有限长序列的卷积和求解法

在实际应用中，通常处理的是有限长度的序列，以下介绍两种方法求解它们的卷积。设两个有限长序列 $x_1(n)$ 和 $x_2(n)$ 的卷积为 $y(n)$，则 $y(n)$ 也是有限长的，且有：

(1) $y(n)$ 的起始序号等于 $x_1(n)$ 和 $x_2(n)$ 的起始序号之和；

(2) $y(n)$ 的终止序号等于 $x_1(n)$ 和 $x_2(n)$ 的终止序号之和；

(3) $y(n)$ 的长度等于 $x_1(n)$ 和 $x_2(n)$ 的长度之和减 1。

首先介绍**游带法**求卷积和。以下用向下的箭头“↓”标示序号 0。通过求以下两个序列的卷积和来讲解这种方法的思路。

$$x_1(n)=\left\{2,\overset{\downarrow}{5},0,4\right\} \tag{2-234}$$

$$x_2(n)=\left\{\overset{\downarrow}{3},1,4\right\} \tag{2-235}$$

反转 $x_2(n)$ 得到 $x_2(-n)$，然后将 $x_2(-n)$ 移位使得它的终止元素与 $x_1(n)$ 的起始元素对齐。接着，对 $x_2(-n)$ 一次右移一个元素，求得它与 $x_1(n)$ 重叠元素的乘积之和，就是每个序号上的卷积和。游带法是在纸条上列出反转序列的值并使其滑过固定的序列。游带法中的滑动实际上就是 n 递增的过程，从 $x_1(m)$ 和 $x_2(n-m)$ 刚好开始重叠，到最终分离为止。在求解过程中，不变的序列为 $x_1(m)$，滑动的序列是 $x_2(n-m)$。对重叠的元素按列求乘积，就是求 $x_1(m)x_2(n-m)$；对这些乘积求和，就是卷积和定义式中对 m 求和。由此可见，游带法的实质是卷积和的定义和图解法的结合。卷积和的起始序号为参与运算的两个序列起始序号之和，所以刚开始滑动时得到的乘积之和 8 为序号为 $n=-1+0=-1$ 的卷积和，其余的序号依次递增 1。因此最后的卷积和结果为

$$x_1(n)*x_2(n)=\left\{8,\overset{\downarrow}{22},11,31,4,12\right\}$$

求解过程如图 2-58 所示。

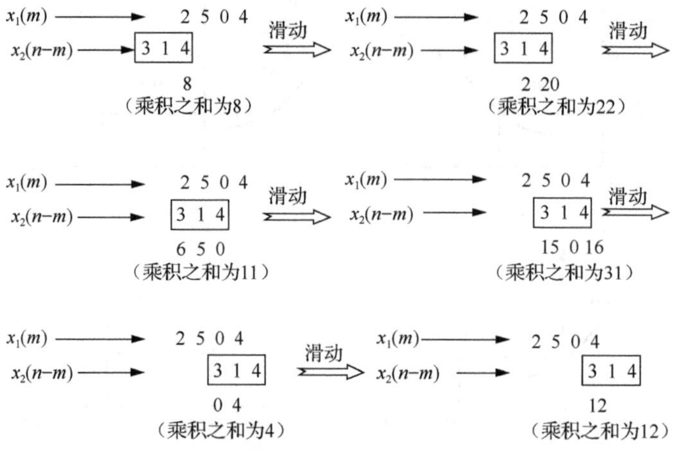

$x_1(m)$ → 2 5 0 4　$x_2(n-m)$ → [3 1 4]　8（乘积之和为8）　滑动⇒
$x_1(m)$ → 2 5 0 4　$x_2(n-m)$ → [3 1 4]　2 20（乘积之和为22）　滑动⇒
$x_1(m)$ → 2 5 0 4　$x_2(n-m)$ → [3 1 4]　6 5 0（乘积之和为11）　滑动⇒
$x_1(m)$ → 2 5 0 4　$x_2(n-m)$ → [3 1 4]　15 0 16（乘积之和为31）　滑动⇒
$x_1(m)$ → 2 5 0 4　$x_2(n-m)$ → [3 1 4]　0 4（乘积之和为4）　滑动⇒
$x_1(m)$ → 2 5 0 4　$x_2(n-m)$ → [3 1 4]　12（乘积之和为12）

图 2-58　游带法求卷积和

以下介绍**列求和法**。同样通过求前述两个序列的卷积和来讲解这种方法的思路。注意到 $x_1(n)$ 可以写为 $x_1(n)=2\delta(n+1)+5\delta(n)+4\delta(n-2)$，从而：

$$
\begin{aligned}
x_1(n)*x_2(n)&=[2\delta(n+1)+5\delta(n)+4\delta(n-2)]*x_2(n)\\
&=2x_2(n+1)+5x_2(n)+4x_2(n-2)
\end{aligned}
\tag{2-236}
$$

上式表明，只要得到 $x_2(n)$ 的移位加权序列 $2x_2(n+1)$、$5x_2(n)$ 和 $4x_2(n-2)$，然后把它们排列起来对齐相加就可以得到所求的卷积和。具体的计算过程如表 2-3 所示。第 3 行、第 4 行、第 5 行分别给出了 $2x_2(n+1)$、$5x_2(n)$ 和 $4x_2(n-2)$ 的序列值。由于 $x_2(n)=\{3,1,4\}$ 的起始序号为 0，所以 $2x_2(n+1)$ 的起始序号为-1，所以第 7 行标出了这个序号。$5x_2(n)$ 的起始序号和 $x_2(n)$ 的相同，较 $2x_2(n+1)$ 的大 1，所以上下对齐的时候也在 $2x_2(n+1)$ 右边一个空格。同样，$4x_2(n-2)$ 的起始序号较 $2x_2(n+1)$ 的大 3，所以上下对齐的时候也在 $2x_2(n+1)$ 右边三个空格。之后把这些序列值（第 3～5 行）按列相加，即可得到卷积和序列。需要说明的是，第 1 行和第 2 行分别列出了 $x_1(n)$ 和 $x_2(n)$ 的序列值，只要各自按序从左到右排列就可以，而无须考虑上下对齐；但是第 3 行、第 4 行、第 5 行上下对齐的时候要注意相对位置，它们由倍乘系数 2、5、4 在序列 $x_1(n)$ 中的序号决定。事实上，第 4 行和第 5 行之间省略了全零的一行，它是 $x_1(n)$ 的第 3 个序列值 0 和 $x_2(n)$ 的卷积。最终得到卷积和为

表 2-3　列求和法求卷积和实例

第 1 行	$x_1(n)$	2	5	0	4		
第 2 行	$x_2(n)$	4	1	3			
第 3 行	$2\delta(n+1)*x_2(n)=2x_2(n+1)$	8	2	6			
第 4 行	$5\delta(n)*x_2(n)=5x_2(n)$		20	5	15		
第 5 行	$4\delta(n-2)*x_2(n)=4x_2(n-2)$				16	4	12
第 6 行	$x_1(n)*x_2(n)=2x_2(n+1)+5x_2(n)+4x_2(n-2)$	8	22	11	31	4	12
第 7 行	序号	-1	0	1	2	3	4

$$x_1(n)*x_2(n)=\left\{8,\overset{\downarrow}{22},11,31,4,12\right\}$$

或写为

$$\begin{aligned}&x_1(n)*x_2(n)\\&=8\delta(n+1)+22\delta(n)+11\delta(n-1)+31\delta(n-2)+4\delta(n-3)+12\delta(n-4)\end{aligned} \tag{2-237}$$

图 2-59 为以上求解过程的图示。

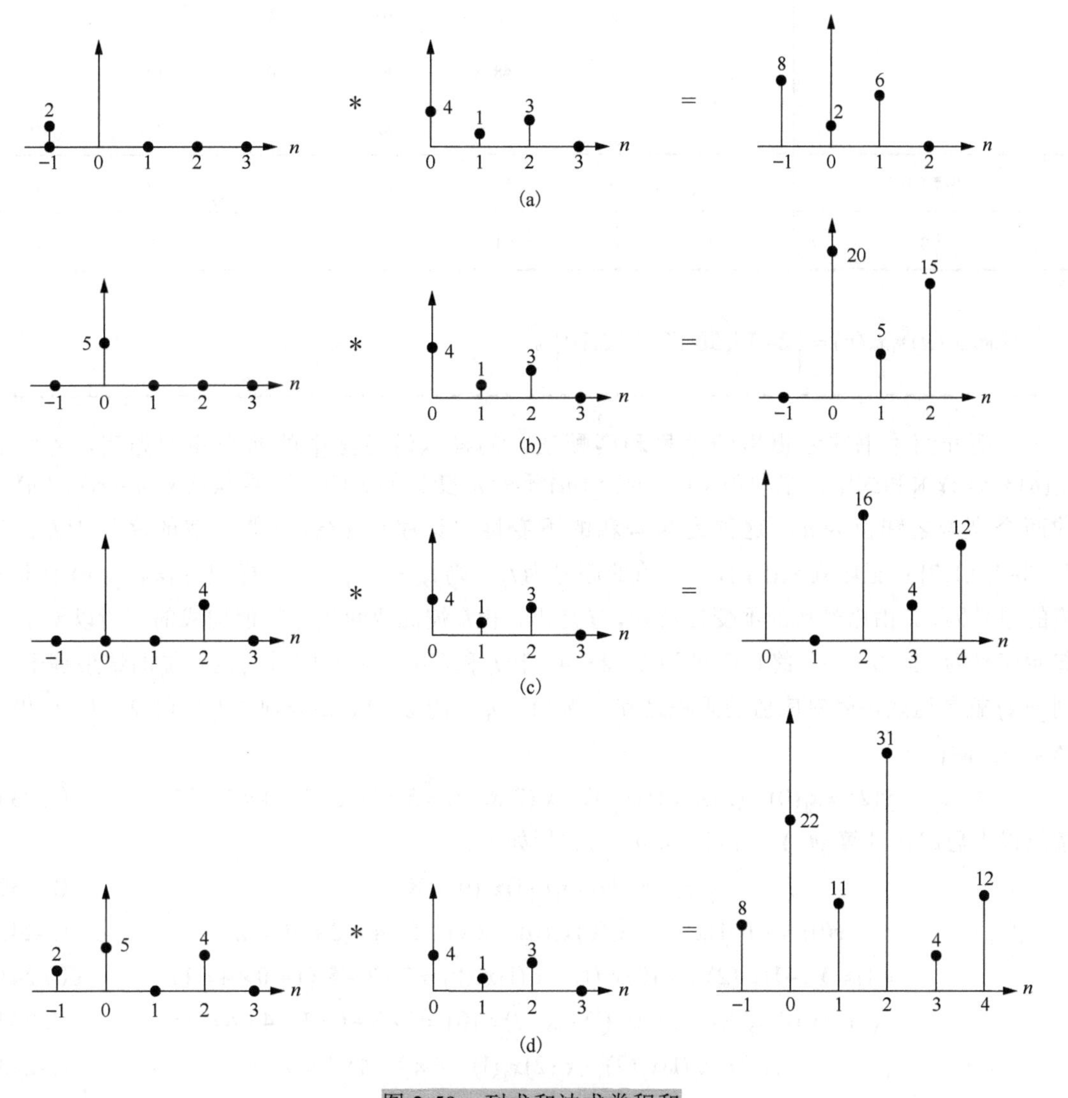

图 2-59　列求和法求卷积和

例 2-24　用列求和法计算序列 $x_1(n)=\left\{3,2,\overset{\downarrow}{6},5\right\}$ 和序列 $x_2(n)=\left\{8,\overset{\downarrow}{1},0,2\right\}$ 的卷积和。

解：求解过程如表 2-4 所示。

表 2-4 例 2-24 求解过程

$x_1(n)$	3	2	6	5			
$x_2(n)$	8	1	0	2			
	24	3	0	6			
		16	2	0	4		
			48	6	0	12	
				40	5	0	10
$x_1(n) * x_2(n)$	24	19	50	52	9	12	10
序号	−3	−2	−1	0	1	2	3

从而 $x_1(n) * x_2(n) = \left\{24,19,50,\overset{\downarrow}{52},9,12,10\right\}$。

下面介绍本书作者提出的**序号和匹配法**。同样以游带法中的两个序列为例。卷积和 $x_1(n) * x_2(n)$ 求和式中，求和项 $x_1(n-m)x_2(m)$ 不受 m 变化的影响，即乘积项 $x_1(n-m)x_2(m)$ 中的两个序号之和恒为 n，这称为**序号和的不变性**。记序列 $x_1(n)$ 有非零值的序号为 l_1，则 $l_1 = \{-1,0,1,2\}$；记序列 $x_2(n)$ 有非零值的序号为 l_2，则 $l_2 = \{0,1,2\}$。同样记卷积和 $y(n)$ 有非零值的序号为 l。由序号和的不变性可知，l 是由 l_1 和 l_2 彼此两两相加的值构成的，所以 $y(n)$ 的起始序号为 $-1+0=-1$、终止序号为 $2+2=4$。若 l_1 和 l_2 中的多对序号两两相加的结果等于 k，则 $y(k)$ 就是这些序号对应值的乘积之和。例如，l_1 中的 0、1、2 分别与 l_2 中的 2、1、0 相加等于 2，所以：

$$y(2) = x_1(0)x_2(2) + x_1(1)x_2(1) + x_1(2)x_2(0) = 5\times3 + 0\times1 + 4\times4 = 31 \tag{2-238}$$

按照以上思路，计算 $y(n)$（$-1 \leqslant n \leqslant 4$）的过程如下：

$$y(-1) = x_1(-1)x_2(0) = 8 \tag{2-239}$$

$$y(0) = x_1(-1)x_2(1) + x_1(0)x_2(0) = 2\times1 + 5\times4 = 2 + 20 = 22 \tag{2-240}$$

$$y(1) = x_1(-1)x_2(2) + x_1(0)x_2(1) + x_1(1)x_2(0) = 2\times3 + 5\times1 + 0\times4 = 11 \tag{2-241}$$

$$y(2) = x_1(0)x_2(2) + x_1(1)x_2(1) + x_1(2)x_2(0) = 5\times3 + 0\times1 + 4\times4 = 31 \tag{2-242}$$

$$y(3) = x_1(1)x_2(2) + x_1(2)x_2(1) = 0\times3 + 4\times1 = 4 \tag{2-243}$$

$$y(4) = x_1(2)x_2(2) = 4\times3 = 12 \tag{2-244}$$

表 2-5 直观地给出了一个计算实例。第 1～2 行为两个序列值，括号内为序号。第 3～5 行中的小括号内给出了两个序列对应的序号，序号和相同的乘积排在同一列上。由表可以看出，第 3～5 行中的每一行都是 $x_2(n)$ 中的一个序列值依次乘以 $x_1(n)$ 的全部序列值得到的，排列时每一行依次右移一格。每一列的和就是最后的结果。

表 2-5 序号和匹配法求卷积和实例

$x_1(n)$ $x_2(n)$	2 (−1) 4 (0)	5 (0) 1 (1)	0 (1) 3 (2)	4 (2)		
序号和	−1	0	1	2	3	4
	8 (0+(−1))	20 (0+0) 2 (1+(−1))	0 (0+1) 5 (1+0) 6 (2+(−1))	16 (0+2) 0 (1+1) 15 (2+0)	4 (1+2) 0 (2+1)	12 (2+2)
卷积和	8	22	11	31	4	12

例 2-25 用列求和法计算序列 $x_1(n)=\left\{3,2,\overset{\downarrow}{6},5\right\}$ 和序列 $x_2(n)=\left\{8,\overset{\downarrow}{1},0,2\right\}$ 的卷积和。

解：求解过程如表 2-6 所示。

表 2-6 例 2-25 求解过程

$x_1(n)$ $x_2(n)$	3 8	2 1	6 0	5 2			
序号和	−3	−2	−1	0	1	2	3
	24	16 3	48 2	40 6 6	5 4	12	10
卷积和	24	19	50	52	9	12	10

最后介绍**多项式表示法**。对参与卷积和运算的有限长序列用多项式表示，一种最简单的方法是，多项式的系数是序列的各个值，幂次数是序号值。例如，用多项式表示序列 $x_1(n)=\left\{2,\overset{\downarrow}{5},0,4\right\}$ 为

$$x_1(z)=2z^{-1}+5+4z^2 \tag{2-245}$$

用多项式表示序列 $x_2(n)=\left\{\overset{\downarrow}{4},1,3\right\}$ 为

$$x_2(z)=4+z+3z^2 \tag{2-246}$$

则卷积和 $x_1(n)*x_2(n)$ 的多项式表示是乘积 $x_1(z)x_2(z)$，即

$$x_1(z)x_2(z)=8z^{-1}+22+11z+31z^2+4z^3+12z^4 \tag{2-247}$$

从而 $x_1(n)*x_2(n)=\left\{8,\overset{\downarrow}{22},11,31,4,12\right\}$。可以看出这种方法和序号和匹配法的实质是一致的，因为多项式幂次数是序号值，这样乘积多项式的系数就是序号和匹配的结果。

2.9 用冲激序列表示离散信号

图 2-60 给出了任意一个离散时间序列 $x(n)$；图 2-61 则依次给出了五个移位冲激序列，这些序列的幅度与图 2-60 中 $x(n)$ 对应序号的序列值相等。回顾单位冲激序列 $\delta(n)$ 的定义

$$\delta(n)=\begin{cases}1, & n=0\\0, & n\neq 0\end{cases}\tag{2-248}$$

这五个脉冲用函数关系式依次表示为

$$x(-2)\delta(n+2)=\begin{cases}x(-2), & n=-2\\0, & n\neq -2\end{cases}\tag{2-249}$$

$$x(-1)\delta(n+1)=\begin{cases}x(-1), & n=-1\\0, & n\neq -1\end{cases}\tag{2-250}$$

$$x(0)\delta(n)=\begin{cases}x(0), & n=0\\0, & n\neq 0\end{cases}\tag{2-251}$$

$$x(1)\delta(n-1)=\begin{cases}x(1), & n=1\\0, & n\neq 1\end{cases}\tag{2-252}$$

$$x(2)\delta(n-2)=\begin{cases}x(2), & n=2\\0, & n\neq 2\end{cases}\tag{2-253}$$

这五个序列的和为

$$x(-2)\delta(n+2)+x(-1)\delta(n+1)+x(0)\delta(n)+x(1)\delta(n-1)+x(2)\delta(n-2)$$

显然，上面的和式与区间 $-2\leqslant n\leqslant 2$ 内 $x(n)$ 的值相等。把这样的表示式推广到更多的移位脉冲序列得

$$\begin{aligned}x(n)=&\cdots+x(-4)\delta(n+4)+x(-3)\delta(n+3)\\&+x(-2)\delta(n+2)+x(-1)\delta(n+1)\\&+x(0)\delta(n)+x(1)\delta(n-1)+x(2)\delta(n-2)\\&+x(3)\delta(n-3)+x(4)\delta(n-4)+\cdots\end{aligned}\tag{2-254}$$

对任意确定的 n 值，上式右边只有一项是非零的，而非零项的大小就是 $x(n)$。例如，$n=3$ 时，上式右边只有 $x(3)\delta(n-3)$ 这一项非零，大小即为 $x(3)$。更一般地有

$$x(n)=\sum_{k=-\infty}^{+\infty}x(k)\delta(n-k)\tag{2-255}$$

上式的正确性是显然的，因为对任意确定的 n，上式右边求和的各项中，只有唯一一项，即 $x(k)\delta(n-k)|_{k=n}$ 不为零，此即 $x(n)$。上式实际上把任何离散序列表示成了移位脉冲序列 $x(n-k)$ 的加权线性组合，权值就是 $x(k)$。

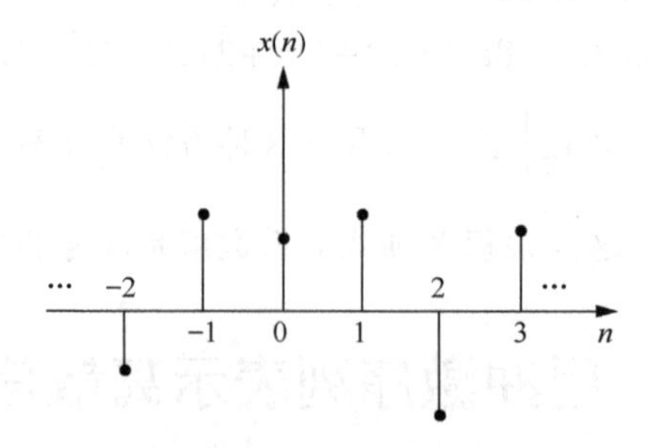

图 2-60　任意离散序列 $x(n)$

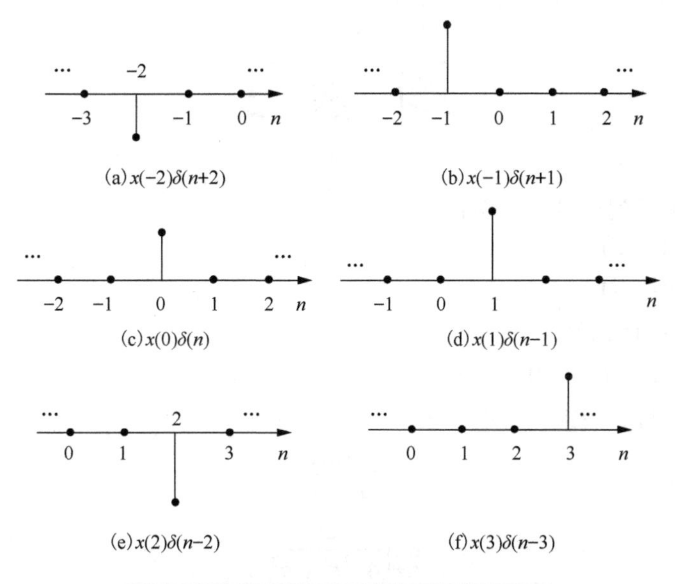

图 2-61　用冲激序列表示任意离散序列

2.10　离散时间信号的缩放及时移变换

1．幅度缩放

离散时间信号 $x(n)$ 的幅度缩放和连续时间信号 $x(t)$ 一样。

2．时移变换

离散时间信号 $x(n)$ 的时移变换和连续时间信号 $x(t)$ 基本一样，只是这里的移位必须是整数值。

3．时间缩放

离散时间信号 $x(n)$ 和连续时间信号 $x(t)$ 的幅度缩放和时移变换很相似，但两者的时间缩放有所不同。现在分两个方面考察：时间压缩和时间伸展。时间压缩是由以下变换实现的：

$$n \to Kn \tag{2-256}$$

这里 K 是正整数。与连续时间信号 $x(t)$ 的时间压缩一样，这个变换也使离散函数在时域上变得更快。但是离散信号的时间压缩还有另外一个效果：抽取，这只对离散时间信号有效。由于 $x(Kn)$ 仅使用了 $x(n)$ 每 K 个点中的一个，即对函数进行了 K 倍抽取，但在缩放连续时间信号时不发生抽取，移位连续区域 αt 中的值和连续区域 t 中的值一一对应。这个差别的本质在于：连续时间信号的定义域是实数，这是不可数的无限时间；而离散时间信号的定义域是所有整数，这是可数的无限离散时间。

离散时间缩放的另一个方面——时间伸展则更奇怪。因为离散时间信号只在离散的整数时刻才有定义，所以变换

$$n \to n/K \tag{2-257}$$

只在 n 和 n/K 同时为整数的点进行，这就要求 n 是 K 的整数倍才可以。例如，由 $x(n)$ 变换得到 $x(n/3)$，则只有 $x(n)$ 的自变量在 $n = 0, \pm3, \pm6, \pm9, \cdots$ 处才可以进行变换。

习　题　2

2-1　概略画出下列信号的图像：

(1) $u(t-4)-u(t-2)$

(2) $u(t-2)+u(t-4)$

(3) $t^2[u(t+3)-u(t+5)]$

(4) $(1-t)[u(t-1)-u(t-4)]$

2-2　证明以下极限表现为一个冲激：

$$\lim_{\varepsilon\to 0}\frac{\sin\varepsilon t}{\pi t}$$

$$\lim_{\varepsilon\to 0}\frac{2\varepsilon}{4\pi^2t^2+\varepsilon^2}$$

2-3　求下列积分：

(1) $\int_{-\infty}^{+\infty}\delta(2t-3)\cos\frac{\pi}{2}t\mathrm{d}t$

(2) $\int_{-\infty}^{+\infty}\delta(t+3)\mathrm{e}^{-t}\mathrm{d}t$

(3) $\int_{-\infty}^{+\infty}\left(t^3+4\right)\delta(1-t)\mathrm{d}t$

(4) $\int_{-\infty}^{+\infty}x(2-t)\delta(2-t)\mathrm{d}t$

(5) $\int_{-\infty}^{+\infty}\mathrm{e}^{x-1}\cos\left[\frac{\pi}{2}(x-1)\right]\delta(x-3)\mathrm{d}x$

2-4　已知 $x(t)$ 的波形如图 2-62 所示，请依次绘制 $x(t+3)$ 、 $x(-2t+3)$ 和 $x(2t+4)$ 的波形。

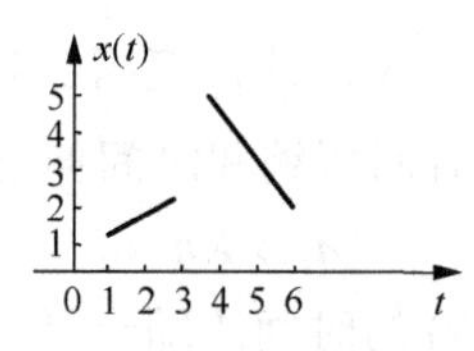

图 2-62　题 2-4

2-5　用图解法计算图 2-63 中 $f_1(t)$ 与 $f_2(t)$ 的卷积积分。

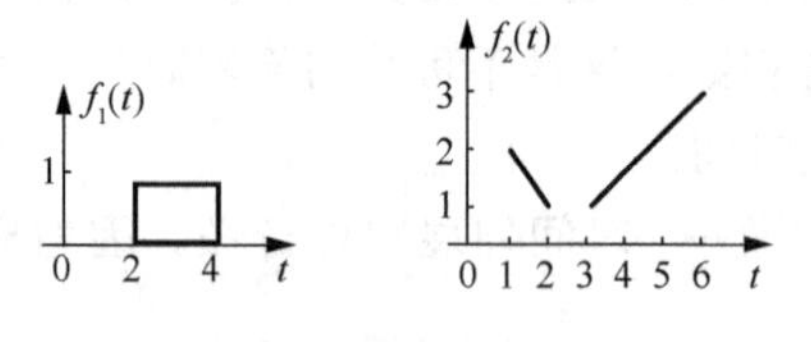

图 2-63　题 2-5

2-6　已知序列图形如图 2-64 所示，试着绘出 $f(-k)$、$f(k+2)$、$f(3k)$、$f(-k+1)$ 的图形。

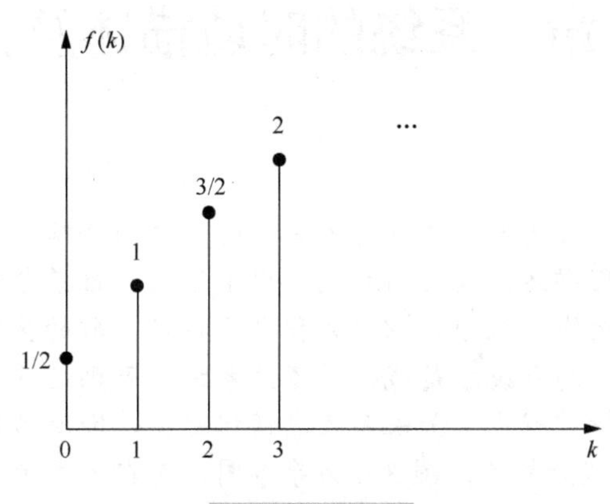

图 2-64　题 2-6

2-7　按照定义直接计算以下卷积积分。

（1）$f_1(t)=(t+1)[u(t)-u(t-1)]$，$f_2(t)=\mathrm{e}^{-2t}u(t)$

（2）$f_1(t)=\sin t[u(t)-u(t-1)]$，$f_2(t)=\mathrm{e}^{-2t}u(t)+\mathrm{e}^{-t}[u(t)-u(t-2)]$

（3）$f_1(t)=(t+1)u(t-1)$，$f_2(t)=\mathrm{e}^{-2t}u(t)$

（4）$f_1(t)=\mathrm{e}^{t+1}[u(t)-u(t-1)]$，$f_2(t)=\mathrm{e}^{-2t}u(t)$

2-8　用多种方法计算卷积和：

$$f_1(n)=\left\{3,2,\overset{\downarrow}{0},5,6\right\},\quad f_2(n)=\left\{2,\overset{\downarrow}{1},3,4\right\}$$

第3章　系统的时域描述及分析

本章导学

在信号与系统分析中，主要研究线性时不变系统，分为连续时间系统和离散时间系统。通常用常系数线性微分方程描述连续时间系统，用常系数线性差分方程描述离散时间系统，但线性时不变系统和常系数线性微分(差分)方程之间存在本质的区别。只有当这些方程的起始状态为零时，由它们描述的系统才是线性时不变系统，否则这些系统既不是线性的，也不是时不变的。同时，在分析过程中，如果不经过任何变换，即所涉及的函数的变量都是时间 t，则称这种分析方法为时域分析法。图 3-0 为导学图，旨在方便读者更好地理解本章内容。

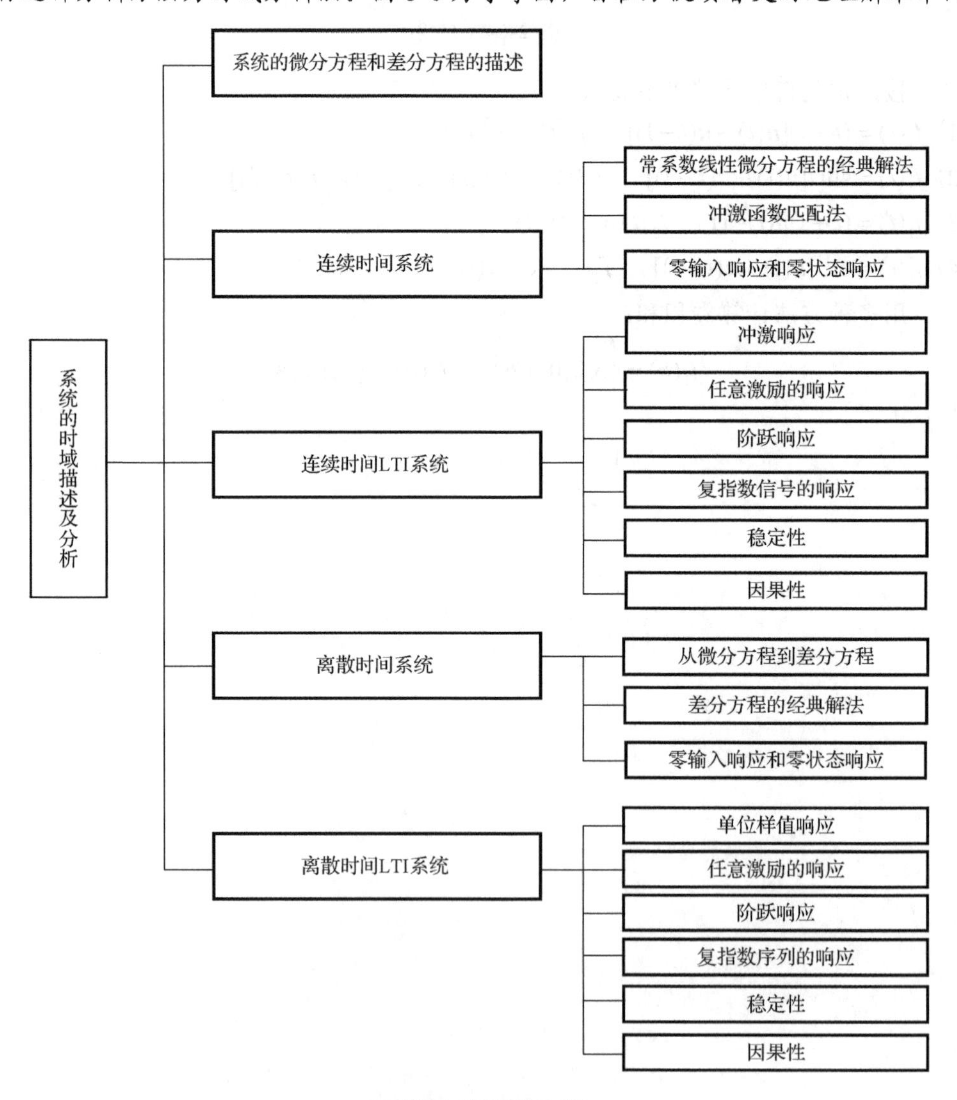

图 3-0　本章导学图

3.1　系统的微分方程和差分方程描述

在信号与系统分析中，通常用常系数线性微分方程把连续时间系统的激励和响应联系起来。很容易验证，如果微分方程的系数是时变的(即为t的函数)，由它描述的系统也必然是时变的、非线性的，所以只考虑常系数线性微分方程描述的系统。

满足齐次性是线性系统的一个基本要求。下面来证明这样一个结论：齐次性要求对系统的零激励产生零响应。设：

$$x(t) \to y(t) \tag{3-1}$$

则由齐次性，对任意常数k有

$$k \cdot x(t) \to k \cdot y(t) \tag{3-2}$$

现在考虑输入为零的情形，即$x(t)=0$，此时上述两式分别变为

$$0 \to y_{\text{zero}}(t) \tag{3-3}$$

$$k \cdot 0 = 0 \to k \cdot y_{\text{zero}}(t) \tag{3-4}$$

这表明$y_{\text{zero}}(t) = k \cdot y_{\text{zero}}(t)$，即

$$(k-1) \cdot y_{\text{zero}}(t) = 0 \tag{3-5}$$

由k的任意性，很容易得$y_{\text{zero}}(t)=0$，所以有

$$0 \to 0 \tag{3-6}$$

由此可见，线性系统的齐次性意味着零输入必然导致零输出。

现在来考虑以下微分方程描述的系统：

$$y''(t) + 3y'(t) + 2y(t) = x(t) + 1 \tag{3-7}$$

式中，$x(t)$和$y(t)$分别为系统的激励和响应。当$x(t)=0$时，若系统是线性的，则由式(3-6)可知$y(t)=0$，代入式(3-7)，显然方程两边不等，得出矛盾，所以$y(t) \neq 0$。这表明式(3-7)描述的系统不可能是线性的。另外，当$x(t)=0$时，式(3-7)变为

$$y''(t) + 3y'(t) + 2y(t) = 1 \tag{3-8}$$

以上方程的特解为$y(t)=0.5$。尽管系统的输入为零，却产生非零响应，显然违背线性系统零输入零输出的要求。因此，式(3-7)描述的系统是非线性的。但同时按照线性方程的经典定义，微分方程(3-7)是线性的。这再次说明了线性微分方程和描述线性系统的方程存在本质差异。

对由式(3-7)描述的系统，若设：

$$x_1(t) \to y_1(t), \quad x_2(t) \to y_2(t) \tag{3-9}$$

则有

$$y_1''(t) + 3y_1'(t) + 2y_1(t) = x_1(t) + 1 \tag{3-10}$$

$$y_2''(t) + 3y_2'(t) + 2y_2(t) = x_2(t) + 1 \tag{3-11}$$

上述两个方程两边分别相减，整理得

$$\frac{\mathrm{d}^2}{\mathrm{d}t^2}[y_1(t) - y_2(t)] + 3\frac{\mathrm{d}}{\mathrm{d}t}[y_1(t) - y_2(t)] + 2[y_1(t) - y_2(t)] = x_1(t) - x_2(t) \tag{3-12}$$

这表明$y(t) = y_1(t) - y_2(t)$和$x(t) = x_1(t) - x_2(t)$满足以下的常数项为零的常系数微分方程：

$$y''(t)+3y'(t)+2y(t)=x(t) \tag{3-13}$$

这就是说，输入之差和相应的输出之差满足常数项为零的常系数微分方程。微分方程(3-13)和微分方程(3-7)除了常数项有所区别外，两者是一致的。具体地说，其中一个方程的常数项为零，另一个方程的常数项不为零。

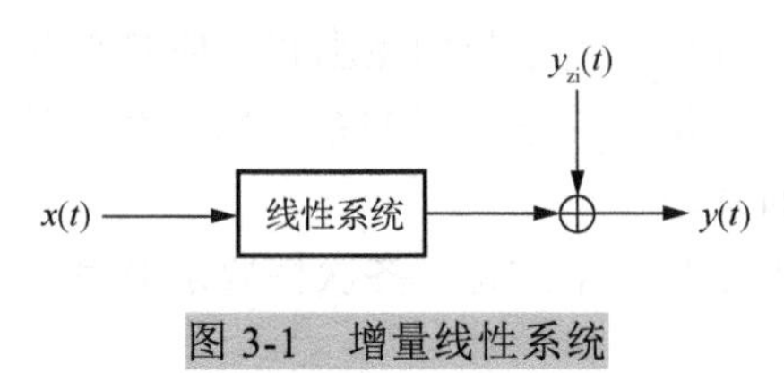

图 3-1　增量线性系统

在信号与系统分析中，称系统在输入为零时的响应为**零输入响应**，记为 $y_{zi}(t)$（下标“zi”为“zero input”之意）。事实上，存在着大量的一类系统可以用图 3-1 所示的结构来表示。系统的总输出由一个线性系统的响应和一个零输入响应之和组成。这样的系统称为**增量线性系统**。增量线性的含义是：对系统输入的改变导致输出成比例地改变，或者说输入的改变和对应输出的改变呈线性关系。考虑到这一点，只研究零常数项的常系数微分方程。

现在来研究由下面的零常数项的常系数微分方程描述的系统：

$$\frac{\mathrm{d}}{\mathrm{d}t}y(t)+\alpha y(t)=x(t) \tag{3-14}$$

上式两边同乘以 $\mathrm{e}^{\alpha t}$ 得

$$\mathrm{e}^{\alpha t}\frac{\mathrm{d}}{\mathrm{d}t}y(t)+\alpha\mathrm{e}^{\alpha t}y(t)=\mathrm{e}^{\alpha t}x(t) \tag{3-15}$$

显然，上式左边为 $\mathrm{e}^{\alpha t}y(t)$ 的导数，所以有

$$\frac{\mathrm{d}}{\mathrm{d}t}[\mathrm{e}^{\alpha t}y(t)]=e^{\alpha t}x(t) \tag{3-16}$$

对上式两边从 0^-（从负值趋向于 0）到 $t(t>0)$ 积分得

$$\mathrm{e}^{\alpha t}y(t)\Big|_{0^-}^{t}=\int_{0^-}^{t}\mathrm{e}^{\alpha\tau}x(\tau)\mathrm{d}\tau \tag{3-17}$$

此即

$$\mathrm{e}^{\alpha t}y(t)=y(0^-)+\int_{0^-}^{t}\mathrm{e}^{\alpha\tau}x(\tau)\mathrm{d}\tau \tag{3-18}$$

从而

$$y(t)=y(0^-)\mathrm{e}^{-\alpha t}+\int_{0^-}^{t}\mathrm{e}^{-\alpha(t-\tau)}x(\tau)\mathrm{d}\tau \tag{3-19}$$

在系统分析中，总是认为系统的输入是在 $t=0$ 时刻加入的，因为实际的系统响应在激励之后，所以系统的响应区间为 $0^+\leqslant t<+\infty$。在研究系统的响应时，可能在 $t=0$ 时刻之前有其他的激励作用过系统，把这些“历史作用”归结为**起始状态**。同样，把式(3-7)描述的系统中由于非零常数项导致的响应也归结为起始状态，这样只研究常数项为零的常系数线性微分方程描述的系统。系统的**状态**是指一组有关系统的最少的条件值，利用这组条件值和给定的输入信号就可以完全确定系统的输出。

从式(3-19)可以清楚地看到，常系数微分方程(3-13)的完全解是由两部分组成的：一部分为 $y(0^-)\mathrm{e}^{-\alpha t}$，显然它与系统的激励信号 $x(t)$ 无关，而与系统的起始状态 $y(0^-)$ 有关；另外一部分为 $\int_{0^-}^{t}\mathrm{e}^{-\alpha(t-\tau)}x(\tau)\mathrm{d}\tau$，显然它与系统的激励信号 $x(t)$ 有关，而与系统的起始状态 $y(0^-)$ 无关。事实上，式(3-19)等号右边第一项为系统的零输入响应，第二项为系统的零状态响应。系统

在起始状态为零时由外界输入引起的响应称为**零状态响应**，记为 $y_{zs}(t)$（下标“zs”为“zero state”之意）。由式(3-19)可知，若 $y(0^-)=0$，则此时系统的完全响应为零状态响应，即 $y(t)=\int_{0^-}^{t}\mathrm{e}^{-\alpha(t-\tau)}x(\tau)\mathrm{d}\tau$，很容易验证：若 $x(t)\to y(t)$，则对任意常数 k 和 t_0，$k\cdot x(t)\to k\cdot y(t)$ 和 $x(t-t_0)\to y(t-t_0)$ 成立，系统是线性时不变系统。相反，若 $y(0^-)\neq 0$，完全响应中的零输入响应和输入没有关系，系统自然而然就是非线性的、时变的。

式(3-14)是一阶微分方程，对任意阶常系数微分方程描述的系统，以上结论都是成立的。如果系统的起始状态不为零，则系统的完全响应包括非零的零输入响应，不满足线性系统的零输入零输出特性，系统是非线性的；考虑到零输入响应和输入信号没有任何关系，所以对输入信号的时移不会对零输入响应产生相同的时移，系统是时变的。这表明由常系数线性微分方程描述的系统只有在零起始状态时才是线性时不变的，今后着重研究这类方程描述的系统，这时系统的完全响应就是零状态响应。在本书的后续内容中，如果没有特别说明，由线性常系数微分描述的系统都是处于零起始状态。

总之在系统分析中，通常用以下 M 阶**零常数项的常系数微分方程**描述连续时间系统：

$$
\begin{aligned}
&a_M\frac{\mathrm{d}^M}{\mathrm{d}t^M}y(t)+a_{M-1}\frac{\mathrm{d}^{M-1}}{\mathrm{d}t^{M-1}}y(t)+\cdots+a_1\frac{\mathrm{d}}{\mathrm{d}t}y(t)+a_0y(t)\\
&=b_N\frac{\mathrm{d}^N}{\mathrm{d}t^N}x(t)+b_{N-1}\frac{\mathrm{d}^{N-1}}{\mathrm{d}t^{N-1}}x(t)+\cdots+b_1\frac{\mathrm{d}}{\mathrm{d}t}x(t)+b_0x(t)
\end{aligned}
\tag{3-20}
$$

不失一般性，令 $a_M=1$。事实上，如果 $a_M\neq 1$，方程两边同除以 a_M，以上微分方程左边的首项系数就变为1。所以上述方程式可变为

$$
\begin{aligned}
&\frac{\mathrm{d}^M}{\mathrm{d}t^M}y(t)+a_{M-1}\frac{\mathrm{d}^{M-1}}{\mathrm{d}t^{M-1}}y(t)+\cdots+a_1\frac{\mathrm{d}}{\mathrm{d}t}y(t)+a_0y(t)\\
&=b_N\frac{\mathrm{d}^N}{\mathrm{d}t^N}x(t)+b_{N-1}\frac{\mathrm{d}^{N-1}}{\mathrm{d}t^{N-1}}x(t)+\cdots+b_1\frac{\mathrm{d}}{\mathrm{d}t}x(t)+b_0x(t)
\end{aligned}
\tag{3-21}
$$

理论上，上式中的 M 和 N 可以取任意正整数，但从稳定性的角度考虑都要求 $M\geqslant N$，第 8 章会深入讲解这一点。

为了方便起见，用算子 p 表示求一阶导数运算，即

$$
\frac{\mathrm{d}}{\mathrm{d}t}=p,\cdots,\frac{\mathrm{d}^n}{\mathrm{d}t^n}=p^n \tag{3-22}
$$

这样式(3-21)变为

$$
(p^M+a_{M-1}p^{M-1}+\cdots+a_1p+a_0)y(t)=(b_Np^N+b_{N-1}p^{N-1}+\cdots+b_1p+b_0)x(t) \tag{3-23}
$$

再令上式两边 p 的多项式分别记为 $D(p)$ 和 $N(p)$，则有

$$
D(p)y(t)=N(p)x(t) \tag{3-24}
$$

任何一个系统在 $t\geqslant 0$ 的响应 $y(t)$ 是两个完全独立作用的结果：系统在 $t=0^-$ 时的起始状态和 $t\geqslant 0$ 时的激励 $x(t)$。系统在起始状态为零时的响应称为**零状态响应**，记为 $y_{zs}(t)$。零状态响应完全由初始时刻之后外界的激励产生。系统在输入为零时的响应称为**零输入响应**，记为 $y_{zi}(t)$。零输入响应完全是由系统在加入激励前的起始状态确定的。当系统的起始状态全为零时，就说这个系统处于零状态。仅当系统处于零状态时，零输入才导致零输出。非零起始状态对系统的响应会产生影响，即便没有任何激励作用于系统，系统也可能会有非零的输出。

下面证明，任何一个常系数线性微分方程(3-21)描述的系统，其完全响应 $y(t)$ 可以分解为零输入响应 $y_{zi}(t)$ 与零状态响应 $y_{zs}(t)$ 之和：

$$y(t)=y_{zi}(t)+y_{zs}(t) \tag{3-25}$$

在常系数微分方程(3-21)中令 $x(t)=0$，这时方程变为齐次方程：

$$\frac{d^M}{dt^M}y(t)+a_{M-1}\frac{d^{M-1}}{dt^{M-1}}y(t)+\cdots+a_1\frac{d}{dt}y(t)+a_0y(t)=0 \tag{3-26}$$

简记为

$$D(p)y(t)=0 \tag{3-27}$$

此方程的解即为系统的零输入响应 $y_{zi}(t)$，这表明 $y_{zi}(t)$ 满足：

$$D(p)y_{zi}(t)=0 \tag{3-28}$$

$y_{zi}(t)$ 的形式由齐次方程(特征方程)的特征根决定，未定系数由非零的起始状态确定。

另外，零状态响应 $y_{zs}(t)$ 是方程在起始状态为零时的解，它完全是由激励 $x(t)$ 产生的，所以 $y_{zs}(t)$ 满足式(3-21)，即

$$D(p)y_{zs}(t)=N(p)x(t) \tag{3-29}$$

$y_{zs}(t)$ 的未定系数由起始状态为零这个条件确定。

把式(3-28)和式(3-29)两边分别相加得

$$D(p)[y_{zi}(t)+y_{zs}(t)]=N(p)x(t) \tag{3-30}$$

这表明 $y(t)=y_{zi}(t)+y_{zs}(t)$ 满足原方程(3-21)，并且 $y(t)=y_{zi}(t)+y_{zs}(t)$ 既考虑了系统的非零起始状态，又考虑了系统的输入 $x(t)$，所以它是方程(3-21)的通解。

以上的分析不仅针对连续时间系统有效，而且对离散时间系统同样有效。

3.2　连续时间系统

3.2.1　常系数线性微分方程的经典解法

连续时间系统用以下常系数线性微分方程描述：

$$\sum_{k=0}^{M}a_k\frac{d^k}{dt^k}y(t)=\sum_{l=0}^{N}b_l\frac{d^l}{dt^l}x(t) \tag{3-31}$$

该微分方程的解由齐次解和特解组成。齐次解是当上式中输入为零，即 $x(t)=0$ 时的解；特解则完全是由外界的输入信号 $x(t)$ 产生的。

1. 齐次解

当输入信号为零，即 $x(t)=0$ 时，式(3-31)变为齐次方程：

$$\sum_{k=0}^{M}a_k\frac{d^k}{dt^k}y(t)=0 \tag{3-32}$$

此方程的解即为**齐次解** $y_h(t)$。$y_h(t)$ 与它的 M 个逐阶导数的线性组合对任意 t 都满足式(3-31)。当 $y_h(t)=ce^{\lambda t}$（c 为任意常数）时会是什么情况？显然对任意 n 有

$$\frac{d^n}{dt^n}[y_h(t)]=\frac{d^n}{dt^n}(ce^{\lambda t})=c\lambda^n e^{\lambda t} \tag{3-33}$$

对 $n=1\sim M$，把上式得到的结果代入式(3-32)，整理得

$$ce^{\lambda t}(a_M\lambda^M+a_{M-1}\lambda^{M-1}+\cdots+a_1\lambda+a_0)=0 \tag{3-34}$$

这表明只要 λ 满足下式：

$$a_M\lambda^M+a_{M-1}\lambda^{M-1}+\cdots+a_1\lambda+a_0=0 \tag{3-35}$$

则 $ce^{\lambda t}$ 满足式(3-31)，从而就是方程的一个解。事实上，式(3-34)称为**特征方程**，其解 $\lambda_1,\lambda_2,\cdots,\lambda_M$ 称为**特征根**。显然，特征方程与齐次方程具有相同的形式，两者的系数与阶数完全一致。

如果特征方程(3-34)的特征根各不相同(即为单根或一重根)，则微分方程的齐次解为

$$y_h(t)=\sum_{i=1}^{M}c_i e^{\lambda_i t} \tag{3-36}$$

如果某个根 λ_i 为 k 重根，则齐次解包含以下 k 项：

$$(c_1t^{k-1}+c_2t^{k-2}+\cdots+c_{k-1}t+c_k)e^{\lambda_i t} \tag{3-37}$$

单根 λ 对应 $ce^{\lambda t}$。齐次解中的 M 个系数由初始条件确定。

2. 特解

特解 $y_p(t)$ 的形式完全是由输入信号 $x(t)$ 的函数形式决定的。表 3-1 列出了常见输入信号对应的特解。把相应形式的特解代入原方程，就可以把未定的系数确定下来。

表 3-1　常系数线性微分方程的特解

输入 $x(t)$ 的形式	特解 $y_p(t)$ 的形式
$x(t)=b_0t^m+b_1t^{m-1}+\cdots+b_{m-1}t+b_m$ （$b_0\neq 0$）	0 不是特征根时：$c_0t^m+c_1t^{m-1}+\cdots+c_{m-1}t+c_m$
	0 是 k 重特征根时：$t^k(c_0t^m+c_1t^{m-1}+\cdots+c_{m-1}t+c_m)$
$x(t)=(b_0t^m+b_1t^{m-1}+b_{m-1}t+b_m)e^{\lambda t}$ （$\lambda\neq 0$）	λ 不是特征根时：$(c_0t^m+c_1t^{m-1}+\cdots+c_{m-1}t+c_m)e^{\lambda t}$
	λ 是特征方程的 k 重特征根时：$t^k(c_0t^m+c_1t^{m-1}+\cdots+c_{m-1}t+c_m)e^{\lambda t}$
$x(t)=\sin(\beta t)$ 或 $\cos(\beta t)$	$a\sin(\beta t)+b\cos(\beta t)$
$x(t)=e^{\alpha t}\sin(\beta t)$ 或 $e^{\alpha t}\cos(\beta t)$	$[a\sin(\beta t)+b\cos(\beta t)]e^{\alpha t}$

3. 完全解

微分方程的完全解由齐次解与特解之和构成。特解是由输入信号 $x(t)$ 完全确定的，没有包含任何未知系数；但齐次解包含未知系数，所以需要边界条件或初始条件唯一确定这些系数。对 M 阶微分方程来说，有 M 个未知系数。一般来说，常系数线性微分方程描述的是连续系统在 $t=0$ 时刻加入输入信号 $x(t)$ 后的特性，所以求解区间为 $0^+\leqslant t<+\infty$。对 M 阶微分方程，需要给出以下 M 个在 $t=0^+$ (从正值趋向于 0)时刻的值作为**初始条件**:

$$y(t)\big|_{t=0^+},y^{(1)}(t)\big|_{t=0^+},\cdots,y^{(M-1)}(t)\big|_{t=0^+} \tag{3-38}$$

式中，$y^{(i)}(t)\big|_{t=0^+}$ 表示 $y(t)$ 对 t 求 i 次导，所得导数在 $t=0^+$ 的取值。得到包含未定系数的完全

解 $y(t)=y_h(t)+y_p(t)$ 后，就可得到 $y(t),y^{(1)}(t),\cdots,y^{(M-1)}(t)$，令 $t=0^+$，就能得到含有这 M 个未知系数的方程组，方程组的解就是这 M 个未知系数。

在特征方程没有重根的情况下，设完全解为

$$y(t)=\sum_{i=1}^{M}c_i\mathrm{e}^{\lambda_i t}+y_p(t) \tag{3-39}$$

显然

$$\frac{\mathrm{d}^n}{\mathrm{d}t^n}y(t)=\sum_{i=1}^{M}c_i(\lambda_i)^n\mathrm{e}^{\lambda_i t}+\frac{\mathrm{d}^n}{\mathrm{d}t^n}y_p(t) \tag{3-40}$$

从而

$$\frac{\mathrm{d}^n}{\mathrm{d}t^n}y(t)\Big|_{t=0^+}=\sum_{i=1}^{M}c_i(\lambda_i)^n\mathrm{e}^{\lambda_i t}+\frac{\mathrm{d}^n}{\mathrm{d}t^n}y_p(t)\Big|_{t=0^+}=\sum_{i=1}^{M}c_i(\lambda_i)^n+\frac{\mathrm{d}^n}{\mathrm{d}t^n}y_p(0^+) \tag{3-41}$$

给定初始条件：$y(t)\big|_{t=0^+},y^{(1)}(t)\big|_{t=0^+},\cdots,y^{(M-1)}(t)\big|_{t=0^+}$。由上式与式(3-39)得到以下方程组：

$$\begin{cases}y(0^+)=\sum_{i=1}^{M}c_i+y_p(0^+)\\ \frac{\mathrm{d}}{\mathrm{d}t}y(t)\Big|_{t=0^+}=\sum_{i=1}^{M}c_i\lambda_i+\frac{\mathrm{d}}{\mathrm{d}t}y_p(t)\Big|_{t=0^+}\\ \vdots\\ \frac{\mathrm{d}^{M-1}}{\mathrm{d}t^{M-1}}y(t)\Big|_{t=0^+}=\sum_{i=1}^{M}c_i(\lambda_i)^{M-1}+\frac{\mathrm{d}^{M-1}}{\mathrm{d}t^{M-1}}y_p(t)\Big|_{t=0^+}\end{cases} \tag{3-42}$$

以上方程组的解 $c=[c_1,c_2,\cdots,c_M]$ 就是要求的系数。确定这些系数后，微分方程的完全解也就确定了。

4. 自由响应和强迫响应

从系统分析的角度看，描述系统的微分方程，其特征方程完全是由系统的特性决定的，特征根称为系统的固有频率或自由频率，它决定了系统的齐次解，所以齐次解常称为系统的**自由响应**。而特解则完全是由外界的输入信号 $x(t)$ 产生的，所以常称为**强迫响应**。

5. 瞬态响应和稳态响应

系统的完全响应中，随着时间的增长而逐渐衰减的部分，称为**瞬态响应**；随着时间的增长而趋于稳定的部分，称为**稳态响应**。

例 3-1 描述连续时间 LTI 系统的微分方程为

$$y'''(t)+8y''(t)+21y'(t)+18y(t)=2x'(t)+x(t) \tag{3-43}$$

求系统在 $x(t)=\mathrm{e}^{-4t}$ 及 $y(0^+)=1$、$y'(0^+)=2$、$y''(0^+)=3$ 时的完全响应。

解：先求齐次解 $y_h(t)$。系统的特征方程为

$$\alpha^3+8\alpha^2+21\alpha+18=0 \tag{3-44}$$

特征根为 $\alpha_1=-2$，$\alpha_{2,3}=-3$，所以齐次解可设为

$$y_h(t)=a_1\mathrm{e}^{-2t}+\left(a_2+a_3t\right)\mathrm{e}^{-3t} \tag{3-45}$$

系数 a_1、a_2、a_3 待定。

再求特解 $y_p(t)$。将 $x(t)=\mathrm{e}^{-4t}$ 代入原方程右边，并整理得

$$y_p'''(t)+8y_p''(t)+21y_p'(t)+18y_p(t)=-7\mathrm{e}^{-4t} \tag{3-46}$$

特解 $y_p(t)$ 可设为

$$y_p(t)=a\mathrm{e}^{-4t} \tag{3-47}$$

将上式代入式(3-46)，即可求得 $a=3.5$，所以特解为

$$y_p(t)=3.5\mathrm{e}^{-4t} \tag{3-48}$$

系统的完全响应 $y(t)$ 为

$$y(t)=y_h(t)+y_p(t)=a_1\mathrm{e}^{-2t}+\left(a_2+a_3t\right)\mathrm{e}^{-3t}+3.5\mathrm{e}^{-4t} \tag{3-49}$$

从而

$$y(0^+)=a_1+a_2+3.5 \tag{3-50}$$

对 $y(t)$ 求一阶导数得

$$y'(t)=-2a_1\mathrm{e}^{-2t}+a_3\mathrm{e}^{-3t}-3\left(a_2+a_3t\right)\mathrm{e}^{-3t}-14\mathrm{e}^{-4t} \tag{3-51}$$

从而

$$y'(0^+)=-2a_1+a_3-3a_2-14 \tag{3-52}$$

对 $y(t)$ 再次求导得

$$y''(t)=4a_1\mathrm{e}^{-2t}-3a_3\mathrm{e}^{-3t}+9\left(a_2+a_3t\right)\mathrm{e}^{-3t}-3a_3\mathrm{e}^{-3t}+56\mathrm{e}^{-4t} \tag{3-53}$$

从而

$$y''(0^+)=4a_1-3a_3+9a_2-3a_3+56 \tag{3-54}$$

由已知的初始条件得以下方程组：

$$\begin{cases}a_1+a_2+3.5=1\\-2a_1+a_3-3a_2-14=2\\4a_1-3a_3+9a_2-3a_3+56=3\end{cases} \tag{3-55}$$

解得

$$\begin{cases}a_1=20.5\\a_2=-23\\a_3=-12\end{cases} \tag{3-56}$$

所以该系统的完全响应为

$$y(t)=20.5\mathrm{e}^{-2t}-(23+12t)\mathrm{e}^{-3t}+3.5\mathrm{e}^{-4t} \tag{3-57}$$

3.2.2　起始状态与初始条件、冲激函数匹配法

为了简单起见并不失一般性，在信号与系统分析中都假设激励信号是在 $t=0$ 时刻加入系统的。$t=0^-$ 代表施加激励(输入)前一瞬的起始时刻；$t=0^+$ 代表施加激励后一瞬的初始时刻。由于 $t=0$ 时刻可能有冲激信号作用于系统，系统在 $t=0^-$ 和 $t=0^+$ 的状态可能不同，即系统的状态在 $t=0$ 时刻前后可能会发生突变。当然，如果激励信号是普通的函数(即除了冲激信号及其各阶导数之外的常见函数)，则系统在 $t=0^-$ 和 $t=0^+$ 的状态是相同的。显然，系统在 $t=0^+$ 时刻的状态包括 $t=0^-$ 时刻的状态和 $t=0$ 时刻加入的激励信号的影响。把系统在 $t=0^-$ 时刻的一

组状态，记为 $y(0^-)$，即

$$y(0^-)=\left[y(t),y^{(1)}(t),\cdots,y^{(M-1)}(t)\right]\Big|_{t=0^-} \tag{3-58}$$

称为系统的**起始状态**；把系统在 $t=0^+$ 时刻的一组状态，记为 $y(0^+)$，即

$$y(0^+)=\left[y(t),y^{(1)}(t),\cdots,y^{(M-1)}(t)\right]\Big|_{t=0^+} \tag{3-59}$$

称为系统的**初始条件**。需要注意的是，起始状态(3-58)和初始条件(3-59)包含的元素个数都等于微分方程的阶数 M。其中，$y^{(l)}(0^-)$ 表示系统响应 $y(t)$ 的 l 阶导数在 $t=0^-$ 的取值；$y^{(l)}(0^+)$ 表示系统响应 $y(t)$ 的 l 阶导数在 $t=0^+$ 的取值。系统的起始状态与初始条件如图 3-2 所示。

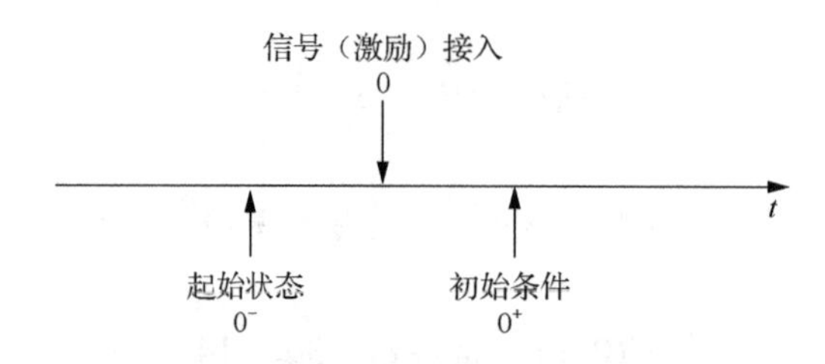

图 3-2 系统的起始状态与初始条件

研究系统在时 $t\geqslant 0$ 时对激励信号的响应，为了确定自由响应分量中的未定系数，需要知道系统在 $t=0^+$ 时刻的**初始条件**，但一般来说它们都是未知的。系统在 $t=0$ 时刻之前可能有其他激励信号作用过，所以一般会知道在 $t=0^-$ 时刻的**起始状态**。如果一个系统的起始状态为零，就称为**初始松弛**(Initial Rest)的。起始状态完全给出了系统在加入激励信号之前的所有特性。

已知如果没有冲激电流流过电容，则电容两端的电压不会突变；如果没有冲激电压加在电感两端，则流过电感的电流不会突变。类似地，如果微分方程(3-31)右端没有包含冲激函数 $\delta(t)$ 及其导数项，系统的解只包含普通函数，而普通函数在 $t=0$ 时刻是连续的，或者说在 $t=0$ 前后的取值是相同的，所以系统在 $t=0$ 前后的状态就不会发生变化，这时如果知道系统的起始状态，也就知道了系统的初始条件(它和起始状态相等)。如果微分方程(3-31)右端包含冲激函数 $\delta(t)$ 或其导数，系统在 $t=0$ 前后的状态就会发生变化，跳变值需要通过**冲激函数匹配法**求得。总之，微分方程(3-31)描述的系统在 $t=0$ 前后的状态是否发生跳变取决于方程右边是否包含 $\delta(t)$ 或其导数。由于跳变值只与冲激函数及其导数项有关，所以在冲激函数匹配法中只关心这些项，至于普通函数项就不加考虑。记跳变值为 $y_{\Delta}(0)$，即

$$y_{\Delta}(0)=y(0^+)-y(0^-) \tag{3-60}$$

或者

$$y(0^+)=y_{\Delta}(0)+y(0^-) \tag{3-61}$$

其中

$$y_{\Delta}(0)=\left[y(0^+)-y(0^-),\cdots,y^{(M-1)}(0^+)-y^{(M-1)}(0^-)\right] \tag{3-62}$$

下面通过一个例子讲解**冲激函数匹配法**。考虑以下微分方程描述的系统：

$$y''(t)+3y'(t)+2y(t)=2x'(t)+x(t) \tag{3-63}$$

其中，输入为 $e(t)=\mathrm{e}^{-2t}u(t)$ 。考虑到：

$$x'(t)=\left[e^{-2t}u(t)\right]'=-2e^{-2t}u(t)+e^{-2t}\delta(t)=-2e^{-2t}u(t)+\delta(t) \tag{3-64}$$

把 $x(t)=e^{-2t}u(t)$ 及其导数代入原微分方程(3-62)的右边，整理得

$$y''(t)+3y'(t)+2y(t)=-3e^{-2t}u(t)+2\delta(t) \tag{3-65}$$

以上方程的右边出现了冲激函数项，为了使得方程两端的冲激函数项平衡相等，方程左端也必须包含冲激项。如果方程(3-65)左边的 $y(t)$ 项包含 $\delta(t)$，则 $y'(t)$ 项就会包含冲激偶 $\delta'(t)$，$y''(t)$ 项就会包含冲激函数 $\delta(t)$ 的二阶导数 $\delta''(t)$，但方程(3-65)右边并不包含 $\delta'(t)$ 和 $\delta''(t)$，故方程两端不可能平衡，由此可见，$y(t)$ 不可能包含 $\delta(t)$。由同样的分析，$y'(t)$ 项也不能包含 $\delta(t)$。事实上，$\delta(t)$ 只能包含在方程(3-65)左边的最高次数导数项 $y''(t)$ 中，因此可以设

$$y''(t)=a\delta(t)+y_1(t) \tag{3-66}$$

式中，a 为待定常数；$y_1(t)$ 为 $y''(t)$ 中除去冲激函数及其导数之外的普通函数项(当然可以包含阶跃函数 $u(t)$ 项)。

对式(3-66)两边从 $-\infty$ 到 t 积分得

$$y'(t)=au(t)+\int_{-\infty}^{t}y_1(\tau)d\tau+y_2(t) \tag{3-67}$$

由于 $y_2(t)$ 不包含冲激函数及其导数项，所以它也是普通函数项。

对式(3-67)两边从 $-\infty$ 到 t 积分得

$$y(t)=\int_{-\infty}^{t}y_2(\tau)d\tau+y_3(t) \tag{3-68}$$

由于 $y_3(t)$ 不包含冲激函数及其导数项，所以它也是普通函数项。

将以上三式代入原方程(3-65)得

$$a\delta(t)+r_1(t)+3r_2(t)+2r_3(t)=-3e^{-2t}u(t)+2\delta(t) \tag{3-69}$$

由上式两边 $\delta(t)$ 项的系数相等即可得 $a=2$。

因为原方程(3-65)是二阶方程，所以只需要考虑：

$$y_{\Delta}(0)=\left[y(0^+)-y(0^-),y'(0^+)-y'(0^-)\right] \tag{3-70}$$

在式(3-67)两边令 $t=0^+$，得

$$y'(0^+)=a+\int_{-\infty}^{0^+}y_1(\tau)d\tau \tag{3-71}$$

在式(3-67)两边令 $t=0^-$，得

$$y'(0^-)=\int_{-\infty}^{0^-}y_1(\tau)d\tau \tag{3-72}$$

以上两式两边相减得

$$y'(0^+)-y'(0^-)=a+\int_{0^-}^{0^+}y_1(\tau)d\tau \tag{3-73}$$

$y_1(\tau)$ 是不包含冲激函数及其导数的普通函数，在无穷小的区间 $0^-\leqslant\tau\leqslant 0^+$ 上的积分显然为零，所以 $y'(t)$ 在 $t=0$ 前后的一瞬间发生跳变为

$$y'(0^+)-y'(0^-)=a=2 \tag{3-74}$$

在式(3-68)两边令 $t=0^+$，得

$$y(0^+)=\int_{-\infty}^{0^+}y_2(\tau)d\tau \tag{3-75}$$

在式(3-68)两边令 $t=0^-$，得

$$y(0^-)=\int_{-\infty}^{0^-} y_2(\tau)\mathrm{d}\tau \tag{3-76}$$

以上两式两边相减得

$$y(0^+)-y(0^-)=\int_{0^-}^{0^+} y_2(\tau)\mathrm{d}\tau \tag{3-77}$$

$y_2(\tau)$ 是不包含冲激函数及其导数的普通函数，在无穷小的区间 $0^- \leqslant \tau \leqslant 0^+$ 上的积分显然为零，所以 $y(t)$ 在 $t=0$ 前后的一瞬间不发生跳变，即

$$y(0^+)=y(0^-) \tag{3-78}$$

通过以上例子可以看出，冲激函数匹配法的基本原理是使得微分方程两边的冲激函数及其各阶导数项平衡相等。在具体匹配过程中，由于状态是否跳变只与冲激函数及其导数项有关，其他的普通函数的具体形式是无关紧要的，所以可以简单地设为一个函数，如以上匹配过程中的 $y_1(t)$、$y_2(t)$ 和 $y_3(t)$。

例 3-2 求以下微分方程描述的系统在起始点是否发生跳变，并求 $y(t)$ 初始条件：

$$y''(t)+6y'(t)+8y(t)=2x''(t)+3x'(t)+x(t) \tag{3-79}$$

已知起始状态为 $y(0^{-1})=1$，$y'(0^-)=2$；激励信号为 $x(t)=\mathrm{e}^{-2t}u(t)$。

解： 把 $x(t)=\mathrm{e}^{-2t}u(t)$ 代入原方程(3-79)右边，整理得

$$y''(t)+6y'(t)+8y(t)=2\delta'(t)-\delta(t)+3\mathrm{e}^{-2t}u(t) \tag{3-80}$$

用冲激函数匹配法。设

$$y''(t)=a\delta'(t)+b\delta(t)+y_1(t) \tag{3-81}$$

式中，$y_1(t)$ 不包含冲激函数及其导数项，为普通函数。

对上式两边从 $-\infty$ 到 t 积分一次，得

$$y'(t)=a\delta(t)+y_2(t) \tag{3-82}$$

式中，$y_2(t)=bu(t)+\int_{-\infty}^{t} y_1(\tau)\mathrm{d}\tau$，不包含冲激函数及其导数项，为普通函数。

对式(3-82)两边从 $-\infty$ 到 t 积分一次得

$$y(t)+y_3(t) \tag{3-83}$$

式中，$r_3(t)=au(t)+\int_{-\infty}^{t} r_2(\tau)\mathrm{d}\tau$，同样不包含冲激函数及其导数项，为普通函数。

将以上三式代入方程(3-80)，并整理得

$$a\delta'(t)+(6a+b)\delta(t)+\left[r_1(t)+6r_2(t)+8r_3(t)\right]=2\delta'(t)-\delta(t)+3\mathrm{e}^{-2t}u(t) \tag{3-84}$$

令上式两端 $\delta'(t)$ 项和 $\delta(t)$ 项前的系数分别相等，得

$$\begin{cases} a=2 \\ 6a+b=-1 \end{cases} \tag{3-85}$$

从而

$$\begin{cases} a=2 \\ b=-13 \end{cases} \tag{3-86}$$

在式(3-82)两边令 $t=0^+$ 可得

$$y'(0^+) = b + \int_{-\infty}^{0^+} y_1(\tau)\mathrm{d}\tau \tag{3-87}$$

两边令 $t = 0^-$ 可得

$$y'(0^-) = \int_{-\infty}^{0^-} y_1(\tau)\mathrm{d}\tau \tag{3-88}$$

以上两式两边分别相减得

$$y'(0^+) - y'(0^-) = b \tag{3-89}$$

所以

$$y'(0^+) = b + y'(0^-) = 2 - 13 = -11 \tag{3-90}$$

在式(3-83)两边令 $t = 0^+$ 可得

$$y(0^+) = a + \int_{-\infty}^{0^+} y_2(\tau)\mathrm{d}\tau \tag{3-91}$$

两边令 $t = 0^-$ 可得

$$y(0^-) = \int_{-\infty}^{0^-} y_2(\tau)\mathrm{d}\tau \tag{3-92}$$

以上两式两边分别相减得

$$y(0^+) - y(0^-) = a + \int_{0^-}^{0^+} y_2(\tau)\mathrm{d}\tau \tag{3-93}$$

$y_2(t)$ 不包含冲激函数及其导数项，在无穷小的区间 $0^- \leqslant \tau \leqslant 0^+$ 上的积分显然为零，所以

$$y(0^+) - y(0^-) = a \tag{3-94}$$

从而

$$y(0^+) = a + y(0^-) = 2 + 1 = 3 \tag{3-95}$$

3.2.3　连续时间系统的零输入响应和零状态响应

1. 零输入响应

已经知道，连续时间系统的完全响应 $y(t)$ 可以分为零输入响应 $y_{\mathrm{zi}}(t)$ 和零状态响应 $y_{\mathrm{zs}}(t)$。考虑由下述微分方程描述的连续时间系统：

$$\sum_{k=0}^{M} a_k \frac{\mathrm{d}^k}{\mathrm{d}t^k} y(t) = \sum_{l=0}^{N} b_l \frac{\mathrm{d}^l}{\mathrm{d}t^l} x(t) \tag{3-96}$$

若系统的输入信号为零，即 $x(t) = 0$，这时上述方程变为以下齐次方程：

$$\sum_{k=0}^{M} a_k \frac{\mathrm{d}^k}{\mathrm{d}t^k} y(t) = 0 \tag{3-97}$$

这个齐次方程的解即为系统的零输入响应 $y_{\mathrm{zi}}(t)$，待定系数由系统的非零起始状态确定。由于系统方程为齐次方程，所以系统在 $t = 0$ 时的状态不会发生跳变，此即 $y(0^+) = y(0^-)$，由此就可以确定零输入响应中的待定系数。

齐次方程的特征方程为

$$\sum_{k=0}^{M} a_k \alpha^k = 0 \tag{3-98}$$

先假设所有的特征根 α_i 均为单根，则零输入响应 $y_{zi}(t)$ 的形式为

$$y_{zi}(t)=\sum_{i=1}^{M}c_i\mathrm{e}^{\alpha_i t} \tag{3-99}$$

显然

$$\left.\frac{\mathrm{d}^n}{\mathrm{d}t^n}y_{zi}(t)\right|_{t=0^-}=\frac{\mathrm{d}^n}{\mathrm{d}t^n}\left[\sum_{i=1}^{M}c_i\mathrm{e}^{\alpha_i t}\right]_{t=0^-}=\left.\sum_{i=1}^{M}c_i\left(\lambda_i\right)^n\mathrm{e}^{\alpha_i t}\right|_{t=0^-}=\sum_{i=1}^{M}c_i\left(\alpha_i\right)^n \tag{3-100}$$

因为系统的初始条件为 $y\left(0^+\right)=y\left(0^-\right)$，所以有以下 M 元一次方程组：

$$\begin{cases}\sum_{i=1}^{M}c_i=y(0^+)\\ \sum_{i=1}^{M}c_i\alpha_i=y'(t)\big|_{t=0^+}\\ \quad\vdots\\ \sum_{i=1}^{M}c_i\left(\alpha_i\right)^{M-1}=y^{(M-1)}(t)\big|_{t=0^-}\end{cases} \tag{3-101}$$

求得以上方程组的解 $c=c_1,c_2,\cdots,c_M$，就可以由式(3-99)完全确定零输入响应 $y_{zi}(t)$。

若 β 为特征方程的 k 重根，则 $y_{zi}(t)$ 含有以下 k 项：$d_1\mathrm{e}^{\beta t}$、$d_2t\mathrm{e}^{\beta t}$、$\cdots$、$d_kt^{k-1}\mathrm{e}^{\beta t}$。其余步骤同上。系统的零输入响应 $y_{zi}(t)$ 是系统在没有任何外界激励下，完全由系统的起始状态和系统特性(具体来说是由特征根)确定的，这由方程组(3-99)的形式也可清楚地看出来。

考虑到以上得到的零输入响应 $y_{zi}(t)$ 是 $t\geqslant 0$ 时的响应，所以可以写为

$$y_{zi}(t)=\sum_{i=1}^{M}c_i\mathrm{e}^{\alpha_i t}u(t) \tag{3-102}$$

如果系统所有的起始状态都变为原来的 k 倍，则有以下 M 元一次方程组：

$$\begin{cases}\sum_{i=1}^{M}c_i'=k\cdot y\left(0^-\right)\\ \sum_{i=1}^{M}c_i'\alpha_i=k\cdot y'(t)\big|_{t=0^-}\\ \quad\vdots\\ \sum_{i=1}^{M}c_i'\left(\alpha_i\right)^{M-1}=k\cdot y^{(M-1)}(t)\big|_{t=0^-}\end{cases} \tag{3-103}$$

若 $c=\left[c_1,c_2,\cdots,c_M\right]$ 为方程组(3-101)的解，很容易验证 $k\cdot c=\left[kc_1,kc_2,\cdots,kc_M\right]$ 是方程组(3-103)的解，这表明常系数线性微分方程描述的系统的零输入响应对起始状态具有线性，即若系统所有的起始状态变为原来的 k 倍，则零输入响应也变为原来的 k 倍，这称为**零输入线性**。

例 3-3 一个连续时间系统由下面的微分方程描述：

$$y''(t)+5y'(t)+6y(t)=x'(t)+2x(t) \tag{3-104}$$

已知起始状态为 $y(0^-)=2$ 及 $y'(0^-)=3$，求系统在 $t\geqslant 0$ 时的零输入响应 $y_{zi}(t)$。

解：零输入响应 $y_{zi}(t)$ 是在 $x(t)=0$ 时，完全由系统非零的起始状态产生的。初始条件和起始状态相等，即 $r(0^+)=r(0^-)=2$，$r'(0^+)=r'(0^-)=3$。这时系统方程变为齐次方程：

$$r''(t)+5r'(t)+6r(t)=0 \tag{3-105}$$

上述齐次方程的特征方程为

$$\alpha^2+5\alpha+6=0 \tag{3-106}$$

特征根为 $\alpha_1=-2$，$\alpha_2=-3$。零输入响应 $y_{zi}(t)$ 具有如下形式：

$$y_{zi}(t)=c_1\mathrm{e}^{-2t}+c_2\mathrm{e}^{-3t} \tag{3-107}$$

从而

$$\begin{cases} y_{zi}(0^+)=c_1+c_2=2 \\ y'_{zi}(0^+)=-2c_1-3c_2=3 \end{cases} \tag{3-108}$$

解上述方程组得

$$\begin{cases} c_1=9 \\ c_2=-7 \end{cases} \tag{3-109}$$

从而系统的零输入响应为

$$r_{zi}(t)=(9\mathrm{e}^{-2t}-7\mathrm{e}^{-3t})u(t) \tag{3-110}$$

例 3-4　一个连续时间系统由下面的微分方程描述：

$$y'''(t)+5y''(t)+8y'(t)+4y(t)=x'(t)+2x(t) \tag{3-111}$$

已知起始状态为 $y(0^-)=2$、$y'(0^-)=3$ 及 $y''(0^-)=4$，求系统在 $t\geqslant 0$ 时的零输入响应 $y_{zi}(t)$。

解：零输入响应 $y_{zi}(t)$ 是在 $x(t)=0$ 时，完全由系统的起始状态产生的，并且系统的初始条件和起始状态相等，即 $y(0^+)=y(0^-)=2$，$y'(0^+)=y'(0^-)=3$，$y''(0^+)=y''(0^-)=4$。这时系统方程变为齐次方程：

$$y'''(t)+5y''(t)+8y'(t)+4y(t)=0 \tag{3-112}$$

特征方程为

$$\alpha^3+5\alpha^2+8\alpha+4=0 \tag{3-113}$$

很容易求得特征根为 $\alpha_1=-1$，$\alpha_{2,3}=-2$。单根 $\alpha_1=-1$ 对应的解为 $c_1\mathrm{e}^{-t}$，两重根 $\alpha_{2,3}=-2$ 对应的解为 $(c_2+c_3t)\mathrm{e}^{-2t}$。零输入响应 $y_{zi}(t)$ 具有如下形式：

$$y_{zi}(t)=c_1\mathrm{e}^{-t}+(c_2+c_3t)\mathrm{e}^{-2t} \tag{3-114}$$

令 $t=0^+$ 时，上式变为

$$y_{zi}(0^+)=c_1+c_2 \tag{3-115}$$

显然

$$y'_{zi}(t)=-c_1\mathrm{e}^{-t}+c_3\mathrm{e}^{-2t}-2(c_2+c_3t)\mathrm{e}^{-2t} \tag{3-116}$$

$$y''_{zi}(t)=\left[-c_1\mathrm{e}^{-t}+c_3\mathrm{e}^{-2t}-2(c_2+c_3t)\mathrm{e}^{-2t}\right]'=c_1\mathrm{e}^{-t}-2c_3\mathrm{e}^{-2t}+4(c_2+c_3t)\mathrm{e}^{-2t}-2c_3t\mathrm{e}^{-2t} \tag{3-117}$$

依次令以上两式 $t=0^+$，得

$$y'_{zi}(0^+)=-c_1+c_3-2c_2 \tag{3-118}$$

$$y''_{zi}(0^+)=c_1-2c_3+4c_2 \tag{3-119}$$

联立以上两个方程与方程(3-113)，考虑到初始条件 $y(0^+)=2$、$y'(0^+)=3$、$y''(0^+)=4$ 得

$$\begin{cases} c_1 + c_2 = 2 \\ -c_1 + c_3 - 2c_2 = 3 \\ c_1 - 2c_3 + 4c_2 = 4 \end{cases} \tag{3-120}$$

解以上方程组得

$$\begin{cases} c_1 = -10 \\ c_2 = 12 \\ c_3 = 17 \end{cases} \tag{3-121}$$

从而系统的零输入响应 $y_{zi}(t)$ 为

$$y_{zi}(t) = \left[-10e^{-t} + (12+17t)e^{-2t}\right]u(t) \tag{3-122}$$

由前述讲解及以上两个例题可以看出，由常系数线性微分方程描述系统的零输入响应的求解过程如图 3-3 所示。

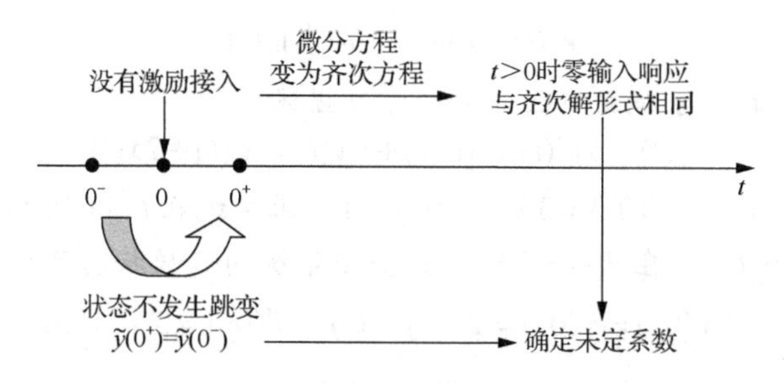

图 3-3　系统零输入响应的求解过程

2. 零状态响应

系统的**零状态响应**是在系统的起始状态为零的条件下，完全由外界激励信号产生的。零状态响应的求法如图 3-4 所示。把激励信号 $x(t)$ 的具体函数表达式代入原微分方程，方程的完全解就是系统的零状态响应 $y_{zi}(n)$。零状态响应 $y_{zs}(t)$ 由方程的齐次解 $y_h(t)$ 和特解 $y_p(t)$ 之和组成，即

$$y_{zs}(t) = y_h(t) + y_p(t) \tag{3-123}$$

齐次解 $y_h(t)$ 即齐次方程的解，解法同上，系数待定。特解 $y_p(t)$ 由激励信号 $x(t)$ 完全确定。同样为了方便起见，假设特征方程的特征根 α_i 均为单根，则齐次解的形式为

$$y_h(t) = \sum_{i=1}^{M} d_i e^{\alpha_i t} \tag{3-124}$$

显然

$$\left.\frac{d^n y_h(t)}{dt^n}\right|_{t=0^-} = \left.\frac{d^n}{dt^n}\left[\sum_{i=1}^{M} d_i e^{\alpha_i t}\right]\right|_{t=0^-} = \left.\sum_{i=1}^{M} d_i (\alpha_i)^n e^{\alpha_i t}\right|_{t=0^-} = \sum_{i=1}^{M} d_i (\alpha_i)^n \tag{3-125}$$

由于零状态响应是在系统的起始状态为零的条件下求得的，即

$$y_{zs}\left(0^-\right) = 0, \left.\frac{d}{dt} y_{zs}(t)\right|_{t=0^-} = 0, \cdots, \left.\frac{d^{M-1}}{dt^{M-1}} y_{zs}(t)\right|_{t=0^-} = 0 \tag{3-126}$$

由式(3-126)、式(3-123)和式(3-125)可得以下 M 元一次方程组：

$$\begin{cases}\sum_{i=1}^{M}d_i+y_p(0^-)=0\\ \sum_{i=1}^{M}d_i\alpha_i+\frac{\mathrm{d}}{\mathrm{d}t}y_p(t)\Big|_{t=0^-}=0\\ \vdots\\ \sum_{i=1}^{M}d_i(\alpha_i)^{M-1}+\frac{\mathrm{d}^{M-1}}{\mathrm{d}t^{M-1}}y_p(t)\Big|_{t=0^-}=0\end{cases}\tag{3-127}$$

求得以上方程组的解 $d=\left[d_1d_2,\cdots,d_{M-1}\right]$，就可以完全确定零输入响应 $y_{zs}(t)$ 为

$$y_{zs}(t)=\sum_{i=1}^{M}d_i\mathrm{e}^{\lambda_i t}+y_p(t)\tag{3-128}$$

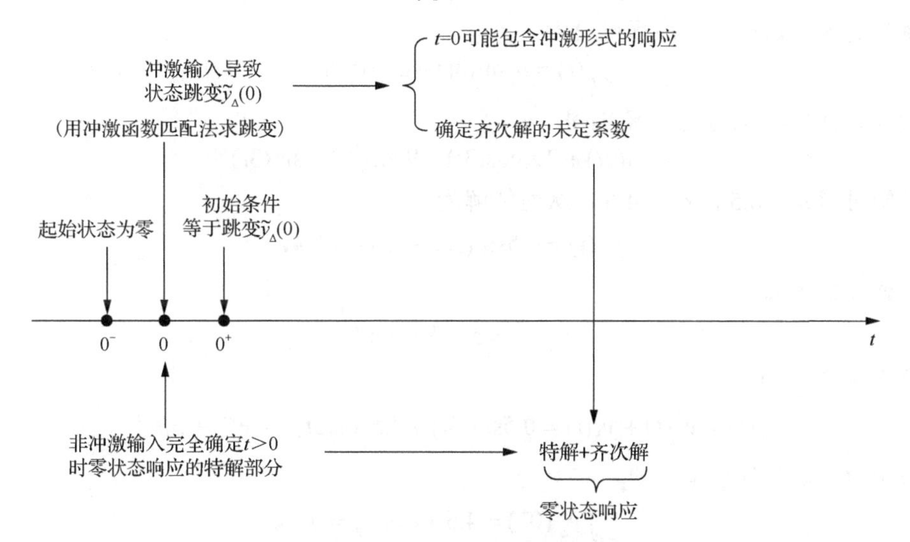

图 3-4　系统零状态响应的求解过程

若 β 为特征方程的 k 重根，则 $r_{zs}(t)$ 的齐次解部分含有 $d_1\mathrm{e}^{\beta t},d_2t\mathrm{e}^{\beta t},\cdots,d_kt^{k-1}\mathrm{e}^{\beta t}$ 共 k 项，其余步骤同上。

很容易验证，如果激励变为原来的 k 倍，则常系数线性微分方程的特解 $y_p(t)$ 也变为原来的 k 倍，从而有以下方程组：

$$\begin{cases}\sum_{i=1}^{M}d_i'+k\cdot r_p(0^-)=0\\ \sum_{i=1}^{M}d_i'\alpha_i+\frac{\mathrm{d}}{\mathrm{d}t}\left[k\cdot r_p(t)\right]\Big|_{t=0^-}=0\\ \vdots\\ \sum_{i=1}^{M}d_i'(\alpha_i)^{M-1}+\frac{\mathrm{d}^{M-1}}{\mathrm{d}t^{M-1}}\left[k\cdot r_p(t)\right]\Big|_{t=0^-}=0\end{cases}\tag{3-129}$$

若 $d=\left[d_1,d_2,\cdots,d_{M-1}\right]$ 为方程组(3-127)的解，很容易验证 $k\cdot d=\left[k\cdot d_1,k\cdot d_2,\cdots,k\cdot d_{M-1}\right]$ 是方程组(3-129)的解。这表明常系数线性微分方程描述的系统的零状态响应对输入信号是线性

的，即若系统的输入变为原来的 k 倍，则零状态响应也变为原来的 k 倍。这称为**零状态线性**。

求系统的零状态响应，实际上是解常系数线性微分方程，响应由微分方程的特解和齐次解组成。把输入信号的具体形式代入微分方程的右边，如果没有出现冲激函数及其导数项，这时系统的状态在 $t=0$ 前后不会发生跳变，初始条件和起始状态相等。考虑到零状态响应是在系统的起始状态为零时求得的，所以这时系统的初始条件也为零，求解过程非常简单。作为例子，研究以下微分方程描述系统的零状态响应：

$$y''(t)+3y'(t)+2y(t)=3x'(t)+x(t) \tag{3-130}$$

其中，输入为 $x(t)=\sin(3t)$。将 $x(t)=\sin(3t)$ 代入以上微分方程的右边得

$$y''(t)+3y'(t)+2y(t)=9\cos(3t)+\sin(3t) \tag{3-131}$$

以上方程右边不包括冲激函数及其导数项，所以系统的状态在 $t=0$ 前后不会发生跳变。零起始状态意味着零起始条件。特解可设为

$$y_p(t)=a_1\sin(3t)+a_2\cos(3t) \tag{3-132}$$

将上式代入方程(3-131)左边，整理得

$$2a_1\sin(3t)+2a_2\cos(3t)=9\cos(3t)+\sin(3t) \tag{3-133}$$

比较系数即可得 $a_1=0.5$， $a_2=4.5$，从而特解为

$$y_p(t)=0.5\sin(3t)+4.5\cos(3t) \tag{3-134}$$

显然齐次解的形式为

$$y_h(t)=c_1\mathrm{e}^{-2t}+c_2\mathrm{e}^{-t} \tag{3-135}$$

因而零状态响应 $r_{zs}(t)$ 为

$$y_{zs}(t)=y_p(t)+y_h(t)=0.5\sin(3t)+4.5\cos(3t)+c_1\mathrm{e}^{-2t}+c_2\mathrm{e}^{-t} \tag{3-136}$$

未定系数由零初始条件确定，即

$$\begin{cases}y_{zs}(0^+)=4.5+c_1+c_2=0\\ y'_{zs}(0^+)=1.5-2c_1-c_2=0\end{cases} \tag{3-137}$$

解以上方程组即可得 $c_1=6$， $c_2=-10.5$，至此得到系统的零状态响应为

$$y_{zs}(t)=0.5\sin(3t)+4.5\cos(3t)+6\mathrm{e}^{-2t}-10.5\mathrm{e}^{-t} \tag{3-138}$$

通常激励信号为单边信号，如 $\mathrm{e}^{-4t}u(t)$，其导数包含冲激函数，这时微分方程右边会出现冲激函数甚至高阶奇异函数，系统的状态在 $t=0$ 前后会发生跳变，由冲激函数匹配法可以求得状态的跳变 $y_\Delta(0)$，而零状态响应是在起始状态为零的条件下求得的，所以系统的初始条件等于跳变 $y_\Delta(0)$；通过冲激函数匹配法还能得到 $t=0$ 时零状态响应还可能包含的冲激函数或其导数项。系统的零状态响应 $y_{zs}(t)$ 是常系数线性微分方程在起始状态为零的条件下的完全解，这时由微分方程描述的系统就变为 LTI 系统，可以利用 LTI 系统的有关特性求解。下面给出一个例题。

例 3-5　一个连续时间系统由下面的微分方程描述：

$$y'(t)+3y(t)=x''(t)+3x'(t)+2x(t) \tag{3-139}$$

求系统在激励为 $x(t)=\mathrm{e}^{-4t}u(t)$ 时的零状态响应 $y_{zs}(t)$。

解：先求以下微分方程描述系统的零状态响应 $y_{zs1}(t)$：

$$y'(t)+3y(t)=x(t) \tag{3-140}$$

将 $x(t)=\mathrm{e}^{-4t}u(t)$ 代入以上方程右边得

$$y'(t)+3y(t)=\mathrm{e}^{-4t}u(t) \tag{3-141}$$

上式右边没有包含冲激函数及其导数项，所以系统的状态在 $t=0$ 前后不会发生跳变。零状态响应在系统的起始状态为零时求得，所以系统的初始条件也同样为零。很容易得到以上方程的特解为

$$y_{p1}(t)=-\mathrm{e}^{-4t}u(t) \tag{3-142}$$

齐次解的形式为

$$y_{h1}(t)=a\mathrm{e}^{-3t}u(t) \tag{3-143}$$

a 为待定常数。这样得到方程(3-140)描述系统的零状态响应 $y_{zs1}(t)$ 为

$$y_{zs1}(t)=y_{h1}(t)+y_{p1}(t)=\left(c\mathrm{e}^{-3t}-\mathrm{e}^{-4t}\right)u(t) \tag{3-144}$$

由零初始条件即可得

$$r_{zs1}(0^+)=c-1=0 \tag{3-145}$$

从而 $c=1$。至此得到由方程(3-140)描述系统的零状态响应 $y_{zs1}(t)$ 为

$$y_{zs1}(t)=\left(\mathrm{e}^{-3t}-\mathrm{e}^{-4t}\right)u(t) \tag{3-146}$$

如果把原方程(3-139)右边当作一个整体并把它作为系统的输入，并记为 $x_1(t)$。显然 $x_1(t)$ 和方程(3-140)右边的关系为

$$x_1(t)=x''(t)+3x'(t)+2x(t) \tag{3-147}$$

根据 LTI 系统的微分特性和线性，由微分方程(3-139)描述的系统的零状态响应 $y_{zs}(t)$ 和由微分方程(3-140)描述的系统的零状态响应 $y_{zs1}(t)$ 的关系为

$$y_{zs}(t)=y''_{zs1}(t)+3y'_{zs1}(t)+2y_{zs1}(t) \tag{3-148}$$

将式(3-146)所表示的 $y_{zs1}(t)$ 代入上式右边得

$$\begin{aligned}y_{zs}(t)&=2\left(\mathrm{e}^{-3t}-\mathrm{e}^{-4t}\right)u(t)+3\left(4\mathrm{e}^{-4t}-3\mathrm{e}^{-3t}\right)u(t)+\left(9\mathrm{e}^{-3t}-16\mathrm{e}^{-4t}\right)u(t)+\delta(t)\\&=\left(2\mathrm{e}^{-3t}-6\mathrm{e}^{-4t}\right)u\left(t\right)+\delta(t)\end{aligned} \tag{3-149}$$

由以上求解过程可以看出，这种解法避免了复杂的冲激函数匹配过程，求解过程简单明了。下面给出利用零输入线性的例子。

例 3-6　某个系统由常系数线性微分方程描述，该系统的起始状态向量为 $\left[y_1(0),y_2(0)\right]$。已知:

（1）当起始状态向量为 $[2,3]$ 时，系统的零输入响应为 $y_{zi1}(t)=(4t+3)\mathrm{e}^{-2t}u(t)$；

（2）当起始状态向量为 $[-1,-1]$ 时，系统的零输入响应为 $y_{zi2}(t)=(8t+3)\mathrm{e}^{-2t}u(t)$；

（3）当 $x(t)=\mathrm{e}^{-t}u(t)$，且起始状态向量为 $[1,2]$ 时，完全响应为 $y_3(t)=(t+2)\mathrm{e}^{-2t}u(t)$。

求该系统在 $3x(t)$ 时的零状态响应。

解: 首先利用零输入线性特性，得到系统在起始状态为 $[1,2]$ 时的零输入响应。设

$$[2,3]\cdot x+[-1,-1]\cdot y=[1,2] \tag{3-150}$$

此即

$$\begin{cases}2x-y=1\\3x-y=2\end{cases} \tag{3-151}$$

解以上方程组得 $x=1$，$y=1$。根据零输入线性特性，系统在起始状态向量为 $[1,2]$ 时的零输入响应 $y_{zi3}(t)$ 为

$$y_{zi3}(t)=y_{zi1}(t)\cdot x+y_{zi2}(t)\cdot y=(4t+3)e^{-2t}u(t)-(8t+3)e^{-2t}u(t)=-4te^{-2t}u(t) \tag{3-152}$$

这就得到当 $x(t)=e^{-t}u(t)$ 时的零状态响应 $y_{zs3}(t)$ 为

$$y_{zs3}(t)=y_3(t)-y_{zi3}(t)=(t+2)e^{-2t}u(t)-\left[-4te^{-2t}u(t)\right]=(5t+2)e^{-2t}u(t) \tag{3-153}$$

再由零状态线性特性得到系统在输入为 $3x(t)$ 时的零状态响应为

$$3y_{zs3}(t)=(15t+6)e^{-2t}u(t) \tag{3-154}$$

---

3. 完全响应

考虑到在 $t=0$ 时刻可能有冲激信号作用于系统，这时系统的起始状态和初始条件之间会发生跳变。重写式(3-61)如下：

$$y(0^+)=y_\Delta(0)+y(0^-) \tag{3-155}$$

这可以理解为在 $t>0$ 时系统的完全响应 $y(t)$ 的形式由 $t>0$ 时外界的激励 $x(t)$ 完全确定，但未定系数由系统在 $t=0^+$ 时的初始条件确定。由于 $t=0$ 时的冲激激励在 $t>0$ 时就消失了，所以它对系统的完全响应的具体形式没有任何影响，但它使得系统的起始状态到初始条件发生跳变。零状态响应的形式和微分方程完全解的形式完全一致，其中的特解由 $t>0$ 时的激励 $x(t)$ 完全确定，齐次解由特征根确定，但零状态响应中的未定系数需要由跳变值 $y_\Delta(0)$ 确定，这个跳变值 $y_\Delta(0)$ 通过冲激函数匹配法求得。零输入响应的形式当然和微分方程齐次解的形式完全一致，因为没有任何输入，更不会包含冲激输入，所以对零输入响应而言，系统的状态在 $t=0$ 前后不会发生跳变，初始条件和起始状态响应相等，未定系数可由初始条件(等于起始状态 $y(0^-)$)确定。图 3-5 直观地展示了系统完全响应的分解求法。

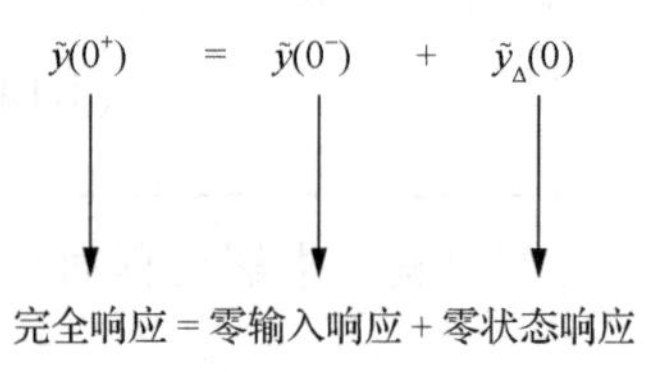

$\tilde{y}(0^+)$ = $\tilde{y}(0^-)$ + $\tilde{y}_\Delta(0)$
完全响应 = 零输入响应 + 零状态响应

图 3-5　系统完全响应的分解求法

这提供了一种求零状态响应的方法，通过冲激函数匹配法得到 $r_\Delta(0)$，再由以上叙述的过程就可以求得。下面给出一个例题。

例 3-7　求以下微分方程描述系统的零输入响应和零状态响应：

$$y''(t)+5y'(t)+6y(t)=x'(t)+2x(t) \tag{3-156}$$

已知 $x(t)=e^{-4t}u(t)$，$y(0^-)=1$ 和 $y'(0^-)=2$。

解：把 $x(t)=e^{-4t}u(t)$ 代入原微分方程，整理得

$$y''(t)+5y'(t)+6y(t)=\delta(t)-2e^{-4t}u(t) \tag{3-157}$$

由原微分方程对应的特征方程为 $\alpha^2+5\alpha+6=0$，特征根为 $\alpha=-2,-3$。

先求零输入响应 $y_{zi}(t)$，其形式为 $y_{zi}(t)=a_1e^{-2t}+b_1e^{-3t}$，未定系数 a 和 b 由初始条件(等于

起始状态)确定，即

$$\begin{cases} y_{zi}(0^+) = a_1 + b_1 = y(0^-) = 1 \\ y'_{zi}(0^+) = -2a_1 - 3b_1 = y'(0^-) = 2 \end{cases} \tag{3-158}$$

解得 $a_1 = 5$，$b_1 = -4$，所以零输入响应为 $y_{zi}(t) = 5e^{-2t} - 4e^{-3t}$。

现在来求零状态响应 $y_{zs}(t)$。先考虑方程(3-157)右边的 $\delta(t)$ 项，由冲激函数匹配法设

$$y''(t) = c\delta(t) + y_1(t) \tag{3-159}$$

式中，$y_1(t)$ 为普通函数项。

对上式两边从 $-\infty$ 到 t 积分一次得

$$y'(t) = cu(t) + \int_{-\infty}^{t} y_1(\tau)\mathrm{d}\tau \tag{3-160}$$

定义 $y_2(t) \overset{\text{def}}{=\!=} \int_{-\infty}^{t} y_1(\tau)\mathrm{d}\tau$，显然 $y_2(t)$ 不包含冲激函数及其导数项，为普通函数。

对上式两边从 $-\infty$ 到 t 积分一次得

$$y(t) = ctu(t) + \int_{-\infty}^{t} y_2(\tau)\mathrm{d}\tau \tag{3-161}$$

显然，$y(t)$ 不包含冲激函数及其导数项，为普通函数。

将以上三式代入方程(3-157)，然后比较两边 $\delta(t)$ 项的系数相等即可得 $c=1$。

由式(3-160)很容易得

$$y'(0^+) - y'(0^-) = c = 1 \tag{3-162}$$

由式(3-161)很容易得

$$y(0^+) - y(0^-) = 0 \tag{3-163}$$

这样就得到了在 $t=0$ 前后的跳变值为 $y_\Delta(0) = [0,1]$。

当 $t>0$ 时，原微分方程变为

$$y''(t) + 5y'(t) + 6y(t) = -2e^{-4t} \tag{3-164}$$

很容易得到以上微分方程的特解为 $-e^{-4t}$，从而 $y_{zs}(t)$ 的形式为

$$y_{zs}(t) = a_2 e^{-2t} + b_2 e^{-3t} - e^{-4t} \tag{3-165}$$

未定系数 a_2 和 b_2 由跳变值 $y_\Delta(0) = [0,1]$ 确定，即

$$\begin{cases} y_{zs}(0^+) = a_2 + b_2 - 1 = 0 \\ y'_{zs}(0^+) = -2a_2 - 3b_2 + 4 = 1 \end{cases} \tag{3-166}$$

解以上方程组可得 $a_2 = 0$，$b_2 = 1$，这样 $t>0$ 时的零状态响应为

$$y_{zs}(t) = e^{-3t} - e^{-4t} \tag{3-167}$$

由冲激函数匹配法的过程知道(式(3-161))，零状态响应在 $t=0$ 时不包括冲激项，所以 $t \geqslant 0$ 时零状态响应为

$$y_{zs}(t) = \left(e^{-3t} - e^{-4t}\right)u(t) \tag{3-168}$$

从而系统的完全响应为

$$y(t) = y_{zi}(t) + y_{zs}(t) = \left(5e^{-2t} - 3e^{-3t} - e^{-4t}\right)u(t) \tag{3-169}$$

3.3　连续时间 LTI 系统

在信号与系统分析中，用以下常系数线性微分方程描述连续时间系统：

$$\sum_{k=0}^{M} a_k \frac{\mathrm{d}^k}{\mathrm{d}t^k} y(t) = \sum_{l=0}^{N} b_l \frac{\mathrm{d}^l}{\mathrm{d}t^l} x(t) \tag{3-170}$$

如果考虑这个系统的完全响应，即零输入响应和零状态响应之和，则这个系统就既不是线性的又不是时不变的。如果只考虑零状态响应，或者说，如果系统的起始状态为零，则这个系统就是线性时不变的。今后，如果说一个连续时间 LTI 系统由以上微分方程描述，就只考虑零状态响应，这时系统的零状态响应就简称系统的响应。

3.3.1　连续时间 LTI 系统的冲激响应

连续时间 LTI 系统在零起始状态时[①]，由单位冲激函数 $\delta(t)$ 作为激励信号引起的响应称为单位冲激响应，简称**冲激响应**，记为 $h(t)$ 。

在具体讲解求 LTI 系统的冲激响应 $h(t)$ 之前，定性地理解它的本质是很有启发意义的。冲激响应是 LTI 系统在 $t=0^-$ 时，所有起始状态都为零的条件下施加的单位冲激信号 $\delta(t)$ 的响应。冲激函数是幅度很大、持续期很短的一类信号的极限，所以尽管冲激信号 $\delta(t)$ 只在 $t=0$ 时刻作用一瞬间，但就在那一瞬间，它对系统产生了深远的影响，使系统积累了能量，也使得系统从 $t=0^-$ 时刻的零起始状态跳变到 $t=0^+$ 时刻非零的初始条件。虽然在 $t>0$ 时，没有任何激励作用于系统，但在 $t=0^+$ 时刻建立了非零初始条件，系统对这个非零初始条件会产生响应。因为冲激输入作用于 $t=0$ 这一瞬间，$t>0$ 便永远消失了，即系统没有任何输入了，所以描述系统的微分方程变为齐次方程，系统在 $t>0$ 的响应也就完全由特征值决定，未定的系数就由非零的初始条件确定，这是 $t=0$ 时刻冲激激励的第一个作用。在 $t=0$ 时刻，冲激激励对系统的响应最多会产生冲激函数形式或冲激函数的导数形式的响应，仅此而已，这是 $t=0$ 时刻冲激激励的第二个作用。用冲激函数匹配法可以确定系统从零起始状态到非零初始条件的跳变量，也可以确定 $t=0$ 时刻是否存在冲激函数形式或冲激函数的导数形式的响应。

下面介绍一种**简化的冲激匹配方法**。考虑以下微分方程描述的 LTI 系统：

$$\frac{\mathrm{d}^M}{\mathrm{d}t^M} y(t) + a_{M-1} \frac{\mathrm{d}^{M-1}}{\mathrm{d}t^{M-1}} y(t) + \cdots + a_0 y(t) = b_N \frac{\mathrm{d}^N}{\mathrm{d}t^N} x(t) + \cdots + b_1 \frac{\mathrm{d}}{\mathrm{d}t} x(t) + b_0 x(t) \tag{3-171}$$

或简记为

$$A(p) y(t) = B(p) x(t) \tag{3-172}$$

则该系统的冲激响应 $h(t)$ 的一般形式为

$$h(t) = \begin{cases} \left[B(p) y_h(t)\right] u(t), & M<N \\ b_N \delta(t) + \left[B(p) y_h(t)\right] u(t), & M=N \\ B(p)\left[y_h(t) u(t)\right], & M>N \end{cases} \tag{3-173}$$

---

① 这里为了强调冲激响应完全是由冲激函数激励产生的，而与系统的任何起始状态没有关系。实际上，描述连续时间 LTI 系统的常系数微分方程只能是零起始状态的。

式中，$y_h(t)$是微分方程的齐次解，其中的待定系数由以下初始条件确定：

$$y_h(0^+)=\left[y_h(t),y_h^{(1)}(t),\cdots,y_h^{(M-1)}(t)\right]\Big|_{t=0^+}=[0,\cdots,0] \tag{3-174}$$

证明如下。先考虑以下微分方程描述的 LTI 系统的冲激响应$h_0(t)$：

$$\frac{\mathrm{d}^M}{\mathrm{d}t^M}y(t)+a_{M-1}\frac{\mathrm{d}^{M-1}}{\mathrm{d}t^{M-1}}y(t)+\cdots+a_1\frac{\mathrm{d}}{\mathrm{d}t}y(t)+a_0y(t)=x(t) \tag{3-175}$$

当$x(t)=\delta(t)$时，以上方程的零状态响应即为系统的冲激响应$h_0(t)$。$h_0(t)$满足的微分方程为

$$\frac{\mathrm{d}^M}{\mathrm{d}t^M}h_0(t)+a_{M-1}\frac{\mathrm{d}^{M-1}}{\mathrm{d}t^{M-1}}h_0(t)+\cdots+a_1\frac{\mathrm{d}}{\mathrm{d}t}h_0(t)+a_0h_0(t)=\delta(t) \tag{3-176}$$

为了保证上式等号两边对应项的系数平衡，上式等号左边应有冲激函数项，且冲激函数项只能出现在第一项$\frac{\mathrm{d}^M}{\mathrm{d}t^M}h_0(t)$中。否则，若其后各项中含有冲激函数项，则上式等号左边必含有冲激函数的导数项，而等号右边没有冲激函数的导数项，等式两边无法平衡。这样在式(3-176)中，等号左边第一项中含有冲激函数项，第二项含有阶跃函数项(冲激函数的积分为阶跃函数)，在其后各项中则有相应的t的正幂函数项(即阶跃函数的积分)。对以上微分方程两边从0^-到0^+积分得

$$\int_{0^-}^{0^+}\frac{\mathrm{d}^M}{\mathrm{d}t^M}h_0(t)\mathrm{d}t+a_{M-1}\int_{0^-}^{0^+}\frac{\mathrm{d}^{M-1}h_0(t)}{\mathrm{d}t^{M-1}}\mathrm{d}t+\cdots+a_0\int_{0^-}^{0^+}h_0(t)\mathrm{d}t=\int_{0^-}^{0^+}\delta(t)\mathrm{d}t \tag{3-177}$$

上式等号左边的积分，除了第一项因含有冲激函数项(即$\frac{\mathrm{d}^{M-1}}{\mathrm{d}t^{M-1}}h_0(t)$包含阶跃函数项)而使积分值在$t=0$处不连续外；其余各项的积分值在$t=0$处是连续的，即有

$$h_0^{(l)}(0^-)=h_0^{(l)}(0^+),\quad 0\leqslant l\leqslant M-2 \tag{3-178}$$

这样式(3-175)变为

$$\frac{\mathrm{d}^{M-1}}{\mathrm{d}t^{M-1}}h_0(t)\bigg|_{t=0^+}-\frac{\mathrm{d}^{M-1}}{\mathrm{d}t^{M-1}}h_0(t)\bigg|_{t=0^-}=1 \tag{3-179}$$

因为 LTI 系统的冲激响应是在系统所有的起始状态为零的前提下求得的，即

$$h_0(0^-)=\left[h_0(t),h_0^{(1)}(t),\cdots,h_0^{(M-1)}(t)\right]\Big|_{t=0^-}=[0,\cdots,0] \tag{3-180}$$

由式(3-177)和式(3-180)可得

$$\begin{aligned}&\left[h_0(t),h_0^{(1)}(t),\cdots,h_0^{(M-2)}(t)\right]\Big|_{t=0^-}=[0,\cdots,0]\\&\left[h_0(t),h_0^{(1)}(t),\cdots,h_0^{(M-2)}(t)\right]\Big|_{t=0^+}=[0,\cdots,0]\end{aligned} \tag{3-181}$$

考虑到$h_0^{(M-1)}(0^-)=0$，式(3-179)变为

$$\frac{\mathrm{d}^{M-1}}{\mathrm{d}t^{M-1}}h_0(t)\bigg|_{t=0^+}=1 \tag{3-182}$$

综合式(3-179)和式(3-180)，这样就把冲激响应$h_0(t)$的求解转化为求齐次方程在以下初始条件下的齐次解$y_h(t)$：

$$y_h(0^+)=\left[y_h(t),y_h^{(1)}(t),\cdots,y_h^{(M-1)}(t)\right]\Big|_{t=0^+}=[0,\cdots,0] \tag{3-183}$$

考虑到 $y_h(t)$ 只在 $t \geqslant 0$ 时取值，所以又可以记为 $y_h(t)u(t)$。

如果把原微分方程(3-171)等号右边(当 $x(t)=\delta(t)$ 时)看作一个整体并将其作为该系统的输入，并记为 $x_1(t)$，则方程简记为

$$\frac{\mathrm{d}^M}{\mathrm{d}t^M}y(t)+a_{M-1}\frac{\mathrm{d}^{M-1}}{\mathrm{d}t^{M-1}}y(t)+\cdots+a_0 y(t)=x_1(t) \tag{3-184}$$

其中

$$x_1(t)=b_N\frac{\mathrm{d}^N}{\mathrm{d}t^N}\delta(t)+\cdots+b_1\frac{\mathrm{d}}{\mathrm{d}t}\delta(t)+b_0\delta(t)\stackrel{\text{def}}{=\!=}B(t)\delta(t) \tag{3-185}$$

显然，以上微分方程和原微分方程(3-171)描述的是同一个 LTI 系统，只是前者的输入为 $x_1(t)$，后者的输入为 $\delta(t)$，两个输入的关系由式(3-185)确定。前面已经得到该系统对 $\delta(t)$ 的响应为 $h_0(t)$，由 LTI 系统的微分性质可知，该系统对 $\delta^{(K)}(t)$ 的响应为 $h_0^{(K)}(t)$，再根据 LTI 系统的线性特性，该系统对输入 $x_1(t)$ 的响应为

$$h(t)=b_N\frac{\mathrm{d}^N}{\mathrm{d}t^N}h_0(t)+\cdots+b_1\frac{\mathrm{d}}{\mathrm{d}t}h_0(t)+b_0h_0(t)=B(p)h_0(t)=\left[B(p)y_h(t)\right]u(t) \tag{3-186}$$

若 $M=N$，由冲激函数匹配法可知 $h(t)$ 必含有 $b_N\delta(t)$，这表明 $t=0$ 时冲激响应 $h(t)$ 为

$$h(t)=b_N\delta(t) \tag{3-187}$$

所以 $M=N$ 时，LTI 系统的冲激响应 $h(t)$ 为

$$h(t)=b_N\delta(t)+\left[B(p)y_h(t)\right]u(t) \tag{3-188}$$

同理可证，当 $M>N$ 时，LTI 系统的冲激响应 $h(t)$ 为

$$h(t)=B(p)\left[y_h(t)u(t)\right] \tag{3-189}$$

这时系统的冲激响应必然含有冲激函数及其导数项。

例 3-8　求以下微分方程描述的 LTI 系统的冲激响应 $h(t)$：

$$y''(t)+3y'(t)+2y(t)=x'(t)+3x(t) \tag{3-190}$$

解：很容易得到齐次解为

$$y_h(t)=c_1\mathrm{e}^{-t}+c_2\mathrm{e}^{-2t} \tag{3-191}$$

原微分方程右边的次数低，所以 LTI 系统的冲激响应 $h(t)$ 可设为

$$h(t)=\left[B(p)y_h(t)\right]u(t)=\left[B(p)\left(c_1\mathrm{e}^{-t}+c_2\mathrm{e}^{-2t}\right)\right]u(t) \tag{3-192}$$

式中，$B(p)=p+3$；c_1 和 c_2 为待定系数，它们满足以下条件：

$$\begin{cases} y_h(t)\big|_{t=0^+}=0 \\ y_h'(t)\big|_{t=0^+}=1 \end{cases} \tag{3-193}$$

此即

$$\begin{cases} c_1+c_2=0 \\ -c_1-2c_2=1 \end{cases} \tag{3-194}$$

解以上方程组得 $c_1=1$，$c_2=-1$。从而系统的冲激响应 $h(t)$ 为

$$h(t)=\left[(p+3)\left(\mathrm{e}^{-t}-\mathrm{e}^{-2t}\right)\right]u(t)=\left(2\mathrm{e}^{-t}-\mathrm{e}^{-2t}\right)\Big]u(t) \tag{3-195}$$

例 3-9　求以下微分方程描述的 LTI 系统的冲激响应 $h(t)$：

$$y''(t)+3y'(t)+2y(t)=3x''(t)+2x'(t)+x(t) \tag{3-196}$$

解：很容易得到齐次解为

$$y_h(t)=c_1\mathrm{e}^{-t}+c_2\mathrm{e}^{-2t} \tag{3-197}$$

方程两边的次数相等，所以 LTI 系统的冲激响应 $h(t)$ 可设为

$$h(t)=3\delta(t)+\left[B(p)y_h(t)\right]u(t)=3\delta(t)+\left[B(p)\left(c_1\mathrm{e}^{-t}+c_2\mathrm{e}^{-2t}\right)\right]u(t) \tag{3-198}$$

式中，$B(p)=3p^2+2p+1$，c_1 和 c_2 为待定系数，它们满足以下方程组：

$$\begin{cases} y_h(t)\big|_{t=0^+}=0 \\ y_h'(t)\big|_{t=0^+}=1 \end{cases} \tag{3-199}$$

此即

$$\begin{cases} c_1+c_2=0 \\ -c_1-2c_2=1 \end{cases} \tag{3-200}$$

解以上方程组得 $c_1=1$，$c_2=-1$。从而系统的冲激响应 $h(t)$ 为

$$h(t)=3\delta(t)+\left[\left(3p^2+2p+1\right)\left(\mathrm{e}^{-t}-\mathrm{e}^{-2t}\right)\right]u(t)=3\delta(t)+\left(2\mathrm{e}^{-t}-9\mathrm{e}^{-2t}\right)u(t) \tag{3-201}$$

线性时不变系统的冲激响应 $h(t)$ 定义为零起始状态下系统对冲激信号 $\delta(t)$ 的响应。引入冲激响应，系统对任意输入 $x(t)$ 的响应 $y(t)$ 就非常容易得到，即 $y(t)=x(t)*h(t)$。通过卷积运算得到的这个响应为零状态响应。可见冲激响应在时域描述线性时不变系统中有着非常重要的作用。然而冲激信号 $\delta(t)$ 只在 $t=0$ 时刻存在无穷大的值，而 $t\neq 0$ 时则为零，这种信号实际中是不存在的。那么如何得到线性时不变系统的冲激响应呢？已经知道冲激信号 $\delta(t)$ 是一类信号的极限形式，可以用这类实际信号作为 $\delta(t)$ 的近似，只要与 $h(t)$ 相比，它们的持续时间短得多就可以。作为实例，考虑冲激响应为 $h(t)=\mathrm{rect}\left(t/10^{-3}\right)$ 的线性时不变系统在三角形脉冲 $p(t)=\varDelta\left(t/10^{-6}\right)$ 作用下的响应 $y(t)$，经过计算得

$$p(t)*h(t)=\begin{cases} S_\Delta, & -0.5\times\left(10^{-3}-10^{-6}\right)\leqslant t\leqslant 0.5\times\left(10^{-3}-10^{-6}\right) \\ S_\Delta-\left(0.5\times10^{-3}-10^3t-0.5\right)^2, & -0.5\times10^{-3}<t<-0.5\times\left(10^{-3}-10^{-6}\right) \\ \left(0.5\times10^{-3}+10^3t+0.5\right)^2, & -0.5\times\left(10^{-3}+10^{-6}\right)<t\leqslant-0.5\times10^{-3} \\ S_\Delta-\left(0.5\times10^{-3}+10^3t-0.5\right)^2, & 0.5\times\left(10^{-3}-10^{-6}\right)<t<0.5\times10^{-3} \\ \left(0.5\times10^{-3}-10^3t+0.5\right)^2, & 0.5\times10^{-3}<t<0.5\times\left(10^{-3}+10^{-6}\right) \\ 0, & \text{其他} \end{cases} \tag{3-202}$$

式中，S_Δ 为三角形脉冲的面积 0.5×10^{-6}。注意到 10^{-6} 比 10^{-3} 小三个数量级，由以上结果可以看出，在区间 $-0.5\times\left(10^{-3}-10^{-6}\right)\leqslant t\leqslant 0.5\times\left(10^{-3}-10^{-6}\right)$ 内 $y(t)=S_\Delta$，而这个区间和冲激响应

存在的区间 $-0.5\times10^{-3}\leqslant t\leqslant0.5\times10^{-3}$ 相差无几；在其余几个长度非常短的区间内，$y(t)$ 的值非常小。当 $S_{\Delta}\delta(t)$ 作用于这个系统时，输出为 $S_{\Delta}\delta(t)*h(t)=S_{\Delta}h(t)=S_{\Delta}$，即当 $-0.5\times10^{-3}\leqslant t\leqslant0.5\times10^{-3}$ 时输出等于三角形脉冲的面积。比较在以上两个输入激励下系统的响应，可以看出面积为 S_{Δ} 的三角形脉冲激励和冲激 $S_{\Delta}\delta(t)$ 作用于系统产生的响应非常接近。注意到三角形脉冲的持续时间 10^{-6} 比系统冲激响应持续时间 10^{-3} 小很多，只要满足这个条件，就可以用一个三角形脉冲作为冲激信号(冲激强度为三角形脉冲的面积)的近似实现，让它通过线性时不变系统测量系统的输出就可以得到系统的冲激响应。

3.3.2 连续时间 LTI 系统对任意激励的响应

在第 2 章中，把任意信号 $x(t)$ 表示为冲激函数及其移位的加权和：

$$x(t)=\lim_{\Delta t_k\to0}x(t)=\lim_{\Delta t_k\to0}\sum_{k=-\infty}^{+\infty}x(t_k)\delta(t-t_k)\Delta t_k \tag{3-203}$$

现在求连续时间 LTI 系统对 $x(t)$ 的响应 $y(t)$。设 LTI 系统的冲激响应为 $h(t)$，用数学关系式表示为

$$\delta(t)\to h(t) \tag{3-204}$$

由 LTI 系统的时不变性有

$$\delta(t-t_k)\to h(t-t_k) \tag{3-205}$$

由 LTI 系统的齐次性有

$$x(t_k)\delta(t-t_k)\Delta t_k\to x(t_k)h(t-t_k)\Delta t_k \tag{3-206}$$

再由 LTI 系统的叠加性有

$$\lim_{\Delta t_k\to0}\sum_{k=-\infty}^{+\infty}x(t_k)\delta(t-t_k)\Delta t_k\to\lim_{\Delta t_k\to0}\sum_{k=-\infty}^{+\infty}x(t_k)h(t-t_k)\Delta t_k \tag{3-207}$$

记 $\lambda(\varDelta)=\max_k\{\Delta t_k\}$，对任意 k，当 $\Delta t_k\to0$ 时，$\lambda(\varDelta)\to0$。对任意 k，由 t_k 及 Δt_k 的任意性，上式右边变为以下积分：

$$\int_{-\infty}^{+\infty}x(\tau)h(t-\tau)\mathrm{d}\tau=x(t)*h(t) \tag{3-208}$$

这表明，冲激响应为 $h(t)$ 的连续时间 LTI 系统对激励 $x(t)$ 的响应为 $x(t)*h(t)$。由此可见，连续时间 LTI 系统的冲激响应 $h(t)$ 完全表征了系统的特性。若两个 LTI 系统的冲激响应一样，就认为它们是一样的，而不管它们的具体实现。

例 3-10 连续时间 LTI 系统的冲激响应为 $h(t)=\mathrm{e}^{-2t}u(t-2)$，求该系统对以下激励信号 $x(t)=\mathrm{e}^{3t}u(-t-1)$ 的响应 $y(t)$。

解：该 LTI 系统对 $x(t)$ 的响应 $y(t)$ 为

$$y(t)=x(t)*h(t)=\int_{-\infty}^{+\infty}x(\tau)h(t-\tau)\mathrm{d}\tau \tag{3-209}$$

求系统的响应归根到底是求以上卷积。把 $x(t)$ 和 $h(t)$ 的函数表达式代入上式得

$$y(t)=\int_{-\infty}^{+\infty}\mathrm{e}^{3\tau}u(-\tau-1)\mathrm{e}^{-2(t-\tau)}u(t-\tau-2)\mathrm{d}\tau \tag{3-210}$$

参考图 3-6(a)，当 $-1>t-2$（即 $t<1$）时，卷积中被积函数不为零的区间为 $-\infty\leqslant\tau\leqslant t-2$，卷

积为

$$y(t)=\left[\int_{-\infty}^{t-2}\mathrm{e}^{3\tau}\mathrm{e}^{-2(t-\tau)}\mathrm{d}\tau\right]u(1-t)=0.2\mathrm{e}^{3t-10}u(1-t) \tag{3-211}$$

参考图 3-6(b)，当 $-1\leqslant t-2$（即 $t\geqslant 1$）时，上式右边被积函数不为零的区间为 $-\infty\leqslant\tau\leqslant -1$，积分为

$$y(t)=\left[\int_{-\infty}^{-1}\mathrm{e}^{3\tau}\mathrm{e}^{-2(t-\tau)}\mathrm{d}\tau\right]u(t-1)=0.2\mathrm{e}^{-2t-5}u(t-1) \tag{3-212}$$

综合以上，该 LTI 系统对激励 $x(t)$ 的响应为

$$y(t)=\begin{cases}0.2\mathrm{e}^{-2t-5}, & t\geqslant 1\\ 0.2\mathrm{e}^{3t-10}, & t<1\end{cases} \tag{3-213}$$

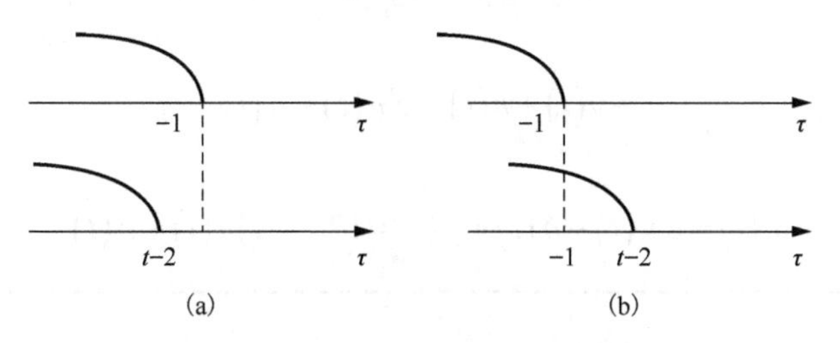

图 3-6　例 3-10 的卷积积分区间

例 3-11　一个 LTI 系统对输入 $x(t)=\mathrm{e}^{-5t}u(t)$ 的响应为 $y(t)=\sin(\omega_0 t)$，求系统的冲激响应 $h(t)$。

解：若 LTI 系统对 $x(t)$ 的响应为 $y(t)$，由 LTI 系统的微分特性知系统对 $x'(t)$ 的响应为 $y'(t)$。计算 $x'(t)$ 如下：

$$x'(t)=\left[\mathrm{e}^{-5t}u(t)\right]'=-5\mathrm{e}^{-5t}u(t)+\mathrm{e}^{-5t}\delta(t)=-5\mathrm{e}^{-5t}u(t)+\delta(t) \tag{3-214}$$

考虑到 $x(t)=\mathrm{e}^{-5t}u(t)$，所以上式变为

$$x'(t)=-5x(t)+\delta(t) \tag{3-215}$$

从而

$$x'(t)*h(t)=[-5x(t)+\delta(t)]*h(t)=-5y(t)+h(t)=-5\sin(\omega_0 t)+h(t) \tag{3-216}$$

而

$$x'(t)*h(t)=y'(t)=\left[\sin(\omega_0 t)\right]'=\omega_0\sin(\omega_0 t) \tag{3-217}$$

比较以上两式得

$$-5\sin(\omega_0 t)+h(t)-\omega_0\sin(\omega_0 t)=0 \tag{3-218}$$

从而

$$h(t)=5\sin(\omega_0 t)+\omega_0\sin(\omega_0 t) \tag{3-219}$$

例 3-12　一个 LTI 系统对输入 $x(t)=\sin(t)u(t)$ 的响应为 $y(t)=(\mathrm{e}^t-1)u(t)$，求系统的冲激响应 $h(t)$。

解：对 $x(t)$ 求一阶导数得

$$x'(t)=[\sin(t)u(t)]'=\cos(t)u(t)+\sin(t)\delta(t)=\cos(t)u(t) \tag{3-220}$$

对 $x'(t)$ 再求一阶导数得

$$x''(t)=\left[x'(t)\right]'=\left[\cos(t)u(t)\right]'=-\sin(t)u(t)+\cos(t)\delta(t)=-\sin(t)u(t)+\delta(t) \tag{3-221}$$

考虑到 $x(t)=\sin(t)u(t)$，所以 $x''(t)=-x(t)+\delta(t)$。已知 $x(t)*h(t)=y(t)$，所以

$$x''(t)*h(t)=y''(t) \tag{3-222}$$

分别计算上式等号左边、右边得

$$x''(t)*h(t)=\left[-x(t)+\delta(t)\right]*h(t)=-y(t)+h(t) \tag{3-223}$$

$$y''(t)=\left[\left(\mathrm{e}^t-1\right)u(t)\right]''=\mathrm{e}^t u(t)+\delta(t) \tag{3-224}$$

从而

$$-y(t)+h(t)=\mathrm{e}^t u(t)+\delta(t) \tag{3-225}$$

系统的冲激响应为

$$h(t)=\mathrm{e}^t u(t)+\delta(t)+y(t)=\left(2\mathrm{e}^t-1\right)u(t)+\delta(t) \tag{3-226}$$

3.3.3 连续时间 LTI 系统的阶跃响应

连续时间 LTI 系统由单位阶跃函数 $u(t)$ 作为激励信号引起的零状态响应 $g(t)$ 称为单位阶跃响应，简称**阶跃响应**[①]。设连续时间 LTI 系统的冲激响应为 $h(t)$，则该系统对 $u(t)$ 的响应 $g(t)$ 为

$$g(t)=u(t)*h(t) \tag{3-227}$$

由卷积的定义，上式变为

$$g(t)=\int_{-\infty}^{+\infty}h(\tau)u(t-\tau)\mathrm{d}\tau=\int_{-\infty}^{t}h(\tau)\mathrm{d}\tau \tag{3-228}$$

这表明 LTI 系统的阶跃响应 $g(t)$ 是冲激响应 $h(t)$ 的积分。也可以从另外一个角度出发得到这个结果，$h(t)$ 是 LTI 对单位冲激信号 $\delta(t)$ 的响应，而 $g(t)$ 是 LTI 系统对单位阶跃信号 $u(t)$ 的响应，考虑到 $u(t)$ 是 $\delta(t)$ 的积分，由线性时不变系统的积分特性很容易理解上述结论。同理可得

$$h(t)=g'(t) \tag{3-229}$$

求得了 LTI 系统的冲激响应 $h(t)$，通过积分即可得到系统的阶跃响应 $g(t)$；求得了 LTI 系统的阶跃响应 $g(t)$，通过微分即可得到系统的冲激响应 $h(t)$。同冲激响应一样，阶跃响应也完全表征了 LTI 系统。

直接求 LTI 系统的阶跃响应，也需要采用冲激函数匹配法。在 LTI 系统的微分方程中，令输入信号 $e(t)=u(t)$，即得到阶跃响应 $g(t)$ 满足的方程。$t>0$ 时，方程右边没有任何奇异函数，方程的解很容求得，它就是 $t>0$ 时的阶跃响应 $g(t)$。由于 $t=0$ 时刻在系统中加入了阶

---

① 同样，这里为了强调阶跃响应完全是由阶跃函数激励产生的，而与系统的任何起始状态没有关系。实际上，描述连续时间 LTI 系统的常系数微分方程只能是零起始状态的。

跃信号 $u(t)$，阶跃信号 $u(t)$ 的一阶导数就是冲激信号 $\delta(t)$，阶跃信号 $u(t)$ 的高阶导数就是相应的高阶奇异函数，这时微分方程右端可能会出现冲激函数甚至高阶导数项，通过冲激函数匹配法，即可确定 $t=0$ 时刻的阶跃响应。与此同时，可以得到系统状态在 $t=0$ 前后瞬间的跳变值，考虑到系统的起始状态为零，这些跳变值即系统的初始条件，通过这个初始条件就可以确定 $t>0$ 时的阶跃响应 $g(t)$ 中齐次解部分的未定系数。

例 3-13　求以下微分方程描述的 LTI 系统的阶跃响应 $g(t)$：

$$y''(t)+3y'(t)+2y(t)=x'(t)+3x(t) \tag{3-230}$$

解法 1：在原微分方程中令 $x(t)=u(t)$，得到阶跃响应 $g(t)$ 满足的微分方程：

$$g''(t)+3g'(t)+2g(t)=u'(t)+u(t)=\delta(t)+3u(t) \tag{3-231}$$

当 $t>0$ 时，上式变为

$$g''(t)+3g'(t)+2g(t)=3u(t) \tag{3-232}$$

以上方程的齐次解和特解分别为

$$g_h(t)=k_1\mathrm{e}^{-t}+k_2\mathrm{e}^{-2t} \tag{3-233}$$

$$g_p(t)=1.5u(t) \tag{3-234}$$

从而，$t>0$ 时系统的阶跃响应 $g(t)$ 为

$$g(t)=g_h(t)+g_p(t)=k_1\mathrm{e}^{-t}+k_2\mathrm{e}^{-2t}+1.5 \tag{3-235}$$

现在考虑 $t=0$ 时的阶跃响应，此时微分方程为

$$g''(t)+3g'(t)+2g(t)=\delta(t) \tag{3-236}$$

由冲激函数匹配法，设

$$\begin{cases} g''(t)=a\delta(t)+y_1(t) \\ g'(t)=au(t)+y_2(t) \\ g(t)=atu(t)+y_3(t) \end{cases} \tag{3-237}$$

式中，$y_1(t)$ 为 $g''(t)$ 中除去冲激函数及其导数项之外的普通函数项（可能包含阶跃函数项），而 $y_2(t)=\int_{-\infty}^{t}y_1(\tau)\mathrm{d}\tau$ 和 $y_3(t)=\int_{-\infty}^{t}y_2(\tau)\mathrm{d}\tau$ 是普通函数（不会包含阶跃函数项），将以上三个关系式代入式(3-236)可得

$$\left[a\delta(t)+y_1(t)\right]+3\left[au(t)+y_2(t)\right]+2\left[atu(t)+y_3(t)\right]=\delta(t) \tag{3-238}$$

上式两边比较 $\delta(t)$ 的系数，得 $a=1$。由零初始条件得

$$\begin{cases} g'(0^+)=a+g'(0^-)=a+0=1 \\ g(0^+)=0+g(0^-)=0 \end{cases} \tag{3-239}$$

而由式(3-235)得

$$\begin{cases} g(0^+)=k_1+k_2+1.5=0 \\ g'(0^+)=-k_1-2k_2=1 \end{cases} \tag{3-240}$$

解上述方程组，得 $k_1=-2$，$k_2=0.5$，从而 $t>0$ 时系统的阶跃响应 $g(t)$ 为

$$g(t)=\left(0.5\mathrm{e}^{-2t}-2\mathrm{e}^{-t}+1.5\right)u(t) \tag{3-241}$$

由以上的冲激函数匹配法的求解过程可以看出，系统的阶跃响应在 $t=0$ 时不包含冲激函数项，所以 $t\geqslant 0$ 时的阶跃响应为

$$g(t)=\left(0.5\mathrm{e}^{-2t}-2\mathrm{e}^{-t}+1.5\right)u(t) \tag{3-242}$$

解法 2：先通过冲激函数匹配法求得 $h(t)$ 为

$$h(t)=\left(2\mathrm{e}^{-t}-\mathrm{e}^{-2t}\right)u(t) \tag{3-243}$$

考虑到阶跃响应 $g(t)$ 是冲激响应 $h(t)$ 的积分，所以

$$g(t)=\int_{-\infty}^{t}h(\tau)\mathrm{d}\tau \tag{3-244}$$

从而

$$g(t)=\int_{-\infty}^{t}\left[\left(2\mathrm{e}^{-\tau}-\mathrm{e}^{-2\tau}\right)u(\tau)\right]\mathrm{d}\tau=\left(0.5\mathrm{e}^{-2t}-2\mathrm{e}^{-t}+1.5\right)u(t) \tag{3-245}$$

解法 3：先求得以下微分方程描述 LTI 系统的 $g_1(t)$：

$$y''(t)+3y'(t)+2y(t)=x(t) \tag{3-246}$$

由 LTI 系统的微分特性和叠加性，原微分方程描述的 LTI 系统的阶跃响应 $g(t)$ 为

$$g(t)=3g_1(t)+g_1'(t) \tag{3-247}$$

把 $x(t)=u(t)$ 代入方程(3-246)右端，这时方程右端没有冲激项，所以初始条件和起始状态相同而没有发生跳变，由于阶跃响应是在起始状态为零的条件下求得的，所以初始条件也为零，这样阶跃响应 $g_1(t)$ 很容易求得。$g_1(t)$ 由该微分方程的特解和齐次解组成，即

$$g_1(t)=0.5u(t)+a\mathrm{e}^{-t}u(t)+b\mathrm{e}^{-2t}u(t) \tag{3-248}$$

未定系数 a 和 b 由零初始条件确定，所以得

$$\begin{cases}g_1\left(0^+\right)=0.5+a+b=0\\ g_1'\left(0^+\right)=-a-2b=0\end{cases} \tag{3-249}$$

解得 $a=-1$，$b=0.5$，$g_1(t)$ 为

$$g_1(t)=0.5u(t)-\mathrm{e}^{-t}u(t)+0.5\mathrm{e}^{-2t}u(t) \tag{3-250}$$

从而所求的阶跃响应 $g(t)$ 为

$$g(t)=3g_1(t)+g_1'(t)=\left(0.5\mathrm{e}^{-2t}-2\mathrm{e}^{-t}+1.5\right)u(t) \tag{3-251}$$

以上第三种解法避免了冲激函数匹配法，简单明了。事实上，如果要求系统的冲激响应，可以先通过这种解法求得阶跃响应 $g(t)$，再由 $h(t)=g'(t)$ 得到冲激响应。如果要求微分方程 $y''(t)+3y'(t)+2y(t)=x'(t)$ 描述系统的冲激响应 $h(t)$，可以先求得微分方程 $y''(t)+3y'(t)+2y(t)=x(t)$ 描述系统的阶跃响应 $g_1(t)$，则由 LTI 系统的微分特性可知 $y''(t)+3y'(t)+2y(t)=x'(t)$ 描述系统的阶跃响应为 $g_1'(t)$，从而 $y''(t)+3y'(t)+2y(t)=x'(t)$ 描述系统的冲激响应为 $h(t)=g_1''(t)$。上面已经求得 $g_1(t)=0.5u(t)-\mathrm{e}^{-t}u(t)+0.5\mathrm{e}^{-2t}u(t)$，所以

$$h(t)=g_1''(t)=2\mathrm{e}^{-2t}u(t)-\mathrm{e}^{-t}u(t) \tag{3-252}$$

例 3-14　已知某个 LTI 系统的阶跃响应为 $g(t)=\cos(\omega_0 t)u(t)+\mathrm{e}^{-5t}u(t)$，求该系统对输入 $x(t)=\delta(t+1)+\sqrt{2}u(t)$ 的响应。

解：该系统对输入 $x(t)=\delta(t+1)+\sqrt{2}u(t)$ 的响应为

$$y(t)=x(t)*h(t)=\delta(t+1)*h(t)+\sqrt{2}u(t)*h(t)=h(t+1)+\sqrt{2}g(t) \tag{3-253}$$

考虑到 LTI 系统的阶跃响应为 $g(t)=\cos(\omega_0 t)u(t)+\mathrm{e}^{-5t}u(t)$，所以该 LTI 系统的冲激响应为

$$\begin{aligned}h(t)=g'(t)&=\left[\cos(\omega_0 t)u(t)+\mathrm{e}^{-5t}u(t)\right]'\\&=\cos(\omega_0 t)\delta(t)-\sin(\omega_0 t)u(t)+\mathrm{e}^{-5t}\delta(t)-5\mathrm{e}^{-5t}u(t)\end{aligned} \tag{3-254}$$

进一步化简得

$$h(t)=\delta(t)-\sin(\omega_0 t)u(t)+\delta(t)-5\mathrm{e}^{-5t}u(t)=2\delta(t)-\sin(\omega_0 t)u(t)-5\mathrm{e}^{-5t}u(t) \tag{3-255}$$

所以

$$h(t+1)=2\delta(t+1)-\sin(\omega_0 t+\omega_0)u(t+1)-5\mathrm{e}^{-5(t+1)}u(t+1) \tag{3-256}$$

所求的响应为

$$y(t)=2\delta(t+1)-\left[\sin(\omega_0 t+\omega_0)+5\mathrm{e}^{-5(t+1)}\right]u(t+1)+\sqrt{2}\left[\cos(\omega_0 t)+\mathrm{e}^{-5t}\right]u(t) \tag{3-257}$$

3.3.4　一阶、二阶 LTI 系统的阶跃响应

考虑由以下微分方程描述的一阶系统：

$$\tau\cdot y'(t)+y(t)=x(t) \tag{3-258}$$

式中，τ 是**时间常数**。系统的阶跃响应 $g(t)$ 满足以下微分方程：

$$\tau\cdot g'(t)+g(t)=u(t) \tag{3-259}$$

$g(t)$ 由以上方程的特解和齐次解组成，所以有

$$g(t)=\left(1-c\mathrm{e}^{-t/\tau}\right)u(t) \tag{3-260}$$

未定系数 c 由零起始状态这个条件确定。由于方程(3-259)右端不包含冲激函数项，所以在 $t=0$ 前后瞬间系统状态不发生跳变，这样系统的初始条件也为零，从而

$$g(0^+)=1-c=0 \tag{3-261}$$

这样 $c=1$，阶跃响应 $g(t)$ 为

$$g(t)=\left(1-\mathrm{e}^{-t/\tau}\right)u(t) \tag{3-262}$$

图 3-7 给出了 $\tau=0.2$、$\tau=0.5$、$\tau=1$ 和 $\tau=1.5$ 时一阶系统的阶跃响应曲线，由图可以看出，τ 越小系统到达终值 1 的速度也越快，或者说系统的响应越快。对于一阶系统，时间常数 τ 是一个很有用的测量尺度。阶跃信号是一个在 $t=0$ 处存在跳变的信号，系统对它的响应可以反映出系统对输入的反应快慢，所以通常用阶跃响应来测量系统的时域性能。系统的响应速度也可以用上升时间来衡量，它通常被定义为阶跃响应从其终值的 10%上升到 90%所用的时间。图 3-8 给出了 $\tau=3$ 时一阶系统的阶跃响应曲线及上升时间。

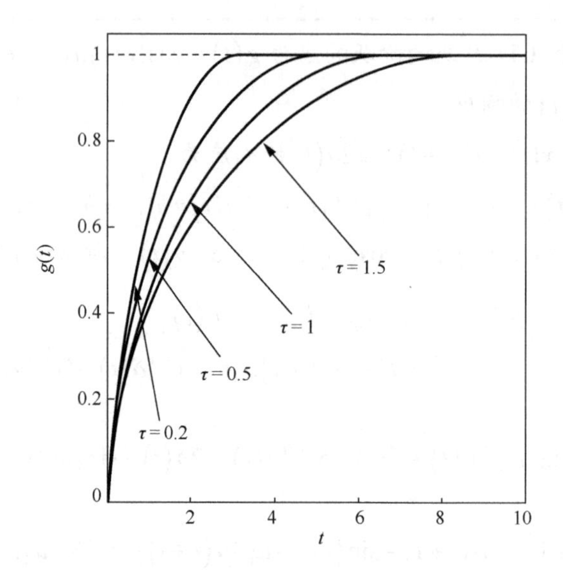

图 3-7　一阶系统的阶跃响应曲线

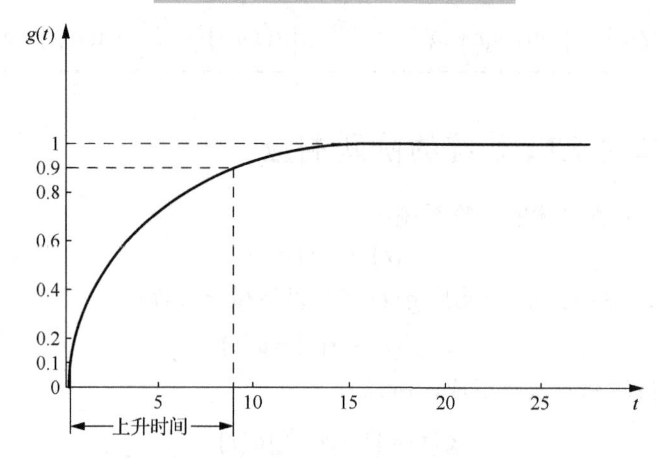

图 3-8　$\tau = 3$时一阶系统的阶跃响应曲线及上升时间

下面考虑由以下微分方程描述的二阶系统：

$$y''(t) + 2\zeta\omega_{\mathrm{n}} y'(t) + \omega_{\mathrm{n}}^2 y(t) = \omega_{\mathrm{n}}^2 x(t) \tag{3-263}$$

式中，参数ζ称为**阻尼系数**；ω_{n}称为**无阻尼自然频率**。阶跃响应$g(t)$满足以下微分方程：

$$g''(t) + 2\zeta\omega_{\mathrm{n}} g'(t) + \omega_{\mathrm{n}}^2 g(t) = \omega_{\mathrm{n}}^2 u(t) \tag{3-264}$$

以上方程等号右端不包含冲激函数项，所以系统在$t = 0$前后瞬间系统状态不发生跳变，这样系统的初始条件和起始状态一样都为零。特征方程为

$$\lambda^2 + 2\zeta\omega_{\mathrm{n}}\lambda + \omega_{\mathrm{n}}^2 = 0 \tag{3-265}$$

当$\zeta > 1$时，特征根为

$$\begin{cases}\lambda_{11}=-\zeta\omega_{\mathrm{n}}+\omega_{\mathrm{n}}\sqrt{\zeta^2-1}\\ \lambda_{12}=-\zeta\omega_{\mathrm{n}}-\omega_{\mathrm{n}}\sqrt{\zeta^2-1}\end{cases} \tag{3-266}$$

系统的阶跃响应 $g(t)$ 为

$$g(t)=\left(1+c_1\mathrm{e}^{\lambda_{11}t}+c_2\mathrm{e}^{\lambda_{12}t}\right)u(t) \tag{3-267}$$

未定系数 c_{11} 和 c_{12} 由零初始条件确定，即

$$\begin{cases}g\left(0^+\right)=1+c_{11}+c_{12}=0\\ g'\left(0^+\right)=c_{11}\lambda_1+c_{12}\lambda_2=0\end{cases} \tag{3-268}$$

解得

$$\begin{cases}c_{11}=\dfrac{\lambda_2}{2\omega_{\mathrm{n}}\sqrt{\zeta^2-1}}\\ c_{12}=-\dfrac{\lambda_1}{2\omega_{\mathrm{n}}\sqrt{\zeta^2-1}}\end{cases} \tag{3-269}$$

从而阶跃响应为

$$g(t)=\left[1+\frac{1}{2\omega_{\mathrm{n}}\sqrt{\zeta^2-1}}\left(\lambda_2\mathrm{e}^{\lambda_{11}t}-\lambda_1\mathrm{e}^{\lambda_{12}t}\right)\right]u(t)=\left[1+\frac{\omega_{\mathrm{n}}}{2\sqrt{\zeta^2-1}}\left(\frac{\mathrm{e}^{\lambda_{11}t}}{\lambda_{11}}-\frac{\mathrm{e}^{\lambda_{12}t}}{\lambda_{12}}\right)\right]u(t) \tag{3-270}$$

当 $\zeta=1$ 时，特征根为

$$\lambda=\lambda_{21}=\lambda_{22}=-\zeta\omega_{\mathrm{n}} \tag{3-271}$$

系统的阶跃响应 $g(t)$ 为

$$g(t)=\left[1+\left(c_{21}+c_{22}t\right)\mathrm{e}^{\lambda t}\right]u(t) \tag{3-272}$$

未定系数 c_{21} 和 c_{22} 满足零初始条件，即

$$\begin{cases}g\left(0^+\right)=1+c_{21}=0\\ g'\left(0^+\right)=c_{21}\lambda+c_{22}=0\end{cases} \tag{3-273}$$

解得 $c_{21}=-1$， $c_{22}=-\zeta\omega_{\mathrm{n}}$，阶跃响应为

$$g(t)=\left[1-\left(1+\omega_{\mathrm{n}}t\right)\mathrm{e}^{-\zeta\omega_{\mathrm{n}}t}\right]u(t) \tag{3-274}$$

当 $0<\zeta<1$，特征根为

$$\begin{cases}\lambda_{31}=-\zeta\omega_{\mathrm{n}}+\mathrm{j}\omega_{\mathrm{n}}\sqrt{1-\zeta^2}\\ \lambda_{32}=-\zeta\omega_{\mathrm{n}}-\mathrm{j}\omega_{\mathrm{n}}\sqrt{1-\zeta^2}\end{cases} \tag{3-275}$$

系统的阶跃响应 $g(t)$ 为

$$g(t)=\left(1+c_{31}\mathrm{e}^{\lambda_{31}t}+c_{32}\mathrm{e}^{\lambda_{32}t}\right)u(t) \tag{3-276}$$

未定系数 c_{31} 和 c_{32} 由零初始条件确定，即

$$\begin{cases} g(0^+) = 1 + c_{31} + c_{32} = 0 \\ g'(0^+) = c_{31}\lambda_{31} + c_{32}\lambda_{32} = 0 \end{cases} \tag{3-277}$$

解得

$$\begin{cases} c_{31} = -\dfrac{\lambda_{32}}{2\mathrm{j}\omega_\mathrm{n}\sqrt{\zeta^2 - 1}} \\ c_{32} = \dfrac{\lambda_{31}}{2\mathrm{j}\omega_\mathrm{n}\sqrt{\zeta^2 - 1}} \end{cases} \tag{3-278}$$

从而阶跃响应为

$$\begin{aligned} g(t) &= \left[1 - \frac{1}{2\mathrm{j}\omega_\mathrm{n}\sqrt{\zeta^2 - 1}}\left(\lambda_{32}\mathrm{e}^{\lambda_{31}t} - \lambda_{31}\mathrm{e}^{\lambda_{22}t}\right)\right]u(t) \\ &= \left\{1 - \frac{\mathrm{e}^{-\zeta\omega_\mathrm{n}t}}{\sqrt{1-\zeta^2}}\left[\omega_\mathrm{n}\sqrt{1-\zeta^2}\cos\left(\omega_\mathrm{n}t\sqrt{1-\zeta^2}\right) + \omega_\mathrm{n}\zeta\sin\left(\omega_\mathrm{n}t\sqrt{1-\zeta^2}\right)\right]\right\}u(t) \end{aligned} \tag{3-279}$$

图 3-9 给出了不同阻尼时二阶系统的阶跃响应曲线。

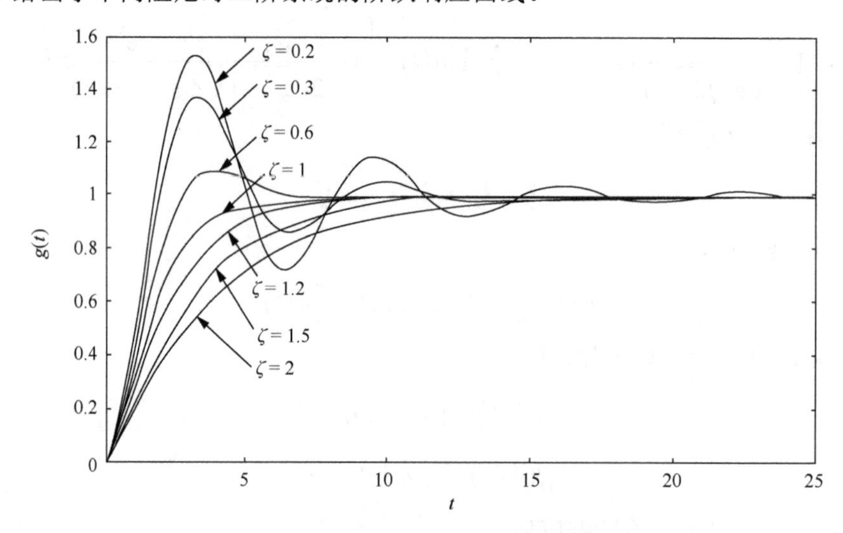

图 3-9　不同阻尼时二阶系统的阶跃响应曲线

3.3.5　连续时间 LTI 系统对复指数信号的响应

下面研究冲激响应为 $h(t)$ 的 LTI 系统对输入为 $x(t) = \mathrm{e}^{st}$（s 为复数）的响应：

$$y(t) = h(t) * x(t) = \int_{-\infty}^{+\infty} h(\tau)x(t-\tau)\mathrm{d}\tau = \int_{-\infty}^{+\infty} h(\tau)\mathrm{e}^{s(t-\tau)}\mathrm{d}\tau = \mathrm{e}^{st}\int_{-\infty}^{+\infty} h(\tau)\mathrm{e}^{-s\tau}\mathrm{d}\tau \tag{3-280}$$

若令

$$H(s) = \int_{-\infty}^{+\infty} h(\tau)\mathrm{e}^{-s\tau}\mathrm{d}\tau \tag{3-281}$$

则系统对 e^{st} 的响应可以写为

$$y(t)=\mathrm{e}^{st}H(s) \tag{3-282}$$

显然，$H(s)$是一个复常数，其值由s决定，并且与系统的冲激响应$h(t)$有关。

如果一个 LTI 系统对一个信号的响应是该信号乘以一个常数，则称该信号为系统的**特征函数**，常数称为**特征值**。由此可见，对任意给定的S，复指数信号e^{st}是连续时间 LTI 系统的特征函数。

事实上，$H(s)$是冲激响应$h(t)$的拉普拉斯变换，它称为连续时间 LTI 系统的系统函数。

如果能把一个信号$x(t)$分解成复指数信号的线性组合：

$$x(t)=\sum_i a_i \mathrm{e}^{s_i t} \tag{3-283}$$

连续时间 LTI 系统对$a_i \mathrm{e}^{s_i t}$的响应是$a_i H(s_i)\mathrm{e}^{s_i t}$，从而对$x(t)$的响应为

$$y(t)=\sum_i a_i H(s_i)\mathrm{e}^{s_i t} \tag{3-284}$$

由此可见，对一个连续时间 LTI 系统，如果能得到诸特征值$H(s_i)$，那么就很容易得到对复指数线性组合构成的输入的响应。

例 3-15　一个连续时间 LTI 系统的冲激响应为$h(t)=\mathrm{e}^{-2t}u(t)$，求该系统对激励$x(t)=\cos(3t)+\mathrm{e}^{-t}$的响应$y(t)$。

解：激励$x(t)$化成复指数的形式为

$$x(t)=\frac{1}{2}\left(\mathrm{e}^{\mathrm{j}3t}+\mathrm{e}^{-\mathrm{j}3t}\right)+\mathrm{e}^{-t} \tag{3-285}$$

计算$H(s)$如下：

$$H(s)=\int_{-\infty}^{+\infty}\mathrm{e}^{-2t}u(t)\mathrm{e}^{-s\tau}\mathrm{d}\tau=\frac{1}{s+2} \tag{3-286}$$

该系统对$x(t)$的零状态响应为

$$\begin{aligned}y(t)&=\sum_i a_i H(s_i)\mathrm{e}^{s_i t}=\frac{1}{2}\left[H(3\mathrm{j})\mathrm{e}^{\mathrm{j}3t}+H(-3\mathrm{j})\mathrm{e}^{-\mathrm{j}3t}\right]+H(-1)\mathrm{e}^{-t}\\&=\frac{1}{2}\left(\frac{\mathrm{e}^{\mathrm{j}3t}}{3\mathrm{j}+2}+\frac{\mathrm{e}^{-\mathrm{j}3t}}{-3\mathrm{j}+2}\right)+\frac{\mathrm{e}^{-t}}{-1+2}\\&=\frac{1}{26}\left[2\cos(3t)+3\sin(3t)\right]+\mathrm{e}^{-t}\end{aligned} \tag{3-287}$$

3.3.6　连续时间 LTI 系统的稳定性

一个单位冲激响应为$h(t)$的连续时间 LTI 系统对任意激励$x(t)$的响应$y(t)$为

$$y(t)=h(t)*x(t)=\int_{-\infty}^{+\infty}x(t-\tau)h(\tau)\mathrm{d}\tau \tag{3-288}$$

响应$y(t)$的模值为

$$|y(t)|=\left|\int_{-\infty}^{+\infty}x(t-\tau)h(\tau)\mathrm{d}\tau\right| \tag{3-289}$$

由于乘积积分的模值不大于乘积模值的积分，由上式可得

$$\left|y(t)\right| \leqslant \int_{-\infty}^{+\infty}\left|x(t-\tau)\right|\left|h(\tau)\right|\mathrm{d}\tau \tag{3-290}$$

如果激励是有界的，即对任意 t 满足 $\left|x(t)\right| \leqslant A < +\infty$，这时上式变为

$$\left|y(t)\right| \leqslant \int_{-\infty}^{+\infty}A\left|h(\tau)\right|\mathrm{d}\tau = A\int_{-\infty}^{+\infty}\left|h(\tau)\right|\mathrm{d}\tau \tag{3-291}$$

显然，当下式成立

$$\int_{-\infty}^{+\infty}\left|h(\tau)\right|\mathrm{d}\tau < +\infty \tag{3-292}$$

或者 $h(t)$ 绝对可积时，响应 $\left|y(t)\right|$ 是有界的，即 LTI 系统 BIBO 稳定。这表明冲激响应 $h(t)$ 绝对可积是连续时间 LTI 系统稳定的充分条件。事实上，它也是连续时间 LTI 系统稳定的必要条件。对单位冲激响应为 $h(t)$ 的连续时间 LTI 稳定系统，构造如下的输入：

$$x(t) = \begin{cases} \dfrac{h(-t)}{\left|h(-t)\right|}, & h(-t) \neq 0 \\ 0, & h(-t) = 0 \end{cases} \tag{3-293}$$

显然，对所有 t 都满足 $\left|x(t)\right| \leqslant 1$，从而有界。现在考虑系统在 $t=0$ 时的响应：

$$y(0) = \int_{-\infty}^{+\infty}x(-\tau)h(\tau)\mathrm{d}\tau = \int_{-\infty}^{+\infty}\frac{h(\tau)}{\left|h(\tau)\right|}h(\tau)\mathrm{d}\tau = \int_{-\infty}^{+\infty}\left|h(\tau)\right|\mathrm{d}\tau \tag{3-294}$$

如果式(3-292)不满足，则有 $y(0) \to +\infty$，这表明系统不稳定。综合以上可知，冲激响应绝对可积是连续时间 LTI 系统稳定的充要条件。

3.3.7 连续时间 LTI 系统的因果性

系统的因果性是指响应不能先于激励而产生。对连续时间 LTI 系统而言，冲激响应 $h(t)$ 是对 $t=0$ 时刻的冲激信号 $\delta(t)$ 的响应。冲激信号 $\delta(t)$ 仅仅在 $t=0$ 时刻出现，在这之前系统没有任何激励，所以 $t<0$ 时系统的响应自然而然为零，此即

$$h(t) = 0, \quad t<0 \tag{3-295}$$

换句话说，因果连续时间 LTI 系统的冲激响应 $h(t)$ 在冲激信号 $\delta(t)$ 出现之前必须为零，这与因果性的直观概念也是一致的。一个连续时间 LTI 系统的因果性等效于它的冲激响应 $h(t)$ 是一个因果信号。

下面从另外一个角度推导这个结论。若连续时间 LTI 系统的冲激响应为 $h(t)$，则系统对任意激励信号 $x(t)$ 的响应 $y(t)$ 为

$$y(t) = h(t) * x(t) = \int_{-\infty}^{+\infty}h(\tau)x(t-\tau)\mathrm{d}\tau \tag{3-296}$$

上式右边的积分区间可以分成两个区间：$-\infty < \tau < 0$ 和 $0 \leqslant \tau < +\infty$。卷积变为

$$y(t) = \int_{-\infty}^{0}h(\tau)x(t-\tau)\mathrm{d}\tau + \int_{0}^{+\infty}h(\tau)x(t-\tau)\mathrm{d}\tau \tag{3-297}$$

上式等号右边第二项的积分区间为 $0 \leqslant \tau < +\infty$，对 t 而言，$x(t-\tau)$ 对应的时刻 $t-\tau$ 是过去时刻(因为 $t-\tau<t$)，这个积分对响应 $y(t)$ 的贡献满足因果性要求；上式等号右边第一项的积分区间为 $-\infty < \tau < 0$，对 t 而言，$x(t-\tau)$ 对应的时刻 $t-\tau$ 是将来时刻(因为 $t-\tau>t$)，如果积分值不为零，则它对响应 $y(t)$ 的贡献使得系统不满足因果性要求，所以这个积分值必须为零，被积函数 $h(\tau)x(t-\tau)$ 一定要为零，考虑到 $x(t-\tau)$ 的任意性，所以一定要满足：

$$h(\tau)=0,\quad -\infty<\tau<0 \tag{3-298}$$

此即式(3-295)。

连续时间 LTI 系统对激励 $x(t)$ 的响应 $y(t)$ 为

$$y(t)=h(t)*x(t)=\int_{-\infty}^{+\infty}h(\tau)x(t-\tau)\mathrm{d}\tau \tag{3-299}$$

如果系统是因果的，从而当且仅当 $\tau\geqslant 0$ 时 $h(\tau)\neq 0$；如果 $x(t)$ 也是因果信号，则当且仅当 $t-\tau\geqslant 0$（即 $\tau\leqslant t$）时，$x(t-\tau)\neq 0$。综合这两点，并参考图 3-10，当且仅当 $\tau\geqslant 0$ 与 $t\geqslant\tau$ 都成立时，上式右边的被积函数 $h(\tau)x(t-\tau)$ 才不为零，这就要求 $t\geqslant 0$，积分区间变为 $0\leqslant\tau\leqslant t$，响应为

$$y(t)=\int_{0^-}^{t}h(\tau)x(t-\tau)\mathrm{d}\tau,\quad t\geqslant 0 \tag{3-300}$$

这说明如果连续时间 LTI 系统是因果的，激励是因果信号，则系统的响应也是因果信号。考虑到系统在 $t=0$ 时刻可能会有冲激信号作用，所以上式的积分下限取为 0^-。

术语“因果性”也常被用来描述信号，尽管这种说法不够严谨。因果 LTI 系统的冲激响应在 $t<0$ 或 $n<0$ 时为零，而因果信号是指信号的取值在 $t<0$ 或 $n<0$ 时为零。容易证明：将因果信号作用于因果系统得到的响应也是因果信号。“非因果性”是指信号的取值在 $t>0$ 或 $n>0$ 时为零。

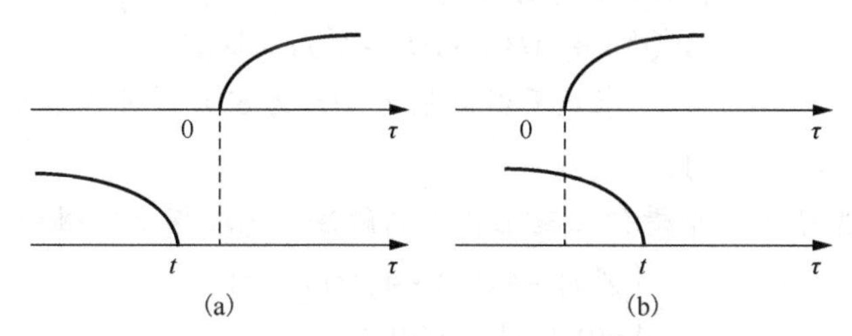

图 3-10　因果 LTI 系统对因果输入的响应

3.3.8　常系数线性微分方程描述的系统特性总结

在信号与系统分析中，主要研究线性时不变(LTI)系统。大量的连续时间系统可以用微分方程描述。如果微分方程的系数与 t 有关，由它描述的系统肯定是时变的，所以只考虑常系数线性微分方程描述的系统。如果常系数微分方程含有非零的常数项，在零输入的条件下，系统会有非零的输出，这和线性系统零输入零输出的要求相违背，但是，如果把这个零输入条件下系统的非零输出归结为零输入响应，则由它描述的系统就是增量线性的。由此，只考虑零常数项的常系数线性微分方程。

由零常数项的常系数线性微分方程描述的系统，对输入的响应可以分解为零输入响应和零状态响应。零输入响应是系统在没有任何外界的输入信号激励下，完全由系统的非零起始状态引起的响应。如果系统存在非零的起始状态，则在没有任何输入的条件下却有了非零的响应，这和系统的因果性相违背，所以有非零初始条件的微分方程描述的系统是非因果的。零输入响应和输入没有任何关系，所以对输入的延时，不会对零输入响应产生相同的延时，可见系统也是时变的。如果所有的起始状态变为原来的 k 倍，则对应的零输入响应也会变为

原来的 k 倍，这称为零输入线性。

零状态响应是在系统的起始状态为零的条件下，完全由外界的激励产生的响应。零状态响应对于外界的激励信号呈现线性，称为零状态线性。

如果常系数线性微分方程既有零输入响应，又有零状态响应，对应的系统就既不是线性的又不是时不变的，同时还不是因果的。

如果常系数线性微分方程的初始条件全部为零，这时系统的响应为零状态响应，它由外界的激励产生，因而满足时不变性，同时具有零状态线性，所以由它描述的系统就是线性的、时不变的，或者说是线性时不变系统。当要研究由常系数微分方程描述的 LTI 系统时，隐含着零起始状态这个条件，系统对输入的响应也只有零状态响应而已。因为系统的响应由输入决定，所以系统也是因果的。

冲激响应为 $h(t)$ 的连续时间线性时不变系统对任意激励 $x(t)$ 的响应 $y(t)$ 为冲激响应和激励的卷积，即

$$y(t) = x(t) * h(t) \tag{3-301}$$

给定了描述 LTI 系统的微分方程，就可以利用线性时不变系统的微分特性求得系统的冲激响应，再由上式的卷积得到系统对任意激励的响应。

例 3-16 已知描述某个系统的微分方程为

$$y''(t) + 4y'(t) + 4y(t) = x'(t) + 3x(t) \tag{3-302}$$

起始状态为 $y(0^-) = 1$，$y'(0^-) = 2$。求该系统在输入 $x(t)$ 为 $\mathrm{e}^{-t}u(t)$ 时的零状态响应 $y_{\mathrm{zs}}(t)$、零输入响应 $y_{\mathrm{zi}}(t)$ 及完全响应 $y_{\mathrm{total}}(t)$。

解：作为比较，先给出一个看似正确但错误的解法。先求得以下微分方程的完全解 $y_0(t)$：

$$\begin{cases} y''(t) + 4y'(t) + 4y(t) = x(t) \\ y(0^-) = 1, \quad y'(0^-) = 2 \end{cases} \tag{3-303}$$

则原微分方程描述的系统的完全响应 $y_{\mathrm{total}}(t)$ 为

$$y_{\mathrm{total}}(t) = 3y_0(t) + y_0'(t) \tag{3-304}$$

事实上，这样的求解是错误的，原因在于原方程的起始状态不为零，由它描述的系统不是 LTI 系统，此时不能利用 LTI 系统的微分特性。

下面给出正确的解法。先求出微分方程(3-303)描述的系统的零输入响应 $y_{\mathrm{zi0}}(t)$ 和零状态响应 $y_{\mathrm{zs0}}(t)$，则原微分方程(3-302)描述的系统的完全响应 $y_{\mathrm{total}}(t)$ 为

$$y_{\mathrm{total}}(t) = y_{\mathrm{zi0}}(t) + y_{\mathrm{zs0}}'(t) + 3y_{\mathrm{zs0}}(t) \tag{3-305}$$

当起始状态为零时，原微分方程描述的系统是 LTI 系统，此时原微分方程的解即为零状态响应 $y_{\mathrm{zs0}}(t)$，利用 LTI 系统的线性特性和微分特性，原系统的零状态响应 $y_{\mathrm{zs}}(t)$ 为

$$y_{\mathrm{zs}}(t) = y_{\mathrm{zs0}}'(t) + 3y_{\mathrm{zs0}}(t) \tag{3-306}$$

显然，在起始状态相同时求微分方程(3-302)和微分方程(3-303)的零输入响应，这时它们对应相同的齐次方程，这表明两者的零输入响应是相同的，都为 $y_{\mathrm{zi0}}(t)$，即 $y_{\mathrm{zi}}(t) = y_{\mathrm{zi0}}(t)$。

3.4　离散时间系统

3.4.1　从微分方程到差分方程

考虑由以下一阶微分方程描述的连续时间系统：

$$\frac{\mathrm{d}}{\mathrm{d}t}y(t)+ay(t)=bx(t) \tag{3-307}$$

现在每隔间隔 T 对 $y(t)$ 和 $x(t)$ 取一个值，这里 T 为一个足够小的固定常数。简记：

$$x(n)=x(t)\big|_{t=nT} \tag{3-308}$$

$$y(n)=y(t)\big|_{t=nT} \tag{3-309}$$

则当 $t=nT$ 时，微分方程(3-307)变为

$$\frac{\mathrm{d}}{\mathrm{d}t}y(t)\bigg|_{t=nT}+ay(n)=bx(n) \tag{3-310}$$

由微分的定义可知，当 T 足够小时，可以近似认为

$$\frac{\mathrm{d}}{\mathrm{d}t}y(t)\bigg|_{t=nT}=\frac{y(t)\big|_{t=nT}-y(t)\big|_{t=nT-T}}{T}=\frac{y(n)-y(n-1)}{T} \tag{3-311}$$

将上式代入式(3-310)整理得

$$y(n)-\frac{1}{1+aT}y(n-1)=\frac{bT}{1+aT}x(n) \tag{3-312}$$

这样就把微分方程变成了差分方程。

高阶微分方程同样可以变成同阶的差分方程。当 T 足够小时，这种近似处理是合理的，也能满足实际需要。

下面考虑一个实际生活中运用差分方程的实例。设在第 n 学期共有 $x(n)$ 个学生选修某门课程，要求人手一册教材。学校教材服务中心在第 n 学期共为 $y(n)$ 个学生提供了新教材。平均有 1/4 的学生会在期末出售自己使用过的旧教材，旧教材的使用寿命为三个学期。通过分析得到一个差分方程描述，教材服务中心据此购买足够的新教材提供给选课学生。

在第 n 学期，$x(n)$ 个学生所需教材来自学校教材服务中心提供的新教材 $y(n)$ 本以及前两个学期选修该课程学生售出的旧教材(因为旧教材只能使用三个学期，所以过去第三学期或更远的教材不能使用了)。在第 $n-1$ 学期共提供了 $y(n-1)$ 本新教材，这些新教材有 1/4 即 $y(n-1)/4$ 本会在第 n 学期作为旧教材重新售出；在第 $n-2$ 学期共提供了 $y(n-2)$ 本新教材，这些新教材有 1/4 即 $y(n-2)/4$ 本会在第 $n-1$ 个学期作为旧教材重新售出，$y(n-2)/4$ 本教材在第 n 学期又会有 1/4 即 $y(n-2)/16$ 本出售。$x(n)$ 由 $y(n)$、$y(n-1)/4$ 和 $y(n-2)/16$ 组成，即

$$y(n)+\frac{1}{4}y(n-1)+\frac{1}{16}y(n-2)=x(n) \tag{3-313}$$

过去两个学期的新教材数 $y(n-1)$ 和 $y(n-2)$ 已知，所以教材服务中心知道选课学生的总数 $x(n)$ 后，可以利用上述方程式得到第 n 学期所需的教材数 $h(n)$。

3.4.2　差分方程的经典解法

和连续时间系统一样，只研究用零常数项的常系数线性差分方程来描述离散时间系统。先看以下的一阶差分方程：

$$y(n)=ay(n-1)+x(n) \tag{3-314}$$

设激励 $x(n)$ 在 $n=0$ 时刻施加于系统。以下用迭代法求解以上差分方程。令 $n=0$，则原差分方程变为

$$y(0)=ay(-1)+x(0) \tag{3-315}$$

如果已知 $y(-1)$，由上式就可得到 $y(0)$。令 $n=1$，则原差分方程变为

$$y(1)=ay(0)+x(1) \tag{3-316}$$

前面已经得到了 $y(0)$，由上式就可以得到 $y(1)$ 为

$$y(1)=a\left[ay(-1)+x(0)\right]+x(1)=a^2y(-1)+cx(0)+x(1) \tag{3-317}$$

以此类推有

$$y(2)=ay(1)+x(2)=a^3y(-1)+a^2x(0)+ax(1)+x(2) \tag{3-318}$$

$$\vdots$$

$$y(n)=ay(n-1)+x(n)=a^{n+1}y(-1)+a^nx(0)+a^{n-1}x(1)+\cdots+ax(n-1)+x(n) \tag{3-319}$$

更一般的有

$$y(n)=a^{n+1}y(-1)+\sum_{k=0}^{n}a^kx(n-k),\quad n\geqslant 0 \tag{3-320}$$

同常系数线性微分方程一样，常系数线性差分方程的解也可以分解为齐次解和特解。描述离散时间系统方程的差分方程的一般形式为

$$y(n)+\sum_{k=1}^{M}a_ky(n-k)=\sum_{l=0}^{N}b_lx(n-l) \tag{3-321}$$

对应的齐次方程为

$$\sum_{k=0}^{M}a_ky(n-k)=0 \tag{3-322}$$

以下推导这样一个结论：齐次解是由 $c\alpha^n$ 线性组合而成的，其中 α 为齐次方程的特征根，c 为任意常数。设 $y(n)=c\alpha^n$，则对任意 $0\leqslant m\leqslant M$ 有

$$y(n-m)=c\alpha^{n-m} \tag{3-323}$$

将这些结果代入齐次方程(3-322)得

$$\sum_{k=0}^{M}a_kc\alpha^{n-k}=0 \tag{3-324}$$

此即

$$c\alpha^n\left(\sum_{k=0}^{M}a_k\alpha^{-k}\right)=0 \tag{3-325}$$

这说明只要 α 满足下式：

$$\sum_{k=0}^{M}a_k\alpha^{-k}=0 \tag{3-326}$$

对任意常数 c ， $y(n)=c\alpha^n$ 就是差分方程的一个解。反过来讲，齐次方程的解为

$$y(n)=\sum_{i=1}^{M}c_i\alpha_i^n \tag{3-327}$$

式中， c_i 为任意常数； α_i 是方程(3-326)的根。事实上，方程(3-326)称为差分方程(3-321)的**特征方程**，该方程的根则称为**特征根**。以上假设 α_i 都是单根，若其中某个根 β 为 k 重特征根，则差分方程的解包括以下 k 项的线性组合：

$$\left(c_1n^{k-1}+c_2n^{k-2}+\cdots+c_{k-1}n+c_k\right)\beta^n$$

例 3-17　求以下差分方程的齐次解：

$$y(n)+7y(n-1)+16y(n-2)+12y(n-3)=x(n)+2x(n-1) \tag{3-328}$$

解：特征方程为

$$\alpha^3+7\alpha^2+16\alpha+12=0 \tag{3-329}$$

此即

$$(\alpha+2)^2(\alpha+3)=0 \tag{3-330}$$

$\alpha=-2$ 是两重特征根，对应的解为 $(c_1+c_2n)(-2)^n$ ；单根 $\alpha=-3$ 对应的解为 $c_3(-3)^n$ 。综合以上，原差分方程的齐次解为 $(c_1+c_2n)(-2)^n+c_3(-3)^n$ 。

如果已知输入 $x(n)$ 的具体数学表达式，把它代入差分方程，即可求得系统的特解。特解的形式和输入的函数形式一样。

例 3-18　已知 $x(n)=2^nu(n)$ ，求以下差分方程的特解：

$$y(n)+7y(n-1)+12y(n-2)=x(n)+x(n-1) \tag{3-331}$$

解：设特解为 $y_p(n)=c\cdot 2^nu(n)$ ，将 $y_p(n)$ 代入差分方程得

$$c\cdot 2^nu(n)+7c\cdot 2^{n-1}u(n-1)+12c\cdot 2^{n-2}u(n-2)=2^nu(n)+2^{n-1}u(n-1) \tag{3-332}$$

为了确定常数 c 的值，对 $n\geqslant 2$ 的任一 n 解上述方程，此时方程的任何一项都不为零，从而

$$c\cdot 2^n+7c\cdot 2^{n-1}+12c\cdot 2^{n-2}=2^n+2^{n-1} \tag{3-333}$$

方程两边同除以 2^n 得 $c+7c2^{-1}+12c2^{-2}=1+2^{-1}$ ，由此可得 $c=0.2$ ，从而特解 $y_p(n)$ 为 $y_p(n)=0.2\times 2^nu(n)$ 。

同微分方程一样，差分方程的完全解 $y(n)$ 由齐次解 $y_h(n)$ 与特解 $y_p(n)$ 之和组成：

$$y(n)=y_h(n)+y_p(n) \tag{3-334}$$

特解 $y_p(n)$ 由 $x(n)$ 差分方程完全确定，不包含任何未定系数；齐次解 $y_h(p)$ 的形式由齐次方程对应的特征根完全确定，但含有未知系数。如果知道了系统的初始条件或起始状态，就可以把这些系数确定下来。

从系统分析的角度，描述离散时间系统的差分方程，其特征方程完全是由系统的特性决定的，特征根称为系统的固有频率或自由频率，它决定了系统的齐次解。齐次解常称为系统的**自由响应**。而特解则完全由外界的输入信号产生，常称为**强迫响应**。

例 3-19 考虑由以下差分方程描述的系统：

$$y(n)+y(n-1)-12y(n-2)=x(n)+2x(n-1) \tag{3-335}$$

若输入序列为 $x(n)=2^n u(n)$，系统的起始状态为 $y(-1)=1$ 及 $y(-2)=2$，求系统的完全响应。

解：先求齐次解 $y_h(p)$ 特征方程为

$$\alpha^2+\alpha-12=0 \tag{3-336}$$

特征根为 $\alpha=-4$ 和 $\alpha=3$，所以齐次解 $y_h(p)$ 可设为 $y_h(p)=c_1(-4)^n+c_2 3^n$，其中，c_1、c_2 待定。

再求特解 $y_p(n)$。考虑到 $x(n)=2^n u(n)$，特解可设为 $y_p(n)=c\cdot 2^n u(n)$，将此和 $x(n)=2^n u(n)$ 代入原差分方程得

$$c\cdot 2^n u(n)+c\cdot 2^{n-1}u(n-1)-12c\cdot 2^{n-2}u(n-2)=2^n u(n)+2\times 2^{n-1}u(n-1) \tag{3-337}$$

此即

$$c\cdot u(n)+2^{-1}c\cdot u(n-1)-12c\cdot 2^{-2}u(n-2)=u(n)+2\times 2^{-1}u(n-1) \tag{3-338}$$

当 $n\geqslant 2$ 时，整理上式得

$$c+2^{-1}c-12c\cdot 2^{-2}=1+2\times 2^{-1} \tag{3-339}$$

从而 $c=-4/3$，所以特解为 $y_p(n)=-4/3\times 2^n u(n)$。

完全解 $y(n)$ 为

$$y(n)=y_h(n)+y_p(n)=c_1(-4)^n+c_2 3^n-4/3\times 2^n \tag{3-340}$$

从而

$$\begin{cases} y(-1)=c_1(-4)^{-1}+c_2 3^{-1}-4/3\times 2^{-1} \\ y(-2)=c_1(-4)^{-2}+c_2 3^{-2}-4/3\times 2^{-2} \end{cases} \tag{3-341}$$

由系统的起始状态 $y(-1)=1$ 及 $y(-2)=2$，解上述方程组得

$$\begin{cases} c_1=256/21 \\ c_2=99/7 \end{cases} \tag{3-342}$$

综合以上，系统的完全响应为

$$y(n)=\frac{256}{21}\cdot(-4)^n u(n)+\frac{99}{7}\cdot 3^n-\frac{4}{3}\cdot 2^n u(n) \tag{3-343}$$

其中，$256/21\times(-4)^n+99/7\times 3^n$ 是系统的自由响应部分；$-4/3\times 2^n$ 是系统的强迫响应部分。

3.4.3 离散时间系统的零输入响应和零状态响应

同连续时间系统一样，离散时间系统的完全响应可以分解为零输入响应和零状态响应。零输入响应是系统在输入序列为零时，完全由非零的起始状态引起的。零状态响应则是系统在全部的起始状态为零时，完全由外界的激励引起的。

当系统的输入序列为零时，描述系统的常系数线性差分方程变为齐次方程：

$$y(n)+\sum_{k=1}^{M}a_k y(n-k)=0 \tag{3-344}$$

对应的特征方程为

$$1+\sum_{k=1}^{M}a_k\alpha^{-k}=0 \tag{3-345}$$

假设所有的特征根 α_i 都为单根，则零输入响应 $y_{zi}(n)$ 为

$$y_{zi}(n)=\sum_{i=1}^{M}c_i\alpha_i^n \tag{3-346}$$

式中，c_i 为待定常系数。

如果已知系统的 M 个起始状态 $y(-1),y(-2),\cdots,y(-M)$，就可得到以下方程组：

$$\begin{cases} y_{zi}(-1)=\sum_{i=1}^{M}c_i\alpha_i^{-1}=y(-1) \\ y_{zi}(-2)=\sum_{i=1}^{M}c_i\alpha_i^{-2}=y(-2) \\ \vdots \\ y_{zi}(-M)=\sum_{i=1}^{M}c_i\alpha_i^{-M}=y(-M) \end{cases} \tag{3-347}$$

求得上述方程组的解 c_i，由式(3-346)就能完全确定零输入响应 $y_{zi}(n)$。

如果 β 为 k 重特征根，则差分方程的解包括以下 k 项的线性组合 $(c_1n^{k-1}+c_2n^{k-2}+\cdots+c_{k-1}n+c_k)\beta^n$，其余的步骤同上。

现在来求系统的零状态响应 $y_{zs}(n)$。把输入序列 $x(n)$ 的表达式代入原差分方程。该差分方程在所有起始状态全部为零的条件下的解即为零状态响应 $y_{zs}(n)$。这个差分方程的解也分为齐次解和特解。特解由输入序列完全确定；齐次解的形式由差分方程对应的特征根确定，但常系数待定。由所有的起始状态为零这个条件，即可求得这些未知的常系数。

例 3-20　考虑由以下差分方程描述的系统：

$$y(n)+0.8y(n-1)=x(n) \tag{3-348}$$

若输入序列为 $x(n)=2^nu(n)$，系统的起始状态为 $y(-1)=1$。求系统的零输入响应 $y_{zi}(n)$ 和零状态响应 $y_{zs}(n)$。

解：先求系统的零输入响应 $y_{zi}(n)$，这时差分方程变为齐次方程：

$$y(n)+0.8y(n-1)=0 \tag{3-349}$$

特征方程为

$$1+0.8\alpha^{-1}=0 \tag{3-350}$$

特征根为 $\alpha=-0.8$，从而零输入响应可设为 $y_{zi}(n)=a(-0.8)^n$。零输入响应完全由系统的非零起始状态引起，考虑到系统的起始状态为 $y(-1)=1$ 得

$$y_{zi}(-1)=a(-0.8)^{-1}=1 \tag{3-351}$$

很容易得到 $a=-0.8$，从而零输入响应 $y_{zi}(n)$ 为

$$y_{zi}(n)=-0.8(-0.8)^n=(-0.8)^{n+1} \tag{3-352}$$

再来求系统的零状态响应 $y_{zs}(n)$。把 $x(n)=2^nu(n)$ 代入原差分方程得

$$y(n)+0.8y(n-1)=2^nu(n) \tag{3-353}$$

上述方程的齐次解形式为 $y_h(n)=b(-0.8)^n$。特解可设为 $y_p(n)=c\cdot 2^n u(n)$，将此代入以上差分方程得

$$c\cdot 2^n u(n)+0.8c\cdot 2^{n-1}u(n-1)=2^n u(n) \tag{3-354}$$

$n\geqslant 1$ 时上述方程式变为

$$c\cdot 2^n+0.8c\cdot 2^{n-1}=2^n \tag{3-355}$$

此即

$$c+0.8c\cdot 2^{-1}=1 \tag{3-356}$$

很容易得 $c=5/7$，从而特解为

$$y_p(n)=(5/7)\times 2^n u(n) \tag{3-357}$$

这样零状态响应 $y_{\text{zs}}(n)$ 为

$$y_{\text{zs}}(n)=y_h(n)+y_p(n)=b(-0.8)^n+(5/7)\times 2^n \tag{3-358}$$

考虑到零状态响应是在起始状态为零的条件下得到的，所以

$$y_{\text{zs}}(-1)=b(-0.8)^{-1}+(5/7)\times 2^{-1}=0 \tag{3-359}$$

从而 $b=2/7$，至此就完全确定零状态响应 $y_{\text{zs}}(n)$ 为

$$y_{\text{zs}}(n)=(2/7)\times(-0.8)^n+(5/7)\times 2^n \tag{3-360}$$

系统的完全响应为

$$y(n)=y_{\text{zi}}(n)+y_{\text{zs}}(n)=(-0.8)^{n+1}+(2/7)\times(-0.8)^n+(5/7)\times 2^n=-(18/35)\times(-0.8)^n+(5/7)\times 2^n$$

需要注意的是，系统的零输入响应和零状态响应中由特征根决定的响应都称为系统的自由响应；零状态响应中的由激励引起的响应称为系统的强迫响应，它和系统的激励有着相同的形式。就本题而言，零输入响应 $y_{\text{zi}}(n)=(-0.8)^{n+1}$ 和零状态响应 $y_{\text{zs}}(n)$ 中的 $(2/7)\times(-0.8)^n$ 都称为系统的自由响应；零状态响应 $y_{\text{zs}}(n)$ 中的 $(5/7)\times 2^n$ 则称为系统的强迫响应。

3.5 离散时间 LTI 系统

3.5.1 离散时间 LTI 系统的单位样值(单位冲激)响应

如果描述离散时间系统的常系数线性差分方程的起始状态为零，该系统就是 LTI 系统。离散时间 LTI 系统的**单位样值响应** $h(n)$ 是系统方程的起始状态为零时，由单位样值序列 $\delta(n)$ 作为系统的输入时的响应。在不至于引起混淆的情况下，单位样值响应也简称**冲激响应**。

和连续时间 LTI 系统一样，离散时间 LTI 系统冲激响应的定义强调了离散时间 LTI 系统的冲激响应完全是由单位样值序列激励产生的，而与系统的任何起始状态没有关系，或者说起始状态为零。实际上，描述离散时间 LTI 系统的常系数差分方程只能是零起始状态的。

由于单位样值序列 $\delta(n)$ 只在 $n=0$ 时有非零值1，当 n 为其他值时，$\delta(n)$ 都为零，利用这一点，并考虑到系统的起始状态为零，可以用迭代的方法得到单位样值响应 $h(n)$。再次考虑以下差分方程：

$$y(n)=ay(n-1)+x(n) \tag{3-361}$$

前面已经得到系统在任意激励 $x(n)$ 下的响应为

$$y(n)=a^{n+1}y(-1)+\sum_{k=0}^{n}a^k x(n-k),\quad n\geqslant 0 \tag{3-362}$$

在上式右边令 $x(n)=\delta(n)$ 及 $y(-1)=0$，即可得到系统的单位样值响应：

$$h(n)=\sum_{k=0}^{n}a^k\delta(n-k) \tag{3-363}$$

由单位样值序列的取值特点，上式右边对 k 求和时，只有 $n=k$ 这一项不为零，从而

$$h(n)=a^n u(n) \tag{3-364}$$

用迭代的方法求离散时间 LTI 系统的冲激响应略复杂，而且有时很难得到闭式解。下面研究闭式解法。考虑由以下**标准形式**差分方程描述的离散时间 LTI 系统：

$$y(n)+\sum_{k=1}^{n}a_k y(n-k)=\sum_{l=0}^{N}b_l x(n-l) \tag{3-365}$$

式中，$b_0\neq 0$。以上差分方程对应的齐次方程为

$$y(n)+\sum_{k=1}^{M}a_k y(n-k)=0 \tag{3-366}$$

特征方程为

$$1+\sum_{k=1}^{M}a_k\lambda^{-k}=0 \tag{3-367}$$

设对应的特征根为 $\lambda_i(i=1\sim M)$。冲激响应的形式分为以下两种情况。

(1) 如果 $M>N$，则系统的冲激响应的形式如下：

$$h(n)=\sum_{i=1}^{M}c_i\lambda_i^n u(n) \tag{3-368}$$

以上假设所有的特征根 λ_i 均为单根。如果某个特征根 λ 为 l 重根，冲激响应 $h(n)$ 表达式中对应于 λ 的项为

$$\left(a_0+a_1 n+a_2 n^2+\cdots+a_{l-1}n^{l-1}\right)\lambda^n u(n)$$

(2) 如果 $M\leqslant N$，则冲激响应 $h(n)$ 除了包括齐次解之外，还包括以下 $1+N-M$ 个脉冲序列的线性组合 $\delta(n),\delta(n-1),\cdots,\delta[n-(N-M)]$。特别地，若 $M=N$，则冲激响应 $h(n)$ 包括一个脉冲序列 $\delta(n)$。当 $M\leqslant N$ 时，系统冲激响应的形式如下：

$$h(n)=\sum_{l=0}^{N-M}a_l\delta(n-l)+\sum_{i=1}^{M}c_i\lambda_i^n u[n-(N-M+1)] \tag{3-369}$$

以上假设所有的特征根 λ_i 均为单根。如果某个特征根 λ 为 l 重根，冲激响应 $h(n)$ 表达式中对应于 λ 的项为

$$\left(b_0+b_1 n+b_2 n^2+\cdots+b_{l-1}n^{l-1}\right)\lambda^n u[n-(N-M+1)]$$

这里称为标准形式的差分方程是指 $b_0\neq 0$，即以下形式的差分方程：

$$a_0 y(n)+\cdots+a_M y(n-M)=b_0 x(n)+\cdots+b_N x(n-N) \tag{3-370}$$

以下差分方程就是标准形式：

$$a_0 y(n)+\cdots+a_M y(n-M)=b_0 x(n)+\cdots+b_N x(n-N) \tag{3-371}$$

而以下差分方程：

$$a_0 y(n)+\cdots+a_M y(n-M)=0 \tag{3-372}$$

因为方程等号右端不存在 $x(n)$ 项，所以不是标准形式。可以先考虑方程(3-368)对应的标准形式(下式用 E 表示单位超前运算符，相应地，E^{-1} 表示单位延时运算符)：

$$E^M\left[y(n)+\sum_{k=1}^{M}a_k y(n-k)\right]=E^M\left[\sum_{l=0}^{N}b_l x(n-l)\right] \tag{3-373}$$

若以上差分方程描述的 LTI 系统，其冲激响应为 $h_1(n)$，则由时不变性，非标准形式方程描述系统的冲激响应为 $h(n)=h_1(n-1)$。

证明如下。先证 $M>N$ 的情形。对原差分方程(3-365)两边施加超前运算 M 次，此即

$$y(n+M)+\sum_{k=1}^{M}a_k y(n-k+M)=\sum_{l=0}^{N}b_l x(n-l+M)$$

在以上方程两边令 $x(n)=\delta(n)$ 和 $y(n)=h(n)$ 得

$$h(n+M)+\sum_{k=1}^{M}a_k h(n-k+M)=\sum_{l=0}^{N}b_l \delta(n-l+M)$$

再令 $n=0$，由于 $M>N$，方程右边只含有脉冲序列 $\delta(n)$ 的右移项，所以方程右边恒为零，即方程变为齐次方程，并且方程左边包含 $h(0),\cdots,h(M)$ 这些项，这表明此时 LTI 系统的冲激响应在 $n\geqslant 0$ 时均与齐次方程的解形式一致。

以下再证 $M\leqslant N$ 的情形。对原差分方程(3-365)两边施加超前运算 N 次，即

$$E^N\left[y(n)+\sum_{k=1}^{M}a_k y(n-k)\right]=E^N\left[\sum_{l=0}^{N}b_l x(n-l)\right]$$

此即

$$y(n+N)+\sum_{k=1}^{M}a_k y(n-k+N)=\sum_{l=0}^{N}b_l x(n-l+N)$$

在以上方程两边令 $x(n)=\delta(n)$ 和 $y(n)=h(n)$ 得

$$h(n+N)+\sum_{k=1}^{M}a_k h(n-k+N)=\sum_{l=0}^{N}b_l \delta(n-l+N)$$

再令 $n=1$，方程等号右边只含有脉冲序列 $\delta(n)$ 的右移项，所以方程等号右边恒为零，即方程变为齐次方程，并且方程左边包含 $h(1+N-M),\cdots,h(1+N)$ 这些项，这表明，此时 LTI 系统的冲激响应在 $n\geqslant 1+N-M$ 时与齐次方程的解形式一致，而当 $0\leqslant n<1+N-M$ 时，与齐次方程的解形式不同，可设为脉冲形式。

例 3-21 考虑由以下差分方程描述的离散时间 LTI 系统：

$$y(n)-0.2y(n-1)-0.08y(n-2)=x(n)+2x(n-1) \tag{3-374}$$

求系统的冲激响应 $h(n)$。

解：离散时间系统的冲激响应 $h(n)$ 和差分方程的齐次解有相同的形式。特征方程为

$$\alpha^2-0.2\alpha-0.08=0 \tag{3-375}$$

特征根为 $\alpha=0.4$ 和 $\alpha=-0.2$，从而冲激响应 $h(n)$ 可设为

$$h(n)=a\cdot 0.4^n+b\cdot(-0.2)^n \tag{3-376}$$

常系数 a 及 b 待定。

在原差分方程中令 $x(n)=\delta(n)$，并将 $y(n)$ 写为 $h(n)$，方程变为

$$h(n)-0.2h(n-1)-0.08h(n-2)=\delta(n)+2\delta(n-1) \tag{3-377}$$

当 $n=0$ 时，差分方程变为

$$h(0)-0.2h(-1)-0.08h(-2)=1 \tag{3-378}$$

考虑到系统的起始状态为零，即 $h(-1)=h(-2)=0$，上式变为 $h(0)=1$。当 $n=1$ 时，差分方程变为

$$h(1)-0.2h(0)-0.08h(-1)=2 \tag{3-379}$$

考虑到 $h(-1)=0$，上式变为 $h(1)-0.2h(0)=2$。把 $h(0)=1$ 代入上式得 $h(1)=2.2$。在式(3-377)中分别令 $n=0$ 和 $n=1$，得

$$\begin{cases}h(0)=a+b=1\\h(1)=0.4a-0.2b=2.2\end{cases} \tag{3-380}$$

上述方程组的解为

$$\begin{cases}a=4\\b=-3\end{cases} \tag{3-381}$$

从而，该离散时间 LTI 系统的冲激响应 $h(n)$ 为

$$h(n)=[4\times0.4^n-3\times(-0.2)^n]u(n) \tag{3-382}$$

例 3-22　考虑由以下差分方程描述的离散时间 LTI 系统：

$$y(n)+2y(n-1)=x(n)-0.2x(n-1)-0.08x(n-2) \tag{3-383}$$

求系统的冲激响应 $h(n)$。

解法 1：方程右边的阶次比左边高1，从而冲激响应 $h(n)$ 除了齐次解部分，还包含 $\delta(n)$ 和 $\delta(n-1)$ 两项，冲激响应 $h(n)$ 可设为

$$h(n)=c_1\delta(n)+c_2\delta(n-1)+c_3(-2)^n u(n-2) \tag{3-384}$$

在原差分方程中令 $x(n)=\delta(n)$，并将 $y(n)$ 写为 $h(n)$，方程变为

$$h(n)+2h(n-1)=\delta(n)-0.2\delta(n-1)-0.08\delta(n-2) \tag{3-385}$$

当 $n=0$ 时，考虑到系统的起始状态为零，即 $h(-1)=0$，差分方程变为 $h(0)=1$。当 $n=1$ 时，差分方程变为

$$h(1)+2h(0)=-0.2 \tag{3-386}$$

把 $h(0)=1$ 代入上式得 $h(1)=-2.2$。当 $n=2$ 时，差分方程变为

$$h(2)+2h(1)=-0.08 \tag{3-387}$$

把 $h(1)=-2.2$ 代入上式得 $h(2)=4.32$。在式(3-385)中分别令 $n=0$、$n=1$ 及 $n=2$，得

$$\begin{cases}h(0)=c_1=1\\h(1)=c_2=-2.2\\h(2)=c_3\cdot(-2)^2=4.32\end{cases} \tag{3-388}$$

上述方程组的解为

$$\begin{cases}c_1=1\\c_2=-2.2\\c_3=1.08\end{cases} \tag{3-389}$$

从而，该离散时间 LTI 系统的冲激响应 $h(n)$ 为

$$h(n)=\delta(n)-2.2\delta(n-1)+1.08\times(-2)^n u(n-2) \tag{3-390}$$

解法 2：利用离散时间 LTI 系统的线性和时不变性。先求仅仅有 $x(n)$ 作用于系统时的冲激响应 $h_1(n)$，此时差分方程变为

$$y(n)+2y(n-1)=x(n) \tag{3-391}$$

在上式中令 $x(n)=\delta(n)$，很容易得到冲激响应 $h_1(n)$ 为

$$h_1(n)=(-2)^n u(n) \tag{3-392}$$

根据时不变性，系统在移位脉冲序列 $x(n-1)=\delta(n-1)$ 作用下的冲激响应 $h_2(n)$ 为

$$h_2(n)=h_1(n-1)=(-2)^{n-1}u(n-1) \tag{3-393}$$

同样，系统在移位脉冲序列 $x(n-2)=\delta(n-2)$ 作用下的冲激响应 $h_3(n)$ 为

$$h_3(n)=h_1(n-2)=(-2)^{n-2}u(n-2) \tag{3-394}$$

再根据线性，系统在 $\delta(n)-0.2\delta(n-1)-0.08\delta(n-2)$ 作用下的冲激响应 $h(n)$ 为

$$\begin{aligned}h(n)&=h_1(n)-0.2h_2(n)-0.08h_3(n)\\&=(-2)^n u(n)-0.2\times(-2)^{n-1}u(n-1)-0.08\times(-2)^{n-2}u(n-2)\\&=(-2)^n u(n)-0.2\times(-2)^{n-1}[u(n)-\delta(n)]n-0.08\times(-2)^{n-2}[u(n)-\delta(n)-\delta(n-1)]\\&=1.08\times(-2)^n u(n)-0.08\delta(n)-0.04\delta(n-1)\end{aligned} \tag{3-395}$$

很容易验证两种解法得到的结果是一致的。

例 3-23　考虑由以下差分方程描述的离散时间 LTI 系统：

$$y(n)-0.6y(n-1)=x(n-1)-x(n-3) \tag{3-396}$$

求系统的冲激响应 $h(n)$。

解：先求以下标准形式的差分方程描述的 LTI 系统的冲激响应 $h_1(n)$：

$$y(n)-0.6y(n-1)=x(n)-x(n-2) \tag{3-397}$$

以上方程等号右端的次数比左边高 1 次，所以冲激响应 $h_1(n)$ 的形式为

$$h_1(n)=a\delta(n)+b\delta(n-1)+c\cdot 0.6^n u(n-2) \tag{3-398}$$

在上式两边中分别令 $n=0,1,2$ 得

$$\begin{cases}h_1(0)=a\\h_1(1)=b\\h_1(2)=c\cdot 0.6^2=0.36c\end{cases} \tag{3-399}$$

在方程(3-396)中令 $y(n)=h_1(n)$，$x(n)=\delta(n)$ 得到 $h_1(n)$ 满足以下差分方程：

$$h_1(n)-0.6h_1(n-1)=\delta(n)-\delta(n-2) \tag{3-400}$$

在上式两边中令 $n=0$ 得

$$h_1(0)-0.6h_1(-1)=1 \tag{3-401}$$

系统的起始状态为零，从而 $h_1(-1)=0$，上式变为 $h_1(0)=1$。由式(3-399)得 $a=1$。

再在方程(3-397)中令 $n=1$ 得

$$h_1(1)-0.6h_1(0)=0 \tag{3-402}$$

这样

$$h_1(1)=0.6h_1(0)=0.6 \tag{3-403}$$

由式(3-399)得 $b=0.6$。

最后在方程(3-397)中令 $n=2$ 得

$$h_1(2)-0.6h_1(1)=-1 \tag{3-404}$$

这样

$$h_1(2)=0.6h_1(1)-1=-0.64 \tag{3-405}$$

由式(3-399)得 $c=-16/9$。

综合以上得

$$h_1(n)=\delta(n)+0.6\delta(n-1)-16/9\times0.6^n u(n-2) \tag{3-406}$$

从而题目要求的冲激响应 $h(n)$ 为

$$h(n)=E^{-1}\left[h_1(n)\right]=h_1(n-1)=\delta(n-1)+0.6\delta(n-2)-16/9\times0.6^n u(n-3) \tag{3-407}$$

3.5.2　离散时间 LTI 系统对任意激励的响应

在第 2 章中，把任意序列 $x(n)$ 表示为单位样值序列及其移位的加权和：

$$x(n)=\sum_{k=-\infty}^{+\infty}x(k)\delta(n-k) \tag{3-408}$$

现在求离散时间 LTI 系统对 $x(n)$ 的响应 $y(n)$。设 LTI 系统的冲激响应为 $h(n)$，此即

$$\delta(n)\to h(n) \tag{3-409}$$

根据 LTI 系统的时不变性得

$$\delta(n-k)\to h(n-k) \tag{3-410}$$

根据 LTI 系统的齐次性得

$$x(k)\delta(n-k)\to x(k)h(n-k) \tag{3-411}$$

再根据 LTI 系统的叠加性得

$$\sum_{k=-\infty}^{+\infty}x(k)\delta(n-k)\to\sum_{k=-\infty}^{+\infty}x(k)h(n-k) \tag{3-412}$$

此即

$$x(n)\to x(n)*h(n) \tag{3-413}$$

这表明，冲激响应为 $h(n)$ 的离散时间 LTI 系统对激励 $x(n)$ 的响应 $y(n)$ 为 $x(n)*h(n)$。由此可见，离散时间 LTI 系统的冲激响应 $h(n)$ 完全表征了系统的特性。

以上分析表明，冲激响应为 $h(n)$ 的离散时间 LTI 系统对任意激励 $x(n)$ 的响应为卷积和 $x(n)*h(n)$。这就把求离散时间 LTI 系统对任意激励的响应转化为卷积和运算。

3.5.3　离散时间 LTI 系统的阶跃响应

离散时间 LTI 系统对单位阶跃序列 $u(n)$ 的零状态响应 $g(n)$ 称为系统的单位阶跃响应，简称**阶跃响应**[①]。设离散时间 LTI 系统的冲激响应为 $h(n)$，则该系统对 $u(n)$ 的响应 $g(n)$ 为

$$g(n)=u(n)*h(n)=\sum_{k=-\infty}^{+\infty}u(n-k)h(k)=\sum_{k=-\infty}^{n}h(k) \tag{3-414}$$

---

① 同样，这里为了强调离散时间 LTI 系统的阶跃响应完全是由阶跃序列激励产生的，而与系统的任何起始状态没有关系。实际上，描述离散时间 LTI 系统的常系数线性差分方程只能是零起始状态的。

这表明离散时间 LTI 系统的阶跃响应 $g(n)$ 是冲激响应 $h(n)$ 的累积和。同理可得

$$h(n) = g(n) - g(n-1) \tag{3-415}$$

求得了离散时间 LTI 系统的冲激响应 $h(n)$，通过求和即可得到系统的阶跃响应 $g(n)$；求得了阶跃响应 $g(n)$，通过差分即可得到冲激响应 $h(n)$。同冲激响应 $h(n)$ 一样，阶跃响应 $g(n)$ 也完全表征了离散时间 LTI 系统。

3.5.4 离散时间 LTI 系统对复指数序列的响应

设有一个离散时间 LTI 系统，其冲激响应为 $h(n)$，有一个输入 $x(n)$ 为

$$x(n) = z^n \tag{3-416}$$

式中，z 为复数。现在考虑这个离散时间 LTI 系统对 $x(n) = z^n$ 的响应：

$$y(n) = x(n) * h(n) = \sum_{k=-\infty}^{+\infty} x(n-k)h(k) = \sum_{k=-\infty}^{+\infty} z^{n-k}h(k) = z^n \sum_{k=-\infty}^{+\infty} h(k)z^{-k} \tag{3-417}$$

若令

$$H(z) = \sum_{k=-\infty}^{+\infty} h(k)z^{-k} \tag{3-418}$$

则系统对 z^n 的响应 $y(n)$ 可以写为

$$y(n) = z^n H(z) \tag{3-419}$$

显然，$H(z)$ 是一个复常数，其值由 z 决定，并由 LTI 系统的冲激响应 $h(n)$ 完全确定。由此可见，对任意给定的 z，复指数序列 z^n 是离散时间 LTI 系统的特征函数，式(3-418)定义的 $H(z)$ 就是与 z^n 有关的特征值。

事实上，$H(z)$ 是冲激响应 $h(n)$ 的 Z 变换，它称为离散时间 LTI 系统的系统函数。

如果能把一个信号 $x(n)$ 分解成复指数信号的线性组合，即

$$x(n) = \sum_i a_i z_i^n \tag{3-420}$$

由于系统对 $a_i z_i^n$ 的响应是 $a_i z_i^n H(z_i)$，从而对 $x(n)$ 的响应是

$$y(t) = \sum_i a_i z_i^n H(z_i) \tag{3-421}$$

由此可见，对一个离散时间 LTI 系统，如果能得到诸特征值 $H(z_i)$，那么就很容易得到对复指数线性组合构成的输入的响应。

3.5.5 离散时间 LTI 系统的稳定性

一个冲激响应为 $h(n)$ 的离散时间 LTI 系统对激励 $x(n)$ 的响应 $y(n)$ 为

$$y(n) = \sum_{m=-\infty}^{+\infty} x(m-n)h(m) \tag{3-422}$$

如果激励有界，即对任意 n 满足：

$$|x(n)| \leqslant A < +\infty \tag{3-423}$$

那么响应的幅值为

$$|y(n)| = \left| \sum_{m=-\infty}^{+\infty} x(m-n)h(m) \right| \tag{3-424}$$

由于和的幅值小于或等于幅值之和，从而

$$|y(n)| \leqslant \sum_{m=-\infty}^{+\infty} |x(m-n)||h(m)| \leqslant \sum_{m=-\infty}^{+\infty} A|h(m)| = A\sum_{m=-\infty}^{+\infty} |h(m)| \tag{3-425}$$

显然，如果

$$\sum_{m=-\infty}^{+\infty} |h(m)| < +\infty \tag{3-426}$$

或者说 $h(n)$ 绝对可和，那么响应也是有界的，则 LTI 系统稳定。与连续时间 LTI 系统所叙述的类似，冲激响应绝对可和也是离散时间 LTI 系统稳定的必要条件。

假设差分方程的特征根 α_i 都为单根，则除了可能包括有限的冲激序列外，离散时间 LTI 系统的冲激响应 $h(n)$ 与齐次解有相同的形式，即 $h(n)$ 可设为

$$h(n) = \sum_{i=1}^{M} c_i \alpha_i^n u(n) + \sum_{k} d_k \delta(n-k) \tag{3-427}$$

这样

$$\begin{aligned}\sum_{n=0}^{+\infty}|h(n)| &= \sum_{n=0}^{+\infty}\left|\sum_{i=1}^{M} c_i\alpha_i^n + \sum_k d_k\delta(n-k)\right| \\ &\leqslant \sum_{n=0}^{+\infty}\sum_{i=1}^{M}\left|c_i\alpha_i^n\right| + \sum_{n=0}^{+\infty}\sum_k \left|d_k\delta(n-k)\right| \\ &\leqslant \sum_{i=1}^{M}|c_i|\sum_{n=0}^{+\infty}|\alpha_i|^n + \sum_k |d_k|\end{aligned} \tag{3-428}$$

如果对任意 i 满足 $|\alpha_i| < 1$，则

$$\sum_{n=0}^{+\infty}|\alpha_i|^n < +\infty \tag{3-429}$$

而

$$\sum_k |d_k| < +\infty \tag{3-430}$$

从而

$$\sum_{n=0}^{+\infty}|h(n)| < +\infty \tag{3-431}$$

这表明，若差分方程所有特征根的模值都小于1，则离散时间 LTI 系统稳定。另外，如果有某个或多个特征根的模值大于1，则由式(3-422)可知，冲激响应 $h(n)$ 就不是绝对可和的，从而系统不稳定。因此由常系数线性差分方程描述的离散时间 LTI 系统稳定的充要条件是特征根的模值都小于1。若有重根，则结论同样成立。

例 3-24　离散时间 LTI 系统的冲激响应 $h(n)$ 为

$$h(n) = \alpha^n u(n) + \beta^n u(-n-1) \tag{3-432}$$

若该系统稳定，则 α 和 β 满足什么要求？

解：离散时间系统稳定的充要条件是冲激响应 $h(n)$ 绝对可和，即

$$\sum_{m=-\infty}^{+\infty} |h(m)| < +\infty \tag{3-433}$$

显然

$$\sum_{m=-\infty}^{+\infty}|h(m)|=\sum_{m=-\infty}^{+\infty}\left|\alpha^n u(n)+\beta^n u(-n-1)\right|=\sum_{m=-0}^{+\infty}|\alpha|^n+\sum_{m=-\infty}^{-1}|\beta|^n \tag{3-434}$$

上式等号右边均为几何级数，如果级数等比的模小于1，级数收敛。第一个级数收敛的条件为$|\alpha|<1$；第二个级数收敛的条件为$\left|\beta^{-1}\right|<1$，即$|\beta|>1$。从而，系统稳定的条件为$|\alpha|<1$且$|\beta|>1$。

3.5.6 离散时间 LTI 系统的因果性

离散时间 LTI 系统的冲激响应$h(n)$是对$n=0$时刻的单位样值序列$\delta(n)$的响应，由于$n<0$时，单位样值序列取值为零，系统没有任何激励，如果系统是因果的，则此时不可能有响应，即

$$h(n)=0,\quad n<0 \tag{3-435}$$

换句话说，因果离散时间 LTI 系统的冲激响应$h(n)$在样值序列出现之前必须为零，这与因果性的直观概念也是一致的。一个离散时间 LTI 系统的因果性等效于它的冲激响应$h(n)$是一个因果序列。

下面从另外一个角度推导这个结论。已经知道，冲激响应为$h(n)$的离散时间 LTI 系统对任意输入$x(n)$的响应为

$$y(n)=\sum_{k=-\infty}^{+\infty}x(k)h(n-k) \tag{3-436}$$

把上式等号右边的和式分成两组，一组是将来时刻输入的加权，即包括所有$k>n$的项；另一组是当前时刻和以前时刻输入的加权，即包括所有$k\leqslant n$的项。于是得到

$$\begin{aligned}y(n)&=\sum_{k=n+1}^{+\infty}x(k)h(n-k)+\sum_{k=-\infty}^{n}x(k)h(n-k)\\&=[x(n+1)h(-1)+x(n+2)h(-2)+x(n+3)h(-3)+\cdots]\\&\quad+[x(n)h(0)+x(n-1)h(1)+x(n-2)h(2)+\cdots]\end{aligned} \tag{3-437}$$

如果$n<0$时$h(n)=0$，则上式等号右边中括号内的各项全部为零，上式变为

$$y(n)=x(n)h(0)+x(n-1)h(1)+x(n-2)h(2)+\cdots \tag{3-438}$$

这表明系统的输入只与当前时刻和过去时刻的输入有关，系统是因果的。反过来讲，如果$n<0$时，$h(n)$不一定为零，则 LTI 系统的输出就与将来时刻的输入有关，系统就是非因果的。由此可见，离散时间 LTI 系统的因果性等价于冲激响应$h(n)$满足下式：

$$h(n)=0,\quad n<0 \tag{3-439}$$

离散时间 LTI 系统对激励$x(n)$的响应$y(n)$为

$$y(n)=\sum_{k=-\infty}^{+\infty}x(k)h(n-k) \tag{3-440}$$

如果系统是因果的，即$n<0$时$h(n)=0$，这样上式等号右边的求和项中只有$k\leqslant n$的项才不为零；如果$x(n)$是因果序列，即$k<0$时$x(k)=0$，这样上式等号右边的求和项中只有$k\geqslant 0$的项才不为零。综合这两点，上式等号右边求和时k的范围为$0\leqslant k\leqslant n$，这就要求$n\geqslant 0$，

而当$n<0$时，求和的结果为零。这说明，如果离散时间 LTI 系统是因果的、激励信号是因果序列，则系统的响应也是因果序列。此时，响应$y(n)$为

$$y(n)=\sum_{k=0}^{n}x(k)h(n-k) \tag{3-441}$$

习　题　3

3-1　用经典方法解以下微分方程。

(1) $y''(t)+6y'(t)+8y(t)=x'(t)+2x(t)$

初始条件：$y(0^+)=1$，$y'(0^+)=2$；输入：$x(t)=\cos 3t$。

(2) $y''(t)+3y'(t)+2y(t)=2x'(t)+x(t)$

初始条件：$y(0^+)=1$，$y'(0^+)=2$；输入：$x(t)=t^2+2t+1$。

3-2　判断以下方程描述的系统在 0 前后状态是否发生跳变，如果发生了跳变，请用冲激函数匹配法求出跳变量。

(1) $y''(t)+6y'(t)+8y(t)=x'(t)+2x(t)$，输入：$x(t)=u(t)$。

(2) $y''(t)+3y'(t)+2y(t)=2x'(t)+x(t)$，输入：$x(t)=\mathrm{e}^{-2t}u(t)$。

(3) $y''(t)+3y'(t)+2y(t)=x(t)$，输入：$x(t)=\mathrm{e}^{-2t}u(t)$。

3-3　求解以下微分方程描述的连续系统的完全响应，并指出零输入响应部分与零状态响应部分。

(1) $y''(t)+6y'(t)+8y(t)=x'(t)+2x(t)$

初始条件：$y(0^+)=1$，$y'(0^+)=2$；输入：$x(t)=\mathrm{e}^{-2t}u(t)$。

(2) $y''(t)+3y'(t)+2y(t)=2x'(t)+x(t)$

初始条件：$y(0^+)=1$，$y'(0^+)=2$；输入：$x(t)=\cos(2t)+\mathrm{e}^{-2t}u(t)$。

(3) $y''(t)+3y'(t)+2y(t)=x(t)$

初始条件：$y(0^+)=2$，$y'(0^+)=1$；输入：$x(t)=\mathrm{e}^{-2t}u(t)$。

3-4　求解以下微分方程描述的连续系统的冲激响应。

(1) $y''(t)+6y'(t)+8y(t)=x'(t)+2x(t)$　　(2) $y''(t)+3y'(t)+2y(t)=2x'(t)+x(t)$

3-5　求解以下微分方程描述的连续系统的阶跃响应。

(1) $y''(t)+6y'(t)+8y(t)=x'(t)+2x(t)$　　(2) $y''(t)+6y'(t)+8y(t)=x'(t)+2x(t)$

3-6　通过先求解 $y''(t)+6y'(t)+8y(t)=x(t)$ 的阶跃响应来求 $y''(t)+6y'(t)+8y(t)=x(t)$ 的阶跃响应与冲激响应。

3-7　某个系统由常系数线性微分方程描述，该系统的起始状态向量为$\left[y_1(0),y_2(0)\right]$。已知：

(1) 当起始状态向量为$\left[1,2\right]$时，系统的零输入响应为$y_{\mathrm{zi1}}(t)=(4t+2)\mathrm{e}^{-t}u(t-1)$；

(2) 当起始状态向量为$[-1,-1]$时，系统的零输入响应为$y_{\mathrm{zi2}}(t)=(t+3)\mathrm{e}^{-t}u(t-1)$；

(3) 当$x(t)=\mathrm{e}^{-t}u(t)$，且起始状态向量为$\left[1,2\right]$时，完全响应为$y_3(t)=(t+2)\mathrm{e}^{-t}u(t-1)$。

求该系统在$3x(t)$时的零状态响应。

3-8 已知一个 LTI 系统对输入 $x(t)=\mathrm{e}^{-5t}u(t)$ 的响应为 $y(t)=\mathrm{e}^{-3t}u(t)$，求系统的冲激响应 $h(t)$。

3-9 已知描述某个系统的微分方程为 $y''(t)+7y'(t)+12y(t)=x'(t)+3x(t)$，起始状态为 $y(0^-)=1,\ \ y'(0^-)=2$。求该系统在输入 $x(t)$ 为 $\mathrm{e}^{-t}u(t)$ 时的零状态响应 $y_{zs}(t)$、零输入响应 $y_{zi}(t)$ 及完全响应 $y_{total}(t)$。

3-10 描述某个系统的微分方程为 $y''(t)+3.5y'(t)+3y(t)=x'(t)+3x(t)$，在某个输入信号的激励下，当起始状态为 $y\left(0^-\right)=1$，$y'\left(0^-\right)=2$ 时，系统的完全响应为 $y_1(t)=\mathrm{e}^{-2t}u(t)+2\mathrm{e}^{-1.5t}u(t)+\mathrm{e}^{-3t}u(t)$，当起始状态为 $y(0^-)=2$，$y'(0^-)=4$ 时，系统的完全响应为 $y_2(t)=2\mathrm{e}^{-2t}u(t)+3\mathrm{e}^{-1.5t}u(t)+\mathrm{e}^{-3t}u(t)$。

(1) 求该系统的在起始状态为 $y(0^-)=1$，$y'(0^-)=2$ 时的零输入响应与零状态响应；

(2) 当起始状态为 $y(0^-)=0.5$，$y'(0^-)=1$，系统输入为 $x(t)=\mathrm{e}^{-t}u(t)$ 时，求系统的零状态响应、零输入响应及完全响应。

3-11 求解以下差分方程描述离散的 LTI 系统的冲激响应：

(1) $y(n)-0.6y(n-1)+0.08y(n-2)=x(n)+x(n-1)$

(2) $y(n)-0.6y(n-1)+0.08y(n-2)=x(n)+x(n-3)$

(3) $y(n)-0.6y(n-1)+0.08y(n-2)=x(n-1)+x(n-3)$

3-12 请通过求解 $y(n)-0.6y(n-1)+0.08y(n-2)=x(n)+x(n-1)$ 描述的 LTI 系统的阶跃响应来求取冲激响应。

第 4 章　连续时间周期信号的傅里叶级数

本章导学

在第 2 章和第 3 章中，将一个连续时间 LTI 系统的输入表示成一组移位单位冲激函数的加权和。如果知道了 LTI 系统的单位冲激响应，就很容易得到系统对任意激励信号的响应。在第 4 章、第 5 章及第 7 章，出发点依然是把连续时间信号表示成基本信号的加权和或加权积分，但这里的基本信号是复指数信号。当把复指数函数 e^{st} 中的 s 限定为纯虚数，即 $s=j\omega$ 时，得到的表示就是大家熟悉的傅里叶级数和傅里叶变换。本章内容为往后章节学习信号通过系统的频域分析方法打下基础，需牢牢掌握公式推导过程以及性质。结合图 4-0 所示导学图可以更好地理解本章内容。

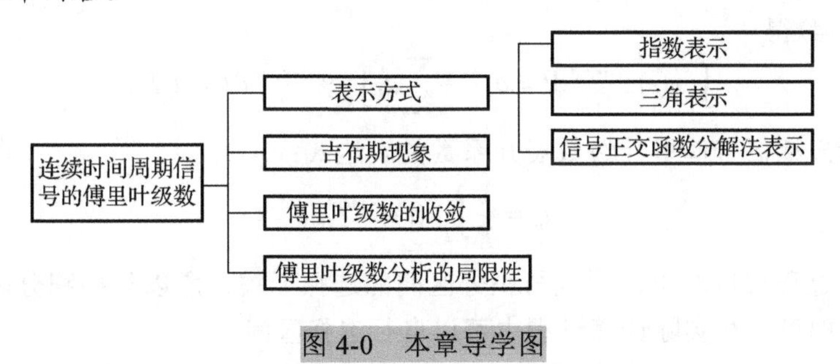

图 4-0　本章导学图

4.1　指数傅里叶级数表示

设 $x(t)$ 是周期为 T 的连续时间周期信号。令 $\omega_0=2\pi/T$，若 $x(t)$ 能表示成以下形式：

$$x(t)=\sum_{k=-\infty}^{+\infty}a_k e^{jk\omega_0 t} \tag{4-1}$$

则称上式是周期信号 $x(t)$ 的**傅里叶级数表示**（展开）。T 称为**基波周期**。ω_0 称为**基波频率**（**基频**）；$k\omega_0$ 称为 k **次谐波频率**。$a_1e^{j\omega_0 t}$ 称为基波分量，$a_k e^{jk\omega_0 t}$ 称为 k 次谐波分量。系数 a_k 称为**频谱系数**，a_k 称为 k **次谐波系数**。

现在的问题是如何确定这些谐波系数 a_k。将上式两边同乘以因子 $e^{-jn\omega_0 t}$ 得

$$x(t)e^{-jn\omega_0 t}=\sum_{k=-\infty}^{+\infty}a_k e^{j(k-n)\omega_0 t} \tag{4-2}$$

将上式两边在任意长度为 T 的连续区间上对 t 积分得

$$\int_T x(t)e^{-jn\omega_0 t}\mathrm{d}t=\int_T\sum_{k=-\infty}^{+\infty}a_k e^{j(k-n)\omega_0 t}\mathrm{d}t \tag{4-3}$$

交换上式右边积分和求和的次序得

$$\int_T x(t)\mathrm{e}^{-\mathrm{j}n\omega_0 t}\mathrm{d}t = \sum_{k=-\infty}^{+\infty} a_k \int_T \mathrm{e}^{\mathrm{j}(k-n)\omega_0 t}\mathrm{d}t \tag{4-4}$$

现在先来计算上式右边的定积分。当 $k \neq n$ 时有

$$\int_T \mathrm{e}^{\mathrm{j}(k-n)\omega_0 t}\mathrm{d}t = \left.\frac{\mathrm{e}^{\mathrm{j}(k-n)\omega_0 t}}{\mathrm{j}(k-n)\omega_0}\right|_{\tau}^{T+\tau} = \frac{\mathrm{e}^{\mathrm{j}(k-n)\omega_0 (T+\tau)} - \mathrm{e}^{\mathrm{j}(k-n)\omega_0 \tau}}{\mathrm{j}(k-n)\omega_0} \tag{4-5}$$

式中，τ 为任意常数。把 $\omega_0 = 2\pi / T$ 代入上式右边得

$$\int_T \mathrm{e}^{\mathrm{j}(k-n)\omega_0 t}\mathrm{d}t = \frac{\mathrm{e}^{\mathrm{j}(k-n)\omega_0 \tau}\left[\mathrm{e}^{\mathrm{j}(k-n)\omega_0 T} - 1\right]}{\mathrm{j}(k-n)\omega_0} = \frac{\mathrm{e}^{\mathrm{j}(k-n)\omega_0 \tau}\left[\mathrm{e}^{\mathrm{j}2\pi(k-n)} - 1\right]}{\mathrm{j}(k-n)\omega_0} = 0 \tag{4-6}$$

显然，当 $k = n$ 时有

$$\int_T \mathrm{e}^{\mathrm{j}(k-n)\omega_0 t}\mathrm{d}t = \int_T 1\mathrm{d}t = T \tag{4-7}$$

综合以上两种情况得

$$\int_T \mathrm{e}^{\mathrm{j}(k-n)\omega_0 t}\mathrm{d}t = \begin{cases} T, & k = n \\ 0, & k \neq n \end{cases} \tag{4-8}$$

将上式代入式(4-4)得

$$\int_T x(t)\mathrm{e}^{-\mathrm{j}n\omega_0 t}\mathrm{d}t = a_n T + \sum_{k\neq n} a_k \int_T \mathrm{e}^{\mathrm{j}(k-n)\omega_0 t}\mathrm{d}t = a_n T \tag{4-9}$$

这就得到了连续周期信号傅里叶级数展开系数的表达式：

$$a_n = \frac{1}{T}\int_T x(t)\mathrm{e}^{-\mathrm{j}n\omega_0 t}\mathrm{d}t \tag{4-10}$$

由以上推导过程可以看出，上式与积分区间的选择无关，所以只要积分区间为任意长度为 T 的连续区间即可，在实际计算过程中可以自行选择区间。

上面的论述可归纳如下：如果周期为 T 的连续时间信号 $x(t)$ 存在一个傅里叶级数表示式(4-1)，那么其傅里叶级数的系数就由式(4-10)确定。这一对关系式就定义了连续周期信号的傅里叶级数表示。

作为一个例子，下面研究周期为 T、脉宽为 τ 的周期矩形脉冲信号 $x(t)$ 的傅里叶级数展开。由傅里叶级数系数表达式(4-10)得

$$a_k = \frac{1}{T}\int_{-T/2}^{T/2} x(t)\mathrm{e}^{-\mathrm{j}k\omega_0 t}\mathrm{d}t = \frac{1}{T}\int_{-\tau/2}^{\tau/2} \mathrm{e}^{-\mathrm{j}k\omega_0 t}\mathrm{d}t \tag{4-11}$$

进一步计算得

$$a_k = \frac{1}{T}\int_{-\tau/2}^{\tau/2} \mathrm{e}^{-\mathrm{j}k\omega_0 t}\mathrm{d}t = \frac{1}{T}\cdot\left.\frac{\mathrm{e}^{-\mathrm{j}k\omega_0 t}}{-\mathrm{j}k\omega_0}\right|_{-\tau/2}^{\tau/2} = \frac{2}{T}\cdot\frac{\sin\left(k\omega_0\tau/2\right)}{k\omega_0} = \frac{\tau}{T}\mathrm{Sa}\left(k\omega_0\tau/2\right) \tag{4-12}$$

直流分量为

$$a_0 = \frac{1}{T}\int_T x(t)\mathrm{d}t = \frac{\tau}{T} \tag{4-13}$$

图 4-1 所示为周期 T 保持不变而脉宽 τ 变动时周期矩形脉冲信号的傅里叶级数系数 a_k 的变化情况。由图可以看出，频谱出现的位置不变，因为 T 不变，所以基频不变，频谱的间隔也就保持不变。

图 4-2 所示为周期 T 变动而脉宽 τ 保持不变时周期矩形脉冲信号的傅里叶级数系数 a_k 的变化情况。由图可以看出，随着 T 的增大，频谱间隔减小，频谱变得密集。

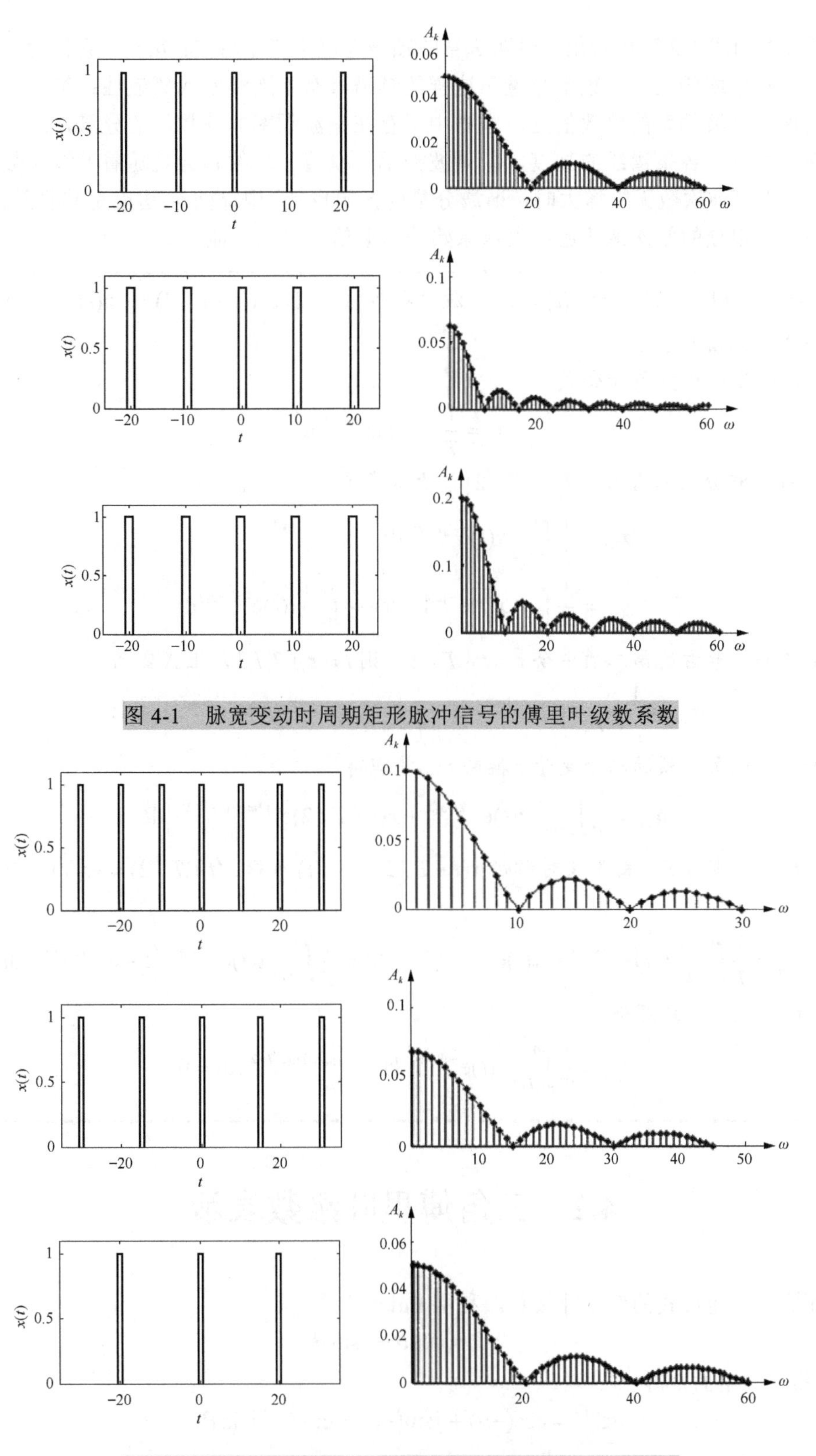

图 4-1　脉宽变动时周期矩形脉冲信号的傅里叶级数系数

图 4-2　周期变动时周期矩形脉冲信号的傅里叶级数系数

从图 4-1 和图 4-2 可以看出，周期信号的频谱有以下三个特点：第一，它们由不连续的谱线组成，每一条线代表一个频率分量，这样的频谱具有不连续性或离散性；第二，所有的谱线只能出现在基波频率的整数倍处，频谱中不存在基波频率非整数倍的分量，这样的频谱具有协办性；第三，各条谱线的高度，即谐波振幅的模值，总的趋势是随着谐波次数的增大而逐渐减小，当谐波次数无限增大时，谐波分量的振幅也就无限趋小，这就是其收敛性，同时，这使得截取有限项的低次谐波近似表示原始的周期信号成为可能。

例 4-1 周期为 T 的信号 $x(t)$ 满足半波对称性，即满足 $x(t-T/2)=-x(t)$。试证明在此条件下全部的偶次谐波为零。

解：在傅里叶级数展开公式

$$a_n=\frac{1}{T}\int_T x(t)\mathrm{e}^{-\mathrm{j}n\omega_0 t}\mathrm{d}t$$

中令 $n=2m$，积分区间选为 $(-T/2,T/2]$，上式变为

$$\begin{aligned}a_{2m}&=\frac{1}{T}\int_{-T/2}^{T/2}x(t)\mathrm{e}^{-\mathrm{j}2m\omega_0 t}\mathrm{d}t\\&=\frac{1}{T}\int_{-T/2}^{0}x(t)\mathrm{e}^{-\mathrm{j}2m\omega_0 t}\mathrm{d}t+\frac{1}{T}\int_{0}^{T/2}x(t)\mathrm{e}^{-\mathrm{j}2m\omega_0 t}\mathrm{d}t\end{aligned}$$

在上式第二个等号右边第二项中令 $\tau=t-T/2$，则 $t=\tau+T/2$，上式变为

$$a_{2m}=\frac{1}{T}\int_{-T/2}^{0}x(t)\mathrm{e}^{-\mathrm{j}2m\omega_0 t}\mathrm{d}t+\frac{1}{T}\int_{-T/2}^{0}x(\tau+T/2)\mathrm{e}^{-\mathrm{j}2m\omega_0(\tau+T/2)}\mathrm{d}\tau$$

把上式等号右边第二项的积分变量 τ 换回 t，整理得

$$a_{2m}=\frac{1}{T}\int_{-T/2}^{0}\left[x(t)\mathrm{e}^{-\mathrm{j}2m\omega_0 t}+x(t+T/2)\mathrm{e}^{-\mathrm{j}2m\omega_0(t+T/2)}\right]\mathrm{d}t$$

考虑到 $x(t)$ 的周期为 T，由半波对称性 $x(t-T/2)=-x(t)$ 可得 $x(t+T/2)=-x(t)$，将此代入上式得

$$a_{2m}=\frac{1}{T}\int_{-T/2}^{0}\left[x(t)\mathrm{e}^{-\mathrm{j}2m\omega_0 t}-x(t)\mathrm{e}^{-\mathrm{j}2m\omega_0(t+T/2)}\right]\mathrm{d}t=\frac{1}{T}\int_{-T/2}^{0}x(t)\mathrm{e}^{-\mathrm{j}2m\omega_0 t}\left(1-\mathrm{e}^{-\mathrm{j}2m\omega_0 T/2}\right)\mathrm{d}t$$

将 $\omega_0=2\pi/T$ 代入上式可得

$$a_{2m}=\frac{1}{T}\int_{-T/2}^{0}x(t)\mathrm{e}^{-\mathrm{j}2m\omega_0 t}\left(1-\mathrm{e}^{-\mathrm{j}2m\cdot 2\pi/T\cdot T/2}\right)\mathrm{d}t=0$$

4.2 三角傅里叶级数表示

下面导出三角形式的傅里叶级数。利用 Euler 公式

$$\mathrm{e}^{\mathrm{j}\theta}=\cos\theta+\mathrm{j}\sin\theta \tag{4-14}$$

用 $-\theta$ 替换上式中的 θ 得

$$\mathrm{e}^{-\mathrm{j}\theta}=\cos(-\theta)+\mathrm{j}\sin(-\theta)=\cos\theta-\mathrm{j}\sin\theta \tag{4-15}$$

由以上两式可得

$$\cos\theta = \frac{e^{j\theta} + e^{-j\theta}}{2} \tag{4-16}$$

$$\sin\theta = \frac{e^{j\theta} - e^{-j\theta}}{2j} \tag{4-17}$$

由傅里叶级数系数表达式(4-10)可得

$$a_k = \frac{1}{T}\int_T x(t)e^{-jk\omega_0 t}dt \tag{4-18}$$

$$a_{-k} = \frac{1}{T}\int_T x(t)e^{jk\omega_0 t}dt \tag{4-19}$$

以上两式两边分别相加并整理得

$$a_k + a_{-k} = \frac{1}{T}\int_T x(t)\left(e^{jk\omega_0 t} + e^{-jk\omega_0 t}\right)dt = \frac{2}{T}\int_T x(t)\cos\left(k\omega_0 t\right)dt \tag{4-20}$$

令 $c_{1k} = a_k + a_{-k}$，则上式变为

$$c_{1k} = \frac{2}{T}\int_T x(t)\cos\left(k\omega_0 t\right)dt \tag{4-21}$$

式(4-18)和式(4-19)两边分别相减并整理得

$$a_k - a_{-k} = \frac{1}{T}\int_T x(t)\left(e^{-jk\omega_0 t} - e^{jk\omega_0 t}\right)dt = -\frac{2j}{T}\int_T x(t)\sin\left(k\omega_0 t\right)dt \tag{4-22}$$

令 $c_{2k} = j\left(a_k - a_{-k}\right)$，则上式变为

$$c_{2k} = \frac{2}{T}\int_T x(t)\sin\left(k\omega_0 t\right)dt \tag{4-23}$$

由傅里叶级数展开式(4-1)可得

$$x(t) = \sum_{k=-\infty}^{+\infty} a_k e^{jk\omega_0 t} = \sum_{k=1}^{+\infty} a_k e^{jk\omega_0 t} + \sum_{k=-\infty}^{-1} a_k e^{jk\omega_0 t} + a_0 \tag{4-24}$$

进一步可得

$$x(t) = \sum_{k=1}^{+\infty}\left(a_k e^{jk\omega_0 t} + a_{-k}e^{-jk\omega_0 t}\right) + a_0 = \sum_{k=1}^{+\infty}\left(a_k + a_{-k}\right)\cos\left(k\omega_0 t\right) + j\sum_{k=1}^{+\infty}\left(a_k - a_{-k}\right)\sin\left(k\omega_0 t\right) + a_0$$

此即

$$x(t) = \sum_{k=1}^{+\infty} c_{1k}\cos\left(k\omega_0 t\right) + \sum_{k=1}^{+\infty} c_{2k}\sin\left(k\omega_0 t\right) + a_0 \tag{4-25}$$

上式就是周期信号三角形式的傅里叶级数展开，对应的频谱系数为

$$\begin{cases} c_{1k} = \dfrac{2}{T}\displaystyle\int_T x(t)\cos\left(k\omega_0 t\right)dt \\ c_{2k} = \dfrac{2}{T}\displaystyle\int_T x(t)\sin\left(k\omega_0 t\right)dt \end{cases} \tag{4-26}$$

特别地，当 $k = 0$ 时有

$$c_{10} = 2a_0 = \frac{2}{T}\int_T x(t)dt \tag{4-27}$$

显然，这是直流分量。

若 $x(t)$ 是偶函数，则三角形式的傅里叶级数展开式中只有余弦项；若 $x(t)$ 是奇函数，则三角形式的傅里叶级数展开式中只有正弦项。此外，若 $x(t)$ 是实函数，由式(4-26)可知频谱

系数都是实数。

由式(4-25)定义的三角形式傅里叶级数，谐波频率均为正频率；而由式(4-1)定义的指数形式傅里叶级数、谐波频率有正有负。事实上，负频率没有任何物理意义，把式(4-1)中的正频率$k\omega_0$项和对应的负频率$-k\omega_0$项成对地合并起来，就可以得到信号的三角形式的傅里叶级数。

例 4-2 已知周期信号$x(t)$的周期为T且满足半波对称性，试推导其奇次谐波的三角傅里叶级数展开系数的公式。

解：在三角傅里叶级数展开公式

$$c_{1k}=\frac{2}{T}\int_T x(t)\cos\left(k\omega_0 t\right)\mathrm{d}t$$

中令$k=2m+1$，积分区间选为$(-T/2,T/2]$，上式变为

$$\begin{aligned}c_{1(2m+1)}&=\frac{2}{T}\int_{-T/2}^{T/2}x(t)\cos[(2m+1)\omega_0 t]\mathrm{d}t\\&=\frac{2}{T}\int_{-T/2}^{0}x(t)\cos[(2m+1)\omega_0 t]\mathrm{d}t+\frac{2}{T}\int_{0}^{T/2}x(t)\cos[(2m+1)\omega_0 t]\mathrm{d}t\end{aligned}$$

在上式右边第二项中令$\tau=t-T/2$，则$t=\tau+T/2$，上式变为

$$c_{1(2m+1)}=\frac{2}{T}\int_{-T/2}^{0}x(t)\cos\left[(2m+1)\omega_0 t\right]\mathrm{d}t+\frac{2}{T}\int_{-T/2}^{0}x(\tau+T/2)\cos\left[(2m+1)\omega_0(\tau+T/2)\right]\mathrm{d}\tau$$

考虑到$x(t)$的周期为T，由半波对称性$x(t-T/2)=-x(t)$可得$x(t+T/2)=-x(t)$，将此代入上式得

$$c_{1(2m+1)}=\frac{2}{T}\int_{-T/2}^{0}x(t)\cos\left[(2m+1)\omega_0 t\right]\mathrm{d}t+\frac{2}{T}\int_{-T/2}^{0}x(\tau)\cos\left[(2m+1)\omega_0(\tau+T/2)\right]\mathrm{d}\tau$$

把上式右边第二项的积分变量τ换回t得

$$c_{1(2m+1)}=\frac{2}{T}\int_{-T/2}^{0}x(t)\left\{\cos\left[(2m+1)\omega_0 t\right]+\cos\left[(2m+1)\omega_0(t+T/2)\right]\right\}\mathrm{d}t$$

考虑到$\omega_0=2\pi/T$，上式变为

$$\begin{aligned}c_{1(2m+1)}&=\frac{2}{T}\int_{-T/2}^{0}x(t)\left\{\cos\left[(2m+1)\omega_0 t\right]+\cos\left[(2m+1)\omega_0 t+\pi\right]\right\}\mathrm{d}t\\&=\frac{4}{T}\int_{-T/2}^{0}x(t)\cos\left[(2m+1)\omega_0 t\right]\mathrm{d}t\end{aligned}$$

同理可得

$$c_{2(2m+1)}=\frac{4}{T}\int_{-T/2}^{0}x(t)\sin\left[(2m+1)\omega_0 t\right]\mathrm{d}t$$

4.3 从信号的正交函数分解理解傅里叶级数表示

由n个复变函数$f_1(t),f_2(t),\cdots,f_n(t)$构成的一个函数集，如果这些函数在区间$\left(t_1,t_2\right)$内满足如下的正交性：

$$\begin{cases}\int_{t_1}^{t_2} f_j(t)j_k^*(t)\mathrm{d}t=0, & j\neq k\\ \int_{t_1}^{t_2} f_j(t)f_j^*(t)\mathrm{d}t=d_j\end{cases} \tag{4-28}$$

则称此函数集是(t_1,t_2)上的**正交函数集**。若对任意i，$d_i=1$，则称此函数集是(t_1,t_2)上的**归一化正交函数集**。

如果在正交函数集$\{f_1(t),f_2(t),\cdots,f_n(t)\}$之外，再也找不到任何函数$x(t)$，使得对任意$j$下式成立：

$$\int_{t_1}^{t_2} f_j(t)x^*(t)\mathrm{d}t=0 \tag{4-29}$$

则称此正交函数集为**完备的正交函数集**。可以这样理解正交集的完备性，如果能找到某个函数$x(t)$，使得上式满足，这就是说$x(t)$与函数集$\{f_1(t),f_2(t),\cdots,f_n(t)\}$的每一个函数正交，因而它本身就应该属于此函数集。否则，此函数集不完备。在三维空间中，要表示任意一个坐标点，需要x、y、z三个坐标值。x、y、z方向的基本单位矢量$\{i,j,k\}$就构成了一个完备的坐标空间。显然，如果缺少任何一个基本矢量，坐标空间就不完备，就不可能表示任何一个坐标点。反过来讲，只要是完备的正交函数集，这种表示是可能的且是唯一的。

任意一个函数$x(t)$，在区间(t_1,t_2)内，用完备的正交函数集$\{f_1(t),f_2(t),\cdots,f_n(t),\cdots\}$中的$n$个函数的线性组合近似表示为

$$x(t)\approx\sum_{i=1}^{n}c_i f_i(t) \tag{4-30}$$

当完备的正交函数集已经选定，剩下的问题就是求得组合系数c_i。常用的一个准则是**均方误差最小准则**。

下面先针对实变函数集推导系数c_i。均方误差最小准则使得下式最小化：

$$\overline{\varepsilon^2}=\frac{1}{t_2-t_1}\int_{t_1}^{t_2}\left[x(t)-\sum_{i=1}^{n}c_i f_i(t)\right]^2\mathrm{d}t \tag{4-31}$$

为了得到最小的$\overline{\varepsilon^2}$，系数c_k必须满足$\partial\overline{\varepsilon^2}/\partial c_k=0$。计算偏导$\partial\overline{\varepsilon^2}/\partial c_k$如下：

$$\frac{\partial\overline{\varepsilon^2}}{\partial c_k}=\frac{\partial\left\{\frac{1}{t_2-t_1}\int_{t_1}^{t_2}\left[x(t)-\sum_{i=1}^{n}c_i f_i(t)\right]^2\mathrm{d}t\right\}}{\partial c_k}=\frac{1}{t_2-t_1}\frac{\partial\left\{\int_{t_1}^{t_2}\left[x(t)-\sum_{i=1}^{n}c_i f_i(t)\right]^2\mathrm{d}t\right\}}{\partial c_k} \tag{4-32}$$

在式(4-32)等号右边中交换求导与积分的次序得

$$\frac{\partial\overline{\varepsilon^2}}{\partial c_k}=\frac{1}{t_2-t_1}\int_{t_1}^{t_2}\frac{\partial\left[x(t)-\sum_{i=1}^{n}c_i f_i(t)\right]^2}{\partial c_k}\mathrm{d}t=\frac{1}{t_2-t_1}\int_{t_1}^{t_2}2\left[x(t)-\sum_{i=1}^{n}c_i f_i(t)\right]\left[-f_k(t)\right]\mathrm{d}t \tag{4-33}$$

令式(4-33)等号右边等于零即可得

$$\int_{t_1}^{t_2}x(t)f_k(t)\mathrm{d}t=\int_{t_1}^{t_2}f_k(t)\left[\sum_{i=1}^{n}c_i f_i(t)\right]\mathrm{d}t \tag{4-34}$$

在式(4-34)等号右边交换求和与积分的次序得

$$\int_{t_1}^{t_2} x(t) f_k(t) \mathrm{d}t = \sum_{i=1}^{n} \left[\int_{t_1}^{t_2} c_i f_i(t) f_k(t) \mathrm{d}t \right] \tag{4-35}$$

由函数集的正交性，上式等号右边对 i 求和时只有 $i=k$ 这一项使得积分不为零，所以

$$\int_{t_1}^{t_2} x(t) f_k(t) \mathrm{d}t = \int_{t_1}^{t_2} c_k f_k^2(t) \mathrm{d}t \tag{4-36}$$

从而

$$c_k = \frac{\int_{t_1}^{t_2} x(t) f_k(t) \mathrm{d}t}{\int_{t_1}^{t_2} f_k^2(t) \mathrm{d}t} = \frac{\int_{t_1}^{t_2} x(t) f_k(t) \mathrm{d}t}{d_k} \tag{4-37}$$

式中

$$d_k = \int_{t_1}^{t_2} f_k^2(t) \mathrm{d}t \tag{4-38}$$

这就得到了使均方误差最小化的线性组合系数 c_k 。

下面计算最小化的均方误差 $\overline{\varepsilon_{\min}^2}$ 。由式(4-31)得

$$\begin{aligned}\overline{\varepsilon^2} &= \frac{1}{t_2 - t_1} \int_{t_1}^{t_2} \left[x^2(t) - 2x(t) \sum_{k=1}^{n} c_k f_k(t) + \sum_{k=1}^{n} c_k f_k(t) \sum_{j=1}^{n} c_j f_j(t) \right] \mathrm{d}t \\ &= \frac{1}{t_2 - t_1} \left\{ \int_{t_1}^{t_2} x^2(t) \mathrm{d}t - 2 \sum_{k=1}^{n} c_k \int_{t_1}^{t_2} x(t) f_k(t) \mathrm{d}t + \sum_{k=1}^{n} \sum_{j=1}^{n} \int_{t_1}^{t_2} c_k c_j f_k(t) f_j(t) \mathrm{d}t \right\}\end{aligned} \tag{4-39}$$

由函数集的正交性，对任意固定的 k，上式等号右边第三项先对 j 求和时，只有 $j=k$ 一项使得积分不为零，所以

$$\overline{\varepsilon^2} = \frac{1}{t_2 - t_1} \left[\int_{t_1}^{t_2} x^2(t) \mathrm{d}t - 2 \sum_{k=1}^{n} c_k \int_{t_1}^{t_2} x(t) f_k(t) \mathrm{d}t + \sum_{k=1}^{n} c_k^2 \int_{t_1}^{t_2} f_k(t) f_k(t) \mathrm{d}t \right] \tag{4-40}$$

考虑到均方误差最小化时，由式(4-37)可得

$$\int_{t_1}^{t_2} x(t) f_k(t) \mathrm{d}t = c_k d_k \tag{4-41}$$

所以最小化的均方误差 $\overline{\varepsilon_{\min}^2}$ 为

$$\overline{\varepsilon_{\min}^2} = \frac{1}{t_2 - t_1} \left[\int_{t_1}^{t_2} x^2(t) \mathrm{d}t - 2 \sum_{k=1}^{n} c_k^2 d_k + \sum_{k=1}^{n} c_k^2 d_k \right] = \frac{1}{t_2 - t_1} \left[\int_{t_1}^{t_2} x^2(t) \mathrm{d}t - \sum_{k=1}^{n} c_k^2 d_k \right] \tag{4-42}$$

式(4-42)给出了由式(4-30)近似表示 $x(t)$ 时的最小均方误差，式中 n 是给定的项数。

由 $\overline{\varepsilon^2}$ 的定义式(4-31)可以看出 $\overline{\varepsilon^2}$ 非负。由式(4-38)可知 $d_k \geqslant 0$，由式(4-42)可以看出，当用式(4-30)近似表示 $x(t)$ 时，所取的项数 n 增大时，$\overline{\varepsilon_{\min}^2}$ 必然减小。从而

$$\lim_{n \to +\infty} \overline{\varepsilon_{\min}^2} = 0 \tag{4-43}$$

此时，由式(4-42)得

$$\int_{t_1}^{t_2} x^2(t) \mathrm{d}t = \sum_{k=1}^{n} c_k^2 d_k \tag{4-44}$$

式(4-44)称为**帕塞瓦尔(Parseval)方程**。上式等号左边可以看作信号 $x(t)$ 在区间 (t_1, t_2) 内的能

量，等号右边是正交函数各分量的能量之和。这表明，信号 $x(t)$ 在区间 (t_1,t_2) 内的能量恒等于此信号在完备正交函数集中各分量能量之和。$x(t)$ 可表示为

$$x(t) \approx \lim_{n\to+\infty}\sum_{k=1}^{n} c_k f_k(t) = \sum_{k=1}^{+\infty} c_k f_k(t) \tag{4-45}$$

在区间 (t_1,t_2) 内，$x(t)$ 分解为无穷多项正交函数之和。事实上，依式(4-37)选取系数 c_k，在 $x(t)$ 的任意连续点处，由式(4-30)表示的 $x(t)$ 不是近似的而是精确的。

以上讨论针对的是实变函数集。如果是复变函数集，则均方误差定义如下：

$$\overline{\varepsilon^2} = \frac{1}{t_2-t_1}\int_{t_1}^{t_2}\left[x(t)-\sum_{i=1}^{n} c_i f_i(t)\right]\left[x(t)-\sum_{i=1}^{n} c_i f_i(t)\right]^* \mathrm{d}t \tag{4-46}$$

经过运算可以得到最小均方误差准则下系数 c_k 取为

$$c_k = \frac{\int_{t_1}^{t_2} x(t) f_k^*(t)\mathrm{d}t}{\int_{t_1}^{t_2} f_k(t) f_k^*(t)\mathrm{d}t} = \frac{\int_{t_1}^{t_2} x(t) f_k^*(t)\mathrm{d}t}{d_k} \tag{4-47}$$

对任意周期为 T 的周期函数 $x(t)$，记 $\omega_0 = 2\pi/T$。在 $(0,T)$ 上选复变函数集 $\left\{f_k(t) = \mathrm{e}^{\mathrm{j}k\omega_0 t} \mid k = 0,\pm1,\pm2,\cdots\right\}$。很容易验证函数集中各个函数的正交性。此时系数 c_k 为

$$c_k = \frac{\int_0^T x(t) f_k^*(t)\mathrm{d}t}{\int_0^T f_k(t) f_k^*(t)\mathrm{d}t} = \frac{1}{T}\int_0^T x(t)\mathrm{e}^{-\mathrm{j}k\omega_0 t}\mathrm{d}t \tag{4-48}$$

这正是式(4-10)。对任意 $k>0$，很容易验证 $f_k(t) = \mathrm{e}^{\mathrm{j}k\omega_0 t}$ 与 $f_{-k}(t) = \mathrm{e}^{-\mathrm{j}k\omega_0 t}$ 在 $(0,T)$ 上正交。因此在指数傅里叶级数表示中，有 $f_k(t) = \mathrm{e}^{\mathrm{j}k\omega_0 t}$ 项就必然有对应的 $f_{-k}(t) = \mathrm{e}^{-\mathrm{j}k\omega_0 t}$ 项，只有这样，正交函数集才是完备的。

同样地，选取三角函数集

$$\left\{1,\cos(\omega_0 t),\sin(\omega_0 t),\cos(2\omega_0 t),\sin(2\omega_0 t),\cdots,\cos(n\omega_0 t),\sin(n\omega_0 t),\cdots\right\}$$

很容易验证其正交性。对任意 $k>0$，$\cos(k\omega_0 t)$ 与 $\cos(-k\omega_0 t)$ 相等，所以不符合正交的条件；$\sin(k\omega_0 t)$ 与 $\sin(-k\omega_0 t)$ 互为相反数，也不符合正交条件。这样，在三角级数表示中，只有对应于 $k\omega_0$ 的正弦项和余弦项，没有对应于 $-k\omega_0$ 的正弦项和余弦项。

4.4　傅里叶级数的收敛及吉布斯现象

考虑在区间 (t_1,t_2) 内，函数 $x(t)$ 用无穷级数表示为

$$x(t) = \sum_{k=1}^{+\infty} z_k(t) \tag{4-49}$$

截取级数的前 N 项得到的和式为

$$x_N(t) = \sum_{k=1}^{N} z_k(t) \tag{4-50}$$

若

$$\lim_{N\to+\infty}\int_{t_1}^{t_2}\left|x(t)-x_N(t)\right|^2\mathrm{d}t=0 \tag{4-51}$$

则称级数在 (t_1,t_2) 上**均方收敛**于 $x(t)$，此时**误差信号** $\varepsilon_\Delta(t)=x(t)-x_N(t)$ 的能量随着 $N\to+\infty$ 而趋于零。这种收敛形式并不要求级数 $x_N(t)$ 在所有点上取值都等于 $x(t)$，它仅仅要求当 $N\to+\infty$ 时误差信号的能量(也就是 $\left|x(t)-x_N(t)\right|^2$ 围的面积)趋于零。即使误差信号 $\varepsilon_\Delta(t)$ 在有限个点不为零，在平方意义下的积分也为零。由此可见，在均方意义下收敛于 $x(t)$ 的级数，可以在有限个点不等于 $x(t)$。由前面利用正交函数集表示周期信号 $x(t)$ 的过程可以看出，系数是在最小均方误差准则下得到的，得到的级数表示当然是均方收敛于 $x(t)$ 的。

为了确保一个周期信号 $x(t)$ 存在一个均方收敛的傅里叶级数表示，只要信号在一个周期上平方可积就可以。如果周期为 T 的信号 $x(t)$ 存在一个傅里叶级数表示式，则式(4-10)中的积分一定收敛，只有这样才能保证频谱系数 a_k 为有限值。如果以下 $x(t)$ 绝对可积，即以下表达式成立：

$$\int_T|x(t)|\mathrm{d}t<+\infty \tag{4-52}$$

则

$$\left|a_k\right|=\frac{1}{T}\left|\int_T x(t)\mathrm{e}^{-\mathrm{j}k\omega_0 t}\mathrm{d}t\right|\leqslant\frac{1}{T}\int_T\left|x(t)\mathrm{e}^{-\mathrm{j}k\omega_0 t}\right|\mathrm{d}t=\frac{1}{T}\int_T|x(t)|\mathrm{d}t<+\infty \tag{4-53}$$

这表明频谱系数 a_k 存在。

事实上，积分收敛加上另外两个条件构成了傅里叶级数存在的**狄利克雷**(Dirichlet)**条件**：

(1)在一个周期内，信号 $x(t)$ 绝对可积，即

$$\int_T|x(t)|\mathrm{d}t<+\infty$$

(2)在一个周期内，信号 $x(t)$ 只有有限个极值点；

(3)在一个周期内，信号 $x(t)$ 只有有限个不连续点，且在不连续点处，信号的跳变有限。

若周期信号 $x(t)$ 满足狄利克雷条件，在 $x(t)$ 任意连续点处，傅里叶级数收敛；在任意不连续点 t_0 处，傅里叶级数收敛于 $x(t)$ 在 $t=t_0$ 左右两边值的平均值 $\left[x\left(t_0^-\right)+x\left(t_0^+\right)\right]/2$。

考虑周期为 T 的周期性方波：

$$\begin{cases}x(t)=1, & |t|<\tau\\ 0, & \tau<|t|<T/2\end{cases} \tag{4-54}$$

基波频率 $\omega_0=2\pi/T$。由于 $x(t)$ 是实的偶函数，用三角形式的傅里叶级数表示时只有余弦项。选积分区间为 $-T/2\leqslant t<T/2$。直流分量 a_0 为

$$a_0=\frac{1}{T}\int_{-T/2}^{T/2}x(t)\mathrm{d}t=\frac{1}{T}\int_{-\tau}^{\tau}\mathrm{d}t=\frac{2\tau}{T} \tag{4-55}$$

其他谐波系数为

$$c_{1k}=\frac{2}{T}\int_{-T/2}^{T/2}x(t)\cos\left(k\omega_0 t\right)\mathrm{d}t=\frac{2}{T}\int_{-\tau}^{\tau}\cos\left(k\omega_0 t\right)\mathrm{d}t=\frac{2}{T}\left.\frac{\sin\left(k\omega_0 t\right)}{k\omega_0}\right|_{-\tau}^{\tau}=\frac{2\sin\left(k\omega_0\tau\right)}{\pi k} \tag{4-56}$$

所以 $x(t)$ 三角形式的傅里叶级数表示为

$$x(t)=\frac{2\tau}{T}+\sum_{k=1}^{+\infty}\frac{2\sin\left(k\omega_0\tau\right)}{\pi k}\cos\left(k\omega_0 t\right) \tag{4-57}$$

其用截断的三角形式的傅里叶级数的近似表示为

$$x_N(t)=\frac{2\tau}{T}+\sum_{k=1}^{N}\frac{2\sin\left(k\omega_0\tau\right)}{\pi k}\cos\left(k\omega_0 t\right) \tag{4-58}$$

取 $T=1$、$\tau=1/3$，则周期性方波的三角形式的傅里叶级数表示为

$$x(t)=\frac{2}{3}+\sum_{k=1}^{+\infty}\frac{2\sin(2\pi k/3)}{\pi k}\cos(2\pi kt) \tag{4-59}$$

图 4-3 给出了这个方波函数 $x(t)$ 及其用截断的三角形式的傅里叶级数的近似表示 $x_N(t)$ 的波形。随着 N 增大，$x_N(t)$ 越来越接近于 $x(t)$，似乎可以断言 $N\to+\infty$ 时，$x_N(t)$ 会真正收敛于 $x(t)$。然而不管 N 取多大，在 $x(t)$ 的不连续处附近，截断级数之和 $x_N(t)$ 呈现出起伏振荡，存在着"过冲"或"波纹"。随着 N 增大，均方误差 $\overline{\varepsilon^2}$ 会减小。为了使得误差信号 $\varepsilon_\Delta(t)=x(t)-x_N(t)$ 的能量低于某个值，N 必须取得足够大。随着 N 增大，截断级数之和 $x_N(t)$ 的起伏振荡加快，并向不连续点处压缩，但是对任何有限的 N 值，在不连续点附近的最大垂直过冲幅度总是接近 9%，这就是**吉布斯现象**。在 N 趋于无穷大时，过冲的宽度趋于零，所以它不包含任何能量，这时无穷级数表示的信号能量收敛于原始信号 $x(t)$ 的能量。在任何连续点处，无穷级数表示的函数值精确地和原始信号的值相等，在不连续点处，级数表示的函数值等于原始信号在这个点左右极限的平均值。吉布斯现象的深层次含义是：对一个不连续信号 $x(t)$ 的截断傅里叶级数之和 $x_N(t)$，一般来说，在接近不连续点处，呈现出起伏振荡，并且有 9%的恒定超量，在使用 $x_N(t)$ 近似表示 $x(t)$ 时，为了使误差信号的能量可以忽略，必须取足够大的 N。

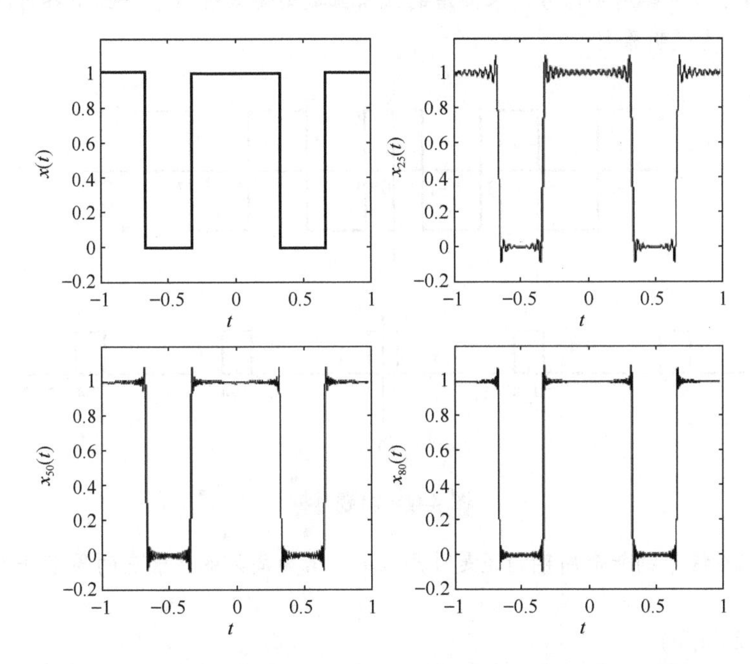

图 4-3　方波及其截断的三角形式的傅里叶级数的近似表示

4.5　傅里叶级数分析的局限性

在这一章中，把周期信号分解为无穷多项的级数之和，每一项的频率为信号基频 ω_0 的整数倍。在很多应用中，傅里叶级数表示是有价值的。然而作为一种分析线性系统的根据，其存在严重的局限性，这也从根本上制约了它的应用范围。它的局限性体现为两点：

(1) 傅里叶级数表示只针对周期信号，不能对非周期信号进行傅里叶级数展开。实际上，非周期信号相当于 $T \to +\infty$ 的周期信号，此时基频 $\omega_0 = 2\pi / T \to 0$。而任何一个实际系统的输入信号都是有始有终的，即它不可能是周期信号(周期信号在整个时域都有定义)。

(2) 傅里叶级数分析很容易应用于BIBO稳定系统，但不能处理不稳定或者边界稳定的系统。

通过对非周期信号进行傅里叶变换(当然周期信号也可以进行傅里叶变换)，就可以克服第一点。傅里叶变换把信号变为积分，得到的频谱为连续谱。通过拉普拉斯变换，把傅里叶级数中纯虚指数信号 $e^{jk\omega_0 t}$ 变为复指数信号 e^{st} (这里 $s = \sigma + j\omega$，为复频率)，就可以克服第二点。

习　题　4

4-1　如图4-4所示各周期信号，求简洁的三角函数型傅里叶级数并画出各自的幅度和相位谱图。若其中缺项，请说明原因。

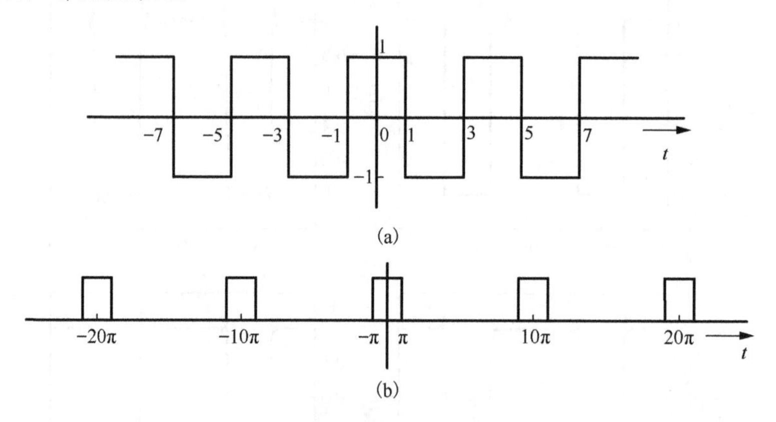

图4-4　习题4-1

4-2　对下列各信号判断是周期的还是非周期的。若为周期的，求它的周期并说明在级数中存在何种谐波项。

(1) $3\cos t + 2\sin(3t)$

(2) $2 + 5\sin(3t) + 4\cos(7t)$

4-3　已知 $x(t)$ 的周期为 T，且为偶函数，$x(t)$ 的部分波形如图4-5所示，讨论其傅里叶级数表示的特点。

4-4　已知 $x(t)$ 的周期为 T，且为偶函数，$x(t)$ 的部分波形如图 4-6 所示，讨论其傅里叶级数表示的特点。

4-5　已知 $x(t)$ 的周期为 T 且 $x(t)=\mathrm{e}^{-2t}$，$0\leqslant t\leqslant T$，求其傅里叶级数展开。

4-6　已知 $x(t)$ 的周期为 5，且

$$x(t)=\begin{cases}t, & 0\leqslant t\leqslant 3\\ 0, & 其他\end{cases}$$

求其傅里叶级数展开。

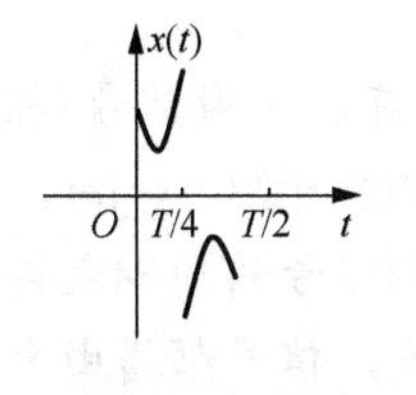

图 4-5　习题 4-3

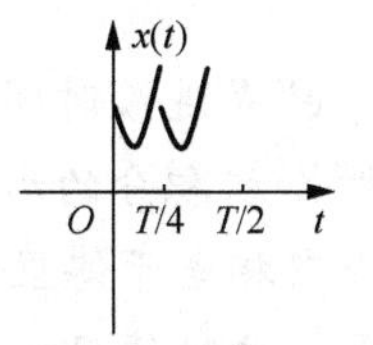

图 4-6　习题 4-4

第5章　连续时间信号的傅里叶变换

本章导学

复指数信号 e^{st} 是连续时间 LTI 系统的特征函数，本章研究把一般信号(相对于周期信号而言)展开成 $e^{j\omega t}$ 加权积分的形式，即傅里叶变换形式。这里相当于取 $s = j\omega$。第 4 章学习了傅里叶级数，而它相当于傅里叶变换的一种特殊形式，当周期信号的周期变得无穷大时，就变成一般的信号，这时傅里叶级数表示就变成傅里叶积分变换，信号频谱由离散的变成连续的。扎实掌握本章内容，会为后续频域分析打下牢固基础。结合图 5-0 所示导学图可以更好地理解本章内容。

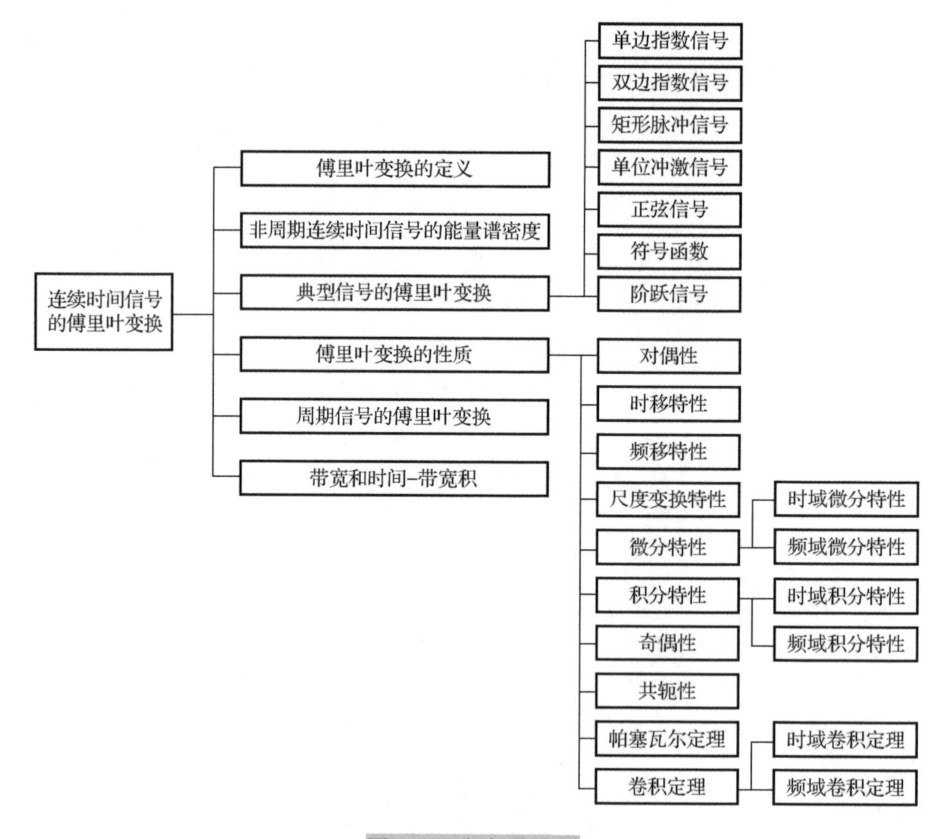

图 5-0　本章导学图

5.1　傅里叶变换的定义

在第 4 章，把周期信号展开为一组呈谐波关系的复指数信号的线性组合。在这一章中，将把一般(非周期)信号展开成复指数信号的加权积分，当然，对周期信号也可以进行分析。

设 $\tilde{x}(t)$ 是周期为 T 的连续时间信号， $x(t)$ 是非周期信号，且在某个周期内 $\tilde{x}(t)=x(t)$ ，而在其他时间区域内 $x(t)$ 恒为零。 $x(t)$ 与 $\tilde{x}(t)$ 的关系如图 5-1 所示。

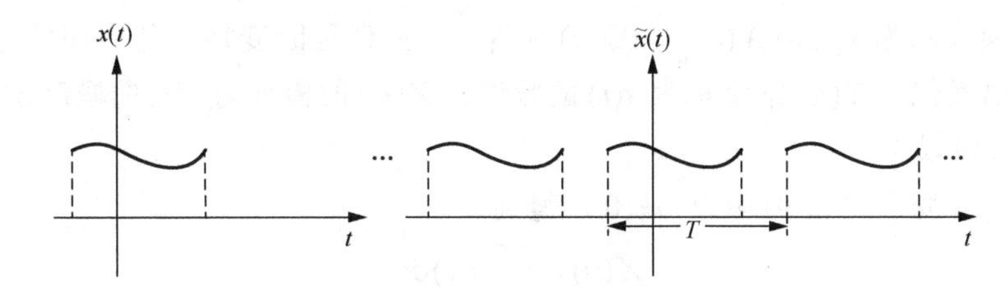

图 5-1　周期信号及其一个周期

不失一般性，设

$$x(t)=\begin{cases}x(t), & -T/2\leqslant t\leqslant T/2\\ 0, & 其他\end{cases} \tag{5-1}$$

令 $\omega_0=2\pi/T$ 。把 $\tilde{x}(t)$ 进行傅里叶级数展开得

$$\tilde{x}(t)=\sum_{k=-\infty}^{+\infty}a_k \mathrm{e}^{\mathrm{j}k\omega_0 t} \tag{5-2}$$

k 次谐波系数为

$$a_k=\frac{1}{T}\int_T \tilde{x}(t)\mathrm{e}^{-\mathrm{j}k\omega_0 t}\mathrm{d}t \tag{5-3}$$

当上式等号右边的积分区间选为 $-T/2\leqslant t\leqslant T/2$ ，并考虑到式(5-1)，上式可写为

$$a_k=\frac{1}{T}\int_{-T/2}^{T/2}\tilde{x}(t)\mathrm{e}^{-\mathrm{j}k\omega_0 t}\mathrm{d}t=\frac{1}{T}\int_{-T/2}^{T/2}x(t)\mathrm{e}^{-\mathrm{j}k\omega_0 t}\mathrm{d}t=\frac{1}{T}\int_{-\infty}^{+\infty}x(t)\mathrm{e}^{-\mathrm{j}\omega_0 t}\mathrm{d}t \tag{5-4}$$

令

$$X(\omega)=\int_{-\infty}^{+\infty}x(t)\mathrm{e}^{-\mathrm{j}\omega t}\mathrm{d}t \tag{5-5}$$

则由以上两式可得

$$a_k=\frac{1}{T}X(k\omega_0)=\frac{\omega_0}{2\pi}X(k\omega_0) \tag{5-6}$$

把上式代入式(5-2)得

$$\tilde{x}(t)=\sum_{k=-\infty}^{+\infty}\frac{\omega_0}{2\pi}X(k\omega_0)\mathrm{e}^{\mathrm{j}k\omega_0 t}=\frac{1}{2\pi}\sum_{k=-\infty}^{+\infty}X(k\omega_0)\mathrm{e}^{\mathrm{j}k\omega_0 t}\omega_0 \tag{5-7}$$

随着 $T\to+\infty$ （ $\omega_0\to 0$ ）， $\tilde{x}(t)$ 将趋近于 $x(t)$ ，此时上式等号右边的求和就变为一个积分，从而有

$$x(t)=\frac{1}{2\pi}\int_{-\infty}^{+\infty}X(\omega)\mathrm{e}^{\mathrm{j}\omega t}\mathrm{d}\omega \tag{5-8}$$

这就得到了一般信号的傅里叶变换对：

连续时间傅里叶正变换 $$X(\omega)=\int_{-\infty}^{+\infty}x(t)\mathrm{e}^{-\mathrm{j}\omega t}\mathrm{d}t \tag{5-9}$$

连续时间傅里叶反变换 $$x(t)=\frac{1}{2\pi}\int_{-\infty}^{+\infty}X(\omega)\mathrm{e}^{\mathrm{j}\omega t}\mathrm{d}\omega \tag{5-10}$$

傅里叶变换和逆变换用符号分别记为

$$\begin{cases}X(\omega)=\mathcal{F}[x(t)]\\x(t)=\mathcal{F}^{-1}[X(\omega)]\end{cases} \tag{5-11}$$

傅里叶变换表示为 $x(t)\overset{\mathcal{F}}{\leftrightarrow}X(\omega)$， $X(\omega)$ 称为 $x(t)$ 的**傅里叶变换**。与周期信号傅里叶级数系数所用的术语类似，$X(\omega)$ 常常称为 $x(t)$ 的**频谱**。$X(\omega)$ 的模称为 $x(t)$ 的**幅度谱，** $X(\omega)$ 的相位称为 $x(t)$ 的**相位谱**。

如果在傅里叶变换式(5-9)中令 $\omega=0$，得到

$$X(0)=\int_{-\infty}^{+\infty}x(t)\mathrm{d}t \tag{5-12}$$

上式等号右边是 $x(t)$ 在整个时域围成的面积，是直流分量或平均值，其大小等于 $X(\omega)$ 在 $\omega=0$ 处的取值。

同样，如果在傅里叶反变换式中令 $t=0$，得到

$$2\pi x(0)=\int_{-\infty}^{+\infty}X(\omega)\mathrm{d}\omega \tag{5-13}$$

上式等号右边为 $X(\omega)$ 在整个频率域围成的面积，其大小等于 $x(t)$ 在 $t=0$ 处取值的 2π 倍。

5.2 非周期连续时间信号的能量谱密度

设 $x(t)$ 是能量型信号，它的能量为

$$E=\int_{-\infty}^{+\infty}|x(t)|^2\mathrm{d}t \tag{5-14}$$

设 $x(t)\overset{\mathcal{F}}{\leftrightarrow}X(\omega)$，则有

$$x(t)=\frac{1}{2\pi}\int_{-\infty}^{+\infty}X(\omega)\mathrm{e}^{\mathrm{j}\omega t}\mathrm{d}\omega \tag{5-15}$$

将上式代入式(5-14)得

$$E=\int_{-\infty}^{+\infty}x(t)x^*(t)\mathrm{d}t=\int_{-\infty}^{+\infty}x(t)\left[\frac{1}{2\pi}\int_{-\infty}^{+\infty}X(\omega)\mathrm{e}^{\mathrm{j}\omega t}\mathrm{d}\omega\right]^*\mathrm{d}t=\frac{1}{2\pi}\int_{-\infty}^{+\infty}x(t)\left[\int_{-\infty}^{+\infty}X^*(\omega)\mathrm{e}^{-\mathrm{j}\omega t}\mathrm{d}\omega\right]\mathrm{d}t \tag{5-16}$$

在上式等号右边中交换对 ω 和对 t 的积分次序得

$$E=\frac{1}{2\pi}\int_{-\infty}^{+\infty}X^*(\omega)\left[\int_{-\infty}^{+\infty}x(t)\mathrm{e}^{-\mathrm{j}\omega t}\mathrm{d}t\right]\mathrm{d}\omega \tag{5-17}$$

由傅里叶变换定义式(5-9)可知，上式等号右边的中括号内即为 $x(t)$ 的傅里叶变换 $X(\omega)$，所以上式可写为

$$E=\frac{1}{2\pi}\int_{-\infty}^{+\infty}X(\omega)X^*(\omega)\mathrm{d}\omega=\frac{1}{2\pi}\int_{-\infty}^{+\infty}|X(\omega)|^2\,\mathrm{d}\omega \tag{5-18}$$

这样就得到能量型连续信号的**帕塞瓦尔关系式**：

$$\int_{-\infty}^{+\infty}|x(t)|^2\mathrm{d}t=\frac{1}{2\pi}\int_{-\infty}^{+\infty}|X(\omega)|^2\mathrm{d}\omega \tag{5-19}$$

它表明信号在时域和频域的能量是守恒的。令

$$S(\omega)=\left|X(\omega)\right|^2 \tag{5-20}$$

则 $S(\omega)$ 代表了信号能量随着频率变化的分布情况，称为 $x(t)$ 的**能量谱密度**。在整个频率轴上对 $S(\omega)$ 积分就可得到信号的全部能量(当然差一个常系数 $1/(2\pi)$)。从另外一个角度来看，信号在频带 $\omega_0\leqslant\omega\leqslant\omega_0+\Delta\omega$ 内的能量为

$$\frac{1}{2\pi}\int_{\omega_0}^{\omega_0+\Delta\omega}S(\omega)\mathrm{d}\omega$$

由于 $S(\omega)$ 是 $X(\omega)$ 模值的平方，所以其为实数，也就没有包含 $x(t)$ 的相位信息，因此无法从 $S(\omega)$ 完全精确地重构出信号 $x(t)$。

5.3　典型信号的傅里叶变换

5.3.1　单边指数信号

单边指数信号 $\mathrm{e}^{-\alpha t}u(t)(\alpha>0)$ 的傅里叶变换为

$$X(\omega)=\int_{-\infty}^{+\infty}\mathrm{e}^{-\alpha t}u(t)\mathrm{e}^{-\mathrm{j}\omega t}\mathrm{d}t=\int_0^{+\infty}\mathrm{e}^{-\alpha t}\mathrm{e}^{-\mathrm{j}\omega t}\mathrm{d}t \tag{5-21}$$

进一步得

$$X(\omega)=\int_0^{+\infty}\mathrm{e}^{-(\alpha+\mathrm{j}\omega)t}\mathrm{d}t=-\left.\frac{\mathrm{e}^{-(\alpha+\mathrm{j}\omega)t}}{\alpha+\mathrm{j}\omega}\right|_{t=0}^{t=+\infty} \tag{5-22}$$

当 $\alpha>0$ 时，$\lim\limits_{t\to+\infty}\mathrm{e}^{-\alpha t}=0$，从而 $\lim\limits_{t\to+\infty}\mathrm{e}^{-(\alpha+\mathrm{j}\omega)t}=\lim\limits_{t\to+\infty}\mathrm{e}^{-\alpha t}\mathrm{e}^{-\mathrm{j}\omega t}=0$，这样上式变为

$$X(\omega)=\frac{1}{\alpha+\mathrm{j}\omega} \tag{5-23}$$

显然，当 $\alpha<0$ 时，$x(t)$ 的傅里叶变换 $X(\omega)$ 不存在。当 $\alpha=0$ 时，$x(t)$ 变为 $u(t)$，其傅里叶变换在后边给出。

单边指数信号 $\mathrm{e}^{-\alpha t}u(t)(\alpha>0)$ 的幅度谱为 $\left|X(\omega)\right|=1/\sqrt{\alpha^2+\omega^2}$，相位谱为 $\varphi(\omega)=-\arctan(\omega/\alpha)$。单边指数信号及其频谱如图 5-2 所示。

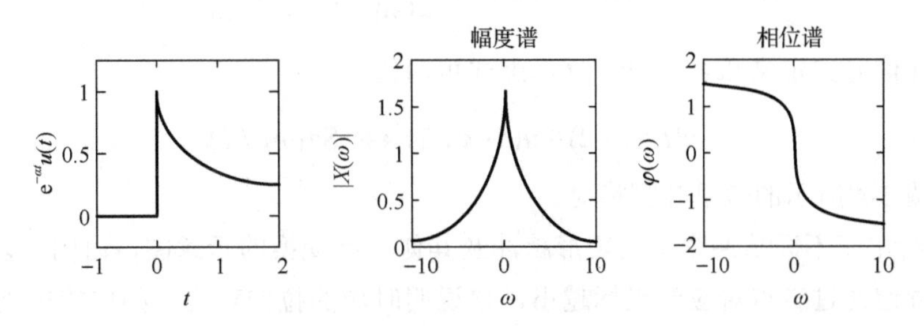

图 5-2　单边指数信号及其频谱

单边指数信号的傅里叶变换为

$$\mathrm{e}^{-\alpha t}u(t) \overset{\mathcal{F}}{\leftrightarrow} \frac{1}{\alpha+\mathrm{j}\omega},\qquad \alpha>0 \tag{5-24}$$

5.3.2 双边指数信号

双边指数信号 $\mathrm{e}^{-\alpha|t|}(\alpha>0)$ 的傅里叶变换为

$$X(\omega)=\int_{-\infty}^{+\infty}\mathrm{e}^{-\alpha|t|}\mathrm{e}^{-\mathrm{j}\omega t}\mathrm{d}t=\int_{0}^{+\infty}\mathrm{e}^{-\alpha t}\mathrm{e}^{-\mathrm{j}\omega t}\mathrm{d}t+\int_{-\infty}^{0}\mathrm{e}^{\alpha t}\mathrm{e}^{-\mathrm{j}\omega t}\mathrm{d}t=\int_{0}^{+\infty}\mathrm{e}^{-(\alpha+\mathrm{j}\omega)t}\mathrm{d}t+\int_{-\infty}^{0}\mathrm{e}^{(\alpha-\mathrm{j}\omega)t}\mathrm{d}t$$

利用单边指数信号傅里叶变换对得

$$X(\omega)=\frac{1}{\alpha+\mathrm{j}\omega}+\frac{1}{\alpha-\mathrm{j}\omega}=\frac{2\alpha}{\alpha^2+\omega^2} \tag{5-25}$$

幅度谱为 $|X(\omega)|=\dfrac{2\alpha}{\alpha^2+\omega^2}$，相位谱为 $\varphi(\omega)=0$。双边指数信号及其频谱如图 5-3 所示。

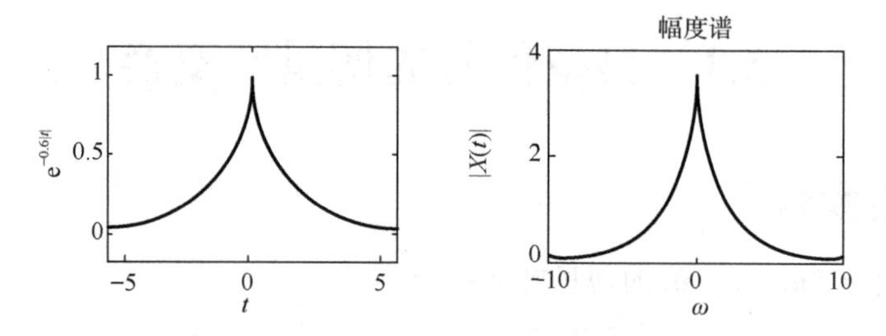

图 5-3　双边指数信号及其频谱

双边指数信号的傅里叶变换为

$$\mathrm{e}^{-\alpha|t|} \overset{\mathcal{F}}{\leftrightarrow} \frac{2\alpha}{\alpha^2+\omega^2},\qquad \alpha>0 \tag{5-26}$$

5.3.3 矩形脉冲信号

矩形脉冲信号 $u(t+\tau/2)-u(t-\tau/2)$ 的傅里叶变换为

$$u(t+\tau/2)-u(t-\tau/2) \overset{\mathcal{F}}{\leftrightarrow} \int_{-\infty}^{+\infty}[u(t+\tau/2)-u(t-\tau/2)]\mathrm{e}^{-\mathrm{j}\omega t}\mathrm{d}t=\int_{-\tau/2}^{\tau/2}\mathrm{e}^{-\mathrm{j}\omega t}\mathrm{d}t \tag{5-27}$$

进一步计算得

$$u(t+\tau/2)-u(t-\tau/2) \overset{\mathcal{F}}{\leftrightarrow} \left.\frac{\mathrm{e}^{-\mathrm{j}\omega t}}{-\mathrm{j}\omega}\right|_{-\tau/2}^{\tau/2}=\frac{2\sin(\omega\tau/2)}{\omega} \tag{5-28}$$

利用抽样信号的定义 $\mathrm{Sa}(t)=\sin t/t$，上式可写为

$$u(t+\tau/2)-u(t-\tau/2) \overset{\mathcal{F}}{\leftrightarrow} \tau\mathrm{Sa}(\omega\tau/2) \tag{5-29}$$

这就得到如图 5-4 所示的傅里叶变换对。

图 5-5 给出了不同脉冲宽度的矩形脉冲及其傅里叶变换的示意图，由图可以看出脉冲宽度越宽，其频谱的过零点对应的坐标越小，这说明时域的拉伸对应于频域的压缩。

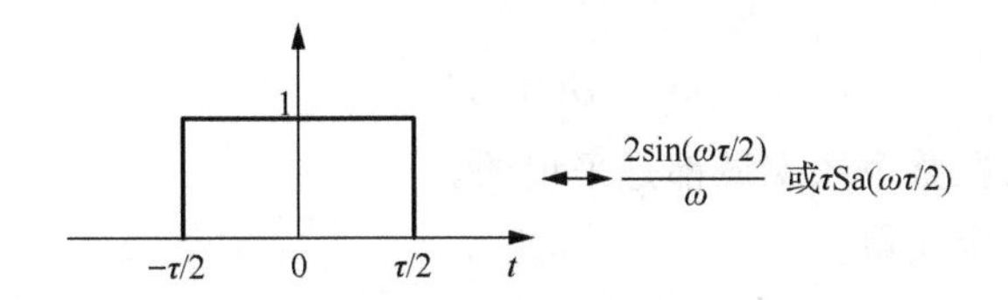

图 5-4　矩形脉冲信号及其傅里叶变换

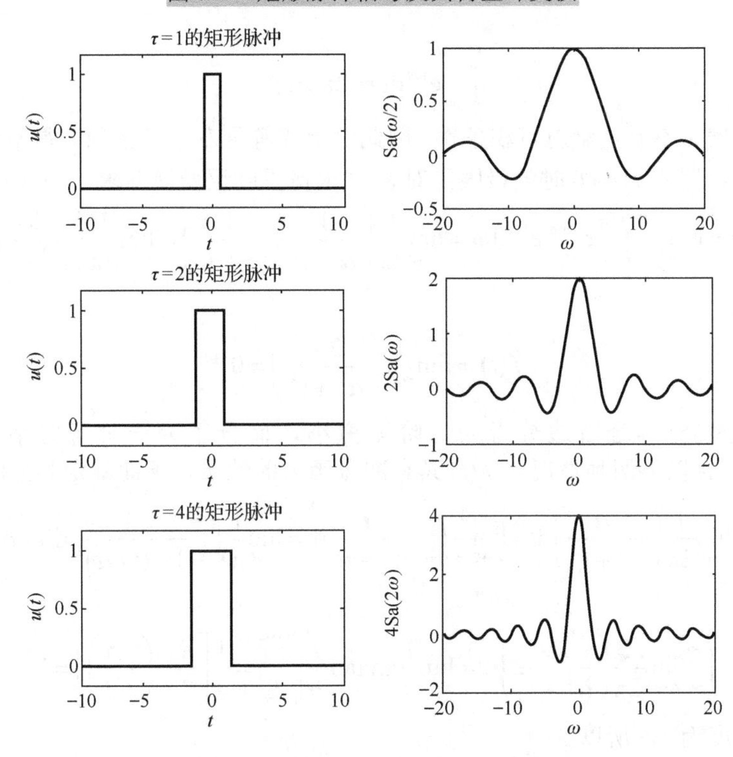

图 5-5　不同脉冲宽度的矩形脉冲及其傅里叶变换

当 $\tau=2$ 时，式(5-29)变为

$$u(t+1)-u(t-1)\overset{\mathcal{F}}{\leftrightarrow}2\mathrm{Sa}(\omega) \tag{5-30}$$

利用式 $2\pi x(0)=\int_{-\infty}^{+\infty}X(\omega)\mathrm{d}\omega$ 可得

$$\int_{-\infty}^{+\infty}\mathrm{Sa}(\omega)\,\mathrm{d}\omega=\pi[u(t+1)-u(t-1)]\big|_{t=0}=\pi$$

把 ω 换成 t，上式变为

$$\int_{-\infty}^{+\infty}\frac{\sin t}{t}\mathrm{d}t=\pi \tag{5-31}$$

5.3.4　单位冲激信号

$\delta(t)$ 的傅里叶变换为

$$\mathcal{F}[\delta(t)]=\int_{-\infty}^{+\infty}\delta(t)\mathrm{e}^{-\mathrm{j}\omega t}\mathrm{d}t$$

由冲激信号的抽样特性可知，上式等号右边的积分为1，即 $\delta(t)$ 的傅里叶变换为常数1，此即

$$\delta(t)\overset{\mathcal{F}}{\leftrightarrow}1 \tag{5-32}$$

这表明冲激函数的频谱在整个频率域都是平坦的。

由傅里叶反变换的定义得

$$\delta(t)=\frac{1}{2\pi}\int_{-\infty}^{+\infty}1\cdot \mathrm{e}^{\mathrm{j}\omega t}\mathrm{d}\omega=\frac{1}{2\pi}\int_{-\infty}^{+\infty}\mathrm{e}^{\mathrm{j}\omega t}\mathrm{d}\omega \tag{5-33}$$

此即

$$\int_{-\infty}^{+\infty}\mathrm{e}^{\mathrm{j}\omega t}\mathrm{d}\omega=2\pi\delta(t) \tag{5-34}$$

由于常数频谱 1 不满足绝对可积条件，因此对上式等号左边直接积分得不出右边的结果。但如果将 1 看成 $\mathrm{e}^{-\alpha|\omega|}$ 在 $\alpha\to 0$ 时的极限，对 $\mathrm{e}^{-\alpha|\omega|}$ 求傅里叶反变换并求 $\alpha\to 0$ 时的极限得

$$f(t)=\lim_{\alpha\to 0}\frac{1}{2\pi}\int_{-\infty}^{+\infty}\mathrm{e}^{-\alpha|\omega|}\mathrm{e}^{\mathrm{j}\omega t}\mathrm{d}\omega=\lim_{\alpha\to 0}\frac{1}{2\pi}\left(\frac{1}{\alpha-\mathrm{j}t}+\frac{1}{\alpha+\mathrm{j}t}\right)=\lim_{\alpha\to 0}\frac{1}{2\pi}\left(\frac{2\alpha}{\alpha^2+t^2}\right) \tag{5-35}$$

当 $t\neq 0$ 时有

$$f(t)=\lim_{\alpha\to 0}\frac{1}{2\pi}\left(\frac{2\alpha}{\alpha^2+t^2}\right)=0 \tag{5-36}$$

当 $t=0$ 时，式(5-35)等号右边分母为二阶无穷小，而分子为一阶无穷小，这表明此时 $f(t)\big|_{t=0}=+\infty$。综合以上两种情况，$f(t)$ 具有冲激函数的性质，下面确定其冲激强度。由于

$$\int_{-\infty}^{+\infty}\lim_{\alpha\to 0}\frac{1}{2\pi}\left(\frac{2\alpha}{\alpha^2+t^2}\right)\mathrm{d}t=\lim_{\alpha\to 0}\frac{1}{\pi}\int_{-\infty}^{+\infty}\frac{\alpha}{\alpha^2+t^2}\mathrm{d}t=\lim_{\alpha\to 0}\frac{1}{\pi}\int_{-\infty}^{+\infty}\frac{1}{1+(t/\alpha)^2}\mathrm{d}(t/\alpha) \tag{5-37}$$

进一步计算得

$$\int_{-\infty}^{+\infty}\lim_{\alpha\to 0}\frac{1}{2\pi}\left(\frac{2\alpha}{\alpha^2+t^2}\right)\mathrm{d}t=\lim_{\alpha\to 0}\frac{1}{\pi}\arctan\frac{t}{\alpha}\bigg|_{t=-\infty}^{t=+\infty}=\frac{1}{\pi}\left[\frac{\pi}{2}-\left(-\frac{\pi}{2}\right)\right]=1 \tag{5-38}$$

这表明冲激的强度为 1，所以

$$f(t)=\frac{1}{2\pi}\int_{-\infty}^{+\infty}\mathrm{e}^{\mathrm{j}\omega t}\mathrm{d}\omega=\delta(t)$$

在上式中，用 $-\tau$ 代替 τ 得

$$\int_{-\infty}^{+\infty}\mathrm{e}^{-\mathrm{j}\omega t}\mathrm{d}\omega=2\pi\delta(-t) \tag{5-39}$$

考虑到冲激函数为偶函数，上式变为

$$\int_{-\infty}^{+\infty}\mathrm{e}^{\pm\mathrm{j}\omega t}\mathrm{d}\omega=2\pi\delta(t) \tag{5-40}$$

将上式中的变量 ω 和 τ 互换得

$$\int_{-\infty}^{+\infty}\mathrm{e}^{\pm\mathrm{j}\omega t}\mathrm{d}t=2\pi\delta(\omega) \tag{5-41}$$

下面来求常数1的傅里叶变换。由傅里叶变换的定义得

$$\mathcal{F}[1]=\int_{-\infty}^{+\infty}1\cdot \mathrm{e}^{-\mathrm{j}\omega t}\mathrm{d}t=\int_{-\infty}^{+\infty}\mathrm{e}^{-\mathrm{j}\omega t}\mathrm{d}t \tag{5-42}$$

由式(5-34)得

$$\mathcal{F}[1]=2\pi\delta(\omega) \tag{5-43}$$

5.3.5　正弦信号

由傅里叶变换的定义式可得复指数信号 $\mathrm{e}^{\mathrm{j}\omega_0 t}$ 的傅里叶变换为

$$\mathcal{F}\left[\mathrm{e}^{\mathrm{j}\omega_0 t}\right]=\int_{-\infty}^{+\infty}\mathrm{e}^{\mathrm{j}\omega_0 t}\mathrm{e}^{-\mathrm{j}\omega t}\mathrm{d}t=\int_{-\infty}^{+\infty}\mathrm{e}^{-\mathrm{j}(\omega-\omega_0)t}\mathrm{d}t \tag{5-44}$$

由式(5-41)得

$$\int_{-\infty}^{+\infty}\mathrm{e}^{-\mathrm{j}(\omega-\omega_0)t}\mathrm{d}t=2\pi\delta(\omega-\omega_0) \tag{5-45}$$

从而

$$\mathrm{e}^{\mathrm{j}\omega_0 t}\overset{\mathcal{F}}{\leftrightarrow}2\pi\delta(\omega-\omega_0) \tag{5-46}$$

同理可得

$$\mathrm{e}^{-\mathrm{j}\omega_0 t}\overset{\mathcal{F}}{\leftrightarrow}2\pi\delta(\omega+\omega_0) \tag{5-47}$$

正弦信号 $\sin(\omega_0 t)$ 的傅里叶变换为

$$\mathcal{F}\left[\sin(\omega_0 t)\right]=\frac{1}{2\mathrm{j}}\left\{\mathcal{F}\left[\mathrm{e}^{\mathrm{j}\omega_0 t}\right]-\mathcal{F}\left[\mathrm{e}^{-\mathrm{j}\omega_0 t}\right]\right\}=\frac{1}{2\mathrm{j}}\left[2\pi\delta(\omega-\omega_0)-2\pi\delta(\omega+\omega_0)\right] \tag{5-48}$$

此即

$$\sin(\omega_0 t)\overset{\mathcal{F}}{\leftrightarrow}\pi\mathrm{j}\left[\delta(\omega+\omega_0)-\delta(\omega-\omega_0)\right] \tag{5-49}$$

同理可得余弦信号 $\cos(\omega_0 t)$ 的傅里叶变换为

$$\cos(\omega_0 t)\overset{\mathcal{F}}{\leftrightarrow}\pi\left[\delta(\omega+\omega_0)+\delta(\omega-\omega_0)\right] \tag{5-50}$$

从以上两式可以看出正弦信号和余弦信号的傅里叶变换为两个冲激函数的差与和。

5.3.6　符号函数

符号函数定义如下：

$$\operatorname{sgn}(t)=\begin{cases}1, & t>0\\ 0, & t=0\\ -1, & t<0\end{cases} \tag{5-51}$$

记 $\operatorname{sgn}(t)$ 的傅里叶变换为 $F(\omega)$。显然，符号函数不满足绝对可积条件，直接利用傅里叶变换的定义，不能求出它的傅里叶变换 $F(\omega)$。设信号 $x(t)$ 为

$$x(t)=\begin{cases}\mathrm{e}^{-\alpha t}, & t>0\\ 0, & t=0,\quad \alpha>0\\ -\mathrm{e}^{\alpha t}, & t<0\end{cases} \tag{5-52}$$

则 $x(t)$ 的傅里叶变换 $X(\omega)$ 为

$$X(\omega)=\int_0^{+\infty}\mathrm{e}^{-\alpha t}\mathrm{e}^{-\mathrm{j}\omega t}\mathrm{d}t+\int_{-\infty}^{0}\left(-\mathrm{e}^{\alpha t}\right)\mathrm{e}^{-\mathrm{j}\omega t}\mathrm{d}t=\frac{1}{\alpha+\mathrm{j}\omega}-\frac{1}{\alpha-\mathrm{j}\omega}=\frac{-2\mathrm{j}\omega}{\alpha^2+\omega^2} \tag{5-53}$$

显然当 $\alpha\to 0$ 时，$x(t)\to\operatorname{sgn}(t)$，所以有

$$F(\omega)=\lim_{\alpha\to 0}X(\omega)=\frac{2\mathrm{j}\omega}{\omega^2}=\frac{2}{\mathrm{j}\omega} \tag{5-54}$$

此即

$$\operatorname{sgn}(t)\overset{\mathcal{F}}{\leftrightarrow}\frac{2}{\mathrm{j}\omega} \tag{5-55}$$

5.3.7 阶跃信号

同样地，单位阶跃信号$u(t)$也不满足绝对可积条件。显然，$u(t)$和符号函数$\operatorname{sgn}(t)$满足以下关系式：

$$u(t)=\frac{1+\operatorname{sgn}(t)}{2} \tag{5-56}$$

对上式右边的两项分别求傅里叶变换得

$$\mathcal{F}[u(t)]=\frac{\mathcal{F}[1]+\mathcal{F}[\operatorname{sgn}(t)]}{2}=\pi\delta(\omega)+\frac{1}{\mathrm{j}\omega} \tag{5-57}$$

此即

$$u(t)\overset{\mathcal{F}}{\leftrightarrow}\pi\delta(\omega)+\frac{1}{\mathrm{j}\omega} \tag{5-58}$$

5.4 傅里叶变换的性质

傅里叶变换的线性性质是显然的。

5.4.1 对偶性

设$x(t)\overset{\mathcal{F}}{\leftrightarrow}X(\omega)$，则有

$$X(t)\overset{\mathcal{F}}{\leftrightarrow}2\pi x(-\omega) \tag{5-59}$$

或

$$X(t)/2\pi\overset{\mathcal{F}}{\leftrightarrow}x(-\omega) \tag{5-60}$$

证明：因为$x(t)\overset{\mathcal{F}}{\leftrightarrow}X(\omega)$，所以

$$x(t)=\frac{1}{2\pi}\int_{-\infty}^{+\infty}X(\omega)\mathrm{e}^{\mathrm{j}\omega t}\mathrm{d}\omega \tag{5-61}$$

在上式中用$-t$代替t得

$$x(-t)=\frac{1}{2\pi}\int_{-\infty}^{+\infty}X(\omega)\mathrm{e}^{-\mathrm{j}\omega t}\mathrm{d}\omega \tag{5-62}$$

在上式中将变量t和ω互换得

$$x(-\omega)=\frac{1}{2\pi}\int_{-\infty}^{+\infty}X(t)\mathrm{e}^{-\mathrm{j}\omega t}\mathrm{d}t \tag{5-63}$$

从而

$$\int_{-\infty}^{+\infty}X(t)\mathrm{e}^{-\mathrm{j}\omega t}\mathrm{d}t=2\pi x(-\omega) \tag{5-64}$$

由傅里叶变换的定义式可知，上式等号左边即为 $X(t)$ 的傅里叶变换，所以 $X(t)\overset{\mathcal{F}}{\leftrightarrow}2\pi x(-\omega)$ 成立。傅里叶变换的对偶性如图 5-6 所示。

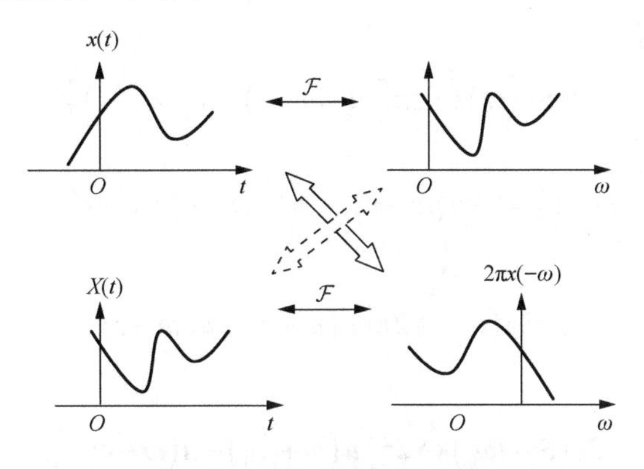

图 5-6　傅里叶变换的对偶性

给定一个连续信号 $x(t)$，其希尔伯特(Hilbert)变换 $\hat{x}(t)$ 的定义为

$$\hat{x}(t)=x(t)*1/(\pi t) \tag{5-65}$$

下面来求完成希尔伯特变换的线性时不变系统的冲激响应 $h(t)=1/(\pi t)$ 对应的傅里叶变换 $H(\omega)$（即第 6 章要讲到的系统频率响应）。根据符号函数的傅里叶变换式 $\operatorname{sgn}(t)\overset{\mathcal{F}}{\leftrightarrow}2/(\mathrm{j}\omega)$，利用对偶性有 $2/(\mathrm{j}t)\overset{\mathcal{F}}{\leftrightarrow}2\pi\operatorname{sgn}(-\omega)$，此即

$$h(t)=1/(\pi t)\overset{\mathcal{F}}{\leftrightarrow}H(\omega)=\mathrm{j}\operatorname{sgn}(-\omega)=-\mathrm{j}\operatorname{sgn}(\omega) \tag{5-66}$$

显然，幅度谱为 $|H(\omega)|=1$，而相位谱为

$$\angle H(\omega)=\begin{cases}-\pi/2, & \omega>0\\ \pi/2, & \omega<0\end{cases}$$

希尔伯特变换器的频谱如图 5-7 所示。由此可见，一个信号经过希尔伯特变换后，仅仅使得相位移动了 90°，因此又称希尔伯特变换为 90° 相移滤波器或正交滤波器。

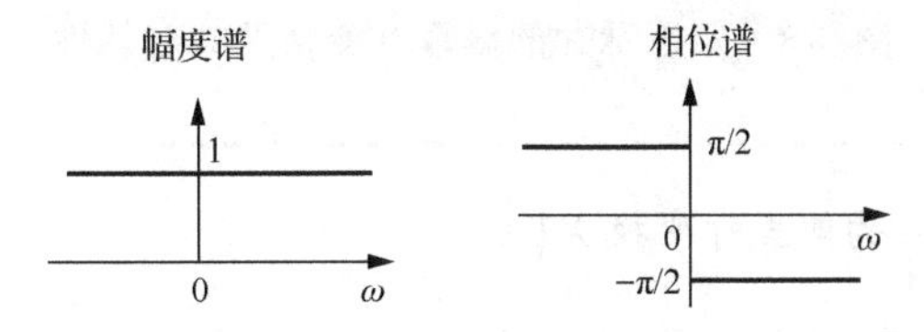

图 5-7　希尔伯特变换器的频谱

例 5-1　已知傅里叶变换对 $\mathcal{F}\left[u(t+\tau)-u(t-\tau)\right]=2\tau\mathrm{Sa}(\omega\tau)$。信号 $x(t)$ 的傅里叶变换 $X(\omega)$ 为

$$X(\omega)=\begin{cases}1, & |\omega|<\omega_0\\ 0, & |\omega|>\omega_0\end{cases}$$

利用对偶性，求 $X(\omega)$ 的傅里叶反变换 $x(t)$。

解：已知傅里叶变换对：

$$x_1(t) \overset{\text{def}}{=} u(t+\tau)-u(t-\tau) \overset{\mathcal{F}}{\leftrightarrow} X_1(\omega) \overset{\text{def}}{=} 2\tau\text{Sa}(\omega\tau) \tag{5-67}$$

利用对偶性，由上式可得

$$2\tau\text{Sa}(t\tau) \overset{\mathcal{F}}{\leftrightarrow} 2\pi\left[u(-\omega+\tau)-u(-\omega-\tau)\right] \tag{5-68}$$

由式(5-69)可得

$$u(-\omega-\tau)=1-u(\omega+\tau),\quad u(-\omega+\tau)=1-u(\omega-\tau) \tag{5-69}$$

将上式代入式(5-68)可得

$$2\tau\text{Sa}(t\tau) \overset{\mathcal{F}}{\leftrightarrow} 2\pi\left[u(\omega+\tau)-u(\omega-\tau)\right] \tag{5-70}$$

在上式中令$\tau=\omega_0$得

$$2\omega_0\text{Sa}(t\omega_0) \overset{\mathcal{F}}{\leftrightarrow} 2\pi\left[u(\omega+\omega_0)-u(\omega-\omega_0)\right] \tag{5-71}$$

此即

$$\frac{\sin(\omega_0 t)}{\pi t} \overset{\mathcal{F}}{\leftrightarrow} u(\omega+\omega_0)-u(\omega-\omega_0) \tag{5-72}$$

上题的结论如图 5-8 所示。

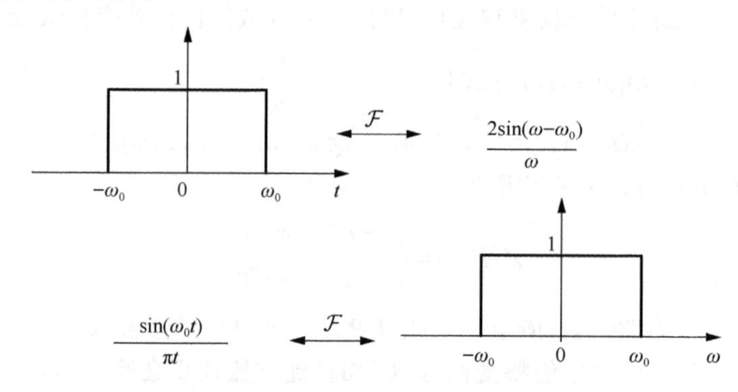

图 5-8　矩形脉冲的傅里叶变换及其对偶性

例 5-2　求$x(t)=\dfrac{1}{t^2+4}$的傅里叶变换$X(\omega)$。

解：前面已得到傅里叶变换对：

$$f(t)=\text{e}^{-\alpha|t|} \overset{\mathcal{F}}{\leftrightarrow} F(\omega)=\frac{2\alpha}{\omega^2+\alpha^2} \tag{5-73}$$

以t替换上式等号右边$F(\omega)$中的ω得

$$F(t)=\frac{2\alpha}{\omega^2+\alpha^2} \tag{5-74}$$

若$\alpha=2$，显然有下述关系式：

$$x(t)=0.25F(t) \tag{5-75}$$

对上式两边取傅里叶变换得

$$X(\omega)=0.25\mathcal{F}\left[F(t)\right] \tag{5-76}$$

由对偶性 $F(t)\overset{\mathcal{F}}{\leftrightarrow}2\pi\delta(-\omega)$，上式变为

$$X(\omega)=0.25\times2\pi f(-\omega)=0.5\pi\mathrm{e}^{-2|\omega|} \tag{5-77}$$

例 5-3　利用对偶性求常数1的傅里叶变换。

解：前面已经得到傅里叶变换对：$\delta(t)\overset{\mathcal{F}}{\leftrightarrow}1$。由对偶性得 $1\overset{\mathcal{F}}{\leftrightarrow}2\pi\delta(-\omega)$。由于单位冲激函数是偶函数，所以：

$$1\overset{\mathcal{F}}{\leftrightarrow}2\pi\delta(\omega) \tag{5-78}$$

5.4.2　时移特性

若 $x(t)\overset{\mathcal{F}}{\leftrightarrow}X(\omega)$，则对任意常数 t_0 有

$$x(t-t_0)\overset{\mathcal{F}}{\leftrightarrow}X(\omega)\mathrm{e}^{-\mathrm{j}\omega t_0} \tag{5-79}$$

证明：由傅里叶变换的定义得

$$x(t-t_0)\overset{\mathcal{F}}{\leftrightarrow}\int_{-\infty}^{+\infty}x(t-t_0)\mathrm{e}^{-\mathrm{j}\omega t}\mathrm{d}t \tag{5-80}$$

在上式右边作变量代换 $\tau=t-t_0$，则有

$$x(t-t_0)\overset{\mathcal{F}}{\leftrightarrow}\int_{-\infty}^{+\infty}x(\tau)\mathrm{e}^{-\mathrm{j}\omega(t_0+\tau)}\mathrm{d}\tau=\mathrm{e}^{-\mathrm{j}\omega t_0}\int_{-\infty}^{+\infty}x(\tau)\mathrm{e}^{-\mathrm{j}\omega\tau}\mathrm{d}\tau=\mathrm{e}^{-\mathrm{j}\omega t_0}X(\omega) \tag{5-81}$$

显然，$\left|\mathrm{e}^{-\mathrm{j}\omega t_0}X(\omega)\right|=\left|\mathrm{e}^{-\mathrm{j}\omega t_0}\right|\left|X(\omega)\right|=\left|X(\omega)\right|$，这表明时移不影响信号的幅度谱。时移对应于频谱在频域大小为 $-\omega t_0$ 的相移，显然它与频率呈线性关系，称为线性相移。信号在时域的时延，造成较高的频率分量要承受较大的相移。线性相移是无失真传输的一个基本要求。

5.4.3　频移特性

若 $x(t)\overset{\mathcal{F}}{\leftrightarrow}X(\omega)$，则对任意常数 t_0 有

$$x(t)\mathrm{e}^{\mathrm{j}\omega_0 t}\overset{\mathcal{F}}{\leftrightarrow}X(\omega-\omega_0) \tag{5-82}$$

证明：对 $x(t)\mathrm{e}^{\mathrm{j}\omega_0 t}$ 进行傅里叶变换得

$$x(t)\mathrm{e}^{\mathrm{j}\omega_0 t}\overset{\mathcal{F}}{\leftrightarrow}\int_{-\infty}^{+\infty}\left[x(t)\mathrm{e}^{\mathrm{j}\omega_0 t}\right]\mathrm{e}^{-\mathrm{j}\omega t}\mathrm{d}t=\int_{-\infty}^{+\infty}x(t)\mathrm{e}^{-\mathrm{j}(\omega-\omega_0)t}\mathrm{d}t \tag{5-83}$$

由 $x(t)\overset{\mathcal{F}}{\leftrightarrow}X(\omega)$ 得 $X(\omega)=\int_{-\infty}^{+\infty}x(t)\mathrm{e}^{-\mathrm{j}\omega t}\mathrm{d}t$，所以

$$X(\omega-\omega_0)=\int_{-\infty}^{+\infty}X(t)\mathrm{e}^{-\mathrm{j}(\omega-\omega_0)t}\mathrm{d}t \tag{5-84}$$

比较以上两式可知结论成立。

傅里叶变换的频移特性表明信号在时域乘以因子 $\mathrm{e}^{\mathrm{j}\omega_0 t}$ 对应于频谱在频域的频移，搬移量为右移 ω_0。

将式(5-82)中的ω_0换为$-\omega_0$可得

$$x(t)\mathrm{e}^{-\mathrm{j}\omega_0 t} \overset{\mathcal{F}}{\leftrightarrow} X(\omega+\omega_0) \tag{5-85}$$

一般都用信号乘以正弦和余弦信号来实现频谱搬移。由 Euler 公式有

$$x(t)\cos(\omega_0 t)=\frac{1}{2}x(t)\left(\mathrm{e}^{\mathrm{j}\omega_0 t}+\mathrm{e}^{-\mathrm{j}\omega_0 t}\right)=\frac{1}{2}\left[x(t)\mathrm{e}^{\mathrm{j}\omega_0 t}+x(t)\mathrm{e}^{-\mathrm{j}\omega_0 t}\right] \tag{5-86}$$

利用式(5-82)和式(5-85)可得

$$x(t)\cos(\omega_0 t) \overset{\mathcal{F}}{\leftrightarrow} \frac{1}{2}\left[X(\omega-\omega_0)+X(\omega+\omega_0)\right] \tag{5-87}$$

同样可得

$$x(t)\sin(\omega_0 t) \overset{\mathcal{F}}{\leftrightarrow} \frac{\mathrm{j}}{2}\left[X(\omega+\omega_0)-X(\omega-\omega_0)\right] \tag{5-88}$$

傅里叶变换的频移特性是通信系统中调制、同步解调、变频等的理论基础。调制解调的原理在第 6 章讲解。

如果要在同一传输媒质上传输多路占据相同频带的信号，可以通过频谱搬移技术把它们搬移到不同的频带上，这样在接收端就可以把它们分别提取出来，再进行相反的过程就可以得到原始的频谱。这是频分多路复用技术(FDMA)的理论基础。

在无线链路上为了有效地发射信号，天线的尺寸必须与发射信号的波长具有相同的数量级。音频信号的频率太低，波长很长，如果不对信号进行任何处理，天线的尺寸就得做得很大，这就有些不切实际。通过把待发射信号的频谱搬移到一个较高的频带上，就使得波长变得很短，相应的天线尺寸就可以做得很小。

例 5-4 求$\cos(\omega_0 t)$及$\sin(\omega_0 t)$的傅里叶变换。

解：前面已经得到傅里叶变换对:

$$1 \overset{\mathcal{F}}{\leftrightarrow} 2\pi\delta(\omega) \tag{5-89}$$

由傅里叶变换的频移特性得

$$1\cdot \mathrm{e}^{\mathrm{j}\omega_0 t}=\mathrm{e}^{\mathrm{j}\omega_0 t} \overset{\mathcal{F}}{\leftrightarrow} 2\pi\delta(\omega-\omega_0) \tag{5-90}$$

$$1\cdot \mathrm{e}^{-\mathrm{j}\omega_0 t}=\mathrm{e}^{-\mathrm{j}\omega_0 t} \overset{\mathcal{F}}{\leftrightarrow} 2\pi\delta(\omega+\omega_0) \tag{5-91}$$

由 Euler 公式得

$$\cos(\omega_0 t)=\frac{\mathrm{e}^{\mathrm{j}\omega_0 t}+\mathrm{e}^{-\mathrm{j}\omega_0 t}}{2} \tag{5-92}$$

$$\sin(\omega_0 t)=\frac{\mathrm{e}^{\mathrm{j}\omega_0 t}-\mathrm{e}^{-\mathrm{j}\omega_0 t}}{2\mathrm{j}} \tag{5-93}$$

从而

$$\cos(\omega_0 t) \overset{\mathcal{F}}{\leftrightarrow} \pi\left[\delta(\omega+\omega_0)+\delta(\omega-\omega_0)\right] \tag{5-94}$$

$$\sin(\omega_0 t) \overset{\mathcal{F}}{\leftrightarrow} \pi\mathrm{j}\left[\delta(\omega+\omega_0)-\delta(\omega-\omega_0)\right] \tag{5-95}$$

5.4.4 尺度变换特性

若 $x(t)\overset{\mathcal{F}}{\leftrightarrow}X(\omega)$，则对任意非零的实数 α 有

$$x(\alpha t)\overset{\mathcal{F}}{\leftrightarrow}X(\omega/\alpha)/|\alpha| \tag{5-96}$$

证明：由傅里叶变换的定义得

$$x(\alpha t)\overset{\mathcal{F}}{\leftrightarrow}\int_{-\infty}^{+\infty}x(\alpha t)\mathrm{e}^{-\mathrm{j}\omega t}\mathrm{d}t$$

在上式右边中作变量代换 $\tau=\alpha t$，则 $t=\tau/\alpha$ 及 $\mathrm{d}t=\mathrm{d}\tau/\alpha$。下面分两种情况讨论。

当 $\alpha>0$ 时，上式变为

$$x(\alpha t)\overset{\mathcal{F}}{\leftrightarrow}\frac{1}{\alpha}\int_{-\infty}^{+\infty}x(\tau)\mathrm{e}^{-\mathrm{j}\omega(\tau/\alpha)}\mathrm{d}\tau=\frac{1}{\alpha}\int_{-\infty}^{+\infty}x(\tau)\mathrm{e}^{-\mathrm{j}(\omega/\alpha)\tau}\mathrm{d}\tau \tag{5-97}$$

考虑到 $x(t)\overset{\mathcal{F}}{\leftrightarrow}X(\omega)$，此即 $X(\omega)=\int_{-\infty}^{+\infty}x(t)\mathrm{e}^{-\mathrm{j}\omega t}\mathrm{d}t$，所以 $X(\omega/\alpha)=\int_{-\infty}^{+\infty}x(t)\mathrm{e}^{-\mathrm{j}(\omega/\alpha)t}\mathrm{d}t$，这样上式变为

$$x(\alpha t)\overset{\mathcal{F}}{\leftrightarrow}\frac{1}{\alpha}X(\omega/\alpha)$$

当 $\alpha<0$ 时，有

$$x(\alpha t)\overset{\mathcal{F}}{\leftrightarrow}\frac{1}{\alpha}\int_{-\infty}^{+\infty}x(\tau)\mathrm{e}^{-\mathrm{j}\omega(\tau/\alpha)}\mathrm{d}\tau=-\frac{1}{\alpha}\int_{-\infty}^{+\infty}x(\tau)\mathrm{e}^{-\mathrm{j}(\omega/\alpha)\tau}\mathrm{d}\tau=\frac{1}{|\alpha|}X(\omega/\alpha) \tag{5-98}$$

综合以上两种情况，可知结论成立。

图 5-9 给出了不同脉宽时矩形脉冲信号的傅里叶变换。从图中可以看出，尺度变换特性的一个重要影响就是，在某个域内的压缩(拉伸)必然导致另一个域内的拉伸(压缩)。

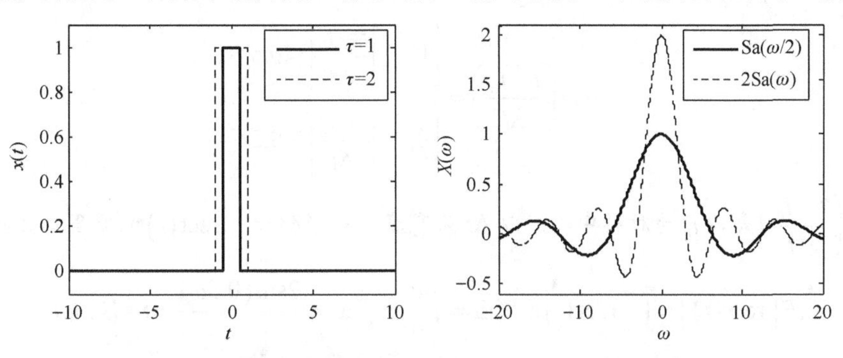

图 5-9　矩形脉冲的宽度变化对傅里叶变换的影响

特别地，当 $\alpha=-1$ 时，尺度变换特性变为

$$x(-t)\overset{\mathcal{F}}{\leftrightarrow}X(-\omega) \tag{5-99}$$

上式表明时域的反转导致频域的反转，这称为傅里叶变换的**反转特性**。

反转特性的一个更简单的证明如下。因为 $x(t)\overset{\mathcal{F}}{\leftrightarrow}X(\omega)$，由傅里叶变换的定义得

$$X(\omega)=\int_{-\infty}^{+\infty}x(t)\mathrm{e}^{-\mathrm{j}\omega t}\mathrm{d}t \tag{5-100}$$

在上式两边中用 $-\omega$ 代替 ω 得

$$X(-\omega)=\int_{-\infty}^{+\infty}x(t)\mathrm{e}^{-\mathrm{j}(-\omega)t}\mathrm{d}t=\int_{-\infty}^{+\infty}x(t)\mathrm{e}^{-\mathrm{j}\omega(-t)}\mathrm{d}t \tag{5-101}$$

在上式右端中令 $\tau=-t$，则 $\mathrm{d}t=-\mathrm{d}\tau$，上式变为

$$X(-\omega)=-\int_{+\infty}^{-\infty}x(-\tau)\mathrm{e}^{-\mathrm{j}\omega\tau}\mathrm{d}\tau=\int_{-\infty}^{+\infty}x(-\tau)\mathrm{e}^{-\mathrm{j}\omega\tau}\mathrm{d}\tau \tag{5-102}$$

上式右端即为 $x(-\tau)$ 的傅里叶变换，结论成立。

例 5-5 已知 $x(t)\overset{\mathcal{F}}{\leftrightarrow}X(\omega)$，求 $x(at+t_0)$ 的傅里叶变换 $X_1(\omega)$。

解：显然 $x(at+t_0)$ 可写为

$$x(at+t_0)=x\left[a(t+t_0/\alpha)\right] \tag{5-103}$$

由尺度变换特性得

$$x(\alpha t)\overset{\mathcal{F}}{\leftrightarrow}\frac{1}{|\alpha|}X(\omega/\alpha) \tag{5-104}$$

再由时移特性得

$$x\left[a(t+t_0/\alpha)\right]\overset{\mathcal{F}}{\leftrightarrow}\frac{1}{|\alpha|}X(\omega/\alpha)\mathrm{e}^{\mathrm{j}\omega t_0/\alpha} \tag{5-105}$$

例 5-6 求 $\mathrm{rect}\left(\dfrac{t-t_0}{\Delta t}\right)$ 的傅里叶变换，式中 $\mathrm{rect}(t)$ 为矩形脉冲函数，其定义为

$$\mathrm{rect}(t)=u(t+0.5)-u(t-0.5)=\begin{cases}1, & |t|<0.5\\ 0, & |t|>0.5\end{cases} \tag{5-106}$$

解：由 $\mathrm{rect}(t)$ 的定义可知:

$$\mathrm{rect}\left(\frac{t-t_0}{\Delta t}\right)=\begin{cases}1, & \left|\dfrac{t-t_0}{\Delta t}\right|<0.5\\ 0, & \left|\dfrac{t-t_0}{\Delta t}\right|>0.5\end{cases} \tag{5-107}$$

这表明 $\mathrm{rect}\left(\dfrac{t-t_0}{\Delta t}\right)$ 是以 t_0 为对称中心、以 Δt 为宽度的矩形脉冲。$\mathrm{rect}(t)$ 的傅里叶变换为

$$\mathcal{F}\left[\mathrm{rect}(t)\right]=\int_{-\infty}^{+\infty}\mathrm{rect}(t)\mathrm{e}^{-\mathrm{j}\omega t}\mathrm{d}t=\int_{-0.5}^{0.5}\mathrm{e}^{-\mathrm{j}\omega t}\mathrm{d}t=\frac{2\sin(0.5\omega)}{\omega}=\mathrm{Sa}(0.5\omega) \tag{5-108}$$

由尺度变换特性得

$$\mathrm{rect}\left(\frac{t}{\Delta t}\right)\overset{\mathcal{F}}{\leftrightarrow}\Delta t\,\mathrm{Sa}(0.5\omega\Delta t) \tag{5-109}$$

再由时移特性得

$$\mathrm{rect}\left(\frac{t-t_0}{\Delta t}\right)\overset{\mathcal{F}}{\leftrightarrow}\Delta t\,\mathrm{Sa}(0.5\omega\Delta t)\mathrm{e}^{-\mathrm{j}\omega t_0} \tag{5-110}$$

5.4.5 微分特性

1. 时域微分特性

若 $x(t)\overset{\mathcal{F}}{\leftrightarrow}X(\omega)$，则有

$$\frac{\mathrm{d}}{\mathrm{d}t}x(t)\overset{\mathcal{F}}{\leftrightarrow}\mathrm{j}\omega X(\omega) \tag{5-111}$$

证明：已知 $x(t)\overset{\mathcal{F}}{\leftrightarrow}X(\omega)$，由傅里叶反变换的定义式得

$$x(t)=\frac{1}{2\pi}\int_{-\infty}^{+\infty}X(\omega)\mathrm{e}^{\mathrm{j}\omega t}\mathrm{d}\omega \tag{5-112}$$

上式两边对 t 求导得

$$\frac{\mathrm{d}}{\mathrm{d}t}x(t)=\frac{1}{2\pi}\frac{\mathrm{d}}{\mathrm{d}t}\left[\int_{-\infty}^{+\infty}X(\omega)\mathrm{e}^{\mathrm{j}\omega t}\mathrm{d}\omega\right] \tag{5-113}$$

在上式右端中交换积分和微分的次序得

$$\frac{\mathrm{d}}{\mathrm{d}t}x(t)=\frac{1}{2\pi}\int_{-\infty}^{+\infty}\frac{\mathrm{d}}{\mathrm{d}t}\left[X(\omega)\mathrm{e}^{\mathrm{j}\omega t}\right]\mathrm{d}\omega=\frac{1}{2\pi}\int_{-\infty}^{+\infty}\left[\mathrm{j}\omega X(\omega)\right]\mathrm{e}^{\mathrm{j}\omega t}\mathrm{d}\omega \tag{5-114}$$

由傅里叶反变换式可知上式右端即为 $\mathrm{j}\omega X(\omega)$ 的反傅里叶变换，从而

$$\frac{\mathrm{d}}{\mathrm{d}t}x(t)\overset{\mathcal{F}}{\leftrightarrow}\mathrm{j}\omega X(\omega) \tag{5-115}$$

继续上述过程，得到更一般的结论：对任意 n 有

$$\frac{\mathrm{d}^n}{\mathrm{d}t^n}x(t)\overset{\mathcal{F}}{\leftrightarrow}(\mathrm{j}\omega)^n X(\omega) \tag{5-116}$$

2. 频域微分特性

若 $x(t)\overset{\mathcal{F}}{\leftrightarrow}X(\omega)$，则有

$$-\mathrm{j}tx(t)\overset{\mathcal{F}}{\leftrightarrow}\frac{\mathrm{d}}{\mathrm{d}\omega}X(\omega) \tag{5-117}$$

或

$$\mathrm{j}tx(t)\overset{\mathcal{F}}{\leftrightarrow}-\frac{\mathrm{d}}{\mathrm{d}\omega}X(\omega) \tag{5-118}$$

证明：已知 $x(t)\overset{\mathcal{F}}{\leftrightarrow}X(\omega)$，即

$$X(\omega)=\int_{-\infty}^{+\infty}x(t)\mathrm{e}^{-\mathrm{j}\omega t}\mathrm{d}t \tag{5-119}$$

上式两边对 ω 求导得

$$\frac{\mathrm{d}}{\mathrm{d}\omega}X(\omega)=\frac{\mathrm{d}}{\mathrm{d}\omega}\left[\int_{-\infty}^{+\infty}x(t)\mathrm{e}^{-\mathrm{j}\omega t}\mathrm{d}t\right] \tag{5-120}$$

在上式右端交换求导和积分的次序得

$$\frac{\mathrm{d}}{\mathrm{d}\omega}X(\omega)=\int_{-\infty}^{+\infty}\frac{\mathrm{d}}{\mathrm{d}\omega}\left[x(t)\mathrm{e}^{-\mathrm{j}\omega t}\right]\mathrm{d}t \tag{5-121}$$

考虑到 $x(t)$ 是 t 的函数而与 ω 无关，所以上式变为

$$\frac{\mathrm{d}}{\mathrm{d}\omega}X(\omega)=\int_{-\infty}^{+\infty}x(t)\frac{\mathrm{d}}{\mathrm{d}\omega}(\mathrm{e}^{-\mathrm{j}\omega t})\mathrm{d}t=\int_{-\infty}^{+\infty}\left[-\mathrm{j}tx(t)\right]\mathrm{e}^{-\mathrm{j}\omega t}\mathrm{d}t \tag{5-122}$$

由傅里叶变换的定义式可知，上式右端为$-\mathrm{j}tx(t)$的傅里叶变换，从而

$$-\mathrm{j}t\,x(t)\overset{\mathcal{F}}{\leftrightarrow}\frac{\mathrm{d}X(\omega)}{\mathrm{d}\omega} \tag{5-123}$$

此即

$$t\,x(t)\overset{\mathcal{F}}{\leftrightarrow}\mathrm{j}\frac{\mathrm{d}X(\omega)}{\mathrm{d}\omega} \tag{5-124}$$

继续上述过程，得到更一般的结论：对任意n有

$$(-\mathrm{j}t)^n x(t)\overset{\mathcal{F}}{\leftrightarrow}\frac{\mathrm{d}^n X(\omega)}{\mathrm{d}\omega^n} \tag{5-125}$$

例 5-7 求$x_1(t)=t\mathrm{e}^{-\alpha t}u(t)$和$x_2(t)=t^2\mathrm{e}^{-\alpha t}u(t)$的傅里叶变换$(\alpha>0)$。

解：前面已得到傅里叶变换对：

$$x(t)=\mathrm{e}^{-\alpha t}u(t)\overset{\mathcal{F}}{\leftrightarrow}X(\omega)=\frac{1}{\alpha+\mathrm{j}\omega} \tag{5-126}$$

由傅里叶变换频域微分性质得

$$X_1(\omega)=\mathrm{j}\frac{\mathrm{d}X(\omega)}{\mathrm{d}\omega}=\frac{1}{(\alpha+\mathrm{j}\omega)^2} \tag{5-127}$$

显然$x_2(t)=tx_1(t)$，再次由傅里叶变换频域微分性质得

$$X_2(\omega)=\mathrm{j}\frac{\mathrm{d}}{\mathrm{d}\omega}X_1(\omega)=\mathrm{j}\frac{\mathrm{d}}{\mathrm{d}\omega}\left[\frac{1}{(\alpha+\mathrm{j}\omega)^2}\right]=\frac{2}{(\alpha+\mathrm{j}\omega)^3} \tag{5-128}$$

更一般地，对任意n有

$$\frac{t^{n-1}}{(n-1)!}\mathrm{e}^{-\alpha t}\overset{\mathcal{F}}{\leftrightarrow}u(t)\frac{1}{(\alpha+\mathrm{j}\omega)^n} \tag{5-129}$$

例 5-8 利用傅里叶变换的时域和频域微分特性求高斯脉冲信号$g(t)=\mathrm{e}^{-t^2/2}/\sqrt{2\pi}$的傅里叶变换$G(\omega)$。

解：已知$g(t)\overset{\mathcal{F}}{\leftrightarrow}G(\omega)$，由傅里叶变换的时域微分特性得

$$\frac{\mathrm{d}}{\mathrm{d}t}g(t)\overset{\mathcal{F}}{\leftrightarrow}\mathrm{j}\omega G(\omega) \tag{5-130}$$

而$\frac{\mathrm{d}}{\mathrm{d}t}g(t)=-t\frac{1}{\sqrt{2\pi}}\mathrm{e}^{-\frac{t^2}{2}}=-tg(t)$，所以上式可写为

$$-tg(t)\overset{\mathcal{F}}{\leftrightarrow}\mathrm{j}\omega G(\omega) \tag{5-131}$$

再由傅里叶变换的频域微分特性得

$$-\mathrm{j}tg(t)\overset{\mathcal{F}}{\leftrightarrow}\frac{\mathrm{d}}{\mathrm{d}\omega}G(\omega) \tag{5-132}$$

比较以上两式可得

$$\frac{\mathrm{d}}{\mathrm{d}\omega}G(\omega)=-\omega G(\omega) \tag{5-133}$$

此即

$$\frac{\mathrm{d}}{G(\omega)}G(\omega)=-\omega\mathrm{d}\omega \tag{5-134}$$

对上式两边积分得

$$\ln\left|G(\omega)\right|=-\frac{\omega^2}{2}+c_0 \tag{5-135}$$

式中，c_0 为常数，此即

$$G(\omega)=c\mathrm{e}^{-\frac{\omega^2}{2}} \tag{5-136}$$

式中，$c=\pm\mathrm{e}^{c_0}$ 为常数。由于 $G(\omega)\big|_{\omega=0}=\int_{-\infty}^{+\infty}g(t)\mathrm{d}t=\int_{-\infty}^{+\infty}\frac{1}{\sqrt{2\pi}}\mathrm{e}^{-\frac{t^2}{2}}\mathrm{d}t=1$ 得 $c=1$，所以

$$\frac{1}{\sqrt{2\pi}}\mathrm{e}^{-\frac{t^2}{2}}\overset{\mathcal{F}}{\leftrightarrow}\mathrm{e}^{-\frac{\omega^2}{2}} \tag{5-137}$$

5.4.6　积分特性

1. 时域积分特性

若 $x(t)\overset{\mathcal{F}}{\leftrightarrow}X(\omega)$，则有

$$\int_{-\infty}^{t}x(\tau)\mathrm{d}\tau\overset{\mathcal{F}}{\leftrightarrow}\pi X(0)\delta(\omega)+\frac{X(\omega)}{\mathrm{j}\omega} \tag{5-138}$$

证明：显然下式成立：

$$\int_{-\infty}^{t}x(\tau)\mathrm{d}\tau=x(t)*u(t)=\int_{-\infty}^{+\infty}x(\tau)u(t-\tau)\mathrm{d}\tau \tag{5-139}$$

对上式两端进行傅里叶变换得

$$\int_{-\infty}^{t}x(\tau)\mathrm{d}\tau\overset{\mathcal{F}}{\leftrightarrow}\mathcal{F}\left[\int_{-\infty}^{+\infty}x(\tau)u(t-\tau)\mathrm{d}\tau\right]=\int_{-\infty}^{+\infty}\left[\int_{-\infty}^{+\infty}x(\tau)u(t-\tau)\mathrm{d}\tau\right]\mathrm{e}^{-\mathrm{j}\omega t}\mathrm{d}t \tag{5-140}$$

在上式右端交换对 τ 和对 t 积分的次序得

$$\int_{-\infty}^{t}x(\tau)\mathrm{d}\tau\overset{\mathcal{F}}{\leftrightarrow}\int_{-\infty}^{+\infty}\left[\int_{-\infty}^{+\infty}u(t-\tau)\mathrm{e}^{-\mathrm{j}\omega t}\mathrm{d}t\right]x(\tau)\mathrm{d}\tau \tag{5-141}$$

考虑到 $u(t)\overset{\mathcal{F}}{\leftrightarrow}\pi\delta(\omega)+1/(\mathrm{j}\omega)$，由傅里叶变换的时移特性得

$$\int_{-\infty}^{+\infty}u(t-\tau)\mathrm{e}^{-\mathrm{j}\omega t}\mathrm{d}t=\mathcal{F}\left[u(t-\tau)\right]=\mathcal{F}\left[u(t)\right]\mathrm{e}^{-\mathrm{j}\omega\tau}=\left[\pi\delta(\omega)+\frac{1}{\mathrm{j}\omega}\right]\mathrm{e}^{-\mathrm{j}\omega\tau} \tag{5-142}$$

从而式(5-141)变为

$$\int_{-\infty}^{t}x(\tau)\mathrm{d}\tau\overset{\mathcal{F}}{\leftrightarrow}\int_{-\infty}^{+\infty}\left[\pi\delta(\omega)+\frac{1}{\mathrm{j}\omega}\right]\mathrm{e}^{-\mathrm{j}\omega\tau}x(\tau)\mathrm{d}\tau=\left[\pi\delta(\omega)+\frac{1}{\mathrm{j}\omega}\right]\int_{-\infty}^{+\infty}\mathrm{e}^{-\mathrm{j}\omega\tau}x(\tau)\mathrm{d}\tau \tag{5-143}$$

上式右边的积分即为 $x(t)$ 的傅里叶变换 $X(\omega)$，所以上式变为

$$\int_{-\infty}^{t}x(\tau)\mathrm{d}\tau\overset{\mathcal{F}}{\leftrightarrow}\left[\pi\delta(\omega)+\frac{1}{\mathrm{j}\omega}\right]X(\omega)=\pi\delta(\omega)X(0)+\frac{X(\omega)}{\mathrm{j}\omega} \tag{5-144}$$

考虑到 $X(0)=\int_{-\infty}^{+\infty}x(t)\mathrm{d}t$ 为 $x(t)$ 的直流分量，上式右边冲激函数项反映了积分所产生的直流分量。

若 $X(\omega)\big|_{\omega=0}=0$，则式(5-144)变为

$$\int_{-\infty}^{t} x(\tau)\mathrm{d}\tau \overset{\mathcal{F}}{\leftrightarrow} \frac{X(\omega)}{\mathrm{j}\omega} \tag{5-145}$$

此式说明，若信号无直流分量，则信号在时域的积分相当于频谱函数在频域除以 $\mathrm{j}\omega$。

2. 频域积分特性

同理可得频域积分特性：若 $x(t)\overset{\mathcal{F}}{\leftrightarrow}X(\omega)$，则有

$$\pi x(0)\delta(t)-\frac{x(t)}{\mathrm{j}t} \overset{\mathcal{F}}{\leftrightarrow} \int_{-\infty}^{\omega} X(v)\mathrm{d}v \tag{5-146}$$

例 5-9 利用傅里叶变换的时域积分特性求如图 5-10 所示 $x(t)$ 的傅里叶变换 $X(\omega)$。

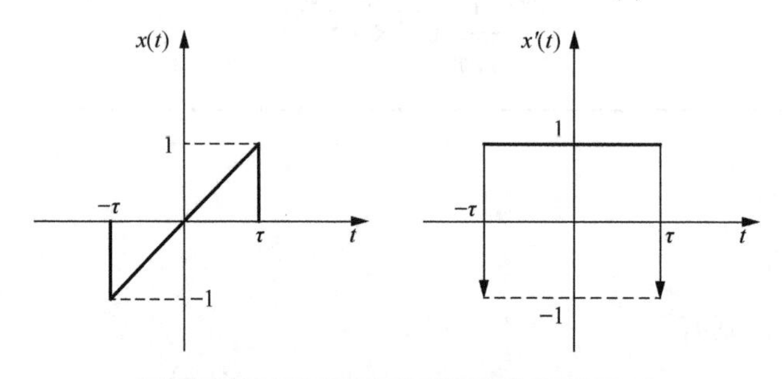

图 5-10 用时域积分特性求傅里叶变换

解：不直接对 $x(t)$ 利用傅里叶变换公式求其傅里叶变换 $X(\omega)$，先求得 $g(t)=x'(t)$ 的傅里叶变换 $G(\omega)$，再利用傅里叶变换的时域积分特性由 $G(\omega)$ 求 $x(t)$ 的傅里叶变换 $X(\omega)$。显然 $g(t)$ 由一个矩形脉冲和两个冲激函数 $-\delta(t+\tau)$、$-\delta(t-\tau)$ 组成，其傅里叶变换为

$$G(\omega)=2\mathrm{Sa}(\omega\tau)-\mathrm{e}^{-\mathrm{j}\omega\tau}-\mathrm{e}^{\mathrm{j}\omega\tau}=2\mathrm{Sa}(\omega\tau)-2\cos(\omega\tau)$$

由上式可得 $G(0)=2-2=0$，所以由傅里叶变换时域积分特性(5-145)得

$$X(\omega)=\frac{G(\omega)}{\mathrm{j}\omega}=\frac{2\mathrm{Sa}(\omega\tau)-2\cos(\omega\tau)}{\mathrm{j}\omega}$$

需要强调的是，上题是利用傅里叶变换的时域积分特性，而不是傅里叶变换的时域微分特性，因为是先得到 $g(t)$ 的傅里叶变换 $G(\omega)$，再得到 $g(t)$ 的积分 $x(t)$ 的傅里叶变换 $X(\omega)$。

例 5-10 利用傅里叶变换的时域积分特性求如图 5-11 所示 $x(t)$ 的傅里叶变换 $X(\omega)$。

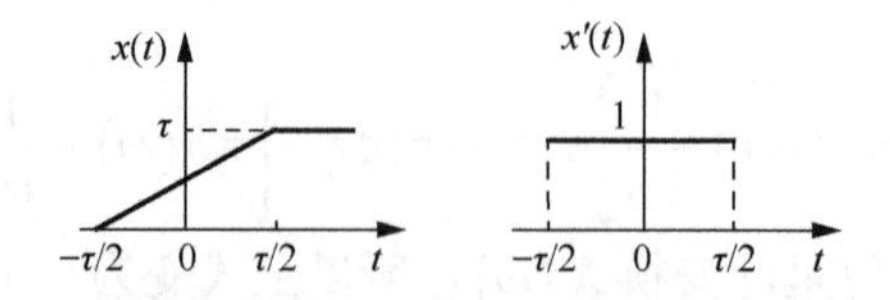

图 5-11 用时域积分特性求傅里叶变换

解：先求得 $g(t)=x'(t)$ 的傅里叶变换 $G(\omega)$，再利用傅里叶变换的时域积分特性由 $G(\omega)$ 求 $x(t)$ 的傅里叶变换 $X(\omega)$。显然 $g(t)$ 是一个矩形脉冲，前面已经得到其傅里叶变换为

$G(\omega)=\tau\mathrm{Sa}(\omega\tau/2)$，显然 $G(0)=\tau$，进而由傅里叶变换的时域积分特性得

$$x(t)\overset{\mathcal{F}}{\leftrightarrow}\pi\delta(\omega)G(0)+\frac{G(\omega)}{\mathrm{j}\omega}=\pi\tau\delta(\omega)+\frac{\tau\mathrm{Sa}(\omega\tau/2)}{\mathrm{j}\omega}$$

5.4.7　奇偶性

记 $x(t)\overset{\mathcal{F}}{\leftrightarrow}X(\omega)$。若 $x(t)$ 是偶信号，即

$$x(t)=x(-t) \tag{5-147}$$

对上式两边取傅里叶变换得

$$X(\omega)=\mathcal{F}\left[x(-t)\right] \tag{5-148}$$

考虑到 $\mathcal{F}\left[x(-t)\right]=X(-\omega)$，所以有 $X(\omega)=X(-\omega)$。这表明偶信号的傅里叶变换同样是偶信号。

同理可得，奇信号的傅里叶变换同样是奇信号。

5.4.8　共轭性

若 $x(t)\overset{\mathcal{F}}{\leftrightarrow}X(\omega)$，则有

$$x^*(t)\overset{\mathcal{F}}{\leftrightarrow}X^*(-\omega) \tag{5-149}$$

证明：已知 $x(t)\overset{\mathcal{F}}{\leftrightarrow}X(\omega)$，由傅里叶变换的定义有

$$X(\omega)=\int_{-\infty}^{+\infty}x(t)\mathrm{e}^{-\mathrm{j}\omega t}\mathrm{d}t \tag{5-150}$$

对上式两边取共轭得

$$X^*(\omega)=\left[\int_{-\infty}^{+\infty}x(t)\mathrm{e}^{-\mathrm{j}\omega t}\mathrm{d}t\right]^*=\int_{-\infty}^{+\infty}x^*(t)\mathrm{e}^{\mathrm{j}\omega t}\mathrm{d}t \tag{5-151}$$

在上式两边中以 $-\omega$ 代替 ω 得

$$X^*(-\omega)=\int_{-\infty}^{+\infty}x^*(t)\mathrm{e}^{-\mathrm{j}\omega t}\mathrm{d}t \tag{5-152}$$

上式等号右边即 $x^*(t)$ 的傅里叶变换，从而

$$x^*(t)\overset{\mathcal{F}}{\leftrightarrow}X^*(-\omega) \tag{5-153}$$

若 $x(t)$ 是实信号，即 $x(t)=x^*(t)$，对此式两边取傅里叶变换，由共轭性得

$$X(\omega)=X^*(-\omega) \tag{5-154}$$

若设 $X(\omega)=R(\omega)+\mathrm{j}I(\omega)$，式中，$R(\omega)$ 和 $I(\omega)$ 分别是 $X(\omega)$ 的实部和虚部。从而

$$X^*(-\omega)=[R(-\omega)+\mathrm{j}I(-\omega)]^*=R(-\omega)-\mathrm{j}I(-\omega) \tag{5-155}$$

若 $x(t)$ 是实信号，则由以上两式得

$$R(\omega)=R(-\omega),\quad I(\omega)=-I(-\omega) \tag{5-156}$$

这表明实信号傅里叶变换的实部是偶函数，虚部是奇函数。

同理可得，纯虚信号傅里叶变换的实部是奇函数，虚部是偶函数。

下面证明一个重要的结论。如果$x(t)$是实信号，则其幅度谱$|X(\omega)|$是ω的偶函数，表现在频谱图上关于纵轴对称。证明如下：显然$x(t)$的幅度谱为

$$|X(\omega)|=\sqrt{[R(\omega)]^2+[I(\omega)]^2} \tag{5-157}$$

在上式两端中用$-\omega$代替ω得

$$X(-\omega)=\sqrt{[R(-\omega)]^2+[I(-\omega)]^2} \tag{5-158}$$

将式(5-156)代入上式右边得

$$|X(-\omega)|=\sqrt{[R(\omega)]^2+[-I(\omega)]^2}=\sqrt{[R(\omega)]^2+[I(\omega)]^2}=|X(\omega)| \tag{5-159}$$

用相同的方法可以证明实信号$x(t)$的相频响应$\angle X(\omega)$为ω的奇函数。

5.4.9 帕塞瓦尔定理

若$x(t)\overset{\mathcal{F}}{\leftrightarrow}X(\omega)$，则有**帕塞瓦尔(Parseval)定理**：

$$\int_{-\infty}^{+\infty}|x(t)|^2\,\mathrm{d}t=\frac{1}{2\pi}\int_{-\infty}^{+\infty}|X(\omega)|^2\,\mathrm{d}\omega$$

5.2 节已给出证明。帕塞瓦尔定理说明信号在时域的能量和频域的能量相等。

若$x(t)\overset{\mathcal{F}}{\leftrightarrow}X(\omega)$，$y(t)\overset{\mathcal{F}}{\leftrightarrow}Y(\omega)$，则帕塞瓦尔定理的一般形式为

$$\int_{-\infty}^{+\infty}x(t)y^*(t)\,\mathrm{d}t=\frac{1}{2\pi}\int_{-\infty}^{+\infty}X(\omega)Y^*(\omega)\,\mathrm{d}\omega \tag{5-160}$$

证明如下。将$x(t)=\frac{1}{2\pi}\int_{-\infty}^{+\infty}X(\omega)\mathrm{e}^{\mathrm{j}\omega t}\mathrm{d}\omega$代入上式等号左边得

$$\int_{-\infty}^{+\infty}x(t)y^*(t)\,\mathrm{d}t=\int_{-\infty}^{+\infty}\left[\frac{1}{2\pi}\int_{-\infty}^{+\infty}X(\omega)\mathrm{e}^{\mathrm{j}\omega t}\mathrm{d}\omega\right]y^*(t)\,\mathrm{d}t$$

交换积分次序得

$$\int_{-\infty}^{+\infty}x(t)y^*(t)\,\mathrm{d}t=\frac{1}{2\pi}\int_{-\infty}^{+\infty}\left[\int_{-\infty}^{+\infty}y^*(t)\mathrm{e}^{\mathrm{j}\omega t}\mathrm{d}t\right]X(\omega)\,\mathrm{d}\omega$$

因为$Y(\omega)=\int_{-\infty}^{+\infty}y(t)\mathrm{e}^{-\mathrm{j}\omega t}\mathrm{d}t$，所以$Y^*(\omega)=\left[\int_{-\infty}^{+\infty}y(t)\mathrm{e}^{-\mathrm{j}\omega t}\mathrm{d}t\right]^*=\int_{-\infty}^{+\infty}y^*(t)\mathrm{e}^{\mathrm{j}\omega t}\mathrm{d}t$，将此代入上式等号右边得

$$\int_{-\infty}^{+\infty}x(t)y^*(t)\,\mathrm{d}t=\frac{1}{2\pi}\int_{-\infty}^{+\infty}X(\omega)Y^*(\omega)\,\mathrm{d}\omega$$

5.4.10 卷积定理

1. 时域卷积定理

若$x_1(t)\overset{\mathcal{F}}{\leftrightarrow}X_1(\omega)$和$x_2(t)\overset{\mathcal{F}}{\leftrightarrow}X_2(\omega)$，则

$$x_1(t)*x_2(t)\overset{\mathcal{F}}{\leftrightarrow}X_1(\omega)X_2(\omega) \tag{5-161}$$

证明：令$x(t)=x_1(t)*x_2(t)$，记$x(t)$的傅里叶变换为$X(\omega)$。由卷积定义和傅里叶变换

定义得

$$X(\omega)=\int_{-\infty}^{+\infty}\left[\int_{-\infty}^{+\infty}x_1(\tau)x_2(t-\tau)\mathrm{d}\tau\right]\mathrm{e}^{-\mathrm{j}\omega t}\mathrm{d}t \tag{5-162}$$

交换积分次序得

$$X(\omega)=\int_{-\infty}^{+\infty}x_1(\tau)\left[\int_{-\infty}^{+\infty}x_2(t-\tau)\mathrm{e}^{-\mathrm{j}\omega t}\mathrm{d}t\right]\mathrm{d}\tau \tag{5-163}$$

上式等号右边中括号内即为 $x_2(t-\tau)$ 的傅里叶变换，考虑到 $x_2(t)\overset{\mathcal{F}}{\leftrightarrow}X_2(\omega)$，由傅里叶变换的时移特性得

$$x_2(t-\tau)\overset{\mathcal{F}}{\leftrightarrow}X_2(\omega)\mathrm{e}^{-\mathrm{j}\omega\tau} \tag{5-164}$$

从而式(5-163)变为

$$X(\omega)=\int_{-\infty}^{+\infty}x_1(\tau)X_2(\omega)\mathrm{e}^{-\mathrm{j}\omega\tau}\mathrm{d}\tau=X_2(\omega)\int_{-\infty}^{+\infty}x_1(\tau)\mathrm{e}^{-\mathrm{j}\omega\tau}\mathrm{d}\tau=X_1(\omega)X_2(\omega) \tag{5-165}$$

傅里叶变换的时域卷积定理为求 $x(t)$ 和 $y(t)$ 的卷积提供了另外一种方法。傅里叶变换的时域卷积定理在求解 LTI 系统的响应中非常有用。

例 5-11　若 $x(t)\overset{\mathcal{F}}{\leftrightarrow}X(\omega)$，利用时域卷积定理证明傅里叶变换的时域积分特性:

$$\int_{-\infty}^{t}x(\tau)\mathrm{d}\tau\overset{\mathcal{F}}{\leftrightarrow}\frac{X(\omega)}{\mathrm{j}\omega}+\pi X(0)\delta(\omega) \tag{5-166}$$

证明: 由于 $\int_{-\infty}^{t}x(\tau)\mathrm{d}\tau=x(t)*u(t)$，而 $u(t)\overset{\mathcal{F}}{\leftrightarrow}\pi\delta(\omega)+\frac{1}{\mathrm{j}\omega}$，利用时域卷积定理得

$$\int_{-\infty}^{t}x(\tau)\mathrm{d}\tau\overset{\mathcal{F}}{\leftrightarrow}X(\omega)\left[\pi\delta(\omega)+\frac{1}{\mathrm{j}\omega}\right]=\pi\delta(\omega)X(\omega)+\frac{X(\omega)}{\mathrm{j}\omega}=\pi\delta(\omega)X(0)+\frac{X(\omega)}{\mathrm{j}\omega}$$

例 5-12　利用时域卷积定理求以下信号的希尔伯特变换:

(1) $\sin(\omega_0 t)$;

(2) $\cos(\omega_0 t)$;

(3) $\mathrm{Sa}(t)$。

解: 前面已经得到 $1/(\pi t)\overset{\mathcal{F}}{\leftrightarrow}\mathrm{j}\,\mathrm{sgn}(\omega)$。利用时域卷积定理求解各个小题。

(1) $\sin(\omega_0 t)$ 希尔伯特变换的傅里叶变换为

$$\begin{aligned}&\sin(\omega_0 t)*1/(\pi t)\overset{\mathcal{F}}{\leftrightarrow}\pi\mathrm{j}\left[\delta(\omega+\omega_0)-\delta(\omega-\omega_0)\right]\cdot\left[-\mathrm{j}\,\mathrm{sgn}(\omega)\right]\\&=\pi\left[\delta(\omega+\omega_0)-\delta(\omega-\omega_0)\right]\cdot\mathrm{sgn}(\omega)\\&=\pi\left[-\delta(\omega-\omega_0)-\delta(\omega+\omega_0)\right]\\&=-\pi\left[\delta(\omega-\omega_0)+\delta(\omega+\omega_0)\right]\end{aligned}$$

上式等号右边即为 $-\cos(\omega_0 t)$ 的傅里叶变换，这说明 $\sin(\omega_0 t)$ 的希尔伯特变换为 $-\cos(\omega_0 t)$。

(2) 同 (1) 可以求得 $\cos(\omega_0 t)$ 的希尔伯特变换为 $\sin(\omega_0 t)$。

(3) 前面已经得到傅里叶变换对:

$$\frac{\sin(\omega_0 t)}{\pi t} \overset{\mathcal{F}}{\leftrightarrow} \left[u(\omega+\omega_0)-u(\omega-\omega_0)\right]$$

由上式可知，$\mathrm{Sa}(t)=\sin t/t$ 的傅里叶变换为 $\pi\left[u(\omega+1)-u(\omega-1)\right]$，进而 $\mathrm{Sa}(t)$ 希尔伯特变换的傅里叶变换为

$$\begin{aligned}\mathrm{Sa}(t)*1/(\pi t) &\overset{\mathcal{F}}{\leftrightarrow} \pi\left[u(\omega+1)-u(\omega-1)\right]\left[-\mathrm{j}\operatorname{sgn}(\omega)\right] \\ &= -\mathrm{j}\pi\left[u(\omega)-u(\omega-1)\right]+\mathrm{j}\pi\left[u(\omega+1)-u(\omega)\right]\end{aligned}$$

此即

$$\mathrm{Sa}(t)*1/(\pi t) = -\mathrm{j}\pi\mathcal{F}\left[u(\omega)-u(\omega-1)\right]+\mathrm{j}\pi\mathcal{F}\left[u(\omega+1)-u(\omega)\right]$$

同样由前面的傅里叶变换对可得

$$\frac{\sin(0.5t)}{\pi t} \overset{\mathcal{F}}{\leftrightarrow} \left[u(\omega+0.5)-u(\omega-0.5)\right]$$

由傅里叶变换的频移特性得

$$\frac{\sin(0.5t)}{\pi t}\mathrm{e}^{\mathrm{j}0.5t} \overset{\mathcal{F}}{\leftrightarrow} \left[u(\omega)-u(\omega-1)\right]$$

$$\frac{\sin(0.5t)}{\pi t}\mathrm{e}^{-\mathrm{j}0.5t} \overset{\mathcal{F}}{\leftrightarrow} \left[u(\omega+1)-u(\omega)\right]$$

利用以上两式得

$$\mathrm{Sa}(t)*1/(\pi t) = -\mathrm{j}\pi\frac{\sin(0.5t)}{\pi t}\mathrm{e}^{\mathrm{j}0.5t}+\mathrm{j}\pi\frac{\sin(0.5t)}{\pi t}\mathrm{e}^{-\mathrm{j}0.5t} = 0.5t\mathrm{Sa}^2(0.5t)$$

---

2. 频域卷积定理

若 $x_1(t) \overset{\mathcal{F}}{\leftrightarrow} X_1(\omega)$ 和 $x_2(t) \overset{\mathcal{F}}{\leftrightarrow} X_2(\omega)$，则

$$x_1(t)x_2(t) \overset{\mathcal{F}}{\leftrightarrow} \frac{1}{2\pi}X_1(\omega)*X_2(\omega) \tag{5-167}$$

证明：记 $x_1(t)x_2(t)$ 的傅里叶变换为 $Y(\omega)$，即

$$Y(\omega)=\int_{-\infty}^{+\infty}x_1(t)x_2(t)\mathrm{e}^{-\mathrm{j}\omega t}\mathrm{d}\omega \tag{5-168}$$

已知 $x_2(t) \overset{\mathcal{F}}{\leftrightarrow} X_2(\omega)$，即

$$x_2(t)=\frac{1}{2\pi}\int_{-\infty}^{+\infty}X_2(v)\mathrm{e}^{\mathrm{j}vt}\mathrm{d}v \tag{5-169}$$

将上式代入式(5-168)得

$$Y(\omega)=\int_{-\infty}^{+\infty}x_1(t)\left[\frac{1}{2\pi}\int_{-\infty}^{+\infty}X_2(v)\mathrm{e}^{\mathrm{j}vt}\mathrm{d}v\right]\mathrm{e}^{-\mathrm{j}\omega t}\mathrm{d}\omega \tag{5-170}$$

交换积分次序并整理得

$$Y(\omega)=\frac{1}{2\pi}\int_{-\infty}^{+\infty}X_2(v)\left[\int_{-\infty}^{+\infty}x_1(t)\mathrm{e}^{-\mathrm{j}(\omega-v)t}\mathrm{d}\omega\right]\mathrm{d}v \tag{5-171}$$

由于 $x_1(t) \overset{\mathcal{F}}{\leftrightarrow} X_1(\omega)$，即

$$X_1(\omega)=\int_{-\infty}^{+\infty}x_1(t)\mathrm{e}^{-\mathrm{j}\omega t}\mathrm{d}t \tag{5-172}$$

由此可得

$$X_1(\omega-v)=\int_{-\infty}^{+\infty}x_1(t)\mathrm{e}^{-\mathrm{j}(\omega-v)t}\mathrm{d}t \tag{5-173}$$

这样，式(5-171)变为

$$Y(\omega)=\frac{1}{2\pi}\int_{-\infty}^{+\infty}X_2(v)X_1(\omega-v)\mathrm{d}v=\frac{1}{2\pi}X_1(\omega)*X_2(\omega) \tag{5-174}$$

例 5-13　若 $x(t)\overset{\mathcal{F}}{\leftrightarrow}X(\omega)$ 和 $y(t)\overset{\mathcal{F}}{\leftrightarrow}Y(\omega)$，请利用频域卷积定理证明帕塞瓦尔定理的一般形式：

$$\int_{-\infty}^{+\infty}x(t)y(t)\mathrm{d}t=\frac{1}{2\pi}\int_{-\infty}^{+\infty}X(\omega)Y(-\omega)\mathrm{d}\omega \tag{5-175}$$

证明： 由频域卷积定理得

$$x(t)y(t)\overset{\mathcal{F}}{\leftrightarrow}\frac{1}{2\pi}X(\omega)*Y(\omega) \tag{5-176}$$

由傅里叶变换的定义和卷积的定义，上式变为

$$\int_{-\infty}^{+\infty}x(t)y(t)\mathrm{e}^{-\mathrm{j}\omega t}\mathrm{d}t=\frac{1}{2\pi}\int_{-\infty}^{+\infty}X(v)Y(\omega-v)\mathrm{d}v \tag{5-177}$$

在上式两边令 $\omega=0$ 得

$$\int_{-\infty}^{+\infty}x(t)y(t)\mathrm{d}t=\frac{1}{2\pi}\int_{-\infty}^{+\infty}X(v)Y(-v)\mathrm{d}v \tag{5-178}$$

同理可得

$$\int_{-\infty}^{+\infty}x(t)y(t)\mathrm{d}t=\frac{1}{2\pi}\int_{-\infty}^{+\infty}X(-\omega)Y(\omega)\mathrm{d}\omega \tag{5-179}$$

若 $y(t)=x^*(t)$，由傅里叶变换的共轭性质得

$$Y(\omega)=X^*(-\omega) \tag{5-180}$$

在上式中用 $-\omega$ 替换 ω 得

$$Y(-\omega)=X^*(\omega) \tag{5-181}$$

这样，以上例题的结论变为

$$\int_{-\infty}^{+\infty}x(t)x^*(t)\mathrm{d}t=\int_{-\infty}^{+\infty}|x(t)|^2\,\mathrm{d}t=\frac{1}{2\pi}\int_{-\infty}^{+\infty}X(v)X^*(v)\mathrm{d}v=\frac{1}{2\pi}\int_{-\infty}^{+\infty}|X(v)|^2\,\mathrm{d}v \tag{5-182}$$

例 5-14　求单边正弦信号和单边余弦信号的傅里叶变换。

解： 前边已经得到

$$\cos(\omega_0 t)\overset{\mathcal{F}}{\leftrightarrow}\pi[\delta(\omega+\omega_0)+\delta(\omega-\omega_0)] \tag{5-183}$$

$$\sin(\omega_0 t)\overset{\mathcal{F}}{\leftrightarrow}\pi\mathrm{j}[\delta(\omega+\omega_0)-\delta(\omega-\omega_0)] \tag{5-184}$$

$$u(t)\overset{\mathcal{F}}{\leftrightarrow}\pi\delta(\omega)+\frac{1}{\mathrm{j}\omega} \tag{5-185}$$

由频域卷积定理得

$$\cos(\omega_0 t)u(t) \overset{\mathcal{F}}{\leftrightarrow} \frac{1}{2\pi}\pi\left[\delta(\omega+\omega_0)+\delta(\omega-\omega_0)\right]*\left[\frac{1}{\mathrm{j}\omega}+\pi\delta(\omega)\right] \tag{5-186}$$

进一步计算得

$$\begin{aligned}\cos(\omega_0 t)u(t) &\overset{\mathcal{F}}{\leftrightarrow} \frac{1}{2}\left[\frac{1}{\mathrm{j}(\omega+\omega_0)}+\frac{1}{\mathrm{j}(\omega-\omega_0)}\right]+\frac{\pi}{2}\left[\delta(\omega+\omega_0)+\delta(\omega-\omega_0)\right]\\ &=\frac{\mathrm{j}\omega}{\omega_0^2-\omega^2}+\frac{\pi}{2}\left[\delta(\omega+\omega_0)+\delta(\omega-\omega_0)\right]\end{aligned} \tag{5-187}$$

同样有

$$\begin{aligned}\sin(\omega_0 t)u(t) &\overset{\mathcal{F}}{\leftrightarrow} \frac{1}{2\pi}\pi\mathrm{j}\left[\delta(\omega+\omega_0)-\delta(\omega-\omega_0)\right]*\left[\frac{1}{\mathrm{j}\omega}+\pi\delta(\omega)\right]\\ &=\frac{1}{2}\left(\frac{1}{\omega+\omega_0}-\frac{1}{\omega-\omega_0}\right)+\frac{\pi\mathrm{j}}{2}\left[\delta(\omega+\omega_0)-\delta(\omega-\omega_0)\right]\\ &=\frac{\omega_0}{\omega_0^2-\omega^2}+\frac{\pi\mathrm{j}}{2}\left[\delta(\omega+\omega_0)-\delta(\omega-\omega_0)\right]\end{aligned} \tag{5-188}$$

例 5-15 利用频域卷积定理证明一个信号不可能同时是时限的，又是带限的。

证明： 假设任意信号 $x(t)$ 是时限的，不妨设其持续期为 $t_1 \leqslant t \leqslant t_2$，则 $x(t)$ 可以写为

$$x(t)=x(t)\mathrm{rect}\left(\frac{t-t_0}{\Delta t}\right) \tag{5-189}$$

式中，$t_0=(t_1+t_2)/2$，$\Delta t=t_2-t_1$。上式两边取傅里叶变换得

$$X(\omega)=\frac{1}{2\pi}X(\omega)*\left[\Delta t\mathrm{Sa}(0.5\omega\Delta t)\mathrm{e}^{-\mathrm{j}\omega t_0}\right] \tag{5-190}$$

先看上式等号右边的卷积，不管 $X(\omega)$ 何时开始何时结束，由于 $\mathrm{Sa}(\omega)$ 是无限长的(或者说起始时刻为 $-\infty$，终止时刻为 $+\infty$)，所以它与 $X(\omega)$ 卷积的起始时刻必然是 $-\infty$、终止时刻必然是 $+\infty$，即 $X(\omega)$ 是无限长的，这就证明了如果 $x(t)$ 是时限的，它不可能同时是带限的。同理可以证明，如果 $x(t)$ 是带限的，它不可能同时是时限的。

实际中的信号总是有始有终的，即是时限信号，所以它的频谱是无限宽的，即不可能是带限的。然而一般来说，实际信号的幅度谱在高频时很小，可以忽略，从而可以认为是带限的。

例 5-16 因果信号 $x(t)$ 的傅里叶变换为 $X(\omega)$，分别记 $X(\omega)$ 的实部和虚部为 $R(\omega)$ 和 $I(\omega)$。利用频域卷积定理证明以下两式成立：

$$R(\omega)=\frac{1}{\pi}\int_{-\infty}^{+\infty}\frac{I(v)}{\omega-v}\mathrm{d}v \tag{5-191}$$

$$I(\omega)=-\frac{1}{\pi}\int_{-\infty}^{+\infty}\frac{R(v)}{\omega-v}\mathrm{d}v \tag{5-192}$$

解： 显然因果信号 $x(t)$ 又可以写为 $x(t)u(t)$。利用傅里叶变换的频域卷积定理对 $x(t)u(t)$ 求傅里叶变换得

$$\mathcal{F}\left[x(t)u(t)\right]=\frac{1}{2\pi}X(\omega)*\mathcal{F}\left[u(t)\right]=\frac{1}{2\pi}X(\omega)*\left[\pi\delta(\omega)+\frac{1}{\mathrm{j}\omega}\right] \tag{5-193}$$

因为 $X(\omega)=R(\omega)+\mathrm{j}I(\omega)$，将此代入上式右端得

$$\mathcal{F}\left[x(t)u(t)\right]=\frac{1}{2\pi}\left[R(\omega)+\mathrm{j}I(\omega)\right]*\left[\pi\delta(\omega)+\frac{1}{\mathrm{j}\omega}\right] \tag{5-194}$$

进一步计算得

$$\begin{aligned}\mathcal{F}\left[x(t)u(t)\right]&=\frac{1}{2\pi}\left[R(\omega)*\pi\delta(\omega)+I(\omega)*\frac{1}{\omega}\right]+\mathrm{j}\frac{1}{2\pi}\left[I(\omega)*\pi\delta(\omega)-R(\omega)*\frac{1}{\omega}\right]\\&=\left[\frac{1}{2}R(\omega)+\frac{1}{2\pi}I(\omega)*\frac{1}{\omega}\right]+\mathrm{j}\left[\frac{1}{2}I(\omega)-\frac{1}{2\pi}R(\omega)*\frac{1}{\omega}\right]\end{aligned} \tag{5-195}$$

上式即为 $x(t)$ 的傅里叶变换 $X(\omega)$，又 $X(\omega)=R(\omega)+\mathrm{j}I(\omega)$，所以有

$$R(\omega)+\mathrm{j}I(\omega)=\left[\frac{1}{2}R(\omega)+\frac{1}{2\pi}I(\omega)*\frac{1}{\omega}\right]+\mathrm{j}\left[\frac{1}{2}I(\omega)-\frac{1}{2\pi}R(\omega)*\frac{1}{\omega}\right] \tag{5-196}$$

令上式两边的实部和虚部分别相等得

$$R(\omega)=\frac{1}{2}R(\omega)+\frac{1}{2\pi}I(\omega)*\frac{1}{\omega} \tag{5-197}$$

$$I(\omega)=\frac{1}{2}I(\omega)-\frac{1}{2\pi}R(\omega)*\frac{1}{\omega} \tag{5-198}$$

从而

$$R(\omega)=I(\omega)*\frac{1}{\pi\omega}=\frac{1}{\pi}\int_{-\infty}^{+\infty}\frac{I(v)}{\omega-v}\mathrm{d}v \tag{5-199}$$

$$I(\omega)=-R(\omega)*\frac{1}{\pi\omega}=\frac{1}{\pi}\int_{-\infty}^{+\infty}\frac{R(v)}{\omega-v}\mathrm{d}v \tag{5-200}$$

上题得到的一对积分称为希尔伯特(Hilbert)变换，结果表明因果信号的傅里叶变换，其实部和虚部有着依存关系而不是互相独立的，知道了实部也就知道了虚部，反之亦然。

5.5　周期信号的傅里叶变换

$x(t)$ 是周期为 T 的信号，现在来求 $x(t)$ 的傅里叶变换 $X(\omega)$。令 $\omega_0=2\pi/T$，先把 $x(t)$ 进行傅里叶级数展开得

$$x(t)=\sum_{k=-\infty}^{+\infty}a_k\mathrm{e}^{\mathrm{j}k\omega_0 t} \tag{5-201}$$

k 次谐波系数为

$$a_k=\frac{1}{T}\int_T x(t)\mathrm{e}^{\mathrm{j}k\omega_0 t}\mathrm{d}t \tag{5-202}$$

对傅里叶级数展开式(5-201)两边进行傅里叶变换得

$$X(\omega)=\sum_{k=-\infty}^{+\infty}a_k\mathcal{F}\left[\mathrm{e}^{\mathrm{j}k\omega_0 t}\right] \tag{5-203}$$

考虑到 $\mathrm{e}^{\mathrm{j}\omega_0 t}\overset{\mathcal{F}}{\leftrightarrow}2\pi\delta(\omega-\omega_0)$，所以 $\mathrm{e}^{\mathrm{j}k\omega_0 t}\overset{\mathcal{F}}{\leftrightarrow}2\pi\delta(\omega-k\omega_0)$，将此代入上式右边得

$$X(\omega)=\sum_{k=-\infty}^{+\infty}2\pi a_k\delta(\omega-k\omega_0) \tag{5-204}$$

由此可见，周期信号的傅里叶变换是由冲激脉冲串组成的，并且冲激出现在 k 次谐波频率(即 $\omega=k\omega_0$)处，冲激的强度为相应谐波系数 a_k 的 2π 倍。以上的论述提供了求周期信号傅里叶变换的方法，即先求得信号的傅里叶级数展开系数，再由上式即可得傅里叶变换。

例 5-17　求周期冲激串 $\delta_T(t)=\sum_{k=-\infty}^{+\infty}\delta(t-kT)$ 的傅里叶变换 $X(\omega)$。

解：先求 $\delta_T(t)$ 的傅里叶级数展开 $\delta_T(t)=\sum_{k=-\infty}^{+\infty}a_k\mathrm{e}^{\mathrm{j}k\omega_0 t}$，其中 $\omega_0=2\pi/T$。计算展开系数 a_k 如下：

$$a_k=\frac{1}{T}\int_T\delta_T(t)\mathrm{e}^{-\mathrm{j}k\omega_0 t}\mathrm{d}t=\frac{1}{T}\int_T\left[\sum_{k=-\infty}^{+\infty}\delta(t-kT)\right]\mathrm{e}^{-\mathrm{j}k\omega_0 t}\mathrm{d}t \tag{5-205}$$

显然在任意一个间隔为 T 的积分区间内，上式右边对 k 求和时，只有一项使得积分不为零。为了说明这一点，把积分区间选为 $(-T/2,T/2)$，上式右边交换求和与积分的次序得

$$a_k=\frac{1}{T}\sum_{k=-\infty}^{+\infty}\left[\int_{-\frac{T}{2}}^{\frac{T}{2}}\delta(t-kT)\mathrm{e}^{-\mathrm{j}k\omega_0 t}\mathrm{d}t\right] \tag{5-206}$$

显然上式右边对 k 求和时，只有 $k=0$ 这一项使得中括号内的积分不为零，所以

$$a_k=\frac{1}{T}\int_{-\frac{T}{2}}^{\frac{T}{2}}\delta(t)\mathrm{e}^{-\mathrm{j}k\omega_0 t}\mathrm{d}t=\frac{1}{T} \tag{5-207}$$

从而，周期冲激串的傅里叶变换为

$$X(\omega)=\frac{2\pi}{T}\sum_{k=-\infty}^{+\infty}\delta(\omega-k\omega_0)=\omega_0\sum_{k=-\infty}^{+\infty}\delta(\omega-k\omega_0) \tag{5-208}$$

事实上，还可以得到另一个结果。前面已经得到傅里叶变换对 $\delta(t)\overset{\mathcal{F}}{\leftrightarrow}1$，由傅里叶变换的时移特性可得

$$\mathcal{F}\left[\delta(t-kT)\right]=1\cdot\mathrm{e}^{-\mathrm{j}kT\omega}=\mathrm{e}^{-\mathrm{j}kT\omega} \tag{5-209}$$

从而

$$\mathcal{F}\left[\sum_{k=-\infty}^{+\infty}\delta(t-kT)\right]=\sum_{k=-\infty}^{+\infty}\mathrm{e}^{-\mathrm{j}kT\omega} \tag{5-210}$$

周期冲激串的傅里叶变换的这种表示式没有太大的意义，而 $\frac{2\pi}{T}\sum_{k=-\infty}^{+\infty}\delta(\omega-k\omega_0)$ 这种表示式在第 6 章中推导采样定理时非常有效。

例 5-18　已知 $x(t)=\cos(200\pi t)$，$p(t)=\sum_{k=-\infty}^{+\infty}\delta(t-kT)$。若 $T=4\text{ms}$，请列出 $x_p(t)=x(t)p(t)$ 在 700Hz 以下的所有频率分量。

解：由例 5-17，很容易得到 $p(t)$ 的傅里叶变换 $P(\omega)$ 为

$$P(\omega)=500\pi\sum_{k=-\infty}^{+\infty}\delta(\omega-k\omega_0)$$

式中，$\omega_0=2\pi/T=500\pi$。$x(t)$ 的傅里叶变换 $X(\omega)$ 为

$$X(\omega)=\pi\left[\delta(\omega+200\pi)+\delta(\omega-200\pi)\right]$$

由频域卷积定理，$X_p(t)$ 的频谱 $X_p(\omega)$ 为

$$X_p(\omega)=\frac{1}{2\pi}X(\omega)*P(\omega)=250\pi\left[\sum_{k=-\infty}^{+\infty}\delta(\omega+200\pi-500k\pi)+\sum_{k=-\infty}^{+\infty}\delta(\omega-200\pi-500k\pi)\right]$$

由上式很容易得到，在 700Hz（即 $1400\pi\text{rad/s}$）以下的频率中，$X_p(\omega)$ 在以下频率处有强度为 250π 的冲激：

$$\pm200\pi,\pm300\pi,\pm700\pi,\pm800\pi,\pm1200\pi,\pm1300\pi$$

5.6　带宽和时间-带宽积

在傅里叶变换的尺度变换特性中，已经看到信号在时域的压缩会导致频域的拉伸；反之亦然。这说明信号持续时间越短，它的频谱越宽。信号频谱的宽度就是常说的带宽。

假设 $x(t)$ 是实的偶函数，则它的傅里叶变换 $X(\omega)$ 也是实的偶函数。下面运用等面积矩形的方法定义信号的持续时间和带宽。为了方便，假设信号 $x(t)$ 的最大值在 $t=0$ 处取得。定义信号的**持续时间** τ 为一个矩形的底，这个矩形的面积和 $x(t)$ 在整个时域的面积相等，矩形的高和 $x(t)$ 的最大值 $x(0)$ 相等，所以有

$$x(0)\tau=\int_{-\infty}^{+\infty}x(t)\mathrm{d}t \tag{5-211}$$

而

$$\int_{-\infty}^{+\infty}x(t)\mathrm{d}t=X(0) \tag{5-212}$$

从而，信号的持续时间 τ 为

$$\tau=X(0)/x(0) \tag{5-213}$$

同样地，定义信号的**带宽** B 满足下式：

$$X(0)B=\int_{-\infty}^{+\infty}X(\omega)\mathrm{d}\omega \tag{5-214}$$

而

$$\int_{-\infty}^{+\infty}X(\omega)\mathrm{d}\omega=2\pi x(0) \tag{5-215}$$

从而，信号的带宽 B 为

$$B=\frac{2\pi x(0)}{X(0)} \tag{5-216}$$

由式(5-213)和上式得到**时间-带宽积**为

$$B\tau=2\pi \tag{5-217}$$

上式表明信号的时间-带宽积是一个常数。或者说，信号的持续时间和带宽成反比，倘若在频域扩展带宽(需要占用很宽的频带)，就会使得时域信号的持续时间被压缩(这样通信速度就提高了)。由此可见，通信速度和占用频带宽度是一个不可调和的矛盾。图 5-12 为信号的持续时间与带宽示意图。

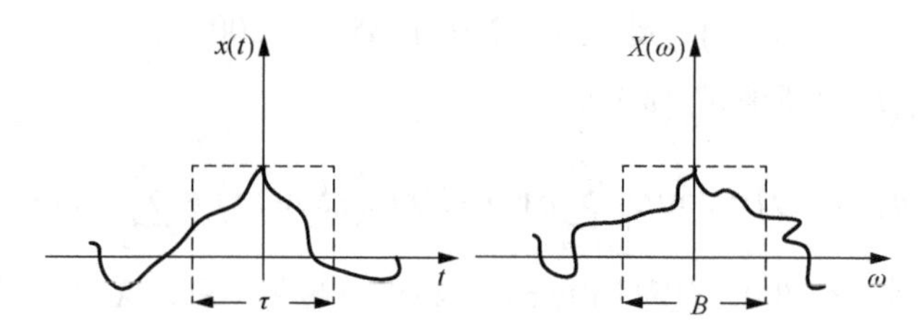

图 5-12　信号的持续时间与带宽

在工程应用中，通常有三种带宽定义。实际上，这些定义是等效的，每种定义都可能对某种特定应用最适合。

绝对带宽定义为带限信号最高频率和最低频率之差。对图 5-13 左边所示的带通信号，绝对带宽 $B=\omega_2-\omega_1$；对图 5-13 右边所示的基带信号，绝对带宽 $B=\omega_m$。由此，对于带通信号和基带信号而言，将绝对带宽定义为频谱非零的正频率区间长度。显然，绝对带宽不适合描述那些非零频谱区间长度为无穷大的信号。

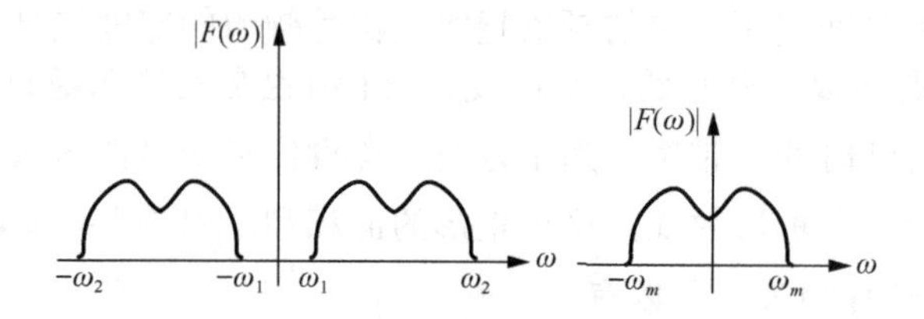

图 5-13　信号的绝对带宽

第二种定义为3dB **带宽**，或称为**半功率点带宽**。由于

$$20\lg(1/\sqrt{2})=-3\text{dB} \tag{5-218}$$

可见信号的3dB带宽等于频谱幅度从最大值减为最大值的$1/\sqrt{2}$的频率区间。而半功率点带宽的含义是，当流过固定电阻的电流幅度下降为原来的$1/\sqrt{2}$时，信号的功率减半，这是因为

$$\frac{P_1}{P_0}=\frac{(I/\sqrt{2})^2R}{I^2R}=\frac{1}{2} \tag{5-219}$$

对图 5-14 所示的在无限频率区间内都有非零频谱的信号而言，定义**零点带宽**。对该图所示的带通信号，设 ω_2 为第一个频率高于 ω_m 且频谱幅度为零的频率点，设 ω_1 为第一个频率低于 ω_m 且频谱幅度为零的频率点，则零点带宽定义为

$$B=\omega_2-\omega_1 \tag{5-220}$$

对于图 5-13 右边所示的基带信号，这种带宽定义又称为**首零点带宽**。这里零点带宽定义为

$$B = \omega_m \tag{5-221}$$

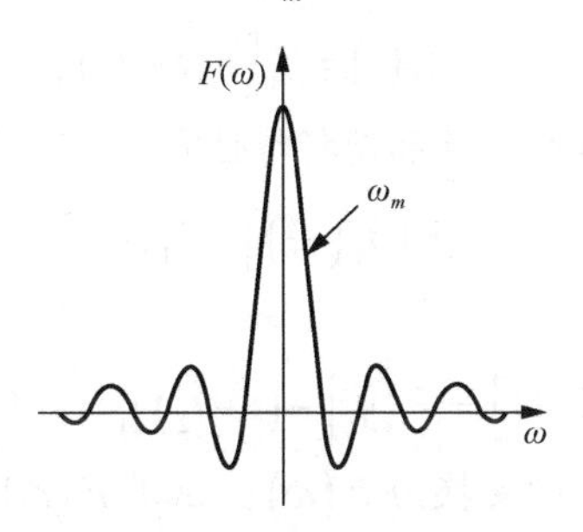

图 5-14　带通信号的频谱

所有实际信号都是有始有终的，即持续期有限，所以其频谱必将伸展到无穷大的频率；与此同时，它们的能量也都是有限的，所以频谱幅度一定随着 $\omega \to +\infty$ 而趋于零。大多数信号能量都包含在某个频带 BHz 之内，而超过 BHz 的分量所贡献的能量可以忽略不计，因此可以把信号频谱中超过 BHz 的部分滤除而不会在信号形状和能量上有多大影响。这个带宽 B 就称为信号的**基本带宽**。选择 B 的标准与实际应用中允许的误差大小有关。例如，可以选取 B 为包含信号能量 95%的频带。若信号 $x(t)$ 的傅里叶变换为 $X(\omega)$，则该信号 β（为百分数）的基本带宽 B 满足下式：

$$\frac{1}{2\pi}\int_{-B}^{B}\left|X(\omega)\right|^2 \mathrm{d}\omega = \beta \cdot \int_{-\infty}^{+\infty}\left|x(t)\right|^2 \mathrm{d}\omega \tag{5-222}$$

或者

$$\frac{1}{2\pi}\int_{-B}^{B}\left|X(\omega)\right|^2 \mathrm{d}\omega = \beta \cdot \frac{1}{2\pi}\int_{-\infty}^{+\infty}\left|X(\omega)\right|^2 \mathrm{d}\omega \tag{5-223}$$

显然上式可简化为

$$\int_{-B}^{B}\left|X(\omega)\right|^2 \mathrm{d}\omega = \beta \cdot \int_{-\infty}^{+\infty}\left|X(\omega)\right|^2 \mathrm{d}\omega \tag{5-224}$$

一般来说，要解析地得到 B 的表达式很难。

5.7　综合习题精选

例 5-19　已知 $f_1(t)$ 的傅里叶变换为 $F_1(\omega)$，$f_1(t)$ 和 $f_2(t)$ 的波形分别如图 5-15 所示，试用 $F_1(\omega)$ 来表示 $f_2(t)$ 的傅里叶变换 $F_2(\omega)$。

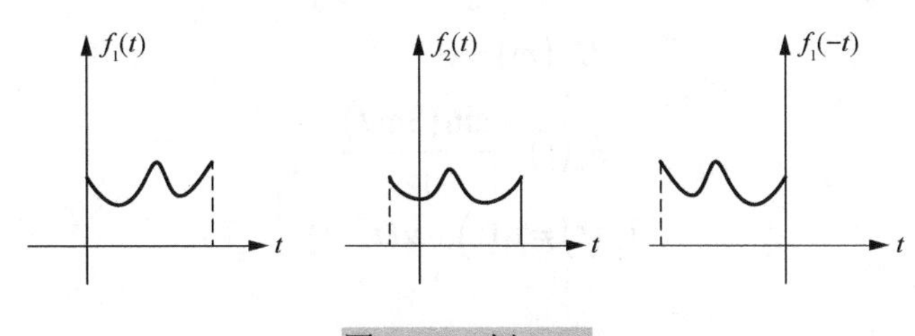

图 5-15　例 5-19

解：图 5-15 给出了 $f_1(t)$ 关于纵轴对称函数 $f_1(-t)$ 的波形，显然 $f_2(t)$ 是 $f_1(-t)$ 右移 t_2 形成的，所以有以下关系式：

$$f_2(t)=f_1\left[-(t-t_2)\right] \tag{5-225}$$

已知 $\mathcal{F}\left[f_1(t)\right]=F_1(\omega)$，由傅里叶变换的反折特性有

$$\mathcal{F}\left[f_1(-t)\right]=F_1(-\omega) \tag{5-226}$$

再由傅里叶变换的时移特性有

$$\mathcal{F}\left[f_2(t)\right]=\mathcal{F}\left\{f_1\left[-(t-t_2)\right]\right\}=F_1(-\omega)\mathrm{e}^{-\mathrm{j}\omega t_2} \tag{5-227}$$

例 5-20 已知 $f(t)$ 的傅里叶变换为 $F(\omega)$，试用 $F(\omega)$ 来表示 $(1-2t)f(1-2t)$ 的傅里叶变换。

解：例 5-5 已经得到以下结果：

$$x\left[a\left(t+\frac{t_0}{\alpha}\right)\right]\overset{\mathcal{F}}{\leftrightarrow}\frac{1}{|\alpha|}X\left(\frac{\omega}{\alpha}\right)\mathrm{e}^{\mathrm{j}\omega t_0/\alpha} \tag{5-228}$$

已知 $\mathcal{F}\left[f(t)\right]=F(\omega)$，设 $\mathcal{F}\left[f(1-2t)\right]=F_1(\omega)$，由以上结论可知：

$$F_1(\omega)=0.5F(-0.5\omega)\mathrm{e}^{-\mathrm{j}0.5\omega} \tag{5-229}$$

由频域微分特性可得

$$\mathcal{F}\left[t f(1-2t)\right]=\mathrm{j}\frac{\mathrm{d}}{\mathrm{d}\omega}F_1(\omega) \tag{5-230}$$

由傅里叶变换的线性特性得

$$\mathcal{F}\left[(1-2t)f(1-2t)\right]=\mathcal{F}\left[f(1-2t)\right]-2\mathcal{F}\left[f(1-2t)\right]=F_1(\omega)-2\mathrm{j}\frac{\mathrm{d}}{\mathrm{d}\omega}F_1(\omega) \tag{5-231}$$

将式(5-229)代入上式等号右边得

$$\begin{aligned}\mathcal{F}\left[(1-2t)f(1-2t)\right]&=0.5F(-0.5\omega)\mathrm{e}^{-\mathrm{j}0.5\omega}-2\mathrm{j}\frac{\mathrm{d}}{\mathrm{d}\omega}\left[0.5F(-0.5\omega)\mathrm{e}^{-\mathrm{j}0.5\omega}\right]\\&=0.5F(-0.5\omega)\mathrm{e}^{-\mathrm{j}0.5\omega}-2\mathrm{j}\times0.5F(-0.5\omega)\mathrm{e}^{-\mathrm{j}0.5\omega}\\&\quad\times(-\mathrm{j}0.5)-2\mathrm{j}\times0.5\mathrm{e}^{-\mathrm{j}0.5\omega}\frac{\mathrm{d}}{\mathrm{d}\omega}\left[F(-0.5\omega)\right]\\&=-\mathrm{j}\mathrm{e}^{-\mathrm{j}0.5\omega}\frac{\mathrm{d}}{\mathrm{d}\omega}\left[F(-0.5\omega)\right]\end{aligned} \tag{5-232}$$

例 5-21 在图 5-16 所示互联的四个 LTI 系统中，已知：

$$h_1(t)=\frac{\mathrm{d}}{\mathrm{d}t}\left[\frac{\sin(\omega_c t)}{\pi t}\right]$$

$$H_2(\omega)=\mathrm{e}^{-\mathrm{j}2\pi\omega/\omega_c}$$

$$h_3(t)=\frac{\sin(3\omega_c t)}{\pi t}$$

$$h_4(t)=u(t)-u(t-1)$$

(1) 确定 $H_1(\omega)$；

(2) 求整个系统的冲激响应 $h(t)$；

(3) 求系统对输入 $x(t)=\sin(2\omega_c t)+\cos(\omega_c t/2)$ 的响应 $y(t)$。

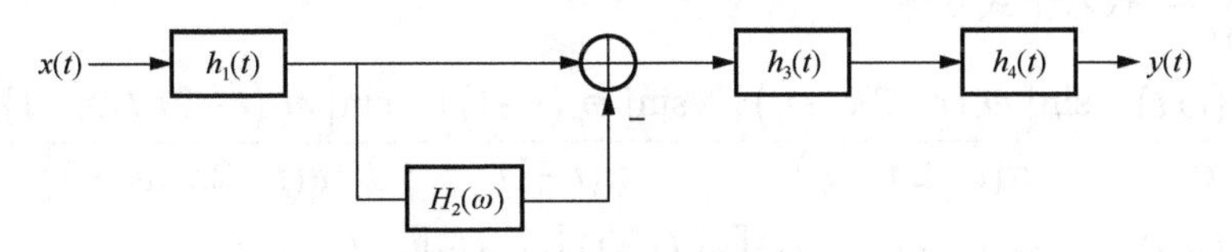

图 5-16　例 5-21 中的互联系统

解：(1) 令 $h_{10}(t)=\sin(\omega_c t)/(\pi t)$，则 $H_{10}(\omega)=u(\omega+\omega_c)-u(\omega-\omega_c)$，而 $h_1(t)=h_{10}'(t)$，由傅里叶变换的时域微分特性得

$$H_1(\omega)=\mathrm{j}\omega H_{10}(\omega)=\mathrm{j}\omega\left[u(\omega+\omega_c)-u(\omega-\omega_c)\right] \tag{5-233}$$

(2) 由图可知，系统总的冲激响应 $h(t)$ 为

$$h(t)=\left[h_1(t)-h_1(t)*h_2(t)\right]*h_3(t)*h_4(t) \tag{5-234}$$

由傅里叶变换的时域卷积定理得

$$H(\omega)=\left[H_1(\omega)-H_1(\omega)H_2(\omega)\right]H_3(\omega)H_4(\omega)=H_1(\omega)\left[1-H_2(\omega)\right]H_3(\omega)H_4(\omega) \tag{5-235}$$

第三、第四个 LTI 系统的频率响应依次为

$$h_3(t)=\frac{\sin(3\omega_c t)}{\pi t}\overset{\mathcal{F}}{\leftrightarrow}H_3(\omega)=u(\omega+3\omega_c)-u(\omega-3\omega_c) \tag{5-236}$$

$$H_4(\omega)=\int_{-\infty}^{+\infty}\left[u(t)-u(t-1)\right]\mathrm{e}^{-\mathrm{j}\omega t}\mathrm{d}t=\int_0^1\mathrm{e}^{-\mathrm{j}\omega t}\mathrm{d}t=\frac{1-\mathrm{e}^{-\mathrm{j}\omega}}{\mathrm{j}\omega} \tag{5-237}$$

从而

$$\begin{aligned}H(\omega)&=\left[\mathrm{j}\omega H_{10}(\omega)\right]\left(1-\mathrm{e}^{-\mathrm{j}2\pi\omega/\omega_c}\right)\frac{1-\mathrm{e}^{-\mathrm{j}\omega}}{\mathrm{j}\omega}H_3(\omega)\\&=\left(1-\mathrm{e}^{-\mathrm{j}2\pi\omega/\omega_c}\right)\left(1-\mathrm{e}^{-\mathrm{j}\omega}\right)H_{10}(\omega)H_3(\omega)\end{aligned} \tag{5-238}$$

因为

$$H_{10}(\omega)=u(\omega+\omega_c)-u(\omega-\omega_c)=\begin{cases}1, & |\omega|\leqslant\omega_c\\0, & \text{其他}\end{cases}$$

$$H_3(\omega)=u(\omega+3\omega_c)-u(\omega-3\omega_c)=\begin{cases}1, & |\omega|\leqslant 3\omega_c\\0, & \text{其他}\end{cases}$$

所以

$$H_{10}(\omega)H_3(\omega)=H_{10}(\omega)=\begin{cases}1, & |\omega|\leqslant\omega_c\\0, & \text{其他}\end{cases}$$

这样式(5-238)变为

$$\begin{aligned}H(\omega)&=\left(1-\mathrm{e}^{-\mathrm{j}2\pi\omega/\omega_c}\right)\left(1-\mathrm{e}^{-\mathrm{j}\omega}\right)H_{10}(\omega)\\&=\left[1-\mathrm{e}^{-\mathrm{j}2\pi\omega/\omega_c}-\mathrm{e}^{-\mathrm{j}\omega}+\mathrm{e}^{-\mathrm{j}\omega(2\pi/\omega_c+1)}\right]H_{10}(\omega)\end{aligned} \tag{5-239}$$

考虑到$H_{10}(\omega)=\mathcal{F}\left[h_{10}(t)\right]$，利用傅里叶变换的时移特性，由上式可得冲激响应$h(t)$为

$$h(t)=\mathcal{F}^{-1}\left[H(\omega)\right]=h_{10}(t)-h_{10}(t-2\pi/\omega_c)-h_{10}(t-1)+h_{10}(t-2\pi/\omega_c-1) \tag{5-240}$$

将$h_{10}(t)=\dfrac{\sin(\omega_c t)}{\pi t}$代入上式可得

$$\begin{aligned}h(t)&=\frac{\sin(\omega_c t)}{\pi t}-\frac{\sin\left[\omega_c(t-2\pi/\omega_c)\right]}{\pi(t-2\pi/\omega_c)}-\frac{\sin\left[\omega_c(t-1)\right]}{\pi(t-1)}+\frac{\sin\left[\omega_c(t-2\pi/\omega_c-1)\right]}{\pi(t-2\pi/\omega_c-1)}\\&=\frac{\sin(\omega_c t)}{\pi t}-\frac{\sin(\omega_c t)}{\pi(t-2\pi/\omega_c)}-\frac{\sin\left[\omega_c(t-1)\right]}{\pi(t-1)}+\frac{\sin\left[\omega_c(t-1)\right]}{\pi(t-2\pi/\omega_c-1)}\end{aligned} \tag{5-241}$$

(3) $x(t)$的傅里叶变换$X(\omega)$为

$$X(\omega)=\pi\mathrm{j}\left[\delta(\omega+2\omega_c)-\delta(\omega-2\omega_c)\right]+\pi\left[\delta\left(\omega+\frac{\omega_c}{2}\right)-\delta\left(\omega-\frac{\omega_c}{2}\right)\right] \tag{5-242}$$

系统的响应为$y(t)=x(t)*h(t)$，由傅里叶变换的时域卷积定理，并考虑到

$$H(\omega)=\begin{cases}\left(1-\mathrm{e}^{-\mathrm{j}2\pi\omega/\omega_c}\right)\left(1-\mathrm{e}^{-\mathrm{j}\omega}\right), & |\omega|\leqslant\omega_c\\0, & |\omega|>\omega_c\end{cases} \tag{5-243}$$

从而

$$\begin{aligned}Y(\omega)&=X(\omega)H(\omega)=\pi\left[\delta\left(\omega+\frac{\omega_c}{2}\right)-\delta\left(\omega-\frac{\omega_c}{2}\right)\right]\left(1-\mathrm{e}^{-\mathrm{j}2\pi\omega/\omega_c}\right)\left(1-\mathrm{e}^{-\mathrm{j}\omega}\right)\\&=2\pi\left(1-\mathrm{e}^{\mathrm{j}\omega_c/2}\right)\delta\left(\omega+\frac{\omega_c}{2}\right)-2\pi\left(1-\mathrm{e}^{-\mathrm{j}\omega_c/2}\right)\delta\left(\omega-\frac{\omega_c}{2}\right)\\&=2\pi\left[\delta\left(\omega+\frac{\omega_c}{2}\right)-\delta\left(\omega-\frac{\omega_c}{2}\right)\right]+2\pi\left[\mathrm{e}^{-\mathrm{j}\omega_c/2}\delta\left(\omega-\frac{\omega_c}{2}\right)-\mathrm{e}^{\mathrm{j}\omega_c/2}\delta\left(\omega+\frac{\omega_c}{2}\right)\right]\end{aligned} \tag{5-244}$$

因为$1/(2\pi)\overset{\mathcal{F}}{\leftrightarrow}\delta(\omega)$，由傅里叶变换的频移特性得

$$\frac{\mathrm{e}^{\mathrm{j}\omega_c t/2}}{2\pi}\overset{\mathcal{F}}{\leftrightarrow}\delta\left(\omega-\frac{\omega_c}{2}\right) \tag{5-245}$$

$$\frac{\mathrm{e}^{-\mathrm{j}\omega_c t/2}}{2\pi}\overset{\mathcal{F}}{\leftrightarrow}\delta\left(\omega+\frac{\omega_c}{2}\right) \tag{5-246}$$

综合以上，系统的响应为

$$\begin{aligned}y(t)&=2\cos(\omega_c t/2)+2\pi\left(\mathrm{e}^{-\mathrm{j}\omega_c/2}\cdot\frac{\mathrm{e}^{\mathrm{j}\omega_c t/2}}{2\pi}-\mathrm{e}^{\mathrm{j}\omega_c/2}\cdot\frac{\mathrm{e}^{-\mathrm{j}\omega_c t/2}}{2\pi}\right)\\&=2\cos(\omega_c t/2)+\mathrm{e}^{\mathrm{j}\omega_c(t-1)/2}-\mathrm{e}^{-\mathrm{j}\omega_c(t-1)/2}\\&=2\cos(\omega_c t/2)+2\mathrm{j}\sin\left[\omega_c(t-1)/2\right]\end{aligned} \tag{5-247}$$

例 5-22　设$X(\omega)$表示图 5-17 所示信号$x(t)$的傅里叶变换，要求不直接进行傅里叶变换求解以下问题：

(1) 求$X(\omega)$的相位$\varphi(\omega)$；

(2) 求$X(0)$；

(3) 计算 $\int_{-\infty}^{+\infty} X(\omega)\mathrm{d}\omega$；

(4) 计算 $\int_{-\infty}^{+\infty} X(\omega)\dfrac{2\sin\omega}{\omega}\mathrm{e}^{\mathrm{j}2\omega}\mathrm{d}\omega$；

(5) 计算 $\int_{-\infty}^{+\infty} |X(\omega)|^2\,\mathrm{d}\omega$；

(6) 画出 $\mathcal{F}^{-1}\{\mathrm{Re}[X(\omega)]\}$ 的波形图，式中 $\mathrm{Re}[\cdot]$ 为取实部运算符。

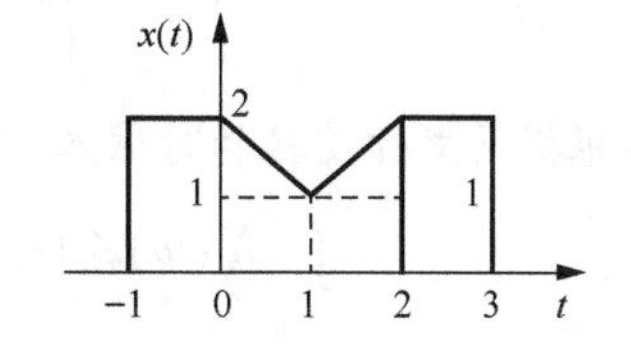

图 5-17　例 5-22 中的信号 x(t)

解：(1) 设 $x(t)$ 左移一个单位得到的信号为 $y(t)$，则

$$y(t) = x(t+1) \tag{5-248}$$

显然 $y(t)$ 是实的偶信号，设 $y(t)\overset{\mathcal{F}}{\leftrightarrow}Y(\omega)$，则 $Y(\omega)$ 是实的偶函数。由傅里叶变换的时移特性得

$$Y(\omega) = X(\omega)\mathrm{e}^{\mathrm{j}\omega} \tag{5-249}$$

从而

$$X(\omega) = Y(\omega)\mathrm{e}^{-\mathrm{j}\omega} \tag{5-250}$$

由以上分析可知 $Y(\omega)$ 是实函数，所以幅角为零。当 $Y(\omega)>0$ 时，$X(\omega)$ 的幅角为 $\varphi(\omega)=-\omega\mathrm{mod}(2\pi)$；当 $Y(\omega)<0$ 时，$X(\omega)$ 的幅角为 $\varphi(\omega)=(\pi-\omega)\mathrm{mod}(2\pi)$。式中，mod 为取模运算符，例如，$2.5\pi\,\mathrm{mod}(2\pi)=0.5\pi$，$-2.5\pi\mathrm{mod}(2\pi)=1.5\pi$。

(2) 由于

$$X(0) = \int_{-\infty}^{+\infty} x(t)\mathrm{d}t$$

上式右边为 $x(t)$ 围的面积，显然为 7，从而 $X(0)=7$。

(3) $\int_{-\infty}^{+\infty} X(\omega)\mathrm{d}\omega = 2\pi x(0) = 4\pi$。

(4) 令 $Z(\omega)=2\sin\omega/\omega$，由傅里叶变换对 $u(t+\tau)-u(t-\tau)\overset{\mathcal{F}}{\leftrightarrow}2\sin(\omega\tau)/\omega$ 得

$$z(t) = u(t+1)-u(t-1) \tag{5-251}$$

令

$$Z_1(\omega) = \frac{2\sin\omega}{\omega}\mathrm{e}^{\mathrm{j}2\omega} \tag{5-252}$$

考虑到

$$Z_1(\omega) = Z(\omega)\mathrm{e}^{\mathrm{j}2\omega} \tag{5-253}$$

由傅里叶变换的时移特性得

$$z_1(t) = \mathcal{F}^{-1}\left[\frac{2\sin\omega}{\omega}\mathrm{e}^{\mathrm{j}2\omega}\right] = z(t+2) = u(t+3)-u(t+1) \tag{5-254}$$

考虑到

$$\int_{-\infty}^{+\infty} X(\omega)\frac{2\sin\omega}{\omega}\mathrm{e}^{\mathrm{j}2\omega}\mathrm{d}\omega = \int_{-\infty}^{+\infty} X(\omega)Z_1(\omega)\mathrm{d}\omega \tag{5-255}$$

同第三小题，有

$$\int_{-\infty}^{+\infty} X(\omega) Z_1(\omega) \mathrm{d}\omega = 2\pi \mathcal{F}^{-1}\left[X(\omega) Z_1(\omega)\right]\Big|_{t=0} \tag{5-256}$$

再根据傅里叶变换的时域卷积定理，上式变为

$$\begin{aligned}\int_{-\infty}^{+\infty} X(\omega) Z_1(\omega) \mathrm{d}\omega &= 2\pi\left[x(t) * z_1(t)\right]\Big|_{t=0} = 2\pi \int_{-\infty}^{+\infty} x(t-\tau) Z_1(\tau) \mathrm{d}\tau\Big|_{t=0} \\ &= 2\pi \int_{-3}^{-1} x(t-\tau) \mathrm{d}\tau\Big|_{t=0} = 2\pi \int_{-3}^{-1} x(-\tau) \mathrm{d}\tau \end{aligned} \tag{5-257}$$

由 $x(t)$ 的波形得到 $x(-\tau)$ 的波形如图 5-18 所示。上式右边为 $x(-\tau)$ 在 $-3 \leqslant \tau \leqslant -1$ 区间内围的面积，很容易求得为 3.5，所以

$$\int_{-\infty}^{+\infty} X(\omega) \frac{2\sin\omega}{\omega} \mathrm{e}^{\mathrm{j}2\omega} \mathrm{d}\omega = 7\pi \tag{5-258}$$

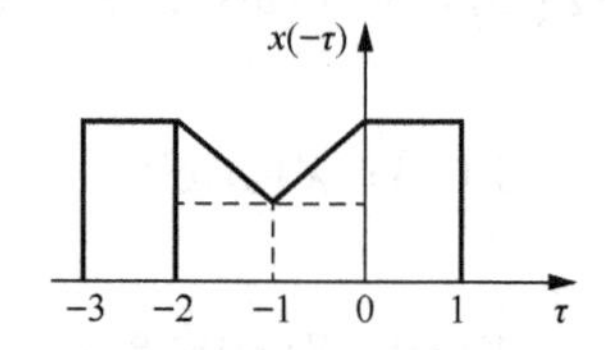

图 5-18　例 5-22 中的 $x(-\tau)$

(5) 利用帕塞瓦尔定理得

$$\int_{-\infty}^{+\infty} \left|X(\omega)\right|^2 \mathrm{d}\omega = 2\pi \int_{-\infty}^{+\infty} \left|x(t)\right|^2 \mathrm{d}t = 2\pi\left[\int_{-1}^{0} 4\mathrm{d}t + \int_{0}^{1} (2-t)^2 \mathrm{d}t + \int_{1}^{2} t^2 \mathrm{d}t + \int_{2}^{3} 4\mathrm{d}t\right] = \frac{76}{3}\pi \tag{5-259}$$

(6) 由第一小题得

$$X(\omega) = Y(\omega) \mathrm{e}^{-\mathrm{j}\omega} = Y(\omega)\cos(\omega t) - \mathrm{j}Y(\omega)\sin(\omega t) \tag{5-260}$$

式中，$Y(\omega)$ 为实函数，所以

$$\mathrm{Re}\left[X(\omega)\right] = Y(\omega)\cos(\omega t) \tag{5-261}$$

由 Euler 公式得

$$\mathrm{Re}\left[X(\omega)\right] = \frac{1}{2}\mathrm{e}^{\mathrm{j}\omega t} Y(\omega) + \frac{1}{2}\mathrm{e}^{-\mathrm{j}\omega t} Y(\omega) \tag{5-262}$$

由傅里叶变换的时移特性，对上式两边求傅里叶反变换得

$$\mathcal{F}^{-1}\left\{\mathrm{Re}\left[X(\omega)\right]\right\} = \frac{1}{2} y(t+1) + \frac{1}{2} y(t-1) \tag{5-263}$$

考虑到

$$y(t) = x(t+1) \tag{5-264}$$

所以

$$\mathcal{F}^{-1}\left\{\mathrm{Re}\left[X(\omega)\right]\right\} = \frac{1}{2} x(t+2) + \frac{1}{2} x(t) \tag{5-265}$$

现在来画 $\mathcal{F}^{-1}\left\{\mathrm{Re}\left[X(\omega)\right]\right\}$ 的波形。$x(t+2)$ 的波形如图 5-19 中的实线所示，$x(t)$ 的波形如图 5-19 中的虚线所示。由于 $x(t)$ 是分段线性的，所以 $\mathcal{F}^{-1}\left\{\mathrm{Re}\left[X(\omega)\right]\right\}$ 除了不连续点之外，也是分段线性的。参考这个图，可以看出，当 $-3 \leqslant t \leqslant -1$ 时，$\mathcal{F}^{-1}\left\{\mathrm{Re}\left[X(\omega)\right]\right\}$ 的波形和 $x(t+2)$ 的波

形相同，只是幅度减半；当 $-1\leqslant t\leqslant 0$ 时，$\mathcal{F}^{-1}\{\mathrm{Re}[X(\omega)]\}$ 的波形是一条直线，只要把两个端点坐标确定就可以了，显然 $t=-1$ 处的端点纵坐标为 $(1+2)/2=1.5$，$t=0$ 处的端点纵坐标为 $(2+2)/2=2$。同样可以画出 $t\geqslant 0$ 时的波形。$\mathcal{F}^{-1}\{\mathrm{Re}[X(\omega)]\}$ 的波形如图 5-20 所示。

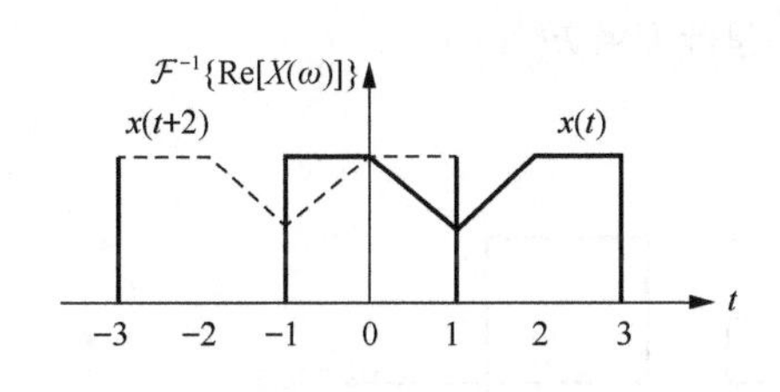

图 5-19　例 5-22 图 1

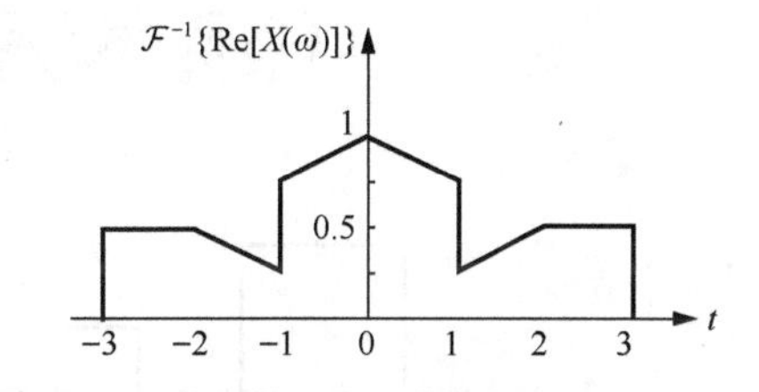

图 5-20　例 5-22 图 2

例 5-23　在图 5-21 所示的系统中，已知

$$x(t)=\frac{\sin(1.5\omega_0 t)}{\pi t}$$
$$p(t)=\cos(2\omega_0 t)+4\cos(8\omega_0 t)$$
$$h(t)=\sum_{k=-\infty}^{+\infty}c_k \mathrm{e}^{\mathrm{j}k\omega_0 t}$$

求 $y(t)$ 的傅里叶级数表示式。

解：令 $z(t)=x(t)p(t)$，由傅里叶变换的频域卷积定理得

$$Z(\omega)=\frac{1}{2\pi}X(\omega)*P(\omega) \tag{5-266}$$

而 $x(t)$ 的傅里叶变换(图 5-22)为

$$X(\omega)=\begin{cases}1, & |\omega|\leqslant 1.5\omega_0\\ 0, & |\omega|>1.5\omega_0\end{cases} \tag{5-267}$$

$p(t)$ 的傅里叶变换(图 5-23)为

$$P(\omega)=\pi[\delta(\omega+2\omega_0)+\delta(\omega-2\omega_0)]+4\pi[\delta(\omega+8\omega_0)+\delta(\omega-8\omega_0)] \tag{5-268}$$

所以

$$\begin{aligned}Z(\omega)&=\frac{1}{2\pi}X(\omega)*\{\pi[\delta(\omega+2\omega_0)+\delta(\omega-2\omega_0)]+4\pi[\delta(\omega+8\omega_0)+\delta(\omega-8\omega_0)]\}\\&=\frac{1}{2}X(\omega+2\omega_0)+\frac{1}{2}X(\omega-2\omega_0)+2X(\omega+8\omega_0)+2X(\omega-8\omega_0)\end{aligned} \tag{5-269}$$

$Z(\omega)$ 如图 5-24 所示。

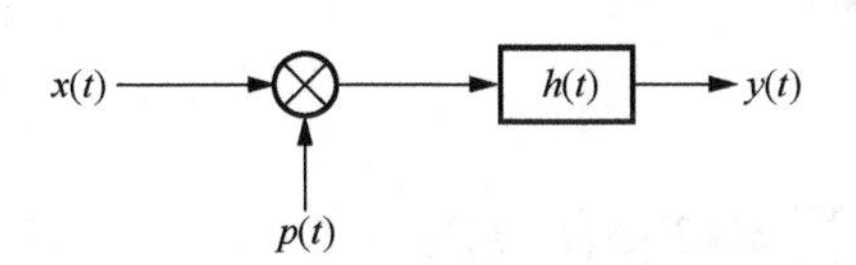

图 5-21　例 5-23 的系统

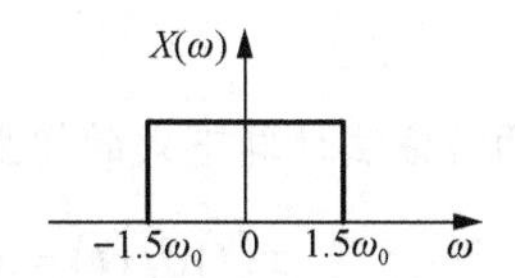

图 5-22　例 5-23 中 $x(t)$ 的傅里叶变换

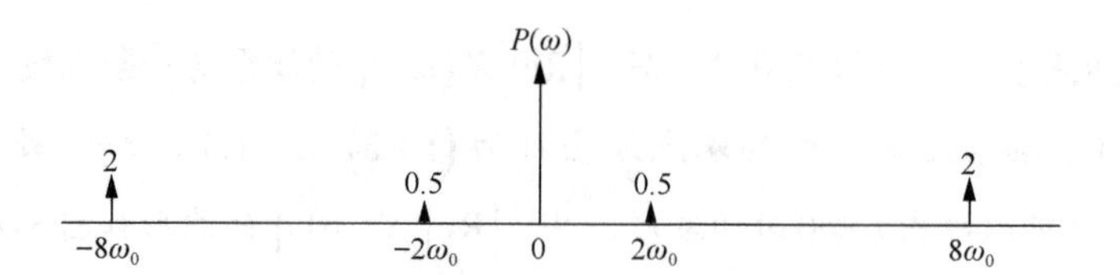

图 5-23　例 5-23 中 $p(t)$ 的傅里叶变换 $P(\omega)$

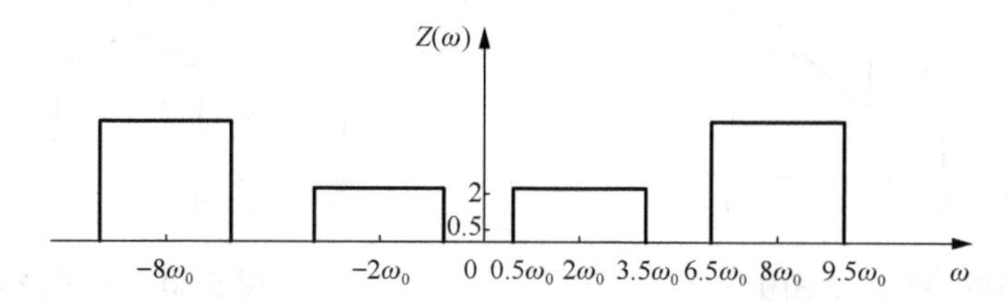

图 5-24　例 5-23 中 $z(t)$ 的傅里叶变换 $Z(\omega)$

由 $h(t)=\sum_{k=-\infty}^{+\infty} c_k \mathrm{e}^{\mathrm{j}k\omega_0 t}$ 得

$$H(\omega)=2\pi\sum_{k=-\infty}^{+\infty} c_k\delta(\omega-k\omega_0) \tag{5-270}$$

因为 $y(t)=z(t)*h(t)$，参考图 5-24 有

$$Y(\omega)=Z(\omega)H(\omega)=\pi\sum_{|k|=1}^{3} c_k\delta(\omega-k\omega_0)+4\pi\sum_{|k|=7}^{9} c_k\delta(\omega-k\omega_0) \tag{5-271}$$

对 $H(\omega)$ 求傅里叶反变换得

$$y(t)=0.5\sum_{|k|=1}^{3} c_k \mathrm{e}^{\mathrm{j}k\omega_0 t}+2\sum_{|k|=7}^{9} c_k \mathrm{e}^{\mathrm{j}k\omega_0 t} \tag{5-272}$$

例 5-24　已知 $X(t)\overset{\mathcal{F}}{\leftrightarrow}X(\omega)$，$\omega_0=2\pi/T$。利用傅里叶变换的频域、时域卷积定理证明时域、频域泊松求和公式：

$$\sum_{k=-\infty}^{+\infty} X(\omega-k\omega_0)=T\sum_{k=-\infty}^{+\infty} x(kT)\mathrm{e}^{-\mathrm{j}kT\omega} \tag{5-273}$$

$$\sum_{k=-\infty}^{+\infty} x(t-kT)=\frac{1}{T}\sum_{k=-\infty}^{+\infty} X(k\omega_0)\mathrm{e}^{-\mathrm{j}k\omega_0 t} \tag{5-274}$$

证明：(1) 前面已经得到傅里叶变换对：

$$\delta_T(t)=\sum_{k=-\infty}^{+\infty}\delta(t-kT)\overset{\mathcal{F}}{\leftrightarrow}\omega_0\sum_{k=-\infty}^{+\infty}\delta(\omega-k\omega_0) \tag{5-275}$$

$$\delta(t-kT)\overset{\mathcal{F}}{\leftrightarrow}\mathrm{e}^{-\mathrm{j}kT\omega} \tag{5-276}$$

下面用两种方法计算下式的傅里叶变换：

$$x(t)\delta_T(t)=x(t)\sum_{k=-\infty}^{+\infty}\delta(t-kT)=\sum_{k=-\infty}^{+\infty} x(kT)\delta(t-kT) \tag{5-277}$$

先直接对上式等号右边计算傅里叶变换得

$$x(t)\delta_T(t) \overset{\mathcal{F}}{\leftrightarrow} \sum_{k=-\infty}^{+\infty} x(kT)\mathrm{e}^{-\mathrm{j}kT\omega} \tag{5-278}$$

再利用傅里叶变换的频域卷积定理计算 $x(t)\delta_T(t)$ 的傅里叶变换得

$$x(t)\delta_T(t) \overset{\mathcal{F}}{\leftrightarrow} \frac{1}{2\pi}\mathcal{F}[x(t)] * \mathcal{F}\left[\delta_T(t)\right] = \frac{1}{2\pi}X(\omega) * \omega_0 \sum_{k=-\infty}^{+\infty}\delta(\omega - k\omega_0) = \frac{1}{T}\sum_{k=-\infty}^{+\infty} X(\omega - k\omega_0)$$

比较以上两式可得要证明的第一式。

(2) 下面用两种方法计算下式的傅里叶变换:

$$x(t) * \delta_T(t) = x(t) * \sum_{k=-\infty}^{+\infty}\delta(t - kT) = \sum_{k=-\infty}^{+\infty} x(t - kT) \tag{5-279}$$

利用傅里叶变换的时域卷积定理计算 $x(t) * \delta_T(t)$ 的傅里叶变换得

$$\begin{aligned} x(t) * \delta_T(t) \overset{\mathcal{F}}{\leftrightarrow} \mathcal{F}\left[x(t)\right]\mathcal{F}\left[\delta_T(t)\right] &= X(\omega)\omega_0 \sum_{k=-\infty}^{+\infty}\delta(\omega - k\omega_0) \\ &= \omega_0 \sum_{k=-\infty}^{+\infty} X(k\omega_0)\delta(\omega - k\omega_0) \end{aligned}$$

显然 $x(t) * \delta_T(t) = \sum_{k=-\infty}^{+\infty} x(t - kT)$ 是周期为 T 的周期信号，设其傅里叶级数展开为

$$x(t) * \delta_T(t) = \sum_{k=-\infty}^{+\infty} x(t - kT) = \sum_{k=-\infty}^{+\infty} a_k \mathrm{e}^{-\mathrm{j}k\omega_0 t} \tag{5-280}$$

直接对上式右边计算傅里叶变换得

$$x(t) * \delta_T(t) \overset{\mathcal{F}}{\leftrightarrow} 2\pi \sum_{k=-\infty}^{+\infty} a_k \delta(\omega - k\omega_0) \tag{5-281}$$

所以

$$a_k = \frac{\omega_0}{2\pi} X(k\omega_0) = \frac{1}{T} X(k\omega_0) \tag{5-282}$$

这样周期信号 $\sum_{k=-\infty}^{+\infty} x(t - kT)$ 的傅里叶级数展开为

$$\sum_{k=-\infty}^{+\infty} x(t - kT) = \frac{1}{T}\sum_{k=-\infty}^{+\infty} X(k\omega_0)\mathrm{e}^{-\mathrm{j}k\omega_0 t} \tag{5-283}$$

利用以上求和公式可以证明下式成立:

$$\sum_{k=-\infty}^{+\infty} \frac{2a}{a^2 + (2\pi k)^2} = \sum_{k=-\infty}^{+\infty} \mathrm{e}^{-a|k|} \tag{5-284}$$

由频域泊松求和公式，并考虑到傅里叶变换对 $f\mathrm{e}^{-a|t|} \overset{\mathcal{F}}{\leftrightarrow} 2a/\left(a^2 + \omega^2\right)$ 可得

$$\sum_{k=-\infty}^{+\infty} \frac{2a}{a^2 + \left(\omega - k\omega_0\right)^2} = T\sum_{k=-\infty}^{+\infty} \mathrm{e}^{-a|kT|}\mathrm{e}^{-\mathrm{j}kT\omega} \tag{5-285}$$

在上式中令 $\omega_0 = 2\pi$， $\omega = 0$， $T = 1$，即可得要证明的结论。

习 题 5

5-1 求以下信号的傅里叶变换。

(1) $e^{-5t}\cos(6t)u(t)$

(2) $e^{-5t}\sin(6t)u(t)$

(3) $t^2e^{-2t}\cos(6t)u(t)$

(4) $\sum_{n}\delta(t-nT)$

(5) $e^{-2t}\left[u(t+1)-u(t-2)\right]$

(6) $1/t$

(7) $e^{-2|t|}\cos(5t)$

(8) $t^2\left[u(t+1)-u(t-2)\right]$

5-2 求图 5-25 所示信号的傅里叶变换。

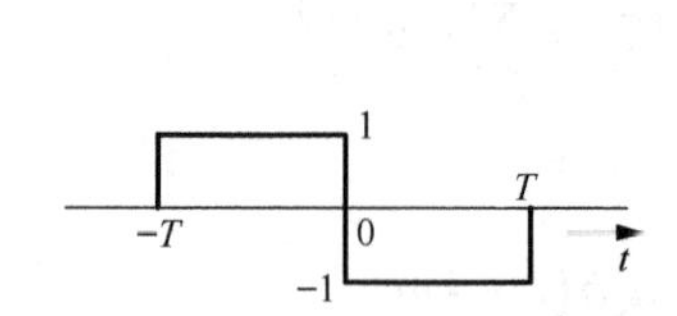

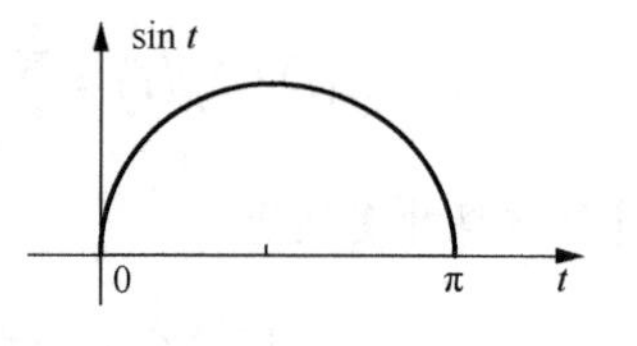

图 5-25 习题 5-2

5-3 已知 $x(t)=e^{-2t}\left[u(t+1)-u(t-1)\right]$。

(1) 求 $x(t)$ 的傅里叶变换 $X(\omega)$；

(2) 求 $x(t)+x(-t)$ 的傅里叶变换；

(3) 求 $x(t)+x(t+1)$ 的傅里叶变换；

(4) 求 $x(t)+tx(t)$ 的傅里叶变换。

5-4 已知 $x(t)$ 的傅里叶变换为 $X(\omega)$。

(1) 求 $x(2-3t)$ 的傅里叶变换；

(2) 求 $(2t+1)x(2t+1)$ 的傅里叶变换；

(3) 求 $(2t+1)x(2-3t)$ 的傅里叶变换；

(4) 求 $\mathrm{d}x(2-3t)/\mathrm{d}t$ 的傅里叶变换；

(5) 求 $t\mathrm{d}x(2-3t)/\mathrm{d}t$ 的傅里叶变换。

5-5　求下列频谱的傅里叶反变换。

(1) $\sin\left[2(\omega-2)\right]/(\omega-2)$

(2) $u(\omega)-u(\omega-2)$

(3) $\delta(\omega-5)$

(4) $\omega\left[u(\omega+1)-u(\omega-1)\right]$

(5) $\omega\left[u(\omega+1)-u(\omega-2)\right]$

(6) $\mathrm{e}^{-2\omega}/\left(\omega^2+16\right)$

5-6　已知 $x(t)=\sin\left[2(t-2)\right]/\left[\pi(t-2)\right]$。

(1)若 $y(t)=\sin(5t)+\cos(6t)$，求 $x(t)*y(t)$ 的傅里叶变换;

(2)若 $y(t)=\sin(5t)/(\pi t)$，求 $x(t)*y(t)$ 的傅里叶变换;

(3)若 $y(t)=\left[\sin(5t)/(\pi t)\right]^2$，求 $x(t)*y(t)$ 的傅里叶变换;

(4)若 $y(t)=\mathrm{e}^{-6t}u(t)$，求 $x(t)*y(t)$ 的傅里叶变换。

5-7　已知周期信号 $p(t)$ 的傅里叶级数表示为 $p(t)=\sum_k a_k \mathrm{e}^{\mathrm{j}k\omega_0}$ 。

(1)若 $x(t)=\sin^2(2t)$，求 $x(t)p(t)$ 的傅里叶变换;

(2)若 $x(t)=\sin(2t)/(\pi t)$，求 $x(t)p(t)$ 的傅里叶变换;

(3)若 $x(t)=\sin(2t)\mathrm{e}^{-5t}u(t)$，求 $x(t)p(t)$ 的傅里叶变换;

(4)若 $x(t)=t\left[u(t)-u(t-1)\right]$，求 $x(t)p(t)$ 的傅里叶变换。

第6章　傅里叶变换在通信系统中的应用

本章导学

傅里叶变换的实质是通过函数变量的转换，使系统方程转换为便于处理的简单形式，从而使求解响应的过程得以简化。傅里叶变换应用于通信系统有着久远的历史，现代通信系统的发展处处伴随着傅里叶变换方法的精心运用，其中抽样定理更是奠定了近代数字通信的理论基础。本章将在前面章信号分析的基础上，利用频谱分析的概念来介绍系统的傅里叶变换分析法，然后以此为基础，引出因果、延时、失真、调制、解调等一些在实际应用中非常重要的概念。结合图6-0所示导学图可以更好地理解本章内容。

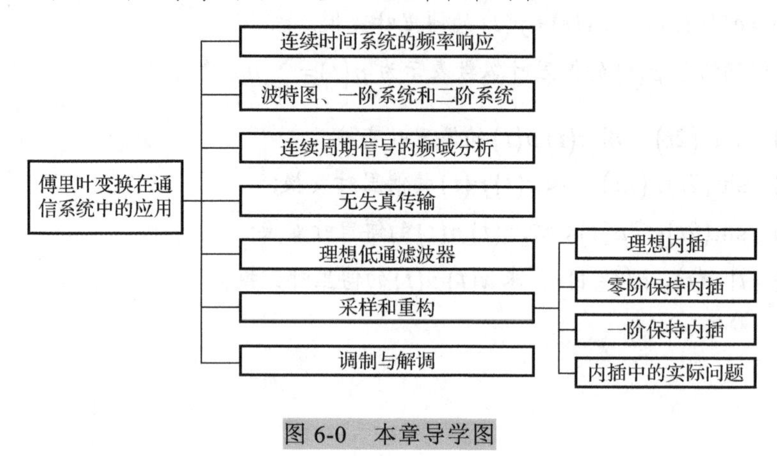

图6-0　本章导学图

6.1　连续时间系统的频率响应

连续时间LTI的频率响应$H(\omega)$定义为冲激响应$h(t)$的傅里叶变换，即

$$H(\omega)=\mathcal{F}\left[h(t)\right]=\int_{-\infty}^{+\infty}h(t)\mathrm{e}^{-\mathrm{j}\omega t}\mathrm{d}t \tag{6-1}$$

考虑由以下线性常系数微分方程描述的连续时间LTI系统：

$$\sum_{k=0}^{M}a_k\frac{\mathrm{d}^k}{\mathrm{d}t^k}y(t)=\sum_{l=0}^{N}b_l\frac{\mathrm{d}^l}{\mathrm{d}t^l}x(t) \tag{6-2}$$

在系统的全部初始状态为零的条件下，原则上可以令$x(t)=\delta(t)$直接求解以上微分方程，得到的零状态响应即为系统的冲激响应$h(t)$。再对冲激响应$h(t)$取傅里叶变换，即可得到系统的频率响应$H(\omega)$。然而这种在时域直接求解的方法非常烦琐。这里就研究用傅里叶变换的方法求解LTI系统的频率响应$H(\omega)$。已经知道，冲激响应为$h(t)$，连续时间LTI系统对任意输入$x(t)$的响应$y(t)$为

$$y(t)=x(t)*h(t) \tag{6-3}$$

设

$$x(t)\overset{\mathcal{F}}{\leftrightarrow}X(\omega),\quad y(t)\overset{\mathcal{F}}{\leftrightarrow}Y(\omega),\quad h(t)\overset{\mathcal{F}}{\leftrightarrow}H(\omega) \tag{6-4}$$

对式(6-3)两边取傅里叶变换，由傅里叶变换的时域卷积定理得

$$Y(\omega)=X(\omega)H(\omega) \tag{6-5}$$

从而

$$H(\omega)=\frac{Y(\omega)}{X(\omega)} \tag{6-6}$$

上式对任意输入 $x(t)$ 都成立。可见一个 LTI 系统的频率响应等于该系统对任意输入的零状态响应的傅里叶变换与该输入信号的傅里叶变换之比。现在对微分方程(6-2)两边取傅里叶变换得

$$\mathcal{F}\left[\sum_{k=0}^{M}a_k\frac{\mathrm{d}^k}{\mathrm{d}t^k}y(t)\right]=\mathcal{F}\left[\sum_{l=0}^{N}b_l\frac{\mathrm{d}^l}{\mathrm{d}t^l}x(t)\right] \tag{6-7}$$

根据傅里叶变换的线性特性，上式变为

$$\sum_{k=0}^{M}a_k\mathcal{F}\left[\frac{\mathrm{d}^k}{\mathrm{d}t^k}y(t)\right]=\sum_{l=0}^{N}b_l\mathcal{F}\left[\frac{\mathrm{d}^l}{\mathrm{d}t^l}x(t)\right] \tag{6-8}$$

再根据傅里叶变换的微分特性，上式变为

$$\sum_{k=0}^{M}a_k(\mathrm{j}\omega)^kY(\omega)=\sum_{l=0}^{N}b_l(\mathrm{j}\omega)^lX(\omega) \tag{6-9}$$

此即

$$Y(\omega)\sum_{k=0}^{M}a_k(\mathrm{j}\omega)^k=X(\omega)\sum_{l=0}^{N}b_l(\mathrm{j}\omega)^l \tag{6-10}$$

从而

$$H(\omega)=\frac{Y(\omega)}{X(\omega)}=\frac{\sum_{l=0}^{N}b_l(\mathrm{j}\omega)^l}{\sum_{k=0}^{M}a_k(\mathrm{j}\omega)^k} \tag{6-11}$$

上式深层次的含义为，LTI 系统的频率响应完全由描述系统的微分方程的系数确定，而与具体的输入信号和响应信号没有直接关系。同时，$H(\omega)$ 是一个有理函数，分子多项式的系数与微分方程(6-2)右边的系数相同，分母多项式的系数与微分方程(6-2)左边的系数相同。

对一个具体的连续时间 LTI 系统来讲，频率响应 $H(\omega)$ 是频率 ω 的函数，所以它刻画了系统对不同频率分量的响应，响应的幅度 $|H(\omega)|$ 就是**幅频响应**，响应的相位 $\angle H(\omega)$ 就是**相频响应**。对式(6-5)两边取模，有

$$|Y(\omega)|=|X(\omega)||H(\omega)| \tag{6-12}$$

这表明，输入信号的傅里叶变换的模在通过系统后增大了 $|H(\omega)|$ 倍，所以 $|H(\omega)|$ 也称为系统的**增益**。对式(6-5)两边取相位，有

$$\angle Y(\omega)=\angle X(\omega)+\angle H(\omega) \tag{6-13}$$

这表明，输入信号的傅里叶变换的相位在通过系统后增加了 $\angle H(\omega)$，所以 $\angle H(\omega)$ 也称为系统的**相移**。

例 6-1　一个连续时间 LTI 系统初始状态为零，由以下微分方程描述：

$$\frac{\mathrm{d}^2}{\mathrm{d}t^2}y(t)+6\frac{\mathrm{d}}{\mathrm{d}t}y(t)+8y(t)=2\frac{\mathrm{d}}{\mathrm{d}t}x(t)+3x(t)$$

(1)求系统的频率响应 $H(\omega)$ 和冲激响应 $h(t)$；

(2)若系统的输入信号为 $x(t)=\left(\mathrm{e}^{-2t}+\mathrm{e}^{-3t}\right)u(t)$，求系统的零状态响应 $y(t)$。

解：(1)对原方程两边取傅里叶变换，得

$$Y(\omega)\left[(\mathrm{j}\omega)^2+6\mathrm{j}\omega+8\right]=X(\omega)(2\mathrm{j}\omega+3)$$

从而系统的频率响应 $H(\omega)$ 为

$$H(\omega)=\frac{Y(\omega)}{X(\omega)}=\frac{2\mathrm{j}\omega+3}{(\mathrm{j}\omega)^2+6\mathrm{j}\omega+8}$$

对 $H(\omega)$ 进行部分分式展开得

$$H(\omega)=-0.5\frac{1}{\mathrm{j}\omega+2}+2.5\frac{1}{\mathrm{j}\omega+4}$$

对上式等号右边的两部分分式进行傅里叶反变换得

$$h(t)=\left(-0.5\mathrm{e}^{-2t}+2.5\mathrm{e}^{-4t}\right)u(t)$$

(2) 冲激响应为 $h(t)$ 的 LTI 系统对 $x(t)=\left(\mathrm{e}^{-2t}+\mathrm{e}^{-3t}\right)u(t)$ 的零状态响应为 $y(t)=x(t)*h(t)$。在第一小题中，已经求得 $h(t)$。由于卷积运算非常复杂，所以不要直接通过上式求得 $y(t)$。事实上，由傅里叶变换的时域卷积定理得 $Y(\omega)=X(\omega)H(\omega)$，式中，$X(\omega)$ 和 $H(\omega)$ 分别为输入信号和冲激响应的傅里叶变换，前面已经得到 $H(\omega)$。给定的输入信号 $x(t)$ 的傅里叶变换为

$$X(\omega)=\frac{1}{\mathrm{j}\omega+2}+\frac{1}{\mathrm{j}\omega+3}=\frac{2\mathrm{j}\omega+5}{(\mathrm{j}\omega+2)(\mathrm{j}\omega+3)}$$

从而，响应的傅里叶变换为

$$Y(\omega)=X(\omega)H(\omega)=\frac{2\mathrm{j}\omega+5}{(\mathrm{j}\omega+2)(\mathrm{j}\omega+3)}\cdot\frac{2\mathrm{j}\omega+3}{(\mathrm{j}\omega)^2+6\mathrm{j}\omega+8}=\frac{(2\mathrm{j}\omega+5)(2\mathrm{j}\omega+3)}{(\mathrm{j}\omega+2)^2(\mathrm{j}\omega+3)(\mathrm{j}\omega+4)}$$

对 $Y(\omega)$ 进行部分分式展开得

$$Y(\omega)=\frac{3}{4}\frac{1}{\mathrm{j}\omega+2}-\frac{1}{2}\frac{1}{(\mathrm{j}\omega+2)^2}+\frac{3}{\mathrm{j}\omega+3}-\frac{15}{4}\frac{1}{\mathrm{j}\omega+4}$$

$Y(\omega)$ 的傅里叶反变换即为系统对 $x(t)$ 的零状态响应 $y(t)$，对上式等号右边各项分别进行傅里叶反变换得

$$y(t)=\left(\frac{3}{4}\mathrm{e}^{-2t}-\frac{1}{2}t\mathrm{e}^{-2t}+3\mathrm{e}^{-3t}-\frac{15}{4}\mathrm{e}^{-4t}\right)u(t)$$

已经知道冲激响应为 $h(t)$，连续时间 LTI 系统对任意输入 $x(t)$ 的响应为 $y(t)=x(t)*h(t)$，有时在时域直接计算这个卷积积分很复杂，可以通过在频域间接地计算。由傅里叶变换的时域卷积定理可得

$$y(t)=\mathcal{F}^{-1}\left[X(\omega)H(\omega)\right]$$

以下举一例。

例 6-2　一个连续时间 LTI 系统的冲激响应为 $h(t)=[\sin(2\pi t)\sin(6\pi t)]/(\pi t^2)$，求该系统对输入 $x(t)=\sin(4\pi t)+\cos(6\pi t)$ 的响应。

解： 系统冲激响应 $h(t)=\left[\sin(2\pi t)\sin(6\pi t)\right]/(\pi t^2)$ 的傅里叶变换为

$$H(\omega)=\frac{1}{2\pi}\times\pi\mathcal{F}\left[\sin(2\pi t)/(\pi t)\right]*\mathcal{F}\left[\sin(6\pi t)/(\pi t)\right]$$

利用例 5-1 已经得到傅里叶变换对 $\mathcal{F}\left[\sin\left(\omega_0 t\right)/\left(\pi t\right)\right]=\left[u\left(\omega+\omega_0\right)-u\left(\omega-\omega_0\right)\right]$，上式变为

$$H(\omega)=0.5\left[u(\omega+2\pi)-u(\omega-2\pi)\right]*\left[u(\omega+6\pi)-u(\omega-6\pi)\right]$$

利用例 2-11 的结论，如图 6-1 所示，可以得到 $H(\omega)$ 如图 6-2 所示。

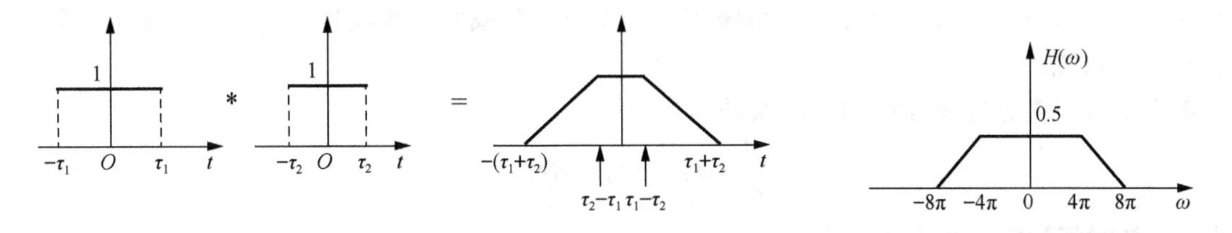

图 6-1　两个矩形脉冲的卷积　　　图 6-2　例 6-2 中系统的频率响应

输入 $x(t)=\sin(4\pi t)+\cos(6\pi t)$ 的傅里叶变换为

$$X(\omega)=\pi\mathrm{j}\left[\delta(\omega+4\pi)-\delta(\omega-4\pi)\right]+\pi\left[\delta(\omega+6\pi)+\delta(\omega-6\pi)\right]$$

其对应响应的傅里叶变换为

$$Y(\omega)=H(\omega)X(\omega)=H(\omega)\left\{\pi\mathrm{j}\left[\delta(\omega+4\pi)-\delta(\omega-4\pi)\right]+\pi\left[\delta(\omega+6\pi)+\delta(\omega-6\pi)\right]\right\}$$

显然有 $H(4\pi)=H(-4\pi)=0.5$ 和 $H(6\pi)=H(-6\pi)=0.25$，这样上式变为

$$Y(\omega)=0.5\pi\mathrm{j}\left[\delta(\omega+4\pi)-\delta(\omega-4\pi)\right]+0.25\pi\left[\delta(\omega+6\pi)+\delta(\omega-6\pi)\right]$$

上式对应的傅里叶反变换为

$$y(t)=0.5\sin(4\pi t)+0.25\cos(6\pi t)$$

若要测量一个诸如 RC 电路的连续时间系统的频率响应，就必须采用带有相同幅度的含有所有可能频率的信号作为系统的激励。已经知道冲激信号 $\delta(t)$ 的傅里叶变换为常数 1，这意味着 $\delta(t)$ 在频域包含着幅度相同的所有频率分量，它正是需要的测量信号，所以在信号与系统分析中，研究线性时不变系统对冲激信号的响应即冲激响应 $h(t)$ 有着很重要的地位。$h(t)$ 的傅里叶变换 $H(\omega)$ 就是 LTI 系统的频率响应。

6.2　波特图、一阶系统和二阶系统

由式(6-13)可以看出，LTI 系统输出信号的相频响应是输入信号的相位谱和系统的相频响应之和。如果对式(6-12)两边取对数，则有

$$\log\left|Y(\omega)\right|=\log\left|X(\omega)\right|+\log\left|H(\omega)\right| \tag{6-14}$$

经过这样的处理，在对数尺度上，LTI 系统输出的幅频响应是输入信号的幅频响应和系统的

幅频响应之和。如果有 LTI 系统输入信号的对数幅频响应图和系统的对数幅频响应图，则输出的对数幅频响应就可以通过两者相加得到；而系统输出信号的相频响应依然可以通过输入信号的相频响应和系统的相频响应两者简单相加得到。由于级联系统的频率响应是各个子系统的频率响应之积，通过取对数，系统总的对数幅频响应是各个子系统的对数幅频响应之和。此外，在对数坐标上，可以在一个相对宽得多的频率范围内展现系统幅频响应的更多细节。

一般采用的对数刻度是以 $20\log_{10}$ 为单位的，称为分贝(dB)。0dB 对应的幅频响应为1；20dB 对应的幅频响应为 10 倍的增益；−20dB 对应于衰减 0.1；6dB 对应于 2 倍增益。$20\log_{10}|H(\omega)|$ 和 $\angle H(\omega)$ 对 $\log_{10}(\omega)$ 作的图称为**波特图**。

很多实际的物理系统都可以通过线性常系数微分方程建模来描述，这种形式的系统很容易实现。高阶系统总是可以通过一阶系统和二阶系统级联或并联来实现，所们着重研究一阶系统和二阶系统。

考虑由以下微分方程描述的一阶系统：

$$\tau\frac{\mathrm{d}}{\mathrm{d}t}y(t)+y(t)=x(t) \tag{6-15}$$

式中，τ 是**时间常数**。相应的频率响应为

$$H(\omega)=\frac{1}{\mathrm{j}\omega\tau+1}=\frac{1}{\tau}\frac{1}{\mathrm{j}\omega+1/\tau} \tag{6-16}$$

对上式的 $H(\omega)$ 求傅里叶逆变换得到单位冲激响应为

$$h(t)=\frac{1}{\tau}\mathrm{e}^{-t/\tau}u(t) \tag{6-17}$$

系统的阶跃响应为

$$g(t)=\int_{-\infty}^{t}h(v)\mathrm{d}v=\left(1-\mathrm{e}^{-t/\tau}\right)u(t) \tag{6-18}$$

它们的波形如图 3-7 所示，由图可以看出 τ 控制着一阶系统响应的快慢，这正是把它称为时间常数的原因。当 $t=\tau$ 时，冲激响应衰减到 $t=0$ 时的 $1/\mathrm{e}$；而阶跃响应离终值1还有 $1/\mathrm{e}$。因此，τ 越大冲激响应衰减得越快，而阶跃响应上升得越快；反之亦然。

由式(6-16)得

$$20\log_{10}|H(\omega)|=-10\log_{10}\left[(\omega\tau)^2+1\right] \tag{6-19}$$

当 $\omega\tau\ll1$ 时，由上式可以看出：

$$20\log_{10}|H(\omega)|\approx0 \tag{6-20}$$

或者说，当 $\omega\tau\ll1$ 时，对数模近似为零。当 $\omega\tau\gg1$ 时，有

$$20\log_{10}|H(\omega)|\approx-10\log_{10}(\omega\tau)^2=-20\log_{10}\tau-20\log_{10}\omega \tag{6-21}$$

这表明当 $\omega\tau\gg1$ 时，对数模和波特图的横坐标 $\log_{10}\omega$ 成正比。综合以上，一阶系统的对数模在低频域和高频域的渐近线都是直线。低频渐近线就是一条 0dB 线；而高频渐近线相应于在 $|H(\omega)|$ 上每十倍频程有 20dB 的衰减，有时称为“每十倍频程 20dB ”渐近线。

当 $\omega=1/\tau$ 时，由式(6-20)和式(6-21)可以看出，这两条渐近线相交于 $(1/\tau,0)$，这样就可以将这两条渐近线作为对数幅频响应的近似。在 $\omega=1/\tau$ 处，这两条渐近线的斜率发生变化，所以称 $\omega=1/\tau$ 为**转折频率**。由式(6-19)得到转折频率处的实际对数幅频响应为

$$20\log_{10}\left|H(\omega)\right| = -10\log_{10}2 \approx -3\text{dB} \tag{6-22}$$

由此也称 $\omega = 1/\tau$ 为 3dB 点。由图可以看出，用直线近似表示的波特图在转折频率处存在最大的误差，如果希望得到更为精确的波特图，只需要在转折频率处作一些修正就可以了。

至于相频响应可以采用相同的方法进行分析。

从这个一阶系统可以看到时间和频率之间的对偶关系。当 τ 减小时，冲激响应曲线 $h(t)$ 向原点压缩了，而阶跃响应 $g(t)$ 的上升时间也随之减小，这表明系统的响应速度加快了；与此同时，转折频率也升高了，$H(\omega)$ 也变宽了。考虑到 $\tau \cdot h(t) = \mathrm{e}^{-t/\tau}u(t)$ 和 $H(\omega) = 1/(\mathrm{j}\omega\tau + 1)$，$\tau \cdot h(t)$ 是 $1/\tau$ 的函数，而 $H(\omega)$ 是 $\omega\tau$ 的函数，从本质上说，改变 τ，就是在时域和频域进行了一个尺度变换。

下面考虑由以下微分方程描述的二阶系统：

$$\frac{\mathrm{d}^2}{\mathrm{d}t^2}y(t) + 2\zeta\omega_\mathrm{n}\frac{\mathrm{d}}{\mathrm{d}t}y(t) + \omega_\mathrm{n}^2 y(t) = \omega_\mathrm{n}^2 x(t) \tag{6-23}$$

参数 ζ 称为**阻尼系数**，ω_n 称为**无阻尼自然频率**。它们的含义在后面有清楚的说明。系统的频率响应为

$$H(\omega) = \frac{\omega_\mathrm{n}^2}{(\mathrm{j}\omega)^2 + 2\zeta\omega_\mathrm{n}(\mathrm{j}\omega) + \omega_\mathrm{n}^2} \tag{6-24}$$

当 $\zeta > 1$ 时，令

$$\begin{cases} c_1 = -\zeta\omega_\mathrm{n} + \omega_\mathrm{n}\sqrt{\zeta^2 - 1} \\ c_2 = -\zeta\omega_\mathrm{n} - \omega_\mathrm{n}\sqrt{\zeta^2 - 1} \end{cases} \tag{6-25}$$

则 $H(\omega)$ 可以写为

$$H(\omega) = \frac{\omega_\mathrm{n}^2}{(\mathrm{j}\omega - c_1)(\mathrm{j}\omega - c_2)} \tag{6-26}$$

对上式进行部分分式展开得

$$H(\omega) = \frac{\omega_\mathrm{n}}{2\sqrt{\zeta^2 - 1}}\left(\frac{1}{\mathrm{j}\omega - c_1} - \frac{1}{\mathrm{j}\omega - c_2}\right) \tag{6-27}$$

从而系统的冲激响应为

$$h(t) = \frac{\omega_\mathrm{n}}{2\sqrt{\zeta^2 - 1}}\left(\mathrm{e}^{c_1 t} - \mathrm{e}^{c_2 t}\right)u(t) \tag{6-28}$$

当 $\zeta = 1$ 时，$H(\omega)$ 可以写为

$$H(\omega) = \frac{\omega_\mathrm{n}^2}{(\mathrm{j}\omega + \omega_\mathrm{n})^2} \tag{6-29}$$

从而冲激响应为

$$h(t) = \omega_\mathrm{n}^2 t\mathrm{e}^{-\omega_\mathrm{n}t}u(t) \tag{6-30}$$

当 $0 < \zeta < 1$ 时，$H(\omega)$ 可以写为

$$H(\omega) = \frac{\omega_\mathrm{n}^2}{\left(\mathrm{j}\omega + \zeta\omega_\mathrm{n}\right)^2 + \omega_\mathrm{n}^2\left(1 - \zeta^2\right)} \tag{6-31}$$

从而冲激响应为

$$h(t)=\frac{\omega_{\mathrm{n}}\mathrm{e}^{-\zeta\omega_{\mathrm{n}}t}}{\sqrt{1-\zeta^{2}}}\sin\left(\sqrt{1-\zeta^{2}}\,\omega_{\mathrm{n}}t\right)u(t) \tag{6-32}$$

由式(6-32)可以看出，当$0<\zeta<1$时，二阶系统的冲激响应是衰减振荡的，此时的系统称为**欠阻尼**系统。当$\zeta>1$时，由式(6-28)可以看出系统冲激响应是两个衰减的指数之差，此时的系统称为**过阻尼**系统。$\zeta=1$时的系统称为**临界阻尼**系统。

由式(6-28)、式(6-30)和式(6-32)可以看出，$h(t)/\omega_{\mathrm{n}}$都是$\omega_{\mathrm{n}}t$的函数。此外，系统的频率响应(6-24)可以写为

$$H(\omega)=\frac{1}{(\mathrm{j}\omega/\omega_{\mathrm{n}})^{2}+2\zeta(\mathrm{j}\omega/\omega_{\mathrm{n}})+1} \tag{6-33}$$

由上式可以看出，频率响应$H(\omega)$是$\omega/\omega_{\mathrm{n}}$的函数，因此改变$\omega_{\mathrm{n}}$本质上就是改变频率尺度，$\omega_{\mathrm{n}}$是一个无关紧要的参数。图6-3给出了二阶系统在不同阻尼系数时的冲激响应曲线($\omega_{\mathrm{n}}=1$)，纵轴右侧从上至下看分别为$\zeta=0.2$，$\zeta=0.3$，$\zeta=0.6$，$\zeta=1$，$\zeta=1.2$，$\zeta=1.5$和$\zeta=2$时的冲激响应曲线。

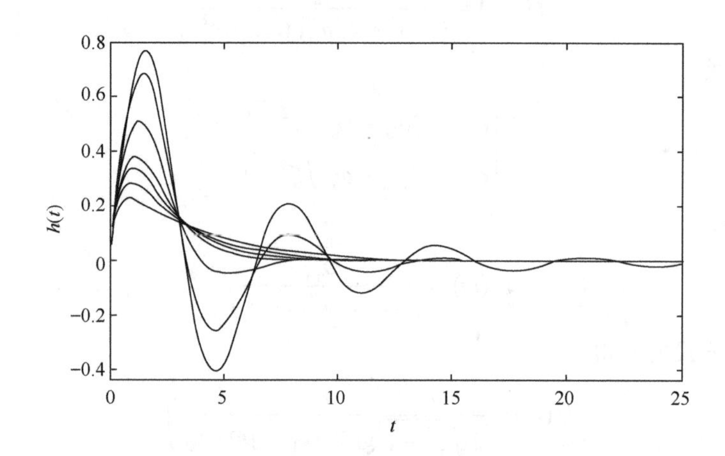

图6-3　不同阻尼时，二阶系统的冲激响应曲线

下面来求系统的阶跃响应。当$\zeta=1$时，根据式(6-30)，系统的阶跃响应为

$$g(t)=\int_{-\infty}^{t}h(\tau)\mathrm{d}\tau=\left(1-\mathrm{e}^{-\omega_{\mathrm{n}}t}-\omega_{\mathrm{n}}t\mathrm{e}^{-\omega_{\mathrm{n}}t}\right)u(t) \tag{6-34}$$

当$0<\zeta<1$时，若令

$$\begin{cases}a_{1}=-\zeta\omega_{\mathrm{n}}+\mathrm{j}\omega_{\mathrm{n}}\sqrt{1-\zeta^{2}}\\a_{2}=-\zeta\omega_{\mathrm{n}}-\mathrm{j}\omega_{\mathrm{n}}\sqrt{1-\zeta^{2}}\end{cases} \tag{6-35}$$

则欠阻尼时，由式(6-32)确定的冲激响应可以写为

$$h(t)=\frac{\omega_{\mathrm{n}}}{2\mathrm{j}\sqrt{1-\zeta^{2}}}\left(\mathrm{e}^{a_{1}t}-\mathrm{e}^{a_{-t}}\right)u(t) \tag{6-36}$$

从而阶跃响应为

$$g(t)=\int_{-\infty}^{t}h(\tau)\mathrm{d}\tau=\left[1+\frac{\omega_\mathrm{n}}{2\mathrm{j}\sqrt{1-\zeta^2}}\left(\frac{\mathrm{e}^{a_1t}}{a_1}-\frac{\mathrm{e}^{a_2t}}{a_2}\right)\right]u(t) \tag{6-37}$$

将 a_1 和 a_2 代入上式，并整理得

$$g(t)=\left\{1-\frac{\mathrm{e}^{-\zeta\omega_\mathrm{n}t}}{\sqrt{1-\zeta^2}}\left[\omega_\mathrm{n}\sqrt{1-\zeta^2}\cos\left(\omega_\mathrm{n}t\sqrt{1-\zeta^2}\right)+\omega_\mathrm{n}\zeta\sin\left(\omega_\mathrm{n}t\sqrt{1-\zeta^2}\right)\right]\right\}u(t) \tag{6-38}$$

当 $\zeta>1$ 时，考虑到此时的冲激响应如式(6-28)所示，从而系统的阶跃响应为

$$g(t)=\int_{-\infty}^{t}h(\tau)\mathrm{d}\tau=\int_{-\infty}^{t}\frac{\omega_\mathrm{n}}{2\sqrt{\zeta^2-1}}\left(\mathrm{e}^{c_1\tau}-\mathrm{e}^{c_2\tau}\right)u(\tau)\mathrm{d}\tau=\left[1+\frac{\omega_\mathrm{n}}{2\sqrt{\zeta^2-1}}\left(\frac{\mathrm{e}^{c_1t}}{c_1}-\frac{\mathrm{e}^{c_2t}}{c_2}\right)\right]u(t) \tag{6-39}$$

图 3-9 给出了二阶系统在不同阻尼系数时的阶跃响应曲线 $(\omega_\mathrm{n}=1)$。由该图看出，在欠阻尼的情况下，阶跃响应既有超量(超过稳定的终值)，又呈现出振荡特性。在临界阻尼时，阶跃响应具有最短的上升时间，从而具有最快的响应速度。在过阻尼的情况下，随着阻尼系数的增大，阶跃响应的上升时间也随之增大，从而响应速度随之减慢。这里来定性地分析导致这种现象的内在原因。考虑式(6-39)中的 e^{c_1t}/c_1 项，将式(6-25)中的 c_1 代入得

$$\frac{\mathrm{e}^{c_t}}{c_1}=\frac{\mathrm{e}^{\left(-\zeta\omega_\mathrm{n}+\omega_\mathrm{n}\sqrt{\zeta^2-1}\right)t}}{-\zeta\omega_\mathrm{n}+\omega_\mathrm{n}\sqrt{\zeta^2-1}}=\frac{\mathrm{e}^{\omega_\mathrm{n}t\left(\sqrt{\zeta^2-1}-\zeta\right)}}{\omega_\mathrm{n}\left(\sqrt{\zeta^2-1}-\zeta\right)} \tag{6-40}$$

又

$$\sqrt{\zeta^2-1}=\zeta\sqrt{1-\zeta^{-2}}=\zeta\left(1-0.5\zeta^{-2}-0.125\zeta^{-4}\right) \tag{6-41}$$

上式等号右边进行了二阶 Taylor 展开，将上式的结果代入式(6-40)得

$$\frac{\mathrm{e}^{c_1t}}{c_1}=\frac{\mathrm{e}^{\left(-\zeta\omega_\mathrm{n}+\omega_\mathrm{n}\sqrt{\zeta^2-1}\right)t}}{-\zeta\omega_\mathrm{n}+\omega_\mathrm{n}\sqrt{\zeta^2-1}}=-\frac{\mathrm{e}^{-\left(0.5\zeta^{-1}+0.125\zeta^{-3}\right)\omega_\mathrm{n}t}}{\left(0.5\zeta^{-1}+0.125\zeta^{-3}\right)\omega_\mathrm{n}} \tag{6-42}$$

由上式右边可以看出，当 ζ 增大时，分母随之减小，而分子随之增大，从而 e^{c_1t}/c_1 的绝对值随之增大，结果式(6-39)中的 e^{c_1t}/c_1 项需要一段较长的时间才能衰减为零。同样可以分析式(6-39)中的 e^{c_2t}/c_2 项，它随着 ζ 增大而减小。综合考虑这两项，系统的响应时间由 e^{c_1t}/c_1 决定。于是，对于大的 ζ 值，阶跃响应需要较长的时间才能建立起来。

由式(6-33)得二阶系统的幅频响应为

$$|H(\omega)|=\frac{1}{\sqrt{\left[1-(\omega/\omega_\mathrm{n})^2\right]^2+4\zeta^2(\omega/\omega_\mathrm{n})^2}} \tag{6-43}$$

从而

$$20\log_{10}|H(\omega)|=-10\log_{10}\left\{\left[1-(\omega/\omega_\mathrm{n})^2\right]^2+4\zeta^2(\omega/\omega_\mathrm{n})^2\right\} \tag{6-44}$$

当低频端 $\omega\ll\omega_\mathrm{n}$ 时，上式等号右边与 ω/ω_n 有关的项都可以忽略，从而

$$20\log_{10}|H(\omega)|\approx 0,\quad \omega\ll\omega_\mathrm{n} \tag{6-45}$$

当高频端 $\omega\gg\omega_\mathrm{n}$ 时，只考虑式(6-44)等号右边中 ω/ω_n 的最高幂次项，从而

$$20\log_{10}|H(\omega)|\approx-10\log_{10}\left[(\omega/\omega_\mathrm{n})^4\right]=-40\log_{10}\omega+40\log_{10}\omega_\mathrm{n},\quad \omega\gg\omega_\mathrm{n} \tag{6-46}$$

综合以上，对数幅频响应的低频渐近线是 0dB 线；而高频渐近线是一条斜率为每十倍频程 −40dB 的直线。两条渐近线在 $\omega=\omega_n$ 处相交，称 ω_n 为二阶系统的转折频率。图 6-4 为二阶系统的波特图。

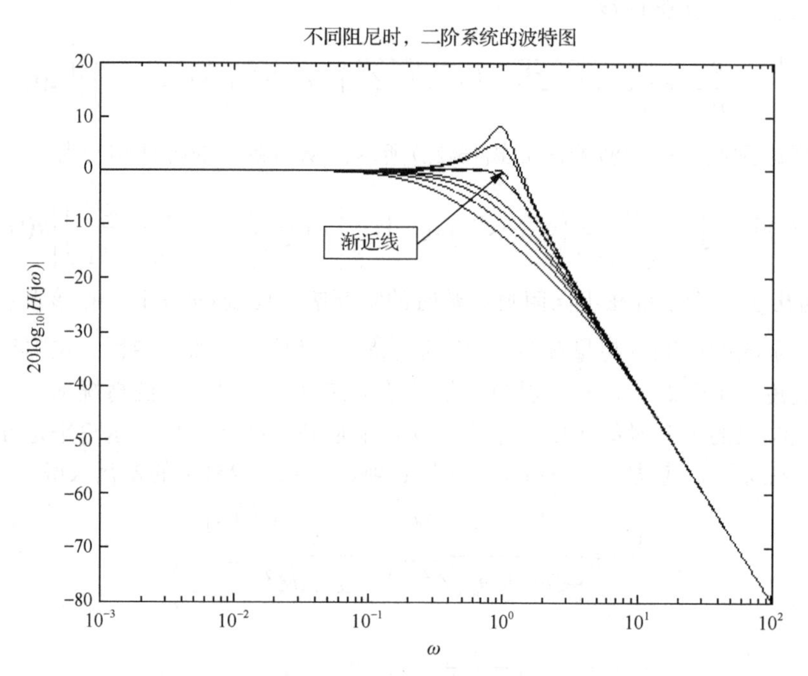

图 6-4　二阶系统的波特图

6.3　连续周期信号通过线性时不变系统响应的频域分析

在第 3 章和第 4 章中，强调指出指数信号 $\mathrm{e}^{\mathrm{j}\omega_0 t}$ 和复指数信号 e^{st} 是线性时不变系统的特征函数。当 $\mathrm{e}^{\mathrm{j}\omega_0 t}$ 作用于冲激响应为 $h(t)$ 的线性时不变系统时，系统的响应为

$$y(t)=\mathrm{e}^{\mathrm{j}\omega_0 t}*h(t)=\int_{-\infty}^{+\infty}\mathrm{e}^{\mathrm{j}\omega_0(t-\tau)}h(\tau)\mathrm{d}\tau=\mathrm{e}^{\mathrm{j}\omega_0 t}\int_{-\infty}^{+\infty}\mathrm{e}^{-\mathrm{j}\omega_0\tau}h(\tau)\mathrm{d}\tau \tag{6-47}$$

显然上式等号右边中的积分即为系统的频率响应 $H(\omega)$ 在 ω_0 处的取值，这样上式变为

$$y(t)=\mathrm{e}^{\mathrm{j}\omega_0 t}H(\omega_0) \tag{6-48}$$

考虑到 $\mathrm{e}^{\mathrm{j}(\omega_0 t+\theta)}=\mathrm{e}^{\mathrm{j}\theta}\mathrm{e}^{\mathrm{j}\omega_0 t}$，由齐次性可知该系统对 $\mathrm{e}^{\mathrm{j}(\omega_0 t+\theta)}$ 的响应为

$$\mathrm{e}^{\mathrm{j}\theta}\mathrm{e}^{\mathrm{j}\omega_0 t}H(\omega_0)=\mathrm{e}^{\mathrm{j}(\omega_0 t+\theta)}H(\omega_0) \tag{6-49}$$

下面研究正弦信号 $\sin(\omega_0 t+\theta)$ 通过该线性时不变系统的响应。由 Euler 公式可得

$$\sin(\omega_0 t+\theta)=\frac{1}{2\mathrm{j}}\left[\mathrm{e}^{\mathrm{j}(\omega_0 t+\theta)}-\mathrm{e}^{-\mathrm{j}(\omega_0 t+\theta)}\right] \tag{6-50}$$

由前面的分析可知，系统对 $\mathrm{e}^{\mathrm{j}(\omega_0 t+\theta)}$ 和 $\mathrm{e}^{-\mathrm{j}(\omega_0 t+\theta)}$ 的响应分别为 $\mathrm{e}^{\mathrm{j}(\omega_0 t+\theta)}H(\omega_0)$ 和 $\mathrm{e}^{-\mathrm{j}(\omega_0 t+\theta)}H(-\omega_0)$。

当线性时不变系统的冲激响应 $h(t)$ 为实函数时，系统的频率响应 $H(\omega)$ 满足 $H^*(\omega)=H(-\omega)$。这样系统对 $\sin(\omega_0 t+\theta)$ 的响应为

$$\frac{1}{2\mathrm{j}}\left[\mathrm{e}^{\mathrm{j}(\omega_0 t+\theta)}H(\omega_0)-\mathrm{e}^{-\mathrm{j}(\omega_0 t+\theta)}H(-\omega_0)\right]=\frac{1}{2\mathrm{j}}\left[\mathrm{e}^{\mathrm{j}(\omega_0 t+\theta)}H(\omega_0)-\mathrm{e}^{-\mathrm{j}(\omega_0 t+\theta)}H^*(\omega_0)\right] \tag{6-51}$$

设系统的幅频响应为 $|H(\omega)|$、相频响应为 $\varphi(\omega)$，即 $H(\omega)=|H(\omega)|\mathrm{e}^{\mathrm{j}\varphi(\omega)}$，这样

$$H^*(\omega_0)=|H(\omega_0)|\mathrm{e}^{-\mathrm{j}\varphi(\omega_0)} \tag{6-52}$$

从而，式(6-51)变为

$$\begin{aligned}&\frac{1}{2\mathrm{j}}\left[\mathrm{e}^{\mathrm{j}(\omega_0 t+\theta)}|H(\omega_0)|\mathrm{e}^{\mathrm{j}\varphi(\omega_0)}-\mathrm{e}^{-\mathrm{j}(\omega_0 t+\theta)}|H(\omega_0)|\mathrm{e}^{-\mathrm{j}\varphi(\omega_0)}\right]\\&=\frac{1}{2\mathrm{j}}|H(\omega_0)|\left\{\mathrm{e}^{\mathrm{j}[\omega_0 t+\theta+\varphi(\omega_0)]}-\mathrm{e}^{-\mathrm{j}[\omega_0 t+\theta+\varphi(\omega_0)]}\right\}\\&=|H(\omega_0)|\sin[\omega_0 t+\theta+\varphi(\omega_0)]\end{aligned} \tag{6-53}$$

同样可以得到系统对余弦信号 $\cos(\omega_0 t+\theta)$ 的响应为 $|H(\omega_0)|\cos[\omega_0 t+\theta+\varphi(\omega_0)]$。

由以上可以看出，冲激响应为实函数的线性时不变系统对正弦(余弦)信号的响应为同频率 ω_0 的正弦(余弦)信号，幅度增益为系统幅频响应 $|H(\omega)|$ 在正弦(余弦)信号的振荡频率 ω_0 处的值 $|H(\omega_0)|$，相移为相频响应 $\varphi(\omega)$ 在正弦(余弦)信号的振荡频率 ω_0 处的值 $\varphi(\omega_0)$。

例 6-3　已知一个线性时不变系统的频率特性如图 6-5 所示，求该系统对输入 $x(t)=5+2\sin(t-30^\circ)-0.2\cos(3t+60^\circ)$ 的响应 $y(t)$。

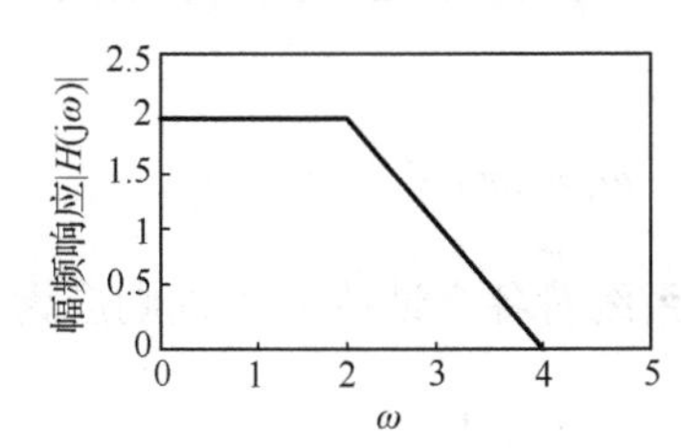

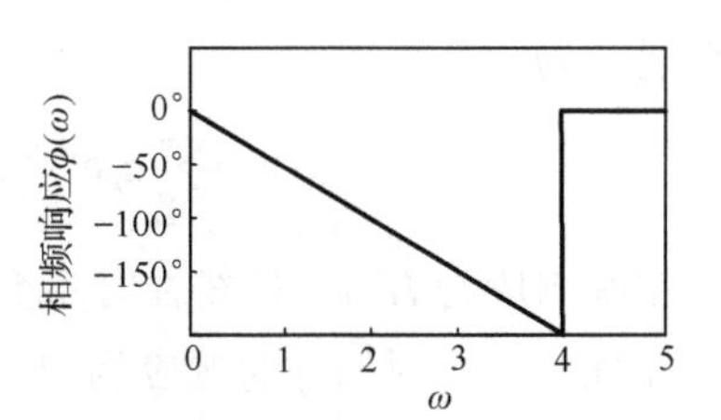

图 6-5　例 6-3 的幅频响应和相频响应

解：输入信号 $x(t)$ 包含直流分量 5、角频率为 $\omega_1=1$ 的正弦分量和角频率为 $\omega_2=3$ 的余弦分量。在直流分量 5 处，幅度增益为 2，相移为零。在 $\omega_1=1$ 处，幅频响应为 $|H(\omega_1)|=2$，相频响应为 $\phi(\omega_1)=-45^\circ$；在 $\omega_2=3$ 处，幅频响应为 $|H(\omega_2)|=1$，相频响应为 $\phi(\omega_1)=-135^\circ$。由此可得系统对 $x(t)$ 的响应 $y(t)$ 为

$$\begin{aligned}y(t)&=2\times5+2\times2\sin(t-30^\circ-45^\circ)-0.2\times1\times\cos(3t+60^\circ-135^\circ)\\&=10+4\sin(t-75^\circ)-0.2\cos(3t-75^\circ)\end{aligned}$$

例 6-4　已知一个线性时不变系统由以下微分方程描述:

$$y'(t)+2y(t)=x(t)$$

求该系统对输入 $x(t)=5+2\sin(t-30^\circ)-0.2\cos(3t+60^\circ)$ 的响应 $y(t)$。

解：很容易得到系统的频率响应为

$$H(\omega)=\frac{1}{\mathrm{j}\omega+2}$$

输入信号 $x(t)$ 包含直流分量、角频率为 $\omega_1=1$ 的正弦分量和角频率为 $\omega_2=3$ 的余弦分量。直流分量的角频率为零，幅度增益为 $H(0)=1/2$，相移为零，所以对直流分量的响应为 $y_0(t)=5\times 1/2=5/2$。计算 $\omega_1=1$ 和 $\omega_2=3$ 时的频率响应如下：

$$H(\omega_1)=\frac{1}{\mathrm{j}\omega_1+2}=\frac{1}{\mathrm{j}+2}=\frac{1}{\sqrt{5}}\mathrm{e}^{-63.43^\circ}$$

$$H(\omega_2)=\frac{1}{\mathrm{j}\omega_2+2}=\frac{1}{3\mathrm{j}+2}=\frac{1}{\sqrt{13}}\mathrm{e}^{-33.69^\circ}$$

所以系统对 $2\sin(t-30^\circ)$ 的响应为

$$y_1(t)=2\times\frac{1}{\sqrt{5}}\sin(t-30^\circ-63.43^\circ)=\frac{2}{\sqrt{5}}\sin(t-93.43^\circ)$$

对 $-0.2\cos(3t+60^\circ)$ 的响应为

$$y_2(t)=-0.2\times\frac{1}{\sqrt{13}}\cos(3t+60^\circ-33.69^\circ)=-\frac{0.2}{\sqrt{13}}\cos(3t+26.31^\circ)$$

由叠加性，系统对 $x(t)=5+2\sin(t-30^\circ)-0.2\cos(3t+60^\circ)$ 的响应为

$$y(t)=y_0(t)+y_1(t)+y_2(t)=\frac{5}{2}+\frac{2}{\sqrt{5}}\sin(t-93.43^\circ)-\frac{0.2}{\sqrt{13}}\cos(3t+26.31^\circ)$$

下面研究一般周期信号通过线性时不变系统的响应。任意周期为 T 的周期信号 $x(t)$ 可以进行傅里叶级数展开为

$$x(t)=\sum_{k=-\infty}^{+\infty}a_k\mathrm{e}^{\mathrm{j}k\omega_0 t},\quad \omega_0=2\pi/T \tag{6-54}$$

前面已经得到，频率响应为 $H(\omega)$ 的线性时不变系统对各个谐波 $\mathrm{e}^{\mathrm{j}k\omega_0 t}$ 的响应为 $\mathrm{e}^{\mathrm{j}k\omega_0 t}H(k\omega_0)$。由 LTI 系统的叠加性，系统对 $x(t)$ 的响应为

$$y(t)=\sum_{k=-\infty}^{+\infty}a_k\mathrm{e}^{\mathrm{j}k\omega_0 t}H(k\omega_0) \tag{6-55}$$

由此可见，要得到 LTI 系统对任意周期信号的响应，首先要得到信号的傅里叶级数表达式，得到系统的频率响应，最后由上式计算就可以。

6.4 无失真传输

设在一个具体的通信系统中，输入信号为 $x(t)$，输出信号为 $y(t)$。通信的目的当然是希望系统的输入信号和输出信号完全一致，即

$$y(t)=x(t) \tag{6-56}$$

但由于传输信道特性的不可预测性，这几乎是无法实现的。若

$$y(t)=Ax(t-t_d),\quad A>0且t_d>0 \tag{6-57}$$

即输出信号是输入信号在时间轴上的平移，与此同时，幅度变为原来的 A 倍，从而信号波形保持不变。若一个通信系统的输入信号和输出信号满足以上关系式，就认为它是**无失真传输**

系统。对上式两边取傅里叶变换得

$$Y(\omega)=AX(\omega)\mathrm{e}^{-\mathrm{j}\omega t_d} \tag{6-58}$$

对 LTI 系统有

$$Y(\omega)=X(\omega)H(\omega) \tag{6-59}$$

式中，$H(\omega)$ 为系统的频域响应。由以上两式可得无失真传输系统的频域响应为

$$H(\omega)=A\mathrm{e}^{-\mathrm{j}\omega t_d} \tag{6-60}$$

幅频响应为

$$H(\omega)=\left|A\mathrm{e}^{-\mathrm{j}\omega t_d}\right|=A \tag{6-61}$$

可见幅频响应为一个常数。显然相频响应为

$$\angle H(\omega)=-\mathrm{j}\omega t_d \tag{6-62}$$

以上结果表明，对于无失真传输系统来说，系统的幅频响应为一个常数，相频响应与 ω 呈线性关系。$|H(\omega)|=A$ 意味着系统对所有频率分量在幅度上都放大 A 倍；$\angle H(\omega)=-\mathrm{j}\omega t_d$ 意味着对所有的频率分量在时域都延时 t_d。如果系统对各个频率分量的幅度产生不同比例的增益，各个频率分量的相对幅度产生变化，就引起**幅度失真**。如果系统对各个频率分量产生的相移不与频率成正比，响应的各频率分量在时间轴上的相对位置发生变化，就引起**相位失真**。

一般来说，人类的耳朵对幅度失真比较敏感，而对相位失真却比较迟钝。要让相位失真变得被关注，在延时上的变化期($\angle H(\omega)$斜率的变化)应该与信号的持续期(或物理可感知的持续期，以免考虑本身很长的信号)可以相比拟。在音频信号中，每一个音节都可以认为是一个单一的信号，而一个音节的平均持续期为 0.01～0.1s。音频系统可以有非线性相位而没有明显的信号失真，这是因为实际音频系统在 $\angle H(\omega)$ 斜率上的最大变化还不到 1ms，这才是“人的耳朵对相位失真相对不灵敏”这种说法的根本原因。因此音频设备制造商仅提供设备的幅频响应特性 $|H(\omega)|$。而对于视频信号来说，情况正好相反，人的眼睛对相位失真很灵敏而对幅度失真相对迟钝。在电视信号中的幅度失真只作为所得图像的相对黑白亮度的部分损坏而显露出来，但它对人眼视觉感应影响不大。另外，相位失真(非线性相位特性)会在图像的不同频率分量上产生不同的延时，已经知道高频分量对应图像的突变部分，低频分量对应图像的细节部分。如果不同频率分量的时延不同，则图像就会变得很模糊，而这很容易被人眼察觉。在数字通信系统中，通常也要求线性相位，因为信道的非线性相位特性会引起脉冲弥散(扩展)，它会带来与前后相邻脉冲间的码间干扰，这种干扰会在接收端产生幅度上的误差而造成对二进制的 0 和 1 的错误判决。CD 播放器里存储的 MP3 格式的音频是用演唱者在录音棚录制的版本刻录上去的，在播放时，只要播放器对所有的高音符和低音符都放大或减小同样的倍数(当然不能太大，也不能太小)，对人们来说就是完美的听觉享受。人们在网络视频聊天时，如果因特网对视频图像所有的频率分量产生相同的时延，人们就很陶醉。相反，如果图像在抖动，那就感觉很糟糕，这是由于系统对图像的不同频率分量产生了不同的时延。

若一个正弦信号在信道上以频率 ω_c 传输，接收到的信号相位滞后 $\phi(\omega_c)$，则时延 τ_p 定义为

$$\tau_p=-\frac{\phi(\omega_c)}{\omega_c} \tag{6-63}$$

一个幅度失真的例子如图 6-6 所示。图 6-6(a)中的实线代表由三个频率分量合成的信号

$x(t)$，$x(t)$ 的数学表达式为

$$x(t)=\left[0.5\sin(5\pi t)+0.3\sin(10\pi t)+0.2\sin(15\pi t)\right]\left[u(t)-u(t-1)\right] \tag{6-64}$$

$x(t)$ 的三个频率分量在时间轴上的取值区间均为 $(0,1)$。对 $x(t)$ 的三个频率分量产生的增益分别为1、0.6及1.5后形成信号 $\tilde{x}(t)$，$\tilde{x}(t)$ 的数学表达式为

$$\tilde{x}(t)=\left[0.5\sin(5\pi t)+0.18\sin(10\pi t)+0.3\sin(15\pi t)\right]\left[u(t)-u(t-1)\right] \tag{6-65}$$

同样，$\tilde{x}(t)$ 的三个频率分量在时间轴上的取值区间均为 $(0,1)$。$\tilde{x}(t)$ 的波形如图 6-6(b)所示，由图可以很清楚地看到幅度失真。

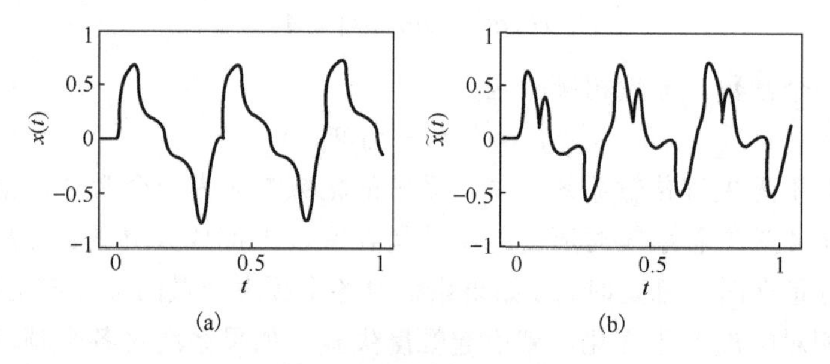

图 6-6　幅度失真实例

一个相位失真的例子如图 6-7 所示。同样图 6-7(a)代表由三个频率分量合成的信号 $x(t)$，$x(t)$ 的数学表达式为

$$x(t)=\left[0.5\sin(5\pi t)+0.3\sin(10\pi t)+0.2\sin(15\pi t)\right]\left[u(t)-u(t-1)\right] \tag{6-66}$$

$x(t)$ 的三个频率分量在时间轴上的取值区间均为 $(0,1)$。对 $x(t)$ 的三个频率在时间轴上的延时分别为 2、2.1 及 2.2 后叠加形成 $\tilde{x}(t)$，$\tilde{x}(t)$ 的数学表达式为

$$\begin{aligned}\tilde{x}(t)=0.5\sin\left[\left(5\pi(t-2)\right)\right]&\left[u(t-2)-u(t-3)\right]\\+0.3\sin\left[10\pi(t-2.1)\right]&\left[u(t-2.1)-u(t-3.1)\right]\\+0.2\sin\left[15\pi(t-2.2)\right]&\left[u(t-2.2)-u(t-3.2)\right]\end{aligned} \tag{6-67}$$

$\tilde{x}(t)$ 的波形如图 6-7(b)所示，由图可以很清楚地看到相位失真。

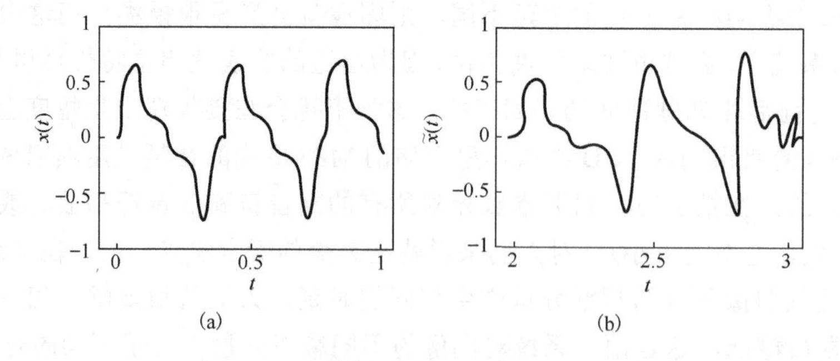

图 6-7　相位失真实例

一个无失真的例子如图 6-8 所示。图 6-8(a)代表由三个频率分量合成的信号 $x(t)$，$x(t)$ 的数学表达式为

$$x(t)=\left[0.5\sin(5\pi t)+0.3\sin(10\pi t)+0.2\sin(15\pi t)\right]\left[u(t)-u(t-1)\right] \tag{6-68}$$

对 $x(t)$ 的三个频率分量幅度都放大1.2倍，在时间轴上都延时2，得到 $\tilde{x}(t)$，$\tilde{x}(t)$ 的数学表达式为

$$\tilde{x}(t)=[0.6\sin(5\pi t)+0.36\sin(10\pi t)+0.24\sin(15\pi t)][u(t-2)-u(t-3)] \tag{6-69}$$

$\tilde{x}(t)$ 的波形如图 6-8(b)所示，由图可见，$\tilde{x}(t)$ 波形在幅度上整体放大了，在时间轴上整体平移了。

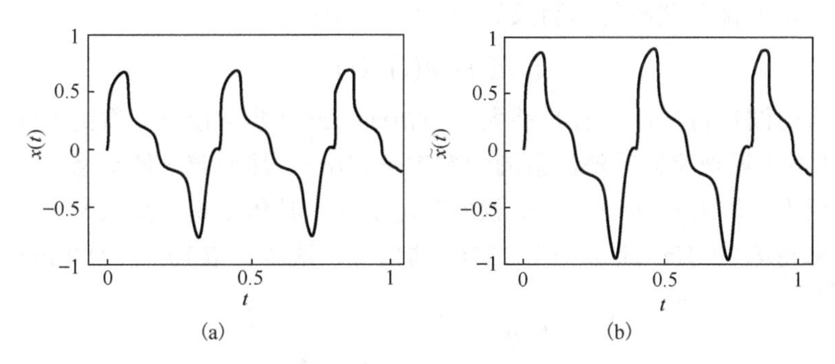

图 6-8　无失真传输实例

6.5　理想低通滤波器

6.5.1　理想低通滤波器的冲激响应和频率响应

理想滤波器能够在某个频带范围内实现无失真传输，而完全抑制在这个频带范围之外的频率分量使之不能通过。理想低通滤波器让频率低于 ω_c 的频率分量无失真地通过，而完全阻止高于 ω_c 的频率分量，如图 6-9 所示。理想高通滤波器和理想低通滤波器的含义是类似的，图 6-10 分别是它们的示意图。这里都要求相频响应是过原点的直线。

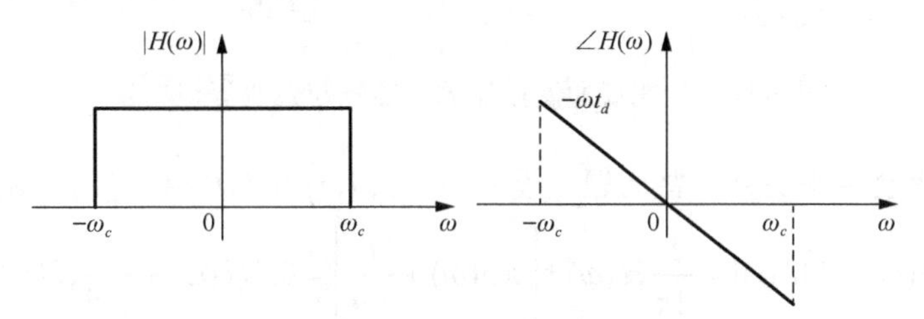

图 6-9　理想低通滤波器的频率响应

这里之所以把滤波器都称为“理想”的，原因在于它们是非因果的，从而是物理不可实现的。现在来研究理想低通滤波器的冲激响应。图 6-9 所示的理想低通滤波器，其频率响应 $H(\omega)$ 为

$$H(\omega)=\begin{cases}e^{-j\omega t_d}, & |\omega|\leqslant\omega_c\\ 0, & |\omega|>\omega_c\end{cases} \tag{6-70}$$

对应的冲激响应 $h(t)$ 为

$$h(t)=\mathcal{F}\left[H(\omega)\right]=\frac{1}{2\pi}\int_{-\omega_c}^{\omega_c}\mathrm{e}^{-\mathrm{j}\omega t_d}\mathrm{e}^{\mathrm{j}\omega t}\mathrm{d}\omega=\frac{\omega_c}{\pi}\mathrm{Sa}\left[\omega_c\left(t-t_d\right)\right] \tag{6-71}$$

$h(t)$ 的波形如图 6-11 所示，显然它在整个时域都非零。特别是 $t<0$ 时 $h(t)\neq 0$，这说明它是非因果的，是物理不可实现的，这正是称为“理想”低通滤波器的原因。同样可以证明，理想高通滤波器和理想低通滤波器都是物理不可实现的。为了得到物理可实现的低通滤波器，可以把 $h(t)$ 在 $t<0$ 的部分截断得到因果的冲激响应 $\tilde{h}(t)$ 为

$$\tilde{h}(t)=h(t)u(t) \tag{6-72}$$

考虑到抽样函数的波形特性，若 t_d 足够大，则 $\tilde{h}(t)$ 和 $h(t)$ 非常接近，得到的滤波器的频率响应 $\tilde{H}(\omega)$ 也就非常接近理想低通滤波器的频率响应 $H(\omega)$。然而较大的 t_d 意味着较大的输出时延。在实际应用中，取 $t_d=(3\sim4)\pi/\omega_c$ 就能满足要求。具体来说，要求一个音频低通滤波器处理的截止频率高达 20kHz（即 $\omega_c=4\times10^4\pi$）的信号，这时 t_d 取 10^{-4}s（即 0.1ms）就可以。

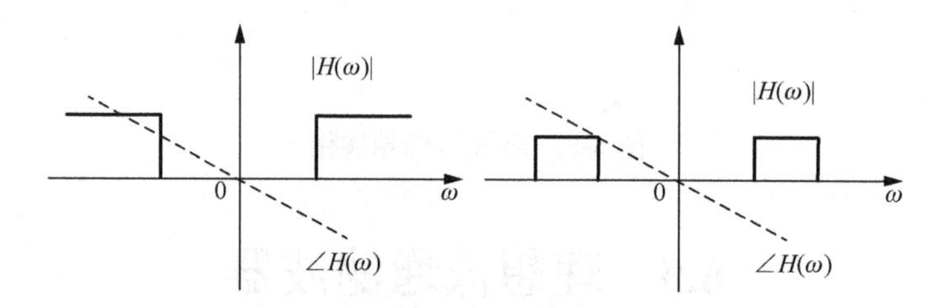

图 6-10　理想高通滤波器的频率响应

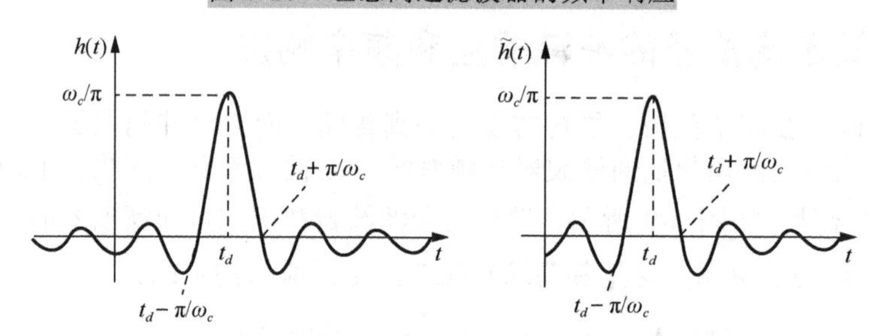

图 6-11　理想低通滤波器的冲激响应及其近似实现

然而截断处理会带来另外一些问题。设 $h(t)\overset{\mathcal{F}}{\leftrightarrow}H(\omega)$ 和 $\tilde{h}(t)\overset{\mathcal{F}}{\leftrightarrow}\tilde{H}(\omega)$，则由式(6-72)得

$$\tilde{H}(\omega)=\frac{1}{2\pi}H(\omega)*\mathcal{F}[u(t)]=\frac{1}{2\pi}H(\omega)*\left[\pi\delta(\omega)+\frac{1}{\mathrm{j}\omega}\right]=0.5H(\omega)+\frac{1}{2\pi\mathrm{j}}H(\omega)*\frac{1}{\omega} \tag{6-73}$$

这里 $H(\omega)$ 为理想低通滤波器的频率响应，当然是带限的。考虑上式右边第二项的卷积，由于 $1/\omega$ 在整个频域都有非零值，所以卷积的结果在整个频域也都有非零值。这表明，虽然 $H(\omega)$ 是低通的，但 $\tilde{H}(\omega)$ 在整个频域都有值，截断使得 $H(\omega)$ 的频谱扩展到原本为零的频带上，这种效应称为**频谱泄漏**。

如果对理想低通滤波器的线性相位不作要求，这时滤波器的频率响应为

$$H(\omega)=\begin{cases}1, & |\omega|\leqslant\omega_c\\ 0, & |\omega|>\omega_c\end{cases} \tag{6-74}$$

很容易得到冲激响应为

$$h(t)=\mathcal{F}^{-1}[H(\omega)]=\frac{\sin(\omega_c t)}{\pi t} \tag{6-75}$$

显然，这样的理想低通滤波器也是非因果的，从而也是物理不可实现的。

对于一个物理可实现的实际系统，冲激响应 $h(t)$ 必须是因果的，在频域，这个条件等效于以下 Paley-Wiener 准则：

$$\int_{-\infty}^{+\infty}\frac{\left|\ln|H(\omega)|\right|}{1+\omega^2}\mathrm{d}\omega < +\infty \tag{6-76}$$

显然，若在有限的频带 $\omega_1 \leqslant \omega \leqslant \omega_2$ 内 $H(\omega)=0$，那么在这个频带内 $\left|\ln|H(\omega)|\right|=+\infty$，从而

$$\int_{\omega_1}^{\omega_2}\frac{\left|\ln|H(\omega)|\right|}{1+\omega^2}\mathrm{d}\omega \to +\infty \tag{6-77}$$

这样式(6-76)给出的条件遭到破坏，这样系统就是物理不可实现的；然而，若在有限多个频率点处 $H(\omega)=0$，依然可以满足式(6-76)中的积分值有限这个条件。需要说明的是，Paley-Wiener 条件只是系统因果性的一个必要条件。

6.5.2 理想低通滤波器的阶跃响应

6.5.1 节已经得到了理想低通滤波器的冲激响应 $h(t)$ 为

$$h(t)=\frac{\omega_c}{\pi}\mathrm{Sa}[\omega_c(t-t_d)] \tag{6-78}$$

现在来研究理想低通滤波器的阶跃响应 $g(t)$。由于 $g(t)$ 是 $h(t)$ 的积分，所以

$$g(t)=\int_{-\infty}^{t}h(\tau)\mathrm{d}\tau=\frac{\omega_c}{\pi}\int_{-\infty}^{t}\mathrm{Sa}[\omega_c(\tau-t_d)]\mathrm{d}\tau \tag{6-79}$$

在上式右边进行变量代换 $x=\omega_c(\tau-t_d)$，所以 $\mathrm{d}\tau=\mathrm{d}x/\omega_c$，上式变为

$$g(t)=\frac{1}{\pi}\int_{-\infty}^{\omega_c(t-t_d)}\mathrm{Sa}(x)\mathrm{d}x=\frac{1}{\pi}\int_{-\infty}^{\omega_c(t-t_d)}\frac{\sin x}{x}\mathrm{d}x \tag{6-80}$$

上式右端中 $\sin x/x$ 的积分称为正弦积分函数，积分的结果没有闭式解，只能通过查表得到。**正弦积分函数**的定义为

$$\mathrm{Sa}(t)=\frac{1}{\pi}\int_0^t\frac{\sin\tau}{\tau}\mathrm{d}\tau \tag{6-81}$$

$\mathrm{Sa}(t)$ 和正弦积分函数的波形分别如图 6-12 所示。利用式(5-31)，并考虑到 $\sin x/x$ 为奇函数，所以

$$\frac{1}{\pi}\int_{-\infty}^{0}\frac{\sin\tau}{\tau}\mathrm{d}\tau=\frac{1}{\pi}\cdot\frac{\pi}{2}=0.5 \tag{6-82}$$

利用上式和正弦积分函数可以把理想低通滤波器的阶跃响应表示为

$$g(t)=\frac{1}{\pi}\int_{-\infty}^{0}\frac{\sin x}{x}\mathrm{d}x+\frac{1}{\pi}\int_{0}^{\omega_c(t-t_d)}\frac{\sin x}{x}\mathrm{d}x=0.5+\frac{1}{\pi}\mathrm{Sa}[\omega_c(t-t_d)] \tag{6-83}$$

因为阶跃响应是 LTI 系统对单位阶跃信号的响应，为了说明问题，图 6-13 和图 6-14 分别给出了阶跃函数和阶跃响应的波形图。由该图可以得到以下结论。

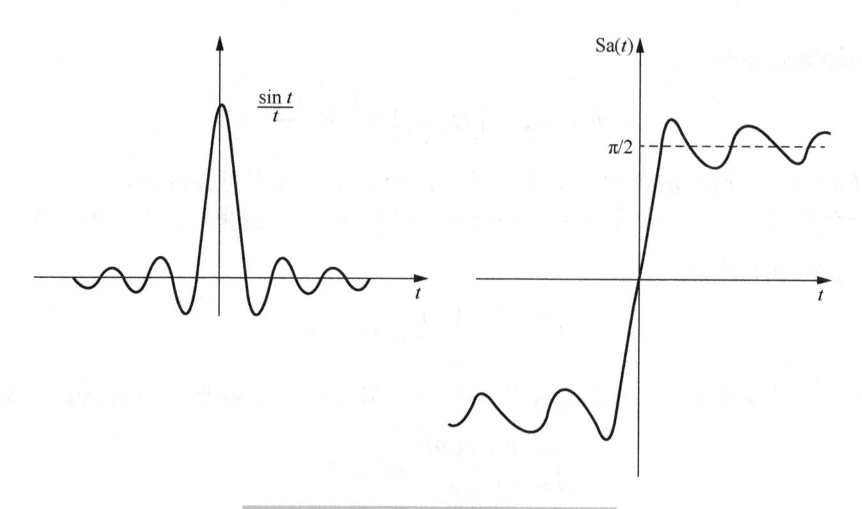

图 6-12　抽样函数和正弦积分函数

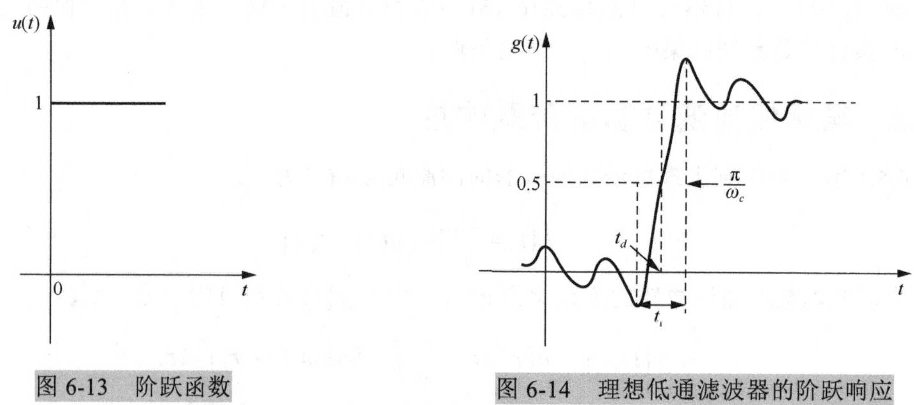

图 6-13　阶跃函数　　　　图 6-14　理想低通滤波器的阶跃响应

(1)当 $t<0$ 时，阶跃响应不为零，这也说明系统是非因果的。

(2)阶跃响应有失真，表现在三个方面：响应波形变得平滑了，它从最小值上升到最大值需要 $t_{\mathrm{r}}=2\pi/\omega_c$ 的过渡时间；响应在跳变点附近存在过冲；响应在趋于稳态值的过程中存在振荡现象，振荡频率等于滤波器的截止频率 ω_c。

如果将阶跃响应从最小值上升到最大值需要的时间定义为上升时间 t_{r}，则

$$t_{\mathrm{r}}=2\pi/\omega_c \tag{6-84}$$

此即

$$\omega_c t_{\mathrm{r}}=2\pi \tag{6-85}$$

这表明 ω_c 和 t_{r} 的乘积是一个常数，一个变小，另外一个必然变大，或者说，带宽和上升时间成反比。尽管这个结论是从理想低通滤波器得出的，但它适合于任何系统。如果输入信号存在跳变点，要想它通过系统后的输出仍然存在陡峭的上升沿和下降沿(从而上升时间 t_{r} 很小)，则要求系统有很宽的带宽；否则输出信号存在严重的失真。上升时间反映了信号变化的快慢，上升时间越短，说明信号的变化越快，包含的最高频率分量也就越高，需要的传输带宽自然而然就越宽。

下面考虑理想低通滤波器对两个阶跃函数之差形成的输入信号 $x(t)=u(t)-u(t-\tau)$ (图 6-15)的

响应：

$$y(t)=h(t)*x(t)=h(t)*\left[u(t)-u(t-\tau)\right] \tag{6-86}$$

由阶跃响应的定义 $g(t)=h(t)*u(t)$，上式变为

$$y(t)=g(t)-g(t-\tau) \tag{6-87}$$

将式(6-83)代入上式右边可得

$$y(t)=\frac{1}{\pi}\left\{\mathrm{Sa}\left[\omega_c(t-t_d)\right]-\mathrm{Sa}\left[\omega_c(t-t_d-\tau)\right]\right\} \tag{6-88}$$

为了得到一个波形近似矩形的输出，滤波器的带宽(截止)频率 ω_c 必须足够大，或者说要使得下式成立：

$$2\pi/\omega_c \ll \tau \tag{6-89}$$

当 ω_c 较小时，得到的响应完全不像矩形，倒很像正弦波。图 6-16 为 $\omega_c=2\pi/\tau$ 时的输出波形图，此时 $2\pi/\omega_c=\tau$，可见输出波形失真严重。随着 ω_c 变大，输出波形图越来越接近矩形。图 6-17～图 6-20 依次为 $\omega_c=4\pi/\tau$、$6\pi/\tau$、$8\pi/\tau$ 和 $12\pi/\tau$ 时的输出波形。在这些图中也明显地看到了吉布斯现象，在跳变点处存在过冲。随着低通滤波器的截止频率 ω_c 变大，通过低通滤波器的谐波次数也随之增大，但过冲现象并没有消失。

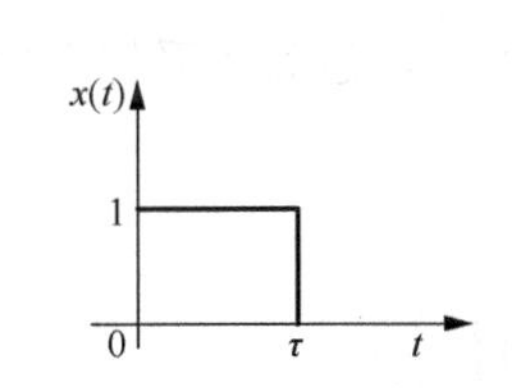

图 6-15　阶跃函数之差

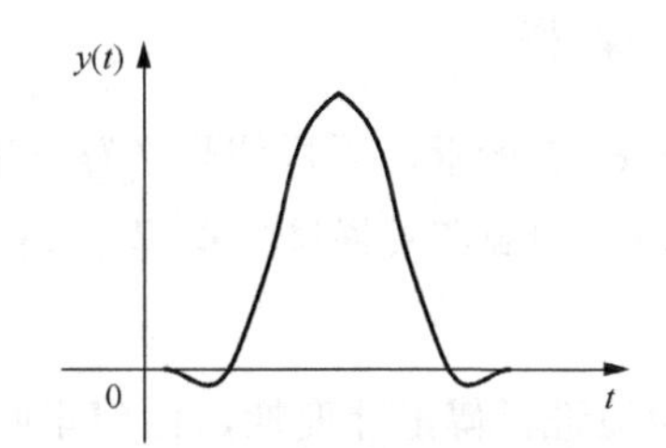

图 6-16　$\omega_c=2\pi/\tau$ 时的阶跃响应

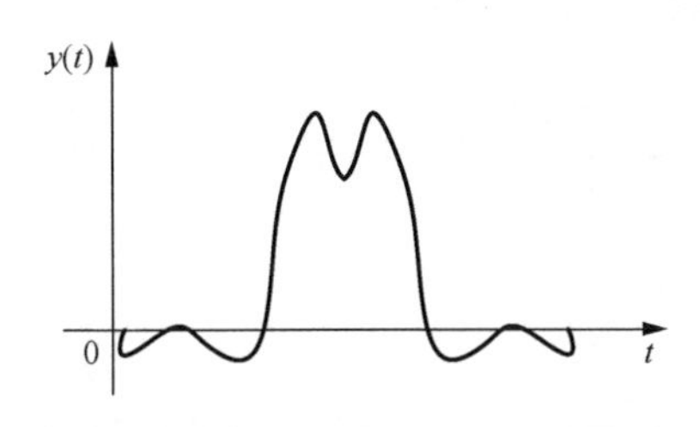

图 6-17　$\omega_c=4\pi/\tau$ 时的阶跃响应

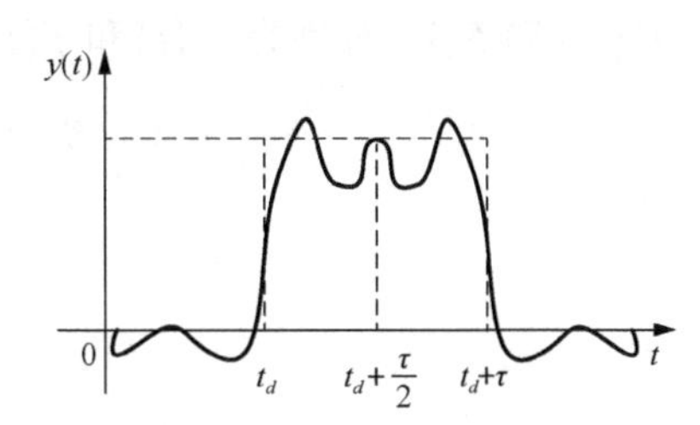

图 6-18　$\omega_c=6\pi/\tau$ 时的阶跃响应

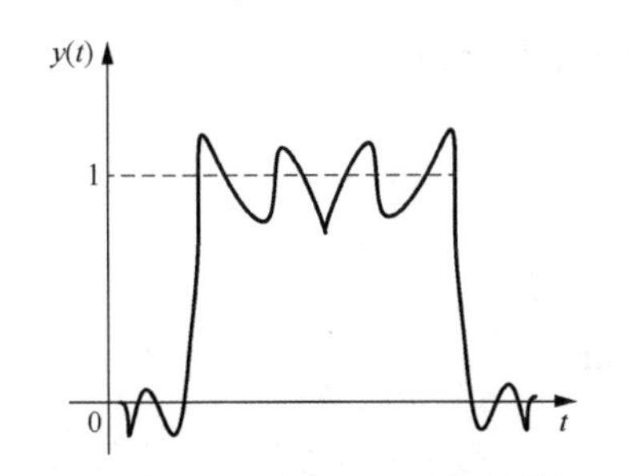

图 6-19　$\omega_c=8\pi/\tau$ 时的阶跃响应

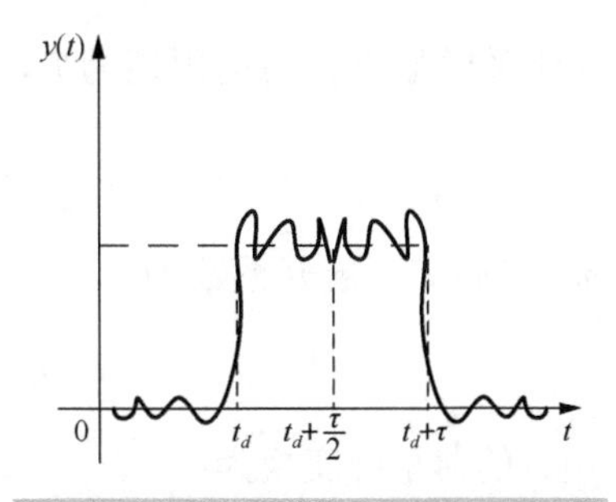

图 6-20　$\omega_c=12\pi/\tau$ 时的阶跃响应

6.6　采样和重构

数字通信系统较模拟通信系统有很多优越性，所以模拟的连续信号通常经过图 6-21 所示的采样过程，之后经过量化和编码得到数字信号再在信道上传输。接收端通过解码、反量化和重构得到发送端的原始信号。采样在整个传输过程中处于第一步，而接收端的重构过程是最后一步。当满足什么条件时，由采样信号(当然要经过量化、编码、解码和反量化)可以精确重构出原始的连续信号？这个条件由采样定理给出。可以说，采样定理是连续信号和离散信号之间的桥梁和纽带。当采样定理所要求的条件满足时，采样信号和原始的连续信号所包含的信息是等价的，但采样信号可以通过数字方式进行传输。

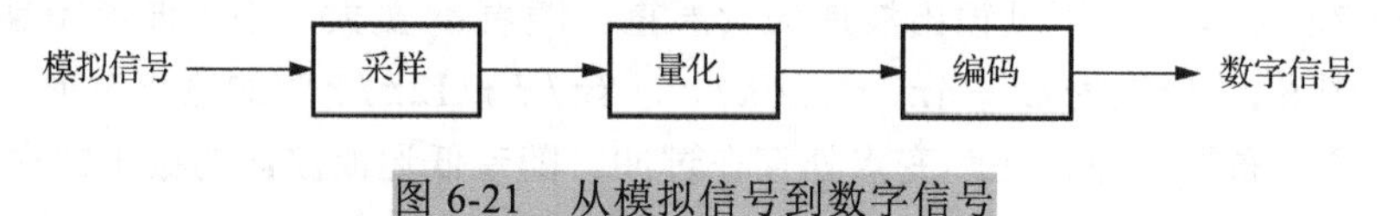

图 6-21　从模拟信号到数字信号

6.6.1　采样

如图 6-22 所示，采样信号 $f_s(t)$(下标“s”代表“sample”，意为“采样”)是原始的连续信号 $f(t)$ 和周期采样脉冲信号 $p(t)$ 在时域的乘积，即

$$f_s(t) = f(t)p(t) \tag{6-90}$$

对上式两边进行傅里叶变换，由傅里叶变换的频域卷积定理得

$$F_s(\omega) = \frac{1}{2\pi} F(\omega) * P(\omega) \tag{6-91}$$

式中，$F_s(\omega)$ 和 $F(\omega)$ 分别为 $f_s(t)$ 和 $f(t)$ 的傅里叶变换。

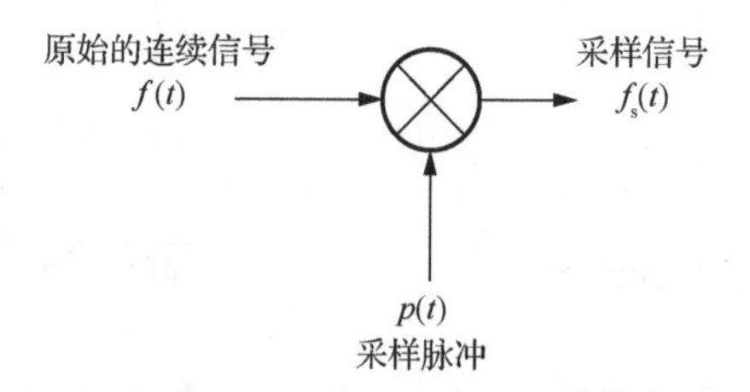

图 6-22　对模拟信号的采样

设周期采样脉冲 $p(t)$ 的周期为 T，并设其傅里叶级数表示为

$$p(t) = \sum_{k=-\infty}^{+\infty} a_k \mathrm{e}^{\mathrm{j}k\omega_s t} \tag{6-92}$$

式中，$\omega_s = 2\pi / T$。展开系数为

$$a_k = \frac{1}{T} \int_0^T x(t) \mathrm{e}^{-\mathrm{j}k\omega_s t} \mathrm{d}t \tag{6-93}$$

这样，$p(t)$ 的傅里叶变换为

$$P(\omega)=\sum_{k=-\infty}^{+\infty}2\pi a_k\delta(\omega-k\omega_s) \tag{6-94}$$

将上式代入式(6-91)得

$$F_s(\omega)=\frac{1}{2\pi}F(\omega)*\sum_{k=-\infty}^{+\infty}2\pi a_k\delta(\omega-k\omega_s)=\sum_{k=-\infty}^{+\infty}a_kF(\omega-k\omega_s) \tag{6-95}$$

这表明采样信号的频谱 $F_s(\omega)$ 为原始连续信号频谱 $F(\omega)$ 的加权重复，权重为 a_k，重复的间隔为 ω_s。考虑到权重 a_k 是采样脉冲的傅里叶级数展开的系数，它与 $F(\omega)$ 没有关系，所以 $F_s(\omega)$ 的波形是 $F(\omega)$ 波形的等间隔重复，只是幅度不同而已。

图 6-23(a)给出了频带限制在 $-\omega_m\sim\omega_m$ 的带限实信号 $f(t)$ 的幅度谱 $F(\omega)$（实信号的幅度谱是偶函数）。已经知道实际的信号都是时限的，所以其频谱必然是无限的，这里假设频谱为带限的，其合理性和附带的问题在后面会加以说明。图 6-23(b)给出了 $\omega_s>2\omega_m$ 时采样信号的频谱。图中标示的 a_0、a_1 和 a_{-1} 表示频谱幅度与原始的连续信号相比放大的倍数，它们为采样信号的傅里叶级数展开系数，由式(6-93)给出。图中很清楚地标记了由 $F(\omega)$ 搬移后形成的各

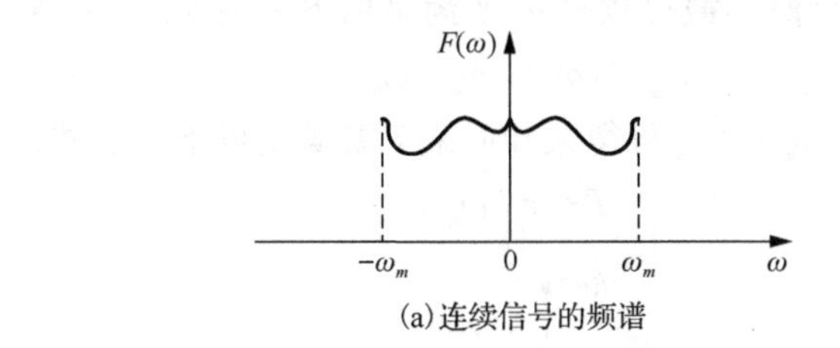

(a)连续信号的频谱

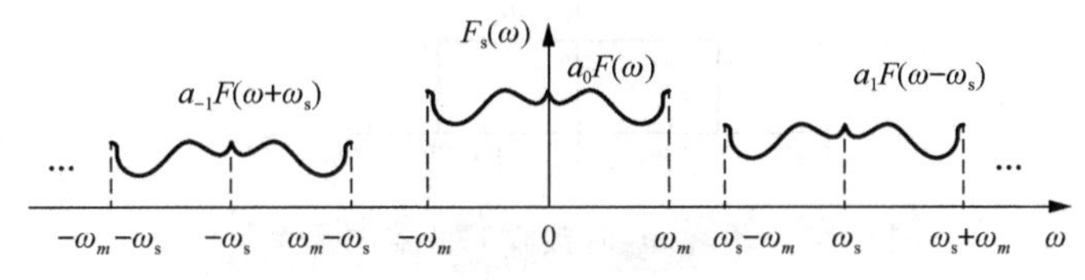

(b) $\omega_s>2\omega_m$ 时采样信号的频谱

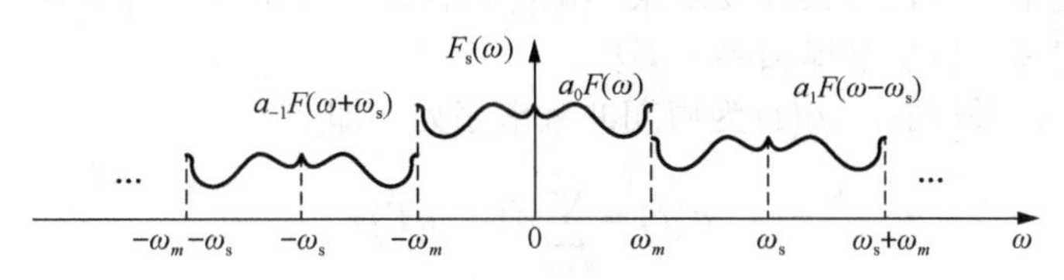

(c) $\omega_s=2\omega_m$ 时采样信号的频谱

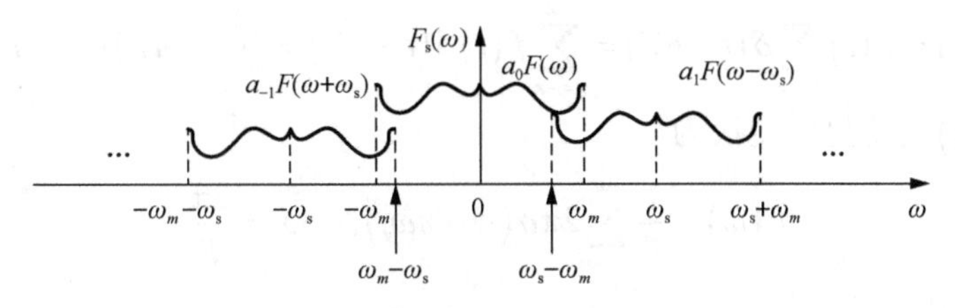

(d) $\omega_s<2\omega_m$ 时采样信号的频谱

图 6-23　采样信号的频谱

个频谱的截止频率，现在对右移 ω_s 形成的频谱作一个说明。式(6-95)中 $k=1$ 的求和项为 $a_1F(\omega-\omega_s)$，它是由 $F(\omega)$ 右移 ω_s 形成的，幅度变为原来的 a_1 倍。$a_1F(\omega-\omega_s)$ 左边的截止频率为采样频率 ω_s 和 $F(\omega)$ 左边截止频率 $-\omega_m$ 之和 $\omega_s-\omega_m$；$a_1F(\omega-\omega_s)$ 右边的截止频率为采样频率 ω_s 和 $F(\omega)$ 右边截止频率 ω_m 之和 $\omega_s+\omega_m$。当 $a_1F(\omega-\omega_s)$ 左边的截止频率点在 $a_0F(\omega)$ 右边截止频率点的右边，即当且仅当下式满足时：

$$\omega_s-\omega_m>\omega_m \ \Leftrightarrow \ \omega_s>2\omega_m \tag{6-96}$$

$a_1F(\omega-\omega_s)$ 和 $a_0F(\omega)$ 不发生混叠。在同样的条件下，任意的频谱分量 $a_kF(\omega-k\omega_s)$ 都是孤立分开而没有混叠的。当 $\omega_s=2\omega_m$ 时，$a_kF(\omega-k\omega_s)$ 互相邻接，如图 6-23(c)所示。当 $\omega_s<2\omega_m$ 时，$a_kF(\omega-k\omega_s)$ 之间会发生混叠，如图 6-23(d)所示。

为了方便起见，在图示中都省略了相位谱，而只画出了幅度谱。这是因为如果采样信号的幅度谱没有发生重叠，则相位谱也不会发生重叠。

当 $\omega_s>2\omega_m$ 时，通过一个低通滤波器就能从采样信号恢复出原始信号的频谱，也就能得到原始的信号。当然，若要求信号的幅度保持不变，则低通滤波器的增益为 $1/a_0$。低通滤波器的频率响应如图 6-24 所示，显然其截止频率 ω_c 要满足以下关系式：

$$\omega_m \leqslant \omega_c \leqslant \omega_s-\omega_m \tag{6-97}$$

由于 $\omega_s=2\pi/T$，所以由 $\omega_s>2\omega_m$ 可得采样间隔 T 要满足以下关系式：

$$T<\pi/\omega_m \tag{6-98}$$

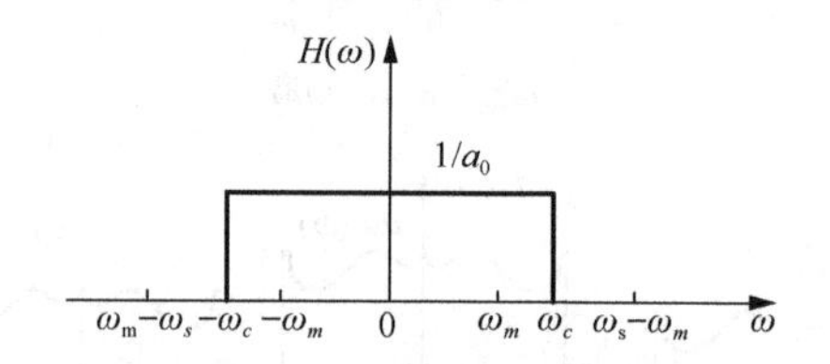

图 6-24　$\omega_s>2\omega_m$ 时接收滤波器的频率响应

在前面的论述中，并没有具体要求采样脉冲的波形，不同的采样脉冲构成了常用的三种采样方式：冲激采样、自然采样和平顶采样。

在冲激采样中，采样脉冲 $p(t)$ 为周期冲激串序列，即

$$p(t)=\sum_{n=-\infty}^{+\infty}\delta(t-nT) \tag{6-99}$$

这时采样信号为

$$f_s(t)=f(t)\sum_{n=-\infty}^{+\infty}\delta(t-nT)=\sum_{n=-\infty}^{+\infty}f(t)\delta(t-nT)=\sum_{n=-\infty}^{+\infty}f(nT)\delta(t-nT) \tag{6-100}$$

前面已经得到 $p(t)$ 的傅里叶变换为

$$P(\omega)=\frac{1}{T}\sum_{n=-\infty}^{+\infty}2\pi\delta(\omega-n\omega_s),\quad \omega_s=\frac{2\pi}{T} \tag{6-101}$$

所以采样信号的频谱为

$$F_s(\omega)=\frac{1}{T}\sum_{n=-\infty}^{+\infty}F(\omega-n\omega_s) \tag{6-102}$$

接收端低通滤波器的增益为T就可以完全恢复原始的连续信号$f(t)$。图 6-25 所示为冲激采样脉冲及其频谱。

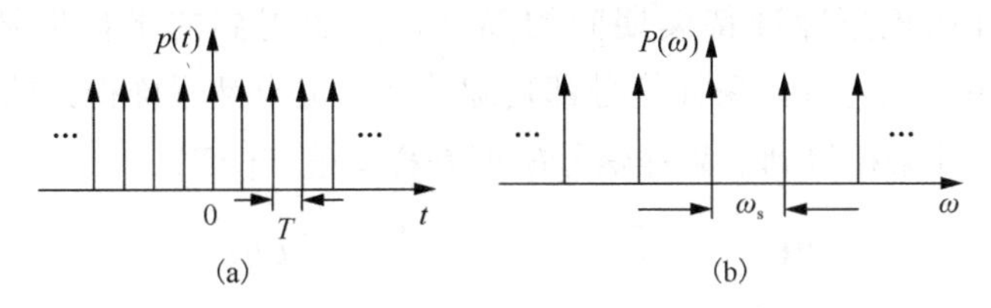

图 6-25　冲激采样脉冲及其频谱

在自然采样中，采样脉冲$p(t)$为周期矩形脉冲串，其波形如图 6-26 所示。设脉冲宽度为τ，则$p(t)$的傅里叶级数展开系数a_0或直流分量为$a_0=\tau/T$，接收端低通滤波器的增益为T/τ时，就可以完全恢复原始的连续信号$f(t)$。连续信号及其自然采样如图 6-27 所示。

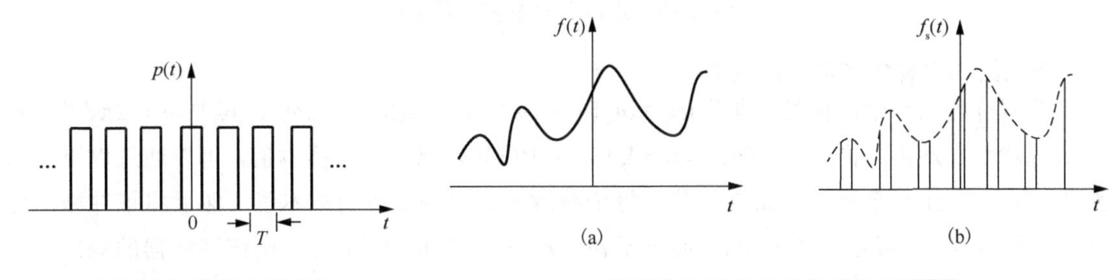

图 6-26　自然采样脉冲

图 6-27　连续信号及其自然采样

平顶采样系统实际上是由两个系统构成的，如图 6-28 所示。其中一个子系统完成连续信号$f(t)$和冲激脉冲串$p(t)$的时域相乘，第二个子系统为一个冲激响应为$h_0(t)$的 LTI 系统。$p(t)$的波形如图 6-29(a)所示，$h_0(t)$的波形如图 6-29(b)所示。平顶采样得到的采样信号$f_s(t)$为

$$f_s(t)=f(t)p(t)*h_0(t)=f(t)\sum_{n=-\infty}^{+\infty}\delta(t-nT)*h_0(t)=\sum_{n=-\infty}^{+\infty}f(nT)h_0(t-nT) \qquad (6\text{-}103)$$

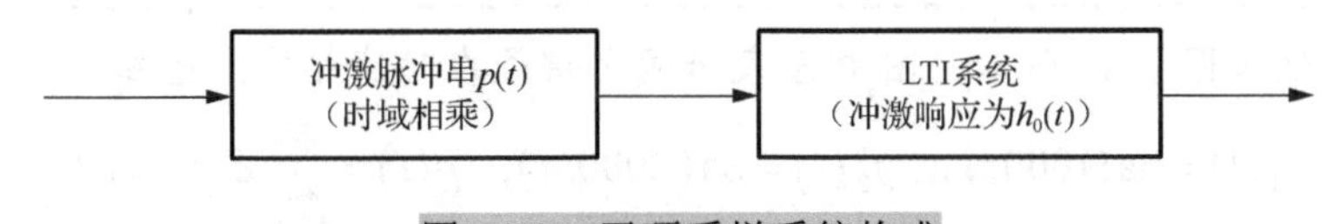

图 6-28　平顶采样系统构成

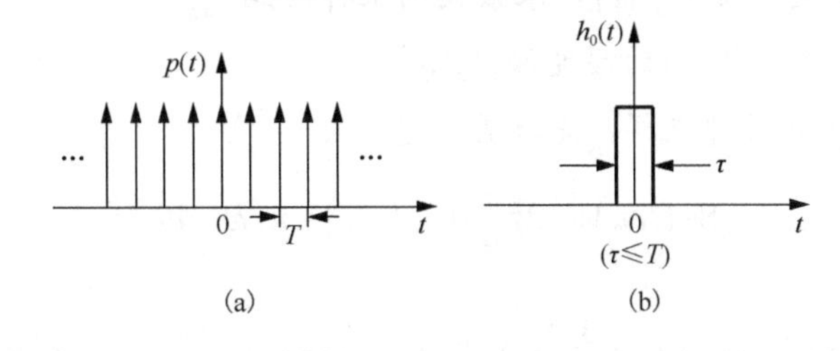

图 6-29　平顶采样中子系统的冲激脉冲串与 LTI 系统的冲激响应

$f_s(t)$的波形如图 6-30 所示。由于$h_0(t)$的频谱为抽样函数，所以$f_s(t)$的频谱并非$f(t)$频谱的重复。比较图 6-27 和图 6-30 可以看出，自然采样和平顶采样的区别在于：前者得到的采样信号$f_s(t)$是$f(t)$在矩形脉冲持续期间的部分，后者得到的采样信号$f_s(t)$则是幅度为$f(nT)$的矩形脉冲串。或者说，采样信号都是脉冲串，但自然采样得到的采样信号幅度是原始信号的幅度，而平顶采样得到的采样信号幅度是样本值$f(nT)$。

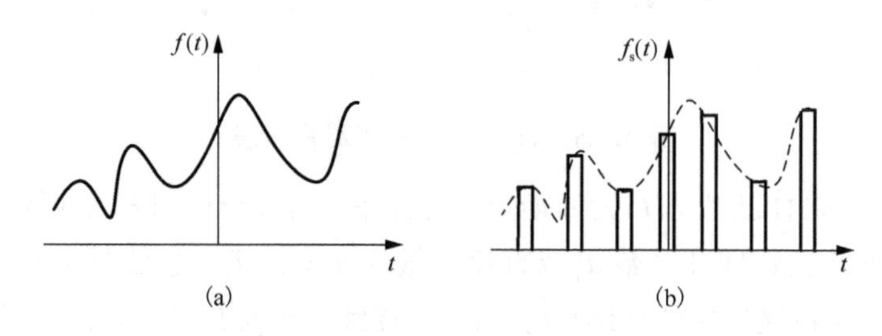

图 6-30　连续信号及其平顶采样

下面给出采样定理的详细内容。

设$x(t)$为某个带限信号，即当$|\omega|>\omega_m$时$X(\omega)=0$。如果$\omega_s>2\omega_m$，其中$\omega_s=2\pi/T$，那么$x(t)$就唯一地由其样本$x(nT), n=0,\pm1,\pm2,\cdots$所确定。已知这些样本值，可以通过以下方法重建$x(t)$：产生一个周期冲激串，其中每个冲激的强度为相应的样本值；然后将该冲激串通过一个增益为T、截止频率大于ω_m而小于$\omega_s-\omega_m$的理想低通滤波器，则该滤波器的输出就是$x(t)$。

这一重要而著名的定理曾在数学文献中以各种不同的形式应用了很多年，直到 1949 年香农(Shannon)发表了《噪声中的通信》(*Communication in the presence of noise*)以后，该定理才明确地出现在通信理论的文献中。然而，奈奎斯特(Nyquist)于 1928 年、Gabor 于 1946 年都指出过，根据傅里叶级数的应用，为表示一个持续期为T最高频率为W的时间函数，有$2TW$个数就足够。

称以 Hz 为单位的$2\omega_m$为$x(t)$的奈奎斯特率(Nyquist rate)，称对应的采样间隔$T=1/2\omega_m$(ω_m以 Hz 为单位)为奈奎斯特间隔。

例 6-5　系统如图 6-31 所示，图中⊗表示两个信号在时域相乘。已知

$$f_1(t)=\mathrm{Sa}(1000\pi t),\quad f_2(t)=\mathrm{Sa}(2000\pi t),\quad p(t)=\sum_{k=-\infty}^{+\infty}\delta(t-kT)$$

(1) 为了$f_s(t)$从无失真恢复$f(t)$，求最大的采样间隔$T_{\max}$；

(2) 当$T=T_{\max}$时，画出$f_s(t)$的幅度谱$|F_s(\omega)|$。

解：这里对$f(t)$进行脉冲采样，先求其频谱。

$$2\omega_0\mathrm{Sa}(t\omega_0)\overset{\mathcal{F}}{\leftrightarrow}2\pi\left[u(\omega+\omega_0)-u(\omega-\omega_0)\right]^2 \tag{6-104}$$

由此可得

$$f_1(t)=\mathrm{Sa}(1000\pi t)\overset{\mathcal{F}}{\leftrightarrow}10^{-3}\pi\left[u(\omega+1000\pi)-u(\omega-1000\pi)\right] \tag{6-105}$$

$$f_2(t)=\mathrm{Sa}(2000\pi t)\overset{\mathcal{F}}{\leftrightarrow}10^{-3}\pi\left[u(\omega+2000\pi)-u(\omega-2000\pi)\right] \tag{6-106}$$

由于 $f(t)=f_1(t)f_2(t)$，由傅里叶变换的频域卷积定理得

$$F(\omega)=\frac{1}{2\pi}F_1(\omega)*F_2(\omega) \tag{6-107}$$

参考例 2-11 中图 2-37(a)，由以上三式可得 $F(\omega)$ 如图 6-32 所示，$F_s(\omega)$ 如图 6-33 所示。$F(\omega)$ 的最高截止频率 ω_m 为 6000π，所以 $T_{\max}=\pi/\omega_m=10^{-3}/6$。

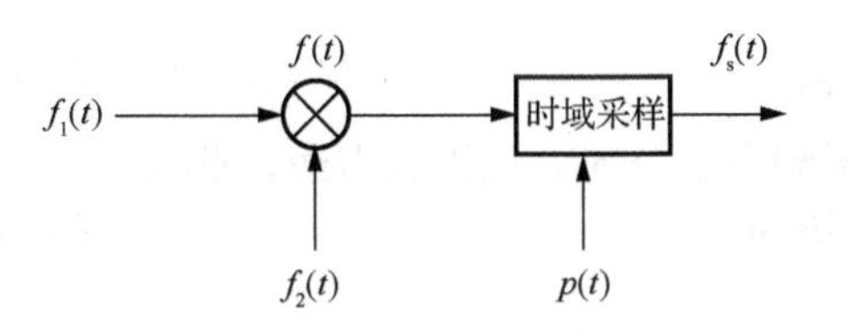

图 6-31　例 6-5 的系统框图

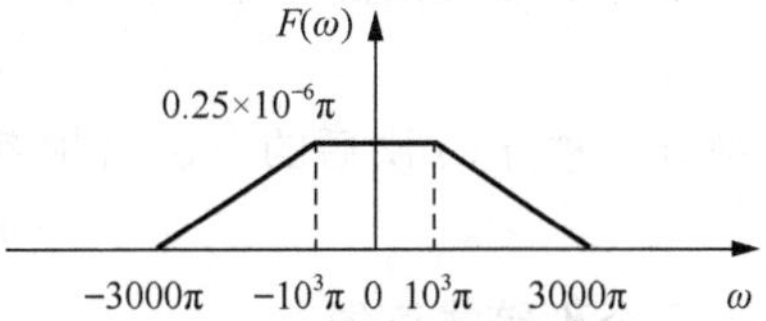

图 6-32　例 6-5 中 $f(t)$ 的频谱

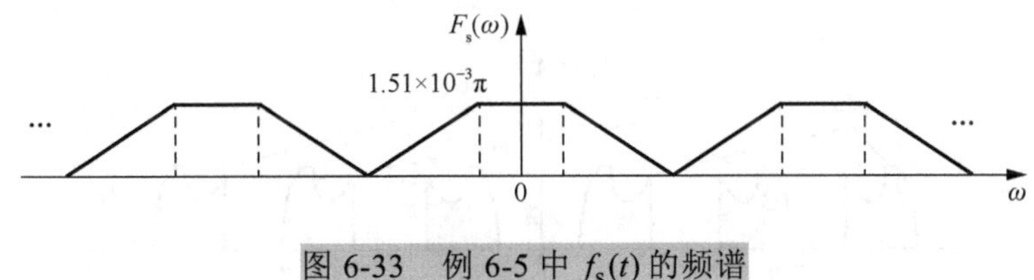

图 6-33　例 6-5 中 $f_s(t)$ 的频谱

由于冲激串在物理上不可实现，实际中通常用一个有限宽度的周期脉冲串作为采样脉冲，如图 6-34 所示。在前面的推导过程中，并没有对采样脉冲的具体形式做出任何限制，所以这种近似实现是可以的，只要其周期小于奈奎斯特间隔就可以。

以上都是假设待采样信号是低通信号，即信号的频谱集中在 $|\omega|\leqslant\omega_m$ 部分。现在考虑如图 6-35 所示的带通信号，如果按照低通信号的采样定理，带通信号的采样频率 ω_s 要满足 $\omega_s>2\omega_2$。然而尽管带通信号的最高频率为 ω_2，但是它并没有占满 $0\sim\omega_2$ 的全部频带，而只是占满 $\omega=\omega_1\sim\omega_2$ 的频带，由此可以预见，带通信号的采样频率无须大于最高频率的两倍，或者说带通信号的采样频率可以远小于 $2\omega_2$。在实际应用中，较低的采样频率意味着较低的复杂性和系统成本。当然如果以大于 $2\omega_2$ 的采样频率采样，必然可以完全恢复出原始的频谱。下面严格推导带通信号采样频率远低于 $2\omega_2$ 时的采样定理。

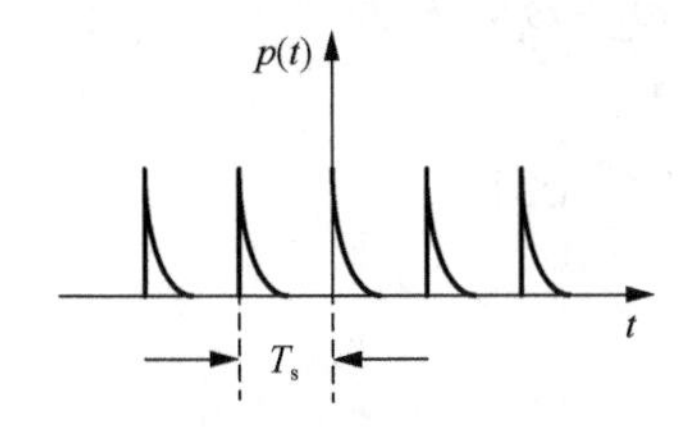

图 6-34　冲激串的近似实现

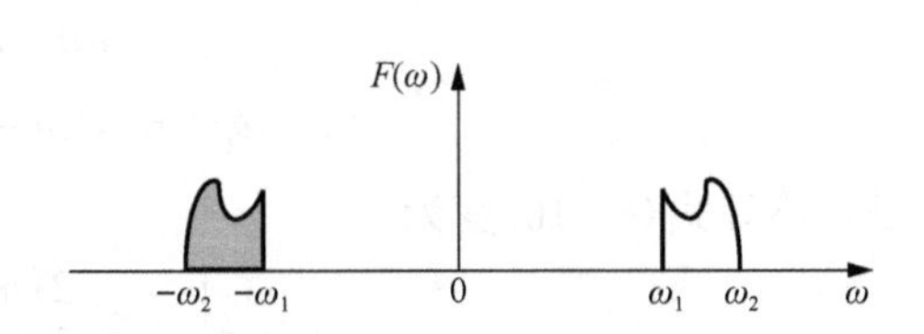

图 6-35　带通信号的频谱

采样带通信号的频谱同样是原频谱的加权平移构成的，如图 6-36 所示。当带通信号的带宽 $B=\omega_2-\omega_1$ 较小而 ω_1 较大时，在 $-\omega_1\sim\omega_1$ 未被占用的频带就可以容纳很多的频谱，如果 $F(\omega)$ 的频谱平移到 $-\omega_1\sim\omega_1$ 且不发生混叠，则可以像低通信号一样完全恢复出原始的连续信号。为了方便起见，称 $F(\omega)$ 负频率频谱部分为左瓣，记为 $F_{\mathrm{L}}(\omega)$；称正频率频谱部分为右瓣，记为 $F_{\mathrm{R}}(\omega)$。参考图 6-37，为了选择合适的采样频率，必须使得平移后的负频率部分频谱不和原来频谱的正频率部分重叠，反之亦然。负频率部分右移 n 次后的右边沿频率一定要在正频率部分的左边沿的左边，此即

$$n\omega_{\mathrm{s}}-\omega_1\leqslant\omega_1 \tag{6-108}$$

负频率部分右移 $n+1$ 次后的左边沿频率一定要在正频率部分的右边沿的右边，此即

$$(n+1)\omega_{\mathrm{s}}-\omega_2\geqslant\omega_2 \tag{6-109}$$

综合以上两个不等式可得

$$\begin{cases}\omega_{\mathrm{s}}\leqslant 2\omega_1/n\\ \omega_{\mathrm{s}}\geqslant 2\omega_2/(n+1)\end{cases} \tag{6-110}$$

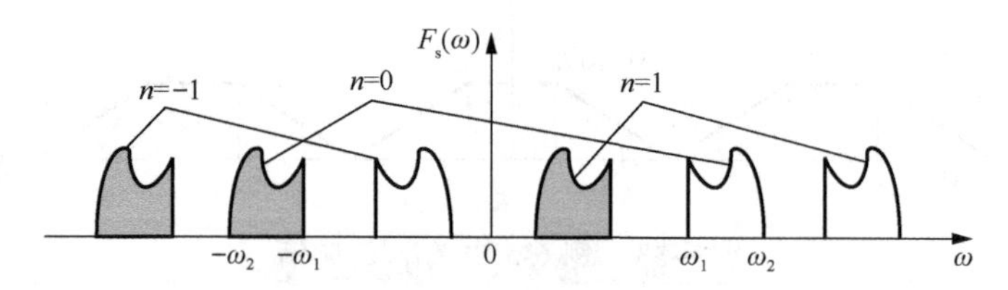

图 6-36　采样带通信号的频谱

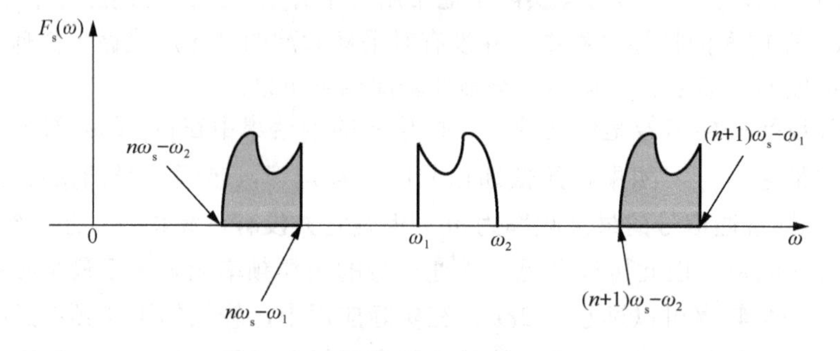

图 6-37　采样带通信号频谱不混叠的条件

设 m 为不超过 $\omega_1/(\omega_2-\omega_1)$ 的最大整数，考虑到 $B=\omega_2-\omega_1$，从而

$$\omega_1=mB+kB,\quad 0\leqslant k<1 \tag{6-111}$$

$$\omega_2=\omega_1+B=(m+1)B+kB,\quad 0\leqslant k<1 \tag{6-112}$$

于是，不等式(6-110)变为

$$\begin{cases}\omega_{\mathrm{s}}\leqslant\dfrac{2(mB+kB)}{n}\\[2ex] \omega_{\mathrm{s}}\geqslant\dfrac{2\left[(m+1)B+kB\right]}{n+1}\end{cases} \tag{6-113}$$

显然，m 取可能的最大值时（n 固定不变），可以得到最小的 ω_{s} 值。当 m 取最大整数值时，

在 $-\omega_1 \sim \omega_1$（n 固定不变）最多可以插入 m 对左瓣和右瓣，这意味着 n 最大可取 m，这样不等式(6-113)变为

$$\begin{cases} \omega_s \leqslant \dfrac{2(mB+kB)}{m} = 2B + \dfrac{2k}{m}B \\ \omega_s \geqslant \dfrac{2\left[(m+1)B+kB\right]}{m+1} = 2B + \dfrac{2k}{m+1}B \end{cases} \tag{6-114}$$

由于 $\dfrac{2k}{m+1}B < \dfrac{2k}{m}B$，所以以上两个不等式是相容的，也就是说可以同时成立，综合两式得

$$2B + \frac{2k}{m+1}B \leqslant \omega_s \leqslant 2B + \frac{2k}{m}B \tag{6-115}$$

这表明最低的采样频率 ω_s 为

$$\omega_s = 2B + \frac{2k}{m+1}B = 2\left(1 + \frac{k}{m+1}\right)B \tag{6-116}$$

这个结论说明，对于带通信号，采样频率只要比带宽略大一点就可以使得采样信号的频谱不发生混叠。如果 $\omega_1/(\omega_2-\omega_1)$ 刚好为整数，则此时 $k=0$，最低的采样频率为 $\omega_s = 2B$。

6.6.2　重构

从样本重建一个连续时间信号的过程也称为**内插**。就数学基础而言，内插和数值分析中的插值问题实际上是一个问题。

1. 理想内插

由采样定理可知，对一个带限于 ω_m 的信号 $f(t)$，如果采样间隔 T 小于 $1/(2\omega_m)$，通过这些样本就可以得到真正的**重建**(内插)。如图 6-38 所示，这个重建是将采样信号通过一个增益为 T、截止频率为 ω_c 且满足 $\omega_m \leqslant \omega_c \leqslant \omega_s - \omega_m$ 的低通滤波器来实现的。从实际的角度讲，如果截止频率 ω_c 与两侧的频谱边界有相同的带宽冗余，则低通滤波器在截止频率两边都容许与理想滤波器的特性有小的偏差，此时满足：

$$(\omega_s - \omega_m) - \omega_c = \omega_c - \omega_m \tag{6-117}$$

此即 $\omega_c = 0.5\omega_s$。

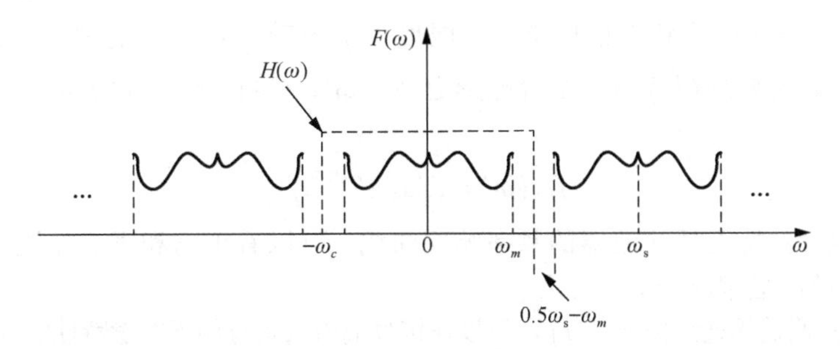

图 6-38　采样信号的重建

在采样信号的频谱彼此不发生重叠的情况下，在接收端通过一个增益为 T 的理想低通滤波器过滤得到重建信号 $f_r(t)$。设滤波器的冲激响应为 $h(t)$，则重建信号为

$$f_r(t)=f_s(t)*h(t)=\sum_{n=-\infty}^{+\infty}f(nT)\delta(t-nT)*h(t)=\sum_{n=-\infty}^{+\infty}f(nT)h(t-nT) \tag{6-118}$$

滤波器的频率响应为

$$H(\omega)=T\left[u(\omega+\omega_c)-u(\omega-\omega_c)\right] \tag{6-119}$$

对上式进行傅里叶反变换就可以得到理想低通滤波器的冲激响应：

$$h(t)=\frac{\omega_c T\mathrm{Sa}(\omega_c t)}{\pi} \tag{6-120}$$

图 6-39 所示为理想低通滤波器的频率响应与冲激响应。最终得到的重建信号为

$$f_r(t)=\frac{\omega_c T}{\pi}\sum_{n=-\infty}^{+\infty}f(nT)\mathrm{Sa}\left[\omega_c(t-nT)\right] \tag{6-121}$$

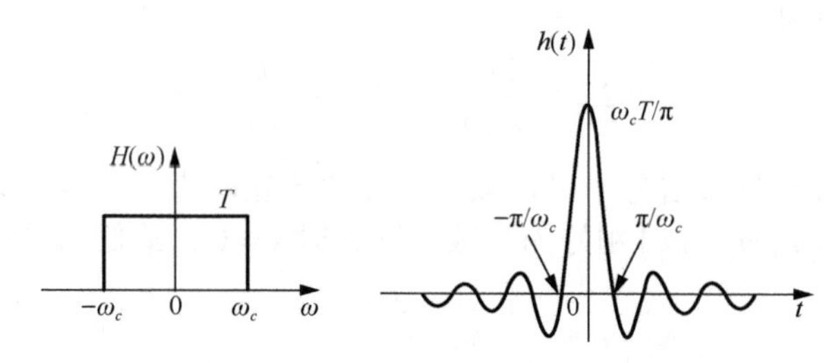

图 6-39　用于采样信号重建的理想低通滤波器

2. 零阶保持内插

零阶保持(Zero-order Hold)内插滤波器的冲激响应 $h_0(t)$ 如图 6-40 所示，它是一个中心在原点的矩形脉冲，宽度与采样间隔 T 相等。当滤波器的输入是由冲激串组成的采样信号 $f_s(t)$ 时，输出为

$$f_{s0}(t)=f_s(t)*h_0(t)=\left[\sum_{n=-\infty}^{+\infty}f(nT)\delta(t-nT)\right]*h_0(t)=\sum_{n=-\infty}^{+\infty}f(nT)h_0(t-nT) \tag{6-122}$$

可见输出是 $h_0(t)$ 平移的加权和，波形如图 6-41 所示。可以看出 $f_{s0}(t)$ 是由平行于时间轴的直线段相连组成的，每个直线段的持续时间为一个采样间隔，由于这些直线段的函数表示是一个与 t 无关的常数，或者说是 t 的零次多项式，所以称这种内插为零阶保持内插。$f_s(t)$ 中的每一个采样 $f(nT)$ 均产生一个相应的门脉冲，幅度为 $f(nT)$，门脉冲的中心在 $t=nT$ 处，这就在滤波器的输出端形成了 $f(t)$ 的一个阶梯形近似，如图 6-41 所示。很容易得到这个滤波器的频率响应为

$$H_0(\omega)=T\mathrm{Sa}(\omega T/2) \tag{6-123}$$

图 6-42 给出了零阶保持内插滤波器的频率响应曲线，可以看出它和理想低通滤波器的性能相差太远，所以这种内插很粗糙。

为了完全恢复原始的连续信号 $f(t)$，可以在接收端引入具有如下补偿特性的低通滤波器：

$$H_{0r}(\omega)=\frac{T}{H_0(\omega)}=\frac{1}{\mathrm{Sa}(\omega T/2)} \tag{6-124}$$

这样零阶保持滤波器 $H_0(\omega)$ 和补偿滤波器 $H_{0r}(\omega)$ 级联后总的频率响应为常数 T，和理想低通滤波器的一致。$H_{0r}(\omega)$ 的频率响应曲线如图 6-43 所示。

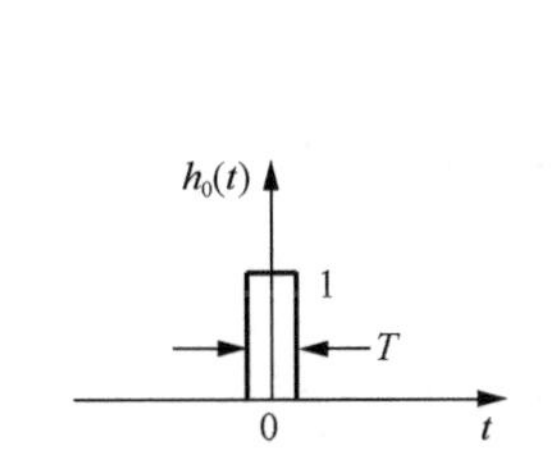

图 6-40　零阶保持内插滤波器

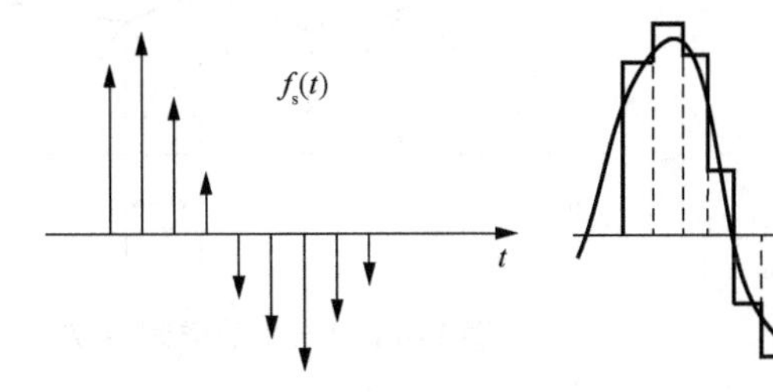

图 6-41　零阶保持内插重建的信号

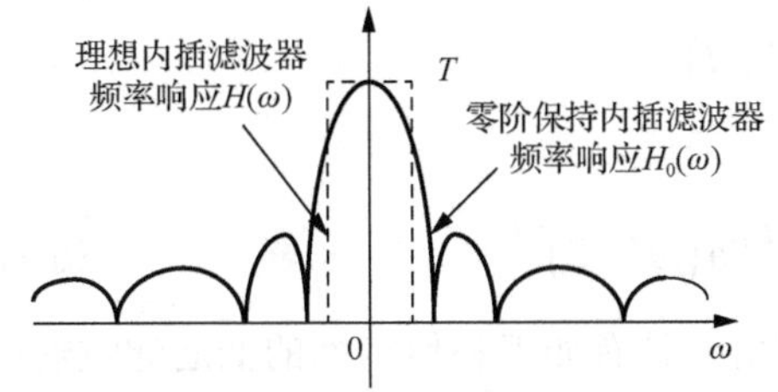
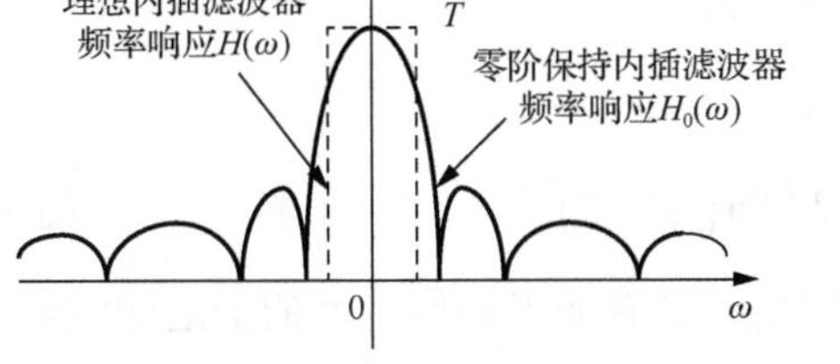

图 6-42　零阶保持内插滤波器的频率响应

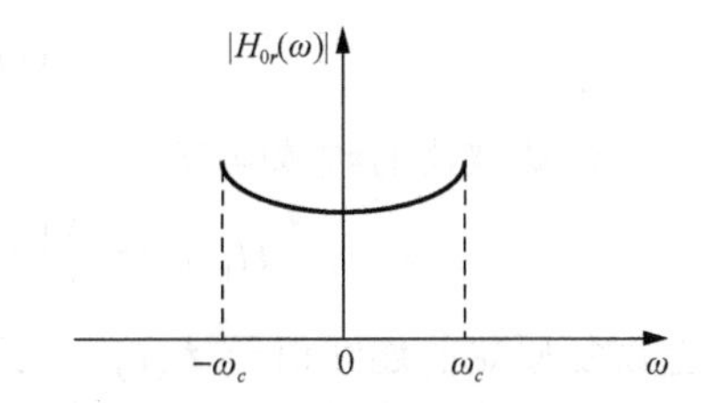

图 6-43　零阶保持内插时的补偿滤波器

3. 一阶保持内插

如果将采样信号取值用直线连接就可以构成如图 6-41 所示的波形，可以看出它们是由直线段相连组成的，由于直线的函数表示是 t 的一次多项式；每条直线段的持续时间为一个采样间隔，也就是说保持一个采样间隔，故称这种内插为一阶保持(First-order Hold)内插。

一阶保持内插滤波器的冲激响应 $h_1(t)$ 的曲线如图 6-44 所示。滤波器输出为

$$f_{s1}(t)=f_s(t)*h_1(t)=\left[\sum_{n=-\infty}^{+\infty}f(nT)\delta(t-nT)\right]*h_1(t)=\sum_{n=-\infty}^{+\infty}f(nT)h_1(t-nT) \qquad (6\text{-}125)$$

输出是 $h_1(t)$ 平移的加权和。很容易验证，$f_{s1}(t)$ 的波形正是图 6-45。注意到 $h_1(t)$ 是关于纵轴对称的两条直线段，显然直线段叠加也必然是直线。考虑以下两条直线叠加后波形的函数 $f_{add}(t)$：

$$\begin{cases}f_1(t)=a_1t+b_1\\ f_2(t)=a_2t+b_2\end{cases} \qquad (6\text{-}126)$$

从而 $f_{add}(t)=f_1(t)+f_2(t)=(a_1+a_2)t+(b_1+b_2)$，这表明 $f_{add}(t)$ 同样是一条直线。考虑如图 6-46 所示的一个采样间隔 T 内叠加波形的函数形式，由图可以看出在这个采样间隔内，叠加波形是两条直线段叠加组成的，所以叠加波形形式是直线，其端点值是两条直线段端点值之和，在每一个端点处，有一条直线段的端点值为零，所以另外一条直线段的端点值即为叠加波形在这个端点处的值，或者说，叠加波形不通过这个端点，所以波形如图 6-46 所示。

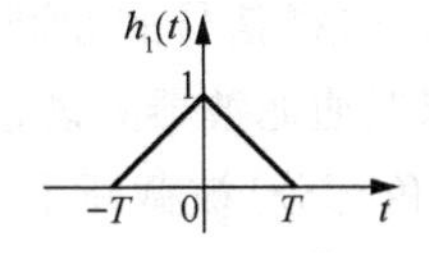

图 6-44　一阶保持内插滤波器

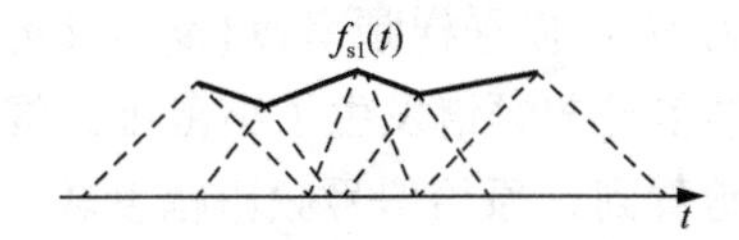

图 6-45　一阶保持内插重建的信号

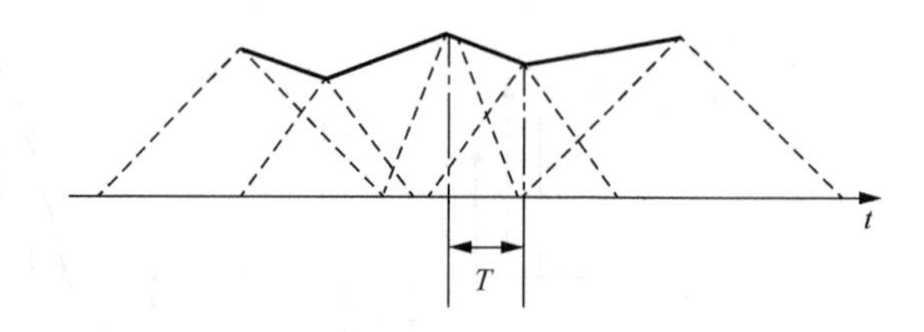

图 6-46　一个采样间隔 T 内叠加波形

由例 2-11 可知，一阶保持内插滤波器的冲激响应 $h_1(t)$ 和零阶保持内插滤波器 $h_0(t)$ 满足以下关系：

$$h_1(t)=\frac{1}{T}h_1(t)*h_0(t) \tag{6-127}$$

一阶保持内插滤波器的频域响应为

$$H_1(\omega)=\frac{1}{T}\left[H_0(\omega)\right]^2=T\left[\mathrm{Sa}(\omega T/2)\right]^2 \tag{6-128}$$

为了完全恢复原始的连续信号 $f(t)$，可以在接收端引入具有如下补偿特性的低通滤波器：

$$H_{1r}(\omega)=\frac{1}{H_1(\omega)}=\frac{1}{\left[\mathrm{Sa}(\omega T/2)\right]^2} \tag{6-129}$$

这样一阶保持内插滤波器 $H_1(\omega)$ 和补偿滤波器 $H_{1r}(\omega)$ 级联后总的频率响应为常数 T，和理想低通滤波器一致。一阶保持内插滤波器及其补偿滤波器的频率响应分别如图 6-47 和图 6-48 所示。

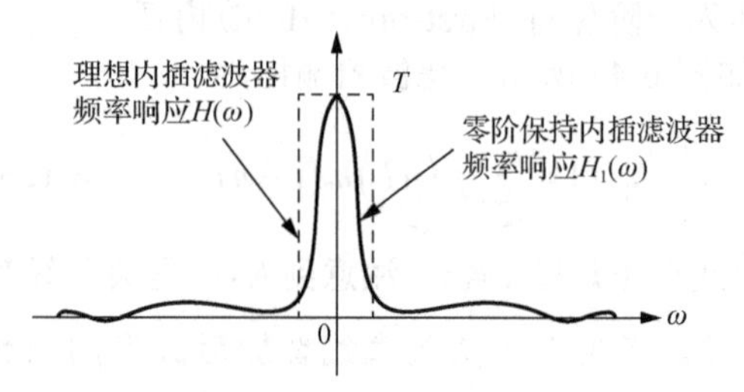

图 6-47　一阶保持内插滤波器的频率响应

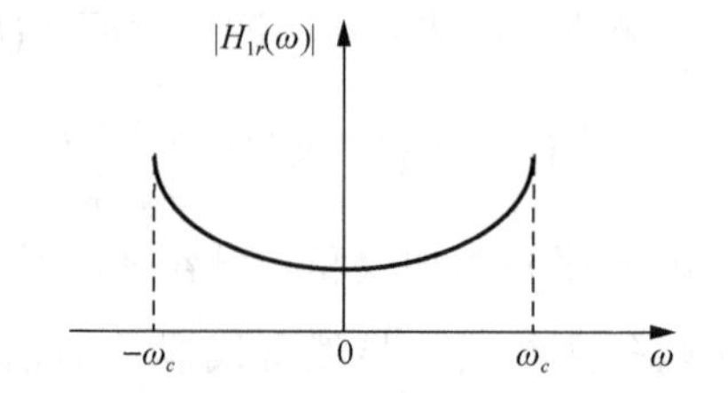

图 6-48　一阶保持内插时的补偿滤波器

4. 内插中的实际问题

内插中存在的问题是理想滤波器是物理不可实现的，实际的滤波器都有一个过渡带，在通带内增益也不可能做到完全恒定不变，在阻带内不可能做到完全为零，所以得到的频谱存在幅度失真和混叠。

由于实际信号都是时限的，所以频谱是无限宽的，如果要求采样信号的频谱不发生混叠，则要求无穷高的采样频率，这显然是不可行的。考虑到实际信号的频谱在高于一定的频率后，频谱的幅度很小，所以可以忽略高于这个特定频率的频谱。设这个根据实际要求确定好的最高频率为 ω_m，以采样频率 $\omega_s\left(\omega_s\geqslant 2\omega_m\right)$ 对原始信号进行采样，采样信号的频谱如图 6-49 所示。采样信号的频谱发生了小范围的混叠。之后通过一个理想低通滤波器处理，由图 6-50 可以清楚地看到，原始信号频谱幅度较小的高频部分(图中深灰色部分)被截断了，而由于部分混叠，被截断部分的低频信号(图中浅灰色部分)又折回来进行了叠加。幅度较小的尾部丢失造成了高频损失，而尾部被折回又造成了低频失真，如图 6-51 所示。

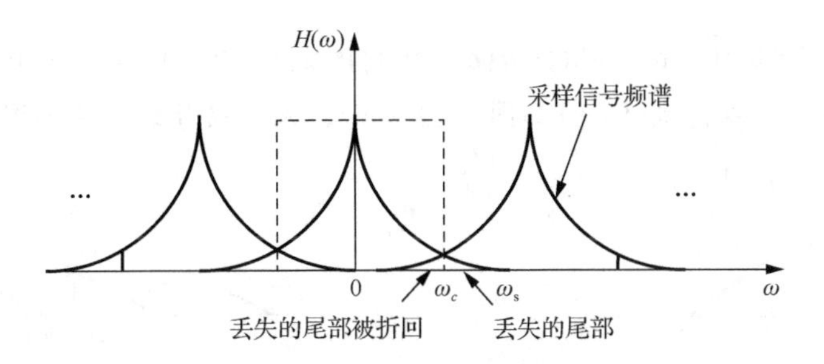

图 6-49　采样信号的频谱

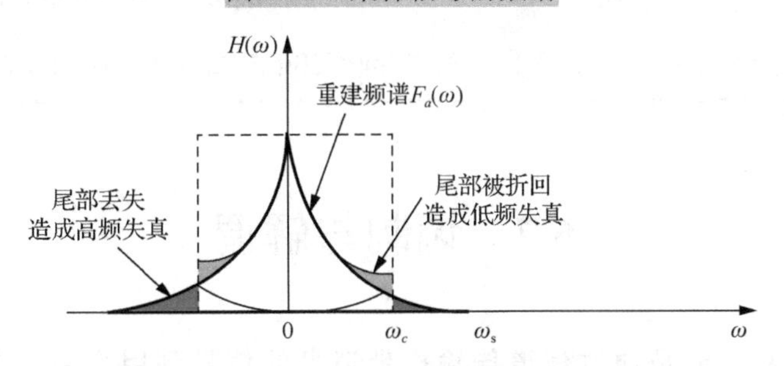

图 6-50　采样信号通过理想低通滤波器后的频谱

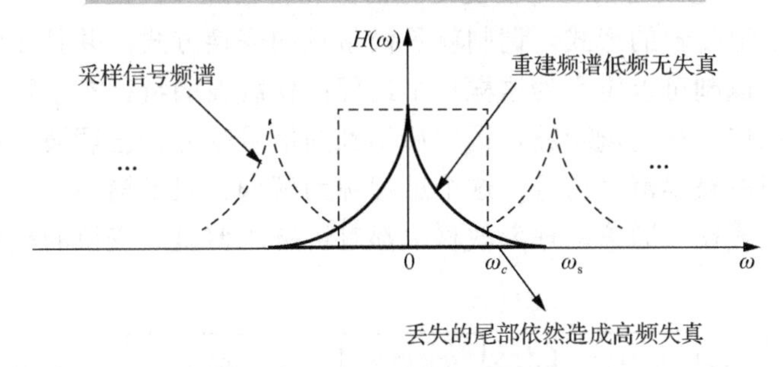

图 6-51　重建信号的频谱失真

解决以上两个问题的办法是：在采样之前先接入抗混叠滤波器以抑制高频部分。抗混叠滤波器的截止频率为 $\omega_s/2$。这样损失了频率高于 $\omega_s/2$ 的高频分量，但这些被抑制掉的高频分量就不再会被折回而造成低频失真。由于噪声具有很宽的带宽，所以抗混叠滤波器的附带作用是抑制了带外的噪声。需要强调的是，抗混叠滤波器必须在信号被采样前接入系统。

例 6-6　信号 $x(t)=[\sin(50\pi t)/(\pi t)]^2$ 的频谱记为 $X(\omega)$，对其进行采样得到采样信号 $f(t)$，其频谱为 $F(\omega)$。已知采样频率为 $\omega_s=120\pi$，$X(\omega)$ 与 $F(\omega)$ 满足：

$$F(\omega)=60X(\omega),\quad |\omega|<\omega_1$$

试求 ω_1 可能的最大取值。

解：信号 $x(t)=\left[\sin(50\pi t)/(\pi t)\right]^2$ 的频谱为

$$X(\omega)=\frac{1}{2\pi}\times\pi\mathcal{F}\left[\sin(50\pi t)/(\pi t)\right]*\mathcal{F}\left[\sin(50\pi t)/(\pi t)\right]$$

利用例 5-1 已经得到傅里叶变换对 $\mathcal{F}\left[\sin(\omega_0 t)/(\pi t)\right]=\left[u(\omega+\omega_0)-u(\omega-\omega_0)\right]$，上式变为

$$X(\omega)=0.5\left[u(\omega+50\pi)-u(\omega-50\pi)\right]*\left[u(\omega+50\pi)-u(\omega-50\pi)\right]$$

利用例 2-11 的结论，可以得到 $X(\omega)$ 如图 6-52 所示。采样信号的频谱如图 6-53 所示。

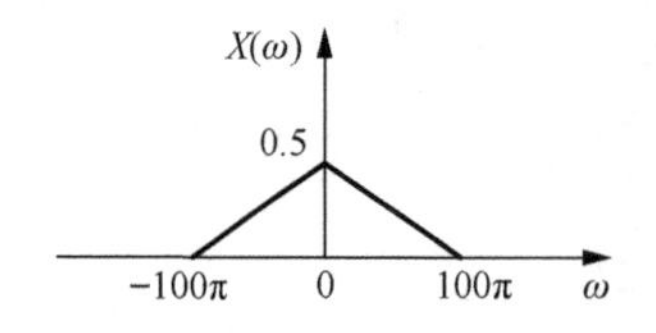

图 6-52　例 6-6 中 $x(t)$ 的频谱

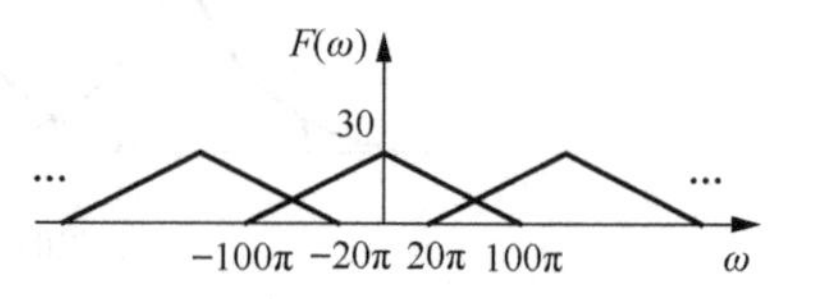

图 6-53　例 6-6 中采样信号的频谱

显然，采样信号的频谱发生了混叠，但在 $|\omega|<20\pi$ 范围内 $F(\omega)=60X(\omega)$。

6.7　调制与解调

通信系统的主要功能是通过信道传输携带消息的信号到用户端。典型的系统模型如图 6-54 所示。其中，发送设备的基本功能是将信源和传输媒介匹配起来，即将信源产生的消息信号变换成适合信道传输的形式。调制就是最常见的变换方式，并且在整个通信系统中有着举足轻重的作用。**调制**可以定义为这样一个过程：使载波的特征参数随着消息信号而变。未经调制的原始消息信号称为**调制波**，调制后得到的信号则称为**已调波**。在接收端进行相反的处理过程以从已调波获得消息信号，这个过程称为**解调**。限于篇幅，这里只简单介绍幅度调制，其余的调制方式在《通信原理》教材中都有讲解。傅里叶变换的频域卷积定理是幅度调整的理论基础。

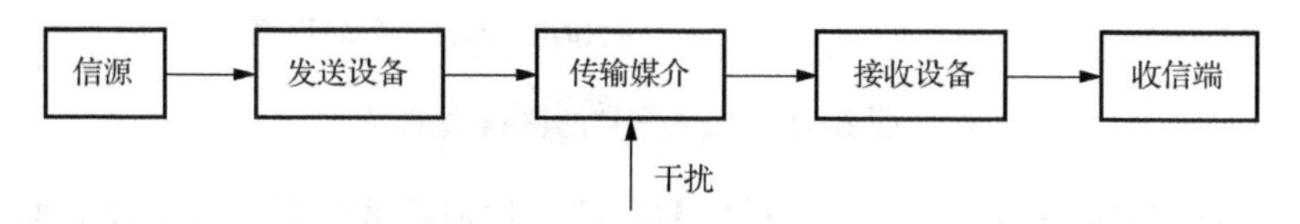

图 6-54　通信系统的一般模型

幅度调制(Amplitude Modulation, AM)由于简单而广泛应用于模拟通信中。在广播中就大量使用幅度调制。普通幅度调制是载波信号的振幅按调制信号规律变化的一种幅度调制方式。一般简称普通幅度调制为幅度调制。调制得到的信号称为调幅波。原消息信号称为调制信号。设载波为

$$c(t)=A_c\cos(\omega_c t) \tag{6-130}$$

式中，ω_c 为载波频率，由于 ω_c 取值很大，所以通常称为高频载波。调制信号(消息信号)为 $m(t)$。幅度调制得到的 $s(t)$ 为

$$s(t)=A_c\left[1+k_a m(t)\right]\cos(\omega_c t) \tag{6-131}$$

为了避免过调幅，一般要求满足：

$$1+k_a m(t)\geqslant 0 \tag{6-132}$$

令

$$\mu = k_a m(t) \tag{6-133}$$

以百分比表示的 μ 称为调制指数。调幅波的包络为

$$a(t) = A_c\left[1 + k_a m(t)\right] \tag{6-134}$$

对式(6-131)两边取傅里叶变换得

$$S(\omega) = \frac{1}{2\pi}A_c\left[1 + k_a M(\omega)\right] * \mathcal{F}\left[\cos(\omega_c t)\right] \tag{6-135}$$

式中，$S(\omega)$ 和 $M(\omega)$ 分别为 $s(t)$ 和 $m(t)$ 的傅里叶变换。考虑到

$$\cos(\omega_c t) \overset{\mathcal{F}}{\leftrightarrow} \pi\left[\delta(\omega + \omega_c) + \delta(\omega - \omega_c)\right] \tag{6-136}$$

式(6-135)变为

$$\begin{aligned} S(\omega) &= \frac{1}{2}A_c\left[1 + k_a M(\omega)\right]\left[\delta(\omega + \omega_c) + \delta(\omega - \omega_c)\right] \\ &= \frac{1}{2}A_c\left[\delta(\omega + \omega_c) + \delta(\omega - \omega_c)\right] + \frac{1}{2}A_c k_a\left[M(\omega + \omega_c) + M(\omega - \omega_c)\right] \end{aligned} \tag{6-137}$$

假设 $m(t)$ 是带限信号，且频谱只在 $-\omega_m \leqslant \omega \leqslant \omega_m$ 内分布。图 6-55 示出调制信号 $m(t)$ 的幅度谱；图 6-56 则示出已调信号 $s(t)$ 的幅度谱。参考这两个幅度谱，得到以下几点。

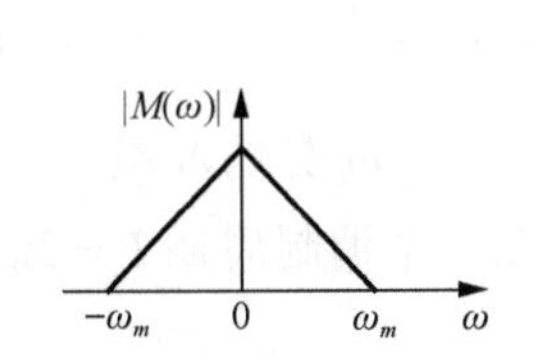

图 6-55　调制信号的幅度谱

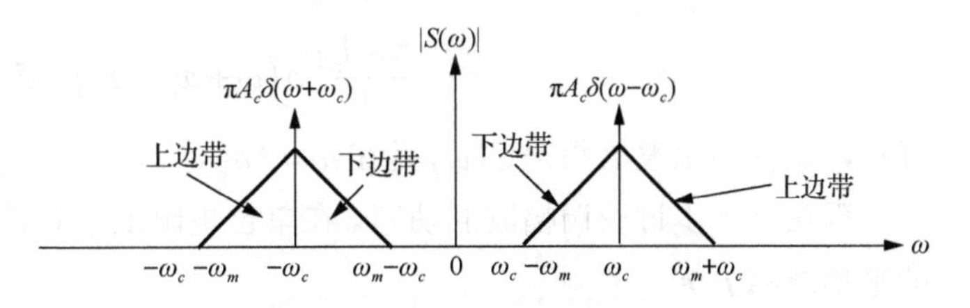

图 6-56　已调信号的幅度谱

(1) 在正频率范围内，频率高于载波频率 ω_c 的频谱部分称为上边带。除了幅度的绝对值大小有别之外，上边带频谱和 $M(\omega)$ 在 $0 \leqslant \omega \leqslant \omega_m$ 的部分完全相同。频率低于载波频率 ω_c 的频谱部分则称为下边带。除了幅度的绝对值大小有别之外，下边带频谱和 $M(\omega)$ 在 $-\omega_m \leqslant \omega \leqslant 0$ 的部分完全相同。

(2) 在负频率范围内，频率位于 $-\omega_c - \omega_m \leqslant \omega \leqslant -\omega_c$ 的频谱部分称为上边带。除了幅度的绝对值大小有别之外，上边带频谱和 $M(\omega)$ 在 $-\omega_m \leqslant \omega \leqslant 0$ 的部分完全相同。频率位于 $-\omega_c \leqslant \omega \leqslant -\omega_c + \omega_m$ 的频谱部分则称为下边带。除了幅度的绝对值大小有别之外，上边带频谱和 $M(\omega)$ 在 $0 \leqslant \omega \leqslant \omega_m$ 的部分完全相同。

(3) 为了使两个下边带不重叠，要求 $\omega_c - \omega_m > -\omega_c + \omega_m$，即 $\omega_c > \omega_m$；若 $\omega_c < \omega_m$，参考图 6-57，两个下边带都越过纵轴而发生混叠，从而会产生频率失真。

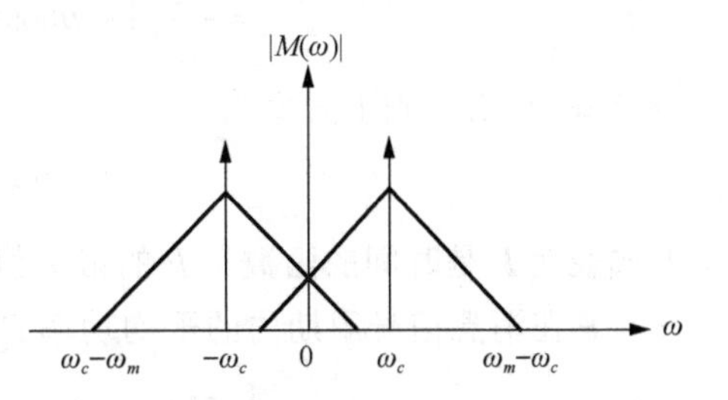

图 6-57　幅度调制中的频谱混叠

(4) 调幅波的频谱宽度是调制信号频谱宽度的两倍。在整个频率范围内的两个上边带统称为上边带；

在整个频率范围内的两个下边带统称为下边带。下面具体讨论正弦信号的幅度调制。设消息信号 $m(t)$ 为

$$m(t)=A_0\cos(\omega_0 t) \tag{6-138}$$

调幅波 $s(t)$ 为

$$s(t)=A_c\left[1+\mu\cos(\omega_0 t)\right]\cos(\omega_c t) \tag{6-139}$$

式中，$\mu=k_a A_0$，称为正弦调幅波的**调制指数**。定义调幅波最大包络和最小包络分别为 $A_{\max}$ 和 $A_{\min}$。由上式可知：

$$A_{\max}=A_c(1+\mu) \tag{6-140}$$

$$A_{\min}=A_c(1-\mu) \tag{6-141}$$

由以上两式可得

$$\mu=\frac{A_{\max}-A_{\min}}{A_{\max}+A_{\min}} \tag{6-142}$$

对式(6-139)两边取傅里叶变换，得到调幅波的频谱 $S(\omega)$ 为

$$\begin{aligned}S(\omega)=&\pi A_c\left[\delta(\omega+\omega_c)+\delta(\omega-\omega_c)\right]\\&+\frac{\pi\mu A_c}{2}\left[\delta(\omega+\omega_c+\omega_0)+\delta(\omega-\omega_c-\omega_0)\right]\\&+\frac{\pi\mu A_c}{2}\left[\delta(\omega+\omega_c-\omega_0)+\delta(\omega-\omega_c+\omega_0)\right]\end{aligned} \tag{6-143}$$

可见，正弦调幅波的频谱 $S(\omega)$ 是在 $\omega=\pm\omega_c$，$\omega=\omega_c\pm\omega_0$，$\omega=-\omega_c\pm\omega_0$ 处的冲激。

现在进一步讨论调幅波的功率。在单位电阻上，调幅波电流在一个调制周期 $T=2\pi/\omega_c$ 内的平均功率 P 为

$$P=\frac{1}{T}\int_{-T/2}^{T/2}s^2(t)\mathrm{d}t=\frac{1}{T}\int_{-T/2}^{T/2}\left\{A_c\left[1+\mu\cos(\omega_0 t)\right]\cos(\omega_c t)\right\}^2\mathrm{d}t \tag{6-144}$$

考虑到 $\omega_c\gg\omega_0$，在一个调制周期内，可以认为 $\mu\cos(\omega_0 t)$ 是恒定的，并考虑到 $T=2\pi/\omega_c$，上式变为

$$\begin{aligned}P&=\left[1+\mu\cos(\omega_0 t)\right]^2A_c^2\frac{1}{T}\int_{-T/2}^{T/2}\left[\cos(\omega_c t)\right]^2\mathrm{d}t\\&=\left[1+\mu\cos(\omega_0 t)\right]^2A_c^2\frac{1}{2T}\int_{-T/2}^{T/2}\left[1+\cos(2\omega_c t)\right]\mathrm{d}t\\&=\frac{A_c^2}{2}\left[1+\mu\cos(\omega_0 t)\right]^2\end{aligned} \tag{6-145}$$

令 $P_0=A_c^2/2$，则上式变为

$$P=\left[1+\mu\cos(\omega_0 t)\right]^2P_0 \tag{6-146}$$

上式表明 P 是时间的函数。P 的最大值为 $P_{\max}=P_0(1+\mu)^2$，最小值为 $P_{\min}=P_0(1-\mu)^2$。

P 在消息信号周期内的平均功率 P_{av} 为

$$P_{\mathrm{av}}=\frac{1}{2\pi}\int_{-\pi}^{\pi}\left[1+\mu\cos(\omega_0 t)\right]^2P_0\mathrm{d}(\omega_0 t)=P_0\left(1+\frac{\mu^2}{2}\right)=P_0+P_s \tag{6-147}$$

式中，$P_s = \mu^2 P_0 / 2$ 是上下边带产生的功率。上下边带功率 P_s 占总发射功率的百分比 λ 为

$$\lambda = \frac{\dfrac{\mu^2}{2} P_0}{P_0\left(1+\dfrac{\mu^2}{2}\right)} = \frac{\mu^2}{\mu^2+2} \tag{6-148}$$

上式又可以写为

$$\lambda = \frac{\left(\mu^2+2\right)-2}{\mu^2+2} = 1 - \frac{2}{\mu^2+2} \tag{6-149}$$

这表明调制指数 μ 越大，λ 越大，功率利用率越小。若 $\mu=1$，P_s 占 P_{av} 的 33%。若 $\mu=0.5$，则 P_s 只占 P_{av} 的 11%。

二极管和三极管包络检波电路的输出电压能不失真地反映输入调幅波的包络变化，从而得到解调后的调制信号。这种解调方式称为**包络检波**，相应的电路称为包络检波器。包络检波器非常简单廉价，但是必须要求 $\mu \leqslant 1$，否则会出现过调幅失真。若 $\mu>1$，可以采用同步解调。图 6-58 给出了同步解调的原理图。下面详细讨论同步解调。低通滤波器的输入信号 $x(t)$ 为

$$x(t) = \left[1 + k_a m(t)\right]\cos(\omega_c t) \cdot \cos(\omega_c t) = \frac{1}{2}\left[1 + k_a m(t)\right]\left[1 + \cos(2\omega_c t)\right] \tag{6-150}$$

由傅里叶变换的频域卷积定理很容易得到 $x(t)$ 的频谱 $X(\omega)$ 为

$$X(\omega) = \frac{1}{2}\cdot\frac{1}{2\pi}\left[2\pi\delta(\omega) + k_a M(\omega)\right] * \left\{2\pi\delta(\omega) + \pi\left[\delta(\omega+2\omega_c) + \delta(\omega-2\omega_c)\right]\right\} \tag{6-151}$$

式中，$M(\omega)$ 为 $m(t)$ 的傅里叶变换。整理上式得

$$\begin{aligned} X(\omega) = &\frac{1}{2}\left[2\pi\delta(\omega) + k_a M(\omega)\right] \\ &+ \frac{1}{4}\left[2\pi\delta(\omega+2\omega_c) + k_a M(\omega+2\omega_c)\right] \\ &+ \frac{1}{4}\left[2\pi\delta(\omega-2\omega_c) + k_a M(\omega-2\omega_c)\right] \end{aligned} \tag{6-152}$$

由于 $M(\omega)$ 的最高频率 $\omega_m \ll \omega_c$，这样低通滤波器的输出信号的频谱 $Y(\omega)$ 为

$$Y(\omega) = \frac{1}{2}\left[2\pi\delta(\omega) + k_a M(\omega)\right] \tag{6-153}$$

对上式取傅里叶逆变换得

$$y(t) = \frac{1}{2}\left[1 + k_a m(t)\right] \tag{6-154}$$

对 $y(t)$ 滤掉直流成分，得到解调系统的最终输出信号 $y_o(t)$ 为

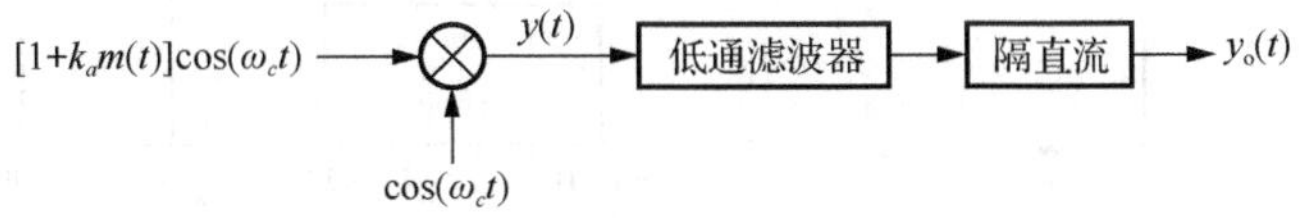

$[1+k_a m(t)]\cos(\omega_c t)$ → ⊗ → $y(t)$ → 低通滤波器 → 隔直流 → $y_o(t)$；$\cos(\omega_c t)$ → ⊗

图 6-58　幅度调制的同步解调

$$y_o(t)=\frac{1}{2}k_a m(t) \tag{6-155}$$

显然$y_o(t)$和调制信号$m(t)$只差一个常系数，可见这个系统能对调幅波进行解调。同步解调方案对k_a没有任何要求，或者说对调制指数没有任何要求，从而可以进行深度调制。为了实现同步解调，需要得到同步信号$\cos(\omega_c t)$。

习 题 6

6-1 设系统的转移函数为

$$H(\mathrm{j}\omega)=\frac{2+\mathrm{j}\omega}{2-\mathrm{j}\omega}$$

试求其单位冲激响应、单位阶跃响应以及输入$x(t)=\mathrm{e}^{-2t}\varepsilon(t)$时的零状态响应。

6-2 设系统的转移函数为

$$H(\mathrm{j}\omega)=\frac{1+2\mathrm{j}\omega}{-\mathrm{j}\omega^2+5\mathrm{j}\omega+6}$$

试求其单位冲激响应、单位阶跃响应以及输入$x(t)=\mathrm{e}^{-0.5t}\varepsilon(t)$时的零状态响应。

6-3 设系统的转移函数为

$$H(\mathrm{j}\omega)=\frac{1+2\mathrm{j}\omega}{-\mathrm{j}\omega^2+5\mathrm{j}\omega+6}$$

当系统的初始状态$y(0)=1$，$y'(0)=0.5$，输入$x(t)=\mathrm{e}^{-t}\varepsilon(t)$时，试求其全响应。

6-4 LTI 系统的系统函数为$1/(\mathrm{j}\omega+2)$，求输入为$x(t)=\cos(2t)+\sin(5t)$的响应。该系统是否满足无失真传输的条件？

6-5 已知信号$x(t)=\sin(\pi t)+\cos(2\pi t)$，求该信号经过 LTI 系统$h(t)=\dfrac{\sin(2\pi t)}{\pi t}$后的输出信号。

6-6 若输入信号$x(t)=\dfrac{\sin(\pi t)}{\pi t}$，载波$u(t)=\cos(10^3 t)$，理想低通滤波器的传输特性如图 6-59 所示，其相频特性$\varphi(\omega)=0$，试求经过调制-滤波系统后的输出。

6-7 若输入信号$x(t)=\dfrac{\sin(\pi t)}{2\pi t}$，载波$u(t)=\cos(10^3 t)$，理想带通滤波器的传输特性如图 6-60 所示，其相频特性$\varphi(\omega)=0$，试求经过此系统后的输出。

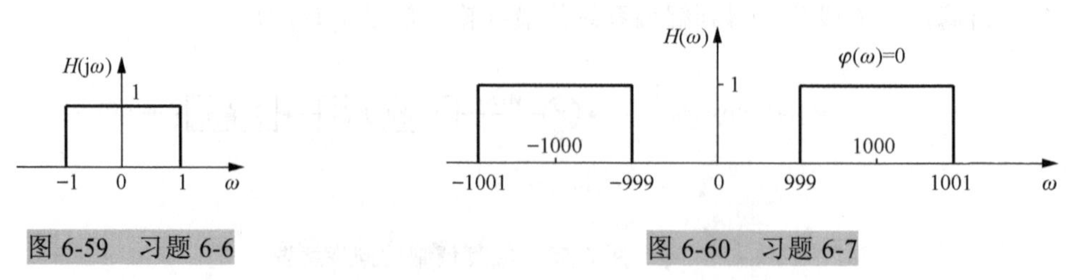

图 6-59 习题 6-6　　图 6-60 习题 6-7

6-8　已知理想低通滤波器的频域特性 $H(\omega)=\begin{cases}1, & |\omega|<\omega_c \\ 0, & |\omega|>\omega_c\end{cases}$，输入信号 $x(t)=\dfrac{\sin(at)}{2\pi t}$

试求:

(1) 当 $a>\omega_c$ 时，滤波器的输出。

(2) 当 $a<\omega_c$ 时，滤波器的输出。

6-9　给定下列调幅波形式，画出频谱和波形。

(1) $[1+0.5\cos(\Omega t)]\cos(\omega_c t)$

(2) $\cos(\Omega t)\cos(4\Omega t)$

6-10　有一调幅波方程为

$$u=15[1+0.5\cos(2\pi t)-0.3\cos(\pi t)]\sin(2\pi t)$$

试求其所包含的各分量的频率。

6-11　有一调幅波方程为

$$u=[50+20\cos(\Omega t)+10\cos(2\Omega t)]\cos(\omega_c t)$$

试求:

(1) 其所包含的各分量的频率和振幅。

(2) 其加于 2kΩ 的负载电阻时的载波功率和边带功率。

6-12　设调制信号 $u_\Omega(t)=U_{\Omega m}\cos(\Omega t)$，载波信号 $u_c(t)=U_m\cos(\omega_c t)$，调频的比例系数为 k_f，写出调频波的数学表达式。

6-13　已知 $x_1(t)$ 和 $x_2(t)$ 均为低通信号，最高截止频率分别为 ω_1 和 ω_2，现在对两者的乘积 $v(t)=x_1(t)x_2(t)$ 用冲激串采样，求最大的采样间隔 T，使得可以通过低通滤波器从采样序列恢复出 $v(t)$。

6-14　已知 $x(t)$ 的奈奎斯特率为 ω_s，确定下列信号的奈奎斯特率。

(1) $x(t)+x(t-2)$

(2) $x^2(t)$

(3) $x(t)e^{-j2t}$

第 7 章　拉普拉斯变换

本章导学

有些常见的信号，因其不满足绝对可积的要求，它的傅里叶变换不存在，同时通过时域对其进行分析较为复杂，此时可以通过乘以一个指数因子 $e^{-\sigma t}$，使得乘积后的函数绝对可积，这样其傅里叶变换就存在了。这个乘积的傅里叶变换称为拉普拉斯变换，与傅里叶变换不同的是，拉普拉斯变换引入了新的概念——收敛域，即使得拉普拉斯变换存在的 σ 称为拉普拉斯变换的收敛域。而收敛域使得拉普拉斯变换较傅里叶变换更加复杂，在学习、使用拉普拉斯变换的过程里需时刻注意其收敛域。

拉普拉斯变换的微分特性引入了信号的起始状态，这使得拉普拉斯在解微分方程描述的连续系统时非常有用。

$x(t)$ 的傅里叶变换与拉普拉斯变换如下：

$$X(\omega)=\int_{-\infty}^{+\infty}x(t)e^{-j\omega t}dt$$

$$X(s)=\int_{-\infty}^{+\infty}x(t)e^{-st}dt$$

表面上看，$x(t)$ 的傅里叶变换 $X(\omega)$ 可以由拉普拉斯变换 $X(s)$ 得到，即 $X(s)$ 中的 s 用 $j\omega$ 替换而得，但并非总是如此。结合图 7-0 所示导学图可以更好地理解本章内容。

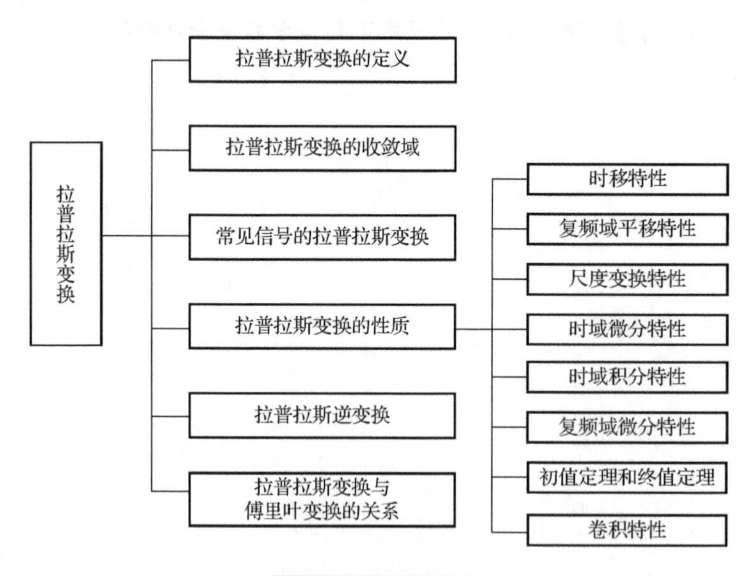

图 7-0　本章导学图

7.1　拉普拉斯变换的定义

在第 3 章中，已经证明了复指数信号 e^{st} 是线性时不变系统的特征函数。第 4 章研究了周期信号的傅里叶级数变换，第 5 章研究了一般信号的傅里叶变换。它们都是把复变量 s 取为纯虚变量，即 $s = j\omega$。本章研究 s 为一般复变量的情况。

一个冲激响应为 $h(t)$ 的 LTI 系统，对复指数信号 $e(t) = e^{st}$ 的零状态响应为

$$y(t) = H(s)e^{st} \tag{7-1}$$

式中

$$H(s) = \int_{-\infty}^{+\infty} h(t)e^{-st}dt \tag{7-2}$$

若 $s = j\omega$，上式就是 $h(t)$ 的傅里叶变换。对一般的复变量 s 来说，上式称为 $h(t)$ 的拉普拉斯变换。

任意信号 $x(t)$ 的**拉普拉斯变换** $X(s)$ 定义如下：

$$X(s) = \int_{-\infty}^{+\infty} x(t)e^{-st}dt \tag{7-3}$$

复变量 s 可以写为

$$s = \sigma + j\omega \tag{7-4}$$

式中，σ 为 s 的实部；ω 为 s 的虚部。将上式代入式(7-3)得

$$X(s) = \int_{-\infty}^{+\infty} x(t)e^{-(\sigma+j\omega)t}dt = \int_{-\infty}^{+\infty}\left[x(t)e^{-\sigma t}\right]e^{-j\omega t}dt \tag{7-5}$$

上式表明 $x(t)$ 的拉普拉斯变换 $X(s)$ 可以看作 $x(t)e^{-\sigma t}$ 的傅里叶变换。对 $X(s)$ 求傅里叶逆变换，则有

$$x(t)e^{-\sigma t} = \frac{1}{2\pi}\int_{-\infty}^{+\infty} X(s)e^{j\omega t}d\omega \tag{7-6}$$

考虑到 $e^{-\sigma t}$ 不是 ω 的函数，把它移到上式右边的积分中得

$$x(t) = \frac{1}{2\pi}\int_{-\infty}^{+\infty} X(s)e^{(\sigma+j\omega)t}d\omega \tag{7-7}$$

考虑到 $s = \sigma + j\omega$，则 $d\omega = ds/j$。对上式右边进行换元得

$$x(t) = \frac{1}{2\pi j}\int_{\sigma-j\omega}^{\sigma+j\omega} X(s)e^{st}ds \tag{7-8}$$

上式定义了拉普拉斯逆变换。

为什么要引入额外的因子 $e^{-\sigma t}$？来看一个非常简单的例子：$x(t) = e^{2t}u(t)$。显然 $x(t)$ 不是绝对可积的，所以它的傅里叶变换不存在。如果让 $x(t)$ 乘以一个因子 e^{-3t}，得到 $x_0(t) = e^{2t}u(t)e^{-3t} = e^{-t}u(t)$，显然 $x_0(t)$ 是绝对可积的，且傅里叶变换为 $1/(j\omega+1)$。$x(t)$ 乘以指数衰减的因子 e^{-3t}，使得乘积的傅里叶变换存在。因此对 $e^{2t}u(t)$ 这一类信号，通过乘以一个因子，它的傅里叶变换就可能存在。很容易验证，当 $\sigma>2$ 时，$e^{2t}u(t)$ 乘以任意因子 $e^{-\sigma t}$，所得乘积的傅里叶变换都存在。

在实际中，激励信号一般都是有始信号，或者说信号都是在 $t\geqslant 0$ 才有值的，这样拉普拉斯变换的积分限就变为 $0\sim+\infty$，即有

$$X(s)=\int_{0}^{+\infty}x(t)\mathrm{e}^{-st}\mathrm{d}t \tag{7-9}$$

考虑到在 $t=0$ 时刻可能有冲激及其各阶导数激励作用于系统，所以积分区间选为包括 $t=0$ 这一点，这样积分下限就变为 0^-。为方便起见，以后把单边拉普拉斯变换的积分下限写为 0。至于双边拉普拉斯逆变换，积分区间不变。上式定义的是**单边拉普拉斯变换**，式(7-3)定义的是**双边拉普拉斯变换**。显然，就因果信号而言，其单边拉普拉斯变换和双边拉普拉斯变换相等。非因果信号的单边拉普拉斯变换为零，所以对非因果信号不求单边拉普拉斯变换。以后如果没有特别说明，双边拉普拉斯变换简称拉普拉斯变换；在不至于引起混淆的情况下，单边拉普拉斯变换也简称拉普拉斯变换。双边拉普拉斯变换及其逆变换，用符号分别记为

$$X(s)=\mathcal{L}[x(t)] \tag{7-10}$$

$$x(t)=\mathcal{L}^{-1}[X(s)] \tag{7-11}$$

单边拉普拉斯变换及其逆变换，用符号分别记为

$$X(s)=\mathcal{L}_u[x(t)] \tag{7-12}$$

$$x(t)=\mathcal{L}_u^{-1}[X(s)] \tag{7-13}$$

例 7-1　$x(t)$ 的函数表达式为 $x(t)=\mathrm{e}^{-2t}u(t)+\mathrm{e}^{3t}u(t)$，求其拉普拉斯变换 $X(s)$。

解：依拉普拉斯变换的定义得

$$X(s)=\int_{-\infty}^{+\infty}\left[\mathrm{e}^{-2t}u(t)+\mathrm{e}^{3t}u(t)\right]\mathrm{e}^{-st}\mathrm{d}t=\int_{0}^{+\infty}\mathrm{e}^{-(s+2)t}\mathrm{d}t+\int_{0}^{+\infty}\mathrm{e}^{-(s-3)t}\mathrm{d}t$$

先计算上式右边的第一个积分得

$$\int_{0}^{+\infty}\mathrm{e}^{-(s+2)t}\mathrm{d}t=\int_{0}^{+\infty}\mathrm{e}^{-(\sigma+\mathrm{j}\omega+2)t}\mathrm{d}t=\lim_{t\to+\infty}\frac{1-\mathrm{e}^{-(\sigma+\mathrm{j}\omega+2)t}}{\sigma+\mathrm{j}\omega+2}=\frac{1}{\sigma+\mathrm{j}\omega+2}\left[1-\lim_{t\to+\infty}\mathrm{e}^{-(\sigma+\mathrm{j}\omega+2)t}\right]$$

当 $\sigma=\mathrm{Re}\{s\}>-2$ 时，$\lim\limits_{t\to+\infty}\left|\mathrm{e}^{-(\sigma+\mathrm{j}\omega+2)t}\right|=\lim\limits_{t\to+\infty}\left|\mathrm{e}^{-(\sigma+2)t}\right|=0$，且有 $\lim\limits_{t\to+\infty}\mathrm{e}^{-(\sigma+\mathrm{j}\omega+2)t}=0$；当 $\sigma\leqslant-2$ 时，$\lim\limits_{t\to+\infty}\left|\mathrm{e}^{-(\sigma+\mathrm{j}\omega+2)t}\right|=\lim\limits_{t\to+\infty}\left|\mathrm{e}^{-(\sigma+2)t}\right|\to+\infty$，所以此时极限 $\lim\limits_{t\to+\infty}\mathrm{e}^{-(\sigma+\mathrm{j}\omega+2)t}$ 不存在。综合以上，$\sigma=\mathrm{Re}\{s\}>-2$ 是第一个积分存在的充要条件。同理可得 $\sigma=\mathrm{Re}\{s\}>3$ 是第二个积分存在的充要条件。如果 $\mathrm{Re}\{s\}>-2$ 且 $\mathrm{Re}\{s\}>3$，此即 $\mathrm{Re}\{s\}>3$，$X(s)$ 存在且为

$$X(s)=\frac{1}{s+2}+\frac{1}{s-3}=\frac{2s-1}{(s+2)(s-3)},\quad \mathrm{Re}\{s\}>3$$

一般而言，有以下拉普拉斯变换对：

$$\mathrm{e}^{-\alpha t}u(t)\overset{\mathcal{L}}{\longleftrightarrow}\frac{1}{s+\alpha},\quad \mathrm{Re}\{s\}>-\alpha \tag{7-14}$$

事实上，很容易求得 $-\mathrm{e}^{-\alpha t}u(-t)$ 和 $\mathrm{e}^{-\alpha t}u(t)$ 的拉普拉斯变换都为 $1/(s+\alpha)$。所不同的是：$-\mathrm{e}^{-\alpha t}u(-t)$ 的拉普拉斯变换存在的条件为 $\mathrm{Re}\{s\}<-\alpha$，而 $\mathrm{e}^{-\alpha t}u(t)$ 的拉普拉斯变换存在的条件为 $\mathrm{Re}\{s\}>-\alpha$。

例 7-2　$x(t)$ 的函数表达式为 $x(t)=\mathrm{e}^{-2|t|}$，求其拉普拉斯变换 $X(s)$。

解：由双边拉普拉斯变换的定义得

$$X(s)=\int_{-\infty}^{+\infty}\left[\mathrm{e}^{-2t}u(t)+\mathrm{e}^{2t}u(-t)\right]\mathrm{e}^{-st}\mathrm{d}t=\int_{0}^{+\infty}\mathrm{e}^{-(s+2)t}\mathrm{d}t+\int_{-\infty}^{0}\mathrm{e}^{-(s-2)t}\mathrm{d}t$$

上式等号右边的第一个积分在 $\mathrm{Re}\{s\}>-2$ 时存在，且为 $1/(s+2)$；第二个积分在 $\mathrm{Re}\{s\}<2$ 时存在，且为 $-1/(s-2)$。所以若 $\mathrm{Re}\{s\}>-2$ 且 $\mathrm{Re}\{s\}<2$，即 $-2<\mathrm{Re}\{s\}<2$，$X(s)$ 存在且为

$$X(s)=\frac{1}{s+2}-\frac{1}{s-2}=-\frac{4}{s^2-4},\quad -2<\mathrm{Re}\{s\}<2$$

一般而言，对任意 $\alpha>0$ 有以下拉普拉斯变换对：

$$\mathrm{e}^{-\alpha|t|}\overset{\mathcal{L}}{\leftrightarrow}-\frac{\alpha^2}{s^2-\alpha^2},\quad -\alpha<\mathrm{Re}\{s\}<\alpha \tag{7-15}$$

以上两个例子的拉普拉斯变换都是复变量 s 的两个多项式之比，即具有如下形式：

$$X(s)=\frac{N(s)}{D(s)} \tag{7-16}$$

式中，$N(s)$ 和 $D(s)$ 分别是分子多项式和分母多项式，且多项式的系数都是有理数。这种形式的 $X(s)$ 称为**有理函数**。只要 $x(t)$ 是实指数或复指数信号的线性组合，其拉普拉斯变换 $X(s)$ 就是有理函数。满足 $N(s)=0$ 的这些点称为 $X(s)$ 的**零点**，因为在这些点上，$X(s)=0$；满足 $D(s)=0$ 的这些点称为 $X(s)$ 的**极点**，因为在这些点上，$X(s)$ 变成无界。除去一个常数因子外，零点和极点可以完全确定 $X(s)$ 的函数表达式。通常通过在 s 平面内标出零点和极点来形象而方便地描述拉普拉斯变换，如图 7-1 所示。s 平面的实轴用 σ 标示，虚轴用 $\mathrm{j}\omega$ 标示。用“○”标示零点；用“×”标示极点。收敛域用阴影线标示。如果 $N(s)$ 的阶次大于 $D(s)$ 的阶次，由洛必达法则，很容易知道当 $s\to+\infty$ 时，$X(s)\to+\infty$，这时在无穷远点有一个极点。相反，如果 $N(s)$ 的阶次小于 $D(s)$ 的阶次，由洛必达法则很容易知道当 $s\to+\infty$ 时，$X(s)\to 0$，这时在无穷远点有一个零点。在 s 平面内用零点和极点来表示拉普拉斯变换称为**零极点图**。除去一个常数因子外，零极点图加上收敛域，就可以完全表示拉普拉斯变换。以后要讲到的 $\mathcal{Z}$ 变换也是这样描述。这种表示方法非常简单明了，在信号与系统分析中广泛使用。由于在 s 平面内 $s=\sigma+\mathrm{j}\omega$，所以零极点图的横轴既可以用 $\mathrm{Re}\{s\}$ 标示也可以用 σ 标示；虚轴既可以用 $\mathrm{Im}\{s\}$ 标示，也可以用 $\mathrm{j}\omega$ 标示。

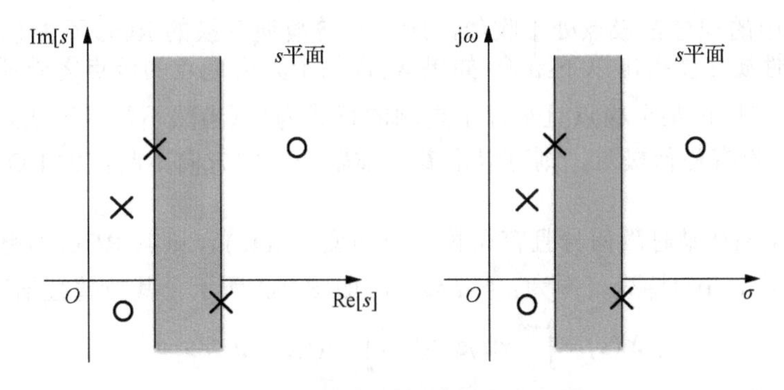

图 7-1　拉普拉斯变换的零极点

现在考虑一个非常简单的例子：$H(s)=s$。显然，当 $s\to+\infty$ 时，$H(s)\to+\infty$，这表明在无穷远处存在一个极点；当 $s=0$ 时，$H(s)=0$，这表明在原点处存在一个零点。$G(s)=1/s$ 的零极点则刚好与 $H(s)=s$ 的相反。

7.2　拉普拉斯变换的收敛域

从 7.1 节的例子可以看出，信号 $x(t)$ 的拉普拉斯变换 $X(s)$ 存在需要 s 满足一定的条件。$x(t)$ 的双边拉普拉斯变换为

$$X(s)=\int_{-\infty}^{+\infty}x(t)\mathrm{e}^{-st}\mathrm{d}t \tag{7-17}$$

上式等号右边的积分并非对任意 s 都存在。通过上式等号右边的积分求 $X(s)$ 时，可能积分值是发散的、无界的，这时就认为 $X(s)$ 不存在。在 s 平面内，使 $X(s)$ 取值有界，或者说使上式等号右边的积分收敛的 s 构成的区域，称为拉普拉斯变换的**收敛域**(Region of Convergence, ROC)。拉普拉斯变换的 ROC 具有下列性质。

性质 1：拉普拉斯变换的 ROC 在 s 平面内由平行于虚轴的带状区域组成。

由拉普拉斯变换的定义，$X(s)$ 的模为

$$|X(s)|=\left|\int_{-\infty}^{+\infty}x(t)\mathrm{e}^{-st}\mathrm{d}t\right|\leqslant\int_{-\infty}^{+\infty}\left|x(t)\mathrm{e}^{-st}\right|\mathrm{d}t=\int_{-\infty}^{+\infty}\left|x(t)\mathrm{e}^{-(\sigma+\mathrm{j}\omega)t}\right|\mathrm{d}t=\int_{-\infty}^{+\infty}\left|x(t)\mathrm{e}^{-\sigma t}\right|\mathrm{d}t \tag{7-18}$$

若下式成立：

$$\int_{-\infty}^{+\infty}\left|x(t)\mathrm{e}^{-\sigma t}\right|\mathrm{d}t<+\infty \tag{7-19}$$

由式(7-18)必有

$$|X(s)|<+\infty \tag{7-20}$$

可见，式(7-19)是 $X(s)$ 有界的充分条件。而式(7-19)成立的条件只与 s 的实部 σ 有关，与 s 的虚部 $\mathrm{j}\omega$ 无关。在 s 平面上，对某个固定的 σ，$s=\sigma+\mathrm{j}\omega$ 是一条平行于虚轴的直线，ROC 就是由所有这样的直线构成的带状区域。

性质 2：对有理拉普拉斯变换来说，ROC 内不能包括任何极点。

这个性质很简单但却非常重要。显然，在 $X(s)$ 的极点处，$X(s)$ 就变为无穷大，这表明拉普拉斯变换式中的积分在极点处不收敛，所以拉普拉斯变换的 ROC 不能包括任何极点。

由性质 1 和性质 2 能得出以下结论：如果 $X(s)$ 除了无穷远点的极点之外还有其他的极点，则在 s 平面内 ROC 以过某个极点且平行于虚轴的直线为界(当然不包括这条直线)。设想，如果 ROC 的边界上没有任何极点，则可以沿着与虚轴平行的方向不断扩大 ROC 区域，直至遇到某个极点为止。

性质 3：如果 $x(t)$ 是时限信号且存在拉普拉斯变换 $X(s)$，则其 ROC 为整个 s 平面。

假设时限信号 $x(t)$ 的持续范围为 $t_1\leqslant t\leqslant t_2$，如图 7-2 所示，其拉普拉斯变换为

$$X(s)=\int_{-\infty}^{+\infty}x(t)\mathrm{e}^{-st}\mathrm{d}t=\int_{t_1}^{t_2}x(t)\mathrm{e}^{-st}\mathrm{d}t<+\infty \tag{7-21}$$

考虑到 $s=\sigma+\mathrm{j}\omega$，从而有

$$|X(s)|=\left|\int_{t_1}^{t_2}x(t)\mathrm{e}^{-st}\mathrm{d}t\right|\leqslant\int_{t_1}^{t_2}\left|x(t)\mathrm{e}^{-st}\right|\mathrm{d}t=\int_{t_1}^{t_2}\left|x(t)\mathrm{e}^{-(\sigma+\mathrm{j}\omega)t}\right|\mathrm{d}t=\int_{t_1}^{t_2}|x(t)|\,\mathrm{e}^{-\sigma t}\mathrm{d}t \tag{7-22}$$

当 $\sigma\geqslant 0$ 时，在 $t_1\leqslant t\leqslant t_2$ 内，$\mathrm{e}^{-\sigma t}$ 的最大值为 $\mathrm{e}^{-\sigma t_1}$，上式变为

$$|X(s)|\leqslant\int_{t_1}^{t_2}|x(t)|\,\mathrm{e}^{-\sigma t}\mathrm{d}t<\mathrm{e}^{-\sigma_1}\int_{t_1}^{t_2}|x(t)|\,\mathrm{d}t \tag{7-23}$$

如果 $x(t)$ 满足绝对可积条件，即下式成立：

$$\int_{-\infty}^{+\infty}|x(t)|\,\mathrm{d}t=\int_{t_1}^{t_2}|x(t)|\,\mathrm{d}t<+\infty \tag{7-24}$$

则由以上两式可得

$$|X(s)|<\mathrm{e}^{-\sigma_1}\int_{t_1}^{t_2}|x(t)|\,\mathrm{d}t<+\infty \tag{7-25}$$

这表明对任意 $\sigma\geqslant 0$，$X(s)$ 存在。对任意 $\sigma<0$，同样可以证明 $X(s)$ 存在。只要时限信号不包含无穷多的冲激脉冲，则它必然是绝对可积的，所以时限信号拉普拉斯变换的 ROC 为整个 s 平面。

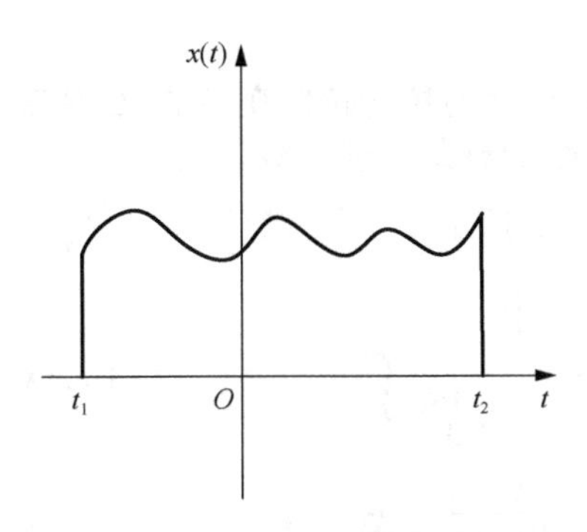

图 7-2　时限信号的波形

直观地看，时限信号 $x(t)$ 无论是乘以一个指数增长还是指数衰减的信号 e^{-st}，因为 $x(t)$ 持续区间有限，所以乘积 $x(t)\mathrm{e}^{-st}$ 总是有界的，这样 $x(t)$ 的可积性也不会由于指数加权而改变。图 7-3(a)和(b)分别给出了一个时限信号用增长指数信号和衰减指数信号加权后的信号，由图可以很清楚地看到有界的时限信号用指数加权后依然是有界的，从而不改变其绝对可积性。

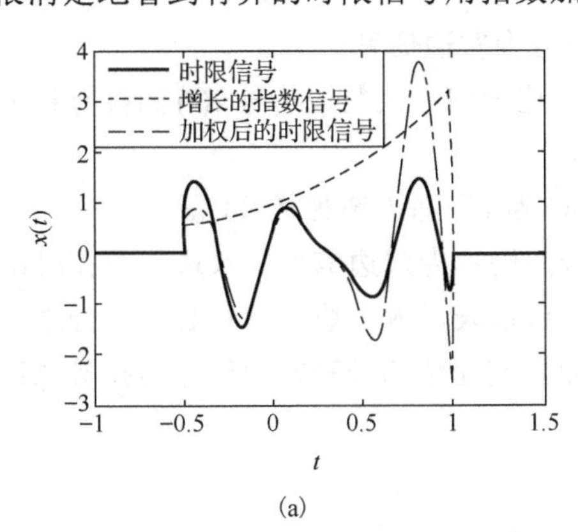

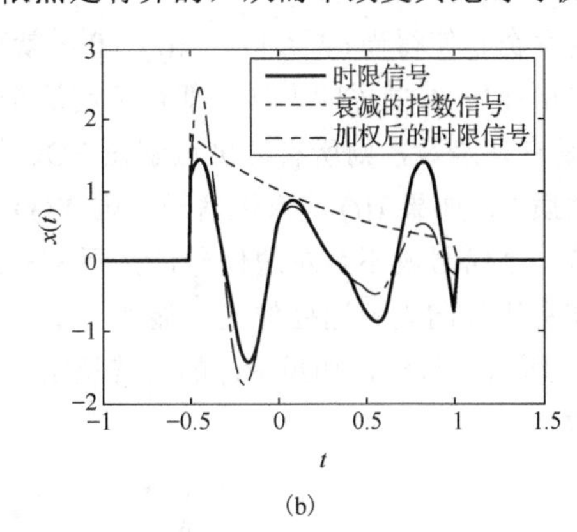

图 7-3　时限信号的指数加权

性质 4：如果右边信号 $x(t)$ 的拉普拉斯变换 $X(s)$ 是有理函数，则其 ROC 为 $\mathrm{Re}\{s\}>\beta$ 的右边平面，其中 β 为 $X(s)$ 的某个极点。

若存在 t_0 使得当 $t\leqslant t_0$ 时，$x(t)=0$，就称该信号为**右边信号**。图 7-4(a)和(b)分别给出了右边信号和因果信号的示意图。

假设 β_0 在右边信号 $x(t)$ 的拉普拉斯变换 $X(s)$ 的收敛域内，下面证明只要 $\mathrm{Re}\{\beta\}>\mathrm{Re}\{\beta_0\}$，$X(s)$ 也收敛。先不妨设 $t_0<0$，由拉普拉斯变换定义有

$$|X(s)|\leqslant\int_{t_0}^{+\infty}\left|x(t)\mathrm{e}^{-(\sigma+\mathrm{j}\omega)t}\right|\mathrm{d}t=\int_{t_0}^{+\infty}|x(t)|\,\mathrm{e}^{-\sigma t}\mathrm{d}t=\int_{t_0}^{0}|x(t)|\,\mathrm{e}^{-\sigma t}\mathrm{d}t+\int_{0}^{+\infty}|x(t)|\,\mathrm{e}^{-\sigma t}\mathrm{d}t \tag{7-26}$$

上式最后一个等号右边的第一个积分实际上是时限信号的拉普拉斯变换，由性质 3 可知，在整个 s 平面内，此积分都存在。上式最后一个等号右边的第二个积分才对 ROC 起决定作用。当 $t>0$ 时，若 $\mathrm{Re}\{\beta\}>\mathrm{Re}\{\beta_0\}$，则 $\left|\mathrm{e}^{-\beta t}\right|<\left|\mathrm{e}^{-\beta_0 t}\right|$，所以 $x(t)\mathrm{e}^{-\beta t}$ 比 $x(t)\mathrm{e}^{-\beta_0 t}$ 衰减更快，因此上式最后一个等号右边第二项必收敛。由 β 的任意性可知，只要 $\mathrm{Re}\{s\}>\beta_0$，$X(s)$ 就存在。如果 $t_0\geqslant 0$，那么结论更容易证明。

综合性质 2 和性质 4，右边信号的拉普拉斯变换 ROC 是某个极点的右边平面。这表明如果右边信号 $x(t)$ 的拉普拉斯变换 $X(s)$ 是有理函数，则所有的极点都在 ROC 的左侧。右边信号拉普拉斯变换的收敛域如图 7-5 所示。

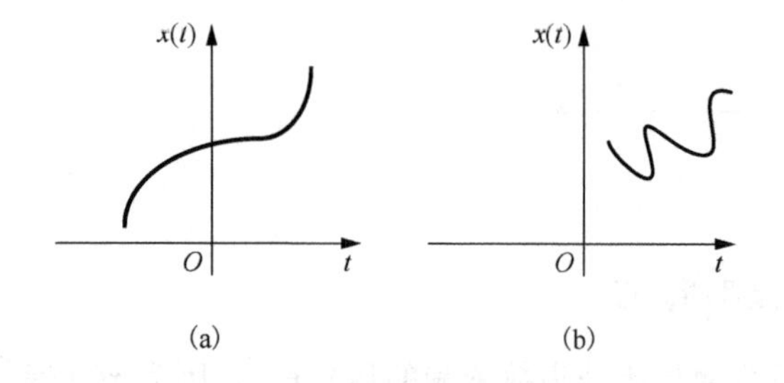

图 7-4　右边信号与因果信号

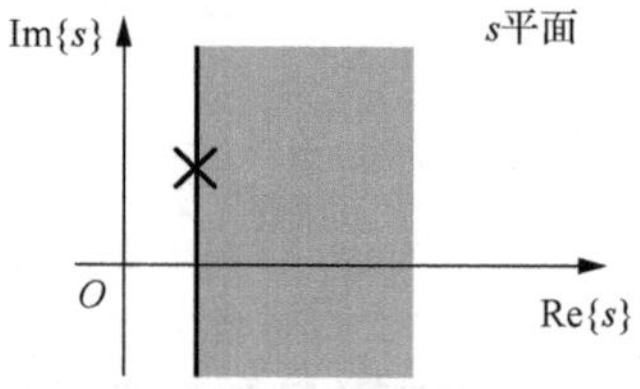

图 7-5　右边信号拉普拉斯变换的收敛域

性质 5：如果左边信号 $x(t)$ 的拉普拉斯变换 $X(s)$ 是有理函数，则存在 $X(s)$ 的极点 α，ROC 为 $\mathrm{Re}\{s\}<\alpha$ 的左边平面。

若存在 t_0 使得当 $t\leqslant t_0$ 时，$x(t)=0$，就称该信号为**左边信号**。

采用性质 4 同样的方法，即可证明这个结论。这表明如果左边信号 $x(t)$ 的拉普拉斯变换 $X(s)$ 是有理函数，则所有的极点都在 ROC 的右侧。

性质 6：如果 $x(t)$ 是双边信号，则 $X(s)$ 的 ROC 为 s 平面内的带状区域。

若一个信号既不是左边信号，又不是右边信号，则称为**双边信号**。双边信号在时间轴的左边和右边都向无穷远处伸展。显然一个双边信号可以表示成左边信号和右边信号之和，如图 7-6 所示。显然，如果 $x(t)$ 的拉普拉斯变换收敛，则左边信号和右边信号的拉普拉斯变换都收敛。

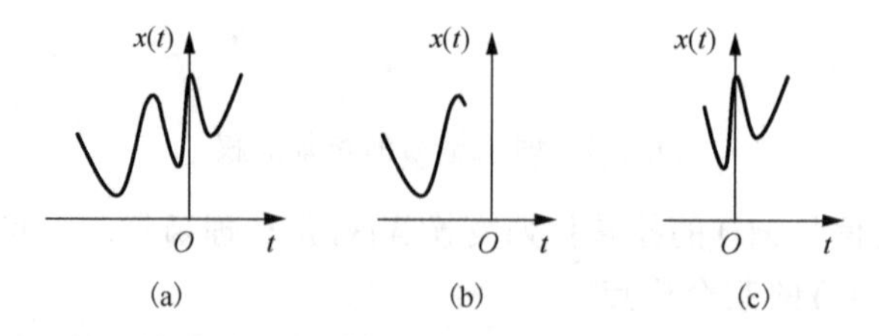

图 7-6　双边信号分解为左边信号与右边信号之和

设这个左边信号的拉普拉斯变换 ROC 为 $\mathrm{Re}\{s\}<\alpha$；设这个右边信号的拉普拉斯变换 ROC 为 $\beta<\mathrm{Re}\{s\}<\alpha$。这样双边信号 $x(t)$ 的拉普拉斯变换 ROC 需同时满足：

$$\begin{cases}\mathrm{Re}\{s\}<\alpha \\ \mathrm{Re}\{s\}>\beta\end{cases} \tag{7-27}$$

从而如果 $\beta<\alpha$，双边信号 $x(t)$ 的拉普拉斯变换收敛且 ROC 为

$$\beta<\mathrm{Re}\{s\}<\alpha \tag{7-28}$$

如果 $\beta<\alpha$，双边信号 $x(t)$ 的拉普拉斯变换不收敛。在 s 平面上，由 $\beta<\mathrm{Re}\{s\}<\alpha$ 确定的区域就是横坐标为 α 和 β 的两条平行于虚轴的直线之间的带状区域，如图 7-7 所示。

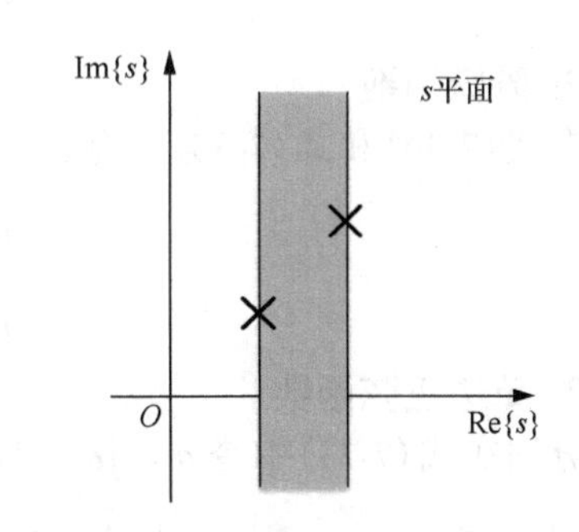

图 7-7　双边信号拉普拉斯变换的收敛域

综合以上所有性质，如果已知有理函数 $X(s)$ 所有的极点，就可以给出所有可能的收敛域。从拉普拉斯变换的定义式可以看出，当 $\sigma=0$ 时，$x(t)$ 的拉普拉斯变换 $X(s)$ 就变成 $x(t)$ 的傅里叶变换 $X(\omega)$，换句话说，如果拉普拉斯变换 $X(s)$ 的 ROC 包括 s 平面的虚轴，则傅里叶变换 $X(\omega)$ 一定存在。

7.3　常见信号的拉普拉斯变换

这一节给出常见信号的拉普拉斯变换。同时给出函数形式类似的因果信号和非因果信号的拉普拉斯变换。在 s 平面上，因果信号的拉普拉斯变换的 ROC 为右半平面；非因果信号的拉普拉斯变换的 ROC 为左半平面。双边拉普拉斯变换和单边拉普拉斯对因果信号而言是相等的。一般来说，单边拉普拉斯变换只针对因果信号，双边拉普拉斯变换针对双边信号。

对任意复数 α，先求 $\mathrm{e}^{-\alpha t}u(t)$ 的拉普拉斯变换得

$$X(s)=\int_{-\infty}^{+\infty}\mathrm{e}^{-\alpha t}u(t)\mathrm{e}^{-st}\mathrm{d}t=\int_{0}^{+\infty}\mathrm{e}^{-(s+\alpha)t}\mathrm{d}t=-\left.\frac{\mathrm{e}^{-(s+\alpha)t}}{s+\alpha}\right|_{t=0}^{t=+\infty}=\frac{1}{s+\alpha}-\lim_{t\to+\infty}\mathrm{e}^{-(s+\alpha)t} \tag{7-29}$$

设 α 的实部和虚部分别为 σ_0 和 ω_0，则

$$\lim_{t\to+\infty}\left|\mathrm{e}^{-(s+\alpha)t}\right|=\lim_{t\to+\infty}\left|\mathrm{e}^{-(\sigma+\mathrm{j}\omega+\sigma_0+\mathrm{j}\omega_0)t}\right|=\lim_{t\to+\infty}\left|\mathrm{e}^{-(\sigma+\sigma_0)t}\right|\left|\mathrm{e}^{-(\mathrm{j}\omega+\mathrm{j}\omega_0)t}\right|=\lim_{t\to+\infty}\mathrm{e}^{-(\sigma+\sigma_0)t} \tag{7-30}$$

若 $\sigma_0+\sigma>0$ 或者 $\mathrm{Re}\{s\}>\mathrm{Re}\{-\alpha\}$，则 $\lim\limits_{t\to+\infty}\mathrm{e}^{-(\sigma+\sigma_0)t}=0$，考虑到 $\lim\limits_{t\to+\infty}\left|\mathrm{e}^{-(s+\alpha)t}\right|=\lim\limits_{t\to+\infty}\mathrm{e}^{-(\sigma+\sigma_0)t}=0$，所以 $\lim\limits_{t\to+\infty}\mathrm{e}^{-(s+\alpha)t}=0$，这样式(7-29)变为

$$\mathrm{e}^{-\alpha t}u(t)\overset{\mathcal{L}}{\leftrightarrow}\frac{1}{s+\alpha},\quad \mathrm{Re}\{s\}>-\mathrm{Re}\{\alpha\} \tag{7-31}$$

再求 $-\mathrm{e}^{-\alpha t}u(-t)$ 的拉普拉斯变换。由拉普拉斯变换的定义得

$$X(s)=-\int_{-\infty}^{+\infty}\mathrm{e}^{-\alpha t}u(-t)\mathrm{e}^{-st}\mathrm{d}t=-\int_{-\infty}^{0}\mathrm{e}^{-(s+\alpha)t}\mathrm{d}t=\frac{1}{s+\alpha}-\lim_{t\to-\infty}\mathrm{e}^{-(s+\alpha)t} \tag{7-32}$$

同理，若 $\mathrm{Re}\{s+\alpha\}<0$，则有拉普拉斯变换对：

$$-\mathrm{e}^{-\alpha t}u(t)\overset{\mathcal{L}}{\leftrightarrow}\frac{1}{s+\alpha},\quad \mathrm{Re}\{s\}>-\alpha \tag{7-33}$$

1. 指数函数

当式(7-31)和式(7-33)中 α 为实数时，即可得指数函数的拉普拉斯变换为

$$\mathrm{e}^{-\alpha t}u(t)\overset{\mathcal{L}}{\leftrightarrow}\frac{1}{s+\alpha},\quad \mathrm{Re}\{s\}>-\alpha \tag{7-34}$$

$$-\mathrm{e}^{-\alpha t}u(-t)\overset{\mathcal{L}}{\leftrightarrow}\frac{1}{s+\alpha},\quad \mathrm{Re}\{s\}<-\alpha \tag{7-35}$$

2. 阶跃函数

在式(7-34)和式(7-35)中令 $\alpha=0$ 即可得

$$u(t)\overset{\mathcal{L}}{\leftrightarrow}1/s,\quad \mathrm{Re}\{s\}>0 \tag{7-36}$$

$$-u(-t)\overset{\mathcal{L}}{\leftrightarrow}1/s,\quad \mathrm{Re}\{s\}<0 \tag{7-37}$$

3. 单边正弦函数

分别在式(7-31)中令 $\alpha=\mathrm{j}\omega_0$ 和 $\alpha=-\mathrm{j}\omega_0$ 得

$$\mathrm{e}^{-\mathrm{j}\omega_0 t}u(t)\overset{\mathcal{L}}{\leftrightarrow}\frac{1}{s+\mathrm{j}\omega_0},\quad \mathrm{Re}\{s\}>0 \tag{7-38}$$

$$\mathrm{e}^{\mathrm{j}\omega_0 t}u(t)\overset{\mathcal{L}}{\leftrightarrow}\frac{1}{s-\mathrm{j}\omega_0},\quad \mathrm{Re}\{s\}<0 \tag{7-39}$$

根据 Euler 公式，有

$$\sin(\omega_0 t)=\frac{\mathrm{e}^{\mathrm{j}\omega_0 t}-\mathrm{e}^{-\mathrm{j}\omega_0 t}}{2\mathrm{j}} \tag{7-40}$$

从而

$$\sin(\omega_0 t)u(t)\overset{\mathcal{L}}{\leftrightarrow}\frac{1}{2\mathrm{j}}\left(\frac{1}{s-\mathrm{j}\omega_0}-\frac{1}{s+\mathrm{j}\omega_0}\right),\quad \mathrm{Re}\{s\}>0 \tag{7-41}$$

此即

$$\sin(\omega_0 t)u(t)\overset{\mathcal{L}}{\leftrightarrow}\frac{\omega_0}{s^2+\omega_0^2},\quad \mathrm{Re}\{s\}>0 \tag{7-42}$$

同理可得

$$\cos(\omega_0 t)u(t)\overset{\mathcal{L}}{\leftrightarrow}\frac{s}{s^2+\omega_0^2},\quad \mathrm{Re}\{s\}<0 \tag{7-43}$$

用同样的方法即可得

$$-\sin(\omega_0 t)u(-t)\overset{\mathcal{L}}{\leftrightarrow}\frac{\omega_0}{s^2+\omega_0^2},\quad \mathrm{Re}\{s\}<0 \tag{7-44}$$

$$-\cos(\omega_0 t)u(-t)\overset{\mathcal{L}}{\leftrightarrow}\frac{s}{s^2+\omega_0^2},\quad \mathrm{Re}\{s\}>0 \tag{7-45}$$

4. 衰减正弦函数

分别在式(7-31)中令 α 为 $\alpha-\mathrm{j}\omega_0$ 和 $\alpha+\mathrm{j}\omega_0$ 得

$$\mathrm{e}^{-(\alpha-\mathrm{j}\omega_0)t}u(t)\overset{\mathcal{L}}{\leftrightarrow}\frac{1}{s+(\alpha-\mathrm{j}\omega_0)},\quad \mathrm{Re}\{s\}>-\alpha \tag{7-46}$$

$$e^{-(\alpha+j\omega_0)t}u(t)\overset{\mathcal{L}}{\longleftrightarrow}\frac{1}{s+(\alpha+j\omega_0)},\quad \mathrm{Re}\{s\}<-\alpha \tag{7-47}$$

根据 Euler 公式，有

$$e^{-\alpha t}\sin(\omega_0 t)=\frac{e^{-\alpha t}\left(e^{j\omega_0 t}-e^{-j\omega_0 t}\right)}{2j}=\frac{e^{-(\alpha-j\omega_0)t}-e^{-(\alpha+j\omega_0)t}}{2j} \tag{7-48}$$

从而

$$e^{-\alpha t}\sin(\omega_0 t)u(t)\overset{\mathcal{L}}{\longleftrightarrow}\frac{1}{2j}\left[\frac{1}{s+(\alpha-j\omega_0)}-\frac{1}{s+(\alpha+j\omega_0)}\right],\quad \mathrm{Re}\{s\}>-\alpha \tag{7-49}$$

此即

$$e^{-\alpha t}\sin(\omega_0 t)u(t)\overset{\mathcal{L}}{\longleftrightarrow}\frac{\omega_0}{(s+\alpha)^2+\omega_0^2},\quad \mathrm{Re}\{s\}>-\alpha \tag{7-50}$$

同理可得

$$e^{-\alpha t}\cos(\omega_0 t)u(t)\overset{\mathcal{L}}{\longleftrightarrow}\frac{s+\alpha}{(s+\alpha)^2+\omega_0^2},\quad \mathrm{Re}\{s\}<-\alpha \tag{7-51}$$

同样可得

$$-e^{-\alpha t}\sin(\omega_0 t)u(-t)\overset{\mathcal{L}}{\longleftrightarrow}\frac{\omega_0}{(s+\alpha)^2+\omega_0^2},\quad \mathrm{Re}\{s\}<-\alpha \tag{7-52}$$

$$-e^{-\alpha t}\cos(\omega_0 t)u(-t)\overset{\mathcal{L}}{\longleftrightarrow}\frac{s+\alpha}{(s+\alpha)^2+\omega_0^2},\quad \mathrm{Re}\{s\}>-\alpha \tag{7-53}$$

例 7-3　已知因果信号 $x(t)$ 的拉普拉斯变换 $X(s)$ 为

$$X(s)=\frac{2s+5}{s^2+4s+7}$$

求 $x(t)$。

解：把 $X(s)$ 化成以下形式：

$$X(s)=\frac{2(s+2)+1}{(s+2)^2+(\sqrt{3})^2}=2\cdot\frac{(s+2)}{(s+2)^2+(\sqrt{3})^2}+\frac{1}{\sqrt{3}}\cdot\frac{\sqrt{3}}{(s+2)^2+(\sqrt{3})^2}$$

上式右边两项的拉普拉斯逆变换(对应因果信号)分别为

$$2e^{-2t}\cos(\sqrt{3}t)u(t),\quad \frac{1}{\sqrt{3}}e^{-2t}\sin(\sqrt{3}t)u(t)$$

从而

$$x(t)=e^{-2t}\left[2\cos(\sqrt{3}t)+\frac{1}{\sqrt{3}}\sin(\sqrt{3}t)\right]u(t)$$

---

5. 冲激函数 $\delta(t)$

由拉普拉斯变换的定义，并利用冲激函数的抽样性得

$$\mathcal{L}[\delta(t)]=\int_{-\infty}^{+\infty}\delta(t)e^{-st}dt=1 \tag{7-54}$$

6. t 的正幂函数（n 为正整数）

先求 $tu(t)$ 的拉普拉斯变换。由拉普拉斯变换的定义得

$$\mathcal{L}[tu(t)]=\int_0^{+\infty} t\mathrm{e}^{-st}\mathrm{d}t=-\frac{1}{s}\int_0^{+\infty} t\mathrm{de}^{-st} \tag{7-55}$$

对上式右边进行分部积分得

$$\mathcal{L}[tu(t)]=\int_0^{+\infty} t\mathrm{e}^{-st}\mathrm{d}t=-\frac{1}{s}\left(t\mathrm{e}^{-st}\Big|_{t=0}^{t=+\infty}-\int_0^{+\infty}\mathrm{e}^{-st}\mathrm{d}t\right) \tag{7-56}$$

若 $\mathrm{Re}\{s\}>0$，则很容易得 $\lim\limits_{t\to+\infty}\left|t\mathrm{e}^{-st}\right|=0$ 及 $\lim\limits_{t\to+\infty}\left|\mathrm{e}^{-st}\right|=0$，从而得 $\lim\limits_{t\to+\infty}t\mathrm{e}^{-st}=0$ 及 $\lim\limits_{t\to+\infty}\mathrm{e}^{-st}=0$，上式变为

$$tu(t)\overset{\mathcal{L}}{\leftrightarrow}\frac{1}{s^2},\quad \mathrm{Re}\{s\}>0 \tag{7-57}$$

同样，由拉普拉斯变换的定义得

$$\mathcal{L}\left[t^n u(t)\right]=\int_0^{+\infty} t^n\mathrm{e}^{-st}\mathrm{d}t=-\frac{1}{s}\int_0^{+\infty} t^n\mathrm{de}^{-st} \tag{7-58}$$

上式右边分部积分得

$$\int_0^{+\infty} t^n\mathrm{e}^{-st}\mathrm{d}t=-\frac{1}{s}\int_0^{+\infty} t^n\mathrm{de}^{-st}=-\frac{1}{s}\left(t^n\mathrm{e}^{-st}\Big|_{t=0}^{t=+\infty}-\int_0^{+\infty}\mathrm{e}^{-st}\mathrm{d}t^n\right)=\frac{n}{s}\int_0^{+\infty} t^{n-1}\mathrm{e}^{-st}\mathrm{d}t \tag{7-59}$$

在上式右边，$\int_0^{+\infty} t^{n-1}\mathrm{e}^{-st}\mathrm{d}t$ 为 $t^{n-1}u(t)$ 的拉普拉斯变换，此即

$$\mathcal{L}\left[t^n u(t)\right]=\frac{n}{s}\mathcal{L}\left[t^{n-1}u(t)\right] \tag{7-60}$$

以此类推可得

$$\mathcal{L}\left[t^n u(t)\right]=\frac{n}{s}\frac{n-1}{s}\cdots\frac{1}{s}\cdot\mathcal{L}[u(t)]=\frac{n!}{s^{n+1}},\quad \mathrm{Re}\{s\}>0 \tag{7-61}$$

此即

$$t^n u(t)\overset{\mathcal{L}}{\leftrightarrow}\frac{n!}{s^{n+1}},\quad \mathrm{Re}\{s\}>0 \tag{7-62}$$

同样可得

$$-t^n u(-t)\overset{\mathcal{L}}{\leftrightarrow}\frac{n!}{s^{n+1}},\quad \mathrm{Re}\{s\}<0 \tag{7-63}$$

7.4 拉普拉斯变换的性质

以下的性质，如果没有特别说明，对单边和双边拉普拉斯变换都是成立的。拉普拉斯变换的线性是显然的，但需要注意的是各项拉普拉斯变换的收敛域存在共同的重叠区域，否则和式的拉普拉斯变换不存在。

7.4.1 时移特性

参考图 7-8，因果信号右移形成的信号依然是因果信号，所以它们的单边拉普拉斯变换和

双边拉普拉斯变换相同。因果信号左移形成的信号很可能是非因果的，对非因果信号要区分单边和双边拉普拉斯变换。若 $x(t)$ 是因果信号，则对任意 $t_0>0$，有以下时移特性。

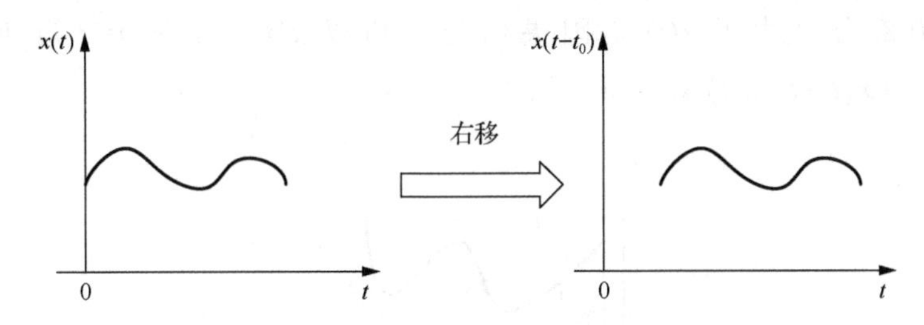

图 7-8　因果信号右移依然是因果信号

若 $x(t)\overset{\mathcal{L}}{\leftrightarrow}X(s)$，则有

$$x\left(t-t_0\right)\overset{\mathcal{L}}{\leftrightarrow}X(s)\mathrm{e}^{-st_0} \tag{7-64}$$

证明：因为 $x(t)$ 是因果信号，所以又可以写为 $x(t)u(t)$。右移 t_0 后的信号 $x\left(t-t_0\right)$ 当然也是因果信号，所以可以写为 $x\left(t-t_0\right)u\left(t-t_0\right)$。由拉普拉斯变换的定义得

$$\mathcal{L}\left[x\left(t-t_0\right)\right]=\mathcal{L}\left[x\left(t-t_0\right)u\left(t-t_0\right)\right]=\int_{-\infty}^{+\infty}x\left(t-t_0\right)u\left(t-t_0\right)\mathrm{e}^{-st}\mathrm{d}t \tag{7-65}$$

对上式右边作变量代换 $\tau=t-t_0$，上式变为

$$\mathcal{L}\left[x\left(t-t_0\right)\right]=\int_{-t_0}^{+\infty}x(\tau)u(\tau)\mathrm{e}^{-s\left(\tau+t_0\right)}\mathrm{d}\tau$$

考虑到 $t_0>0$，上式右端的积分下限变为 0，从而

$$\mathcal{L}\left[x\left(t-t_0\right)\right]=\mathrm{e}^{-st_0}\int_{0}^{+\infty}x(\tau)\mathrm{e}^{-s\tau}\mathrm{d}t=\mathrm{e}^{-st_0}X(s) \tag{7-66}$$

这里的时移特性只适合于因果信号的右移。因果信号左移可能会变成非因果信号，如果是这种情况，就得对移位后的信号求双边拉普拉斯变换，而这只能直接利用定义求得。当然，如果因果信号 $x(t)$ 左移 $t_0>0$ 后得到的信号 $x\left(t+t_0\right)$ 依然是因果信号(请参考图 7-9)，则其拉普拉斯变换有类似的时移特性，即若 $x(t)\overset{\mathcal{L}}{\leftrightarrow}X(s)$，则有

$$x\left(t+t_0\right)\overset{\mathcal{L}}{\leftrightarrow}X(s)\mathrm{e}^{st_0} \tag{7-67}$$

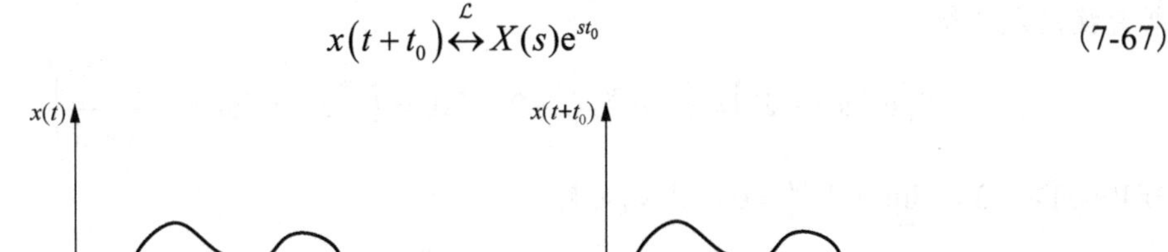

图 7-9　因果信号左移依然是因果信号的情形

这里需要说明一点。若 $x(t)$ 为因果信号，对 $t_0>0$，$x\left(t-t_0\right)u\left(t-t_0\right)$ 和 $x(t)u\left(t-t_0\right)$ 是不同的。尽管这两个信号皆为有始信号，但有着根本的区别。$x\left(t-t_0\right)$ 是 $x(t)$ 右移 t_0 形成的函数，所以 $t<t_0$ 时，$x\left(t-t_0\right)$ 可以表示为 $x\left(t-t_0\right)u\left(t-t_0\right)$。$x(t)u\left(t-t_0\right)$ 是截取 $x(t)$ 的 $t>t_0$ 部分，而

舍弃其 $0<t<t_0$ 的部分。当然，$x(t-t_0)u(t-t_0)$ 与 $x(t-t_0)u(t)$ 是一致的。参考图 7-10，当 $t_0>0$ 时，$x(t-t_0)$ 是因果信号，$x(t-t_0)u(t-t_0)$ 是截取 $x(t-t_0)$ 的 $t\geqslant t_0$ 部分，$x(t-t_0)u(t)$ 是截取 $x(t-t_0)$ 的 $t\geqslant 0$ 部分，由于 $x(t)$ 是因果信号，所以 $x(t-t_0)$ 在 $0<t<t_0$ 时为零，这样 $x(t-t_0)u(t-t_0)$ 与 $x(t-t_0)u(t)$ 就变得一致了。

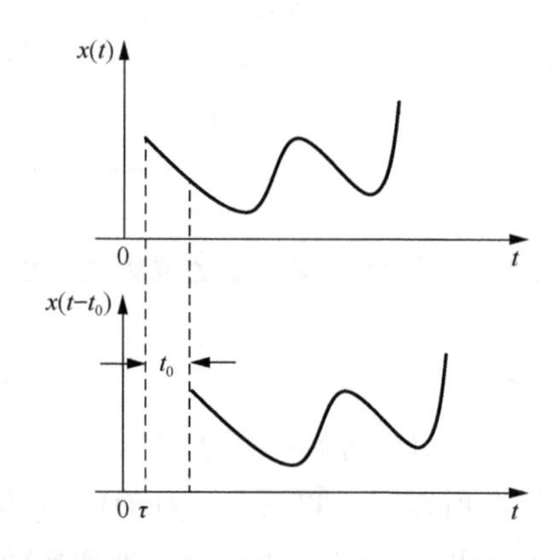

图 7-10　因果信号右移依然是因果信号

例 7-4　已知 $\mathcal{L}\left[\mathrm{e}^{-3t}u(t)\right]=\dfrac{1}{s+3}$，求下列函数的拉普拉斯变换：

(1) $\mathrm{e}^{-3(t-2)}u(t-2)$；

(2) $\mathrm{e}^{-3t}u(t-2)$；

(3) $\mathrm{e}^{-3(t-2)}u(t)$。

解：(1) 显然 $\mathrm{e}^{-3(t-2)}u(t-2)$ 是由因果信号 $\mathrm{e}^{-3t}u(t)$ 右移形成的，依然是因果信号，所以直接利用时移特性即可得

$$\mathcal{L}\left[\mathrm{e}^{-3(t-2)}u(t-2)\right]=\mathrm{e}^{-2s}\mathcal{L}\left[\mathrm{e}^{-3t}u(t)\right]=\frac{\mathrm{e}^{-2s}}{s+3}$$

(2) 由于 $\mathrm{e}^{-3t}u(t-2)$ 不是由 $\mathrm{e}^{-3t}u(t)$ 右移形成的，所以不能利用时移特性。直接利用拉普拉斯变换的定义得

$$\mathcal{L}\left[\mathrm{e}^{-3t}u(t-2)\right]=\int_0^{+\infty}\mathrm{e}^{-3t}u(t-2)\mathrm{e}^{-st}\mathrm{d}t=\int_2^{+\infty}\mathrm{e}^{-3t}\mathrm{e}^{-st}\mathrm{d}t=-\left.\frac{\mathrm{e}^{-(s+3)t}}{s+3}\right|_{t=2}^{t=+\infty}$$

若 $\mathrm{Re}\{s\}>-3$，$\lim\limits_{t\to+\infty}\mathrm{e}^{-(s+3)t}=0$，上式变为

$$\mathcal{L}\left[\mathrm{e}^{-3t}u(t-2)\right]=\frac{\mathrm{e}^{-2(s+3)}}{s+3},\quad \mathrm{Re}\{s\}>-3$$

(3) 同样直接利用拉普拉斯变换的定义得

$$\mathcal{L}\left[\mathrm{e}^{-3(t-2)}u(t)\right]=\int_0^{+\infty}\mathrm{e}^{-3(t-2)}u(t)\mathrm{e}^{-st}\mathrm{d}t$$

把上式右边积分中与 τ 无关的项移出，得

$$\mathcal{L}\left[\mathrm{e}^{-3(t-2)}u(t)\right]=\mathrm{e}^{6}\int_0^{+\infty}\mathrm{e}^{-3t}\mathrm{e}^{-st}\mathrm{d}t=\frac{\mathrm{e}^{6}}{s+3},\quad \mathrm{Re}\{s\}>-3$$

再看双边拉普拉斯变换的时移特性。对双边拉普拉斯变换而言，很容易得到：若 $x(t) \overset{\mathcal{L}}{\leftrightarrow} X(s)$，则对任意 t_0 有

$$x(t-t_0) \overset{\mathcal{L}}{\leftrightarrow} X(s)\mathrm{e}^{-st_0} \tag{7-68}$$

例 7-5　对 $t_0>0$，求 $\sin[\omega_0(t-t_0)]u(t)$，$\sin(\omega_0 t)u(t-t_0)$ 和 $\sin[\omega_0(t-t_0)]u(t-t_0)$ 的单边拉普拉斯变换。

解： 记 $f_1(t)=\sin(\omega_0 t)u(t)$，其单边拉普拉斯变换为 $F_1(s)=\omega_0/(s^2+\omega_0^2)$。显然 $\sin[\omega_0(t-t_0)]u(t-t_0)=f_1(t-t_0)$，对 $t_0>0$，由时移特性得

$$\sin[\omega_0(t-t_0)]u(t-t_0) \overset{\mathcal{L}}{\leftrightarrow} F_1(s)\mathrm{e}^{-st_0}=\frac{\omega_0}{s^2+\omega_0^2}\mathrm{e}^{-st_0} \tag{7-69}$$

同理可得

$$\cos[\omega_0(t-t_0)]u(t-t_0) \overset{\mathcal{L}}{\leftrightarrow} \mathcal{L}[\cos(\omega_0 t)u(t)]\mathrm{e}^{-st_0}=\frac{s}{s^2+\omega_0^2}\mathrm{e}^{-st_0} \tag{7-70}$$

由 $\sin[\omega_0(t-t_0)]u(t)=[\sin(\omega_0 t)\cos(\omega_0 t_0)-\cos(\omega_0 t)\sin(\omega_0 t_0)u(t)]$ 得

$$\begin{aligned}\sin[\omega_0(t-t_0)]u(t) &\overset{\mathcal{L}}{\leftrightarrow} \cos(\omega_0 t_0)\mathcal{L}[\sin(\omega_0 t)u(t)]-\sin(\omega_0 t_0)\mathcal{L}[\cos(\omega_0 t)u(t)] \\ &=\cos(\omega_0 t_0)\frac{\omega_0}{s^2+\omega_0^2}-\sin(\omega_0 t_0)\frac{s}{s^2+\omega_0^2} \\ &=\frac{\omega_0\cos(\omega_0 t_0)-s\sin(\omega_0 t_0)}{s^2+\omega_0^2}\end{aligned} \tag{7-71}$$

考虑到

$$\begin{aligned}\sin(\omega_0 t)u(t-t_0) &=\sin\{\omega_0[(t-t_0)+t_0]\}u(t-t_0) \\ &=\{\sin[\omega_0(t-t_0)]\cos(\omega_0 t_0)+\cos[\omega_0(t-t_0)]\sin(\omega_0 t_0)\}u(t-t_0)\end{aligned} \tag{7-72}$$

得

$$\begin{aligned}\sin(\omega_0 t)u(t-t_0) &\overset{\mathcal{L}}{\leftrightarrow} \cos(\omega_0 t_0)\mathcal{L}\{\sin[\omega_0(t-t_0)]u(t-t_0)\}+\sin(\omega_0 t_0)\mathcal{L}\{\cos[\omega_0(t-t_0)]u(t-t_0)\} \\ &=\cos(\omega_0 t_0)\frac{\omega_0}{s^2+\omega_0^2}\mathrm{e}^{-st_0}+\sin(\omega_0 t_0)\frac{s}{s^2+\omega_0^2}\mathrm{e}^{-st_0} \\ &=\frac{\omega_0\cos(\omega_0 t_0)+s\cdot\sin(\omega_0 t_0)}{s^2+\omega_0^2}\mathrm{e}^{-st_0}\end{aligned} \tag{7-73}$$

例 7-6　求周期为 T 的周期函数 $f(t)$ 的单边拉普拉斯变换。

解： 记 $f(t)$ 在 $t\geqslant 0$ 的第一个周期为 $g(t)$，则 $f(t)$ 在 $t\geqslant 0$ 时可表示为

$$f(t)=g(t)+g(t-T)+g(t-2T)+\mathcal{L}=\sum_{n=0}^{+\infty}g(t-nT) \tag{7-74}$$

设 $g(t) \overset{\mathcal{L}}{\leftrightarrow} G(s)$，则由时移特性，对任意 $n>0$ 有

$$g(t-nT) \overset{\mathcal{L}}{\leftrightarrow} G(s)\mathrm{e}^{-nTs} \tag{7-75}$$

所以

$$f(t)u(t)\overset{\mathcal{L}}{\leftrightarrow}\sum_{n=0}^{+\infty}G(s)\mathrm{e}^{-nTs}=G(s)\lim_{n\to+\infty}\frac{1-\mathrm{e}^{-nTs}}{1-\mathrm{e}^{-Ts}} \tag{7-76}$$

若 $G(s)$ 的收敛域为 $\mathrm{Re}\{s\}>0$，则 $\lim\limits_{n\to+\infty}\mathrm{e}^{-nTs}=0$，上式变为

$$f(t)u(t)\overset{\mathcal{L}}{\leftrightarrow}\frac{G(s)}{1-\mathrm{e}^{-Ts}} \tag{7-77}$$

7.4.2 复频域平移特性

若 $x(t)\overset{\mathcal{L}}{\leftrightarrow}X(s)$，则

$$x(t)\mathrm{e}^{s_0t}u(t)\overset{\mathcal{L}}{\leftrightarrow}X\left(s-s_0\right) \tag{7-78}$$

证明：由拉普拉斯变换的定义得

$$\mathcal{L}\left[x(t)\mathrm{e}^{s_0t}\right]=\int_{-\infty}^{+\infty}x(t)\mathrm{e}^{s_0t}\mathrm{e}^{-st}\mathrm{d}t=\int_{-\infty}^{+\infty}x(t)\mathrm{e}^{-(s-s_0)t}\mathrm{d}t$$

考虑到

$$X(s)=\int_{-\infty}^{+\infty}x(t)\mathrm{e}^{-st}\mathrm{d}t$$

所以

$$X(s-s_0)=\int_{-\infty}^{+\infty}x(t)\mathrm{e}^{-(s-s_0)t}\mathrm{d}t$$

从而

$$\mathcal{L}\left[x(t)\mathrm{e}^{s_0t}\right]=X\left(s-s_0\right)$$

例 7-7　已知 $u(t)\overset{\mathcal{L}}{\leftrightarrow}1/s$，$\mathrm{Re}\{s\}>0$，利用拉普拉斯变换的复频域平移特性求 $\mathrm{e}^{-\alpha t}\sin\left(\omega_0t\right)u(t)$ 和 $\mathrm{e}^{-\alpha t}\cos\left(\omega_0t\right)u(t)$ 的拉普拉斯变换。

解：已知 $u(t)\overset{\mathcal{L}}{\leftrightarrow}1/s$。由 Euler 公式得

$$\mathrm{e}^{-\alpha t}\sin\left(\omega_0t\right)u(t)=\frac{\mathrm{e}^{-\alpha t}\left(\mathrm{e}^{\mathrm{j}\omega_0t}-\mathrm{e}^{-\mathrm{j}\omega_0t}\right)}{2\mathrm{j}}=\frac{\left[\mathrm{e}^{-(\alpha-\mathrm{j}\omega_0)t}-\mathrm{e}^{-(\alpha+\mathrm{j}\omega_0)t}\right]u(t)}{2\mathrm{j}}$$

利用线性和复频域平移特性得

$$\mathcal{L}\left[\mathrm{e}^{-\alpha t}\sin\left(\omega_0t\right)u(t)\right]=\frac{1}{2\mathrm{j}}\left[\frac{1}{s+\left(\alpha-\mathrm{j}\omega_0\right)}-\frac{1}{s+\left(\alpha+\mathrm{j}\omega_0\right)}\right]=\frac{\omega_0}{(s+\alpha)^2+\omega_0^2} \tag{7-79}$$

收敛域变为 $\mathrm{Re}\{s\}>-\alpha$。同样可得

$$\mathcal{L}\left[\mathrm{e}^{-\alpha t}\cos\left(\omega_0t\right)u(t)\right]=\frac{s+\alpha}{(s+\alpha)^2+\omega_0^2},\quad \mathrm{Re}\{s\}>-\alpha \tag{7-80}$$

例 7-8　已知 $f(t)$ 为图 7-11 中 $\mathrm{e}^{-t}u(t)$ 的实线部分，求其拉普拉斯变换。

解：设与图 7-11 中 $f(t)$ 具有相同跳变位置的单边矩形脉冲信号为 $x(t)$，其波形如图 7-12 所示。记 $f(t)\leftrightarrow F(s)$ 和 $x(t)\overset{\mathcal{L}}{\leftrightarrow}X(s)$。因为 $f(t)=\mathrm{e}^{-t}x(t)$，由 s 域平移特性，得 $F(s)=X(s+1)$。

设 $x(t)$ 在 $0 \leqslant t \leqslant 2$ 间的函数为 $x_1(t)$，则

$$x(t) = x_1(t) + x_1(t-2) + x_1(t-4) + \cdots = \sum_{n=0}^{+\infty} x_1(t-2n) \tag{7-81}$$

而 $x_1(t) = u(t) - 2u(t-1) + u(t+2)$，所以

$$x_1(t) \overset{\mathcal{L}}{\leftrightarrow} X_1(s) = \mathcal{L}[u(t)]\left(1 - 2\mathrm{e}^{-s} + \mathrm{e}^{-2s}\right) = \frac{1}{s}\left(1 - \mathrm{e}^{-s}\right)^2, \quad \mathrm{Re}\{s\} > 0 \tag{7-82}$$

再由时移特性得

$$X(s) = \sum_{n=0}^{+\infty} X_1(s)\mathrm{e}^{-2s} = X_1(s)\sum_{n=0}^{+\infty}\mathrm{e}^{-2s} = X_1(s)\cdot\frac{1}{1-\mathrm{e}^{-2s}} = \frac{1-\mathrm{e}^{-s}}{s\left(1+\mathrm{e}^{-s}\right)} \tag{7-83}$$

从而

$$F(s) = X(s+1) = \frac{1-\mathrm{e}^{-(s+1)}}{(s+1)\left[1+\mathrm{e}^{-(s+1)}\right]} \tag{7-84}$$

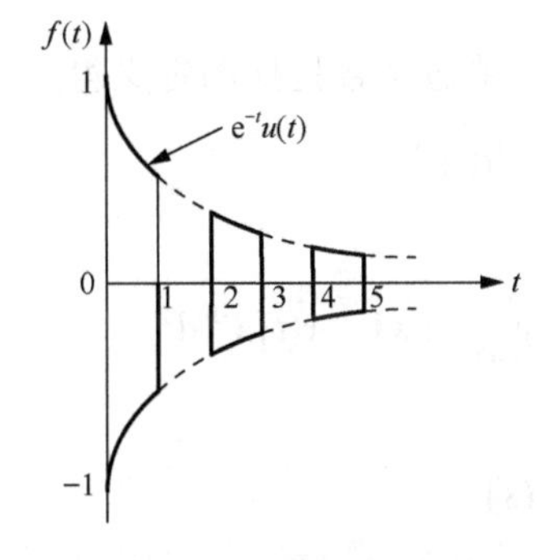

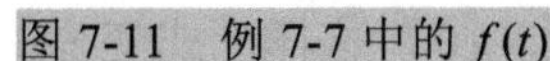
图 7-11　例 7-7 中的 $f(t)$

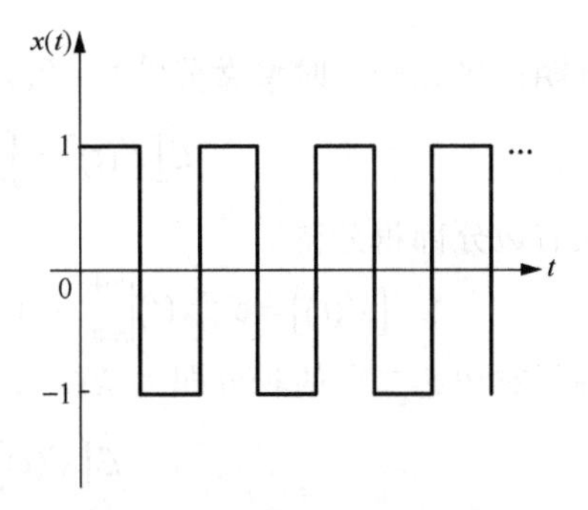

图 7-12　例 7-7 中的单边矩形脉冲信号

7.4.3　尺度变换特性

若 $x(t) \overset{\mathcal{L}}{\leftrightarrow} X(s)$，则有

$$x(\alpha t) \overset{\mathcal{L}}{\leftrightarrow} \frac{1}{|\alpha|}X\left(\frac{s}{\alpha}\right) \tag{7-85}$$

证明：先考虑 $\alpha > 0$ 的情况，由拉普拉斯变换的定义有

$$\mathcal{L}[x(\alpha t)] = \int_{-\infty}^{+\infty} x(\alpha t)\mathrm{e}^{-st}\mathrm{d}t$$

在式(7-85)等号右边作变量代换 $\tau = \alpha t$，所以 $t = \tau/\alpha$ 及 $\mathrm{d}t = \mathrm{d}\tau/\alpha$，积分限不变，从而

$$\mathcal{L}[x(\alpha t)] = \frac{1}{\alpha}\int_{-\infty}^{+\infty} x(\tau)\mathrm{e}^{-(s/\alpha)\tau}\mathrm{d}\tau$$

因为 $X(s) = \int_{-\infty}^{+\infty} x(t)\mathrm{e}^{-st}\mathrm{d}t$，所以

$$X\left(\frac{s}{\alpha}\right) = \int_{-\infty}^{+\infty} x(t)\mathrm{e}^{-(s/\alpha)t}\mathrm{d}t$$

从而

$$x(\alpha t) \overset{\mathcal{L}}{\leftrightarrow} \frac{1}{\alpha} X\left(\frac{s}{\alpha}\right)$$

当 $\alpha<0$ 时，同理可得 $x(\alpha t) \overset{\mathcal{L}}{\leftrightarrow} -X(s/\alpha)/\alpha$。

综合起来就有

$$x(\alpha t) \overset{\mathcal{L}}{\leftrightarrow} \frac{1}{|\alpha|} X\left(\frac{s}{\alpha}\right)$$

如果 $x(t)$ 为因果信号，则 α 只能为正数，因为负数会使因果信号变成非因果信号。

7.4.4 时域微分特性

先考虑单边拉普拉斯变换的情况。设 $x(t) \overset{\mathcal{L}}{\leftrightarrow} X(s)$，若 $x^{(1)}(t), x^{(2)}(t), \cdots, x^{(n)}(t)$ 存在，则

$$x^{(n)}(t) \overset{\mathcal{L}}{\leftrightarrow} s^n X(s) - \sum_{l=0}^{n-1} s^{n-l-1} x^{(l)}\left(0^-\right) \tag{7-86}$$

证明：先证一阶时域微分特性 $x'(t) \overset{\mathcal{L}}{\leftrightarrow} sX(s) - x(0)$。由单边拉普拉斯的定义得

$$\mathcal{L}\left[x'(t)\right] = \int_{0^-}^{+\infty} x'(t) \mathrm{e}^{-st} \mathrm{d}t = \int_{0^-}^{+\infty} \mathrm{e}^{-st} \mathrm{d}x(t) \tag{7-87}$$

对上式右边分部积分得

$$\mathcal{L}\left[x'(t)\right] = \mathrm{e}^{-st} x(t)\Big|_{t=0^-}^{t=+\infty} - \int_{0^-}^{+\infty} x(t) \mathrm{d}\mathrm{e}^{-st} = \mathrm{e}^{-st} x(t)\Big|_{t=0^-}^{t=+\infty} + s\int_{0^-}^{+\infty} x(t) \mathrm{e}^{-st} \mathrm{d}t \tag{7-88}$$

上式等号右边第二项的积分即为 $X(s)$，所以

$$\mathcal{L}\left[x'(t)\right] = \mathrm{e}^{-st} x(t)\Big|_{t=0^-}^{t+\infty} + sX(s) \tag{7-89}$$

因为 $X(s) = \int_{0^-}^{+\infty} x(t) \mathrm{e}^{-st} \mathrm{d}t$ 存在，这意味着当 $t \to +\infty$ 时 $x(t)\mathrm{e}^{-st} \to 0$，这样上式变为

$$\mathcal{L}\left[x'(t)\right] = sX(s) - x\left(0^-\right) \tag{7-90}$$

考虑到

$$\mathcal{L}\left[x''(t)\right] = \int_{0^-}^{+\infty} x''(t) \mathrm{e}^{-st} \mathrm{d}t = \int_{0}^{+\infty} \frac{\mathrm{d}}{\mathrm{d}t}\left[x'(t)\right] \mathrm{e}^{-st} \mathrm{d}t \tag{7-91}$$

上式右边可以看作对 $x'(t)$ 的一阶导数求单边拉普拉斯变换，所以有

$$\mathcal{L}\left[x''(t)\right] = s\left[sX(s) - x\left(0^-\right)\right] - x'\left(0^-\right) = s^2 X(s) - sx\left(0^-\right) - x'\left(0^-\right) \tag{7-92}$$

以上表明，当 $n=1$、2 时，式(7-86)成立，下面用归纳法证明对任意 n，该式同样成立。显然，$x^{(n)}(t)$ 可以看作 $x^{(n-1)}(t)$ 的一阶导数。若对 $n=k$ 有

$$\mathcal{L}\left[x^{(k)}(t)\right] = s^k X(s) - \sum_{l=0}^{k-1} s^{k-l-1} x^{(l)}(0^-) \tag{7-93}$$

则 $n=k+1$ 时有

$$\begin{aligned}\mathcal{L}\left[x^{(k+1)}(t)\right] &= s\left[s^k X(s) - \sum_{l=0}^{k-1} s^{k-l-1} x^{(l)}\left(0^-\right)\right] - x^{(k)}\left(0^-\right) \\ &= s^{k+1} X(s) - \sum_{l=0}^{k-1} s^{k-l} x^{(l)}\left(0^-\right) - x^{(k)}\left(0^-\right) = s^{k+1} X(s) - \sum_{l=0}^{k} s^{k-l} x^{(l)}\left(0^-\right)\end{aligned} \tag{7-94}$$

可见 $n=k+1$ 时，式(7-86)也成立。

显然，如果 $x(t)$ 为在 $t=0$ 时刻加入系统的因果激励信号，则在 $t=0^-$ 时 $x(t)$ 及其各阶导数都为零，这时时域微分特性变为

$$x^{(n)}(t)\overset{\mathcal{L}}{\leftrightarrow}s^nX(s) \tag{7-95}$$

再考虑双边拉普拉斯的时域微分特性。若 $x(t)\overset{\mathcal{L}}{\leftrightarrow}X(s)$，则

$$\frac{\mathrm{d}^nx(t)}{\mathrm{d}t^n}\overset{\mathcal{L}}{\leftrightarrow}s^nX(s) \tag{7-96}$$

证明：拉普拉斯逆变换式为

$$x(t)=\frac{1}{2\pi\mathrm{j}}\int_{\sigma-\mathrm{j}\infty}^{\sigma+\mathrm{j}\omega}X(s)\mathrm{e}^{st}\mathrm{d}s \tag{7-97}$$

上式两边对 t 求导得

$$\frac{\mathrm{d}x(t)}{\mathrm{d}t}=\frac{\mathrm{d}}{\mathrm{d}t}\left[\frac{1}{2\pi\mathrm{j}}\int_{\sigma-\mathrm{j}\infty}^{\sigma+\mathrm{j}\omega}X(s)\mathrm{e}^{st}\mathrm{d}s\right] \tag{7-98}$$

交换求导和积分的次序得

$$\frac{\mathrm{d}x(t)}{\mathrm{d}t}=\frac{1}{2\pi\mathrm{j}}\int_{\sigma-\mathrm{j}\infty}^{\sigma+\mathrm{j}\omega}\frac{\mathrm{d}}{\mathrm{d}t}\left[X(s)\mathrm{e}^{st}\right]\mathrm{d}s=\frac{1}{2\pi\mathrm{j}}\int_{\sigma-\mathrm{j}\infty}^{\sigma+\mathrm{j}\omega}[sX(s)]\mathrm{e}^{st}\mathrm{d}s \tag{7-99}$$

显然，上式等号右边即为 $sX(s)$ 的拉普拉斯逆变换，从而

$$\frac{\mathrm{d}x(t)}{\mathrm{d}t}\overset{\mathcal{L}}{\leftrightarrow}sX(s) \tag{7-100}$$

继续上述过程即可得

$$\frac{\mathrm{d}^nx(t)}{\mathrm{d}t^n}\overset{\mathcal{L}}{\leftrightarrow}s^nX(s) \tag{7-101}$$

7.4.5　时域积分特性

先考虑单边拉普拉斯变换的情况。设 $x(t)\overset{\mathcal{L}}{\leftrightarrow}X(s)$，则

$$\int_{-\infty}^{t}x(\tau)\mathrm{d}\tau\overset{\mathcal{L}}{\leftrightarrow}\frac{X(s)+\int_{-\infty}^{0^-}x(\tau)\mathrm{d}\tau}{s} \tag{7-102}$$

证明：考虑到

$$\int_{-\infty}^{t}x(\tau)\mathrm{d}\tau=\int_{-\infty}^{0^-}x(\tau)\mathrm{d}\tau+\int_{0^-}^{t}x(\tau)\mathrm{d}\tau \tag{7-103}$$

现在对上式右边的两项分别求单边拉普拉斯变换。由于 $\int_{-\infty}^{0^-}x(\tau)\mathrm{d}\tau$ 为一个与 t 无关的常数，其单边拉普拉斯变换为 $\left[\int_{-\infty}^{0^-}x(\tau)\mathrm{d}\tau\right]u(t)$，即 $\int_{-\infty}^{0^-}x(\tau)\mathrm{d}\tau/s$。令 $g(t)=\int_{0^-}^{t}x(\tau)\mathrm{d}\tau$，则 $g'(t)=x(t)$ 且 $g\left(0^-\right)=0$。设 $g(t)$ 的单边拉普拉斯变换为 $G(s)$，利用一阶微分特性得 $X(s)=sG(s)-g\left(0^-\right)=sG(s)$，因此 $G(s)=X(s)/s$，此即

$$\int_{0^-}^{t}x(\tau)\mathrm{d}\tau\overset{\mathcal{L}}{\leftrightarrow}\frac{X(s)}{s} \tag{7-104}$$

综合以上得

$$\int_{-\infty}^{t} x(\tau)\mathrm{d}\tau \overset{\mathcal{L}}{\leftrightarrow} \frac{\int_{-\infty}^{0^-} x(\tau)\mathrm{d}\tau}{s} + \frac{X(s)}{s} \tag{7-105}$$

若 $x(t)$ 是因果信号，则 $t<0$ 时 $x(t)=0$，则上式右边的积分为零，上式变为

$$\int_{-\infty}^{t} x(\tau)\mathrm{d}\tau \overset{\mathcal{L}}{\leftrightarrow} \frac{X(s)}{s} \tag{7-106}$$

接着考虑双边拉普拉斯变换的情况。设 $x(t) \overset{\mathcal{L}}{\leftrightarrow} X(s)$，则

$$\int_{-\infty}^{t} x(\tau)\mathrm{d}\tau \overset{\mathcal{L}}{\leftrightarrow} \frac{X(s)}{s} \tag{7-107}$$

例 7-9 对任意 n，证明 $\mathcal{L}\left[t^n u(t)\right] = \frac{n!}{s^{n+1}}$。

证明：用归纳法证。已知 $\mathcal{L}[u(t)] = 1/s$，显然

$$\int_{-\infty}^{t} u(\tau)\mathrm{d}\tau = tu(t) \tag{7-108}$$

考虑到 $tu(t)$ 为因果信号，利用时域积分特性得

$$\mathcal{L}[tu(t)] = \frac{1}{s^2} \tag{7-109}$$

对 $tu(t)$ 从 $-\infty$ ～ t 积分得

$$\int_{-\infty}^{t} \tau u(\tau)\mathrm{d}\tau = \left(\int_{0}^{t} \tau \mathrm{d}\tau\right) u(t) = \frac{1}{2}t^2 u(t) \tag{7-110}$$

再次利用时域积分特性得

$$\mathcal{L}[tu(t)] = \frac{2}{s^3} \tag{7-111}$$

可见，$n=1,2$ 时要证的结论成立。假设 $n=k$ 时下式成立：

$$\mathcal{L}\left[t^k u(t)\right] = \frac{k!}{s^{k+1}} \tag{7-112}$$

根据拉普拉斯变换性质，对假设应用导数，得

$$\frac{\mathrm{d}}{\mathrm{d}s}\left(\frac{k!}{s^{k+1}}\right) = -(k+1)\frac{k!}{s^{k+2}} = -\frac{(k+1)!}{s^{k+2}} \tag{7-113}$$

所以

$$\mathcal{L}[t^{k+1}u(t)] = \frac{(k+1)!}{s^{k+2}} \tag{7-114}$$

从而结论对任意 n 成立。

7.4.6 复频域微分特性

设 $x(t) \overset{\mathcal{L}}{\leftrightarrow} X(s)$，则

$$tx(t) \overset{\mathcal{L}}{\leftrightarrow} -\frac{\mathrm{d}X(s)}{\mathrm{d}s} \tag{7-115}$$

证明： 由拉普拉斯变换的定义得

$$X(s)=\int_{-\infty}^{+\infty}x(t)\mathrm{e}^{-st}\mathrm{d}t \tag{7-116}$$

上式两边对 s 求导得

$$\frac{\mathrm{d}X(s)}{\mathrm{d}s}=\frac{\mathrm{d}}{\mathrm{d}s}\left[\int_{-\infty}^{+\infty}x(t)\mathrm{e}^{-st}\mathrm{d}t\right] \tag{7-117}$$

上式等号右边交换求导与积分的次序得

$$\frac{\mathrm{d}X(s)}{\mathrm{d}s}=\int_{-\infty}^{+\infty}x(t)\frac{\mathrm{d}\mathrm{e}^{-st}}{\mathrm{d}s}\mathrm{d}t=\int_{-\infty}^{+\infty}x(t)(-t\mathrm{e}^{-st})\mathrm{d}t=\int_{-\infty}^{+\infty}[-tx(t)]\mathrm{e}^{-st}\mathrm{d}t \tag{7-118}$$

显然，上式最右边为 $-tx(t)$ 的拉普拉斯变换，所以

$$-tx(t)\overset{\mathcal{L}}{\leftrightarrow}\frac{\mathrm{d}X(s)}{\mathrm{d}s} \tag{7-119}$$

此即

$$tx(t)\overset{\mathcal{L}}{\leftrightarrow}-\frac{\mathrm{d}X(s)}{\mathrm{d}s} \tag{7-120}$$

例 7-10　求 $x(t)=t\mathrm{e}^{-\alpha t}u(t)$ 的拉普拉斯变换 $X(s)$。

解： 已知 $y(t)=\mathrm{e}^{-\alpha t}u(t)$ 的拉普拉斯变换 $Y(s)$ 为

$$Y(s)=\frac{1}{s+\alpha} \tag{7-121}$$

利用复频域微分特性求 $x(t)=t\mathrm{e}^{-\alpha t}u(t)$ 的拉普拉斯变换得

$$X(s)=-\frac{\mathrm{d}Y(s)}{\mathrm{d}s}=-\frac{\mathrm{d}}{\mathrm{d}s}\left(\frac{1}{s+\alpha}\right)=\frac{1}{(s+\alpha)^2} \tag{7-122}$$

利用复频域微分特性求 $t\,x(t)=t^2\mathrm{e}^{-\alpha t}u(t)$ 的拉普拉斯变换得

$$\mathcal{L}\left[t^2\mathrm{e}^{-\alpha t}u(t)\right]=-\frac{\mathrm{d}\mathcal{L}\left[t\mathrm{e}^{-\alpha t}u(t)\right]}{\mathrm{d}s}=-\frac{\mathrm{d}}{\mathrm{d}s}\left[\frac{1}{(s+\alpha)^2}\right]=\frac{2}{(s+\alpha)^3} \tag{7-123}$$

重复上述过程，有更一般的关系式：

$$\frac{t^n\mathrm{e}^{-\alpha t}u(t)}{n!}\overset{\mathcal{L}}{\leftrightarrow}\frac{1}{(s+\alpha)^{n+1}} \tag{7-124}$$

同样可得

$$-\frac{t^n\mathrm{e}^{-\alpha t}u(-t)}{n!}\overset{\mathcal{L}}{\leftrightarrow}\frac{1}{(s+\alpha)^{n+1}} \tag{7-125}$$

7.4.7　初值定理和终值定理

若 $x(t)$ 为因果信号，且在 $t=0$ 时，$x(t)$ 不包含任何冲激或者冲激的导数，那么有以下初值定理和终值定理成立。

1. 初值定理

因果信号 $x(t)$ 的初值可以通过以下极限求得：

$$x\left(0^+\right)=\lim_{s\to+\infty}sX(s) \tag{7-126}$$

证明如下。利用一阶微分特性得

$$sX(s)-x\left(0^-\right)=\int_{0^-}^{+\infty}x'(t)\mathrm{e}^{-st}\mathrm{d}t \tag{7-127}$$

此即

$$sX(s)-x\left(0^-\right)=\int_{0^-}^{0^+}x'(t)\mathrm{e}^{-st}\mathrm{d}t+\int_{0^+}^{+\infty}x'(t)\mathrm{e}^{-st}\mathrm{d}t \tag{7-128}$$

当 $0^-\leqslant t\leqslant 0^+$ 时 $\mathrm{e}^{-st}=1$，如果 $x'(t)$ 在 $t=0$ 时不包含任何冲激和冲激的导数，上式右边第一项变为

$$\int_{0^-}^{0^+}x'(t)\mathrm{e}^{-st}\mathrm{d}t=\int_{0^-}^{0^+}x'(t)\mathrm{d}t=\int_{0^-}^{0^+}\mathrm{d}x(t)=x\left(0^+\right)-x\left(0^-\right) \tag{7-129}$$

由以上两式得

$$sX(s)=x\left(0^+\right)+\int_{0^+}^{+\infty}x'(t)\mathrm{e}^{-st}\mathrm{d}t \tag{7-130}$$

当 $s\to+\infty$ 时，对上式两边求极限得

$$\lim_{s\to+\infty}sX(s)=x\left(0^+\right)+\lim_{s\to+\infty}\int_{0^+}^{+\infty}x'(t)\mathrm{e}^{-st}\mathrm{d}t=x\left(0^+\right)+\int_{0^+}^{+\infty}x'(t)\left(\lim_{s\to+\infty}\mathrm{e}^{-st}\right)\mathrm{d}t \tag{7-131}$$

如果收敛域为 $\mathrm{Re}\{s\}>0$ 或者说所有的极点都在 s 平面的左半平面内，则 $\lim\limits_{s\to+\infty}\mathrm{e}^{-st}=0$，上式右边积分中的被积函数为零，上式变为

$$\lim_{s\to+\infty}sX(s)=x\left(0^+\right)$$

事实上，初值定理的一般形式是：若对任意 $n<N$，$x^{(n)}\left(0^+\right)=0$，则

$$x^{(N)}\left(0^+\right)=\lim_{s\to+\infty}s^{N+1}X(s) \tag{7-132}$$

证明如下。将 $x(t)$ 在 $t=0^+$ 展开成泰勒(Taylor)级数：

$$x(t)=\sum_{n=0}^{+\infty}\frac{x^{(n)}\left(0^+\right)t^n}{n!} \tag{7-133}$$

对式(7-133)两边求单边拉普拉斯变换，并考虑到 $\mathcal{L}\left[t^n u(t)/n!\right]=1/s^{n+1}$ 得

$$X(s)=\sum_{n=0}^{+\infty}\frac{x^{(n)}\left(0^+\right)}{s^{n+1}} \tag{7-134}$$

式(7-134)两边同乘以 s 得

$$sX(s)=\sum_{n=0}^{+\infty}\frac{x^{(n)}\left(0^+\right)}{s^n}=x\left(0^+\right)+\frac{x^{(1)}\left(0^+\right)}{s}+\frac{x^{(2)}\left(0^+\right)}{s^2}+\cdots \tag{7-135}$$

当 $s\to+\infty$ 时，对上式两边求极限得

$$sX(s)=x\left(0^+\right) \tag{7-136}$$

若对任意 $n<N$，$x^{(n)}\left(0^+\right)=0$，则式(7-135)变为

$$X(s)=\sum_{n=N}^{+\infty}\frac{x^{(n)}\left(0^+\right)}{s^{n+1}}=\frac{x^{(N)}\left(0^+\right)}{s^{N+1}}+\frac{x^{(N+1)}\left(0^+\right)}{s^{N+2}}+\frac{x^{(N+2)}\left(0^+\right)}{s^{N+3}}+\cdots \tag{7-137}$$

式(7-137)等式两端同乘以 s^{N+1} 得

$$s^{N+1}X(s)=x^{(N)}\left(0^+\right)+\frac{x^{(N+1)}\left(0^+\right)}{s}+\frac{x^{(N+2)}\left(0^+\right)}{s^2}+\cdots \tag{7-138}$$

当 $s \to +\infty$ 时，对上式两边求极限得

$$s^{N+1}X(s)=s^N x\left(0^+\right) \tag{7-139}$$

这就是一般形式的初值定理。

仅当 $X(s)$ 为真有理函数时，初值定理才成立。这是由于对于假有理函数，$\lim\limits_{s\to+\infty} sX(s)$ 不存在，这个定理当然不适用。在这种情况下，可通过长除法将 $X(s)$ 分解为一个 s 的多项式和一个真有理函数之和。例如，利用长除法可得

$$\frac{3s^3+2s^2+s+4}{s^2+3s+2}=(3s-7)+\frac{16s+18}{s^2+3s+2} \tag{7-140}$$

其中，s 的多项式 $3s-7$ 的拉普拉斯逆变换是 $3\delta'(t)-7\delta(t)$。显然，$3\delta'(t)-7\delta(t)$ 是冲激函数及其导数之和，在 $t=0^+$ 时取值为零。因此，期望的初值对剩余因式使用初值定理可以求得。对以上例子而言，有

$$x\left(0^+\right)=\lim_{s\to+\infty}\left(s\cdot\frac{16s+18}{s^2+3s+2}\right)=16 \tag{7-141}$$

2. 终值定理

因果信号 $x(t)$ 的终值可以通过以下极限求得

$$\lim_{t\to+\infty} x(t)=\lim_{s\to 0} sX(s) \tag{7-142}$$

证明如下。上边已经得到

$$sX(s)=x\left(0^+\right)+\int_{0^+}^{+\infty} x'(t)\mathrm{e}^{-st}\mathrm{d}t \tag{7-143}$$

当 $s\to 0$ 时，对上式两边求极限，得

$$\lim_{s\to 0} sX(s)=x\left(0^+\right)+\lim_{s\to 0}\int_{0^+}^{+\infty} x'(t)\mathrm{e}^{-st}\mathrm{d}t=x\left(0^+\right)+\int_{0^+}^{+\infty} x'(t)\left(\lim_{s\to 0}\mathrm{e}^{-st}\right)\mathrm{d}t \tag{7-144}$$

当 $t\in\left(0^+,+\infty\right)$ 时，$\lim\limits_{s\to 0}\mathrm{e}^{-st}=\mathrm{e}^0=1$，这样上式变为

$$\lim_{s\to 0} sX(s)=x\left(0^+\right)+\int_{0^+}^{+\infty} x'(t)\mathrm{d}t=x\left(0^+\right)+\int_{0^+}^{+\infty}\mathrm{d}x(t)=x\left(0^+\right)+\left[\lim_{t\to+\infty} x(t)-x\left(0^+\right)\right]=\lim_{t\to+\infty} x(t)$$

仅当 $X(s)$ 的极点在 s 平面的左半平面(包括 $s=0$ 这一点)时，终值定理才适用。如果 $X(s)$ 在 s 平面上的右半平面内存在极点，$x(t)$ 就会包含一个指数增长的项，使得 $\lim\limits_{t\to+\infty} x(t)$ 无界。同样，如果 $X(s)$ 在虚轴上(除去原点)有一个极点，则 $x(t)$ 就会包含一个振荡项，使得 $\lim\limits_{t\to+\infty} x(t)$ 发散。当然，如果 $X(s)$ 在 s 平面的原点存在极点，那么 $x(t)$ 就包含一个常数项(阶跃函数)，从而 $\lim\limits_{t\to+\infty} x(t)$ 存在且等于这个常数。

例 7-11　因果信号 $x(t)$ 的拉普拉斯变换 $X(s)$ 为

$$X(s)=\frac{2s^2+10s+3}{5s^3+3s^2+7s+6} \tag{7-145}$$

利用初值定理和终值定理求 $x(t)$ 的初值和终值。

解：$x(t)$ 的初值 $x\left(0^+\right)$ 为

$$x\left(0^+\right)=\lim_{s\to+\infty} sX(s)=\lim_{s\to+\infty}\frac{s\left(2s^2+10s+3\right)}{5s^3+3s^2+7s+6}=\lim_{s\to+\infty}\frac{2s^3}{5s^3}=\frac{2}{5} \tag{7-146}$$

$x(t)$ 的终值 $x(+\infty)$ 为

$$\lim_{t\to+\infty}x(t)=\lim_{s\to 0}sX(s)=\lim_{s\to 0}\frac{s\left(2s^2+10s+3\right)}{5s^3+3s^2+7s+6}=0 \tag{7-147}$$

7.4.8 卷积特性

设 $x_1(t)\overset{\mathcal{L}}{\leftrightarrow}X_1(s)$ 和 $x_2(t)\overset{\mathcal{L}}{\leftrightarrow}X_2(s)$，则

$$x_1(t)*x_2(t)\overset{\mathcal{L}}{\leftrightarrow}X_1(s)X_2(s) \tag{7-148}$$

证明：由卷积的定义得

$$x_1(t)*x_2(t)=\int_{-\infty}^{+\infty}x_1(\tau)x_2(t-\tau)\mathrm{d}\tau \tag{7-149}$$

对上式两边求拉普拉斯变换得

$$\mathcal{L}\left[x_1(t)*x_2(t)\right]=\int_{-\infty}^{+\infty}\left[\int_{-\infty}^{+\infty}x_1(\tau)x_2(t-\tau)\mathrm{d}\tau\right]\mathrm{e}^{-st}\mathrm{d}t \tag{7-150}$$

上式右边交换两个积分的次序得

$$\mathcal{L}\left[x_1(t)*x_2(t)\right]=\int_{-\infty}^{+\infty}x_1(\tau)\left[\int_{-\infty}^{+\infty}x_2(t-\tau)\mathrm{e}^{-st}\mathrm{d}t\right]\mathrm{d}\tau \tag{7-151}$$

令 $\lambda=t-\tau$，则 $\mathrm{d}\lambda=\mathrm{d}t$ 及 $t=\lambda+\tau$，上式变为

$$\begin{aligned}\mathcal{L}\left[x_1(t)*x_2(t)\right]&=\int_{-\infty}^{+\infty}x_1(\tau)\left[\int_{-\infty}^{+\infty}x_2(\lambda)\mathrm{e}^{-s(\lambda+\tau)}\mathrm{d}\lambda\right]\mathrm{d}\tau\\&=\int_{-\infty}^{+\infty}x_1(\tau)\mathrm{e}^{-s\tau}\left[\int_{-\infty}^{+\infty}x_2(\lambda)\mathrm{e}^{-s\lambda}\mathrm{d}\lambda\right]\mathrm{d}\tau\\&=\int_{-\infty}^{+\infty}x_1(\tau)\mathrm{e}^{-s\tau}X_2(s)\mathrm{d}\tau=X_1(s)X_2(s)\end{aligned} \tag{7-152}$$

由上述推导过程可知，$x_1(t)*x_2(t)$ 拉普拉斯变换的收敛域包括 $X_1(s)$ 和 $X_2(s)$ 收敛域的相交部分。如果在乘积过程中有零极点相消，则 $X_1(s)X_2(s)$ 的收敛域就会扩大。

7.5 拉普拉斯逆变换

前面已经给出了 $X(s)$ 的拉普拉斯逆变换公式，如果 $X(s)$ 为有理函数，求其拉普拉斯逆变换直接采用与求有理函数傅里叶反变换相同的方法，即先把 $X(s)$ 部分分式展开，再求各个分式的拉普拉斯逆变换。通常，这些分式的拉普拉斯逆变换是人们熟知的。如果极点 $s=-\alpha_i$ 在 ROC 右边，这个极点对应部分分式 $1/\left(s+\alpha_i\right)$ 的拉普拉斯逆变换，且为左边信号 $-\mathrm{e}^{-\alpha_i t}u(-t)$。否则，如果 $1/\left(s+\alpha_i\right)$ 的拉普拉斯逆变换是右边信号 $\mathrm{e}^{-\alpha_i t}u(t)$，但是这个右边信号的拉普拉斯逆变换的 ROC 为 $\mathrm{Re}\{s\}>-\alpha_i$，则这个 ROC 没有包括给定的 $X(s)$ 的 ROC，而 $X(s)$ 的 ROC 是由各个部分分式拉普拉斯变换的 ROC 交集区域组成的，得出矛盾。用同样的分析方法可知，如果极点 $s=-\alpha_i$ 在 ROC 左边，这个极点对应部分分式 $1/\left(s+\alpha_i\right)$ 的拉普拉斯逆变换，且为右边信号 $\mathrm{e}^{-\alpha_i t}u(t)$。

例 7-12　已知

$$X(s)=\frac{s^3+2s^2+3s+4}{(s+1)(s+2)^2(s+3)}$$

分别求收敛域为以下几种情况时的拉普拉斯逆变换 $x(t)$：

(1) $\mathrm{Re}\{s\}<-3$；

(2) $-3<\mathrm{Re}\{s\}<-2$；

(3) $-2<\mathrm{Re}\{s\}<-1$；

(4) $-1<\mathrm{Re}\{s\}$。

解：将 $X(s)$ 部分分式展开得

$$X(s)=\frac{a}{s+1}+\frac{b}{s+3}+\frac{c_{11}}{s+2}+\frac{c_{12}}{(s+2)^2}$$

用留数法求未知系数：

$$a=[X(s)(s+1)]\big|_{s=-1}=1$$
$$b=[X(s)(s+3)]\big|_{s=-3}=7$$
$$c_{11}=\big[X(s)(s+2)\big]\big|_{s=-2}=7$$
$$c_{12}=\Big[X(s)(s+2)^2\Big]\Big|_{s=-2}=2$$

从而

$$X(s)=\frac{7}{s+3}-\frac{7}{s+2}+\frac{2}{(s+2)^2}+\frac{1}{s+1}$$

(1) ROC 为 $\mathrm{Re}\{s\}<-3$。这个 ROC 是由各个分式拉普拉斯变换的收敛域的共同区域组成的，所以各个分式的拉普拉斯逆变换的收敛域都应包括 $\mathrm{Re}\{s\}<-3$。极点 $s=-3$ 位于 ROC 的右侧，所以对应部分分式的拉普拉斯逆变换为左边信号，即

$$\mathcal{L}^{-1}\left(\frac{1}{s+3}\right)=-\mathrm{e}^{-3t}u(-t)$$

否则，极点 $s=-3$ 对应的部分分式 $1/(s+3)$ 的拉普拉斯逆变换为右边信号 $\mathrm{e}^{-3t}u(t)$，但这个右边信号的 Z 变换的收敛域为 $\mathrm{Re}\{s\}>-3$，这与 $s=-3$ 位于 ROC 的右侧矛盾，或者说，这个收敛域 $\mathrm{Re}\{s\}>-3$ 没有包含 $X(s)$ 的收敛域 $\mathrm{Re}\{s\}<-3$，同样得出矛盾。由同样的分析可知，由于极点 $s=-2$ 和 $s=-1$ 都位于 ROC 的右侧，所以它们分别对应的部分分式 $1/(s+2)$、$1/(s+2)^2$ 和 $1/(s+1)$ 的拉普拉斯逆变换均为左边信号，即

$$\mathcal{L}^{-1}\left(\frac{1}{s+2}\right)=-\mathrm{e}^{-2t}u(-t)$$

$$\mathcal{L}^{-1}\left[\frac{1}{(s+2)^2}\right]=-t\mathrm{e}^{-2t}u(-t)$$

$$\mathcal{L}^{-1}\left(\frac{1}{s+1}\right)=-\mathrm{e}^{-t}u(-t)$$

从而

$$x(t)=\left(-7\mathrm{e}^{-3t}+7\mathrm{e}^{-2t}-2t\mathrm{e}^{-2t}-\mathrm{e}^{-t}\right)u(-t)$$

（2）ROC 为 $-3<\mathrm{Re}\{s\}<-2$。极点 $s=-3$ 位于 ROC 的左侧，所以对应部分分式的拉普拉斯逆变换为右边信号，即

$$\mathcal{L}^{-1}\left(\frac{1}{s+3}\right)=\mathrm{e}^{-3t}u(t)$$

否则，极点 $s=-3$ 对应的部分分式 $1/(s+3)$ 的拉普拉斯逆变换为左边信号 $-\mathrm{e}^{-3t}u(-t)$，但这个左边信号的拉普拉斯变换的收敛域为 $\mathrm{Re}\{s\}<-3$，这与 $s=-3$ 位于 ROC 的左侧矛盾，或者说，这个收敛域 $\mathrm{Re}\{s\}<-3$ 没有包含 $X(s)$ 的收敛域 $-3<\mathrm{Re}\{s\}<-2$，同样得出矛盾。由同样的分析可知，由于极点 $s=-2$ 和 $s=-1$ 都位于 ROC 的右侧，所以对应部分分式 $1/(s+2)$、$1/(s+2)^2$ 和 $1/(s+1)$ 的拉普拉斯逆变换均为左边信号，即

$$\mathcal{L}^{-1}\left(\frac{1}{s+2}\right)=-\mathrm{e}^{-2t}u(-t)$$

$$\mathcal{L}^{-1}\left[\frac{1}{(s+2)^2}\right]=-t\mathrm{e}^{-2t}u(-t)$$

$$\mathcal{L}^{-1}\left(\frac{1}{s+1}\right)=-\mathrm{e}^{-t}u(-t)$$

从而

$$x(t)=7\mathrm{e}^{-3t}u(t)+\left(7\mathrm{e}^{-2t}-2t\mathrm{e}^{-2t}-\mathrm{e}^{-t}\right)u(-t)$$

（3）ROC 为 $-2<\mathrm{Re}\{s\}<-1$。极点 $s=-3$ 和 $s=-2$ 都位于 ROC 的左侧，所以它们对应的部分分式的拉普拉斯逆变换均为右边信号，即

$$\mathcal{L}^{-1}\left(\frac{1}{s+3}\right)=\mathrm{e}^{-3t}u(t)$$

$$\mathcal{L}^{-1}\left(\frac{1}{s+2}\right)=\mathrm{e}^{-2t}u(t)$$

$$\mathcal{L}^{-1}\left[\frac{1}{(s+2)^2}\right]=t\mathrm{e}^{-2t}u(t)$$

极点 $s=-1$ 位于 ROC 的右侧，所以对应部分分式的拉普拉斯逆变换为左边信号，即

$$\mathcal{L}^{-1}\left(\frac{1}{s+1}\right)=-\mathrm{e}^{-t}u(-t)$$

从而

$$x(t)=\left(7\mathrm{e}^{-3t}-7\mathrm{e}^{-2t}+2t\mathrm{e}^{-2t}\right)u(t)-\mathrm{e}^{-t}u(-t)$$

（4）ROC 为 $-1<\mathrm{Re}\{s\}$。在这种情况下，所有的极点都位于 ROC 的左侧，这些极点对应的部分分式的拉普拉斯逆变换均为左边信号，从而

$$x(t)=\left(-7\mathrm{e}^{-3t}+7\mathrm{e}^{-2t}-2t\mathrm{e}^{-2t}-\mathrm{e}^{-t}\right)u(-t)$$

例 7-13　已知

$$X(s)=\frac{2s^2+3s+4}{(s+1)\left(s^2+s+1\right)(s-1)}$$

分别求 ROC 为以下几种情况时的拉普拉斯逆变换 $x(t)$：

(1) $\mathrm{Re}\{s\}<-1$；

(2) $-1<\mathrm{Re}\{s\}<-1/2$；

(3) $\mathrm{Re}\{s\}>1$。

解法 1：将 $X(s)$ 部分分式展开得

$$X(s)=\frac{a}{s+1}+\frac{b}{s+\dfrac{1+\sqrt{3}\mathrm{j}}{2}}+\frac{c}{s+\dfrac{1-\sqrt{3}\mathrm{j}}{2}}+\frac{d}{s-1}$$

用留数法求未知系数：

$$a=[X(s)(s+1)]\big|_{s=-1}=-3/2$$

$$b=\left[X(s)\left(s+\frac{1+\sqrt{3}\mathrm{j}}{2}\right)\right]\Bigg|_{s=-(1+\sqrt{3}\mathrm{j})/2}=-\frac{\mathrm{j}}{\sqrt{3}}$$

$$c=b^{*}=\mathrm{j}/\sqrt{3}$$

$$d=[X(s)(s-1)]\big|_{s=1}=3/2$$

从而

$$X(s)=-\frac{3}{2}\cdot\frac{1}{s+1}-\frac{\mathrm{j}}{\sqrt{3}}\cdot\frac{1}{s+\dfrac{1+\sqrt{3}\mathrm{j}}{2}}+\frac{\mathrm{j}}{\sqrt{3}}\cdot\frac{1}{s+\dfrac{1-\sqrt{3}\mathrm{j}}{2}}+\frac{3}{2}\cdot\frac{1}{s-1}$$

下面针对具体的 ROC，对各个部分分式求拉普拉斯逆变换。

(1) ROC 为 $\mathrm{Re}\{s\}<-1$。这时四个极点 $s=-1$、$s=-(1-\sqrt{3}\mathrm{j})/2$、$s=-(1+\sqrt{3}\mathrm{j})/2$ 和 $s=1$ 都在 ROC 右侧，所以它们对应的部分分式的拉普拉斯逆变换均为左边信号，即

$$\mathcal{L}^{-1}\left(\frac{1}{s+1}\right)=-\mathrm{e}^{-t}u(-t)$$

$$\mathcal{L}^{-1}\left(\frac{1}{s+\dfrac{1+\sqrt{3}\mathrm{j}}{2}}\right)=-\mathrm{e}^{-(1+\sqrt{3}\mathrm{j})t/2}u(-t)$$

$$\mathcal{L}^{-1}\left(\frac{1}{s+\dfrac{1-\sqrt{3}\mathrm{j}}{2}}\right)=-\mathrm{e}^{-(1-\sqrt{3}\mathrm{j})t/2}u(-t)$$

$$\mathcal{L}^{-1}\left(\frac{1}{s-1}\right)=-\mathrm{e}^{t}u(-t)$$

用反证法可以证明它们必须为左边信号。比如说，如果 $1/\left[s+(1+\sqrt{3}\mathrm{j})/2\right]$ 的拉普拉斯逆变换为右边信号 $\mathrm{e}^{-(1+\sqrt{3}\mathrm{j})t/2}u(t)$，但是这个右边信号的 ROC 为 $\mathrm{Re}\{s\}>\mathrm{Re}\left\{-(1+\sqrt{3}\mathrm{j})/2\right\}=-1/2$，这个 ROC 没有包括给定的 $X(s)$ 的收敛域 $\mathrm{Re}\{s\}<-1$，矛盾。其他的类推，从而

$$x(t)=\left[\frac{3}{2}\mathrm{e}^{-t}+\frac{\mathrm{j}}{\sqrt{3}}\mathrm{e}^{-(1+\sqrt{3}\mathrm{j})t/2}-\frac{\mathrm{j}}{\sqrt{3}}\mathrm{e}^{-(1-\sqrt{3}\mathrm{j})t/2}-\frac{3}{2}\mathrm{e}^{t}\right]u(-t)=\left[\frac{3}{2}\mathrm{e}^{-t}-\frac{3}{2}\mathrm{e}^{t}+\frac{2}{\sqrt{3}}\mathrm{e}^{-t/2}\sin\left(\frac{\sqrt{3}}{2}t\right)\right]u(-t)$$

(2) ROC 为 $-1<\mathrm{Re}\{s\}<-1/2$。这时极点 $s=-1$ 在 ROC 左侧，所以对应的部分分式的拉普拉斯逆变换为右边信号，即

$$\mathcal{L}^{-1}\left(\frac{1}{s+1}\right)=\mathrm{e}^{-t}u(t)$$

否则，如果 $1/(s+1)$ 的拉普拉斯逆变换为左边信号 $-\mathrm{e}^{-t}u(-t)$，但是这个左边信号拉普拉斯变换的 ROC 为 $\mathrm{Re}\{s\}<-1$，这个 ROC 没有包括 $-1<\mathrm{Re}\{s\}<-1/2$，矛盾。用同样的分析方法可知，由于极点 $s=-(1-\sqrt{3}\mathrm{j})/2$、$s=-(1+\sqrt{3}\mathrm{j})/2$ 和 $s=1$ 都在 ROC 右侧，所以它们对应的部分分式的拉普拉斯逆变换均为左边信号，从而

$$\begin{aligned}x(t)&=\left[\frac{\mathrm{j}}{\sqrt{3}}\mathrm{e}^{-(1+\sqrt{3}\mathrm{j})t/2}-\frac{\mathrm{j}}{\sqrt{3}}\mathrm{e}^{-(1-\sqrt{3}\mathrm{j})t/2}-\frac{3}{2}\mathrm{e}^{t}\right]u(-t)-\frac{3}{2}\mathrm{e}^{-t}u(t)\\&=\left[-\frac{3}{2}\mathrm{e}^{t}+\frac{2}{\sqrt{3}}\mathrm{e}^{-t/2}\sin\left(\frac{\sqrt{3}}{2}t\right)\right]u(-t)-\frac{3}{2}\mathrm{e}^{-t}u(t)\end{aligned}$$

(3) ROC 为 $\mathrm{Re}\{s\}>1$。这时四个极点都位于 ROC 左侧，对应的部分分式的拉普拉斯逆变换必然全部为右边信号，从而

$$\begin{aligned}x(t)&=\left[-\frac{3}{2}\mathrm{e}^{-t}-\frac{\mathrm{j}}{\sqrt{3}}\mathrm{e}^{-(1+\sqrt{3}\mathrm{j})t/2}+\frac{\mathrm{j}}{\sqrt{3}}\mathrm{e}^{-(1-\sqrt{3}\mathrm{j})t/2}+\frac{3}{2}\mathrm{e}^{t}\right]u(t)\\&=\left[-\frac{3}{2}\mathrm{e}^{-t}+\frac{3}{2}\mathrm{e}^{t}-\frac{2}{\sqrt{3}}\mathrm{e}^{-t/2}\sin\left(\frac{\sqrt{3}}{2}t\right)\right]u(t)\end{aligned}$$

解法 2： 事实上，如果给定 $X(s)$ 的分子多项式和分母多项式的系数都是实数，且 $X(s)$ 有成对的共轭极点，则成对共轭极点对应的二次因式可以不作分解。考虑展开式中的 $(b_1s+b_2)/(s^2+a_1s+a_2)$ 一项，因为 $s^2+a_1s+a_2$ 的根为虚数，所以 $a_1^2-4a_2<0$。令 $\varDelta=\sqrt{4a_2-a_1^2}$，从而

$$\frac{b_1s+b_2}{s^2+a_1s+a_2}=\frac{b_1s+b_2}{\left(s+\frac{a_1}{2}\right)^2+\frac{4a_2-a_1^2}{4}}=\frac{b_1s+b_2}{\left(s+\frac{a_1}{2}\right)^2+\frac{\varDelta^2}{4}}=\frac{b_1\left(s+\frac{a_1}{2}\right)+\left(b_2-\frac{a_1b_1}{2}\right)}{\left(s+\frac{a_1}{2}\right)^2+\frac{\varDelta^2}{4}}$$

进一步整理得

$$\frac{b_1s+b_2}{s^2+a_1s+a_2}=\frac{b_1\left(s+\frac{a_1}{2}\right)+\frac{2b_2-a_1b_1}{\varDelta}\frac{\varDelta}{2}}{\left(s+\frac{a_1}{2}\right)^2+\frac{\varDelta^2}{4}}=b_1\cdot\frac{\left(s+\frac{a_1}{2}\right)}{\left(s+\frac{a_1}{2}\right)^2+\frac{\varDelta^2}{4}}+\frac{2b_2-a_1b_1}{\varDelta}\cdot\frac{\frac{\varDelta}{2}}{\left(s+\frac{a_1}{2}\right)^2+\frac{\varDelta^2}{4}}$$

如果共轭极点的实部 $-a_1/2$ 在 ROC 左侧，则上式等号右端两项的拉普拉斯逆变换为右边信号，变换公式为

$$\mathrm{e}^{-\alpha t}\cos(\omega_0t)u(t)\overset{\mathcal{L}}{\longleftrightarrow}\frac{s+\alpha}{(s+\alpha)^2+\omega_0^2},\quad \mathrm{Re}\{s\}>-\alpha$$

$$\mathrm{e}^{-\alpha t}\sin(\omega_0t)u(t)\overset{\mathcal{L}}{\longleftrightarrow}\frac{\omega_0}{(s+\alpha)^2+\omega_0^2},\quad \mathrm{Re}\{s\}>-\alpha$$

如果共轭极点的实部 $-a_1/2$ 在 ROC 右侧，则结果右端两项的拉普拉斯逆变换为左边信号，变换公式为

$$-\mathrm{e}^{-\alpha t}\cos(\omega_0 t)u(-t)\overset{\mathcal{L}}{\leftrightarrow}\frac{s+\alpha}{(s+\alpha)^2+\omega_0^2},\quad \mathrm{Re}\{s\}<-\alpha$$

$$-\mathrm{e}^{-\alpha t}\sin(\omega_0 t)u(-t)\overset{\mathcal{L}}{\leftrightarrow}\frac{\omega_0}{(s+\alpha)^2+\omega_0^2},\quad \mathrm{Re}\{s\}<-\alpha$$

回到题目给定的 $X(s)$，把它展开成以下形式：

$$X(s)=\frac{a_1}{s+1}+\frac{a_2}{s-1}+\frac{b_1 s+b_0}{s^2+s+1}$$

先用留数法求得 a_1、a_2：

$$a_1=[X(s)(s+1)]\big|_{s=-1}=-3/2$$

$$b_1=[X(s)(s-1)]\big|_{s=1}=3/2$$

从而

$$X(s)=-\frac{3}{2}\cdot\frac{1}{s+1}+\frac{3}{2}\cdot\frac{1}{s-1}+\frac{b_1 s+b_0}{s^2+s+1}$$

对上式等号右边通分消去分母，整理得

$$X(s)=-\frac{3}{2}\cdot(s-1)\left(s^2+s+1\right)+\frac{3}{2}\cdot(s+1)\left(s^2+s+1\right)+\left(b_1 s+b_0\right)(s+1)(s-1)$$

由题目中给定的 $X(s)$，比较上式右端同次幂的系数，即可求得 $b_1=0$，$b_0=-1$。从而

$$X(s)=-\frac{3}{2}\cdot\frac{1}{s+1}+\frac{3}{2}\cdot\frac{1}{s-1}-\frac{1}{s^2+s+1}$$

上式等号右边第三项可化为

$$\frac{1}{s^2+s+1}=\frac{2}{\sqrt{3}}\cdot\frac{\sqrt{3}/2}{(s+1/2)^2+(\sqrt{3}/2)^2}$$

作为实例，这里只考虑 ROC 为 $-1<\mathrm{Re}\{s\}<-1/2$ 的情况。共轭极点的实部 -0.5 在给定的 ROC 右侧，所以对应项的拉普拉斯逆变换为左边信号，即

$$\frac{1}{s^2+s+1}\overset{\mathcal{L}}{\leftrightarrow}-\frac{2}{\sqrt{3}}\mathrm{e}^{-t/2}\sin\left(\frac{\sqrt{3}}{2}t\right)u(-t)$$

极点 $s=-1$ 位于 ROC 左侧，所以对应项的拉普拉斯逆变换为右边信号，即

$$\mathcal{L}^{-1}\left(\frac{1}{s+1}\right)=\mathrm{e}^{-t}u(t)$$

极点 $s=1$ 位于 ROC 右侧，所以对应项的拉普拉斯逆变换为左边信号，即

$$\mathcal{L}^{-1}\left(\frac{1}{s-1}\right)=-\mathrm{e}^{t}u(-t)$$

从而

$$x(t)=\left[-\frac{3}{2}\mathrm{e}^{t}+\frac{2}{\sqrt{3}}\mathrm{e}^{-t/2}\sin\left(\frac{\sqrt{3}}{2}t\right)\right]u(-t)-\frac{3}{2}\mathrm{e}^{-t}u(t)$$

7.6 拉普拉斯变换与傅里叶变换的关系

回顾 $x(t)$ 的傅里叶变换与拉普拉斯变换如下：

$$X(\omega)=\int_{-\infty}^{+\infty}x(t)\mathrm{e}^{-\mathrm{j}\omega t}\mathrm{d}t \tag{7-153}$$

$$X(s)=\int_{-\infty}^{+\infty}x(t)\mathrm{e}^{-st}\mathrm{d}t \tag{7-154}$$

比较以上两式右边的被积函数，傅里叶变换为 $x(t)\mathrm{e}^{-\mathrm{j}\omega t}$，拉普拉斯变换为 $x(t)\mathrm{e}^{-st}$，表面上看，如果拉普拉斯变换存在，傅里叶变换也一定存在，并且只要把所求得的拉普拉斯变换公式 $X(s)$ 中的 s 用 $\mathrm{j}\omega$ 替换即可到傅里叶变换 $X(\mathrm{j}\omega)$。事实上，这是不对的，后面会具体说明这一点。准确来说，拉普拉斯变换存在是傅里叶变换存在的必要条件，而不是充分条件。因为拉普拉斯变换有收敛域的限定，如果收敛域包括 s 平面的虚轴，则其傅里叶变换就存在，否则其傅里叶变换就不存在。如给定拉普拉斯变换：

$$X(s)=\frac{1}{(s+1)(s-2)},\quad -1<\mathrm{Re}\{s\}<2 \tag{7-155}$$

显然，收敛域 $-1<\mathrm{Re}\{s\}<2$ 包括 s 平面的虚轴，$\mathrm{Re}\{s\}=0$，所以对应时域信号 $x(t)$ 的傅里叶变换 $X(\omega)$ 也存在。下面验证这一点。将 $X(s)$ 进行部分分式展开得

$$X(s)=\frac{1}{3}\left(\frac{1}{s-2}-\frac{1}{s+1}\right),\quad -1<\mathrm{Re}\{s\}<2 \tag{7-156}$$

对应的时域信号为

$$x(t)=-\frac{1}{3}\left[\mathrm{e}^{-t}u(t)+\mathrm{e}^{2t}u(-t)\right] \tag{7-157}$$

$\mathrm{e}^{-t}u(t)$ 的傅里叶变换显然存在，并且为 $1/(\mathrm{j}\omega+1)$。由傅里叶变换的定义得

$$\int_{-\infty}^{+\infty}\mathrm{e}^{2t}u(-t)\mathrm{e}^{-\mathrm{j}\omega t}\mathrm{d}t=\int_{-\infty}^{0}\mathrm{e}^{2t}\mathrm{e}^{-\mathrm{j}\omega t}\mathrm{d}t=\frac{1}{2-\mathrm{j}\omega}\mathrm{e}^{(2-\mathrm{j}\omega)t}\Bigg|_{t=-\infty}^{t=0}=\frac{1}{2-\mathrm{j}\omega} \tag{7-158}$$

这表明 $\mathrm{e}^{2t}u(-t)$ 的傅里叶变换也存在。综合以上，$x(t)$ 的傅里叶变换 $X(\omega)$ 存在且为

$$X(\omega)=\frac{1}{3}\left(\frac{1}{\mathrm{j}\omega-2}-\frac{1}{\mathrm{j}\omega+1}\right) \tag{7-159}$$

观察式(7-156)和式(7-159)可以看出，只要把式(7-156)右边中的 s 用 $\mathrm{j}\omega$ 替换，就可以得到式(7-159)，但 $X(s)$ 与 $X(\omega)$ 的关系并非总是如此。例如，阶跃信号的拉普拉斯变换与傅里叶变换分别为

$$\mathcal{L}[u(t)]=1/s \tag{7-160}$$

$$\mathcal{F}\left[u(t)\right]=1/(\mathrm{j}\omega)+\pi\delta(\omega) \tag{7-161}$$

以上两式就不满足前述关系。如果 $X(s)$ 在虚轴上存在单重极点 $s=\mathrm{j}\omega_0$，则 $X(s)$ 包含 $X_0(s)=1/\left(s-\mathrm{j}\omega_0\right)$ 这一项，对应的时域信号为 $x_0(t)=\mathrm{e}^{\mathrm{j}\omega_0 t}u(t)$。下面来求 $x_0(t)=\mathrm{e}^{\mathrm{j}\omega_0 t}u(t)$ 的傅里叶变换：

$$\mathcal{F}\left[\mathrm{e}^{\mathrm{j}\omega_0 t}u(t)\right]=\frac{1}{2\pi}\mathcal{F}\left(\mathrm{e}^{\mathrm{j}\omega_0 t}\right)*\mathcal{F}[u(t)]=\delta\left(\omega-\omega_0\right)*\left[\frac{1}{\mathrm{j}\omega}+\pi\delta(\omega)\right] \tag{7-162}$$

进一步可得

$$\mathcal{F}\left[\mathrm{e}^{\mathrm{j}\omega_0 t}u(t)\right]=\frac{1}{\mathrm{j}(\omega-\omega_0)}+\pi\delta(\omega-\omega_0) \tag{7-163}$$

这表明 $x_0(t)=\mathrm{e}^{\mathrm{j}\omega_0 t}u(t)$ 的傅里叶变换包含两项：第一项就是把 $X_0(s)=1/(s-\mathrm{j}\omega_0)$ 中的 s 用 $\mathrm{j}\omega$ 替换而得；第二项是极点 $s=\mathrm{j}\omega_0$ 对应频率 ω_0 处的冲激。以上结论具有一般性。如果拉普拉斯变换在虚轴上存在多重极点，则对应的傅里叶变换包含冲激函数的导数项。

例 7-14　由单边余弦信号的拉普拉斯变换求其傅里叶变换。

解：前面已经得到单边余弦信号的拉普拉斯变换:

$$\cos(\omega_0 t)u(t)\overset{\mathcal{L}}{\leftrightarrow}\frac{s}{s^2+\omega_0^2},\quad \mathrm{Re}\{s\}>0 \tag{7-164}$$

对 $s/(s^2+\omega_0^2)$ 进行部分分式展开得

$$\frac{s}{s^2+\omega_0^2}=\frac{1}{2}\left(\frac{1}{s+\mathrm{j}\omega_0}+\frac{1}{s-\mathrm{j}\omega_0}\right) \tag{7-165}$$

由式(7-163)可得单边余弦信号的傅里叶变换为

$$\begin{aligned}\mathcal{F}\left[\cos(\omega_0 t)u(t)\right]&=\frac{1}{2}\left[\frac{1}{\mathrm{j}(\omega+\omega_0)}+\frac{1}{\mathrm{j}(\omega-\omega_0)}\right]+\frac{\pi}{2}\left[\delta(\omega+\omega_0)+\delta(\omega-\omega_0)\right]\\&=\frac{\mathrm{j}\omega}{\omega_0^2-\omega^2}+\frac{\pi}{2}\left[\delta(\omega+\omega_0)+\delta(\omega-\omega_0)\right]\end{aligned} \tag{7-166}$$

习　题　7

7-1　已知 $\mathcal{L}[x(t)]=X(s)$。

(1) 利用拉普拉斯正变换的定义式证明 s 域积分特性:

$$\mathcal{L}[x(t)/t]=\int_s^{+\infty}X(v)\mathrm{d}v$$

(2) 利用以上特性计算 $(1-\mathrm{e}^{-at})u(t)/t$ 的拉普拉斯变换。

7-2　求以下各式的拉普拉斯变换。

(1) $\mathrm{d}\left[(t-3)\mathrm{e}^{-2(t-3)}u(t-3)\right]/\mathrm{d}t$

(2) $t\mathrm{e}^{-2t}u(t)$

(3) $(1-t)\mathrm{e}^{-2t}u(t)$

(4) $t^2\sin(6t)u(t)$

(5) $\mathrm{e}^{-6t}u(t)+\mathrm{e}^{3t}u(-t)$

(6) $\mathrm{e}^{-3|t|}\sin(6t)$

7-3　已知 $x(t)$ 的拉普拉斯变换 $X(s)$ 为

$$X(s)=\frac{2s^2-s+3}{(s+2)(s+1)(s-1)}$$

求以下各个信号的拉普拉斯变换：

(1) $x(2t-2)u(2t-2)$

(2) $t^2x(t)$

(3) $x''(t)$

(4) $\int_0^t x(\tau)\mathrm{d}\tau$

(5) $x(t)\cos(3t)$

(6) $\mathrm{e}^{-2t}x(t)$

(7) $\int_{-\infty}^t x(\tau)\mathrm{e}^{-s_0\tau}\mathrm{d}\tau$

(8) $t^2x'(t-2)$

7-4　利用初值定理求解下列拉普拉斯变换对应信号的初值。

(1) $X(s)=\dfrac{s}{s^2+3}$

(2) $X(s)=\dfrac{s}{s^2+5s-3}$

(3) $X(s)=\mathrm{e}^{-3s}\dfrac{3s^2+2}{s^2+5s-3}$

7-5　利用终值定理求解下列拉普拉斯变换对应信号的终值。

(1) $X(s)=\dfrac{s}{s^2+3}$

(2) $X(s)=(s+2)/\left[s(s^2+\sqrt{2}s+1)\right]$

7-6　求下列各式的拉普拉斯逆变换。

(1) $X(s)=\dfrac{2}{s(s+6)}$，　$\mathrm{Re}\{s\}>0$

(2) $X(s)=\dfrac{2s}{s^2+2s+6}$，　$\mathrm{Re}\{s\}>-1$

(3) $X(s)=\dfrac{3s}{s^2+4s+4}$，　$\mathrm{Re}\{s\}>-2$

(4) $X(s)=\dfrac{\mathrm{e}^{-7s}}{(s+3)(s+2)}$，　$\mathrm{Re}\{s\}>-2$

7-7　已知 $x(t)$ 的拉普拉斯变换 $X(s)$ 为

$$X(s)=\frac{2s^2-s+3}{(s+2)(s+1)(s-1)}$$

求以下几种收敛域下的拉普拉斯逆变换。

(1) $\mathrm{Re}\{s\}<-2$　　(2) $-2<\mathrm{Re}\{s\}<-1$

(3) $-1<\mathrm{Re}\{s\}<1$　　(4) $1<\mathrm{Re}\{s\}$

7-8　用部分分式展开法，求下列函数对应的单边拉普拉斯逆变换。

(1) $X(s)=\dfrac{2s+3}{s^2+6s+8}$

(2) $X(s)=\dfrac{2s^2+3s+1}{s^2+7s+12}$

(3) $X(s)=\dfrac{2s^2+3s+1}{(s+2)(s^2+4s+6)}$

(4) $X(s)=\dfrac{2s^2+3s+\mathrm{e}^{-3s}}{s^2+7s+12}$

(5) $X(s)=\dfrac{2s^2+3s+1}{(s+2)(s^2+4s+4)}$

7-9　求下列信号的拉普拉斯变换，并给出收敛域。

(1) $x(t)=\mathrm{e}^{-2t}u(t)+\mathrm{e}^{-3t}u(t)+\mathrm{e}^{t}u(-t)$

(2) $x(t)=\mathrm{e}^{-2t}\cos(4t)u(t)+\mathrm{e}^{-3t}u(t)+\mathrm{e}^{t}u(-t)$

(3) $x(t)=\mathrm{e}^{-2t}u(t)+\mathrm{e}^{-3t}u(t)+\mathrm{e}^{t}u(-t)+\mathrm{e}^{2t}u(-t)$

(4) $x(t)=\mathrm{e}^{-2t}\sin(2t+3)u(t-2)$

7-10　利用拉普拉斯变换的性质，求下列信号对应的拉普拉斯逆变换。

(1) $X(s)=\dfrac{2\mathrm{e}^{-3s}}{s(s+6)}$，　$\mathrm{Re}\{s\}>0$

(2) $X(s)=\dfrac{1}{(s+6)^2}$，　$\mathrm{Re}\{s\}>-6$

第 8 章　连续时间系统的复频域分析

本章导学

连续时间 LTI 系统的响应是输入与系统冲激响应的卷积，在第 7 章中介绍时域的卷积在复频域表现为对应的拉普拉斯变换之乘积，因此运用拉普拉斯变换分析 LTI 系统可以大幅减少计算量，提高分析效率。LTI 系统的系统函数由系统完全确定。系统函数的零极点对系统的幅频响应有着深刻的影响，系统的时域、频域特性集中地以其系统的零极点特征表现出来，从系统的观点看，对于输入-输出描述情况，只需要从零极点特性来考察各种问题。因此通过合理配置零极点可以得到期望的频率选择性滤波器。

此外，单边拉普拉斯变换引入信号的起始状态，这使得求解微分方程描述的系统的全部响应更加方便，不再需要分别分析零输入响应以及零状态响应。结合图 8-0 所示导学图可以更好地理解本章内容。

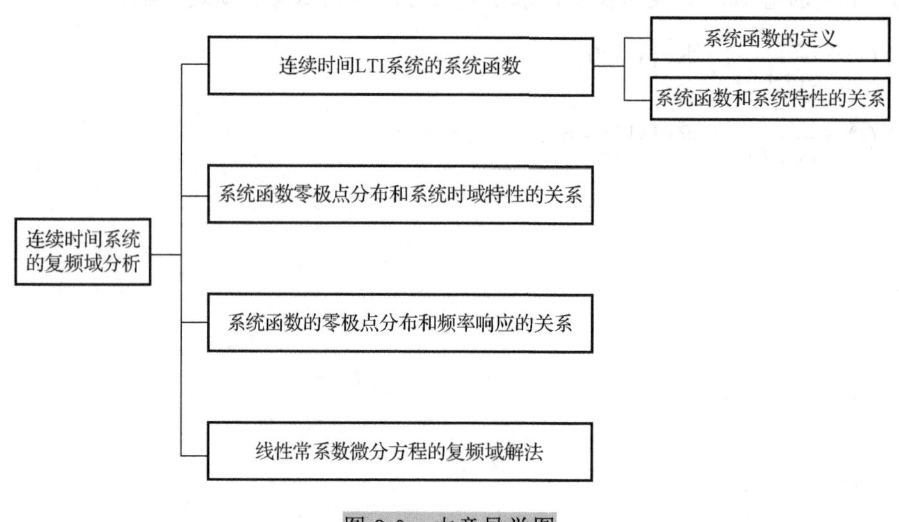

图 8-0　本章导学图

8.1　连续时间 LTI 系统的系统函数

8.1.1　系统函数的定义

对冲激响应为 $h(t)$ 的连续时间 LTI 系统，在第 7 章中定义：

$$H(s)=\int_{-\infty}^{+\infty}h(t)\mathrm{e}^{-st}\mathrm{d}t \tag{8-1}$$

$H(s)$ 就是 $h(t)$ 的拉普拉斯变换，它称为连续时间 LTI 系统的**系统函数**或**传递函数**。LTI 系统

对任意输入 $x(t)$ 的零状态响应 $y(t)$ 为

$$y(t) = x(t) * h(t) \tag{8-2}$$

上式并没有对 $x(t)$ 和 $h(t)$ 作任何约束，不管它们是否是因果的，$y(t)$ 总是两者的卷积。对上式两边取双边拉普拉斯变换，并利用拉普拉斯变换的卷积特性，得

$$Y(s) = H(s)X(s) \tag{8-3}$$

这表明，LTI 系统的零状态响应的拉普拉斯变换等于输入的拉普拉斯变换和系统转移函数之积。上式等效于

$$H(s) = \frac{Y(s)}{X(s)} \tag{8-4}$$

这表明，LTI 系统的系统函数等于系统输出信号和输入信号的拉普拉斯变换之比。

描述连续时间 LTI 系统的微分方程如下：

$$\sum_{k=0}^{M} a_k \frac{\mathrm{d}^k}{\mathrm{d}t^k} y(t) = \sum_{l=0}^{N} b_l \frac{\mathrm{d}^l}{\mathrm{d}t^l} x(t) \tag{8-5}$$

由于系统的起始状态为零，输入信号一般为因果信号，对上式两端取双边或单边拉普拉斯变换得

$$\sum_{k=0}^{M} a_k s^k Y(s) = \sum_{l=0}^{N} b_l s^l X(s) \tag{8-6}$$

从而系统函数为

$$H(s) = \frac{Y(s)}{X(s)} = \sum_{l=0}^{N} b_l s^l \bigg/ \sum_{k=0}^{M} a_k s^k \tag{8-7}$$

可见，系统函数是关于 s 的有理函数。式(8-7)的分母多项式称为系统的**特征多项式**，其根称为系统的**特征根**。

例 8-1　求由下述微分方程描述的 LTI 系统的系统函数：

$$\frac{\mathrm{d}^3}{\mathrm{d}t^3} y(t) + 3\frac{\mathrm{d}^2}{\mathrm{d}t^2} y(t) + \frac{\mathrm{d}}{\mathrm{d}t} y(t) + 5y(t) = 2\frac{\mathrm{d}^2}{\mathrm{d}t^2} x(t) + 3\frac{\mathrm{d}}{\mathrm{d}t} x(t) + x(t)$$

解：对原微分方程两边取拉普拉斯变换得

$$Y(s)(s^3 + 3s^2 + s + 5) = X(s)(2s^2 + 3s + 1)$$

从而

$$H(s) = \frac{Y(s)}{X(s)} = \frac{2s^2 + 3s + 1}{s^3 + 3s^2 + s + 5}$$

以下依次研究理想微分器、积分器和延时器的系统函数。理想微分器的因果输入 $x(t)$ 和输出 $y(t)$ 的关系为

$$y(t) = \frac{\mathrm{d}}{\mathrm{d}t} x(t) \tag{8-8}$$

对上式两边取拉普拉斯变换得

$$Y(s) = sX(s) \tag{8-9}$$

由此可得理想微分器的系统函数为

$$H(s)=Y(s)/X(s)=s \tag{8-10}$$

理想积分器的输入 $x(t)$ 和输出关系 $y(t)$ 为

$$y(t)=\int_0^t x(\tau)\mathrm{d}\tau \tag{8-11}$$

当系统的起始状态为零时，对上式两边取拉普拉斯变换得

$$Y(s)=X(s)/s \tag{8-12}$$

由此可得理想微分器的系统函数为

$$H(s)=Y(s)/X(s)=1/s \tag{8-13}$$

理想延时单元的输入 $x(t)$ 和输出关系 $y(t)$ 为

$$y(t)=x(t-\tau) \tag{8-14}$$

对上式两边取拉普拉斯变换得

$$Y(s)=X(s)\mathrm{e}^{-s\tau} \tag{8-15}$$

由此可得理想延时单元的系统函数为

$$H(s)=\frac{Y(s)}{X(s)}=\mathrm{e}^{-s\tau} \tag{8-16}$$

已知 LTI 系统的系统函数 $H(s)$，如果不知道相应的收敛域，还是没有办法确定系统的冲激响应。

8.1.2 系统函数和系统特性的关系

如果不知道描述连续时间 LTI 系统的微分方程，但是知道系统对特定输入 $x(t)$ 的零状态响应 $y(t)$，可以通过下一段叙述的步骤求得系统函数 $H(s)$，并且可以确定 $H(s)$ 的收敛域，进而可以确定冲激响应 $h(t)$。

设 $x(t)$ 的拉普拉斯变换为 $X(s)$，收敛域为 R_1；$y(t)$ 的拉普拉斯变换为 $Y(s)$，收敛域为 R_2。系统函数为 $H(s)=Y(s)/X(s)$，收敛域为 R。因为 $y(t)=x(t)*h(t)$，由拉普拉斯变换的时域卷积定理得 $Y(s)=X(s)H(s)$。$Y(s)$ 收敛域 R_2 包括 $X(s)$ 收敛域 R_1 和 $H(s)$ 收敛域 R 的相交部分(如果发生 $X(s)$ 和 $H(s)$ 零极点相消的情况，R_2 还要扩大)。前面已经得到 $H(s)$ 的具体形式，就可以确定其收敛域的几种可能情况。再一一验证哪种 ROC 与 R_1 的相交部分是 $Y(s)$ 的收敛域 R_2。确定了 $H(s)$ 的收敛域，也就可以唯一确定冲激响应 $h(t)$。

下面看一个综合性的例题。

例 8-2 考虑一个 LTI 系统，已知该系统对非因果输入信号 $x(t)$ 的响应 $y(t)$ 为

$$y(t)=\frac{2}{3}\mathrm{e}^{-2t}u(t)-\frac{1}{3}\mathrm{e}^{3t}u(-t) \tag{8-17}$$

$x(t)$ 的拉普拉斯变换 $X(s)$ 为

$$X(s)=\frac{s+2}{s-3} \tag{8-18}$$

(1) 确定系统函数 $H(s)$ 及其收敛域；

(2) 确定系统的冲激响应 $h(t)$；

(3) 求该系统对激励 $x(t)=\mathrm{e}^{4t}$ 的响应。

解：(1) 先确定 $y(t)$ 的拉普拉斯变换 $Y(s)$ 及其收敛域。由拉普拉斯变换的线性特性得

$$Y(s)=\frac{2}{3}\cdot\frac{1}{s+2}+\frac{1}{3}\cdot\frac{1}{s-3}=\frac{s-\frac{4}{3}}{(s-3)(s+2)},\quad -2<\mathrm{Re}\{s\}<3 \tag{8-19}$$

$Y(s)$ 的 ROC 为 $y(t)$ 两个部分分式拉普拉斯变换 ROC 的公共区域，即 $-2<\mathrm{Re}\{s\}<3$。$x(t)$ 为非因果信号，所以其拉普拉斯变换 $X(s)=(s+2)/(s-3)$ 的 ROC 为左半平面，即 $\mathrm{Re}\{s\}<3$。系统函数 $H(s)$ 为

$$H(s)=\frac{Y(s)}{X(s)}=\frac{\left(s-\frac{4}{3}\right)(s-3)}{(s-3)(s+2)^2}=\frac{s-\frac{4}{3}}{(s+2)^2} \tag{8-20}$$

由于

$$y(t)=x(t)*h(t)\leftrightarrow Y(s)=X(s)H(s) \tag{8-21}$$

由拉普拉斯变换的时域卷积定理可知，$Y(s)$ 的 ROC 包括 $X(s)$ 的 ROC 和 $H(s)$ 的 ROC 相交部分。$H(s)$ 只有一个极点 $s=-2$，所以其 ROC 只有两种情况：$\mathrm{Re}\{s\}<-2$，这时它与 $X(s)$ 的 ROC 没有任何相交部分；或者 $\mathrm{Re}\{s\}>-2$，这时它与 $X(s)$ 的 ROC 相交部分刚好是 $Y(s)$ 的收敛域 $-2<\mathrm{Re}\{s\}<3$，符合要求。可见，$H(s)$ 的 ROC 为 $\mathrm{Re}\{s\}>-2$，因此 $h(t)$ 是右边信号。

(2) 将 $H(s)$ 部分分式展开得

$$H(s)=\frac{1}{s+2}-\frac{10}{3}\cdot\frac{1}{(s+2)^2},\quad \mathrm{Re}\{s\}>-2 \tag{8-22}$$

对上式右边的两项进行拉普拉斯逆变换，即可得到冲激响应 $h(t)$ 为

$$h(t)=\left(1-\frac{10}{3}t\right)\mathrm{e}^{-2t}u(t) \tag{8-23}$$

(3) 由于指数函数 e^{4t} 是 LTI 系统的特征函数，所以得

$$y(t)=H(s)\mathrm{e}^{st}\Big|_{s=4}=\frac{2}{27}\mathrm{e}^{4t} \tag{8-24}$$

已经看到 LTI 系统的因果性和稳定性都与系统函数有着直接的联系。通过系统函数的有关特性可以推断系统的有关特性。下面举两例。

例 8-3　假设已知某个 LTI 系统的以下信息：

(1) 系统是因果的；

(2) 系统函数是有理函数，且只有两个极点 $s_1=-2$ 和 $s_2=4$；

(3) 系统对输入 $x(t)=\mathrm{e}^t$ 的响应为 $y(t)=2\mathrm{e}^t/9$；

(4) 系统的冲激响应在 0^+ 时刻为 4，即 $h(0^+)=4$。

由以上几点信息，推断系统函数 $H(s)$ 的具体形式。

解：考虑到题中的第二点，可设系统函数 $H(s)$ 具有以下形式：

$$H(s)=\frac{N(s)}{(s+2)(s-4)} \tag{8-25}$$

式中，$N(s)$ 为 s 的多项式。考虑到系统对特征函数 e^{st} 的响应为 $H(s)\mathrm{e}^{st}$，所以该系统对 $x(t)=\mathrm{e}^t$

的响应 $y(t)$ 为 $y(t)=H(1)\mathrm{e}^{t}$。由题目中的第三点可知 $H(1)=2/9$。由初值定理得

$$h(0^{+})=\lim_{s\to+\infty}sH(s)=\lim_{s\to+\infty}\frac{sN(s)}{(s+2)(s-4)}=4 \tag{8-26}$$

上式右边的极限是 ∞/∞ 型，当 $s\to+\infty$ 时，分子和分母为同阶无穷大，而分母是二阶无穷大，所以 $N(s)$ 只能是 s 的一次多项式，可以设为

$$N(s)=s-a \tag{8-27}$$

从而

$$H(s)=\frac{s-a}{(s+2)(s-4)} \tag{8-28}$$

在上式中取 $s=1$ 得

$$H(1)=\frac{1-a}{(1+2)(1-4)}=\frac{a-1}{9}=\frac{2}{9} \tag{8-29}$$

由上式可得 $a=3$。

综合以上，系统函数为

$$H(s)=\frac{s-3}{(s+2)(s-4)} \tag{8-30}$$

例 8-4 考虑一个冲激响应为 $h(t)$ 的因果而稳定的系统，系统函数 $H(s)$ 为有理函数。$s=-2$ 是 $H(s)$ 的极点，并且已知系统在原点处没有零点。判断以下说法的正误。

(1) $h(t)\mathrm{e}^{3t}$ 的傅里叶变换存在；

(2) $\int_{-\infty}^{+\infty}h(\tau)\mathrm{d}\tau=0$；

(3) 如果一个系统的冲激响应为 $t\cdot h(t)$，则该系统也是因果稳定的；

(4) $\mathcal{L}\left[\frac{\mathrm{d}h(t)}{\mathrm{d}t}\right]$ 至少有一个零点；

(5) $h(t)$ 是时限的；

(6) $H(s)$ 是偶函数。

解：(1) 说法是错误的。由傅里叶变换的定义得

$$\mathcal{F}\left[h(t)\mathrm{e}^{3t}\right]=\int_{-\infty}^{+\infty}h(t)\mathrm{e}^{3t}\mathrm{e}^{-\mathrm{j}\omega t}\mathrm{d}t=\int_{-\infty}^{+\infty}h(t)\mathrm{e}^{-(\mathrm{j}\omega-3)t}\mathrm{d}t \tag{8-31}$$

由拉普拉斯变换的定义得

$$\mathcal{L}\left[h(t)\right]=\int_{-\infty}^{+\infty}h(t)\mathrm{e}^{-st}\mathrm{d}t \tag{8-32}$$

比较以上两式，并考虑到 $s=\sigma+\mathrm{j}\omega$，有

$$\mathcal{F}\left[h(t)\mathrm{e}^{3t}\right]=\mathcal{L}\left[h(t)\right]\Big|_{s=-3} \tag{8-33}$$

若 $h(t)\mathrm{e}^{3t}$ 的傅里叶变换存在，由上式可以看出 $s=-3$ 在 $H(s)$ 的 ROC 内。然而，由于 $H(s)$ 在 $s=-2$ 处有一个极点，而该系统又是因果的，所以 $s=-2$ 必定在 ROC 左侧，从而 $s=-3$ 不可能在 ROC 内，推出矛盾。

(2) 说法是错误的。由拉普拉斯变换的定义得

$$\mathcal{L}\left[h(t)\right]\Big|_{s=0}=\left[\int_{-\infty}^{+\infty}h(t)\mathrm{e}^{-st}\mathrm{d}t\right]_{s=0}=\int_{-\infty}^{+\infty}h(t)\mathrm{d}t \tag{8-34}$$

如果

$$\int_{-\infty}^{+\infty} h(\tau)\mathrm{d}\tau = 0 \tag{8-35}$$

则 $H(s)=0$ 在 $s=0$ 处有一个零点，与题目中的已知条件矛盾。

(3) 说法是正确的。拉普拉斯变换的以下性质：

$$\mathcal{L}\left[th(t)\right] = -\frac{\mathrm{d}}{\mathrm{d}s}H(s) \tag{8-36}$$

说明 $\mathcal{L}\left[th(t)\right]$ 和 $H(s)$ 有相同的收敛域，从而结论正确。

(4) 说法是正确的。证明：设 $h(t)$ 的拉普拉斯变换为 $H(s)$，则 $\dfrac{\mathrm{d}h(t)}{\mathrm{d}t}$ 的拉普拉斯变换为 $sH(s)-h(0)$。因为 $H(s)$ 是解析函数，由解析函数的性质，除非 $H(s)$ 恒为零，否则 $sH(s)-h(0)$ 至少有一个零点。

(5) 说法是错误的。若 $h(t)$ 是时限的，则其拉普拉斯变换 $H(s)$ 的收敛域为整个 s 平面，所以不可能在 $s=-2$ 处有极点。

(6) 说法是错误的。若 $H(s)$ 是偶函数，即若 $H(s)=H(-s)$，已知 $s=-2$ 是 $H(s)$ 的极点，则 $s=2$ 也是它的极点。这与因果稳定系统的全部极点只能在 s 平面的左半平面内矛盾。

8.2　系统函数的零极点分布和系统时域特性的关系

s 平面内的左半平面是指虚轴左侧的全部半个平面，要和左边平面区分清楚。s 平面内实部小于零的所有点组成左半平面。左边平面是指平行于虚轴的某条直线左侧的全部平面。显然左边平面的所有点的实部小于某个实数。右半平面是指虚轴右侧的全部半个平面。s 平面内实部大于零的所有点组成右半平面。右边平面是指平行于虚轴的某条直线右侧的全部平面。显然右边平面内所有点的实部大于某个实数。

系统函数 $H(s)$ 的极点分布完全决定了系统的时域特性。假定系统是因果系统，$H(s)$ 的极点分布可以归纳为以下几种情形。

(1) $H(s)$ 的极点在原点上。如果原点是单重极点，则 $h(t)$ 包含 $u(t)$ 项，因为 $\mathcal{L}\left[u(t)\right]=1/s$。如果原点是两重极点，则 $h(t)$ 包含 $tu(t)$ 项，因为 $\mathcal{L}\left[tu(t)\right]=1/s^2$。一般地，由拉普拉斯变换对 $\mathcal{L}\left[t^n u(t)\right]=n!/s^{n+1}$ 可知，如果原点是 N 重极点，则 $h(t)$ 包含 $t^{N-1}u(t)$ 项。

(2) 极点在实轴上。由拉普拉斯变换对 $\mathcal{L}\left[t^n \mathrm{e}^{-\alpha t}u(t)\right]=n!/(s+\alpha)^{n+1}$ 可知，如果 $s=-\alpha>0$ 是 N 重极点，则 $h(t)$ 包含 $t^{N-1}\mathrm{e}^{-\alpha t}u(t)$。如果极点 $s=-\alpha>0$，则 $h(t)$ 是指数增长的；如果极点 $s=-\alpha<0$，则 $h(t)$ 是指数衰减的。

(3) 极点是共轭的虚数。由以下拉普拉斯变换对

$$\mathcal{L}\left[\sin(\omega_0 t)u(t)\right] = \omega_0/(s^2+\omega_0^2) \tag{8-37}$$

$$\mathcal{L}\left[\cos(\omega_0 t)u(t)\right] = s/(s^2+\omega_0^2) \tag{8-38}$$

可知，$h(t)$ 包含单边正弦信号 $\sin(\omega_0 t)u(t)$ 或单边余弦信号 $\cos(\omega_0 t)u(t)$。如果极点是 N 重共轭

虚数，则 $h(t)$ 包含 $t^{N-1}\sin(\omega_0 t)u(t)$ 或 $t^{N-1}\cos(\omega_0 t)u(t)$。

(4) 极点是共轭复数。由以下拉普拉斯变换对

$$\mathcal{L}\left[\mathrm{e}^{-\alpha t}\sin(\omega_0 t)u(t)\right]=\frac{\omega_0}{(s+\alpha)^2+\omega_0^2} \tag{8-39}$$

$$\mathcal{L}\left[\mathrm{e}^{-\alpha t}\cos(\omega_0 t)u(t)\right]=\frac{s+\alpha}{(s+\alpha)^2+\omega_0^2} \tag{8-40}$$

可知，$h(t)$ 包含单边指数加权的正弦 $\mathrm{e}^{-\alpha t}\sin(\omega_0 t)u(t)$ 或单边指数加权的余弦 $\mathrm{e}^{-\alpha t}\cos(\omega_0 t)u(t)$。如果极点是 N 重共轭复数，$h(t)$ 包含单边指数加权的正弦 $t^{N-1}\mathrm{e}^{-\alpha t}\sin(\omega_0 t)u(t)$ 或单边指数加权的余弦 $t^{N-1}\mathrm{e}^{-\alpha t}\cos(\omega_0 t)u(t)$。如果极点的实部 $-\alpha>0$，则它们是指数增长的；如果极点的实部 $-\alpha<0$，则它们是指数衰减的。

系统内部稳定性或者说系统本身的稳定性是指，当 $t\to+\infty$ 时满足 $h(t)\to 0$。因此，为了使得系统内部稳定，由以上讨论可知，因果系统的系统函数的极点必须全部位于 s 平面的左半平面内，或者说极点的实部要小于零，否则，系统的冲激响应 $h(t)$ 有一个指数增长的因子，当 $t\to+\infty$ 时不会满足 $h(t)\to 0$。

当 $t\to+\infty$ 时，冲激响应 $h(t)$ 趋向于一个有界值，则系统本身是条件稳定的或临界稳定的。s 平面的虚轴上只存在 $H(s)$ 的单重极点，并且 $H(s)$ 其余的极点都位于 s 平面的左半平面内。

外部稳定性是在零初始条件下通过对系统施加一个外部的激励来测量的，而内部稳定性是在没有任何外部激励的前提下对系统施加一个非零的初始条件来获取的。在第 3 章中，已经得到连续时间 LTI 系统的 BIBO 稳定性等价于系统的冲激响应绝对可积，而冲激响应正是对 LTI 系统的一种外部描述。考虑系统函数 $H(s)$ 的模值，以下不等式成立：

$$|H(s)|=\left|\int_{-\infty}^{+\infty}h(t)\mathrm{e}^{-st}\mathrm{d}t\right|\leqslant\int_{-\infty}^{+\infty}\left|h(t)\mathrm{e}^{-st}\right|\mathrm{d}t \tag{8-41}$$

当 $H(s)$ 的收敛域包括 s 平面的虚轴，即当 $s=\mathrm{j}\omega$ 时，以上不等式变为

$$|H(s)|\leqslant\int_{-\infty}^{+\infty}\left|h(t)\mathrm{e}^{-st}\right|\mathrm{d}t=\int_{-\infty}^{+\infty}|h(t)|\left|\mathrm{e}^{-\mathrm{j}\omega t}\right|\mathrm{d}t=\int_{-\infty}^{+\infty}|h(t)|\mathrm{d}t \tag{8-42}$$

因为因果稳定连续时间 LTI 系统的冲激响应绝对可积，即满足：

$$\int_{-\infty}^{+\infty}|h(\tau)|\mathrm{d}\tau<+\infty \tag{8-43}$$

由以上两个不等式可得，在 s 平面的虚轴上，因果稳定的连续时间 LTI 系统满足：

$$|H(s)|\leqslant\int_{-\infty}^{+\infty}|h(t)|\mathrm{d}t<+\infty \tag{8-44}$$

这意味着因果稳定连续时间 LTI 系统的系统函数的收敛域一定包括虚轴。反过来讲，如果因果连续时间 LTI 系统的系统函数的收敛域包括虚轴，则系统一定稳定。

比较因果连续时间 LTI 系统的内部稳定性与外部稳定性(即 BIBO 稳定性)条件可知，只要系统函数所有极点在 s 平面的左半平面内，则系统一定稳定。反之，系统不稳定。

下面研究系统函数的极点与连续时间 LTI 系统的稳定性和因果性的关系。由 8.1 节可知，连续时间 LTI 的冲激响应为系统函数的拉普拉斯逆变换。为了求得拉普拉斯逆变换，需要知道系统函数 $H(s)$ 的收敛域。描述 LTI 系统的微分方程本身并没有提供这方面的知识，所以必须知道有关系统特性的相关知识。在第 3 章中，已经知道连续时间 LTI 系统的因果性等价于

$$h(t)=0,\quad t<0 \tag{8-45}$$

这表明，因果连续时间 LTI 系统的冲激响应为右边信号(更确切地说是因果信号)。在 s 平面上，右边信号的拉普拉斯变换的收敛域为右边平面，或者说 ROC 为 $\mathrm{Re}\{s\}<\alpha$，其中 α 为某个实数。如果极点 α_k 的实部满足 $\mathrm{Re}\{\alpha_k\}>0$，则这个极点对应的时域信号是指数衰减的；相反，如果极点 α_k 的实部满足 $\mathrm{Re}\{s\}<\alpha$，则这个极点对应的时域信号是指数增长的。

有一点特别值得注意，那就是即便 $H(s)$ 的收敛域位于 $H(s)$ 最右极点的右侧，也不能保证系统是因果的。事实上，当且仅当 $H(s)$ 是有理函数时，前述结论才成立。如果 $H(s)$ 不是有理函数，则结论不一定成立。考虑具有以下系统函数的 LTI 系统：

$$H(s)=\frac{3s+2}{(s-2)(s+3)}\mathrm{e}^{2s},\quad \mathrm{Re}\{s\}>2 \tag{8-46}$$

对于该系统，由于全部极点位于收敛域左侧，所以冲激响应必然为右边信号。先确定 $H_1(s)=(3s+2)/\left[(s-2)(s+3)\right]$ 的拉普拉斯逆变换 $h_1(t)$，将它部分分式展开得

$$H_1(s)=\frac{8}{5}\frac{1}{s-2}+\frac{7}{5}\frac{1}{s+3} \tag{8-47}$$

在收敛域为 $\mathrm{Re}\{s\}>2$ 的前提下，上式等号右边两项的拉普拉斯逆变换均为右边信号，从而

$$h_1(t)=\frac{8}{5}\left(\mathrm{e}^{2t}+\frac{7}{5}\mathrm{e}^{-3t}\right)u(t) \tag{8-48}$$

由于

$$H(s)=H_1(s)\mathrm{e}^{-2s},\quad \mathrm{Re}\{s\}>2 \tag{8-49}$$

利用双边拉普拉斯变换的时移特性得

$$h(t)=h_1(t+2) \tag{8-50}$$

从而

$$h(t)=\frac{8}{5}\left(\mathrm{e}^{4}\mathrm{e}^{2t}+\frac{7}{5}\mathrm{e}^{-6}\mathrm{e}^{-3t}\right)u(t+2) \tag{8-51}$$

显然，$h(t)$ 为非因果信号，所以对应的 LTI 系统也是非因果的。

综合以上，对于一个系统函数 $H(s)$ 是有理函数的 LTI 系统来说，系统的因果性等价于 $H(s)$ 的收敛域是最右边极点的右边的平面，或者是 $H(s)$ 的全部极点位于收敛域左侧。

以上叙述表明，在 s 平面内，一个因果稳定系统的收敛域为包括虚轴的右边平面，或者说系统函数 $H(s)$ 的全部极点位于虚轴左侧(或者 s 平面的左半平面内)。同样，如果已知 LTI 系统是非因果的，则系统函数 $H(s)$ 的全部极点位于虚轴右侧(或者 s 平面的右半平面内)。

到目前为止，一直假定 $H(s)$ 为真有理分式，即分母多项式的次数不比分子多项式的低。现在说明当 $H(s)$ 为假有理分式时，系统是 BIBO 不稳定的。举一个实例，若

$$H(s)=\frac{s^3+3s^2+2s+1}{s^2+2s+3} \tag{8-52}$$

通过长除法，把以上的 $H(s)$ 化为一个 s 的多项式和一个真有理分式之和，得

$$H(s)=s+\frac{s^2-s+1}{s^2+2s+3} \tag{8-53}$$

考虑到理想微分器的系统函数为 s，所以上式右边第一项对应一个微分器。假设有一个阶跃输入 $u(t)$ 作用于该系统，由于微分器的作用，输出端会产生一个冲激信号(阶跃信号的微分为冲激信号)，这表明有界的阶跃输入导致无界的冲激输出，系统是 BIBO 不稳定的。另外，系

统中的噪声一般都是快速变化的高频分量，考虑到微分器的频率响应为 $\mathrm{j}\omega$，所以微分器会显著放大高频噪声分量。综合以上两点，从稳定性出发，一般只考虑具有有理真分式形式的系统函数。

例 8-5 连续时间 LTI 系统的系统函数为

$$H(s)=\frac{1}{(s-2)(s+3)} \tag{8-54}$$

求系统在以下三种情况下的冲激响应：

(1) 系统是因果的；

(2) 系统是非因果的；

(3) 系统是稳定的。

解：将 $H(s)$ 部分分式展开得

$$H(s)=\frac{1}{5}\left(\frac{1}{s-2}-\frac{1}{s+3}\right)$$

(1) 因为 LTI 系统是因果的，所以上式右边的每一个部分分式的拉普拉斯逆变换都为右边信号(更具体地说都是因果信号)，从而

$$h(t)=\frac{1}{5}\left(\mathrm{e}^{2t}-\mathrm{e}^{-3t}\right)u(t)$$

(2) 因为 LTI 系统是非因果的，所以上式右边的每一个部分分式的拉普拉斯逆变换都为左边信号(更具体地说都是非因果信号)，从而

$$h(t)=\frac{1}{5}\left(\mathrm{e}^{-3t}-\mathrm{e}^{2t}\right)u(-t)$$

(3) LTI 系统是稳定系统，所以 ROC 包括 s 平面的虚轴，所以 ROC 只能为

$$-3<\mathrm{Re}\{s\}<2$$

由于极点 $s=-3$ 在 ROC 左侧，对应的部分分式为右边信号，即

$$\frac{1}{s+3}\overset{\mathcal{L}}{\leftrightarrow}\mathrm{e}^{-3t}u(t)$$

由于极点 $s=2$ 在 ROC 右侧，对应的部分分式为左边信号，即

$$\frac{1}{s-2}\overset{\mathcal{L}}{\leftrightarrow}-\mathrm{e}^{2t}u(-t)$$

从而，系统的冲激响应为 $h(t)=-0.2\times\left[\mathrm{e}^{2t}u(-t)+\mathrm{e}^{-3t}u(t)\right]$。

以上例题给出的系统函数对应的连续时间 LTI 系统不可能既是因果的，又是稳定的。因为因果性要求系统函数的收敛域位于所有极点的右侧(更准确地说，位于过所有极点且平行于虚轴的直线右侧)，而稳定性要求系统函数的收敛域包括虚轴(即 $\mathrm{Re}\{s\}=0$)，所以因果稳定的连续时间 LTI 系统所有极点都应该位于 s 平面的左半平面内，并且收敛域在实部最大那个极点的右侧，如图 8-1 所示。以上例题给出系统函数(8-54)的极点 $s=2$ 位于右半平面内，所以不可能既是因果的又是稳定的。给定因果稳定连续时间 LTI 系统的系统函数：

$$H(s)=\frac{1}{(s+2)(s+3)}=\frac{1}{s+2}-\frac{1}{s+3} \tag{8-55}$$

由前述结论可以确定上式的收敛域为 $\mathrm{Re}\{s\}>-2$，所以系统的冲激响应为

$$h(t)=\left(\mathrm{e}^{-2t}-\mathrm{e}^{-3t}\right)u(t) \tag{8-56}$$

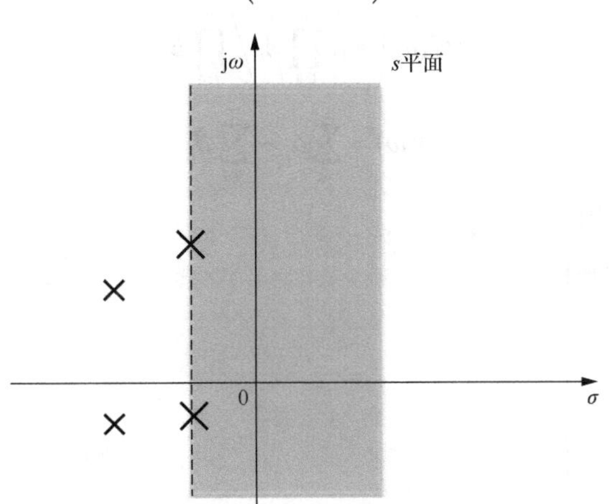

图 8-1　因果稳定连续系统的收敛域与极点分布

8.3　系统函数的零极点分布和频率响应的关系

系统函数的一般形式为

$$H(s)=K\frac{(s-z_1)(s-z_2)\cdots(s-z_N)}{(s-p_1)(s-p_2)\cdots(s-p_M)} \tag{8-57}$$

式中，s、z_i 和 p_i 均为复数，可以用矢量表示，分子和分母中的每个因式也可以用矢量表示。例如，对因式 $s-z$ 而言，在 s 平面内用矢量表示 s 和 z，则 $s-z$ 就是 s 和 z 之差，它是从 s 点到 z 点的一个矢量，如图 8-2 所示。把 $s-z$ 记成极坐标的形式为

$$s-z=A\mathrm{e}^{\mathrm{j}\alpha} \tag{8-58}$$

式中，$A=|s-z|$，为该矢量的模值；α 为矢量的幅角。

当 s 位于虚轴上，即 $s=\mathrm{j}\omega$ 时，由式(8-57)可得系统的频率响应为

$$H(\omega)=K\frac{(\mathrm{j}\omega-z_1)(\mathrm{j}\omega-z_2)\cdots(\mathrm{j}\omega-z_N)}{(\mathrm{j}\omega-p_1)(\mathrm{j}\omega-p_2)\cdots(\mathrm{j}\omega-p_M)} \tag{8-59}$$

参考图 8-3，类似于式(8-58)，设 $s-z_i=A_i\mathrm{e}^{\mathrm{j}\alpha_i}$ 和 $s-p_i=B_i\mathrm{e}^{\mathrm{j}\beta_i}$，则上式变为

$$H(\omega)=K\frac{A_1\mathrm{e}^{\mathrm{j}\alpha_1}A_2\mathrm{e}^{\mathrm{j}\alpha_2}\cdots A_N\mathrm{e}^{\mathrm{j}\alpha_N}}{B_1\mathrm{e}^{\mathrm{j}\beta_1}B_2\mathrm{e}^{\mathrm{j}\beta_2}\cdots B_M\mathrm{e}^{\mathrm{j}\beta_M}} \tag{8-60}$$

此即

$$H(\omega)=K\frac{A_1A_2\cdots A_N}{B_1B_2\cdots B_M}\mathrm{e}^{\mathrm{j}[(\alpha_1+\alpha_2+\cdots+\alpha_N)-(\beta_1+\beta_2+\cdots+\beta_M)]}=K\frac{\prod\limits_{i=1}^{N}A_i}{\prod\limits_{j=1}^{M}B_j}\mathrm{e}^{\mathrm{j}\left(\sum\limits_{i=1}^{N}\alpha_i-\sum\limits_{j=1}^{M}\beta_j\right)} \tag{8-61}$$

简记为

$$H(\omega) = |H(\omega)| \mathrm{e}^{\mathrm{j}\varphi(\omega)} \tag{8-62}$$

式中

$$|H(\omega)| = K \prod_{i=1}^{N} A_i \Big/ \prod_{j=1}^{M} B_j \tag{8-63}$$

$$\varphi(\omega) = \sum_{i=1}^{N} \alpha_i - \sum_{j=1}^{M} \beta_j \tag{8-64}$$

分别为幅频响应和相频响应。

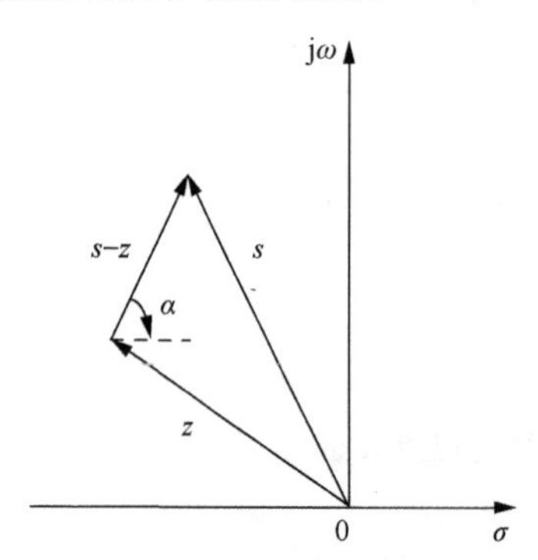

图 8-2　矢量减法的表示

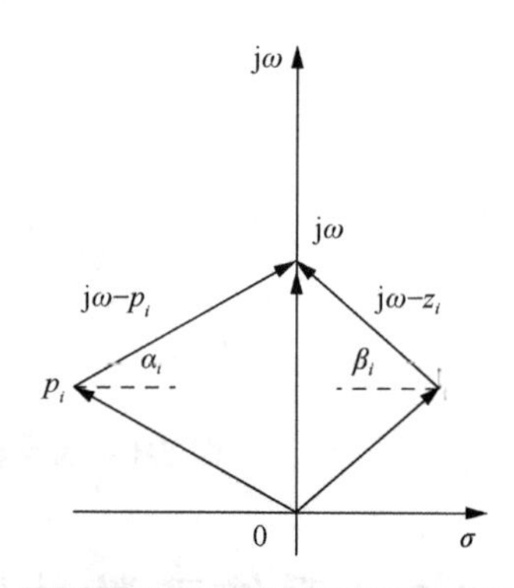

图 8-3　系统函数的矢量表示

有实际意义的系统都是因果稳定的，所以系统函数的所有极点都在s平面左半平面内。现在考虑在s平面左半平面$-\alpha + \mathrm{j}\omega_0$(其中$\alpha>0$)处有一个极点的简单情况。为了对某个频率$\omega$求系统的幅度响应$|H(\omega)|$，将这个极点连接到虚轴的$\mathrm{j}\omega$处，若这条线的长度为$d$，则

$$|H(\omega)| \propto 1/d \tag{8-65}$$

参考图 8-4，当ω从零逐渐增大时，d逐渐减小，直到增大到ω_0时达到最小值；之后ω继续从ω_0增大，d逐渐增大。由式(8-65)可以看出，当ω逐渐增大至ω_0时，$|H(\omega)|$逐渐增大，并在ω_0处达到最大值；当ω继续从ω_0增大时，$|H(\omega)|$逐渐减小。因此，系统函数的极点$-\alpha + \mathrm{j}\omega_0$会导致一种频率选择特性：它使得系统的幅频响应在$\omega = \omega_0$处显著增强。多个极点将会进一步增强频率选择特性。由此可见，要在$\omega = \omega_0$处增强幅频响应的强度，只要把系统函数的极点的虚部设置为ω_0即可，换句话说，只要系统函数的极点位于过s平面虚轴上的点$\mathrm{j}\omega_0$且平行于实轴的直线上。当然从稳定性出发，极点要在s平面左半平面内。极点越靠近虚轴，极点和虚轴上点$\mathrm{j}\omega_0$间的距离越短，增益在ω_0处就越显著，同时增益在ω_0附近变化也就越剧烈。

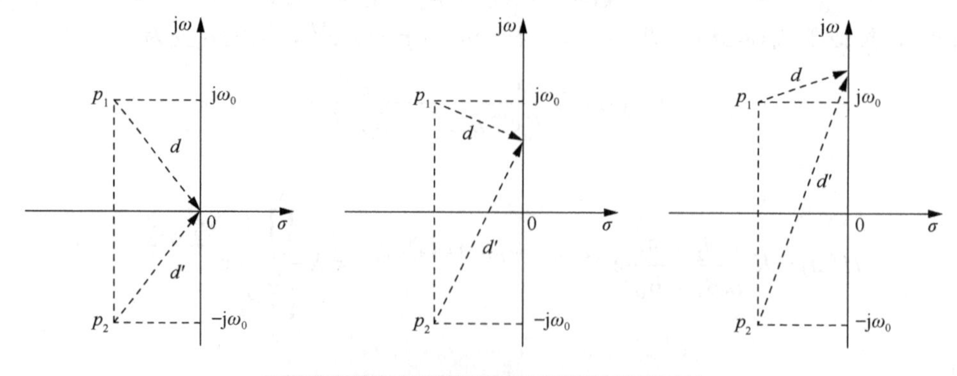

图 8-4　极点对系统频率响应的影响函数

对实际的系统，极点总是共轭出现的，在 $-\alpha+\mathrm{j}\omega_0$ 处的极点必然伴随着 $-\alpha-\mathrm{j}\omega_0$ 处的极点。设这个极点与虚轴上点 $\mathrm{j}\omega$ 间的距离为 d'，则

$$|H(\omega)| \propto \frac{1}{dd'} \tag{8-66}$$

由于共轭极点 $-\alpha-\mathrm{j}\omega_0$ 远离虚轴上点 $\mathrm{j}\omega_0$，所以当 ω 在 ω_0 附近变化时，d' 没有多大的变化。当 ω 增大时，d' 逐渐增大，使得频率选择特性基本上与单极点分析时的一致。

对于系统函数的零点，很容易想到它和极点的频率选择特性刚好相反，如图 8-5 所示。

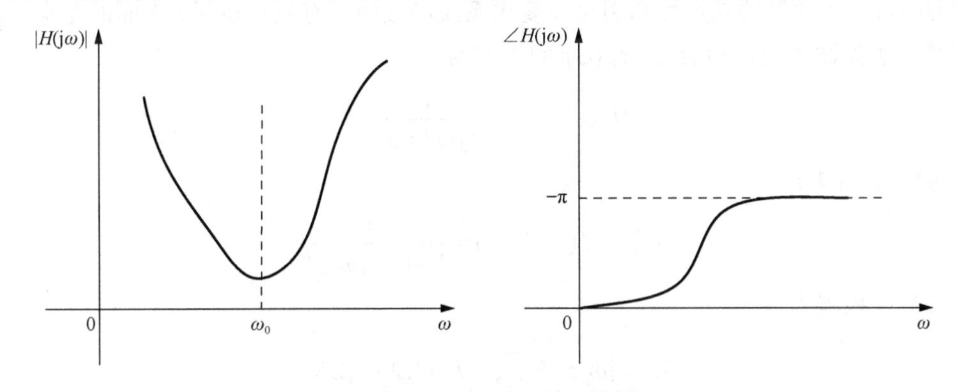

图 8-5　零点对频率响应的影响

由以上分析可知，通过适当地配置系统函数的零极点就能得到各种不同的频率选择特性，从而可以设计出低通、高通、带阻以及陷波滤波器。

在第 6 章中，已经看到一个理想低通滤波器的幅频响应 $|H(\omega)|$ 在截止频率 ω_c 内具有恒定的增益，超过 ω_c，增益为零，如图 8-6 所示。参考图 8-7，由前面所述，对任意频率 $-\omega_c \leqslant \omega_l \leqslant \omega_c$，在通过 ω_i 的平行于实轴的直线位于 s 平面左半平面内的部分需要配置系统函数的一个极点，从而形成一个极点墙。这些极点增强了系统的幅频响应，理论上，极点的个数是无穷多个，同时极点的具体分布还没有确定。实际的频率选择性滤波器设计中，通过适当配置有限多个极点就能得到满足要求的滤波器。极点呈半圆形分布的滤波器称为**巴特沃思**(Butterworth)滤波器，极点呈半椭圆形分布的滤波器为**切比雪夫**(Chebyshev)滤波器。巴特沃思滤波器在频

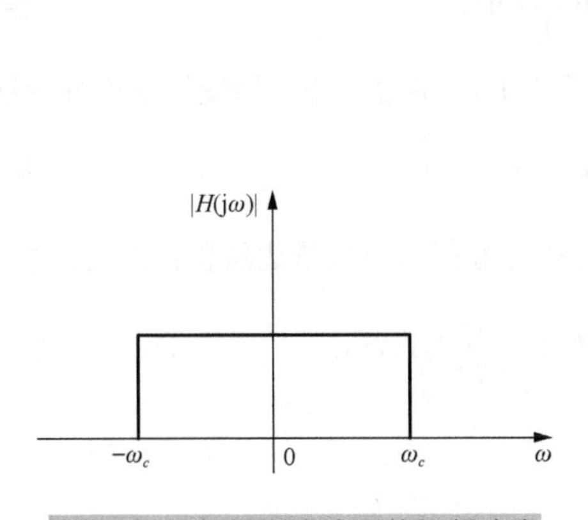

图 8-6　理想低通滤波器的幅频响应

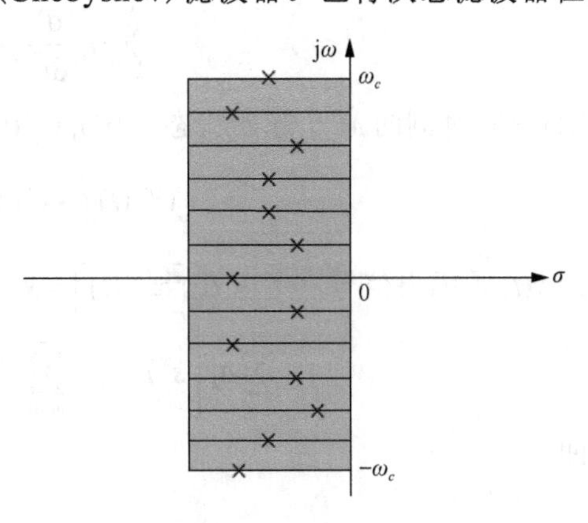

图 8-7　极点的设置

率范围 $0 \leqslant \omega \leqslant \omega_c$ 内具有最大平坦特性①。切比雪夫滤波器在 $0 \leqslant \omega \leqslant \omega_c$ 内的特性比巴特沃思滤波器要差，其特性呈现波纹效应，但在阻带 $\omega > \omega_c$ 内，切比雪夫滤波器的增益衰减得比巴特沃思滤波器要快。

注意到具有实系统函数的系统，其幅频响应 $|H(\omega)|$ 的平方可以写为

$$|H(\omega)|^2 = H(\omega)H^*(\omega) = H(s)H(-s)\big|_{s=\mathrm{j}\omega} \tag{8-67}$$

由此可见，$|H(\omega)|^2$ 位于 s 平面左半平面内的一半极点对应 $H(s)$，位于右半平面内的另一半极点对应 $H(-s)$。滤波器的稳定性和因果性要求系统函数的所有极点位于 s 平面的左半平面内。N 阶巴特沃思滤波器的幅频响应 $|H_{\mathrm{B}}(\omega)|$ 的平方为

$$|H_{\mathrm{B}}(\omega)|^2 = \frac{1}{1+(\mathrm{j}\omega/\mathrm{j}\omega_c)^{2N}} \tag{8-68}$$

或系统函数 $H(s)$ 满足：

$$\mathcal{F}(s) = H(s)H(-s) = \frac{1}{1+(s/\mathrm{j}\omega_c)^{2N}} \tag{8-69}$$

$\mathcal{F}(s)$ 的 $2N$ 个极点为

$$s_k = \mathrm{j}\omega_c \mathrm{e}^{\frac{\mathrm{j}\pi(1+2k)}{2N}}, \quad k = 1,2,\cdots,2N \tag{8-70}$$

显然，这 $2N$ 个极点等间隔分布(就弧度而言)在以原点为中心、半径为 ω_c 的圆上。由位于左半平面内的 N 个极点可以确定系统函数 $H(s)$。

8.4　线性常系数微分方程的复频域解法

在系统分析中，单边拉普拉斯变换最主要的应用是解具有非零起始状态的微分方程。当系统在 $t=0$ 时刻加入因果的输入信号 $x(t)$ 时，对描述系统的微分方程两边取单边拉普拉斯变换，即可把起始状态考虑进去。

考虑以下微分方程：

$$\sum_{k=0}^{M} a_k \frac{\mathrm{d}^k}{\mathrm{d}t^k} y(t) = \sum_{l=0}^{N} b_l \frac{\mathrm{d}^l}{\mathrm{d}t^l} x(t) \tag{8-71}$$

已知 $t=0^-$ 时刻的 M 个起始状态 $y(0^-), y^{(1)}(0^-), \cdots, y^{(M-1)}(0^-)$。单边拉普拉斯变换的微分特性为

$$y^{(n)}(t) \overset{\mathcal{L}_n}{\longleftrightarrow} s^n Y(s) - \sum_{l=0}^{n-1} s^{n-l-1} y^{(l)}(0^-) \tag{8-72}$$

因为 $x(t)$ 是因果信号，所以 $\mathcal{L}_n\left[x^{(n)}(t)\right] = s^n X(s)$。对微分方程两边取单边拉普拉斯变换得

$$\sum_{k=0}^{M} a_k \left[s^k Y(s) - \sum_{m=0}^{k-1} s^{k-m-1} y^{(m)}(0^-) \right] = \sum_{l=0}^{N} b_l s^l X(s) \tag{8-73}$$

此即

① 对 N 阶滤波器而言，最大平坦特性是指 $|H(\omega)|$ 的前 $2N-1$ 次导数在 $\omega=0$ 处都为零。

$$\sum_{k=0}^{M}a_k s^k Y(s)-\sum_{k=0}^{M}\sum_{m=0}^{k-1}s^{k-m-1}y^{(m)}(0^-)=\sum_{l=0}^{N}b_l s^l X(s) \tag{8-74}$$

上式可简写为

$$A(s)Y(s)-C(s)=B(s)X(s) \tag{8-75}$$

式中

$$A(s)=\sum_{k=0}^{M}a_k s^k \tag{8-76}$$

$$B(s)=\sum_{l=0}^{N}b_l s^l \tag{8-77}$$

$$C(s)=\sum_{k=0}^{M}\sum_{m=0}^{k-1}a_k s^{k-m-1}y^{(m)}(0^-) \tag{8-78}$$

显然，$A(s)$ 和 $B(s)$ 完全由微分方程的系数决定，而 $C(s)$ 则完全由非零起始状态决定。最终得到系统响应的拉普拉斯变换为

$$Y(s)=\frac{B(s)X(s)}{A(s)}+\frac{C(s)}{A(s)} \tag{8-79}$$

如果 M 个起始状态 $y(0^-),y^{(1)}(0^-),\cdots,y^{(M-1)}(0^-)$ 全部为零，这时的系统响应就是**零状态响应** $y_{zs}(t)$。此时 $C(s)=0$，从而式(8-79)变为

$$Y_{zs}(s)=\frac{B(s)X(s)}{A(s)} \tag{8-80}$$

对 $Y_{zs}(s)$ 进行单边拉普拉斯变换，得到零状态响应为

$$y_{zs}(t)=\mathcal{L}_u^{-1}\left[\frac{B(s)X(s)}{A(s)}\right] \tag{8-81}$$

实际上，$B(s)/A(s)$ 就是系统函数 $H(s)$，从而

$$y_{zs}(t)=\mathcal{L}_u^{-1}\left[X(s)H(s)\right] \tag{8-82}$$

根据拉普拉斯变换的时域卷积定理，上式变为

$$y_{zs}(t)=x(t)*h(t) \tag{8-83}$$

这正是系统的零状态响应。

如果 $x(t)=0$，从而 $X(s)=0$，这时的系统响应就是**零输入响应** $y_{zi}(t)$。此时，式(8-79)变为

$$Y_{zi}(s)=\frac{C(s)}{A(s)} \tag{8-84}$$

对 $Y_{zi}(s)$ 进行单边拉普拉斯变换，得到零状态响应 $y_{zi}(t)$ 为

$$y_{zi}(t)=\mathcal{L}_u^{-1}\left[\frac{C(s)}{A(s)}\right] \tag{8-85}$$

由此可见，由线性常系数微分方程描述的系统，其完全响应由零状态响应和零输入响应之和组成。

例 8-6　已知描述系统的微分方程为

$$\frac{\mathrm{d}^2 y(t)}{\mathrm{d}t^2}+6\frac{\mathrm{d}}{\mathrm{d}t}y(t)+8y(t)=2\frac{\mathrm{d}}{\mathrm{d}t}x(t)+x(t)$$

系统输入信号为 $x(t)=\mathrm{e}^{-3t}u(t)$，系统的起始状态为 $y(0^-)=1$，$y^{(1)}(0^-)=2$。求系统的完全响应 $y(t)$，并指出零状态响应分量 $y_{\mathrm{zs}}(t)$ 和零输入响应分量 $y_{\mathrm{zi}}(t)$。

解：对系统的微分方程两边取单边拉普拉斯变换得

$$\left[s^2Y(s)-sy(0^-)-y^{(1)}(0^-)\right]+6\left[sY(s)-x(0^-)\right]+8Y(s)=2sX(s)+X(s)$$

整理得

$$Y(s)=\frac{(2s+1)X(s)}{s^2+6s+8}+\frac{(s+6)y(0^-)+y^{(1)}(0^-)}{s^2+6s+8}$$

上式等号右边两项的拉普拉斯逆变换分别对应系统的零状态响应分量 $y_{\mathrm{zs}}(t)$ 和零输入响应分量 $y_{\mathrm{zi}}(t)$。已知

$$X(s)=\frac{1}{s+3}$$

$y_{\mathrm{zs}}(t)$ 的拉普拉斯变换 $Y_{\mathrm{zs}}(s)$ 为

$$Y_{\mathrm{zs}}(s)=\frac{(2s+1)X(s)}{s^2+6s+8}=\frac{2s+1}{(s^2+6s+8)(s+3)}=\frac{2s+1}{(s+2)(s+3)(s+4)}$$

将 $Y_{\mathrm{zs}}(s)$ 部分分式展开得

$$Y_{\mathrm{zs}}(s)=-\frac{3}{2}\frac{1}{s+2}+\frac{5}{s+3}-\frac{7}{2}\frac{1}{s+4}$$

对上式等号右边的三项分别进行单边拉普拉斯逆变换即可得

$$y_{\mathrm{zs}}(t)=\left(-\frac{3}{2}\mathrm{e}^{-2t}+5\mathrm{e}^{-3t}-\frac{7}{2}\mathrm{e}^{-4t}\right)u(t)$$

$y_{\mathrm{zi}}(t)$ 的拉普拉斯变换 $Y_{\mathrm{zi}}(s)$ 为

$$Y_{\mathrm{zi}}(s)=\frac{(s+6)y(0^-)+y^{(1)}(0^-)}{s^2+6s+8}$$

将系统的起始状态 $y(0^-)=1$，$y^{(1)}(0^-)=2$ 代入上式得

$$Y_{\mathrm{zi}}(s)=\frac{s+8}{s^2+6s+8}$$

将 $Y_{\mathrm{zi}}(s)$ 部分分式展开得

$$Y_{\mathrm{zi}}(s)=\frac{s+8}{s^2+6s+8}=\frac{3}{s+2}-\frac{2}{s+4}$$

对上式等号右边的两项进行单边拉普拉斯逆变换即可得

$$y_{\mathrm{zs}}(t)=(3\mathrm{e}^{-2t}-2\mathrm{e}^{-4t})u(t)$$

系统的完全响应 $y(t)$ 为

$$y(t)=y_{\mathrm{zs}}(t)+y_{\mathrm{zi}}(t)=\left(1.5\mathrm{e}^{-2t}+5\mathrm{e}^{-3t}-7.5\mathrm{e}^{-4t}\right)u(t)$$

习　题　8

8-1　考察一个 LTI 系统，其系统函数 $H(s)$ 的零极点图如图 8-8 所示，具体为 $s_1=-4-\mathrm{j}$，$s_2=-1.5-3\mathrm{j}$，$s_3=2+\mathrm{j}$；$p_1=-2+\mathrm{j}$。

(1) 指出所有可能的 ROC。

(2) 对每个可能的 ROC，确定相应系统的因果性和稳定性。

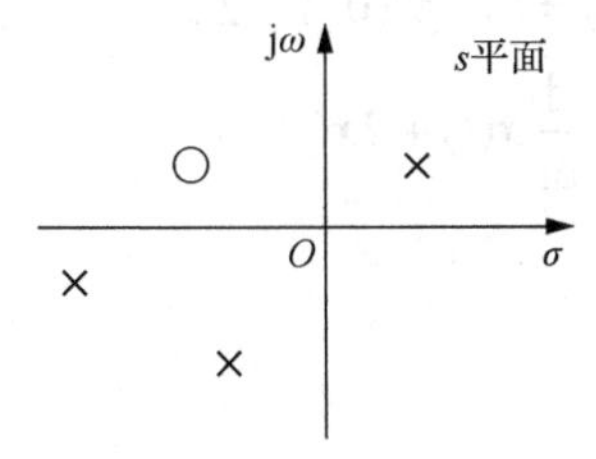

图 8-8　习题 8-1

8-2　考察一个 LTI 系统，其系统函数 $H(s)$ 的零极点图如图 8-9 所示，具体为 $s_1=-4-\mathrm{j}$，$s_2=-3-0.5\mathrm{j}$，$s_3=-2-2\mathrm{j}$；$p_1=2+\mathrm{j}$。

(1) 指出所有可能的 ROC。

(2) 对每个可能的 ROC，确定相应系统的因果性和稳定性。

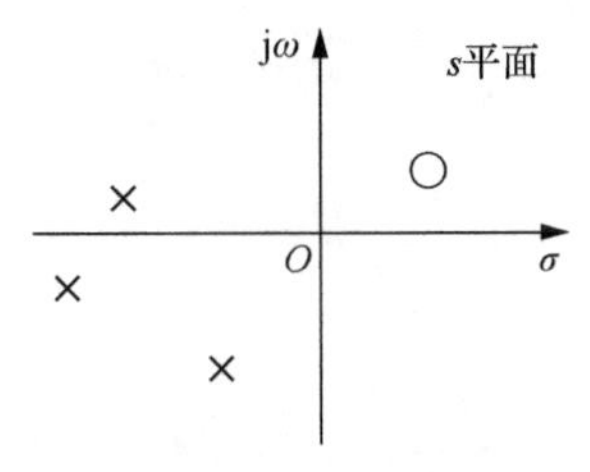

图 8-9　习题 8-2

8-3　由 $H(s)=(s-2)/(s+2)$ 描述的 LTI 系统有单位增益幅度响应 $|H(\omega)|=1$。这是否意味着该系统的输出和输入相等？说明理由。

8-4　一个 LTI 系统的冲激响应为 $h(t)=u(t)-u(t-1)$：

(1) 求该系统的系统函数 $H(s)$。利用 $H(s)$ 确定并画出幅频响应 $|H(\omega)|$。

(2) $H(s)$ 的零极点是什么？

(3) 能否确定该系统的逆系统？如果能确定，给出逆系统的冲激响应。若不能，提出一种近似实现的方法。

8-5　有一个 LTI 系统的系统函数为 $H(s)=s$。Jack 说该系统在 $s=0$ 处有一个零点；Mike 说 $H(s)$ 又可以写为 $H(s)=1/s^{-1}$，并声称这意味着系统在 $s=+\infty$ 处有一个极点。请你评述 Jack 和 Mike 的说法。

8-6 为什么对于低通和带通滤波器，系统函数 $H(s)$ 必须是严格真有理分式？而对于高通滤波器和带阻滤波器，$H(s)$ 必须是有理真分式？

8-7 一个 LTI 系统由以下的微分方程描述:

$$\frac{\mathrm{d}^2}{\mathrm{d}t^2}y(t)+5\frac{\mathrm{d}}{\mathrm{d}t}y(t)+6y(t)=\frac{\mathrm{d}}{\mathrm{d}t}x(t)+2x(t)$$

(1) 确定系统函数 $H(s)$；

(2) 确定系统的冲激响应 $h(t)$。

8-8 求解下列微分方程描述的系统的完全响应，并指出自由响应分量和强迫响应分量。其中，$x(t)=\mathrm{e}^{-3t}u(t)$，且已知 $y(0^-)=1$，$y'(0^-)=2$。

(1) $\frac{\mathrm{d}^2}{\mathrm{d}t^2}y(t)+4\frac{\mathrm{d}}{\mathrm{d}t}y(t)+6y(t)=\frac{\mathrm{d}}{\mathrm{d}t}x(t)+2x(t)$

(2) $\frac{\mathrm{d}}{\mathrm{d}t}y(t)+6y(t)=x(t)$

第 9 章　离散时间系统的变换域分析

本章导学

通过对连续信号的冲激脉冲采样序列进行拉普拉斯变换得到采样序列的 Z 变换。这使得 s 平面与 z 平面存在着一个多重的映射关系。与拉普拉斯变换一样，Z 变换存在收敛域问题。Z 变换的移位特性也引入了序列的起始状态，这使得 Z 变换在分析差分方程描述的离散系统时非常有效。与连续系统类似，线性离散系统也可用变换法进行分析，本章讨论 Z 变换分析法。在 LTI 离散系统分析中，Z 变换的作用类似于连续系统分析中的拉普拉斯变换，它将描述系统的差分方程变换为代数方程，代数方程中包括系统的初始状态，从而能求得系统的零输入响应和零状态响应以及全响应。结合图 9-0 所示导学图可以更好地理解本章内容。

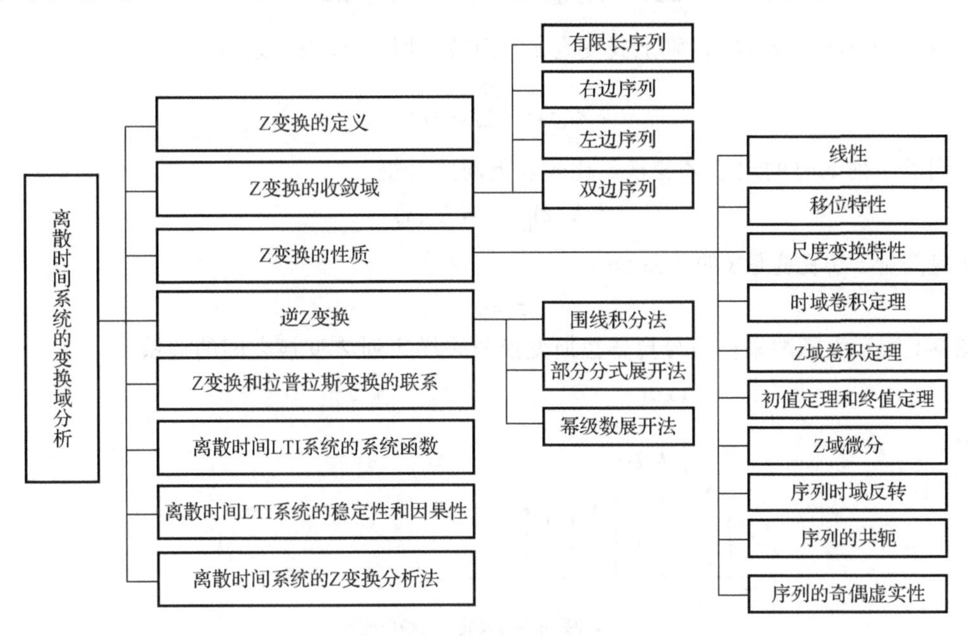

图 9-0　本章导学图

9.1　Z 变换的定义

对任意离散序列 $x(n)$，定义其双边 Z 变换如下：

$$X(z) = \sum_{n=-\infty}^{+\infty} x(n) z^{-n} \tag{9-1}$$

式中，z 为复变量。对因果序列 $x(n)$，则定义其单边 Z 变换如下：

$$X(z)=\sum_{n=0}^{+\infty}x(n)z^{-n} \tag{9-2}$$

显然，因果序列的双边Z变换与单边Z变换相等，但由于单边Z变换的求和范围限定为$n\geqslant 0$，所以只对因果序列进行变换。如果对非因果序列求单边Z变换，则$n<0$的序列值没能参与求和，所以信息有所损失。就因果序列来说，其双边Z变换与单边Z变换完全相同。

下面从另一个角度引出Z变换。对连续时间信号$x(t)$进行间隔为T的脉冲采样得到$x_s(t)$，则有

$$x_s(t)=x(t)\sum_{n=-\infty}^{+\infty}\delta(t-nT)=\sum_{n=-\infty}^{+\infty}x(nT)\delta(t-nT) \tag{9-3}$$

对上式两边取双边拉普拉斯变换得

$$X_s(s)=\int_{-\infty}^{+\infty}\left[\sum_{n=-\infty}^{+\infty}x(nT)\delta(t-nT)\right]\mathrm{e}^{-st}\mathrm{d}t \tag{9-4}$$

在上式等号右边交换求积分与求和的次序得

$$X_s(s)=\sum_{n=-\infty}^{+\infty}x(nT)\int_{-\infty}^{+\infty}\delta(t-nT)\mathrm{e}^{-st}\mathrm{d}t=\sum_{n=-\infty}^{+\infty}x(nT)\mathrm{e}^{-snT} \tag{9-5}$$

若令$z=\mathrm{e}^{-sT}$和$x(n)=x(nT)$，则上式变为z的函数，用$X(z)$表示之得

$$X(z)=\sum_{n=-\infty}^{+\infty}x(n)z^{-n} \tag{9-6}$$

这就得到了序列$x(n)$的双边Z变换。比较以上两式可得

$$X(z)\big|_{z=\mathrm{e}^{sT}}=X_s(s) \tag{9-7}$$

这表明复变量z和复变量s的关系是

$$z=\mathrm{e}^{sT} \tag{9-8}$$

图9-1所示为脉冲采样信号拉普拉斯变换与采样序列Z变换之间的关系。

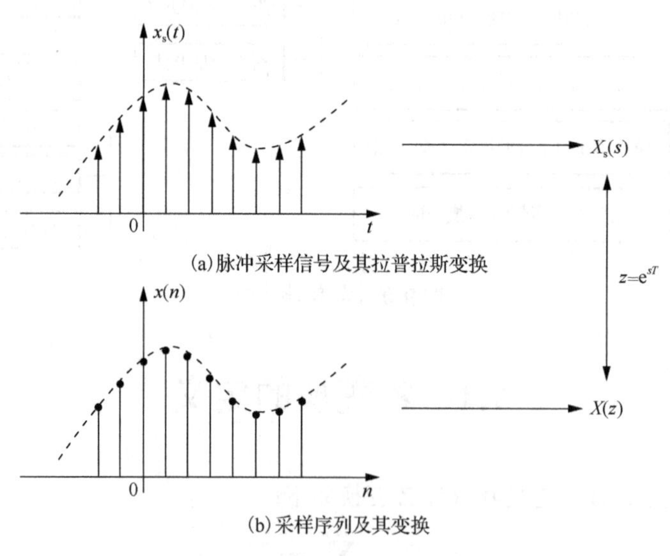

图9-1　拉普拉斯变换与Z变换的关系

9.2　Z 变换的收敛域

正如 $x_s(t)$ 的拉普拉斯变换存在收敛域，$x(n)$ 的 Z 变换也存在收敛域。Z 变换中的 z 是复变量，在平面上表示复变量需要实部和虚部两个参数。Z 变换式中的复变量 z 构成的平面称为“z 平面”，实轴标示为 $\mathrm{Re}(z)$，虚轴标示为 $\mathrm{Im}(z)$，如图 9-2 所示。把复变量 z 表示成极坐标形式：

$$z = r\mathrm{e}^{\mathrm{j}\omega} \tag{9-9}$$

式中，r 为 z 的模，即 $r=|z|$；ω 为 z 的相角。z 平面上 $r=1$ 的圆称为“单位圆”。

在 z 平面上，使 $X(z)$ 的取值有界，或者说使式(9-1)或式(9-2)右边的积分收敛的 z 所构成的区域，称为 $X(z)$ 的收敛域。下面证明 Z 变换的收敛域是由 z 平面内以原点为中心的圆环构成的。将式(9-9)代入 Z 变换的定义式得

$$X(z) = \sum_{n=-\infty}^{+\infty}\left[x(n)r^{-n}\right]\mathrm{e}^{-\mathrm{j}n\omega} \tag{9-10}$$

则 $X(z)$ 的模为

$$|X(z)| = \left|\sum_{n=-\infty}^{+\infty} x(n)r^{-n}\mathrm{e}^{-\mathrm{j}n\omega}\right| \tag{9-11}$$

考虑到和的模值不大于模值之和，上式变为

$$|X(z)| \leqslant \sum_{n=-\infty}^{+\infty}\left|x(n)r^{-n}\mathrm{e}^{-\mathrm{j}n\omega}\right| = \sum_{n=-\infty}^{+\infty}\left|x(n)r^{-n}\right|\left|\mathrm{e}^{-\mathrm{j}n\omega}\right| = \sum_{n=-\infty}^{+\infty}\left|x(n)r^{-n}\right| \tag{9-12}$$

若下式成立：

$$\sum_{n=-\infty}^{+\infty}\left|x(n)r^{-n}\right| < +\infty \tag{9-13}$$

则由式(9-12)必有

$$|X(z)| < +\infty \tag{9-14}$$

可见式(9-13)是 $|X(z)|$ 有界(从而 $X(z)$ 有界)的充分条件。而式(9-13)只与 z 的模 r 有关，与 z 的相角 ω 无关。在 z 平面内对任意确定的 r，复变量 $z=r\mathrm{e}^{\mathrm{j}\omega}$ 是以 r 为半径、以原点为圆心的圆环。这表明 Z 变换的收敛域由 z 平面内以原点为中心的圆环构成，如图 9-3 所示。使得 Z 变换无穷大的点称为“极点”，在 z 平面上用“×”标示；使得 Z 变换为零的点称为“零点”，在 z 平面上用“○”标示。

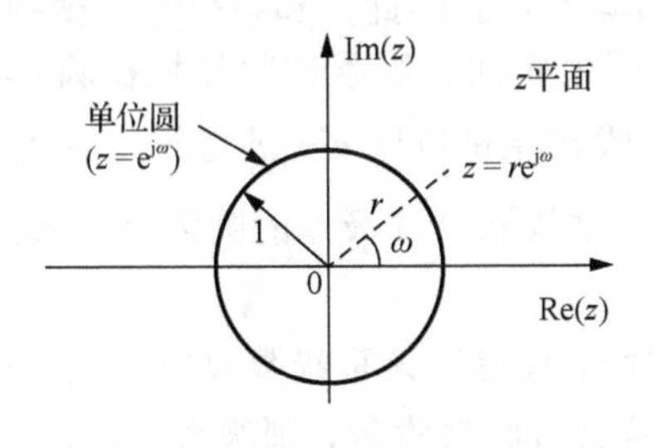

图 9-2　z 平面

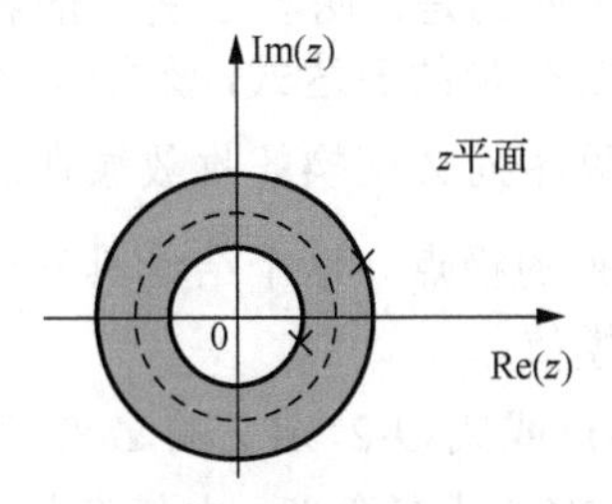

图 9-3　Z 变换的收敛域

类似于拉普拉斯变换收敛域的叙述过程，在 z 平面内，Z 变换的收敛域以过极点的圆环为界(当然，不包括边界处的圆环)，并且收敛域内不存在任何极点。如果 $x(n)$ 由几个序列线性组合而成，则其 Z 变换 $X(z)$ 的收敛域由这几个序列各自 Z 变换收敛域的共同重叠区域构成。如果它们没有共同的重叠区域，则 $X(z)$ 不收敛。

下面先通过两个例子来说明 Z 变换的收敛域。

例 9-1 对序列 $x(n)=a^n u(n)$，求其 Z 变换。

解： $x(n)=a^n u(n)$ 为因果序列，所以求其单边 Z 变换，由单边 Z 变换的定义得

$$a^n u(n) \leftrightarrow \sum_{n=0}^{+\infty} a^n u(n) z^{-n} = \sum_{n=0}^{+\infty} (az^{-1})^n \tag{9-15}$$

$\left\{\left(az^{-1}\right)^n\right\}$ 是一个公比为 $q=az^{-1}$ 的无穷等比数列，$X(z)$ 存在的充要条件是 $\left|az^{-1}\right|<1$，即 $|z|>|a|$。在 z 平面上，$X(z)$ 的收敛域为以 $|a|$ 为半径的圆外部分。当 $|z|>|a|$ 时，得

$$a^n u(n) \leftrightarrow \frac{1}{1-az^{-1}}, \quad |z|>|a| \tag{9-16}$$

当 $a=1$ 时，$x(n)$ 变为单位阶跃序列 $n(u)$，其 Z 变换为

$$n(u) \leftrightarrow \frac{1}{1-z^{-1}}, \quad |z|>1 \tag{9-17}$$

例 9-2 求非因果序列 $x(n)=-a^n u(-n-1)$ 的双边 Z 变换。

解： 由双边 Z 变换的定义得

$$-a^n u(-n-1) \leftrightarrow \sum_{n=-\infty}^{+\infty} -a^n u(-n-1) z^{-n} = -\sum_{n=-1}^{-\infty} (az^{-1})^n = -\sum_{k=1}^{+\infty} (a^{-1}z)^k$$

在上式右边令 $k=-n$，则上式变为

$$-a^n u(-n-1) \leftrightarrow -\sum_{k=1}^{+\infty} (a^{-1}z)^k \tag{9-18}$$

若 $\left|a^{-1}z\right|<1$，或者说 $|z|<|a|$，上式右边的幂级数收敛。在 z 平面上，$X(z)$ 的收敛域为以 $|a|$ 为半径的圆内部分。当 $|z|<|a|$ 时，得

$$-d^n u(-n-1) \leftrightarrow -\frac{a^{-1}z}{1-a^{-1}z} = \frac{1}{1-az^{-1}}, \quad |z|<|a| \tag{9-19}$$

显然，例 9-1 中的因果序列和例 9-2 中的非因果序列截然不同，但是它们具有相同的 Z 变换，所不同的是，两者 Z 变换的收敛域不同，如图 9-4 所示。因此，和拉普拉斯变换一样，给出一个 Z 变换的表达式，要同时给出相应的收敛域。因果序列 Z 变换的收敛域在圆 $r=|a|$ 外面，非因果序列 Z 变换的收敛域在圆 $r=|a|$ 里面。两个收敛域都以圆 $r=|a|$ 为界，显然，a 是它们 Z 变换的极点。这个结论具有一般性，即 Z 变换的收敛域以过极点的圆为界，圆的半径为极点的模值。

式(9-1)或式(9-2)定义的 Z 变换是复变量 z 的幂级数，只有当该幂级数收敛时，序列 $x(n)$ 的 Z 变换 $X(z)$ 才有意义。由任意级数收敛理论可知，若级数绝对收敛，则级数收敛。式(9-1)或式(9-2)定义的 Z 变换收敛的充分条件是级数绝对收敛，即

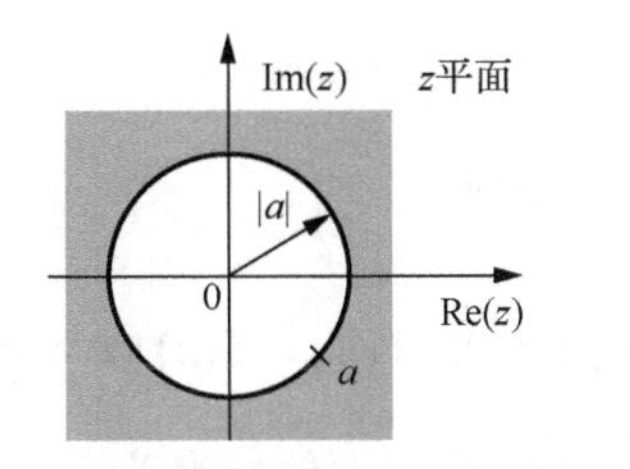

(a) 因果序列Z变换的收敛域

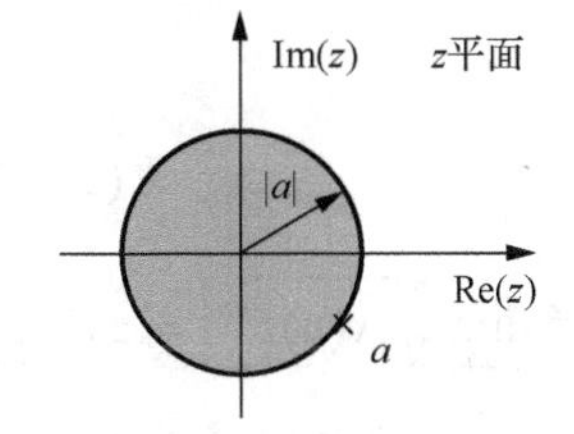

(b) 非因果序列Z变换的收敛域

图 9-4　因果序列与非因果序列 Z 变换的收敛域

$$\sum_{n=-\infty}^{+\infty}\left|x(n)z^{-n}\right|<\infty \tag{9-20}$$

或者

$$\sum_{n=0}^{+\infty}\left|x(n)z^{-n}\right|<\infty \tag{9-21}$$

以上两式左边的求和项构成正项级数。

对正项级数 $\sum_{n=-\infty}^{+\infty}u_n$，记 $r=\lim_{n\to+\infty}\sqrt[n]{u_n}$ 。由柯西判别法可知，当 $r<1$ 时，正项级数必收敛；当 $r>1$ 时，正项级数必发散；当 $r=1$ 时，正项级数的收敛性尚需要进一步判定。

同样，对正项级数 $\sum_{n=-\infty}^{+\infty}u_n$，记 $r=\lim_{n\to+\infty}\dfrac{u_n}{u_{n-1}}$ 。由达朗贝尔判别法可知，当 $r<1$ 时，正项级数必收敛；当 $r>1$ 时，正项级数必发散；当 $r=1$ 时，正项级数的收敛性尚需要进一步判定。

下面利用柯西判别法或达朗贝尔判别法来分析几类离散序列的 Z 变换的收敛域。

1) 有限长序列

有限长序列 $x(n)$ 只在有限区间 $k_1\leqslant n\leqslant k_2$ 内取非零值。$x(n)$ 的双边 Z 变换为

$$X(z)=\sum_{n=k_1}^{k_2}x(n)z^{-n} \tag{9-22}$$

依次列出上式求和的每一项，得

$$X(z)=x(k_1)z^{-k_1}+x(k_1+1)z^{-(k_1+1)}+\cdots+x(k_2)z^{-k_2} \tag{9-23}$$

显然，对任意大小有限的整数 $k_1\leqslant n\leqslant k_2$，只要 $0<|z|<+\infty$，则 $\left|z^{-n}\right|$ 有限，考虑到序列值 $x(n)$ 都是有限的，所以 $|x(n)z^{-n}|=|x(n)||z^{-1}|^n$ 有限。考虑到 $X(z)$ 只包含有限项，此时这些项的和必然有限，$X(z)$ 收敛，这表明 $X(z)$ 的收敛域至少为 $0<|z|<+\infty$ 。但当 $|z|\to 0$ 时，涉及 z 的负幂次的项就变成无界的，收敛域不包括 $z=0$；当 $|z|\to+\infty$ 时，涉及 z 的正幂次的项就变成无界的，收敛域不包括 $z=+\infty$ 。

当 $k\geqslant 0$ 时，由式(9-23)可以看出 $X(z)$ 全部是负幂次项，收敛域不包括 $z=0$ 而包括 $z=-\infty$；相反，当 $k\leqslant 0$ 时，由式(9-23)可以看出 $X(z)$ 全部是正幂次项，收敛域不包括 $z=+\infty$ 而包括 $z=0$ 。

2) 右边序列

右边序列 $x(n)$ 是指当 $n<k$ 时 $x(n)=0$，或者说，当 $n\geqslant k$ 时 $x(n)$ 才取非零值。右边序列

$x(n)$ 的双边 Z 变换为

$$X(z)=\sum_{n=k}^{+\infty}x(n)z^{-n} \tag{9-24}$$

由柯西判别法可知，当 $\lim\limits_{n\to+\infty}\sqrt[n]{\left|x(n)z^{-n}\right|}=|z|^{-1}\lim\limits_{n\to+\infty}\sqrt[n]{|x(n)|}<1$ 时，$X(z)$ 收敛。考虑到序列值 $x(n)$ 都是有限的，从而 $\lim\limits_{n\to+\infty}\sqrt[n]{|x(n)|}$ 存在，令 $\lim\limits_{n\to+\infty}\sqrt[n]{|x(n)|}=\alpha$，收敛域变为

$$|z|>\alpha \tag{9-25}$$

若 $k\geqslant 0$，则 $X(z)$ 全部是负幂次项，收敛域包括 $z=\infty$，即收敛域为 $|z|>\alpha$；若 $k<0$，则 $X(z)$ 包含正幂次项，收敛域不包括 $z=\infty$，即收敛域为 $\alpha<|z|<+\infty$。显然，因果序列 Z 变换的收敛域是 $|z|>\alpha$。

3) 左边序列

左边序列 $x(n)$ 是指当 $n>m$ 时 $x(n)=0$，或者说，当 $n\leqslant m$ 时 $x(n)$ 才取非零值。左边序列 $x(n)$ 的双边 Z 变换为

$$X(z)=\sum_{n=-\infty}^{k}x(n)z^{-n}=\sum_{k=-m}^{+\infty}x(-k)z^{k} \tag{9-26}$$

由柯西判别法可知，当 $\lim\limits_{k\to+\infty}\sqrt[k]{\left|x(-k)z^{k}\right|}=|z|\lim\limits_{k\to+\infty}\sqrt[k]{|x(-k)|}<1$ 时，$X(z)$ 收敛。考虑到序列值 $x(n)$ 都是有限的，从而 $\lim\limits_{k\to+\infty}\sqrt[k]{|x(-k)|}$ 存在，令 $1/\lim\limits_{k\to+\infty}\sqrt[k]{|x(-k)|}=\beta$，收敛域变为

$$|z|<\beta \tag{9-27}$$

由此可见，右边序列的 Z 变换收敛域是 z 平面上以原点为圆心、以 β 为半径的圆内部分。若 $m>0$，则收敛域不包括 $z=0$。显然，非因果序列 Z 变换的收敛域是 $|z|<\beta$。

4) 双边序列

双边序列 $x(n)$ 在整个时域都可能取非零值，此时双边序列 $x(n)$ 的 Z 变换可写为

$$X(z)=\sum_{n=-\infty}^{+\infty}x(n)z^{-n}=\sum_{n=0}^{+\infty}x(n)z^{-n}+\sum_{n=-\infty}^{-1}x(n)z^{-n} \tag{9-28}$$

上式等号右端第一项为因果序列的 Z 变换，收敛域为 $|z|>\alpha$；第二项为非因果序列的 Z 变换，收敛域为 $|z|<\beta$。若 $\alpha<\beta$，这两个收敛域有以下重叠部分：

$$\alpha<|z|<\beta \tag{9-29}$$

此时，$X(z)$ 收敛，在 z 平面上，收敛域是一个圆环，边界处的两个圆分别以 α 和 β 为半径。若 $\alpha>\beta$，这两个收敛域没有重叠部分，$X(z)$ 不收敛。图 9-5 所示为双边序列 Z 变换的收敛域。对由式(9-28)等号右端第一项给出的双边序列的因果序列部分而言，双边序列 Z 变换的收敛域在以该部分 Z 变换极点的模值(即 α)为半径的圆外；而对由式(9-28)等号右端第二项给出的双边序列的非因果序列部分而言，双边序列 Z 变换的收敛域在以该部分 Z 变换极点的模值(即 β)为半径的圆内。

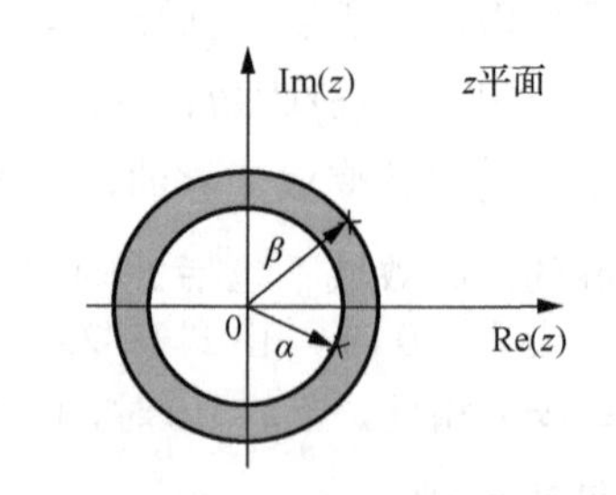

图 9-5　双边序列 Z 变换的收敛域

例 9-3　求 $x(n)=a^{|n|}\ (|a|<1)$ 的双边 Z 变换。

解：可以把 $x(n)$ 写为

$$x(n)=a^{n}u(n)+a^{-n}u(-n-1)$$

根据例 9-1 及例 9-2，对上式右边两项分别取双边 Z 变换，依次得

$$a^{n}u(n)\overset{z}{\leftrightarrow}\frac{1}{1-az^{-1}},\quad |z|>|a|$$

$$a^{-n}u(-n-1)\overset{z}{\leftrightarrow}-\frac{1}{1-a^{-1}z^{-1}},\quad |z|<\frac{1}{|a|}$$

若 $|a|>\dfrac{1}{|a|}$，即 $|a|>1$、$|z|>|a|$ 与 $|z|<\dfrac{1}{|a|}$ 没有重叠的区域，所以 $X(z)$ 不存在。若 $|a|=\dfrac{1}{|a|}$，即 $|a|<1$，$X(z)$ 存在，收敛域为 $|a|<|z|<\dfrac{1}{|a|}$，且有

$$a^{|n|}\leftrightarrow\frac{1}{1-az^{-1}}-\frac{1}{1-a^{-1}z^{-1}}=\frac{(a-a^{-1})z}{(z-a)(z-a^{-1})},\quad |a|<|z|<\frac{1}{|a|}\tag{9-30}$$

9.3　Z 变换的性质

以下有关 Z 变换的性质如果没有特殊说明，都是针对双边 Z 变换的。

9.3.1　线性

给定 Z 变换对 $x(n)\leftrightarrow X(z)$，$R_{x1}<|z|<R_{x2}$ 和 $y(n)\leftrightarrow Y(z)$，$R_{y1}<|z|<R_{y2}$，则对任意常数 k_1、k_2 有

$$k_1x(n)+k_2y(n)\leftrightarrow k_1X(z)+k_2Y(z)$$

此式的证明很容易。叠加后序列的 Z 变换收敛域至少为 $X(z)$ 和 $Y(z)$ 收敛域的重叠部分。多个序列线性叠加后的 Z 变换类似。

例 9-4　求 $\sin(n\omega_0)u(n)$ 和 $\cos(n\omega_0)u(n)$ 的单边 Z 变换。

解：例 9-1 已经得到单边 Z 变换对：

$$a^{n}u(n)\leftrightarrow\frac{1}{1-a\,z^{-1}}$$

在上式两边分别令 $a=\mathrm{e}^{\mathrm{j}\omega_0}$ 和 $a=\mathrm{e}^{-\mathrm{j}\omega_0}$ 得

$$\mathrm{e}^{\mathrm{j}n\omega_0}u(n)\leftrightarrow\frac{1}{1-\mathrm{e}^{\mathrm{j}\omega_0}z^{-1}}$$

$$\mathrm{e}^{-\mathrm{j}n\omega_0}u(n)\leftrightarrow\frac{1}{1-\mathrm{e}^{-\mathrm{j}\omega_0}z^{-1}}$$

以上两式两边分别相加并除以 2、相减并除以 2j 得

$$\cos(n\omega_0)u(n) \leftrightarrow \frac{1-z^{-1}\cos\omega_0}{z^{-2}-2z^{-1}\cos\omega_0+1} \tag{9-31}$$

$$\sin(n\omega_0)u(n) \leftrightarrow \frac{z^{-1}\sin\omega_0}{z^{-2}-2z^{-1}\cos\omega_0+1} \tag{9-32}$$

9.3.2 移位特性

1. 双边 Z 变换的移位特性

给定 Z 变换 $x(n) \leftrightarrow X(z)$，则对任意整数 m 有

$$x(n-m) \leftrightarrow z^{-m}X(z) \tag{9-33}$$

证明：由双边 Z 变换的定义有

$$\mathcal{Z}[x(n-m)] = \sum_{n=-\infty}^{+\infty} x(n-m)z^{-n} = z^{-m}\sum_{n=-\infty}^{+\infty} x(n-m)z^{-(n-m)} \tag{9-34}$$

在上式等号右边令 $k=n-m$，则上式变为

$$\mathcal{Z}[x(n-m)] = z^{-m}\sum_{k=-\infty}^{+\infty} x(k)z^{-k} = z^{-m}X(z) \tag{9-35}$$

2. 单边 Z 变换的移位特性

设因果序列 $x(n)$ 的单边 Z 变换为 $X(z)$。由于因果序列 $x(n)$ 右移 $m>0$ 得到的序列 $x(n-m)$ 依然是因果序列，如图 9-6 所示，因此在求 $x(n-m)$ 的单边 Z 变换时，$x(n)$ 所有的序列值都参与了求和，所以式(9-33)对单边 Z 变换成立，重写如下：

$$x(n-m) \leftrightarrow z^{-m}X(z), \quad m>0 \tag{9-36}$$

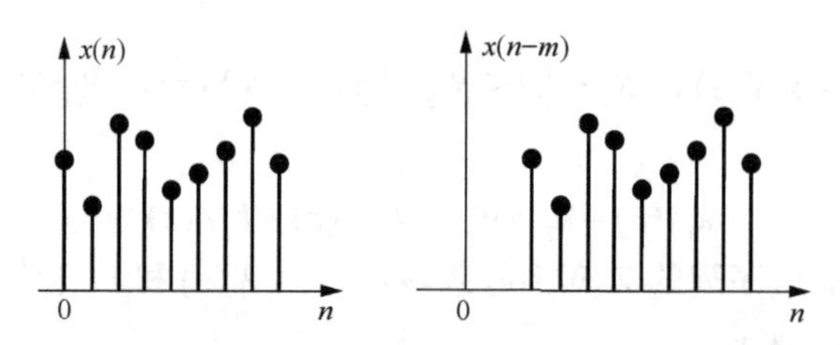

图 9-6 因果序列右移后依然是因果序列 ($m>0$)

证明：由单边 Z 变换的定义有

$$\mathcal{Z}[x(n-m)] = \sum_{n=0}^{+\infty} x(n-m)z^{-n} \tag{9-37}$$

在上式等号右边令 $k=n-m$，则 k 的取值范围为 $-m \leqslant k \leqslant +\infty$，上式变为

$$\mathcal{Z}[x(n-m)] = z^{-m}\sum_{k=-m}^{+\infty} x(k)z^{-k} = z^{-m}X(z) \tag{9-38}$$

考虑到 $m>0$，而 $x(n)$ 为因果序列，所以上式变为

$$\mathcal{Z}[x(n-m)] = z^{-m}\sum_{k=0}^{+\infty} x(k)z^{-k} = z^{-m}X(z) \tag{9-39}$$

设因果序列 $x(n)$ 在 $n>k>0$ 时才有非零值，显然对 $x(n)$ 左移 $0<m<k$ 得到的序列 $x(n+m)$ 依然是因果序列，如图 9-7 所示，所以在求 $x(n+m)$ 的单边 Z 变换时，$x(n)$ 所有的序列值都参与了求和，因此式(9-33)对单边 Z 变换成立，重写如下：

$$x(n+m) \leftrightarrow z^m X(z), \quad m>0 \tag{9-40}$$

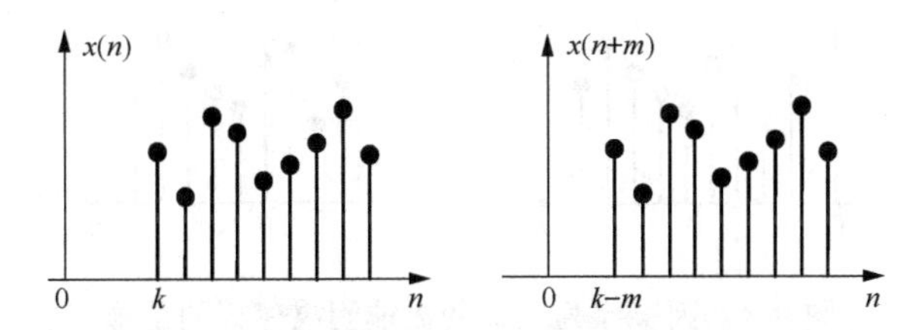

图 9-7　因果序列左移后依然是因果序列的情形 $(k>m>0)$

证明：由单边 Z 变换的定义有

$$\mathcal{Z}\left[x(n+m)\right] = \sum_{n=0}^{+\infty} x(n+m) z^{-n} \tag{9-41}$$

在上式等号右边令 $l=n+m$，则 l 的取值范围为 $m \leqslant l \leqslant +\infty$，上式变为

$$\mathcal{Z}\left[x(n+m)\right] = z^m \sum_{l=m}^{+\infty} x(l) z^{-l} \tag{9-42}$$

考虑到 $0<m<k$，而因果序列 $x(n)$ 在 $n>k>m$ 时才有非零值，所以上式右边的求和只需要从 k 开始，上式变为

$$\mathcal{Z}\left[x(n+m)\right] = z^m \sum_{l=k}^{+\infty} x(l) z^{-l} \tag{9-43}$$

上式等号右边的求和即为 $x(n)$ 的单边 Z 变换 $X(z)$，因而得

$$\mathcal{Z}\left[x(n+m)\right] = z^m X(z) \tag{9-44}$$

考虑因果序列 $x(n)=n\alpha^n u(n)$，因为 $n\alpha^n u(n)$ 从 $n=1$ 开始取非零值，所以左移 1 个单位后得到的序列 $x(n+1)$ 依然是因果序列。后面求得

$$n\alpha^n u(n) \leftrightarrow \alpha z^{-1} / (1-\alpha z^{-1})^2$$

所以由式(9-44)可得

$$\mathcal{Z}\left[x(-n)\right] = \sum_{k=+\infty}^{-\infty} x(k) z^k = \sum_{k=+\infty}^{-\infty} x(k) (z^{-1})^{-k}$$

显然

$$x(n+1) = (n+1)\alpha^{n+1} u(n+1) = (n+1)\alpha^{n+1} u(n)$$

综合以上两式可得

$$(n+1)\alpha^n u(n) \leftrightarrow 1/(1-\alpha z^{-1})^2$$

很容易通过叠加性验证上式的正确性，由叠加性可得

$$(n+1)\alpha^n u(n) = n\alpha^n u(n) + \alpha^n u(n) \leftrightarrow \alpha z^{-1}/(1-\alpha z^{-1})^2 + 1/(1-\alpha z^{-1}) = 1/(1-\alpha z^{-1})^2$$

但是如果因果序列 $x(n)$ 左移变成了非因果序列，如图 9-8 所示，这时左移得到的序列在求单边 Z 变换时，虚线框内的序列值没有参与求和，所以上式不成立。设因果序列 $x(n)$ 的单

边 Z 变换为 $X(z)$，则对任意 $m>0$ 有以下单边 Z 变换对：

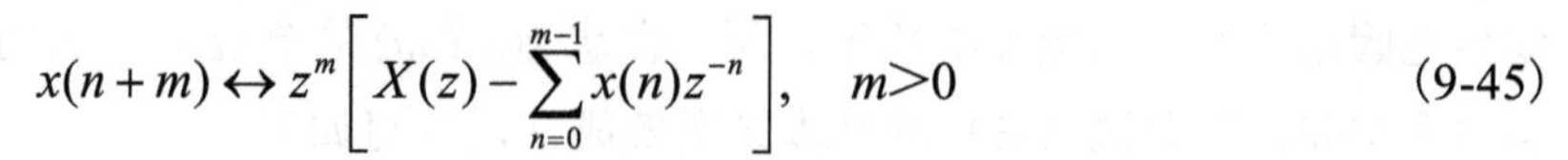

$$x(n+m) \leftrightarrow z^{m}\left[X(z)-\sum_{n=0}^{m-1} x(n) z^{-n}\right], \quad m>0 \tag{9-45}$$

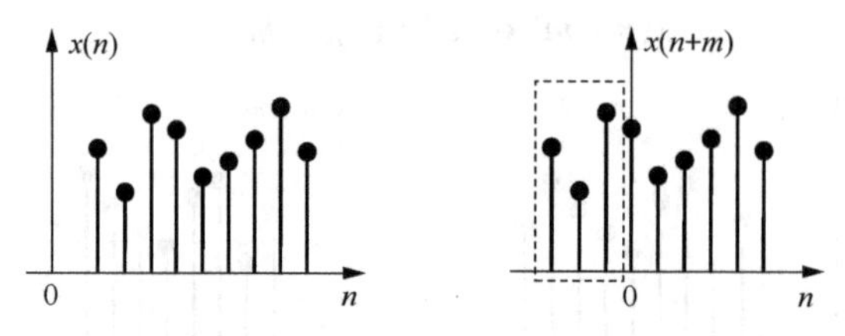

图 9-8　因果序列左移变成非因果序列的情形

证明：由单边 Z 变换的定义得

$$\mathcal{Z}[x(n+m)]=\sum_{n=0}^{+\infty} x(n+m) z^{-n} \tag{9-46}$$

在上式等号右边令 $k=n+m$，则上式变为

$$\mathcal{Z}[x(n+m)]=z^{m} \sum_{k=m}^{+\infty} x(k) z^{-k} \tag{9-47}$$

考虑到 $m>0$，上式可写为

$$\mathcal{Z}[x(n+m)]=z^{m}\left[\sum_{k=0}^{+\infty} x(k) z^{-k}-\sum_{k=0}^{m-1} x(k) z^{-k}\right]=z^{m}\left[X(z)-\sum_{k=0}^{m-1} x(k) z^{-k}\right] \tag{9-48}$$

特别地有

$$x(n+1) \leftrightarrow z X(z)-z x(0) \tag{9-49}$$

$$x(n+2) \leftrightarrow z^{2} X(z)-z^{2} x(0)-z x(1) \tag{9-50}$$

$$x(n+3) \leftrightarrow z^{3} X(z)-z^{3} x(0)-z^{2} x(1)-z x(2) \tag{9-51}$$

非因果序列 $x(n)$ 右移变成因果序列的情形，如图 9-9 所示，值没有移动之前，在求单边 Z 变换时，虚线框内的序列没有参与求和，但右移后其对应的序号为正整数，所以求 Z 变换时参与了求和。设非因果序列 $x(n)$ 的单边 Z 变换为 $X(z)$，则对任意 $m>0$ 有以下单边 Z 变换对：

$$x(n-m) \leftrightarrow z^{-m}\left[X(z)+\sum_{n=-m}^{-1} x(n) z^{-n}\right], \quad m>0 \tag{9-52}$$

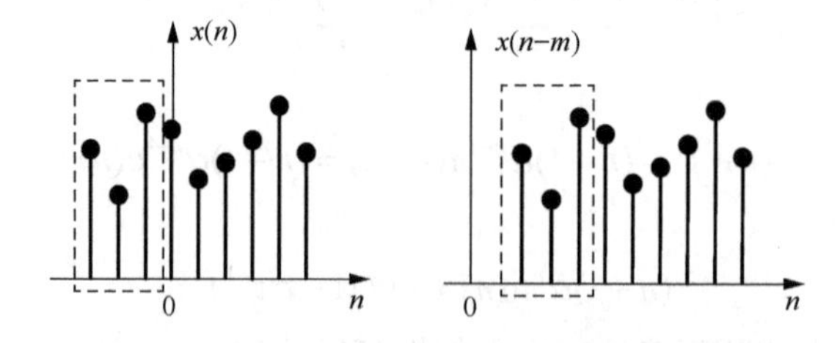

图 9-9　非因果序列右移变成因果序列的情形

证明：由单边 Z 变换的定义得

$$\mathcal{Z}[x(n-m)]=\sum_{n=0}^{+\infty} x(n-m) z^{-n} \tag{9-53}$$

在上式等号右边令 $k=n-m$，则上式变为

$$\mathcal{Z}\left[x(n-m)\right]=z^{-m}\sum_{k=-m}^{+\infty}x(k)z^{-k} \tag{9-54}$$

考虑到 $m>0$，上式可写为

$$\mathcal{Z}\left[x(n-m)\right]=z^{m}\left[\sum_{k=0}^{+\infty}x(k)z^{-k}+\sum_{k=-m}^{-1}x(k)z^{-k}\right]=z^{m}\left[X(z)+\sum_{k=-m}^{-1}x(k)z^{-k}\right] \tag{9-55}$$

特别地有

$$x(n-1)\leftrightarrow z^{-1}X(z)+x(-1) \tag{9-56}$$

$$x(n-2)\leftrightarrow z^{-2}X(z)+z^{-1}x(-1)+x(-2) \tag{9-57}$$

$$x(n-3)\leftrightarrow z^{-3}X(z)+z^{-2}x(-1)+z^{-1}x(-2)+x(-3) \tag{9-58}$$

3. Z 变换的移位特性总结

序列的双边 Z 变换的移位特性很简单。Z 变换的求和项 $x(n)z^{-n}$ 中 z^{-n} 的幂次数是序号的相反数，右移 $m>0$ 使得序列 n 的序号增大 m，所以 Z 变换要乘以因子 z^{-m}；左移 $m>0$（右移 $-m$）使得序列 n 的序号减小 m，所以 Z 变换要乘以因子 z^{m}。由此可见，统一起来就是说，右移 m($m>0$ 时，是真正的右移，$m<0$ 时，实质上是左移 $-m$) 使得 Z 变换乘以因子 z^{-m}。

因果序列右移或者因果序列左移得到的序列还是因果序列时，移动 m 也使得单边 Z 变换乘以因子 z^{-m}。因果序列左移变成非因果序列后，在求单边 Z 变换时有部分序列值没有参与求和，所以要把这部分序列值的影响从新序列的单边 Z 变换中去除，具体情况由式(9-48)给出。非因果序列右移变成因果序列后，在求单边 Z 变换时，有部分序列值原来没有参与求和但是现在参与了求和，所以要把这部分序列值的影响在新序列的单边 Z 变换中加以考虑，具体情况由式(9-55)给出。

例 9-5　对任意 $k\geqslant 0$，求 z^{-k} 的 Z 变换。

解：先求单位脉冲序列 $\delta(n)$ 的 Z 变换得

$$\delta(n)\leftrightarrow\sum_{n=-\infty}^{+\infty}\delta(n)z^{-n}=1 \tag{9-59}$$

由于 $\delta(n)$ 是因果序列(更确切地说，只在 $n=0$ 时有值)，对 $k\geqslant 0$，利用因果序列的单边 Z 变换右移特性或双边 Z 变换的移位特性得

$$\delta(n-k)\overset{\mathcal{Z}}{\leftrightarrow}z^{-k}\cdot 1=z^{-k} \tag{9-60}$$

例 9-6　设因果序 $x(n)$ 的 Z 变换为 $X(z)$，定义和式 $w(n)$ 如下：

$$w(n)=\sum_{i=0}^{n}x(i) \tag{9-61}$$

试利用 Z 变换的移位特性证明 $w(n)$ 的 Z 变换为

$$W(z)=\frac{X(z)}{1-z^{-1}}$$

证明：因为 $x(n)$ 为因果序列，由 $w(n)$ 的定义可知 $w(n)$ 也是因果序列，且可以写为

$$w(n)=\sum_{i=0}^{n-1}x(i)+x(n) \tag{9-62}$$

由 $w(n)$ 的定义得

$$w(n-1)=\sum_{i=0}^{n-1}x(i) \tag{9-63}$$

以上两式两边相减得

$$w(n)=w(n-1)+x(n) \tag{9-64}$$

对上式两边取单边Z变换，利用因果序列的单边Z变换右移特性得

$$W(z)=z^{-1}W(z)+X(z) \tag{9-65}$$

所以

$$W(z)=\frac{X(z)}{1-z^{-1}} \tag{9-66}$$

9.3.3 尺度变换特性

给定Z变换对 $x(n)\leftrightarrow X(z)$，$\alpha<|z|<\beta$，则对任意常数 $a\neq 0$ 有

$$a^{n}x(n)\leftrightarrow X(z/a),\qquad \alpha|a|<z<\beta|a| \tag{9-67}$$

证明：由Z变换的定义得

$$X(z)=\sum_{n=-\infty}^{+\infty}x(n)z^{-n}$$

因而有

$$X\left(\frac{z}{a}\right)=\sum_{n=-\infty}^{+\infty}x(n)\left(\frac{z}{a}\right)^{-n}=\sum_{n=-\infty}^{+\infty}\left[a^{n}x(n)\right]z^{-n}$$

显然，上式等号右边就是 $a^{n}x(n)$ 的Z变换。收敛域为 $\alpha<|z/a|<\beta$，此即 $\alpha|a|<|z|<\beta|a|$。

例 9-7　求 $\alpha^{n}\sin(n\omega_0)u(n)$ 和 $\alpha^{n}\cos(n\omega_0)u(n)$ 的Z变换。

解：例 9-4 已经得到

$$\sin(n\omega_0)u(n)\leftrightarrow\frac{z^{-1}\sin\omega_0}{z^{-2}-2z^{-1}\cos\omega_0+1}$$

$$\cos(n\omega_0)u(n)\leftrightarrow\frac{1-z^{-1}\cos\omega_0}{z^{-2}-2z^{-1}\cos\omega_0+1}$$

由尺度变换特性可得

$$\alpha^{n}\sin(n\omega_0)u(n)\leftrightarrow\frac{(z/\alpha)^{-1}\sin\omega_0}{(z/\alpha)^{-2}-2(z/\alpha)^{-1}\cos\omega_0+1}=\frac{\alpha z^{-1}\sin\omega_0}{1-2\alpha z^{-1}\cos\omega_0+\alpha^{2}z^{-2}} \tag{9-68}$$

$$\alpha^{n}\cos(n\omega_0)u(n)\leftrightarrow\frac{1-(z/\alpha)^{-1}\cos\omega_0}{(z/\alpha)^{-2}-2(z/\alpha)^{-1}\cos\omega_0+1}=\frac{1-\alpha z^{-1}\cos\omega_0}{1-2\alpha z^{-1}\cos\omega_0+\alpha^{2}z^{-2}} \tag{9-69}$$

收敛域为 $|z/\alpha|>1$，即 $|z|>|\alpha|$。

9.3.4 时域卷积定理

给定Z变换对 $x(n)\leftrightarrow X(z), R_{x1}<|z|<R_{x2}$ 和 $y(n)\leftrightarrow Y(z), R_{y1}<|z|<R_{y2}$，则有

$$x(n)*y(n)\leftrightarrow X(z)Y(z) \tag{9-70}$$

证明：由 Z 变换的定义和卷积和的定义得

$$\mathcal{Z}\left[x(n)*y(n)\right]=\sum_{n=-\infty}^{+\infty}\left[x(n)*y(n)\right]z^{-n}=\sum_{n=-\infty}^{+\infty}\sum_{m=-\infty}^{+\infty}x(m)y(n-m)z^{-n}$$

在上式等号右边令 $k=n-m$，考虑到 n 和 m 的取值范围都为 $(-\infty,+\infty)$，所以 k 的取值范围为 $(-\infty,+\infty)$，上式变为

$$\mathcal{Z}\left[x(n)*y(n)\right]=\sum_{m=-\infty}^{+\infty}\sum_{k=-\infty}^{+\infty}x(m)z^{-m}y(k)z^{-k}=\left[\sum_{m=-\infty}^{+\infty}x(m)z^{-m}\right]\left[\sum_{k=-\infty}^{+\infty}y(k)z^{-k}\right]=X(z)Y(z)$$

利用时域卷积定理，在求 $x(n)*y(n)$ 时，先求各自 Z 变换之积 $X(z)Y(z)$，再求 $X(z)Y(z)$ 的逆 Z 变换，即可得到时域卷积。

9.3.5　Z 域卷积定理

给定 Z 变换对 $x(n)\leftrightarrow X(z),R_{x1}<|z|<R_{x2}$ 和 $y(n)\leftrightarrow Y(z),R_{y1}<|z|<R_{y2}$，则有

$$x(n)y(n)\leftrightarrow\frac{1}{2\pi\mathrm{j}}\oint_{C_1}\frac{1}{V}X(v)Y\left(\frac{z}{v}\right)\mathrm{d}v \tag{9-71}$$

式中，C_1 为 $X(v)$ 和 $Y(z/v)$ 收敛域重叠部分内任意逆时针旋转的闭合围线。或者有

$$x(n)y(n)\leftrightarrow\frac{1}{2\pi\mathrm{j}}\oint_{C_2}\frac{1}{v}X\left(\frac{z}{v}\right)Y(v)\mathrm{d}v \tag{9-72}$$

式中，C_2 为 $X(z/v)$ 和 $Y(v)$ 收敛域重叠部分内任意逆时针旋转的闭合围线。

证明：由 Z 变换的定义得

$$x(n)y(n)\leftrightarrow\sum_{n=-\infty}^{+\infty}x(n)y(n)z^{-n} \tag{9-73}$$

由逆 Z 变换的定义(9.4 节讲解)有

$$x(n)=\frac{1}{2\pi\mathrm{j}}\oint_{C_1}X(v)v^{n-1}\mathrm{d}v \tag{9-74}$$

将上式代入式(9-73)得

$$x(n)y(n)\leftrightarrow\sum_{n=-\infty}^{+\infty}\left[\frac{1}{2\pi\mathrm{j}}\oint_{C_1}X(v)v^{n-1}\mathrm{d}v\right]y(n)z^{-n} \tag{9-75}$$

在上式右边交换围线积分与求和的次序并整理得

$$x(n)y(n)\leftrightarrow\frac{1}{2\pi\mathrm{j}}\oint_{C_1}\left[\sum_{n=-\infty}^{+\infty}v^{n}y(n)z^{-n}\right]X(v)\frac{1}{v}\mathrm{d}v=\frac{1}{2\pi\mathrm{j}}\oint_{C_1}\left[\sum_{n=-\infty}^{+\infty}y(n)\left(\frac{z}{v}\right)^{-n}\right]X(v)\frac{1}{v}\mathrm{d}v \tag{9-76}$$

由 Z 变换的定义有

$$Y\left(\frac{z}{v}\right)=\sum_{n=-\infty}^{+\infty}y(n)\left(\frac{z}{v}\right)^{-n} \tag{9-77}$$

从而

$$x(n)y(n)\leftrightarrow\frac{1}{2\pi\mathrm{j}}\oint_{C_1}\frac{1}{v}X(v)Y\left(\frac{z}{v}\right)\mathrm{d}v \tag{9-78}$$

式中，C_1 为 $X(v)$ 和 $Y(z/v)$ 收敛域重叠部分内任意逆时针旋转的闭合围线。显然，$X(v)$ 的收

敛域为

$$R_{x1} < |v| < R_{x2} \tag{9-79}$$

$Y(z/v)$ 的收敛域为

$$R_{y1} < |z/v| < R_{y2} \tag{9-80}$$

将以上两个不等式相乘得

$$R_{x1}R_{y1} < |z| < R_{x2}R_{y2} \tag{9-81}$$

这表明 $x(n)y(n)$ 的 Z 变换的收敛域至少为

$$R_{x1}R_{y1} < |z| < R_{x2}R_{y2} \tag{9-82}$$

同样可证式(9-72)。用 Z 域卷积定理求乘积的 Z 变换，难点在于确定被积函数的哪些极点位于积分围线内部。下面用两个例子来详细说明在应用 Z 域卷积定理时是如何确定极点的位置的。

例 9-8 已知 $x(n)$ 和 $y(n)$ 的 Z 变换分别为

$$X(z) = \frac{z}{z - \mathrm{e}^{-b}}, \quad |z| > \mathrm{e}^{-b} \tag{9-83}$$

$$Y(z) = \frac{z\sin\omega_0}{z^2 - 2z\cos\omega_0 + 1}, \quad |z| > 1 \tag{9-84}$$

求 $x(n)y(n)$ 的 Z 变换。

解：由 Z 域卷积定理得

$$x(n)y(n) \leftrightarrow \frac{1}{2\pi\mathrm{j}}\oint_{C_1}\frac{1}{v}X(v)Y\left(\frac{z}{v}\right)\mathrm{d}v \tag{9-85}$$

将 $X(z)$ 和 $Y(z)$ 的表达式代入上式右端并整理得

$$\begin{aligned}x(n)y(n) &\leftrightarrow \frac{1}{2\pi\mathrm{j}}\oint_C \frac{v}{v-\mathrm{e}^{-b}}\frac{(z/v)\sin\omega_0}{(z/v)^2 - 2(z/v)\cos\omega_0 + 1}\frac{1}{v}\mathrm{d}v \\ &= \frac{1}{2\pi\mathrm{j}}\oint_C \frac{v}{v-\mathrm{e}^{-b}}\frac{z\sin\omega_0}{v^2 - 2zv\cos\omega_0 + z^2}\mathrm{d}v \\ &= \frac{1}{2\pi\mathrm{j}}\oint_C \frac{(z\sin\omega_0)v}{(v-\mathrm{e}^{-b})(v - z\mathrm{e}^{\mathrm{j}\omega_0})(v - z\mathrm{e}^{-\mathrm{j}\omega_0})}\mathrm{d}v\end{aligned} \tag{9-86}$$

显然，被积函数(注意变量为 v)有三个极点 $v_1 = \mathrm{e}^{-b}$、$v_2 = z\mathrm{e}^{\mathrm{j}\omega_0}$ 和 $v_3 = z\mathrm{e}^{-\mathrm{j}\omega_0}$。$X(v)$ 的收敛域为 $|v| > \mathrm{e}^{-b}$；$Y(z/v)$ 的收敛域为 $|z/v| > 1$，即 $|v| < |z|$。$X(v)$ 和 $Y(z/v)$ 收敛域重叠部分为 $\mathrm{e}^{-b} < |v| < |z|$，在这个区域内的围线只包围一个极点 $v = \mathrm{e}^{-b}$，如图 9-10 所示。最终得

$$\begin{aligned}x(n)y(n) &\leftrightarrow \mathrm{Res}\left[\frac{(z\sin\omega_0)v}{(v-\mathrm{e}^{-b})(v - z\mathrm{e}^{\mathrm{j}\omega_0})(v - z\mathrm{e}^{-\mathrm{j}\omega_0})}\right]_{v=\mathrm{e}^{-b}} \\ &= \left[\frac{(z\sin\omega_0)v}{(v-\mathrm{e}^{-b})(v - z\mathrm{e}^{\mathrm{j}\omega_0})(v - z\mathrm{e}^{-\mathrm{j}\omega_0})}(v-\mathrm{e}^{-b})\right]_{v=\mathrm{e}^{-b}} \\ &= \frac{(z\sin\omega_0)\mathrm{e}^{-b}}{z^2 - 2z\mathrm{e}^{-b}\cos\omega_0 + \mathrm{e}^{-2b}}\end{aligned} \tag{9-87}$$

$X(v)$ 的收敛域为

$$\mathrm{e}^{-b} < |v| \tag{9-88}$$

$Y(z/v)$ 的收敛域为

$$1 < \left|\frac{z}{v}\right| \tag{9-89}$$

将以上两式两边分别相乘得乘积 $X(n)y(n)$ 的 Z 变换收敛域为 $|z| > \mathrm{e}^{-b}$。

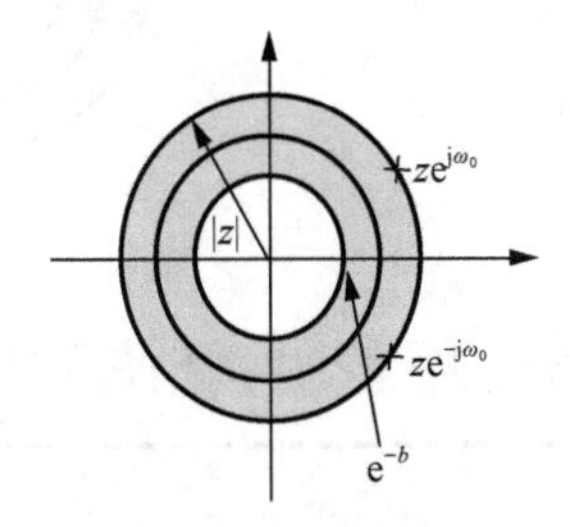

图 9-10　例 9-8 的极点分布

例 9-9　已知 $x(n)$ 和 $y(n)$ 的 Z 变换分别为

$$X(z) = \frac{0.99z^{-1}}{(1-0.1z^{-1})(1-10z^{-1})},\quad 0.1 < |z| < 10 \tag{9-90}$$

$$Y(z) = \frac{z^{-1}}{1-0.1z^{-1}},\quad |z| > 0.1 \tag{9-91}$$

求 $X(v)$ 的 Z 变换。

解：应用 Z 域卷积定理有

$$\begin{aligned} x(n)y(n) &\leftrightarrow \frac{1}{2\pi \mathrm{j}}\oint_C X(v)Y\left(\frac{z}{v}\right)\frac{1}{v}\mathrm{d}v \\ &= \frac{1}{2\pi \mathrm{j}}\oint_C \frac{0.99v^{-1}}{(1-0.1v^{-1})(1-10v^{-1})}\frac{(z/v)^{-1}}{1-0.1(z/v)^{-1}}\frac{1}{v}\mathrm{d}v \end{aligned} \tag{9-92}$$

进一步整理得

$$\begin{aligned} x(n)y(n) &\leftrightarrow \frac{1}{2\pi \mathrm{j}}\int_C \frac{0.99v^{-2}}{(1-0.1v^{-1})(1-10v^{-1})(zv^{-1}-0.1)}\mathrm{d}v \\ &= -\frac{1}{2\pi \mathrm{j}}\int_C \frac{9.9v^{-2}}{(1-0.1v^{-1})(1-10v^{-1})(1-10zv^{-1})}\mathrm{d}v \end{aligned} \tag{9-93}$$

显然，被积函数有三个极点 $v_1 = 0.1$、$v_2 = 10$ 和 $v_3 = 10z$。$X(v)$ 的收敛域为 $0.1 < |v| < 10$；$Y(z/v)$ 的收敛域为 $|z/v| > 0.1$，即 $|v| < 10|z|$。$X(z)$ 收敛域和 $Y(z)$ 收敛域的重叠部分为 $0.1 < |z| < 10$，参考图 9-11(a) 可以看出，当 $0.1 < |z| \leqslant 1$ 时，$X(v)$ 收敛域和 $Y(z/v)$ 收敛域的重叠部分为 $0.1 < |v| < 10|z|$；参考图 9-11(b) 可以看出，当 $1 < |z| < 10$ 时，$X(v)$ 收敛域和 $Y(z/v)$ 收敛域重叠部分为 $0.1 < v < 10$。在这两种情况下，围线都只包围一个极点 $v = 0.1$。最终得到

$$x(n)y(n) \leftrightarrow -\mathrm{Res}\left[\frac{9.9v^{-2}}{(1-0.1v^{-1})(1-10v^{-1})(1-10zv^{-1})}\right]\Bigg|_{v=0.1} = \frac{10}{1-100z} \tag{9-94}$$

$X(v)$ 的收敛域为 $0.1<|v|<10$，$Y(z/v)$ 的收敛域为 $0.1<|z/v|$，将以上两式两边分别相乘得乘积 $X(n)y(n)$ 的 Z 变换收敛域为 $|z|>0.01$。

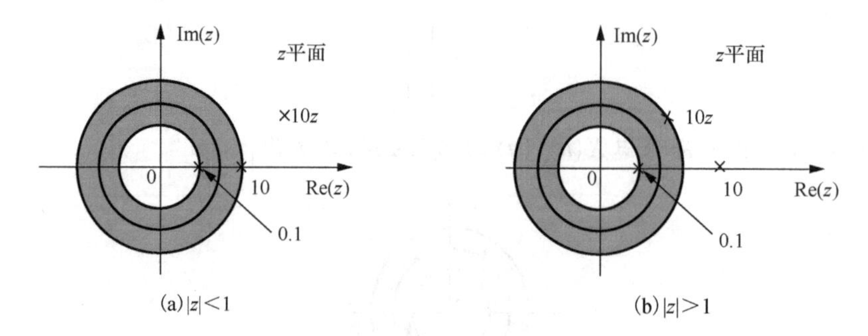

图 9-11　例 9-9 的极点分布

9.3.6　初值定理和终值定理

1. 初值定理

若 $x(n)$ 为因果序列且 $x(n) \leftrightarrow X(z)$，则有

$$x(0) = \lim_{z\to+\infty} X(z) \tag{9-95}$$

这是因为 $\lim\limits_{z\to+\infty} X(z) = \lim\limits_{z\to+\infty}\left[\sum\limits_{n=0}^{+\infty} x(n)z^{-n}\right] = \lim\limits_{z\to+\infty}\left[x(0) + \frac{x(1)}{z} + \frac{x(2)}{z^2} + \frac{x(3)}{z^3} + \cdots\right] = x(0)$。

2. 终值定理

若 $x(n)$ 为因果序列且 $x(n) \leftrightarrow X(z)$，则有

$$\lim_{n\to+\infty} x(n) = \lim_{z\to 1}\left[(z-1)X(z)\right] \tag{9-96}$$

证明：构造序列 $y(n)$ 如下：

$$y(n) = x(n+1) - x(n) \tag{9-97}$$

对上式两边取单边 Z 变换，利用移位特性得

$$Y(z) = z\left[X(z) - x(0)\right] - X(z) = (z-1)X(z) - zx(0) \tag{9-98}$$

对上式两边取 $z\to 1$ 的极限得

$$\lim_{z\to 1} Y(z) = \lim_{z\to 1}\left[(z-1)X(z) - zx(0)\right] = -x(0) \tag{9-99}$$

考虑到 $y(n) = x(n+1) - x(n)$ 得

$$Y(z) = \sum_{n=0}^{+\infty} y(n)z^{-n} = \sum_{n=0}^{+\infty}\left[x(n+1) - x(n)\right]z^{-n} \tag{9-100}$$

同样对上式两边取 $z\to 1$ 的极限得

$$\lim_{z\to 1} Y(z) = \lim_{z\to 1}\sum_{n=0}^{+\infty}\left[x(n+1) - x(n)\right]z^{-n} \tag{9-101}$$

在上式等号右边交换求极限与求和的次序得

$$\lim_{z\to1}Y(z)=\sum_{n=0}^{+\infty}\lim_{z\to1}\left\{\left[x(n+1)-x(n)\right]z^{-n}\right\}=\sum_{n=0}^{+\infty}\left[x(n+1)-x(n)\right] \tag{9-102}$$

此即

$$\lim_{z\to1}Y(z)=\left[x(1)-x(0)\right]+\left[x(2)-x(1)\right]+\left[x(3)-x(2)\right]+\cdots=\lim_{n\to+\infty}\left[x(n)-x(0)\right] \tag{9-103}$$

由上式和式(9-98)可知结论成立。

需要说明的是，终值定理仅在 $\lim\limits_{n\to+\infty}x(n)$ 存在时才成立。例如，对 $x(n)=\sin(\Omega_0 n)$ 而言，显然 $\lim\limits_{n\to+\infty}x(n)$ 不存在，所以不能应用终值定理。若利用终值定理得

$$\lim_{z\to1}\left[(z-1)X(z)\right]=\lim_{z\to1}\left[(z-1)\frac{z\sin(\Omega_0)}{z^2-2z\cos(\Omega_0)+1}\right]=0$$

这显然不对。

9.3.7　Z 域微分

给定 Z 变换对 $x(n)\leftrightarrow X(z)$，则有

$$nx(n)\leftrightarrow -z\frac{\mathrm{d}}{\mathrm{d}z}X(z) \tag{9-104}$$

证明：由 Z 变换的定义得

$$X(z)=\sum_{n=-\infty}^{+\infty}x(n)z^{-n} \tag{9-105}$$

上式两边对 z 求导得

$$\frac{\mathrm{d}X(z)}{\mathrm{d}z}=\frac{\mathrm{d}}{\mathrm{d}z}\left[\sum_{n=-\infty}^{+\infty}x(n)z^{-n}\right] \tag{9-106}$$

在上式等号右边交换求导与求和的次序得

$$\frac{\mathrm{d}X(z)}{\mathrm{d}z}=\sum_{n=-\infty}^{+\infty}x(n)\frac{\mathrm{d}}{\mathrm{d}z}\left(z^{-n}\right)=\sum_{n=-\infty}^{+\infty}(-n)x(n)z^{-n-1}=-z^{-1}\sum_{n=-\infty}^{+\infty}nx(n)z^{-n} \tag{9-107}$$

此即

$$\sum_{n=-\infty}^{+\infty}\left[nx(n)\right]z^{-n}=-z\frac{\mathrm{d}X(z)}{\mathrm{d}z} \tag{9-108}$$

显然，上式左边为 $nx(n)$ 的 Z 变换，从而

$$nx(n)\leftrightarrow -z\frac{\mathrm{d}}{\mathrm{d}z}X(z) \tag{9-109}$$

由此可见，序列乘 n 后的 Z 变换为原序列的 Z 变换对 z 取导数再乘以 $-z$。

若将 $nx(n)$ 再乘以 n 得 $n^2x(n)$，其 Z 变换为

$$n^2x(n)=-z\frac{\mathrm{d}}{\mathrm{d}z}\left[-z\frac{\mathrm{d}}{\mathrm{d}z}X(z)\right]=z^2\frac{\mathrm{d}^2}{\mathrm{d}t^2}X(z)+z\frac{\mathrm{d}}{\mathrm{d}t}X(z) \tag{9-110}$$

更一般地有

$$n^m x(n)\leftrightarrow\left[-z\frac{\mathrm{d}}{\mathrm{d}z}\right]^m X(z) \tag{9-111}$$

式中，$\left[-z\dfrac{\mathrm{d}}{\mathrm{d}z}\right]^m X(z)$ 表示为

$$-z\frac{\mathrm{d}}{\mathrm{d}z}\left\{-z\frac{\mathrm{d}}{\mathrm{d}z}\left[-z\frac{\mathrm{d}}{\mathrm{d}z}\cdots\left(-z\frac{\mathrm{d}}{\mathrm{d}z}X(z)\right)\right]\right\} \tag{9-112}$$

即对 $X(z)$ 求导之后乘以 $-z$ 的运算进行 m 次。

例 9-10　求 $x(n)=n\alpha^n u(n)$ 的 Z 变换 $X(z)$。

解：例 9-1 已经得到

$$\alpha^n u(n)\leftrightarrow\frac{1}{1-\alpha z^{-1}},\quad |z|>\alpha \tag{9-113}$$

由 Z 域微分特性有

$$\alpha^n u(n)\leftrightarrow -z\frac{\mathrm{d}}{\mathrm{d}z}\left(\frac{1}{1-\alpha z^{-1}}\right)=\frac{\alpha z^{-1}}{(1-\alpha z^{-1})^2} \tag{9-114}$$

同样可得

$$n^2\alpha^n u(n)\leftrightarrow -z\frac{\mathrm{d}}{\mathrm{d}z}\left[\frac{\alpha z^{-1}}{(1-\alpha z^{-1})^2}\right]=\frac{\alpha z^{-1}(1+\alpha z^{-1})}{(1-\alpha z^{-1})^3} \tag{9-115}$$

例 9-11　证明对任意正整数 m 有

$$\alpha^n u(n)\cdot\frac{(n+1)(n+2)\cdots(n+m-1)}{(m-1)!}\leftrightarrow\frac{1}{(1-\alpha z^{-1})^m},\quad |z|>\alpha \tag{9-116}$$

解：用归纳法证。为了方便起见，令

$$x_k(n)=\frac{(n+1)(n+2)\cdots(n+k-1)}{(k-1)!}\cdot\alpha^n u(n) \tag{9-117}$$

则要证的结论变为对任意正整数 m 下式成立：

$$x_m(n)\leftrightarrow\frac{1}{(1-\alpha z^{-1})^m},\quad |z|>\alpha \tag{9-118}$$

由例 9-1 可知 $m=1$ 时要证的结论成立。由 Z 域微分特性有

$$n\alpha^n u(n)\leftrightarrow -z\frac{\mathrm{d}}{\mathrm{d}z}\left(\frac{1}{1-\alpha z^{-1}}\right)=\frac{\alpha z^{-1}}{(1-\alpha z^{-1})^2} \tag{9-119}$$

考虑到

$$(n+1)\alpha^n u(n)=n\alpha^n u(n)+\alpha^n u(n) \tag{9-120}$$

对上式两边取 Z 变换得

$$(n+1)\alpha^n u(n)\leftrightarrow \mathcal{Z}\left[n\alpha^n u(n)+\alpha^n u(n)\right]=\frac{\alpha z^{-1}}{(1-\alpha z^{-1})^2}+\frac{1}{1-\alpha z^{-1}}=\frac{1}{(1-\alpha z^{-1})^2} \tag{9-121}$$

这表明 $m=2$ 时结论也成立。假设 $m=k$ 时结论成立，即有

$$x_k(n)\leftrightarrow\frac{1}{(1-\alpha z^{-1})^k},\quad |z|>\alpha \tag{9-122}$$

由 Z 域微分特性有

$$nx_k(n)\leftrightarrow -z\frac{\mathrm{d}}{\mathrm{d}z}\left[\frac{1}{(1-\alpha z^{-1})^k}\right]=\frac{k\alpha z^{-1}}{(1-\alpha z^{-1})^{k+1}},\quad |z|>\alpha \tag{9-123}$$

上式右边可以化为

$$\frac{k\alpha z^{-1}}{(1-\alpha z^{-1})^{k+1}}=\frac{k\left[\left(\alpha z^{-1}-1\right)+1\right]}{(1-\alpha z^{-1})^{k+1}}=-\frac{k}{(1-\alpha z^{-1})^{k}}+\frac{k}{(1-\alpha z^{-1})^{k+1}} \tag{9-124}$$

这样式(9-123)变为

$$nx_k(n)\leftrightarrow-\frac{k}{(1-\alpha z^{-1})^{k}}+\frac{k}{(1-\alpha z^{-1})^{k+1}},\quad |z|>\alpha \tag{9-125}$$

从而

$$nx_k(n)+\mathcal{Z}^{-1}\left[\frac{k}{(1-\alpha z^{-1})^{k}}\right]\leftrightarrow\frac{k}{(1-\alpha z^{-1})^{k+1}},\quad |z|>\alpha \tag{9-126}$$

此即

$$nx_k(n)+kx_k(n)\leftrightarrow\frac{k}{(1-\alpha z^{-1})^{k+1}},\quad |z|>\alpha \tag{9-127}$$

从而

$$\frac{n+k}{k}x_k(n)\leftrightarrow\frac{1}{(1-\alpha z^{-1})^{k+1}},\quad |z|>\alpha \tag{9-128}$$

由 $x_k(n)$ 的定义式(9-117)得

$$\begin{aligned}\frac{n+k}{k}x_k(n)&=\frac{n+k}{k}\frac{(n+1)(n+2)\cdots(n+k-1)}{(k-1)!}\cdot\alpha^n u(n)\\&=\frac{(n+1)(n+2)\cdots(n+k-1)(n+k)}{k!}\cdot\alpha^n u(n)\\&=x_{k+1}(n)\end{aligned} \tag{9-129}$$

由上式和式(9-128)得

$$x_{k+1}(n)\leftrightarrow\frac{1}{\left(1-\alpha z^{-1}\right)^{k+1}},\quad |z|>\alpha \tag{9-130}$$

这表明 $m=k+1$ 时结论也成立，由数学归纳法可知，对任意正整数 m 要证的结论成立。

9.3.8 序列时域反转

给定 Z 变换对 $x(n)\leftrightarrow X(z)$，$\alpha<|z|<\beta$，则有

$$x(-n)\leftrightarrow X(z^{-1}),\quad \beta^{-1}<|z|<\alpha^{-1} \tag{9-131}$$

证明：由 Z 变换的定义得

$$\mathcal{Z}[x(-n)]=\sum_{n=-\infty}^{+\infty}x(-n)z^{-n} \tag{9-132}$$

在上式等号右边令 $k=-n$，上式变为

$$\mathcal{Z}[x(-n)]=\sum_{k=+\infty}^{-\infty}x(k)z^{k}=\sum_{k=-\infty}^{+\infty}x(k)(z^{-1})^{-k} \tag{9-133}$$

考虑到 $X(z)=\sum_{k=-\infty}^{+\infty}x(k)z^{-k}$，所以 $X(z^{-1})=\sum_{k=-\infty}^{+\infty}x(k)(z^{-1})^{-k}$，所以上式变为

$$\mathcal{Z}\left[x(-n)\right]=X(z^{-1}) \tag{9-134}$$

显然，收敛域变为 $\alpha<\left|z^{-1}\right|<\beta$，即 $\beta^{-1}<|z|<\alpha^{-1}$。

例 9-12　求 $x(n)=n\alpha^{n}u(-n)$ 的 Z 变换 $X(z)$。

解：若令 $\alpha=\beta^{-1}$，则 $x(n)$ 可写为

$$x(n)=n\beta^{-n}u(-n) \tag{9-135}$$

例 9-11 已经得到

$$n\beta^{n}u(n)\leftrightarrow\frac{\beta z^{-1}}{(1-\beta z^{-1})^{2}} \tag{9-136}$$

根据序列 n 域反转特性，由上式可得

$$-n\beta^{-n}u(-n)\leftrightarrow\frac{\beta z}{(1-\beta z)^{2}} \tag{9-137}$$

由上式和式(9-135)得

$$X(z)=-\frac{\beta z}{(1-\beta z)^{2}} \tag{9-138}$$

将 $\alpha=\beta^{-1}$ 代入上式就得到 $x(n)=n\alpha^{n}u(-n)$ 的 Z 变换为

$$X(z)=-\frac{\beta z}{(1-\beta z)^{2}}=-\frac{\alpha^{-1}z}{(1-\alpha^{-1}z)^{2}}=-\frac{\alpha z^{-1}}{(1-\alpha z^{-1})^{2}} \tag{9-139}$$

9.3.9　序列的共轭

给定 Z 变换对 $x(n)\leftrightarrow X(z)$，$\alpha<|z|<\beta$，则有

$$x^{*}(n)\leftrightarrow X^{*}(z^{*}),\quad \alpha<|z|<\beta \tag{9-140}$$

证明：依 Z 变换的定义可得

$$x^{*}(n)\leftrightarrow\sum_{n=-\infty}^{+\infty}x^{*}(n)z^{-n}=\sum_{n=-\infty}^{+\infty}\left[x(n)(z^{*})^{-n}\right]^{*} \tag{9-141}$$

在上式等号右边交换求和与求共轭的次序得

$$x^{*}(n)\leftrightarrow\left[\sum_{n=-\infty}^{+\infty}x(n)(z^{*})^{-n}\right]^{*}=X^{*}(z^{*}) \tag{9-142}$$

9.3.10　序列的奇偶虚实性

1. 奇偶性

若 $x(n)$ 为偶序列，即 $x(n)=x(-n)$，对此等式两边取 Z 变换，利用序列时域反转特性式(9-131)得

$$X(z)=X(z^{-1}) \tag{9-143}$$

若 $z=z_0$ 是 $X(z)$ 的零点，即满足等式 $X(z_0)=0$。由上式可知 $X\left(z_0^{-1}\right)=0$，从而 z_0^{-1} 也是 $X(z)$ 的零点。类似地，若 $z=z_0$ 是 $X(z)$ 的极点，则 z_0^{-1} 也是 $X(z)$ 的极点。

类似地，若 $x(n)$ 为奇序列，即 $x(n)=-x(-n)$，且 $z=z_0$ 是 $X(z)$ 的零点或极点，则 z_0^{-1} 也是 $X(z)$ 的零点或极点。

2. 虚实性

若 $x(n)$ 为实序列，即 $x(n)=x^*(n)$，对此等式两边取 Z 变换，利用共轭特性式(9-140)得

$$X(z)=X^*(z^*) \tag{9-144}$$

若 $z=z_0$ 是 $X(z)$ 的零点，即满足等式 $X\left(z_0\right)=0$。由上式可知 $X^*\left(z_0^*\right)=0$，从而 $X\left(z_0^*\right)=0$，这意味着 z_0^* 也是 $X(z)$ 的零点。类似地，若 $z=z_0$ 是 $X(z)$ 的极点，z_0^* 也是 $X(z)$ 的极点。

类似地，若 $x(n)$ 为纯虚序列，即 $x(n)=-x^*(n)$，且 $z=z_0$ 是 $X(z)$ 的零点或极点，则 z_0^* 也是 $X(z)$ 的零点或极点。

9.4　逆 Z 变换

9.4.1　围线积分法(留数法)

设 $x(n)$ 的双边 Z 变换为 $X(z)$，即有

$$X(z)=\sum_{n=-\infty}^{+\infty}x(n)z^{-n} \tag{9-145}$$

上式两边同乘以 Z^{m-1}，然后沿 $X(z)$ 收敛域内任意围线 C 按逆时针方向积分得

$$\oint_C z^{m-1}X(z)\mathrm{d}z=\oint_C\left[\sum_{n=-\infty}^{+\infty}x(n)z^{-n}\right]z^{m-1}\mathrm{d}z=\sum_{n=-\infty}^{+\infty}x(n)\left[\oint_C z^{m-n-1}\mathrm{d}z\right] \tag{9-146}$$

复变函数中有以下重要结论：

$$\oint_C z^{k-1}\mathrm{d}z=2\pi\mathrm{j}\delta(k) \tag{9-147}$$

由上式可知式(9-146)右边对 n 求和时，只有 $n=m$ 这一项不为零，式(9-146)变为

$$\oint_C X(z)z^{n-1}\mathrm{d}z=2\pi\mathrm{j}x(n) \tag{9-148}$$

此即

$$x(n)=\frac{1}{2\pi\mathrm{j}}\oint_C X(z)z^{n-1}\mathrm{d}z \tag{9-149}$$

上式定义了 $X(z)$ 的逆 Z 变换。

如果 $X(z)$ 的极点个数有限，则式(9-149)的积分可以用留数定理求得。要特别注意的是，式(9-149)求的是 $X(z)z^{n-1}$ 的留数，当 $n<0$ 时，因子 z^{n-1} 使得 $X(z)z^{n-1}$ 在 $z=0$ 处可能存在高阶的极点，这时如果直接用留数定理求逆 Z 变换就很复杂。以下通过变量代换求 $X(z)$ 在围线 C 外面的极点来求逆 Z 变换，这就避免了计算高阶零极点的留数。

做变量代换 $p=z^{-1}$。如果 p_i 是 $X\left(z\right)$ 的极点，则 $1/p_i$ 必然是 $X(1/p)$ 的极点。如果 $X(z)$ 的

收敛域为$r_1<|z|<r_2$，这表明$X(z)$存在极点p_1和p_2分别满足$|p_1|=r_1$和$|p_2|=r_2$。由于$1/p_1$和$1/p_2$是$X(1/p)$的极点，所以$X(1/p)$的收敛域变为$|1/p_2|<|p|<|1/p_1|$，此即$1/r_2<|p|<1/r_1$。设z平面上围线C外有某个极点p_i，则有$|p_i|>r_2$，此即$|p_i|<1/r_2$，这表明z平面上收敛域内围线外的极点p_i映射到p平面上收敛域内围线以内的极点$1/p_i$。图 9-12 所示为从z平面到p平面映射前后极点的分布。

由$p=z^{-1}$得$z=p^{-1}$和$\mathrm{d}z=-p^{-2}\mathrm{d}p$，代入式(9-149)得

$$x(n)=-\frac{1}{2\pi\mathrm{j}}\oint_{C_1}X\left(\frac{1}{p}\right)p^{1-n}p^{-2}\mathrm{d}p=-\frac{1}{2\pi\mathrm{j}}\oint_{C_1}X\left(\frac{1}{p}\right)p^{-1-n}\mathrm{d}p \tag{9-150}$$

现在围线C_1变为顺时针方向，留数定理中要求围线为逆时针方向，设与C_1相同但反向的围线为C_2，若按C_2求积分，则因为围线反向，积分要变为原来的相反数，这样上式变为

$$x(n)=\frac{1}{2\pi\mathrm{j}}\oint_{C_2}X\left(\frac{1}{p}\right)p^{-1-n}\mathrm{d}p \tag{9-151}$$

现在如果通过式(9-151)来计算逆 Z 变换，则只需要计算原来围线C外面极点对应的留数即可，避免了求高阶零极点的留数。

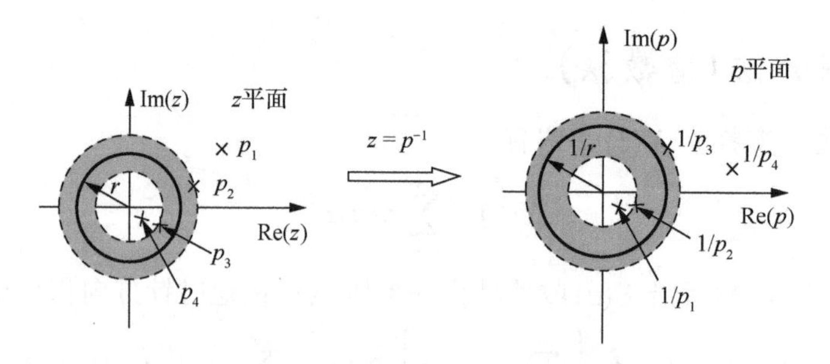

图 9-12　z平面到p平面的映射

例 9-13　已知$X(n)$的 Z 变换为

$$X(z)=\frac{1}{(z-0.5)(z-1.5)(z-2)},\quad 1.5<z<2 \tag{9-152}$$

求$X(z)$的逆 Z 变换$x(n)$。

解：因为收敛域为$1.5<|z|<2$，所以原序列为双边序列。由已知条件得

$$X(z)z^{n-1}=\frac{z^{n-1}}{(z-0.5)(z-1.5)(z-2)} \tag{9-153}$$

当$n\geqslant 1$时，$X(z)z^{n-1}$有三个极点$z_1=0.5$，$z_2=1.5$，$z_3=2$，被收敛域内的围线包围的极点有z_1、z_2(参见图 9-13(a))，分别求得它们的留数为

$$\mathrm{Res}\left[X(z)z^{n-1}\right]\Big|_{z=0.5}=\mathrm{Res}\left[\frac{z^{n-1}}{(z-0.5)(z-1.5)(z-2)}\right]\Bigg|_{z=0.5}=\frac{4}{3}\times 0.5^n \tag{9-154}$$

$$\mathrm{Res}\left[X(z)z^{n-1}\right]\Big|_{z=1.5}=\mathrm{Res}\left[\frac{z^{n-1}}{(z-0.5)(z-1.5)(z-2)}\right]\Bigg|_{z=1.5}=-\frac{4}{3}\times 1.5^n \tag{9-155}$$

从而得 $X(z)$ 的逆 Z 变换 $x(n)$ 为

$$x(n)=\frac{4}{3}\times 0.5^n-\frac{4}{3}\times 1.5^n,\quad n\geqslant 1 \tag{9-156}$$

当 $n=0$ 时，$X(z)z^{n-1}=X(z)z^{-1}=1/\left[z(z-0.5)(z-1.5)(z-2)\right]$ 有四个极点 $z_1=0$，$z_2=0.5$，$z_3=1.5$，$z_4=2$，被收敛域内的围线包围的极点有 z_1、z_2、z_3(参见图 9-13(b))，分别求得它们的留数为

$$\operatorname{Res}\left[\frac{1}{z(z-0.5)(z-1.5)(z-2)}\right]\Bigg|_{z=0}=-\frac{2}{3}$$

$$\operatorname{Res}\left[\frac{1}{z(z-0.5)(z-1.5)(z-2)}\right]\Bigg|_{z=0.5}=\frac{4}{3}$$

$$\operatorname{Res}\left[\frac{1}{z(z-0.5)(z-1.5)(z-2)}\right]\Bigg|_{z=1.5}=-\frac{4}{3}$$

从而得 $X(z)$ 的逆 Z 变换 $x(n)$ 为

$$x(0)=-\frac{2}{3}+\frac{4}{3}-\frac{4}{3}=-\frac{2}{3} \tag{9-157}$$

当 $n<0$ 时，$X(z)z^{n-1}$ 有四个极点 $z_1=0$，$z_2=0.5$，$z_3=1.5$，$z_4=2$，被收敛域内的围线包围的极点有 z_1、z_2、z_3，其中 $z_1=0$ 还可能是多重极点(参见图 9-13(c))，所以通过映射求留数。映射关系如图 9-14 所示。由式(9-152)得式(9-153)右边的被积函数为

$$\begin{aligned}X\left(\frac{1}{p}\right)p^{-1-n}&=\frac{1}{[(1/p)-0.5][(1/p)-1.5][(1/p)-2]}\cdot p^{-1-n}\\&=\frac{p^3}{(1-0.5p)(1-1.5p)(1-2p)}\cdot p^{-1-n}\\&=-\frac{2}{3}\cdot\frac{p^{2-n}}{(p-2)(p-2/3)(p-1/2)}\end{aligned} \tag{9-158}$$

现在收敛域变为 $2/3>|z|>1/2$，被收敛域内围线 C_2 包含的极点只有 $p=1/2$，其留数为

$$\operatorname{Res}\left[X\left(\frac{1}{p}\right)p^{-1-n}\right]\Bigg|_{p=0.5}=\operatorname{Res}\left[-\frac{2}{3}\cdot\frac{p^{2-n}}{(p-2)(p-2/3)(p-0.5)}\right]\Bigg|_{p=0.5}=-\frac{2}{3}\times 2^n$$

从而得 $X(z)$ 的逆 Z 变换 $x(n)$ 为

$$x(n)=-\frac{2}{3}\times 2^n,\quad n<0 \tag{9-159}$$

综合上述结果，得

$$x(n)=\left(\frac{4}{3}\times 0.5^n-\frac{4}{3}\times 1.5^n\right)u(n-1)-\frac{2}{3}\delta(n)-\frac{2}{3}\times 2^n u(-n-1) \tag{9-160}$$

此即

$$x(n)=\frac{4}{3}(0.5^n-1.5^n)u(n)-\frac{2}{3}\delta(n)-\frac{2}{3}\times 2^n u(-n-1)$$

$$X(z)=\frac{N(z)}{D(z)}=\frac{\lambda_0+\lambda_1 z^{-1}+\lambda_2 z^{-2}+\cdots+\lambda_M z^{-M}}{\gamma_0+\gamma_1 z^{-1}+\gamma_2 z^{-2}+\cdots+\gamma_N z^{-N}} \tag{9-161}$$

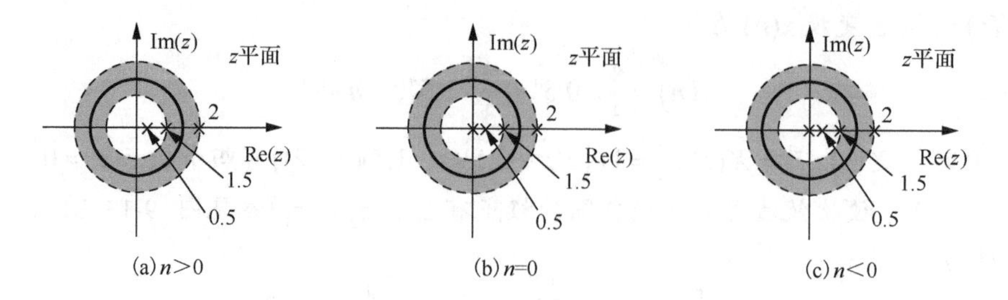

图 9-13　例 9-13 在不同条件下的极点分布图

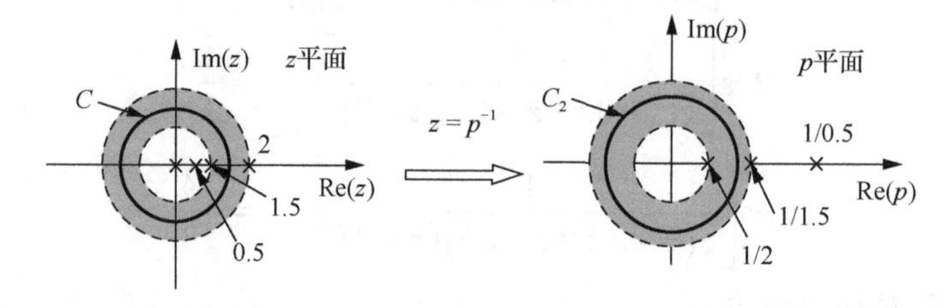

图 9-14　例 9-13 在 $n<0$ 时，从 z 平面映射到 p 平面前后极点分布图

9.4.2　部分分式展开法

如果给出的 $X(z)$ 为以下形式的有理函数：

$$X(z)=\frac{N(z)}{D(z)}=\frac{\lambda_0+\lambda_1 z^{-1}+\lambda_2 z^{-2}+\cdots+\lambda_M z^{-M}}{\gamma_0+\gamma_1 z^{-1}+\gamma_2 z^{-2}+\cdots+\gamma_N z^{-N}} \tag{9-162}$$

不失一般性，令 $\gamma_0=1$。如果 $\gamma_0\neq 1$，以 γ_0 除以 $X(z)$ 的分母多项式和分子多项式，这样 $D(z)$ 的常数项化为1。一般假设关于 z^{-1} 的分子多项式和分母多项式的阶次满足 $M<N$。若 $M\geqslant N$，通过长除法可以把 $X(z)$ 分解为一个 z^{-1} 的多项式和一个关于 z^{-1} 的真有理函数之和：

$$X(z)=\sum_{k=0}^{M-N}a_k z^{-k}+\frac{\tilde{N}(z)}{D(z)} \tag{9-163}$$

对于 $0\leqslant k\leqslant M-N$，$a_k z^{-k}$ 的单边和双边 Z 变换均为 $a_k\delta(n-k)$，所以剩下的问题是求 $\tilde{N}(z)/D(z)$ 的逆 Z 变换，即求以下形式的有理函数的逆 Z 变换：

$$X(z)=\frac{\lambda_0+\lambda_1 z^{-1}+\lambda_2 z^{-2}+\cdots+\lambda_M z^{-M}}{1+\gamma_1 z^{-1}+\gamma_2 z^{-2}+\cdots+\gamma_N z^{-N}},\quad M<N \tag{9-164}$$

设上式的部分分式展开形式为

$$X(z)=\frac{k_1}{1-\rho_1 z^{-1}}+\frac{k_2}{1-\rho_2 z^{-1}}+\cdots+\frac{k_N}{1-\rho_N z^{-1}} \tag{9-165}$$

已经知道，$1/\left(1-\rho_i z^{-1}\right)$ 逆 Z 变换对应的右边序列为 $\left(\rho_i\right)^n u(n)$；对应的左边序列为 $-\left(\rho_i\right)^n u\left(-n-1\right)$。如果极点 ρ_i 在给定的收敛域最里面的边界圆环上，则这个极点的对应项 $1/\left(1-\rho_i z^{-1}\right)$ 的逆 Z 变换是右边序列 $\left(\rho_i\right)^n u\left(n\right)$，即有

$$\mathcal{Z}^{-1}\left[1/\left(1-\rho_i z^{-1}\right)\right]=\left(\rho_i\right)^n u(n), \quad |z|>|\rho_i| \tag{9-166}$$

相反，如果极点 ρ_i 在给定的收敛域最外面的边界圆环上，则对应项 $1/\left(1-\rho_i z^{-1}\right)$ 的逆 Z 变换是左边序列 $-\left(\rho_i\right)^n u\left(-n-1\right)$，即有

$$\mathcal{Z}^{-1}\left[1/\left(1-\rho_i z^{-1}\right)\right]=-\left(\rho_i\right)^n u\left(-n-1\right), \quad |z|<|\rho_i| \tag{9-167}$$

如果 $X(z)$ 的分母多项式 $D(z)$ 有 r 重极点 d_i，则部分分式展开有以下 r 项：

$$\frac{k_{i1}}{1-d_i z^{-1}},\frac{k_{i2}}{\left(1-d_i z^{-1}\right)^2},\cdots,\frac{k_{ir}}{\left(1-d_i z^{-1}\right)^r} \tag{9-168}$$

同样有

$$\mathcal{Z}^{-1}\left[\frac{1}{\left(1-d_i z^{-1}\right)^m}\right]=\frac{(n+1)(n+2)\cdots(n+m-1)}{(m-1)!}(d_i)^n u(n), \quad |z|>|d_i| \tag{9-169}$$

$$\mathcal{Z}^{-1}\left[\frac{1}{\left(1-d_i z^{-1}\right)^m}\right]=-\frac{(n+1)(n+2)\cdots(n+m-1)}{(m-1)!}(d_i)^n u(-n-1), \quad |z|<|d_i| \tag{9-170}$$

依据以上的方法，对展开式中的每一项进行逆 Z 变换即可得到原序列 $x(n)$。

例 9-14　已知 $x(n)$ 的 Z 变换为

$$X(z)=\frac{z^{-1}+5z^{-2}+2z^{-3}}{\left(1+0.5z^{-1}\right)\left(1-2z^{-1}\right)\left(1+3z^{-1}\right)\left(1-4z^{-1}\right)}, \quad 2<|z|<3 \tag{9-171}$$

求 $X(z)$ 的逆 Z 变换 $x(n)$。

解：将 $X(z)$ 进行部分分式展开得

$$X(z)=-\frac{2}{225}\cdot\frac{1}{1+0.5z^{-1}}-\frac{16}{25}\cdot\frac{1}{1-2z^{-1}}+\frac{8}{175}\cdot\frac{1}{1+3z^{-1}}+\frac{38}{63}\cdot\frac{1}{1-4z^{-1}} \tag{9-172}$$

极点 -0.5 在收敛域 $2<|z|<3$ 的内边界圆环以内，所以对应部分分式 $1/(1+0.5z^{-1})$ 的逆 Z 变换为因果序列，即有

$$\mathcal{Z}^{-1}\left(\frac{1}{1+0.5z^{-1}}\right)=(-0.5)^n u(n) \tag{9-173}$$

极点 2 在收敛域 $2<|z|<3$ 内边界圆环上，所以对应部分分式 $1/(1-2z^{-1})$ 的逆 Z 变换为因果序列，即有

$$\mathcal{Z}^{-1}\left(\frac{1}{1-2z^{-1}}\right)=2^n u(n) \tag{9-174}$$

极点 -3 在收敛域 $2<|z|<3$ 外边界圆环上，所以对应部分分式 $1/(1+3z^{-1})$ 的逆 Z 变换为非因果序列，即有

$$\mathcal{Z}^{-1}\left(\frac{1}{1+3z^{-1}}\right)=-(-3)^n u(-n-1) \tag{9-175}$$

极点 4 在收敛域 $2<|z|<3$ 外边界圆环以外，所以对应部分分式 $1/(1-4z^{-1})$ 的逆 Z 变换为左边序列，即有

$$\mathcal{Z}^{-1}\left(\frac{1}{1-4z^{-1}}\right)=-4^n u(-n-1) \tag{9-176}$$

综上所述，得

$$x(n)=-\frac{2}{225}(-0.5)^n u(n)-\frac{4}{25}\times 2^n u(n)-\frac{8}{175}(-3)^n u(-n-1)-\frac{38}{63}\times 4^n u(-n-1) \tag{9-177}$$

如果给出的 $X(z)$ 为以下形式的有理函数：

$$X(z)=\frac{b_0+b_1 z+\cdots+b_M z^M}{a_0+a_1 z+\cdots+a_N z^N} \tag{9-178}$$

可以通过对 $X(z)$ 的分子和分母多项式分别提出因子 z^M 和 z^N 化成以下形式：

$$X(z)=\frac{z^M}{z^N}\frac{b_0 z^{-M}+b_1 z^{-M+1}+\cdots+b_M}{a_0 z^{-N}+a_1 z^{-N+1}+\cdots+a_N}=z^{M-N}\frac{b_M+\cdots+b_1 z^{-M+1}+b_0 z^{-M}}{a_N+\cdots+a_1 z^{-N+1}+a_0 z^{-N}} \tag{9-179}$$

进一步，分子分母多项式分别提出常数因子 b_M 和 a_N 得

$$X(z)=z^{M-N}\frac{b_M}{a_N}\frac{1+\cdots+(b_1/b_M)z^{-M+1}+(b_0/b_M)z^{-M}}{1+\cdots+(a_1/a_N)z^{-N+1}+(a_0/a_N)z^{-N}} \tag{9-180}$$

利用 Z 变换的移位特性处理因子 z^{M-N} 。剩下的问题是求下式的逆 Z 变换：

$$\frac{1+\cdots+(b_1/b_M)z^{-M+1}+(b_0/b_M)z^{-M}}{1+\cdots+(a_1/a_N)z^{-N+1}+(a_0/a_N)z^{-N}} \tag{9-181}$$

下面举一个例子。

例 9-15　已知 $x(n)$ 的 Z 变换 $x(z)$ 为

$$X(z)=\frac{2z^4+z^3+z}{3z^3+4z^2-5z-2},\quad 1<|z|<2 \tag{9-182}$$

求 $x(n)$ 。

解：将 $X(z)$ 化成以下形式：

$$X(z)=\frac{2z^4\left(1+0.5z^{-1}+0.5z^{-3}\right)}{3z^3\left(1+\frac{4}{3}z^{-1}-\frac{5}{3}z^{-2}-\frac{2}{3}z^{-3}\right)}=\frac{2}{3}z\cdot\frac{1+0.5z^{-1}+0.5z^{-3}}{1+\frac{4}{3}z^{-1}-\frac{5}{3}z^{-2}-\frac{2}{3}z^{-3}} \tag{9-183}$$

上式右边的因子 $2z/3$ 利用 Z 变换的移位特性很容易进行处理。先利用前面的方法求下式的逆 Z 变换 $w(n)$ 。

$$W(z)=\frac{1+\frac{1}{2}z^{-1}+\frac{1}{2}z^{-3}}{1+\frac{4}{3}z^{-1}-\frac{5}{3}z^{-2}-\frac{2}{3}z^{-3}},\quad 1<|z|<2 \tag{9-184}$$

用长除法把 $W(z)$ 分解成关于 Z^{-1} 的多项式和真有理函数之和，得

$$W(z)=-0.75+\frac{-\frac{5}{4}z^{-2}+\frac{3}{2}z^{-1}+\frac{7}{4}}{1+\frac{4}{3}z^{-1}-\frac{5}{3}z^{-2}-\frac{2}{3}z^{-3}},\quad 1<|z|<2 \tag{9-185}$$

对上式等号右边第二项的真有理多项式进行部分分式展开得

$$\frac{-\frac{5}{4}z^{-2}+\frac{3}{2}z^{-1}+\frac{7}{4}}{1+\frac{4}{3}z^{-1}-\frac{5}{3}z^{-2}-\frac{2}{3}z^{-3}}=\frac{7}{10}\cdot\frac{1}{1+\frac{1}{3}z^{-1}}+\frac{1}{2}\cdot\frac{1}{1-z^{-1}}+\frac{11}{20}\cdot\frac{1}{1+2z^{-1}} \tag{9-186}$$

极点 $-1/3$ 在 ROC 内边界圆环以内，所以对应部分分式的逆 Z 变换为右边序列，即

$$\mathcal{Z}^{-1}\left(\frac{1}{1+\frac{1}{3}z^{-1}}\right)=\left(-\frac{1}{3}\right)^n u(n) \tag{9-187}$$

极点 1 在 ROC 内边界圆环以内，所以对应部分分式的逆 Z 变换为右边序列，即

$$\mathcal{Z}^{-1}\left(\frac{1}{1-z^{-1}}\right)=u(n) \tag{9-188}$$

极点 -2 在 ROC 外边界圆环以外，所以对应部分分式的逆 Z 变换为左边序列，即

$$\mathcal{Z}^{-1}\left(\frac{1}{1+2z^{-1}}\right)=-(-2)^n u(-n-1) \tag{9-189}$$

从而

$$w(n)=-\frac{3}{4}\delta(n)+\left[\frac{7}{10}(-3)^{-n}+\frac{1}{2}\right]u(n)-\frac{11}{20}(-2)^n u(-n-1) \tag{9-190}$$

显然

$$X(z)=\frac{2}{3}zW(z) \tag{9-191}$$

由双边 Z 变换的时移特性得

$$x(n)=\frac{2}{3}w(n+1) \tag{9-192}$$

所以

$$x(n)=-\frac{1}{2}\delta(n+1)+\left[\frac{7}{15}(-3)^{-n-1}+\frac{1}{3}\right]u(n+1)-\frac{11}{30}(-2)^{n+1}u(-n-2) \tag{9-193}$$

如果给出的 $X(z)$ 为以下形式的有理函数(注意：分子多项式的常数项为零)：

$$X(z)=\frac{b_1 z+\cdots+b_M z^M}{a_0+a_1 z+\cdots+a_N z^N} \tag{9-194}$$

可以用下述方法求其逆 Z 变换。为了叙述方便，假设极点都是一阶的。先将 $X(z)/z$ 部分分式展开，若 $M>N$，则可得

$$\frac{X(z)}{z}=\sum_{k=0}^{M-N-1}a_k z^k+\sum_{i=0}^{M}\frac{k_i}{z-\rho_i} \tag{9-195}$$

从而

$$X(z)=\sum_{k=0}^{M-N-1}a_k z^{k+1}+\sum_{i=0}^{M}\frac{k_i z}{z-\rho_i} \tag{9-196}$$

上式等号右边每一项的逆 Z 变换很容易求得。

若 $M \leqslant N$，则可得

$$\frac{X(z)}{z}=\sum_{i=0}^{M}\frac{k_i}{z-\rho_i} \tag{9-197}$$

从而

$$X(z)=\sum_{i=0}^{M}\frac{k_i z}{z-\rho_i} \tag{9-198}$$

上式右边每一项的逆 Z 变换也很容易求得。

下面举两个例子。

例 9-16 已知 $x(n)$ 的 Z 变换 $X(z)$ 为

$$X(z)=\frac{z^3-10z^2-4z}{z^2-z-2},\quad 1<|z|<2 \tag{9-199}$$

求 $x(n)$。

解：先对 $X(z)/z$ 进行部分分式展开得

$$\frac{X(z)}{z}=\frac{z^2-10z-4}{z^2-z-2}=1-\frac{9z+2}{z^2-z-2} \tag{9-200}$$

对上式等号右边的第二项进行部分分式展开得

$$-\frac{9z+2}{z^2-z-2}=\frac{11}{z+1}-\frac{20}{z-2} \tag{9-201}$$

从而

$$X(z)=z+\frac{11z}{z+1}-\frac{20z}{z-2} \tag{9-202}$$

极点 -1 在 ROC 内边界圆环以内，所以对应项的逆 Z 变换为右边序列，即

$$\mathcal{Z}^{-1}\left(\frac{z}{z+1}\right)=(-1)^n u(n) \tag{9-203}$$

极点 2 在 ROC 外边界圆环以外，所以对应项的逆 Z 变换为左边序列，即

$$\mathcal{Z}^{-1}\left(\frac{z}{z-2}\right)=-2^n u(-n-1) \tag{9-204}$$

从而

$$x(n)=\delta(n+1)+11(-1)^n u(n)+20\times 2^n u(-n-1) \tag{9-205}$$

例 9-17 已知 $x(n)$ 的 Z 变换 $X(z)$ 为

$$X(z)=\frac{z^2(z-1/2)}{(z-1/3)(z-2/3)(z-4/3)},\quad 1/2<|z|<2/3 \tag{9-206}$$

求 $x(n)$。

解：$X(z)$ 是 z 的假有理函数，不能直接进行部分分式展开。显然，$X(z)/z$ 是 z 的真有理函数，先对其进行部分分式展开得

$$\frac{X(z)}{z}=\frac{z(z-1/2)}{(z-1/3)(z-2/3)(z-4/3)}=-\frac{1/6}{z-1/3}-\frac{1/2}{z-2/3}+\frac{5/3}{z-4/3} \tag{9-207}$$

从而

$$X(z)=-\frac{1}{6}\frac{z}{z-1/3}-\frac{1}{2}\frac{z}{z-2/3}+\frac{5}{3}\frac{z}{z-4/3} \tag{9-208}$$

$X(z)$ 的 ROC 为 $1/2<|z|<2/3$。极点 $1/3$ 在 ROC 内边界圆环以内，所以对应部分分式的逆 Z 变换为右边序列，即

$$\mathcal{Z}^{-1}\left(\frac{z}{z-1/3}\right)=(1/3)^n u(n) \tag{9-209}$$

极点 $2/3$ 在 ROC 外边界圆环以外，所以对应部分分式的逆 Z 变换为左边序列，即

$$\mathcal{Z}^{-1}\left(\frac{z}{z-2/3}\right)=-(2/3)^n u(-n-1) \tag{9-210}$$

极点 $4/3$ 在 ROC 外边界圆环以外，所以对应部分分式的逆 Z 变换为左边序列，即

$$\mathcal{Z}^{-1}\left(\frac{z}{z-4/3}\right)=-(4/3)^n u(-n-1) \tag{9-211}$$

从而

$$x(n)=-\frac{1}{6}\times\left(\frac{1}{3}\right)^n u(n)+\frac{1}{2}\times\left(\frac{2}{3}\right)^n u(-n-1)-\frac{5}{3}\times\left(\frac{4}{3}\right)^n u(-n-1) \tag{9-212}$$

9.4.3 幂级数展开法

把 $X(z)$ 展开成 z^{-1} 的幂级数形式，即

$$X(z)=\sum_n a_n (z^{-1})^n \tag{9-213}$$

考虑 Z 变换的定义式

$$X(z)=\sum_n x(n)z^{-n} \tag{9-214}$$

在以上两式右端比较 z^{-n} 的系数即可得

$$x(n)=a_n \tag{9-215}$$

有时已知 $X(z)$ 为有理分式，且

$$X(z)=\frac{N(z)}{D(z)} \tag{9-216}$$

通过长除法运算就可以得到 z 或(和) z^{-1} 的多项式，再按照以上讲述的方法得到逆变换。

如果 $X(z)$ 的收敛域为 $|z|>R$，则逆变换 $x(n)$ 为右边序列，由 Z 变换的定义式可知，$X(z)$ 可能存在有限项 z 的正幂次项，此外必定存在无穷多项 z^{-1} 的正幂次项。当然，如果逆变换 $x(n)$ 为因果序列，则逆变换只存在无穷多项 z^{-1} 的正幂次项。在进行长除法运算时，需要把 $N(z)$ 和 $D(z)$ 都按 z^{-1} 升幂(或 z 降幂)次序排列。

类似地，如果 $X(z)$ 的收敛域为 $|z|<R$，则逆变换 $x(n)$ 为左边序列，由 Z 变换的定义式可知，$X(z)$ 可能存在有限项 z 的负幂次项，此外必定存在无穷多项 z 的正幂次项。当然，如果逆变换 $x(n)$ 为非因果序列，则逆变换只存在无穷多项 z 的正幂次项。在进行长除法运算时，需要把 $N(z)$ 和 $D(z)$ 都按 z^{-1} 降幂(或 z 升幂)次序排列。

例 9-18　已知 $X(n)$ 的 Z 变换 $H(z)$ 为

$$X(z)=\ln(1+z^{-1}),\quad |z|>0 \tag{9-217}$$

求 $x(n)$。

解：对 $\ln(1+z^{-1})$ 在 $z=0$ 进行 Taylor 展开得

$$\ln(1+z^{-1})=z^{-1}-\frac{(z^{-1})^2}{2}+\frac{(z^{-1})^3}{3}-\frac{(z^{-1})^4}{4}+\cdots=z^{-1}-\frac{z^{-2}}{2}+\frac{z^{-3}}{3}-\frac{z^{-4}}{4}+\cdots \tag{9-218}$$

所以

$$X(z)=z^{-1}-\frac{z^{-2}}{2}+\frac{z^{-3}}{3}-\frac{z^{-4}}{4}+\cdots \tag{9-219}$$

从而

$$x(n)=\delta(n-1)-\frac{1}{2}\delta(n-2)+\frac{1}{3}\delta(n-3)-\frac{1}{4}\delta(n-4)+\cdots=\frac{1}{n}(-1)^{n-1}u(n-1) \tag{9-220}$$

例 9-19　已知 $x(n)$ 的 Z 变换 $X(z)$ 为

$$X(z)=\frac{2+z^{-2}}{1-0.5z^{-1}},\quad |z|>0.5 \tag{9-221}$$

求 $x(n)$。

解：由 $X(z)$ 的收敛域为 $|z|>0.5$ 可知，$x(n)$ 是右边序列。先对 $X(z)$ 有理分式的分子多项式和分母多项式都按 z^{-1} 升幂排列，之后进行长除法运算，过程如下：

$$\begin{array}{r|l}
 & 2+z^{-1}+\frac{3}{2}z^{-2}+\frac{3}{4}z^{-3}+\frac{3}{8}z^{-4}+\cdots \\
\hline
1-\frac{1}{2}z^{-1} & 2+z^{-2} \\
 & \underline{2-z^{-1}} \\
 & z^{-1}+z^{-2} \\
 & \underline{z^{-1}-\frac{1}{2}z^{-2}} \\
 & \frac{3}{2}z^{-2} \\
 & \underline{\frac{3}{2}z^{-2}-\frac{3}{4}z^{-3}} \\
 & \frac{3}{4}z^{-3} \\
 & \underline{\frac{3}{4}z^{-3}-\frac{3}{8}z^{-4}} \\
 & \frac{3}{8}z^{-4}
\end{array}$$

所以

$$X(z)=2+z^{-1}+\frac{3}{2}z^{-2}+\frac{3}{4}z^{-3}+\frac{3}{8}z^{-4}+\cdots \tag{9-222}$$

从而

$$x(n)=2\delta(n)+\delta(n-1)+\sum_{n=2}^{+\infty}1.5\times0.5^{n-2}=2\times0.5^{n}u(n)-4\times0.5^{n}u(n-2) \tag{9-223}$$

例 9-20　已知 $x(n)$ 的 Z 变换 $X(z)$ 为

$$X(z)=\frac{z}{(z-1)(z-2)},\quad |z|<1 \tag{9-224}$$

求 $x(n)$。

解：由 $X(z)$ 的收敛域为 $|z|<1$ 可知，$x(n)$ 是左边序列。$X(z)$ 的有理分式形式为

$$X(z)=\frac{z}{(z-1)(z-2)}=\frac{z}{z^{2}-3z+2} \tag{9-225}$$

先对 $X(z)$ 有理分式按 z 升幂排列，之后进行长除法运算，过程如下：

$$\begin{array}{r l}
 & \frac{1}{2}z+\frac{3}{4}z^{2}+\frac{7}{8}z^{3}+\frac{15}{16}z^{4}+\cdots \\
2-3z+z^{2} \big) & z \\
 & z-\frac{3}{2}z^{2}+\frac{1}{2}z^{3} \\ \hline
 & \frac{3}{2}z^{2}-\frac{1}{2}z^{3} \\
 & \frac{3}{2}z^{2}-\frac{9}{4}z^{3}+\frac{3}{4}z^{4} \\ \hline
 & \frac{7}{4}z^{3}-\frac{3}{4}z^{4} \\
 & \frac{7}{4}z^{3}-\frac{21}{8}z^{4}+\frac{7}{8}z^{5} \\ \hline
 & \frac{15}{8}z^{4}-\frac{7}{8}z^{5}
\end{array}$$

所以

$$X(z)=\frac{1}{2}z+\frac{3}{4}z^{2}+\frac{7}{8}z^{3}+\frac{15}{16}z^{4}+\cdots \tag{9-226}$$

从而

$$x(n)=\frac{1}{2}\delta(n+1)+\frac{3}{4}\delta(n+2)+\frac{7}{8}\delta(n+3)+\frac{15}{16}\delta(n+4)+\cdots=\sum_{n=-\infty}^{-1}(1-2^{n})u(-n-1) \tag{9-227}$$

由以上例题可以看出，用幂级数展开法求逆 Z 变换时，一般较难得到闭式解；另外，有时幂级数展开法是其他两种方法不可替代的，这时一般都是通过数学分析中的 Taylor 级数展开法得到逆 Z 变换。

9.5　Z 变换和拉普拉斯变换的联系

9.1 节已经给出了复变量 z 与 s 有以下关系：

$$z=\mathrm{e}^{sT} \tag{9-228}$$

或

$$s = \ln z / T \tag{9-229}$$

式中，T 是序列的时间间隔，角频率为 $\omega_s = 2\pi / T$ 。

为了说明 s 平面和 z 平面的映射关系，把 s 表示成直角坐标形式：

$$s = \sigma + \mathrm{j}\omega \tag{9-230}$$

把 z 表示成极坐标形式：

$$z = r\mathrm{e}^{\mathrm{j}\theta}, \quad 0 \leqslant \theta \leqslant 2\pi \tag{9-231}$$

将以上两式代入式(9-228)得

$$r\mathrm{e}^{\mathrm{j}\theta} = \mathrm{e}^{(\sigma + \mathrm{j}\omega)T} = \mathrm{e}^{\sigma T}\mathrm{e}^{\mathrm{j}\omega T} \tag{9-232}$$

从而

$$r = \mathrm{e}^{\sigma T} \tag{9-233}$$

$$\mathrm{e}^{\mathrm{j}\theta} = \mathrm{e}^{\mathrm{j}\omega T} \tag{9-234}$$

分析以上两式，可以得出以下结论。

(1)当 $\sigma > 0$ 时，由式(9-233)可知 $r > 1$ 。这表明 s 平面上的右半平面映射成 z 平面的单位圆外部分，如图 9-15 所示。

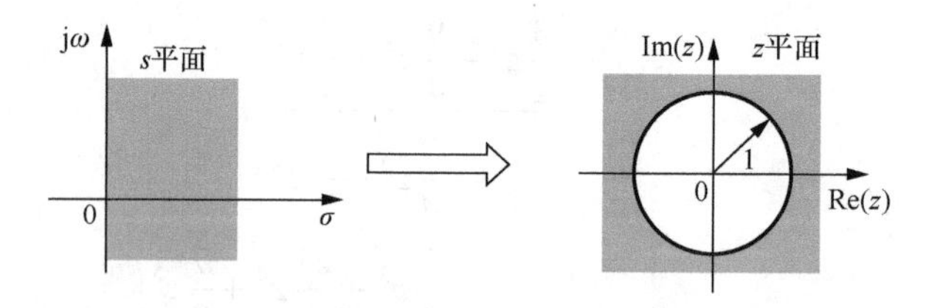

图 9-15　s 平面上的右半平面映射成 z 平面的单位圆外部分

(2)当 $\sigma = 0$ 时，由式(9-233)可知 $r = 1$ 。这表明 s 平面上的虚轴映射成 z 平面的单位圆。

(3)当 $\sigma < 0$ 时，由式(9-233)可知 $r < 1$ 。这表明 s 平面上的左半平面映射成 z 平面的单位圆内部分，如图 9-16 所示。

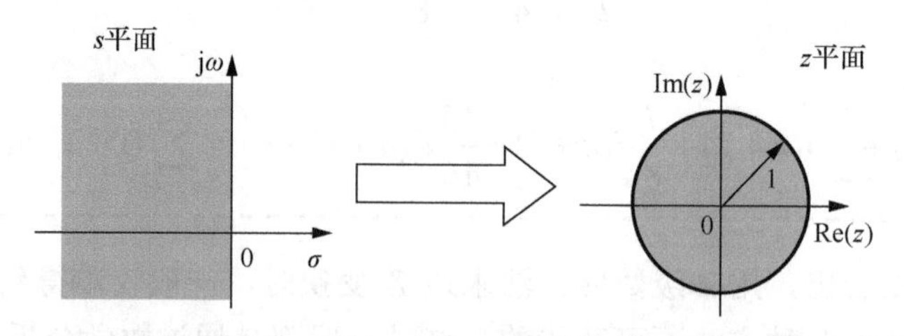

图 9-16　s 平面上的左半平面映射成 z 平面的单位圆内部分

(4)由于 $\mathrm{e}^{\mathrm{j}\omega T}$ 是以 $\omega_s = 2\pi / T$ 为周期的周期函数，因此在 s 平面上沿着平行于虚轴的方向移动对应于 z 平面上沿着圆周旋转。在 s 平面上沿着平行于虚轴的方向每移动 ω_s，则对应于 z 平面上沿着圆周旋转一周。这表明 z 平面到 s 平面的映射关系不是一一映射，而是一对多映射。当在 s 平面上从 2π 的整数倍出发平行于虚轴移动 ω_s，则 z 平面沿着圆周从正半轴上一点逆时针旋转一周。图 9-17～图 9-20 给出了这种映射关系。

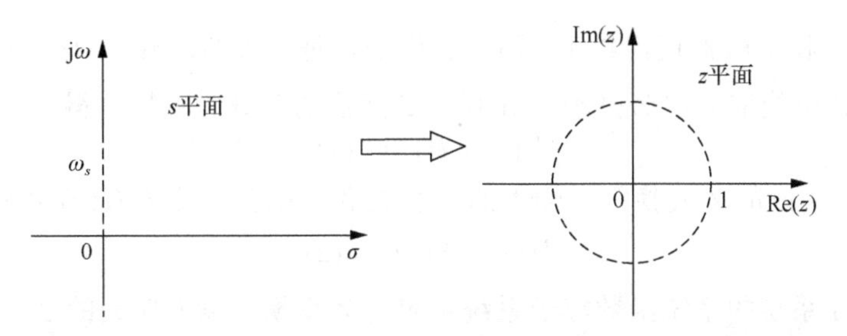

图 9-17　s 平面上的长为 ω_s 的一段虚轴映射成 z 平面的单位圆

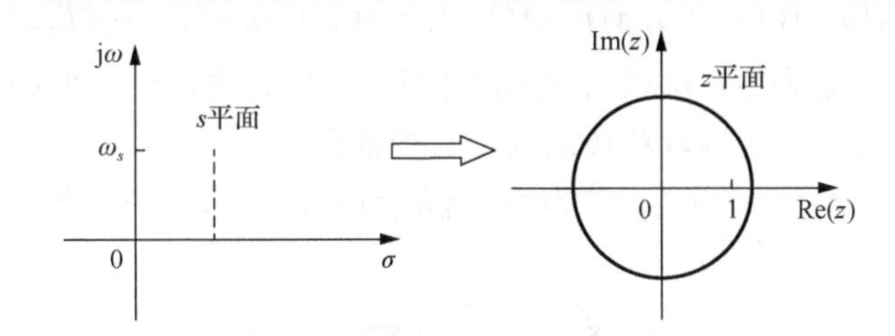

图 9-18　s 平面右半平面上的平行于虚轴的长为 ω_s 的线段映射成 z 平面的半径大于 1 的圆

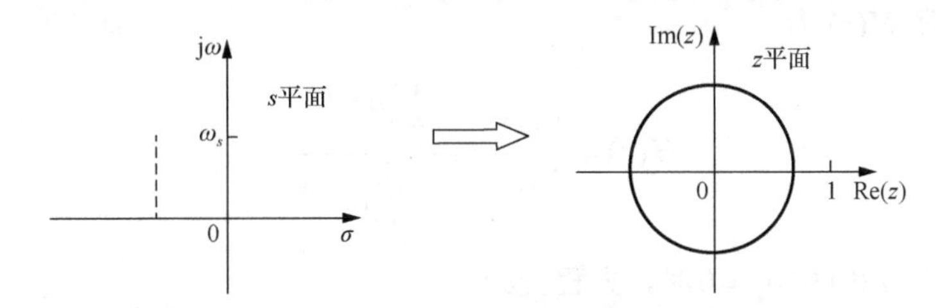

图 9-19　s 平面左半平面上的平行于虚轴的长为 ω_s 的线段映射成 z 平面的半径小于 1 的圆

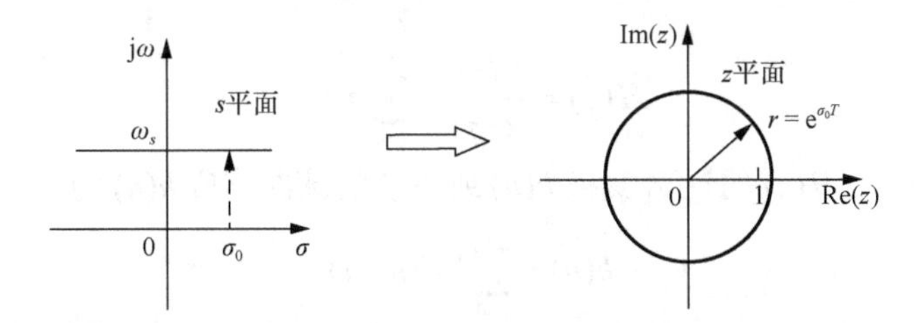

图 9-20　s 平面上的实部为 σ_0 的长为 ω_s 的线段映射成 z 平面的半径为 $r=\mathrm{e}^{\sigma_0 T}$ 的圆

9.6　离散时间 LTI 系统的系统函数

设离散时间 LTI 系统的脉冲响应为 $h(n)$，则其 Z 变换为

$$H(z)=\sum_{n=-\infty}^{+\infty}h(n)z^{-n} \tag{9-235}$$

上式所得的 $H(z)$ 称为离散时间 LTI 系统的**系统函数**或**传递函数**、**转移函数**。这个 LTI 系统对任意输入 $x(n)$ 的响应 $y(n)$ 为

$$y(n)=x(n)*h(n) \tag{9-236}$$

上式并没有对 $x(n)$ 和 $h(n)$ 作任何约束，不管它们是否是因果的，响应 $y(n)$ 总是 $x(n)$ 和 $h(n)$ 两者的卷积。对上式两边取双边 Z 变换，并利用 Z 变换的时域卷积特性得

$$Y(z)=H(z)X(z) \tag{9-237}$$

这表明，LTI 系统响应的 Z 变换等于输入的 Z 变换和系统转移函数 $H(z)$ 之积。上式等效于：

$$H(z)=Y(z)/X(z) \tag{9-238}$$

这表明，离散 LTI 系统的系统函数等于系统响应的 Z 变换和输入序列的 Z 变换之比。

离散时间 LTI 系统通常由如下的差分方程描述：

$$y(n)+a_1y(n-1)+\cdots+a_My(n-M)=b_0x(n)+b_1x(n-1)+\cdots+b_Nx(n-N) \tag{9-239}$$

因为 LTI 系统的起始状态为零，所以响应为因果序列；因为输入一般在 $n=0$ 时加入系统，所以它也是因果序列。对上式两端取单边或双边 Z 变换得

$$Y(z)+a_1z^{-1}Y(z)+\cdots+a_Mz^{-M}Y(z)=b_0X(z)+b_1z^{-1}X(z)+\cdots+b_Nz^{-N}X(z) \tag{9-240}$$

此即

$$Y(z)\left(1+\sum_{k=1}^{M}a_kz^{-k}\right)=\left(\sum_{l=0}^{N}b_lz^{-l}\right)X(z) \tag{9-241}$$

由此可得系统函数 $H(z)$ 为

$$H(z)=\frac{Y(z)}{X(z)}=\frac{\sum\limits_{l=0}^{N}b_lz^{-l}}{1+\sum\limits_{k=1}^{M}a_kz^{-k}} \tag{9-242}$$

当差分方程(9-239)中 $a_k=0$ 时，方程变为

$$y(n)=b_0x(n)+b_1x(n-1)+\cdots+b_Nx(n-N) \tag{9-243}$$

系统函数 $H(z)$ 为

$$H(z)=\frac{Y(z)}{X(z)}=\sum_{l=0}^{N}b_lz^{-l} \tag{9-244}$$

由幂级数展开法可知，$H(z)$ 的逆 Z 变换 $h(n)$ 或系统的脉冲响应 $h(n)$ 为

$$h(n)=\sum_{l=0}^{N}b_l\delta(n-l) \tag{9-245}$$

上式所示的 $h(n)$ 只有有限长的 $N+1$ 项，所以称这种滤波器为**有限冲激响应**(Finite Impulse Response, FIR)滤波器。

与 FIR 滤波器相对应，当 a_k 不全为零时，系统的脉冲响应 $h(n)$ 有无限多项，所以称这种滤波器为**无限冲激响应**(Infinite Impulse Response, IIR)滤波器。

FIR 和 IIR 滤波器在数字信号处理领域都占有重要地位，各有优缺点。IIR 滤波器用两个多项式之比的有理分式来逼近频率特性，用较少的阶数就可以得到很好的选频特性，但系统具有非线性相位；IIR 滤波器可以借助模拟滤波器进行设计；IIR 滤波器是递归结构，反馈支路的存在使得系统的稳定性得不到保证。对 FIR 滤波器，它用 z^{-1} 的多项式来逼近所要求的频率特性，由于没有可控的极点，因此要达到与 IIR 滤波器相当的选频特性，需要更高的阶数，这必然导致系统的时延增大，使用的存储器增多，但是可以做到严格的线性相位。

9.7　离散时间 LTI 系统的稳定性和因果性

对样值响应为 $h(n)$ 的离散时间 LTI 系统，如果 $h(n)$ 绝对可和，即满足不等式：

$$\sum_{n=-\infty}^{+\infty}|h(n)| < +\infty \tag{9-246}$$

则 LTI 系统是 BIBO 稳定的，简称稳定。

下面证明 $h(n)$ 绝对可和是离散时间 LTI 系统稳定的充分必要条件。先证明充分性。若输入 $x(n)$ 有界，即存在足够大的正数 M，使得 $|x(n)| \leqslant M$，此时的响应 $y(n)$ 为

$$y(n) = x(n) * h(n) = \sum_{m=-\infty}^{+\infty} x(n-m)h(m) \tag{9-247}$$

考虑到复数之和的模值不大于复数模值之和，对上式两端取模得

$$|y(n)| \leqslant \sum_{m=-\infty}^{+\infty} |x(n-m)h(m)| = \sum_{m=-\infty}^{+\infty} |x(n-m)||h(m)| \leqslant M \sum_{m=-\infty}^{+\infty} |h(m)| \tag{9-248}$$

若 $\sum_{n=-\infty}^{+\infty}|h(n)| < +\infty$，则由上式可得 $y(n) \to +\infty$，这表明输入有界时响应也有界，系统 BIBO 稳定。

下面用反证法证明必要性。考虑这样一个有界的输入，对某个固定的 n，对任意 m，若 $x(n-m) = \text{sgn}[h(m)]$，式中 $\text{sgn}(x)$ 为符号运算，即

$$\text{sgn}(x) = \begin{cases} 1, & x>0 \\ -1, & x<0 \end{cases} \tag{9-249}$$

显然 $|x(n-m)| = 1$，当然是有界的，以它作为输入时，系统的响应为

$$y(n) = x(n) * h(n) = \sum_{m=-\infty}^{+\infty} x(n-m)h(m) = \sum_{m=-\infty}^{+\infty} \text{sgn}[h(m)]h(m) = \sum_{m=-\infty}^{+\infty} |h(m)| \tag{9-250}$$

若不满足 $\sum_{n=-\infty}^{+\infty}|h(n)| < +\infty$，由上式得 $y(n) \to +\infty$。这表明有界的输入导致无界的输出，不符合 BIBO 稳定的定义，所以系统不稳定。

对 $h(n)$ 进行双边 Z 变换得

$$H(z) = \sum_{n=-\infty}^{+\infty} h(n)z^{-n} \tag{9-251}$$

对上式两边取模值，考虑到和的模值不大于模值之和，得

$$|H(z)| = \left|\sum_{n=-\infty}^{+\infty} h(n)z^{-n}\right| \leqslant \sum_{n=-\infty}^{+\infty} \left|h(n)z^{-n}\right| = \sum_{n=-\infty}^{+\infty} |h(n)|\left|z^{-n}\right| \tag{9-252}$$

当 z 位于单位圆上或者当 $z = \text{e}^{\text{j}\theta}$ 时，有 $\left|z^{-n}\right| = \left|\text{e}^{-\text{j}n\theta}\right| = 1$，上式变为

$$|H(z)| \leqslant \sum_{n=-\infty}^{+\infty} |h(n)| \tag{9-253}$$

如果 $\sum_{n=-\infty}^{+\infty}|h(n)|$ 有界，由上式可知 $|H(z)|$ 有界，从而 $H(z)$ 收敛。这表明，如果离散时间 LTI 系统稳定，当 z 位于单位圆上时，$H(z)$ 收敛。而 $\sum_{n=-\infty}^{+\infty}|h(n)|$ 有界是离散系统稳定的充要条件，由此可见，稳定的离散时间 LTI 系统，其收敛域必然包括单位圆。

从 Z 变换和拉普拉斯变换的对应关系出发，也可以导出稳定的离散时间 LTI 系统其收敛域包括单位圆。设稳定 LTI 系统的冲激响应为 $h(t)$，其拉普拉斯变换为 $H(s)$，则 $H(s)$ 的收敛域包括 s 域的虚轴。对 $h(t)$ 进行等间隔采样后得到采样信号 $h_s(t)$，设 $h_s(t)$ 的双边 Z 变换为 $H(z)$，显然 $H(z)$ 也收敛。由于 s 域的虚轴和 z 域的单位圆对应，所以 $H(z)$ 的收敛域包括 $\mathcal{Z}$ 域的单位圆。

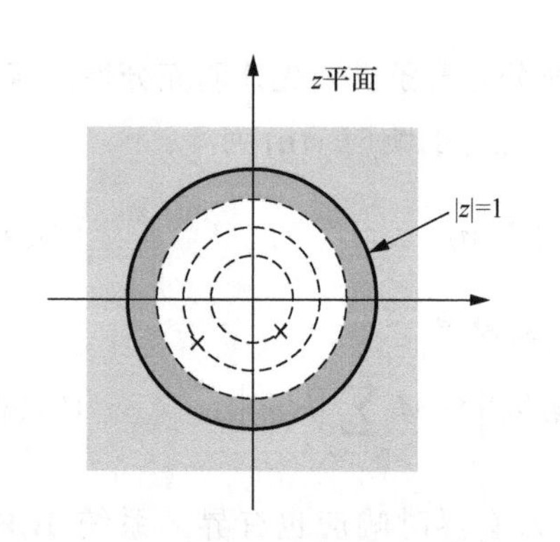

图 9-21　因果稳定离散系统的收敛域

下面考虑因果稳定的离散系统的系统函数的收敛域。稳定性要求收敛域包括 z 平面的单位圆；因果性要求对应的冲激响应序列是右边序列，而右边序列的 Z 变换的收敛域是某个圆外部分。综合考虑稳定性与因果性的要求，则系统函数所有的极点必须位于单位圆内，而收敛域是以原点为圆心、过模值最大的极点的圆的外面区域，如图 9-21 所示。

例 9-21　描述离散时间系统的差分方程为

$$y(n)+1.6y(n-1)-0.8y(n-2)=x(n)+6x(n-1) \tag{9-254}$$

(1) 求系统函数 $H(z)$；

(2) 如果系统是稳定的，给出系统函数 $H(z)$ 的收敛域，并求冲激响应 $h(n)$；

(3) 如果系统是因果的，给出系统函数 $H(z)$ 的收敛域，并求冲激响应 $h(n)$；

(4) 若输入为 $x(n)=0.5^n u(n)$，求此系统的零状态响应。

解：(1) 对差分方程 (9-254) 两边进行双边 Z 变换得

$$Y(z)+1.6z^{-1}Y(z)-0.8z^{-2}Y(z)=X(z)+6z^{-1}X(z)$$

系统函数为

$$H(z)=\frac{Y(z)}{X(z)}=\frac{1+6z^{-1}}{1+1.6z^{-1}-0.8z^{-2}}$$

部分分式展开得

$$H(z)=\frac{1+6z^{-1}}{(1+2z^{-1})(1-0.4z^{-1})}=\frac{8}{3}\times\frac{1}{1-0.4z^{-1}}-\frac{5}{3}\times\frac{1}{1+2z^{-1}}$$

$H(z)$ 的极点为 $z=0.4,-2$。

(2) 系统稳定要求收敛域包括单位圆，所以只能为 $0.4<|z|<2$，对应的冲激响应为

$$h(n)=8/3\times0.4^n u(n)+5/3\times(-2)^n u(-n-1)$$

(3) 系统的因果性要求收敛域是圆外，所以只能为 $2<|z|$，对应的冲激响应为

$$h(n)=5/3\times(-2)^n u(-n-1)-8/3\times0.4^n u(-n-1)$$

(4) 输入 $x(n)=0.5^n u(n)$ 的 Z 变换为

$$X(z)=\frac{1}{1-0.5z^{-1}}$$

系统的零状态响应的 Z 变换为

$$Y(z)=X(z)H(z)=\frac{1}{1-0.5z^{-1}}\cdot\frac{1+6z^{-1}}{1+1.6z^{-1}-0.8z^{-2}}$$

部分分式展开得

$$Y(z)=\frac{13}{1-0.5z^{-1}}-\frac{32}{3}\times\frac{1}{1-0.4z^{-1}}-\frac{4}{3}\times\frac{1}{1+2z^{-1}}$$

进行反变换即可得系统的零状态响应为

$$y(n)=\left[13\times 0.5^n-32/3\times 0.4^n-4/3\times(-2)^n\right]u(n)$$

9.8　离散时间系统的 Z 变换分析法

这里研究用 Z 变换的方法求解以下差分方程描述的系统：

$$\sum_{k=0}^{M}a_k y(n-k)=\sum_{l=0}^{N}b_l x(n-l) \tag{9-255}$$

当系统的起始状态不为零，而输入信号是因果信号时，对上式两端进行单边 Z 变换得

$$\sum_{k=0}^{M}a_k z^{-k}[Y(z)+\sum_{m=-k}^{-1}y(m)z^{-m}]=\sum_{l=0}^{N}b_l z^{-l}X(z) \tag{9-256}$$

整理上式得

$$Y(z)=\frac{\sum_{l=0}^{N}b_l z^{-l}X(z)}{\sum_{k=0}^{M}a_k z^{-k}}-\frac{\sum_{k}^{M}a_k z^{-k}\sum_{m=-k}^{-1}y(m)z^{-m}}{\sum_{k=0}^{M}a_k z^{-k}} \tag{9-257}$$

式中，$y(m)$ 为系统的起始状态，其中，$-M\leqslant m\leqslant -1$。上式等号右端第一项和起始状态无关，只和系统特性、输入信号有关，求得该项的逆 Z 变换就得到了系统的零状态响应部分；第二项和输入无关，只和系统特性、起始状态有关，求得该项的逆 Z 变换就得到了系统的零输入响应部分。

例 9-22　描述离散时间系统的差分方程为

$$y(n)+1.6y(n-1)-0.8y(n-2)=x(n)+6x(n-1) \tag{9-258}$$

系统的起始状态为 $y(-1)=1$、$y(-2)=1$，求当输入为 $x(n)=0.5^n u(n)$ 时，系统的完全响应，并指出零输入响应部分和零状态响应部分。

解：对差分方程 (9-258) 两边取单边 Z 变换得

$$Y(z)+1.6\left[z^{-1}Y(z)+y(-1)\right]-0.8\left[z^{-2}Y(z)+z^{-1}y(-1)+y(-2)\right]=X(z)+6z^{-1}X(z)$$

进一步整理得

$$Y(z)=\frac{(1+6z^{-1})X(z)}{1+1.6z^{-1}-0.8z^{-2}}+\frac{0.8\left[z^{-1}y(-1)+y(-2)\right]-1.6y(-1)}{1+1.6z^{-1}-0.8z^{-2}}$$

系统的零输入响应为

$$y_{zi}(n)=\mathcal{Z}^{-1}\left\{\frac{0.8\left[z^{-1}y(-1)+y(-2)\right]-1.6y(-1)}{1+1.6z^{-1}-0.8z^{-2}}\right\}$$

将已知的起始状态 $y(-1)=1$、$y(-2)=1$ 代入上式右边得

$$\begin{aligned}y_{zi}(n)&=\mathcal{Z}^{-1}\left\{\frac{0.8\left[z^{-1}y(-1)+y(-2)\right]-1.6y(-1)}{1+1.6z^{-1}-0.8z^{-2}}\right\}\\&=\mathcal{Z}^{-1}\left(\frac{0.8z^{-1}-0.8}{1+1.6z^{-1}-0.8z^{-2}}\right)=\mathcal{Z}^{-1}\left(\frac{1}{1+2z^{-1}}-\frac{0.2}{1-0.4z^{-1}}\right)\\&=\left[(-2)^n-0.2\times0.4^n\right]u(n)\end{aligned}$$

系统的零状态响应为

$$y_{zs}(n)=\mathcal{Z}^{-1}\left[\frac{(1+6z^{-1})X(z)}{1+1.6z^{-1}-0.8z^{-2}}\right]$$

将输入序列 $x(n)=0.5^n u(n)$ 的 Z 变换 $1/(1-0.5\times z^{-1})$ 代入上式右边得

$$y_{zs}(n)=\mathcal{Z}^{-1}\left(\frac{1+6z^{-1}}{1+1.6z^{-1}-0.8z^{-2}}\cdot\frac{1}{1-0.5z^{-1}}\right)$$

最终求得零状态响应为

$$y_{zs}(n)=\left[13\times0.5^n-32/3\times0.4^n-4/3\times(-2)^n\right]u(n)$$

系统的完全响应为

$$y(n)=y_{zi}(n)+y_{zs}(n)=\left[13\times0.5^n-161/15\times0.4^n-1/3\times(-2)^n\right]u(n)$$

例 9-23　描述离散时间系统的差分方程为

$$y(n)+3y(n-1)+2y(n-2)=x(n)+3x(n-1)$$

求 $x(n)=\delta(n-1)$ 的全响应。

解：对差分方程式两边取单边 Z 变换得

$$Y(z)+3\left[z^{-1}Y(z)+y(-1)\right]+2\left[z^{-2}Y(z)+z^{-1}y(-1)+y(-2)\right]=X(z)+3z^{-1}X(z)$$

进一步整理得

$$Y(z)=\frac{(1+3z^{-1})X(z)}{1+3z^{-1}+2z^{-2}}-\frac{3y(-1)+2\left[z^{-1}y(-1)+y(-2)\right]}{1+3z^{-1}+2z^{-2}}$$

系统的零输入响应为

$$y_{zi}(n)=-\mathcal{Z}^{-1}\left\{\frac{3y(-1)+2\left[z^{-1}y(-1)+y(-2)\right]}{1+3z^{-1}+2z^{-2}}\right\}$$

(1) 系统函数为

$$H(z)=\frac{Y(z)}{X(z)}=\frac{1+3z^{-1}}{1+3z^{-1}+2z^{-2}}=\frac{2}{1+z^{-1}}-\frac{1}{1+2z^{-1}}$$

对上式求逆 Z 变换即可得系统的单位序列响应为

$$h(n)=\left[2\times(-1)^n-(-2)^n\right]\varepsilon(n)\text{（单位序列响应即为零状态响应）}$$

(2) 因为单位序列响应 $h(n)$ 是系统对 $\delta(n)$ 的零状态响应，所以系统对 $\delta(n-1)$ 的零状态响应为 $h(n-1)=\left[2\times(-1)^{n-1}-(-2)^{n-1}\right]\varepsilon(n-1)$。系统的零输入响应为

$$\begin{aligned}y_{\text{zi}}(n)&=\left\{\left[(-2)^n-(-1)^n\right]\varepsilon(n)+1.5\delta(n)\right\}-\left[2\times(-1)^{n-1}-(-2)^{n-1}\right]\varepsilon(n-1)\\&=\begin{cases}1.5\delta(n), & n=0\\ \left[0.5(-2)^n+(-1)^n\right]\varepsilon(n-1), & n\geqslant 1\end{cases}\\&=\left[0.5(-2)^n+(-1)^n\right]\varepsilon(n)\end{aligned}$$

(3) 对 (2) 的结果进行 Z 变换得

$$Y_{\text{zi}}(z)=\frac{0.5}{1+2z^{-1}}+\frac{1}{1+z^{-1}}=\frac{1.5+2.5z^{-1}}{1+3z^{-1}+2z^{-2}}=-\frac{3y(-1)+2\left[z^{-1}y(-1)+y(-2)\right]}{1+3z^{-1}+2z^{-2}}$$

因此 $\begin{cases}3y(-1)+2y(-2)=-1.5\\2y(-1)=-2.5\end{cases}$，解得 $\begin{cases}y(-1)=-1.25\\y(-2)=1.125\end{cases}$。

(4) 参考例 9-6 部分，可得 $w(n)=\sum_{i=0}^{n}(-1)^i$ 的 Z 变换为

$$W(z)=\frac{1}{1-z^{-1}}\cdot\frac{1}{1+z^{-1}}$$

对应零状态响应的 Z 变换为

$$H(z)W(z)=\frac{1+3z^{-1}}{1+3z^{-1}+2z^{-2}}\frac{1}{1-z^{-1}}\cdot\frac{1}{1+z^{-1}}=\frac{1+3z^{-1}}{(1-z^{-1})(1+z^{-1})^2(1+2z^{-1})}$$

部分分式展开得

$$\begin{aligned}H(z)W(z)&=\frac{1/3}{1-z^{-1}}-\frac{5/3}{1+z^{-1}}+\frac{1}{(1+z^{-1})^2}+\frac{4/3}{1+2z^{-1}}\\&=\frac{1/3}{1-z^{-1}}-\frac{5/3}{1+z^{-1}}+\left[-\frac{z^{-1}}{(1+z^{-1})^2}+\frac{1+z^{-1}}{(1+z^{-1})^2}\right]+\frac{4/3}{1+2z^{-1}}\\&=\frac{1/3}{1-z^{-1}}-\frac{2/3}{1+z^{-1}}-\frac{z^{-1}}{(1+z^{-1})^2}+\frac{4/3}{1+2z^{-1}}\end{aligned}$$

对应的零状态响应为

$$\frac{1}{3}\varepsilon(n)-\frac{2}{3}\times(-1)^n\varepsilon(n)+n(-1)^n\varepsilon(n)+\frac{4}{3}\times(-2)^n\varepsilon(n)$$

$$n\alpha^n\varepsilon(n)\leftrightarrow\frac{\alpha z^{-1}}{\left(1-\alpha z^{-1}\right)^2}$$

习　题　9

9-1　利用定义式直接求以下序列的Z变换：

$$x(n)=\begin{cases} n^{-2}, & n=1,2,3 \\ n+2, & n=5,6 \\ 0, & \text{其他} \end{cases}$$

9-2　求下列各序列的Z变换：

(1) $0.8^{-n}u(n)+0.6^{n}u(-n)$

(2) $0.5^{n}(n+2)u(n)$

(3) $0.8^{n-5}nu(n-2)$

(4) $|n+3|\times 0.6^{|n+3|}$

9-3　给定Z变换 $x(n)\leftrightarrow X(z)$。

(1)证明式子成立：$\sum\limits_{n=0}^{n}x(m)\leftrightarrow \dfrac{X(z)}{1-z^{-1}}$

(2)利用小题(1)的结论，求 $nu(n)$ 的Z变换。

9-4　求 $\sin(n\omega_0+\theta)u(n)$ 的Z变换。

9-5　已知 $x(n)$ 的Z变换为

$$X(z)=\frac{z+1}{z(z-1)}$$

计算 $x(0)$、$x(1)$ 和 $x(1000)$。

9-6　已知 $x(n)$ 的Z变换为

$$X(z)=\frac{z}{8z^2-2z-1}$$

求以下序列的Z变换：

(1) $x(n-2)u(n-2)$

(2) $x(n+2)u(n+2)$

(3) $\cos(3n)x(n)$

(4) $\sum\limits_{m=0}^{n}x(m)$

9-7　已知 $x(n)$ 的Z变换为

$$X(z)=\frac{1}{1-0.6z^{-1}},\quad |z|>0.6$$

求以下序列的Z变换：

(1) $x(n-2)+x(2-n)$

(2) $0.2^{n}x(n+2)$

(3) $(1+n+n^2)x(n)$

9-8　求 $\sin^2(n\omega_0)u(n)$ 和 $\cos^2(n\omega_0)u(n)$ 的 Z 变换。

9-9　利用 Z 变换的性质计算以下序列的 Z 变换：

$$x(n)=0.6^{n-2}\cos\left[\frac{\pi}{3}(n-1)\right](n-1)u(n-1)$$

9-10　给定 Z 变换 $x(n)=0.6^n u(n)\leftrightarrow X(z)$，求逆 Z 变换：

(1) $(1-z^{-1})X(z)$

(2) $zX(z^{-1})$

(3) $z^{-1}X(z)$

(4) $3X(2z)+2X(z/3)$

(5) $X(z)X(z^{-1})$

(6) $z^2X'(z)$

9-11　已知 $x(n)$ 的 Z 变换 $X(z)$ 为

$$X(z)=\frac{z^2(z-1/2)}{(z-1/4)(z-2/3)(z-4/3)},\quad 2/3<|z|<4/3$$

求 $x(n)$。

9-12　已知 $x(n)$ 的 Z 变换为

$$X(z)=\frac{1}{(z-0.5)(z-2)(z-3)},\quad 2<|z|<3$$

求 $x(n)$。

9-13　已知 $x(n)$ 的 Z 变换为 $X(z)$。通过先求 $X(z)$ 的微分，再使用合适的 Z 变换性质求对应的逆变换：

(1) $X(z)=\ln(1-2z),\quad |z|<1/2$

(2) $X(z)=\ln(1-z^{-1}),\quad |z|>1/2$

参 考 文 献

管致中, 夏恭恪, 1992. 信号与线性系统. 北京: 高等教育出版社.

吴大正, 杨林耀, 张永瑞, 1998. 信号与线性系统分析. 3 版. 北京: 高等教育出版社.

吴京, 等, 1999. 信号与线性系统分析. 长沙: 国防科技大学出版社.

阎鸿森, 王新凤, 田惠生, 等, 1999. 信号与线性系统. 西安: 西安交通大学出版社.

杨林耀, 2000. 信号与系统. 北京: 中国人民大学出版社.

郑君里, 应启珩, 杨为理, 2000. 信号与系统. 北京: 人民教育出版社.

OPPENHEIM A V, WILLSKY A S, NAWAB S H, 1997. Signals and systems. 2nd ed. Washington: Prentice-Hall, Inc.

ZIEMER R E, TRANTERAND W H, FANNIN D R, 1998. Signals and systems: continuous and discrete. 4th ed. Washington: Prentice-Hall, Inc.